U0319283

传媒艺术类
应用型本科教材

高艳侠◎主　编
刘宁　蔺建旭◎副主编

影视后期合成 After Effects CC 2020

Post Production Synthesis After Effects CC 2020

中国国际广播出版社

图书在版编目（CIP）数据

影视后期合成：After Effects CC 2020 / 高艳侠主编. —北京：中国国际广播出版社，2024.5

ISBN 978-7-5078-5572-2

Ⅰ.①影… Ⅱ.①高… Ⅲ.①图像处理软件 Ⅳ.①TP391.413

中国国家版本馆CIP数据核字（2024）第106967号

影视后期合成：After Effects CC 2020

主　　编	高艳侠
副 主 编	刘　宁　蔺建旭
责任编辑	尹　航
校　　对	张　娜
版式设计	邢秀娟
封面设计	赵冰波
出版发行	中国国际广播出版社有限公司［010-89508207（传真）］
社　　址	北京市丰台区榴乡路88号石榴中心2号楼1701 邮编：100079
印　　刷	环球东方（北京）印务有限公司
开　　本	787×1092　1/16
字　　数	740千字
印　　张	36.75
版　　次	2024 年 7 月　北京第一版
印　　次	2024 年 7 月　第一次印刷
定　　价	188.00 元

目　录

第一章　影视后期合成概述

影视后期合成在影视作品中的应用非常广泛。比如，电影中的战争场面，在一部分实拍的画面基础上添加爆炸、火焰、烟尘、子弹、音效等元素，打造出枪林弹雨的场景，或宏大，或惨烈，带领观众走进那个战火纷飞的年代。又如，动画电影单独设计并制作出角色形象及角色动画，单独设计并制作出场景、道具等，最后一道工序是把各元素有机合成到一起，编排成故事。诸如此类的应用数不胜数，最简单的合成应用是在实拍镜头上添加片名文字。

一、影视后期合成的概念

“合成”是一个使用范围非常广泛的词语。根据《现代汉语词典》，“合成”有两个含义，一是由部分组成整体，二是通过化学反应使成分比较简单的物质变成成分复杂的物质。在社会生产和生活中，很多领域都有合成的应用，如生活中常用的塑料、食品等。“影视后期合成”一词中，“合成”的前面有两个定语，分别是“影视”和“后期”。影视指的是影视创作领域，合成的对象是组成影视作品的视听语言、叙事策略等。后期是相对前期而言的，合成的工作是在影视作品创作的后期阶段进行并完成的。但是随着数字化流程的普及，合成的理念变成需要贯穿影视作品创作的整个过程才能达到预期的效果。比如，在制片环节就应该预测成片中使用特效合成的片长比例、难度级别，并以此为依据把特效合成需要的时间、人力和设备成本计算在内。前期创作的各个环节都需要后期合成工作人员的参与，为的是确保最终效果准确呈现。而后期的工作是在前期工作成果基础上的锦上添花，不应该是针对前期工作的各种修修补补的改错。

在这里提供一个影视后期合成的概念，这个概念也许并不全面，主要是帮助大家理解。影视后期合成是针对单个实拍镜头中现实没有的元素或现实拍摄中效果不理想的元素进行再次单独拍摄或制作，再根据分镜头脚本合成到一个镜头场景中。这个概念包含以下三个层面的理解。

第一个层面，现实生活中不存在的元素。单个实拍镜头指的是在实拍时一次录制的内容，拍摄到的内容是现实生活中真实存在的。有些影视作品中需要的元素是现实生活中不存在的，如早已经在6500万年前灭绝的恐龙，或科幻片里的外太空城市。另一种情况是现实生活中都存在，但是不在同一个时空，可以通过两次甚至多次拍摄，最后通过后期合成把不同时空的元素合成在同一个时空。比如，分别拍摄不同地点的高山、河流、瀑布，后期把高山、河流和瀑布组合到一个故事空间中。

第二个层面，现实生活中存在，但是直接拍摄效果不理想或存在其他问题。比如，拍摄一个人从大楼顶层一跃而下，如果真的让演员去做这样的动作，危险系数太大。为了保障演员的安全，又达到惊险的效果，往往是给演员吊钢丝绳，也叫作吊威亚，或是搭建一个稍高出地面的台子，让演员从这个矮台子上往下跳，摄像机低角度拍摄，后期合成时把台子下面的地面替换成鳞次栉比的高楼大厦。

第三个层面，影视后期合成不仅仅关注画面元素，还关注声音元素。影视是用视听元素进行表达和传播的，合成的工作既包括画面，也包括声音。声音包括音乐、音响、音效、人声等。

影视合成效果的制作方法与科技发展息息相关，在不同的历史时期应用的技术也不尽相同。不仅如此，在时代的发展下，流行元素、艺术审美、社会需求等都会影响影视后期合成的最终呈现。

二、常用的影视合成技术

电影史是以文本创作为脉络书写的。在文本创作的发展中，技术始终相生相伴，甚至在电影产生的早期就已经有了影视合成技术，很多时候技术走在文本创作的前面。下面以合成技术为主线重新梳理电影史。

（一）二次曝光

在胶片机时代，二次曝光是指在同一张胶片上曝光两次。二次曝光是最早的合成技术，英国人G.A.史密斯在其影片《科西嘉兄弟》中就使用了二次曝光技术，年份不晚于1898年。胶片的感光特性与所拍摄景物的明亮程度有关。全黑的物体在胶片上是不感光的，不会留下任何影像。利用这个原理对胶片进行两次或多次曝光，可以把不同时间、不同地点、不同比例的景物汇集到一个画面中，从而达到影像合成的目的。比如，以夜晚的城市为准设置拍摄参数，拍摄到的天空是黑色的；再以夜空中的月亮为准设置拍摄参数，此时城市部分是黑色的；在原底片上再曝光一次，就能实现流光溢彩的城市上空高悬皎洁的月亮的效果。现在也有很多摄影师使用这种拍摄手法。

在数字化时代，二次曝光的理念应用得更加广泛，不再局限于拍摄画面中是否有纯黑的区域，而是通过图层混合模式合成虚实、冷暖、动静对比效果，打造或抒情或梦幻的意境。

（二）遮片

在现实拍摄中，因为需要合成的区域不一定总是黑色的，所以就有了人工的干预——遮片。具体来说，就是在特技摄影机的镜头和机身之间增加一个卡槽，在这个卡槽中放置遮片。遮片分为正片和负片。如在卡槽中放置一个遮住上部的遮片，画面的上部不曝光是黑色的，下部正常曝光记录影像内容，这个遮片叫作正片；第二次拍摄在卡槽中放置一个与正片相反的遮片，遮住画面除第一次拍摄时的遮挡区域的其他区域，原底片上本来黑色的区域正常曝光显影，这个与正片形状相反的遮片叫作负片。美国人埃德温·鲍特在电影《火车大劫案》中就是用了遮片技术。在拍摄车站发报室的场景时，画面的右上角用遮片遮住了窗口区域。然后胶片被重新倒回到片头，再拍摄窗户和外面行驶的火车，这一次已经拍摄了演员表演的部分用遮片遮挡起来，画面的右上角被曝光。

在数字化时代，遮片技术被蒙版（或叫作遮罩）代替，利用数字化工具，可以更加自由地绘制蒙版区域。

遮片分为固定遮片和活动遮片，上述遮片属于固定遮片。固定遮片适用范围有限，也限制了演员的活动。合成需要更灵活的可以随主体的变化而变化的活动遮片。活动遮片是一种高反差胶片，在胶片上只有透明和完全不透明两个部分。印片过程中，将作为活动遮片的胶片与需要合成的胶片叠合在一起曝光，画面中的一些部分就会被遮片遮挡而不感光，而遮挡的部分又随被摄主体的变化改变位置。这一复杂的电子合成过程被称为“抠像（Matte）”。不过，传统合成一定要有阴阳成对的活动遮片，电子和计算机的抠像不一定要有遮片，有时只要抠掉不想要的景物即可。以活动的人物抠像为例，最早的活动遮片是用黑色的丝绒布作为背景，其后又出现了蓝幕法、红外幕或钠光幕。

在数字化时代，人物抠像通过各种键控操作可以在拍摄现场实时观看合成效果。

（三）玻璃接景

在现实拍摄时，场景中有些元素缺失或不存在，此时就诞生了玻璃接景。玻璃接景是在摄影机前摆放一块玻璃，玻璃上绘制被摄景物缺少的部分，以此使画面中的景物“完整”。1911年，若尔曼·道恩（Norman Dawn）将摄影领域已经使用的玻璃接景（glass shot）技术引入电影，好莱坞接受并爱上使用玻璃接景使之流行长达20年。1924年公映的《巴格达窃贼》，其宏大的外景使用的就是玻璃接景。“星球大战”系列电影也大量使用了玻璃接景技术。艺术家在玻璃上绘制出飞船的内景及外景，预留出空白区域做透明用，单独拍摄演员的表演，再把演员的表演叠加到玻璃板的透明区域。玻璃接景更加适用于静态的元素，不能让绘制在玻璃板上的元素活动起来。

数字化时代，玻璃接景被数字绘景取代。通过计算机技术，不仅可以绘制静态的场景，还可以制作出活动的场景，让场景更有生命力，还可以通过跟踪技术匹配摄像机的运动。

（四）模型接景

模型接景是用模型替代玻璃接景中绘制的景物。其制作出等比例缩放的模型，拍摄时把模型放置在摄像机镜头的前面，通过近大远小的透视关系，把小巧的模型放大成宏伟壮观的场景。比如，1925年大型史诗片《宾虚》，其中罗马竞技场使用模型接景合成，营造出看台上万人攒动的气势。

数字化时代，可以通过三维软件模拟制作出各种各样的模型合成到实拍场景中。在数字模型大行其道的时代，依然有一些人坚持制作微缩模型拍摄，追求真实的质感。比如，英国导演马丁·斯科塞斯的电影《雨果》中，火车脱轨的片段就是用微缩模型拍摄制作完成的，其还原了历史上确实发生过的火车脱轨事件。

（五）镜子合成

镜子合成利用镜子的反射原理，可以把场景中的活动元素反射到镜头画面中。镜子合成与玻璃或模型接景相比，灵活性大大提高，用于合成的素材可以是真正的演员，也可以是小模型或者绘画。镜子合成常常用来扩大摄影的场面，增加演员人数。比如，一支500人的队伍，加上镜子中的影像就会变成1000人。

数字化时代，可以通过图章工具复制出千军万马，也可以多次拍摄同一波人的表演，后期通过蒙版合成万人空巷的场面。

（六）背景放映合成

在演员背后放置一块背景屏幕，需要合成的影像通过放映机从背面放映到屏幕上，摄影机同时拍摄下演员的表演和背景的影像。这种技术常用来拍摄在公路或街道上驾驶车辆的镜头。

目前，背景放映合成的理念依然在广泛使用，如高清的LED背景、全息投影等。随着虚拟现实技术的发展，从VR到AR，再到SR，在技术层面，要努力打造越来越真实的沉浸式观看体验。

（七）数字合成

20世纪末，影视创作行业开始进入数字化时代，记录素材的介质逐渐由胶片转为卡片，信号的记录模式由模拟过渡到数字，科技的发展使影视合成的工具越来越便捷、越来越强大。几乎所有胶片时代的合成技术都可以用计算机技术代替，但是合成的理念一脉相承，胶片时代的合成技术起源为数字时代合成的创意提供了源源不断的灵感和动力。

数字合成技术发展至今，开始进入新的阶段，即虚拟现实合成技术。虚拟现实是一种由计算机和电子技术创造的新世界，通过多种传感设备，提供视、听、触等直观而自然的实时感知，进一步增强了参与者的“沉浸感”体验。虚拟摄影棚是虚拟现实技术在影视领域的一项应用，把后期工作前置，在拍摄现场将后期合成的影像呈现在270°的LED屏幕上，演员可以实时感知到周围的环境，从而更好地入戏。拍摄现场监视器的画面就是合成的结果，所见即所得，消除了很多以往后期才合成的不确定性。

三、特效合成工具软件简介

影视后期合成的范畴非常广，包括各种元素的合成，如平面的、立体的，二维的、三维的，静态的、动态的等。影视后期合成的范畴里包含特效合成，虽然特效合成只是影视后期合成中的一部分，但科技的发展使得特效合成成为影视后期合成中非常重要的一部分。

影视特效合成领域有很多软件工具，主流的软件有After Effects、Combustion、NUKE、Digital Fusion等。

（一）After Effects

After Effects简称AE，是Adobe公司开发的一个视频剪辑及设计软件。After Effects是用于高端视频特效系统的专业特效合成软件，它借鉴了许多优秀软件的成功之处，将视频特效合成上升到了新的高度。Photoshop中图层的引入，使AE可以对多层的合成图像进行控制，制作出天衣无缝的合成效果；关键帧、路径的引入，使设计师对控制高级的二维动画游刃有余；高效的视频处理系统，确保了高质量视频的输出；令人眼花缭乱的特技系统使AE能实现使用者的一切创意；AE同样保留有Adobe优秀软件的相互兼容性。After Effects涵盖影视特效制作中常见的文字特效、粒子特效、光效、仿真特效、调色技法以及高级特效等，是读者学习特效制作不可或缺的。

（二）Combustion

Combustion是运行在苹果平台的视觉特效合成软件，其创建设计的一整套尖端工具，包含矢量绘画、粒子、视频效果处理、轨迹动画以及3D效果合成等五大模块。软件提供了大量强大且独特的工具，包括动态图片、三维合成、颜色矫正、图像稳定、矢量绘制和旋转文字特效短格式编辑、表现、Flash输出等功能；另外还提供了运动图形和合成艺术新的创建能力，交互性界面的改进；增强了其绘画工具与3ds max软件的交互操作功能；可以通过cleaner编码记录软件使其与flint、flame、inferno、fire和smoke同时工作。Combustion是一个高性能的软件解决方案，不受分辨率限制的矢量绘画和动画，可输出多种文件格式。

（三）NUKE

NUKE是由The Foundry公司研发的一款数码节点式合成软件，已运行超过10年，曾获得学院奖（Academy Award），为艺术家们提供了创造具有高质素相片效果的图像的方法。NUKE无须专门的硬件平台，却能为艺术家提供组合和操作扫描的照片、视频板以及计算机生成的图像，它是灵活、有效、节约和全功能的工具。在数码领域，NUKE已被用于近百部影片和数以百计的商业及音乐电视片。NUKE具有先进的将最终视觉效果与电影电视的其余部分无缝结合的能力，无论所需应用的视觉效果是什么风格或者有多复杂。NUKE合成软件参与制作的著名影视有《后天》《机械公敌》《极限特工》《泰坦尼克号》《阿波罗13号》《真实的谎言》《X战警》《金刚》等。

（四）Digital Fusion

Digital Fusion是由美国Eyeon公司推出的影视后期制作软件，它主要拥有流线型的工作流程、Avid编辑系统、几何粒子、ARRI RAW连接、幻影相机原料等特色，可满足用户后期对视频处理、添加的需求。Digital Fusion能够将整体性能提升一个台阶并能使内存使用效率提高，通过网络render farm的聚合处理能力，整个环境能够连续按照次序渲染工作任务。

（五）选用软件工具的基本原则

影视后期合成软件有很多种，如何因地制宜地选择适宜的工具软件很关键。在选择软件时应该遵循技术为艺术服务的理念，在综合考虑多种情况的前提下，找到适合的软件，而不是越新、越复杂的软件越好。选择影视后期合成软件时应遵循的原则有以下几点。

1. 经济实用性原则

影视后期创作系统是一个复杂的系统，各种合成软件在性能、成本、管理等方面有着很大的差别。在选择时可以根据需要，选择经济实用的系统和软件。

2. 先进性原则

影视合成技术日新月异，我们不能故步自封。在经济实用的基础上，要选用较新的影视后期合成软件。因为技术更新得很快，使用较新的、先进的软件不仅功能增强了，兼容性也增强了，可以同时兼容多种格式的素材，尤其是新出现的格式。较新的软件在操作界面上也更人性化，能更好地满足创作的需要。

3. 循序渐进原则

初学者应该遵循循序渐进的原则，先选择比较容易上手操作的系统和软件，在掌握了一定的流程之后再学习较复杂的软件，这样可以达到事半功倍的效果。虽然合成软件有很多种，但是其基本操作流程上很接近，学习了操作较简单的软件再学习较复杂的，会很容易上手。

在软件版本的选择上，要兼顾硬件配置情况。以After Effects软件为例，随着After Effects软件版本的不断升级，有些功能和操作也在不断完善和进步。在选择After Effects软件版本的时候首先要考察一下自己的电脑硬件配置，虽然越高的版本越优秀，但是需要的硬件配置也在不断提升，如果一味追求最新最高版本，而电脑的硬件运行效率跟不上，也不能很好地发挥其该有的功能。所以要根据电脑的硬件配置选择适合的软件版本。下面以After Effects CC 2020版本软件为例，需要的电脑配置建议如下。

CPU：16—32线程，主频3.4GHz以上。

显卡：显存6—11G，显存位宽192—384bit，核心频率1300—1800MHz。推荐使用N卡，因为Adobe软件一般能很好地支持N的加速卡。

内存：16—32G，根据CPU的线程选择需要的内存，如32线程的CPU需要32G内存。

硬盘：固态SSD选择240G以上的。

Windows建议配置，见表1-1。

表 1-1　Windows 建议配置

处理器	具有 64 位支持的多核 Intel 处理器
操作系统	Microsoft Windows 10（64 位）版本 1803 及更高版本。注：Win1607 版本不受支持
RAM	至少 16 GB（建议 32 GB）
GPU	2GB GPU VRAM。在使用 After Effects 时，将 NVIDIA 驱动程序更新到 451.77 或更高版本。更早版本的驱动程序存在一个已知问题，即可能会导致崩溃
硬盘空间	5GB 可用硬盘空间用于安装；安装过程中需要额外可用空间（无法安装在可移动闪存设备上）。用于磁盘缓存的额外磁盘空间建议 10GB
显示器分辨率	1280×1080 或更高的显示分辨率

macOS 建议配置，见表 1-2。

表 1-2　macOS 建议配置

处理器	具有 64 位支持的多核 Intel 处理器
操作系统	macOS 10.13 版本及更高版本。注：macOS 10.12 版本不受支持。After Effects 17.5.1 版本支持 macOS Big Sur
RAM	至少 16 GB（建议 32 GB）
GPU	2 GB GPU VRAM。在使用 After Effects 时，将 NVIDIA 驱动程序更新到 451.77 或更高版本。更早版本的驱动程序存在一个已知问题，即可能会导致崩溃
硬盘空间	6 GB 可用硬盘空间用于安装；安装过程中需要额外可用空间（无法安装在使用区分大小写的文件系统的卷上或可移动闪存设备上）。用于磁盘缓存的额外磁盘空间建议 10GB
显示器分辨率	1440×900 或更高的显示分辨率

第二章　After Effects软件的基本操作

正所谓“工欲善其事，必先利其器”，要想创作出优秀的合成作品，首先要掌握工具的使用方法。

After Effects软件是Adobe旗下的合成产品，与Adobe旗下其他的产品在操作上有许多相通之处。通过联系Photoshop、Premiere等软件的操作，可以更快上手。

一、文件操作

在影视作品的后期创作工作中，需要养成一个良好的工作习惯，这可以使我们在面对庞杂的素材和工程时事半功倍。

首先，应创建一个文件夹，以项目的名称命名，方便后续工作中的查找和应用。其次，在该项目文件夹中依次创建素材文件夹、工程文件夹和输出文件夹，把涉及该项目的所有文件，按照文件夹分门别类地建立清晰的文件夹结构。

（一）创建工程文件

（1）安装好After Effects软件后，电脑桌面上会出现After Effects软件的启动图标 Ae，双击After Effects的启动图标，如图2-1-1所示。

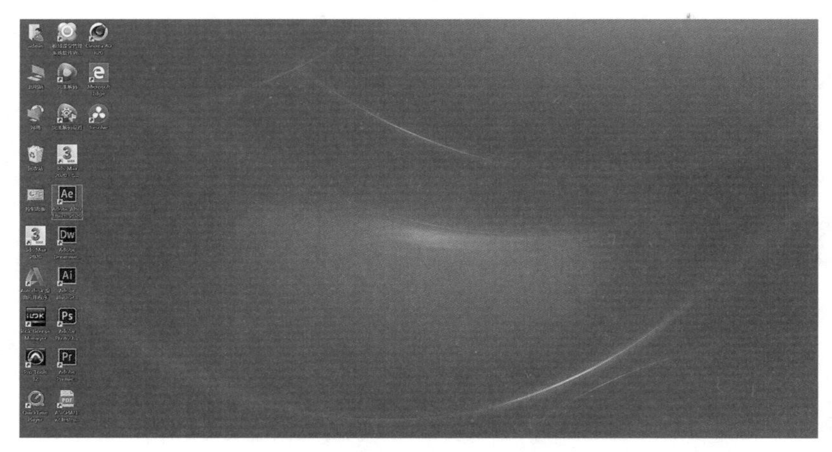

图2-1-1

（2）After Effects 软件启动过程中会加载软件运行需要的程序，如图 2-1-2 所示。

图2-1-2

（3）弹出After Effects软件的主页面，如图2-1-3所示。

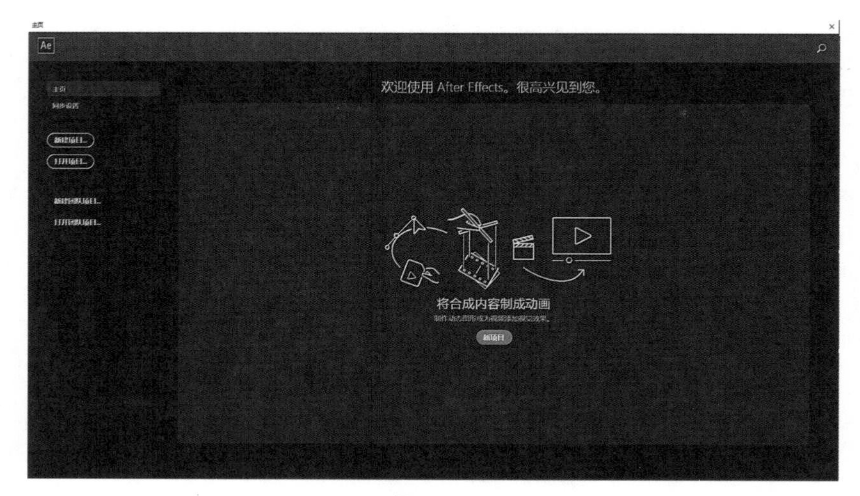

图2-1-3

如果是第一次开始After Effects的工程，单击【新建项目...】按钮。如果此前创建过After Effects的工程，要在原来的工程文件的基础上继续操作，可以在【最近使用项】的列表中单击选择最近打开过的工程文件。如果不是最近的工程，可以单击【打开项目...】按钮，在文件资源浏览器中打开需要的工程文件。如果是团队合作，可以单击【新建团队项目...】按钮，创建一个多机合作的工作模式的工程文件，或者单击【打开团队项目...】按钮继续工作。

（4）单击【新建项目...】按钮后，打开After Effects软件的默认工作界面，如图2-1-4所示。

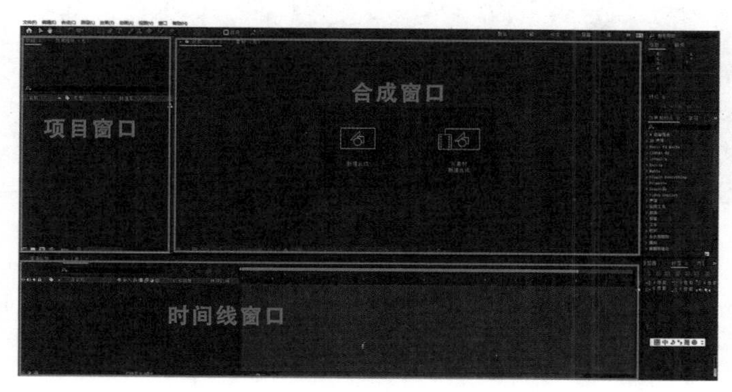

图2-1-4

（二）认识工作界面

在默认的工作界面中，有3个主要的操作窗口：项目窗口、合成窗口和时间线窗口。除此之外，还有信息、音频、预览、效果和预设、对齐、库、字符、段落、跟踪器、内容识别填充和摇摆器窗口。

（1）项目窗口：主要用来存放和管理所有的素材，如图2-1-5所示。

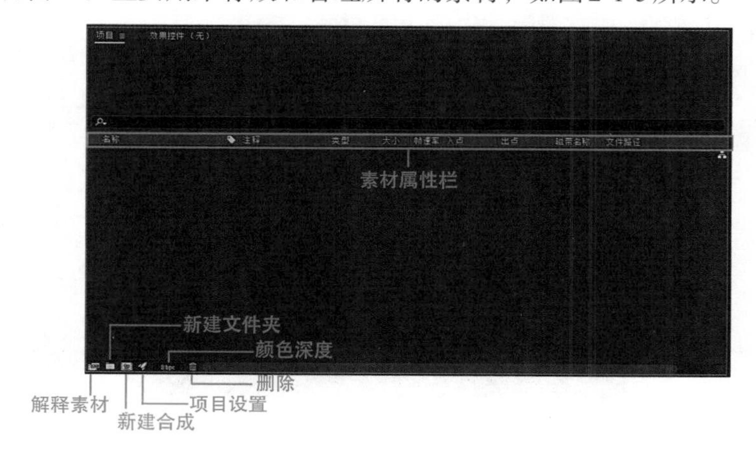

图2-1-5

素材属性栏：在素材属性栏的属性名称处单击鼠标右键，单击【隐藏此项】按钮，可以关闭该属性栏；也可以在素材属性栏的空白处单击鼠标右键，单击【列数】级联菜单里没有勾选的选项，打开相应的属性栏。如图2-1-6所示。

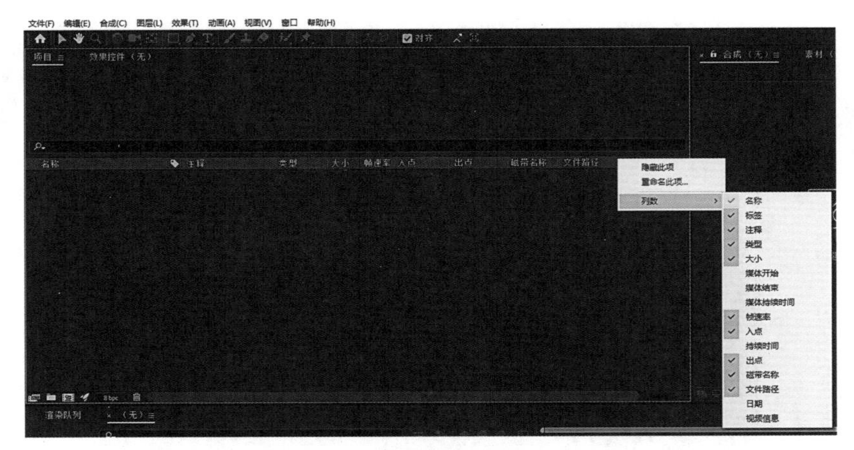

图2-1-6

解释素材：对于导入的素材重新定义场序、帧速率等参数值。按住Alt键并单击可以解释代理素材。

新建文件夹：创建项目窗口里的文件夹，把不同的素材归类放置在不同的文件夹中，方便浏览和管理。

新建合成：创建一个新的合成，如果把项目窗口中的素材拖拽到该按钮上，将根据素材的参数创建一个合成。

项目设置：单击该按钮可以打开【项目设置】对话框并调整项目渲染设置。

颜色深度：打开【项目设置】对话框中的颜色深度。

删除：删除项目窗口中选定的项目，为了让项目瘦身，要及时清理没用到的素材项。如果此素材已经应用在合成的时间上，将会提示是否一并删除。

（2）合成窗口：主要用来预览合成的结果，如图2-1-7所示。

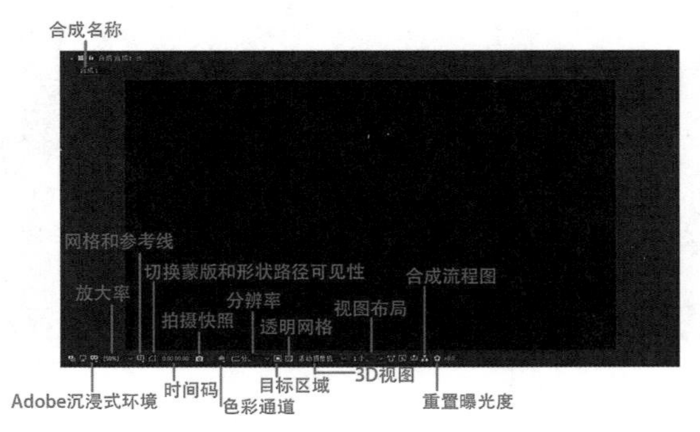

图2-1-7

Adobe沉浸式环境：使用观看沉浸式VR的方式编辑沉浸式VR，即佩戴VR头盔。选项有剧场模式（直线运动）、360单像、360上/下、360并排、180上/下、180并排、视频预览首选项等。

放大率：根据显示需要放大或缩小显示比例。鼠标放置在合成窗口区域，通过鼠标中间的滚轮控制显示比例，也可以在放大率的下拉菜单中选择需要的百分比数值进行显示。当放大率为“适合”或“合适大小（最大100%）”时，根据合成窗口的大小自动调整显示比例，以尽可能地显示所有画面内容，如图2-1-8所示。

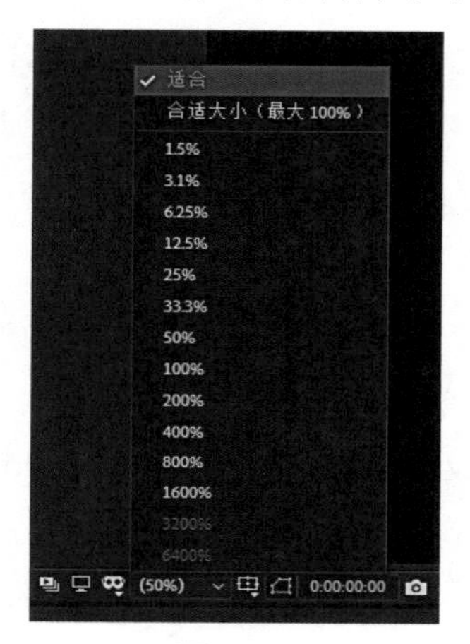

图2-1-8

网格和参考线：设置合成窗口中显示标题/动作安全、对称网格、网格、参考线、标尺和3D参考轴，在绘制形状和安排构图时使用，如图2-1-9所示。

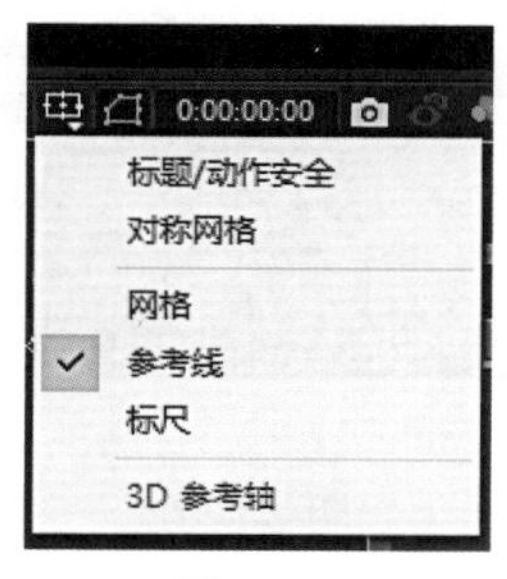

图2-1-9

时间码：显示当前播放的时间位置，也可以通过单击时间码输入新的时间位置实现新的时间定位。

拍摄快照：单击拍摄快照按钮，可以记录当前的帧画面为一张照片放置在缓存中。到另外一个时间位置，再按下后面的显示快照按钮可以显示之前记录的照片，方便不同的帧画面进行对比，尤其做动画时方便进行前后对比。需要注意的是，只能显示最后一次快照的照片，当有新的快照照片时会把原来的快照照片覆盖。

色彩通道：显示色彩通道及色彩管理设置。可以分别显示红、绿、蓝和Alpha通道，还可以设置项目的色彩管理空间，即色彩深度、色彩工作空间、工作灰度系数等。

分辨率：在下拉菜单中选择分辨率。分辨率降低，画质也会随之降低，但运行速度会有所提升。

区域目标：用鼠标在合成窗口绘制一个区域后，按下此按钮，将只显示绘制区域内的内容，可以避免其他内容的干扰。

透明网格：如果合成的背景是透明的，可以单击此按钮，显示透明的背景。

3D视图：默认情况是活动摄像机视图，也就是默认的渲染视图。在三维合成操作时，可以切换到不同的视图，如顶视图、前视图、左视图、右视图、背视图、底视图、自定义视图等。

视图布局：默认情况下只有一个视图，在三维合成操作时可以选择二视图和四视图，方便从不同的视角进行观察。

合成流程图：显示该合成的流程图，习惯节点式合成软件工作的人可以使用流程图来工作。

重置曝光度：增加或减少画面曝光度，但这个曝光度只影响合成窗口显示的内容，不代表渲染生成画面的曝光数值。

（3）时间线窗口：以时间为轴线的图层工作窗口，分为属性栏和时间轴两个工作区域，如图2-1-10所示。

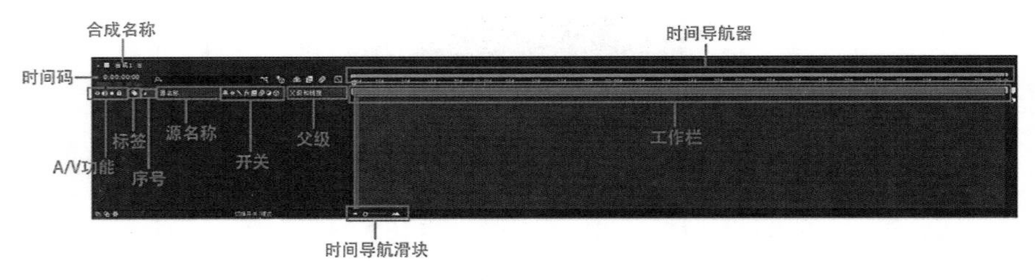

图2-1-10

合成名称：合成对应的时间线。

时间码：显示时间位置，也可以通过单击修改时间重新定位。

A/V功能：打开或关闭视频层和音频层的显示、独奏和锁定。

标签：不同类型图层有不同的颜色，标签的颜色就是图层层条的颜色，便于区分图层类型。

序号：图层序号，以自上而下顺序排序，默认情况下，二维图层优先显示图层内容。

源名称：显示素材的名称，可以通过单击该属性栏切换到层名称。层名称是为了方便管理图层而设置的图层名称，修改图层名称不会改变素材的源名称。

开关：开关里的消隐、帧融合、运动模糊与上面的对应开关同时开启才起作用，如图2-1-11所示。

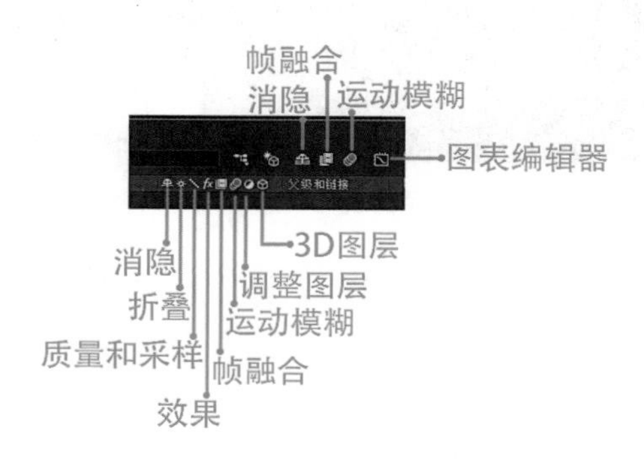

图2-1-11

消隐：可以隐藏暂时不需要操作的图层，需要配合上方的消隐开关使用。

折叠：对于合成图层，折叠变换，可以保持原来合成的属性；对于矢量图层，连续栅格化。

质量和采样：针对图像的边缘进行柔化处理，使图像边缘看起来更平滑，是提高画质、使画面变柔和的一种方法，包括三个级别，画面质量依次降低，也会影响最终的画面质量。

效果：特效的开关。可以通过此开关开启或关闭图层上添加的所有特效插件效果。

帧融合：当素材的帧速率改变时，视频会有明显的卡顿，启用帧融合可以在各个帧画面之间自动添加叠化效果，让视频看起来顺畅自然，需要配合上方的帧融合开关使用。

运动模糊：模拟物体快速运动时的视觉模糊效果，模糊程度取决于物体运动的速度，需要配合上方的运动模糊开关使用。

调整图层：把图层转换为调节图层。

3D图层：把图层转换为三维图层。

父级：定义父子层关系，父层属性变化时子层跟着变，而子层属性变化时父层保持不变。

在属性栏上单击鼠标右键，在弹出的菜单中选择【隐藏此项】，即可关闭该属性栏。在属性栏空白处单击鼠标右键，在弹出的菜单中选择【列数】级联菜单里未勾选的选项，可以添加相应的属性栏，如图2-1-12所示。

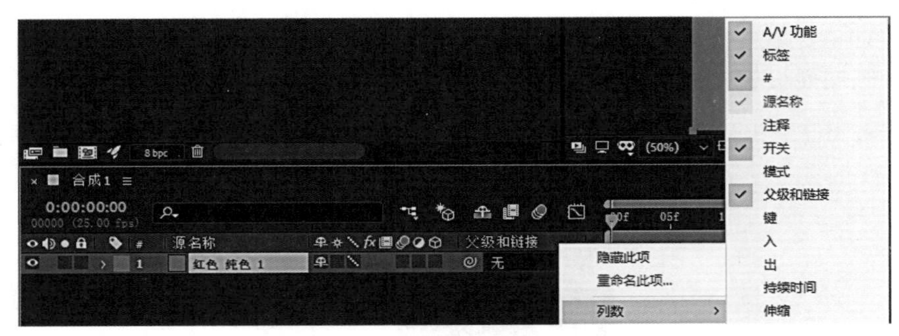

图2-1-12

时间导航器和时间导航滑块都可以调整时间线的单位时间，或者用快捷键“+”“–”。

工作区定义渲染计算的入点和出点。

（4）工具：常用的工具，如图2-1-13所示。

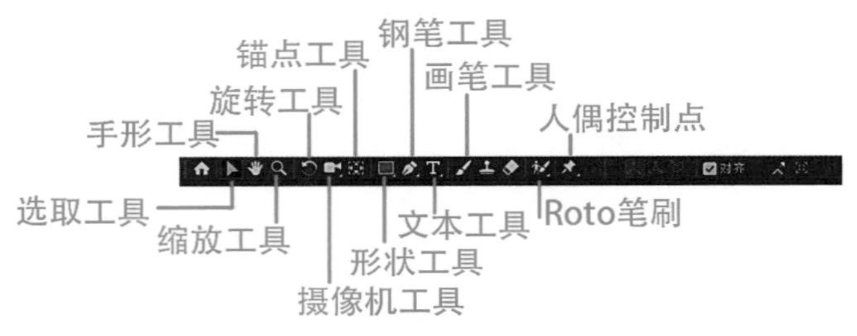

图2-1-13

选取工具：选择对象工具，快捷键V。

手形工具：移动视图显示区域，快捷键H。

缩放工具：缩放合成窗口显示比例，快捷键Z。

旋转工具：旋转图层的角度，快捷键W。

摄像机工具：三维合成里控制摄像机，快捷键C。

锚点工具：调整锚点的位置，快捷键Y。

形状工具：绘制几何形状，快捷键Q。

钢笔工具：绘制不规则的路径或线条，快捷键G。

文本工具：创建文字对象，快捷键Ctrl+T。

画笔工具：绘制任意笔画，快捷键Ctrl+B。

Roto笔刷：抠像笔刷，快捷键Alt+W。

人偶控制点：添加动画控制点，快捷键Ctrl+P。

（5）其他窗口。

信息：显示鼠标所在的合成画面的颜色和位置数据。

音频：音频声麦输出表和音量调节。

预览：播放控制器。

效果和预设：插件和插件预设。

对齐：对齐和分布。

库：云操作的数据库链接。

字符：定义文字的属性。

段落：定义段落格式。

跟踪器：通过识别画面中的亮度与颜色信息得到跟踪数据，把跟踪数据应用到虚拟摄像机、稳定和运动中。

内容识别填充：自定义一个区域，将该区域之外的图像进行拼接组合后融合并填充到该区域，从而达到快速无缝的拼接效果。

摇摆器：设置随机抖动效果。

（6）工作区。

在菜单栏单击【窗口】—【工作区】的级联菜单，选择工作内容相应的工作界面，如图2-1-14所示。

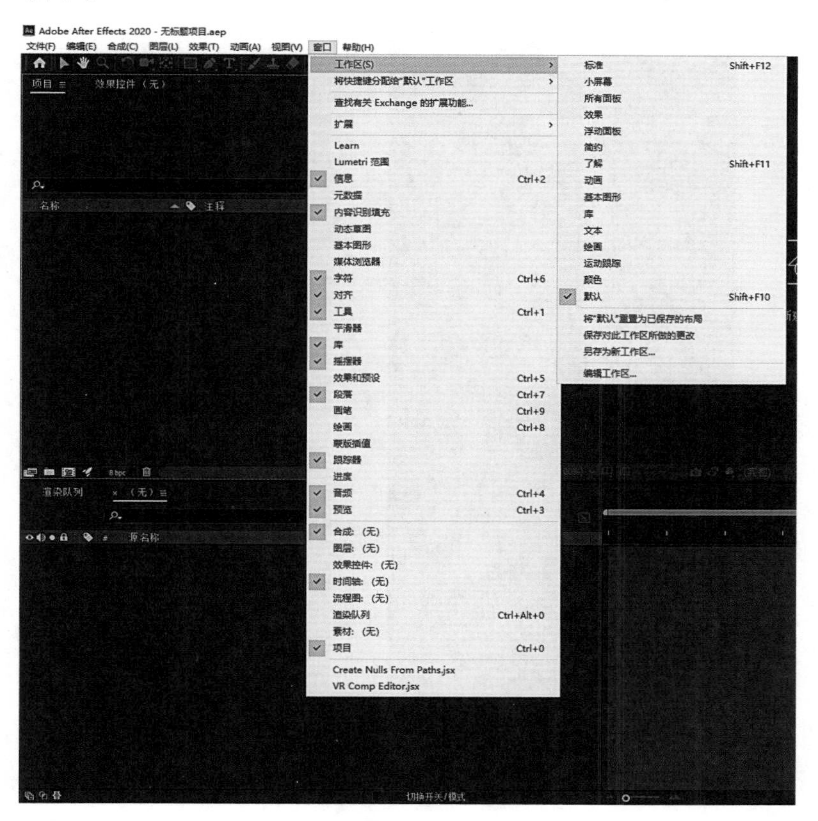

图2-1-14

标准：基本的工作界面，也是常用的编辑工作界面，包括项目面板、合成图像面板、时间线面板、信息面板、预览面板、字符面板和段落面板。

效果：针对特效插件编辑的工作界面，包括效果控件、合成、时间线、信息、预览、效果和预设。

绘画：针对绘画类操作的工作界面，包括合成、图层、时间线、预览、绘画、画笔。

颜色：针对调色的工作界面，包括项目、Lumetri范围、合成、时间线、效果和预设。

在预设的工作界面的基础上还可以改变各个面板的显示或者关闭状态，调整面板的大小和位置。每个面板都是级联面板，可以通过拖动任意一个面板的边界调整面板的大小，从而调整成自己习惯的工作面板的布局。还可以通过单击菜单栏【窗口】下拉菜单选择需要的窗口，如图2-1-15所示。

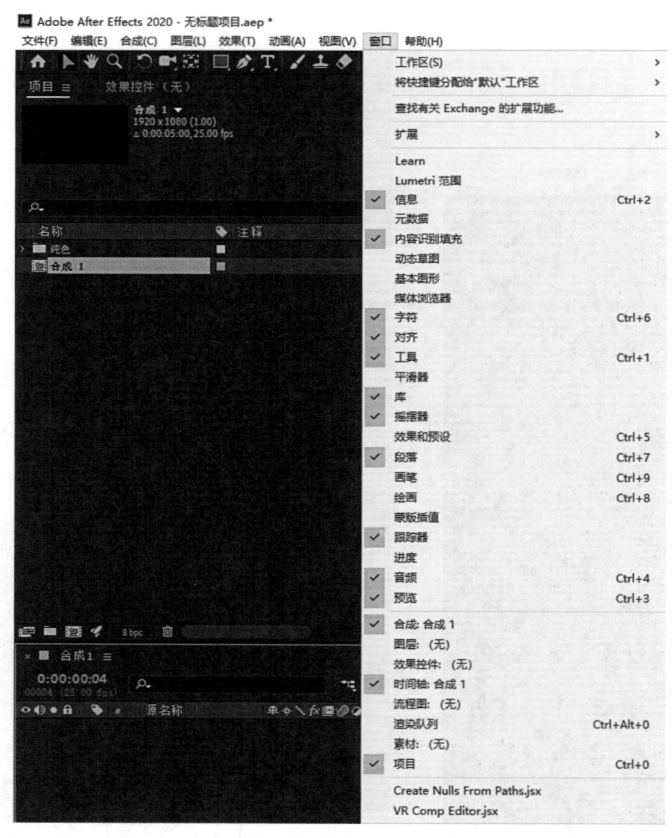

图2-1-15

单击【窗口】—【工作区】—【另存为新工作区...】，即可保存自己的工作区。同时还可以随时调用自己的工作区，如图2-1-16所示。

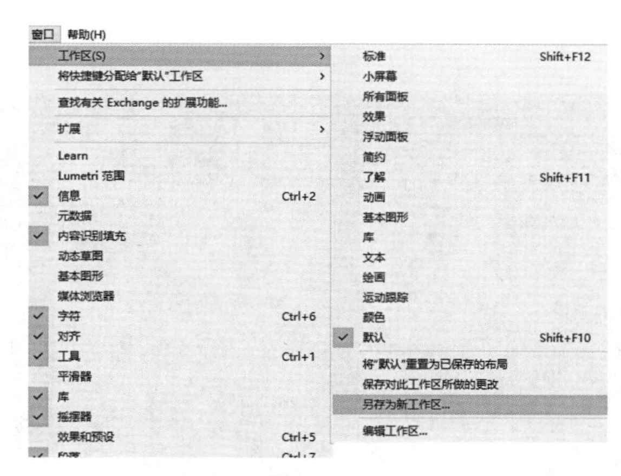

图2-1-16

拓展练习：自定义工作区，并保存。

（三）项目设置

每次工作前，根据工作需要对项目进行一些常规性的设置。执行【文件】—【项目设置...】，打开【项目设置】对话框，对应的快捷键是Ctrl+Alt+Shift+K，如图2-1-17所示。

图2-1-17

在【项目设置】对话框中设置需要的参数，如图2-1-18所示。

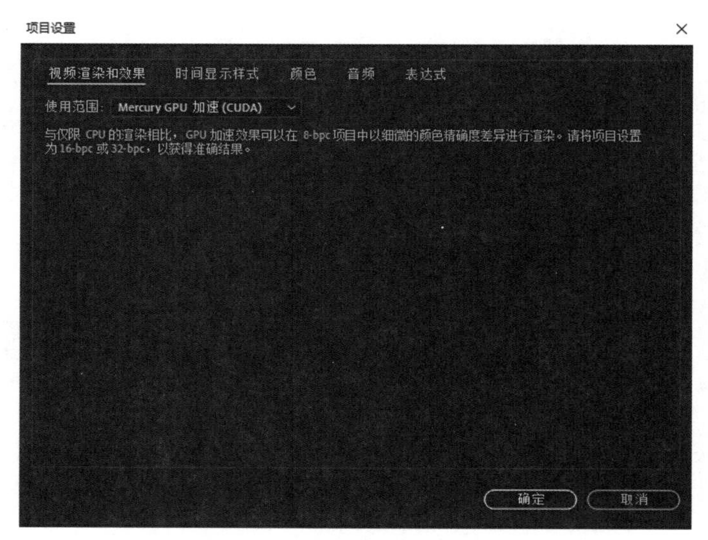

图2-1-18

（1）视频渲染和效果：根据配置的显卡型号，启用显卡加速可以加快渲染速度，如图2-1-19所示。

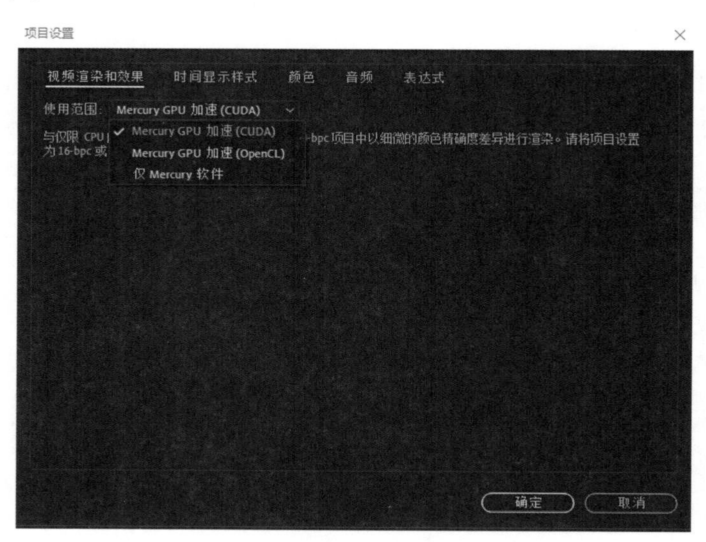

图2-1-19

渲染是一项计算量很大的工作。默认情况下，使用CPU进行渲染计算，如果电脑的线程比较多，CPU占用率高，容易高温损坏设备，渲染速度也很慢，此时可以启用显卡的GPU渲染加速渲染。

（2）时间显示样式：可以对时间线窗口里时间标尺所使用的时间显示方式进行设置，如图2-1-20所示。

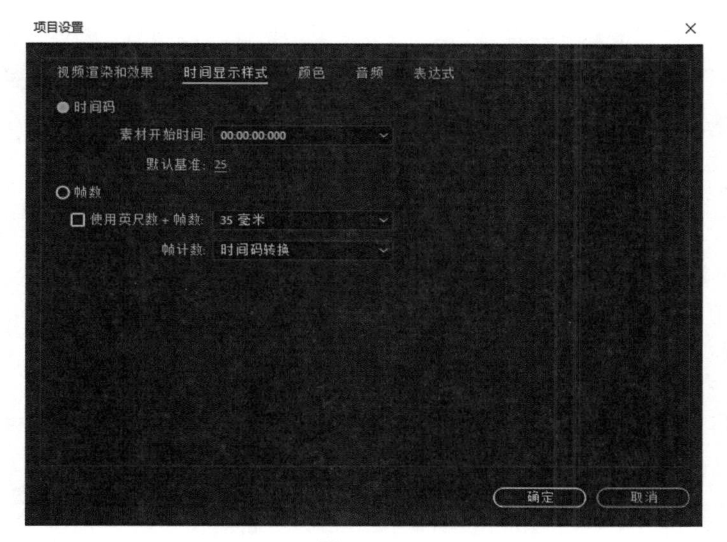

图2-1-20

时间码：决定时间位置的基准。一般情况下，电影视频的基准设置为24fps，PAL或SECAM制视频的基准设置为25fps，NTSC制视频的基准设置为30fps。素材开始时间是指时间线上显示的开始时间，即输入的数值。

帧数：按帧数计算时长，包括使用英尺数+帧数和帧计数两种方式。英尺数+帧数用于胶片，对应16毫米和35毫米电影胶片的时间计算方式；帧计数是帧数值的累加。

（3）颜色：设置项目中的色彩工作方式，如图2-1-21所示。

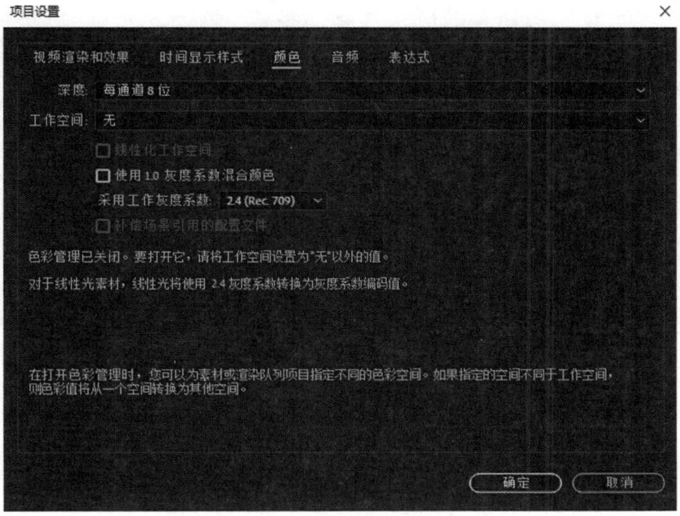

图2-1-21

深度：可以对项目中使用的颜色深度进行设置。通常情况下使用8bit色深度进行工作，也就是色彩通道的取值范围在0—255，共计$2^8=256$个色彩级别。在处理电影胶片和高清晰度电视影像时也可以选择16bit和32bit色进行高质量的影像处理。在进行调色工作时，应尽可能使用高于8bit色的选项，以便保留更多的颜色细节。在一个16bit色的项目中导入8bit色图像进行一些特效处理时，会导致一些细节的损失，系统会在【特效控制】对话框中显示警告标志。

工作空间：根据项目需要，如不同的屏幕、给素材套lut监看、解释素材里携带的ICC信息、输出设置等，需要开启色彩空间，以保证色彩的正常显示。如果制作高清电视视频，最好选择HDTV（Rec.709），这个色彩空间使用与sRGB相同的基色，但具有更大的色域，适合多种工作的色彩工作空间；如果制作数字电影视频，最好选择具有线性色调响应曲线的ProPhoto RGB；如果制作Web（特别是卡通）视频，最好选择sRGB IEC61966-2.1。

此外，如果项目中涉及Cinema 4D与After Effects协作工作，需要勾选【线性化工作空间】，否则粒子效果的显示不正常。

（4）音频：设置声音的采样频率，如图2-1-22所示。

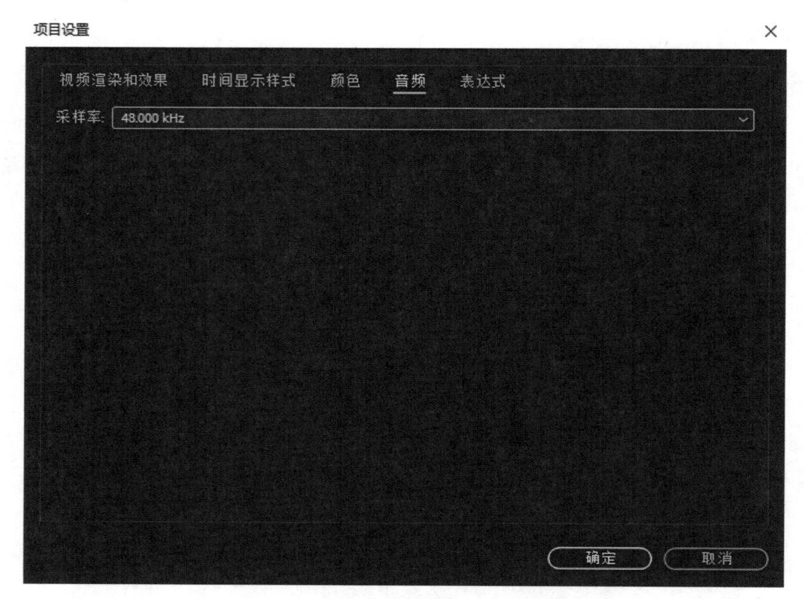

图2-1-22

声音的数字化过程可以简化为取样、量化和编码三个步骤，在连续的声音曲线上拾取采样点的频率叫作采样率，采样率越高，声音越接近真实。

（5）表达式：选择编写表达式的时候遵从的语法和逻辑。共有两种计算机语言，分别是JavaScript和旧版ExtendScript，使用较多的是JavaScript语言，如图2-1-23所示。

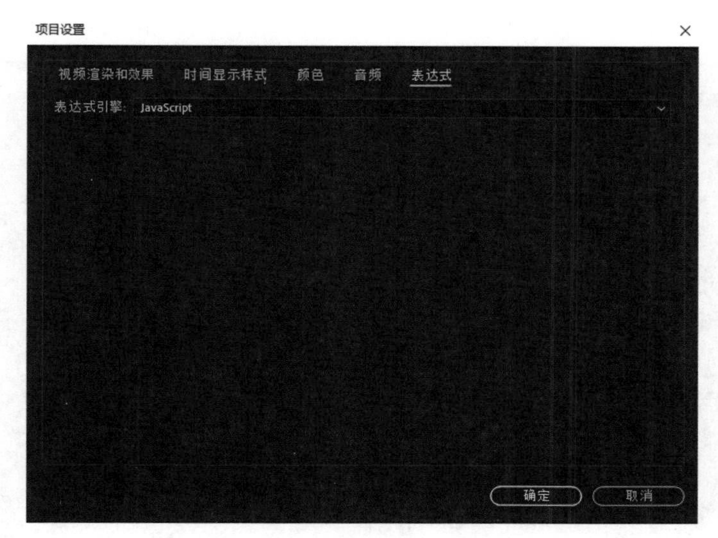

图2-1-23

（四）首选项设置

首选项设置也叫偏好设置，执行【编辑】—【首选项】，如图2-1-24所示。

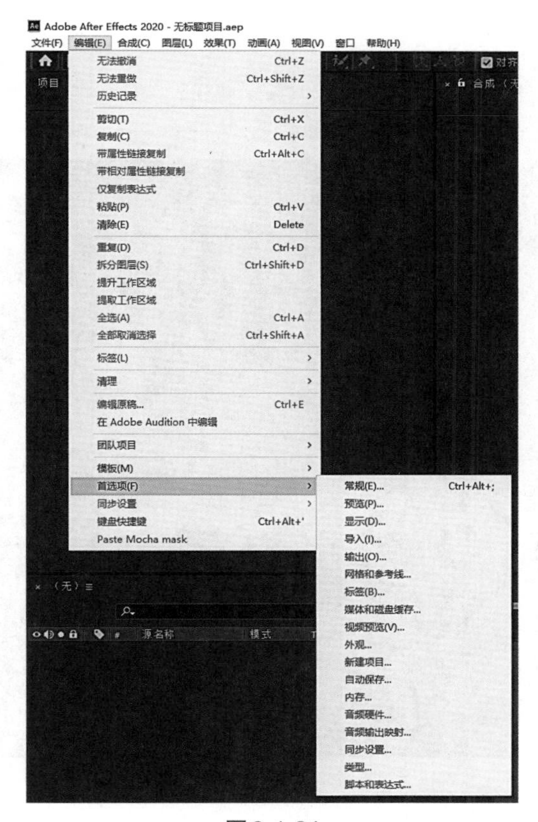

图2-1-24

（1）常规：使用After Effects软件时的一些常规操作，如图2-1-25所示。

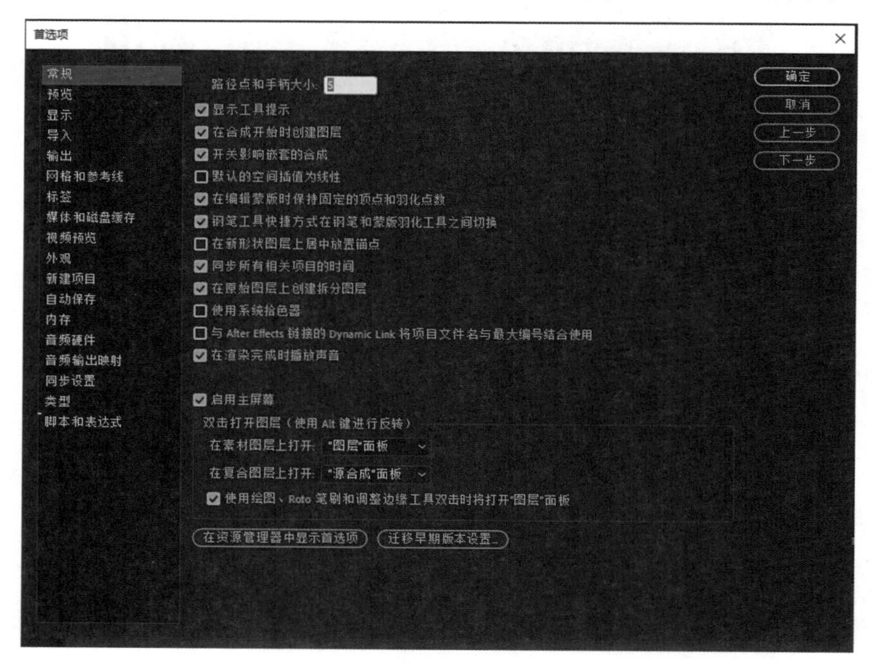

图2-1-25

一般情况下都是使用默认的设置。

（2）预览：设置预览的参数，如图2-1-26所示。

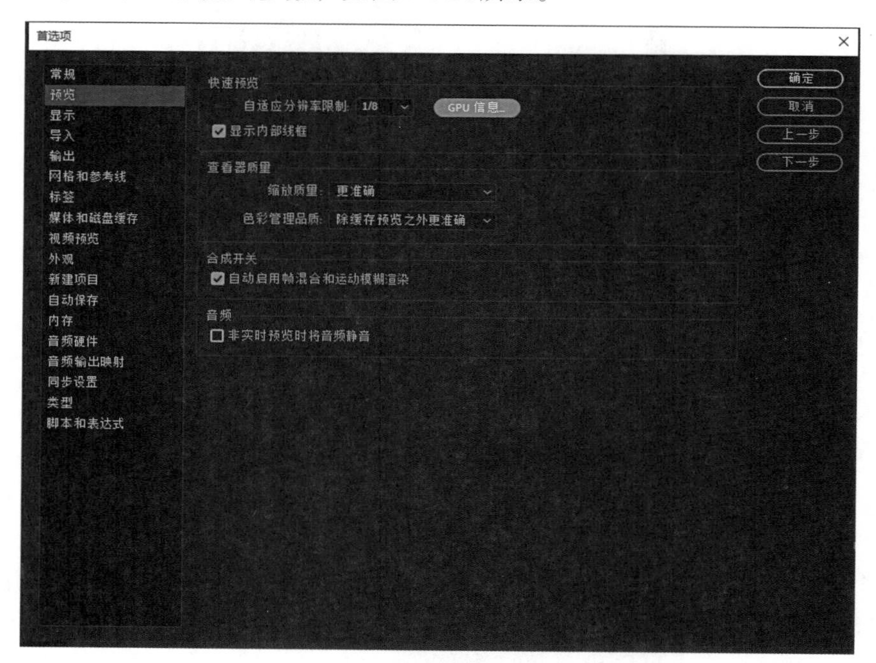

图2-1-26

如果要启用显卡加速渲染，需要设置GPU信息，分配纹理内存。

（3）显示：设置工作界面内一些信息的显示方式，如图2-1-27所示。

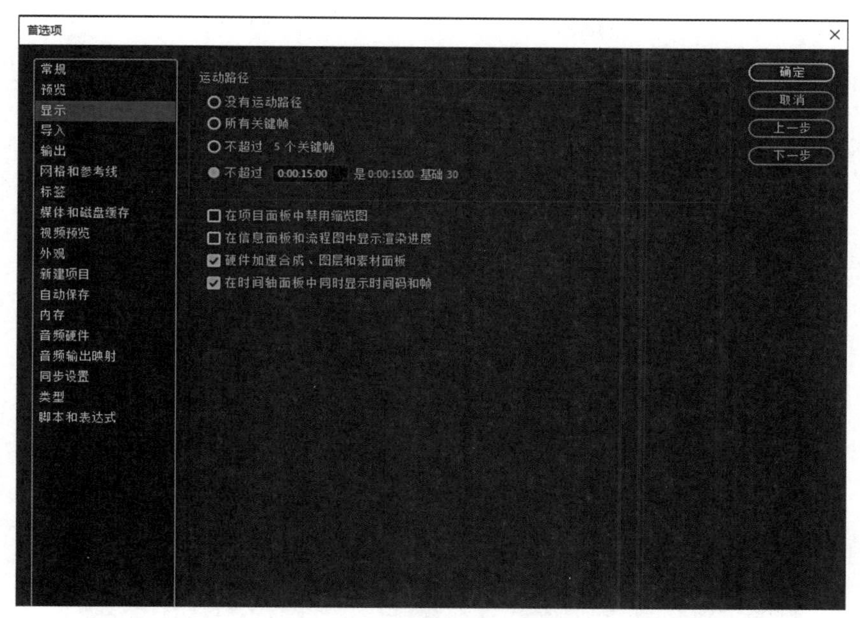

图2-1-27

建议在运动路径下选择【所有关键帧】，以显示运动路径的所有关键帧，便于修改操作。

（4）导入：定义导入素材的默认操作，如图2-1-28所示。

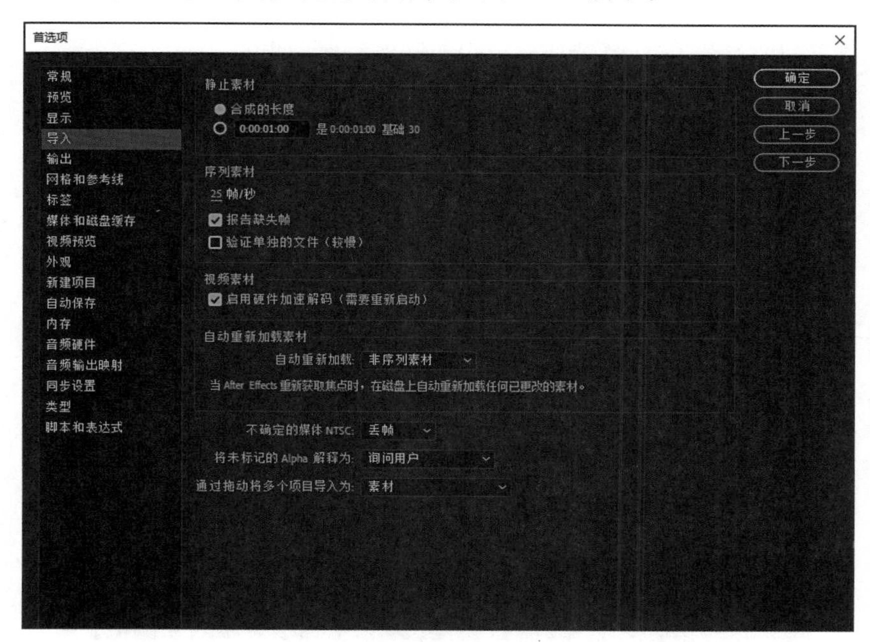

图2-1-28

静止素材：当导入图片类素材时，默认的是持续时间长度。

序列素材：当导入序列素材时，建议帧速率改成PAL制的25fps，也可以在项目窗口里解释素材。

（5）输出：设置输出的默认方式，如图2-1-29所示。

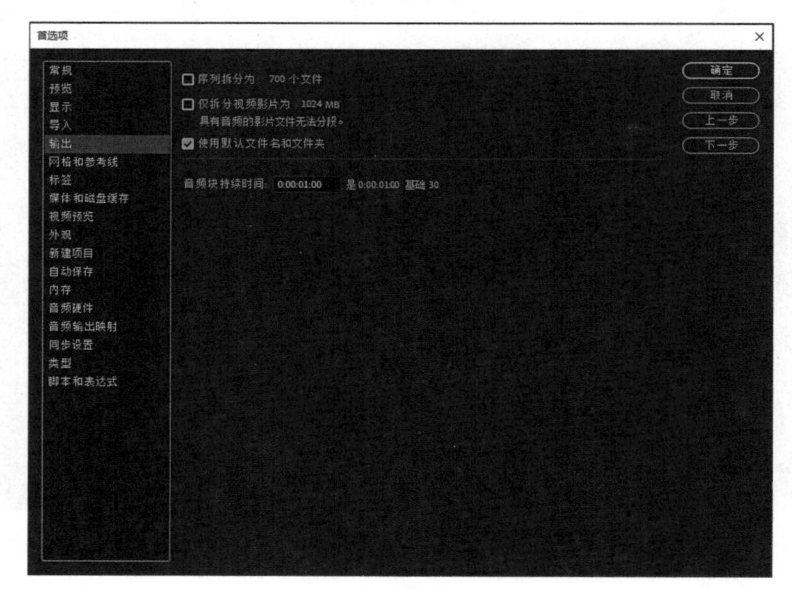

图2-1-29

一般情况下，渲染输出一个完整的音视频文件，用合成的名称命名输出文件，用工程文件名称命名输出文件夹。

（6）网格和参考线：定义合成窗口中的网格和参考线的显示，如图2-1-30所示。

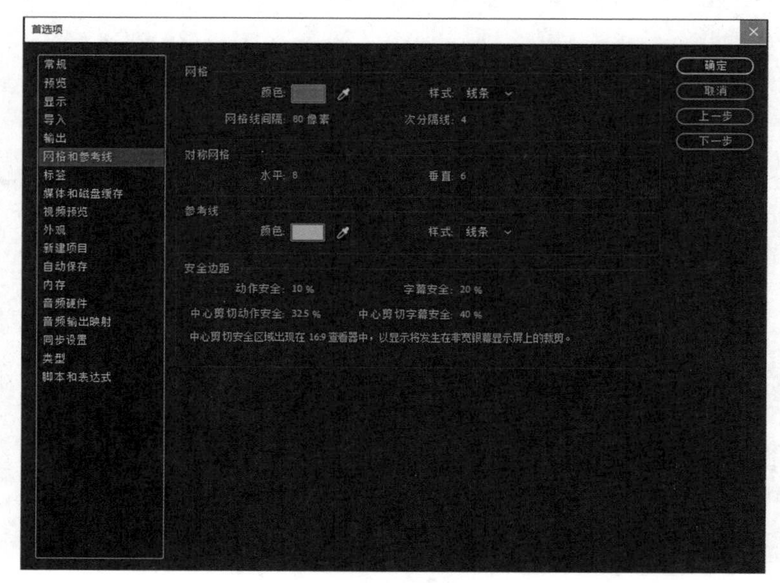

图2-1-30

网格和参考线的颜色可以设置成自己喜欢或是需要的颜色，对称网格的分布数量也可以自行设置。一般情况下，安全边距的比例不做修改，以便适用于大部分查看器。

（7）标签：设置不同类型素材的标签颜色，如图2-1-31所示。

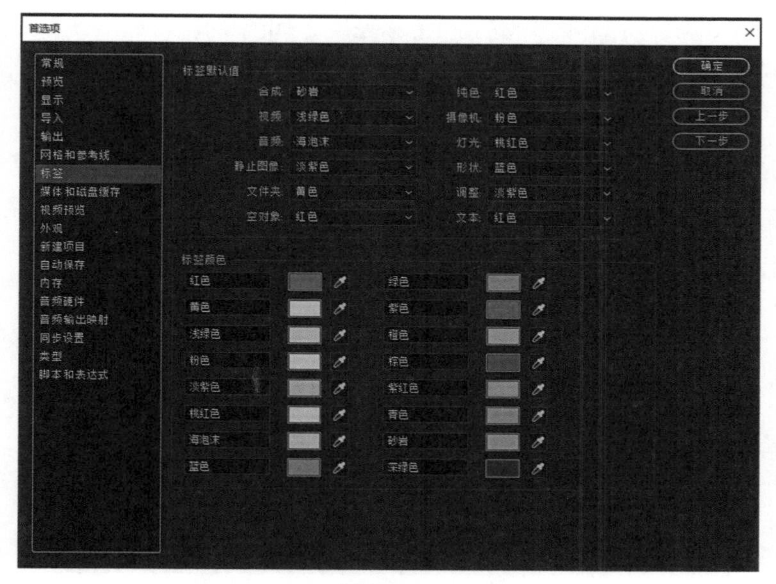

图2-1-31

标签在项目窗口和时间线窗口以不同的颜色区别不同类型的素材，可以自行设置颜色和颜色名称，但是不能出现重复的名称或颜色，以避免工作过程中出现错误。

（8）媒体和磁盘缓存：定义媒体缓存的存储位置，如图2-1-32所示。

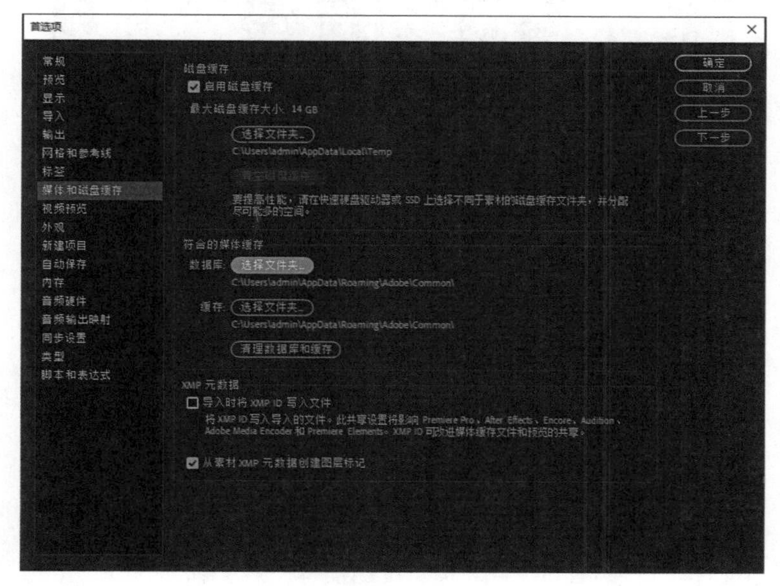

图2-1-32

After Effects工作时会产生大量的缓存数据，建议不要把缓存文件定位在系统盘区，以免拖慢电脑的运行速度。可以放置于系统盘以外的大容量盘区，还可以通过单击【清理数据库和缓存】释放磁盘空间。

（9）外观：定义工作界面的显示颜色和亮度，如图2-1-33所示。

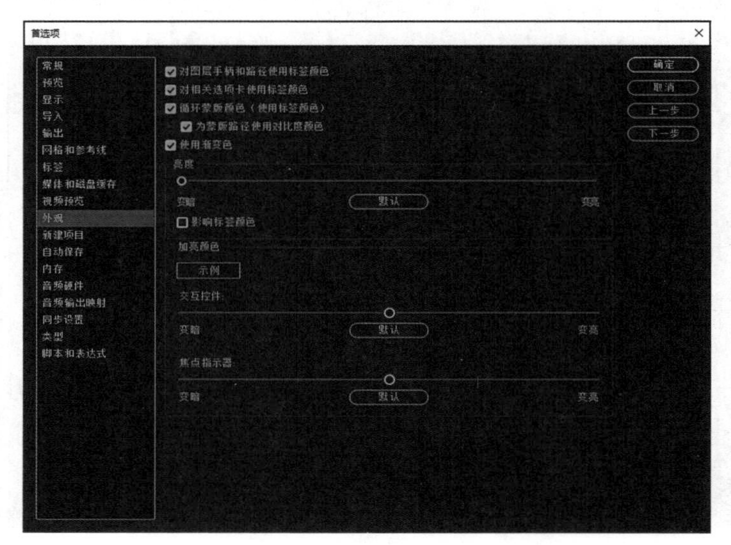

图2-1-33

可以选择是否使用标签颜色，调整工作界面、交互控件和焦点指示器的亮度。

（10）自动保存：设置自动保存的时间间隔和存储位置，如图2-1-34所示。

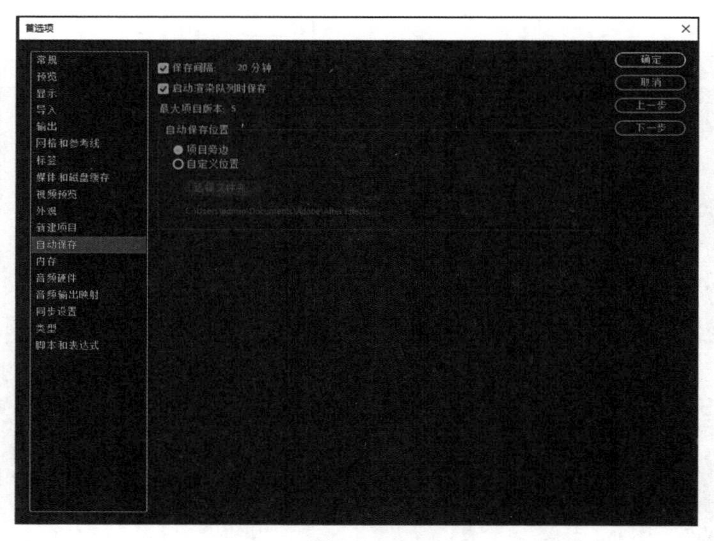

图2-1-34

开启自动保存，可以每间隔一段时间自动保存工程，避免因为忘记保存操作而意外丢失已经完成的操作。选择【启动渲染队列时保存】，在渲染输出时保存一下最后的操作版本，这一点很重要。

（11）内存：合理设置内存的分配可以物尽其用，如图2-1-35所示。

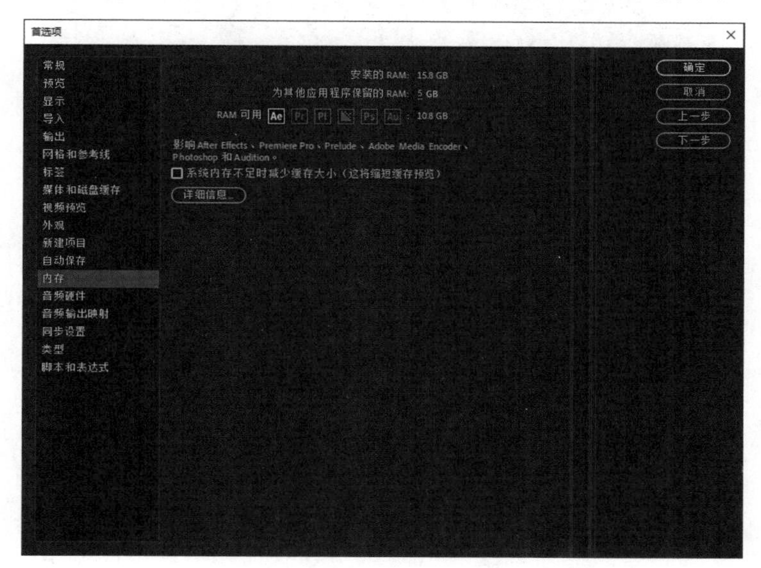

图2-1-35

为Adobe以外的程序预留出必要的内存空间，可以在运行Adobe程序的同时使用其他程序软件，如办公软件、看图软件等，一般2G—4G即可。

（12）音频硬件：设置监听的输出通道，如图2-1-36所示。

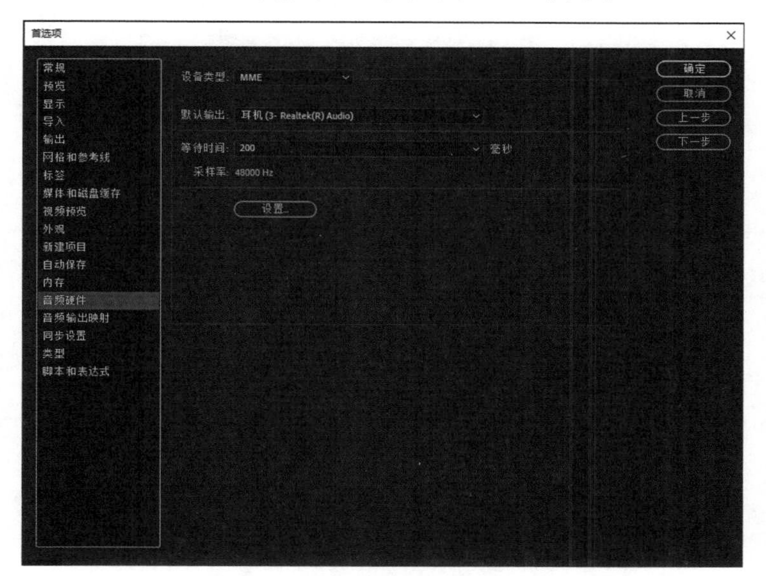

图2-1-36

根据监听的音频线接口和硬件设备选择设备类型和默认输出通道，才能监听到工程中的音频信息。

（13）脚本和表达式：使用脚本和表达式时的工作设置，如图2-1-37所示。

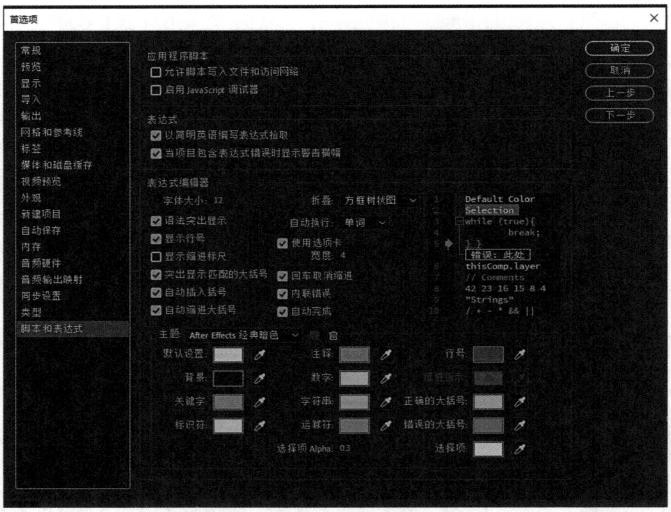

图2-1-37

当使用外部脚本和高级操作时，需要勾选【允许脚本写入文件和访问网络】和【启用JavaScript调试器】两个选项。

（五）键盘快捷键

使用快捷键，尤其是常用操作的快捷键可以提高工作效率。执行【编辑】—【键盘快捷键】，打开键盘快捷键示意图，如图2-1-38所示。

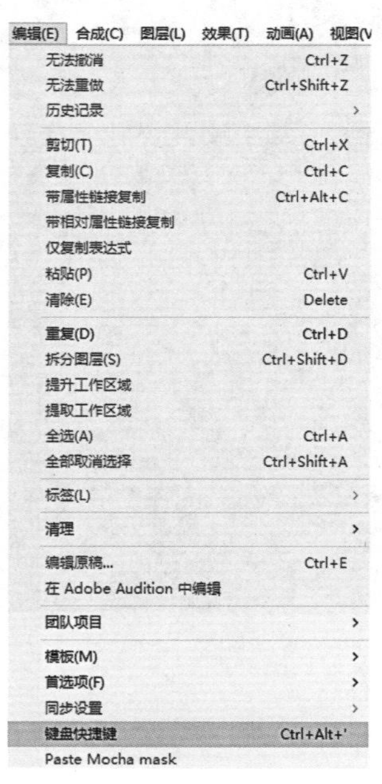

图2-1-38

在打开的键盘快捷键面板中，可以自定义键盘功能，也可以保存键盘布局预设，改成自己熟悉的一套键盘快捷键，如图2-1-39所示。

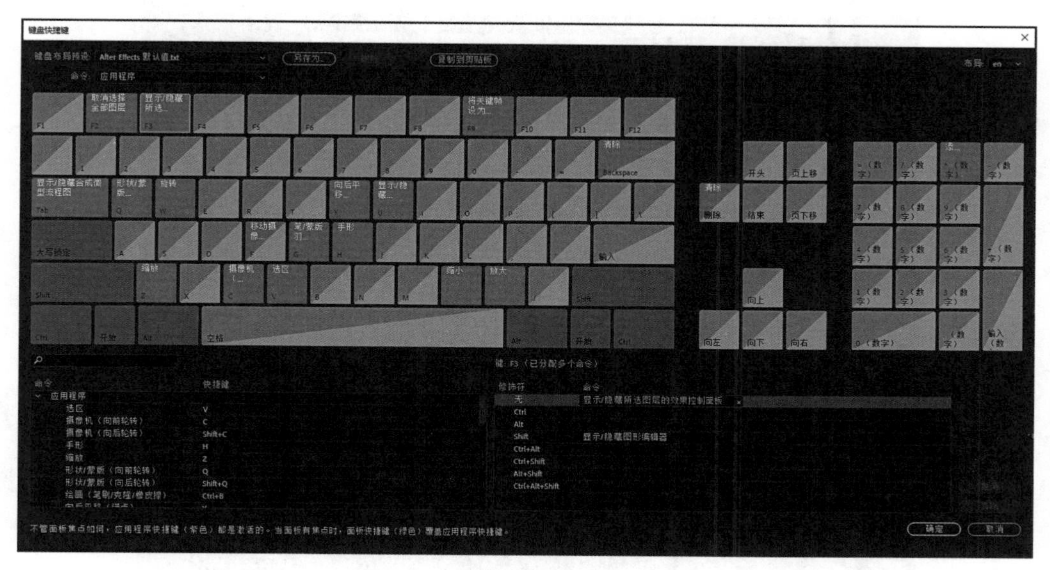

图2-1-39

不过，一般情况下还是使用After Effects默认键盘布局。

（六）合成设置

在After Effects软件中，所有的合成操作都是在合成里面进行的。首先需要创建合成，执行【合成】—【新建合成...】，对应的快捷键为Ctrl+N，如图2-1-40所示。

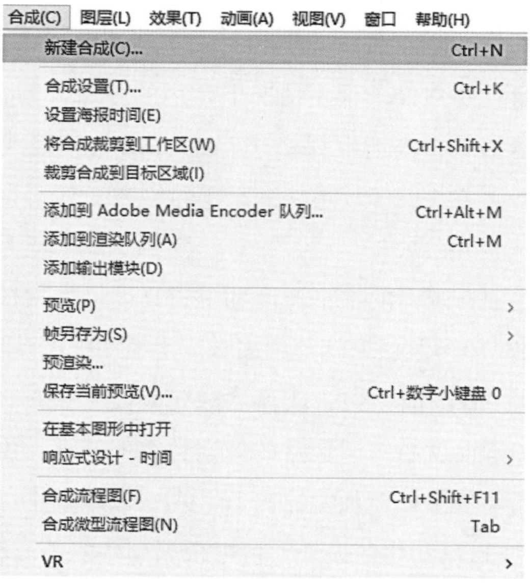

合成(C) 图层(L) 效果(T) 动画(A) 视图(V) 窗口 帮助(H)
新建合成(C)... Ctrl+N
合成设置(T)... Ctrl+K
设置海报时间(E)
将合成裁剪到工作区(W) Ctrl+Shift+X
裁剪合成到目标区域(I)
添加到 Adobe Media Encoder 队列... Ctrl+Alt+M
添加到渲染队列(A) Ctrl+M
添加输出模块(D)
预览(P) >
帧另存为(S) >
预渲染...
保存当前预览(V)... Ctrl+数字小键盘 0
在基本图形中打开
响应式设计 - 时间 >
合成流程图(F) Ctrl+Shift+F11
合成微型流程图(N) Tab
VR >

图2-1-40

打开【合成设置】对话框，根据项目需要设置参数，如图2-1-41所示。

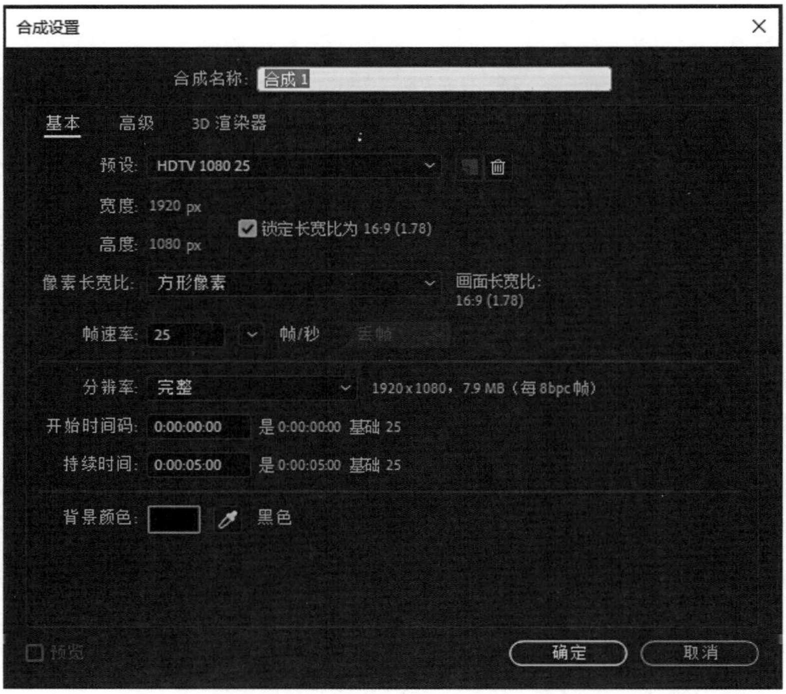

图2-1-41

合成名称文本框定义合成的名称，原则上以该合成的内容命名，方便查找和管理。

在【合成设置】对话框中有三个标签面板：基本、高级和3D渲染器。

1.【基本】标签面板

预设：After Effects软件预设了很多情况下常用的项目参数，如NTSC制、PAL制标清电视格式，小高清格式，高清电视格式，4K、8K视频格式和胶片格式，可以满足多场景项目的需求。如果预设参数不能满足项目需要，还可以选择自定义，自由地设定参数值。

宽度、高度：合成项目画面的水平宽度和垂直高度用像素数量表示，如一段高清电视格式的视频是1920×1080，意思就是画面宽度上有1920个像素，高度上有1080个像素，可以计算出一帧HD画面中包含的像素数是1920×1080=207万个像素。宽度和高度的数值越大，视频画面就越大，包含的像素数也就越多，可以记录并显示更多的细节信息。默认情况下勾选【锁定长宽比为16 : 9】，修改其中一个参数值，另一个参数值以保持16 : 9的画幅自动变化。另外，可以根据需要取消勾选状态。

像素长宽比：显示一帧画面里的内容是由一个个的像素点组成。当无限放大某个像素点时，它是一个矩形，这个矩形的长度和宽度的比例即像素长宽比。根据素材的像素长宽比或播放终端需要的像素长宽比选择参数项。

帧速率：指每秒播放的帧数。电影视频常用的是24帧/秒，PAL制电视视频常用的是25帧/秒，NTSC制电视视频常用的是29.97帧/秒。根据素材的帧频或播放终端的需要选择适合的参数项。

分辨率：设置合成画面的像素渲染质量，分为完整、二分之一、三分之一、四分之一和自定义，渲染质量依次降低，渲染速度依次加快。

开始时间码：定义合成中的开始时刻，一般是从0:00:00:00开始。如果是给定剪的镜头做特效合成，可以改成剪辑线上该镜头的开始时间，以保持与剪辑时间线相同的时间刻度。

持续时间：定义该合成的时间长度。

背景颜色：定义合成的背景颜色，默认是黑色。

2.【高级】标签面板

在【高级】标签面板中有关于合成嵌套、运动模糊和每帧样本的参数设置，如图2-1-42所示。

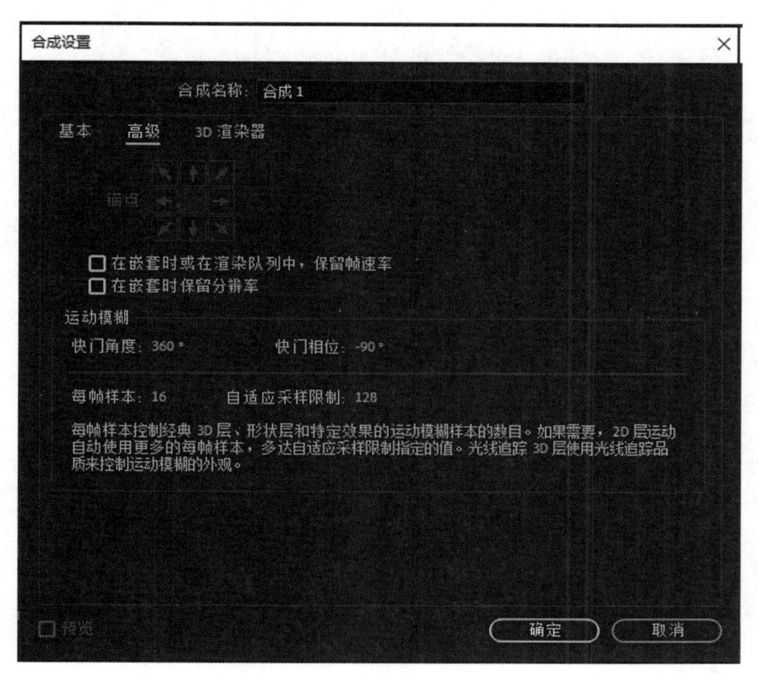

图2-1-42

合成嵌套时，如果两个合成的帧速率和分辨率不同，可以选择保持或更改参数值。

运动模糊的快门角度和快门相位设置时间线窗口的素材层启用运动模糊的参数值，这两个数值控制着模糊的程度。

每帧样本控制经典3D层、形状层和特定效果的运动模糊样本的数目。使用CINEMA 4D渲染器时，3D层使用光线追踪品质控制运动模糊的外观。

3.【3D渲染器】标签面板

有两种渲染器：经典3D和CINEMA 4D，选择渲染器，确定合成中3D图层可以使用的功能，以及它们如何与2D图层交互，如图2-1-43所示。

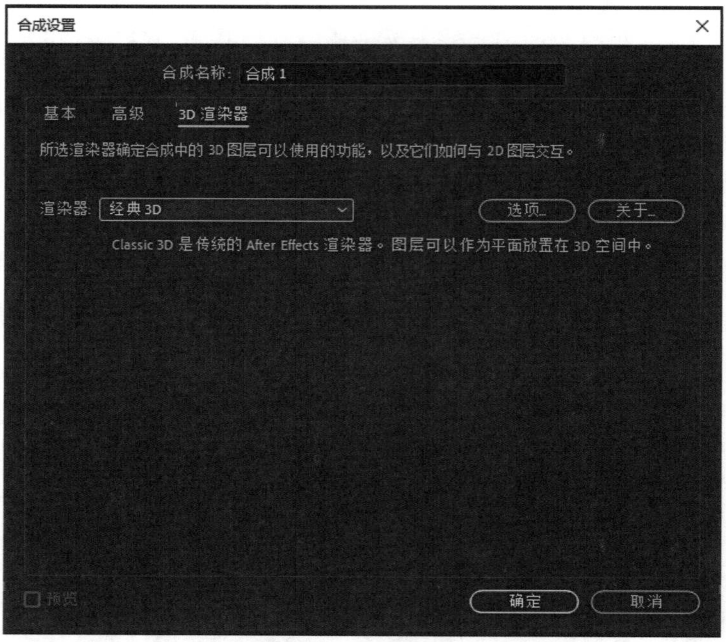

图2-1-43

经典3D渲染器：After Effects的传统渲染器，图层可以作为平面放置在三维空间中。默认使用的是经典3D渲染器。

CINEMA 4D渲染器：支持文本和形状图层内容的突出，可以制作三维立体元素。可以渲染图层的反射、弯曲素材图层、文本或形状斜面和边上的材质覆盖、环境图层（仅限折射）和预合成深度穿过通道效果，但也有不能渲染的信息，如混合模式、轨道遮罩、图层样式、透光率、运动模糊、摄像机景深等。

（七）渲染设置

激活需要渲染输出的合成时间线窗口，执行【文件】—【导出】—【添加到渲染队列】，如图2-1-44所示。

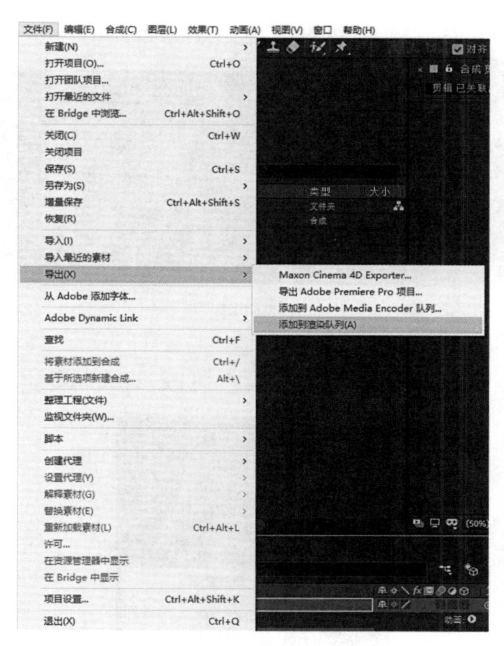

图2-1-44

Maxon Cinema 4D Exporter...：输出 Cinema 4D 的 C4D 文件，可以把 After Effects 中的摄像机和灯光的参数输出到 Cinema 4D 软件中。

导出 Adobe Premiere Pro 项目...：输出 Adobe Premiere Pro 工程文件，可以直接生成 Adobe Premiere Pro 工程文件，After Effects 软件中的操作结果直接移植到 Premiere 工程中。

添加到Adobe Media Encoder队列...：使用Adobe Media Encoder渲染输出音视频文件。

添加到渲染队列：使用After Effects默认的渲染器渲染输出。

还可以执行【合成】—【添加到渲染队列】，对应的快捷键是Ctrl+M，如图2-1-45所示。

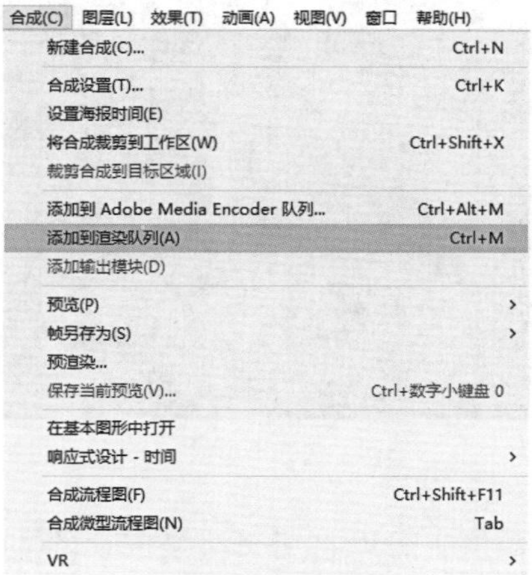

合成(C) 图层(L) 效果(T) 动画(A) 视图(V) 窗口 帮助(H)
新建合成(C)... Ctrl+N
合成设置(T)... Ctrl+K
设置海报时间(E)
将合成裁剪到工作区(W) Ctrl+Shift+X
裁剪合成到目标区域(I)
添加到 Adobe Media Encoder 队列... Ctrl+Alt+M
添加到渲染队列(A) Ctrl+M
添加输出模块(D)
预览(P)
帧另存为(S)
预渲染...
保存当前预览(V)... Ctrl+数字小键盘 0
在基本图形中打开
响应式设计 - 时间
合成流程图(F) Ctrl+Shift+F11
合成微型流程图(N) Tab
VR

图2-1-45

在打开的渲染队列窗口设置渲染的参数，如图2-1-46所示。

图2-1-46

在【渲染设置】后面单击向下的小三角，可以选择渲染质量，如图2-1-47所示。

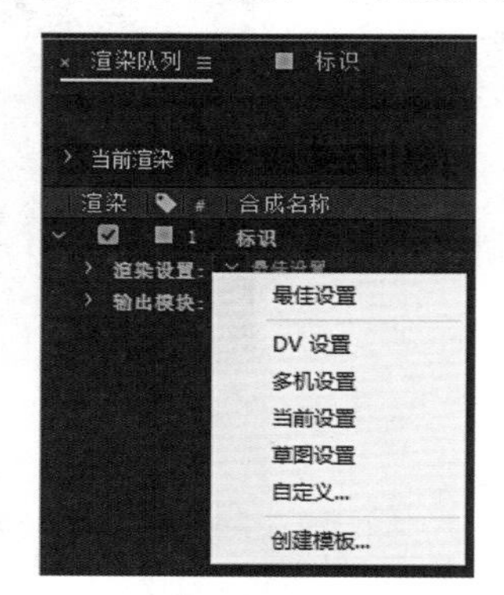

图2-1-47

单击【最佳设置】打开【渲染设置】对话框，设置参数，如图2-1-48所示。

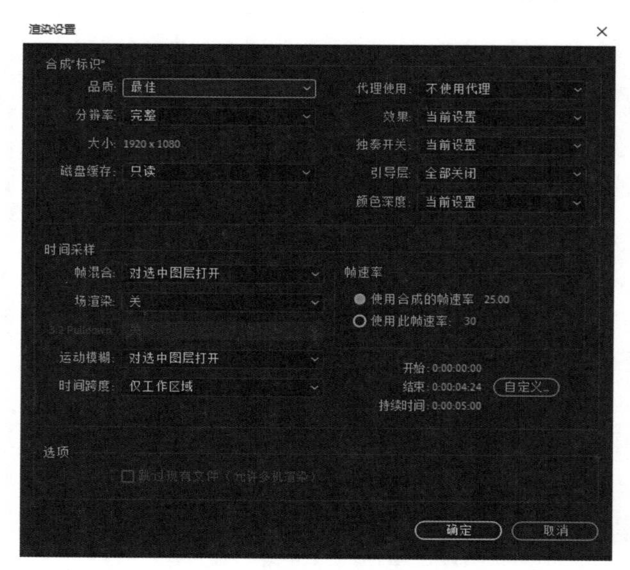

图2-1-48

根据渲染需要设置参数值，可以自定义渲染成片的质量，一般情况下使用默认数值。

在【输出模块】后面单击向下的小三角，可以选择渲染通道及格式，如图2-1-49所示。

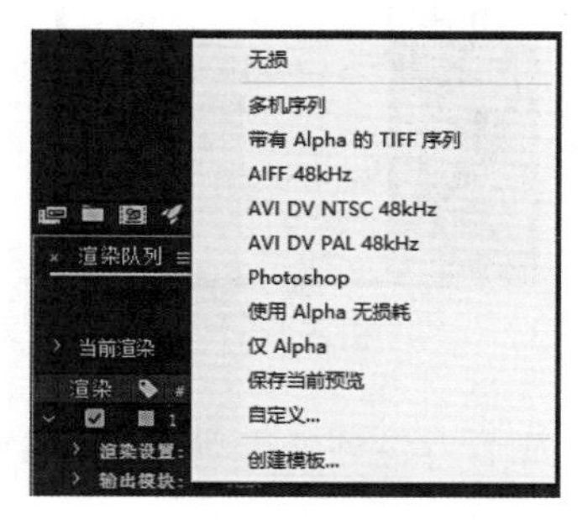

图2-1-49

单击【无损】打开【输出模块设置】对话框，如图2-1-50所示。

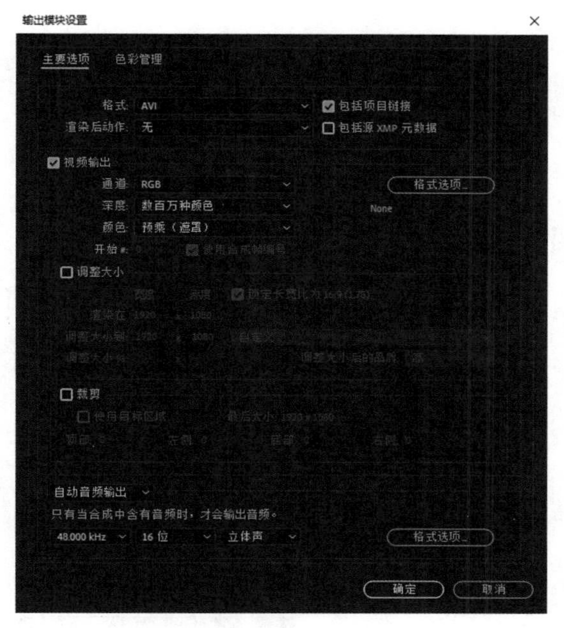

图2-1-50

默认参数是无压缩的avi文件，可以根据需要选择其他的文件格式。无压缩的avi文件需要足够的存储空间，作为一个项目的中间产品，使用该格式可以尽可能地保证最终的画面质量。如果没有足够的存储空间或已经是最终产品，可以选择常用的mp4、mov、png序列等文件格式。在视频输出里选择输出通道和颜色深度，可以输出带有Alpha通道的透明背景的视频文件。默认情况下输出合成设置大小的视频，根据需要可调整大小渲染小样，也可以通过裁剪渲染部分区域的内容。如果时间线上有声音素材，就自动输出声音信号，声音的采样频率与素材和播放平台的要求有关。

单击【输出到】后面向下的小三角，选择输出文件的命名方式，如图2-1-51所示。

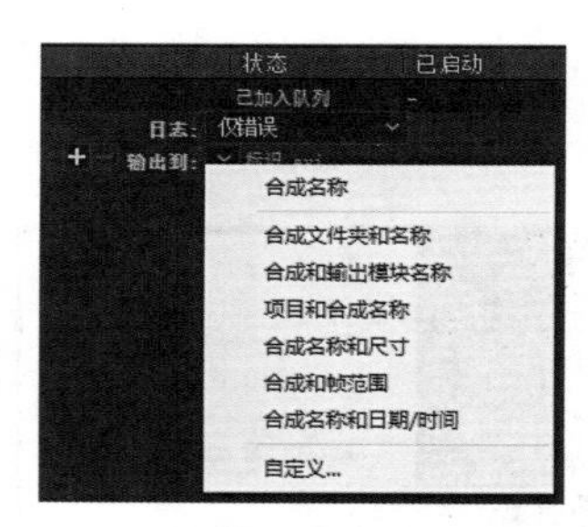

图2-1-51

单击文件名称，定义存储位置，存储到项目文件夹的输出文件夹中，方便查找和管理。

小结：不同的素材和不同的播放需求都会影响相关的参数设置，需要结合具体的情况选择合适的参数设置。

二、素材操作

用于合成操作的素材分为外部导入的素材和内部创建的素材，这些素材都存放在项目窗口。

（一）导入外部素材

After Effects导入素材的方式有很多，可以执行菜单命令，可以使用快捷键，可以双击项目面板空白处，还可以从资源浏览器中直接拖拽到项目窗口。

1.导入菜单命令

执行【文件】—【导入】，在级联菜单中根据素材的情况选择导入操作，如图2-2-1所示。

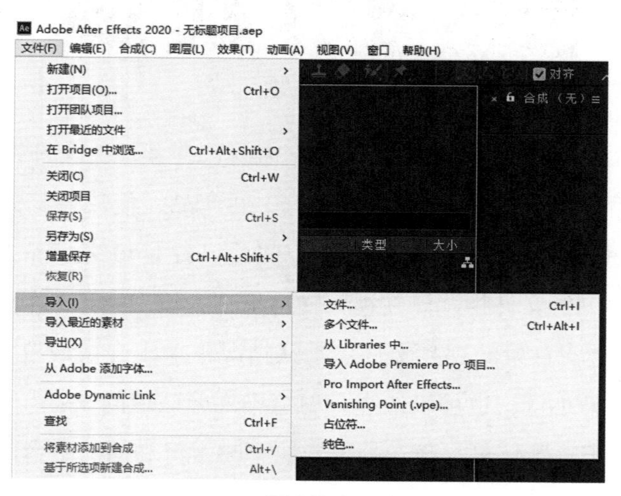

图2-2-1

（1）文件 ...：对应的快捷键为 Ctrl+I，可以导入 After Effects 软件支持的音视频文件格式，如图 2-2-2 所示。

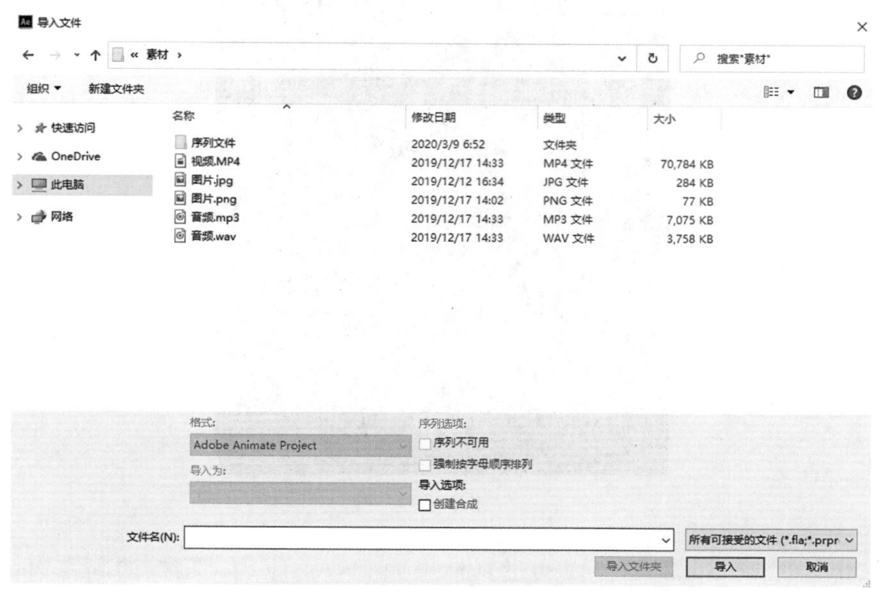

图 2-2-2

After Effects 软件支持的文件格式都会出现在【导入文件】对话框中。After Effects 作为一款合成软件，支持的文件格式是非常丰富的。

（2）多个文件 ...：对应的快捷键为 Ctrl+Alt+I，连续导入多个 After Effects 软件支持的音视频文件格式，可以用于导入不同文件目录下的多个素材文件，如图 2-2-3 所示。

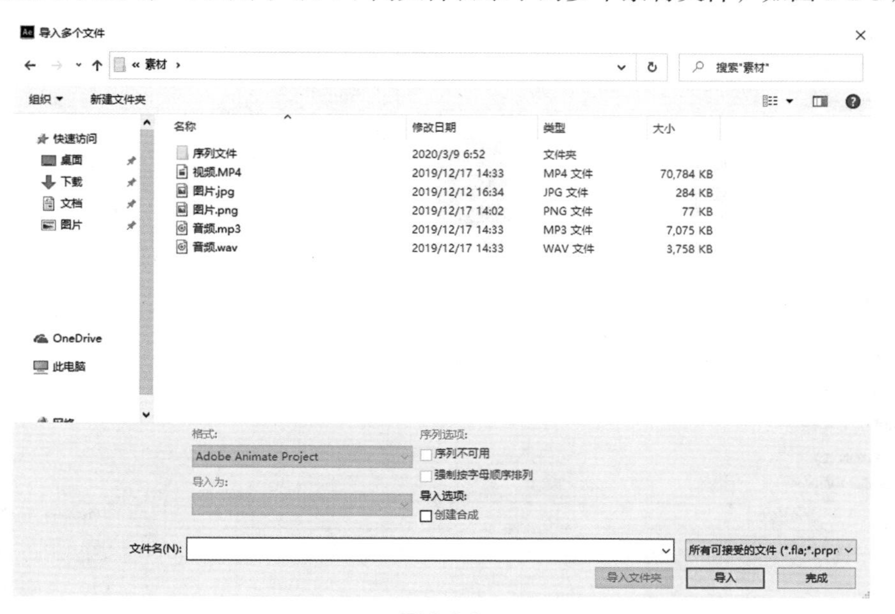

图 2-2-3

（3）从Libraries中...：打开库窗口，如图2-2-4所示。

图2-2-4

Creative Cloud Libraries可以通过其他桌面和移动应用，轻松访问在Photoshop、Illustrator以及Adobe Shape等移动应用中创建的图形、文本样式、颜色外观等内容，实现跨电脑、跨应用程序的创意操作。

（4）导入Adobe Premiere Pro项目...：可以导入外部的Premiere Pro工程文件，保留Premiere Pro时间线上素材片段的顺序、持续时间、标记和过渡位置等，如图2-2-5所示。

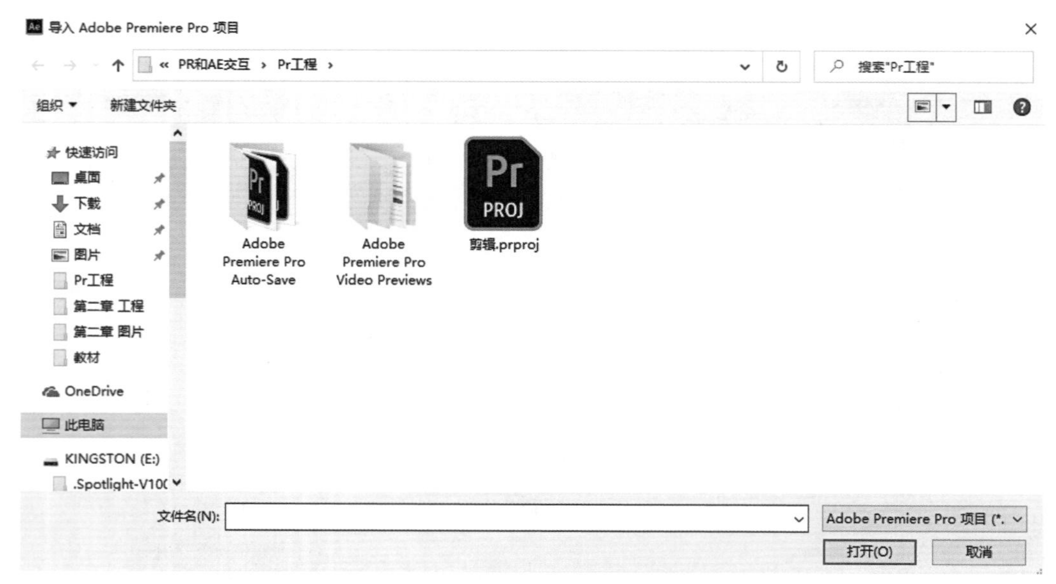

图2-2-5

导入Premiere Pro工程文件时，会自动弹出【Premiere Pro导入器】对话框，如图2-2-6所示。

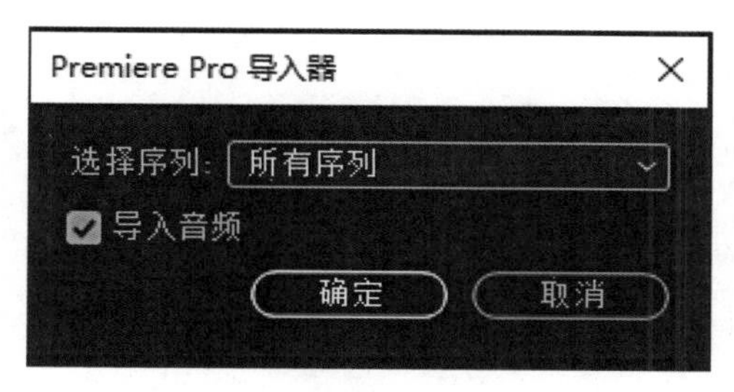

图2-2-6

如果Premiere Pro工程中有多个序列，可以选择其中一个序列导入，也可以一次把所有的序列都导入。因为After Effects软件主要处理视频信息，所以可以选择是否导入音频信息。

导入的结果是生成两个文件夹："纯色"和"剪辑.prproj"。"纯色"文件夹里放置的是Premiere Pro工程中的彩色遮罩、音频变化信息等；"剪辑.prproj"文件夹里放置的是Premiere Pro工程中的素材片段和时间线信息。鼠标双击"剪辑.prproj"文件夹里的合成素材，即打开对应的时间线，也就是Premiere Pro工程中的序列，如图2-2-7所示。

图2-2-7

（5）Pro Import After Effects...：Pro Import增效工具可以支持导入AAF、OMF、FCP XML和Motion 4文件格式，如图2-2-8所示。

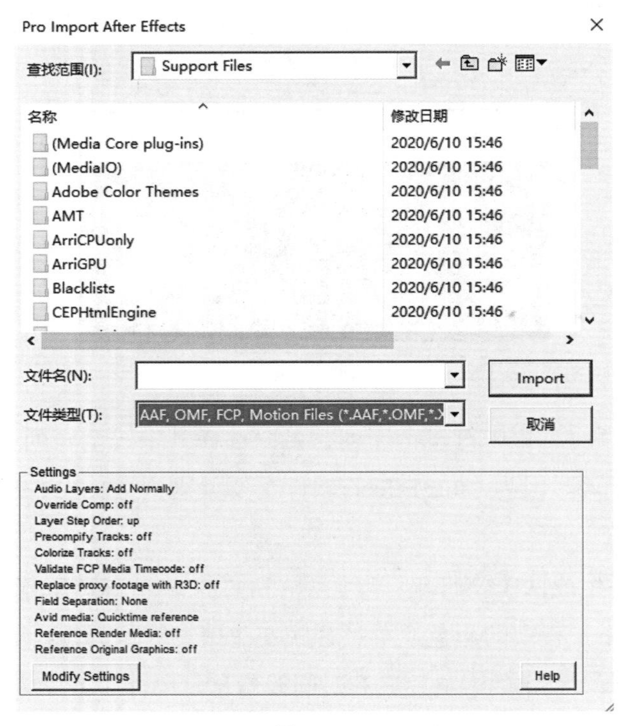

图2-2-8

（6）Vanishing Point（.vpe）...：从Photoshop中消失点导出文件，如图2-2-9所示。

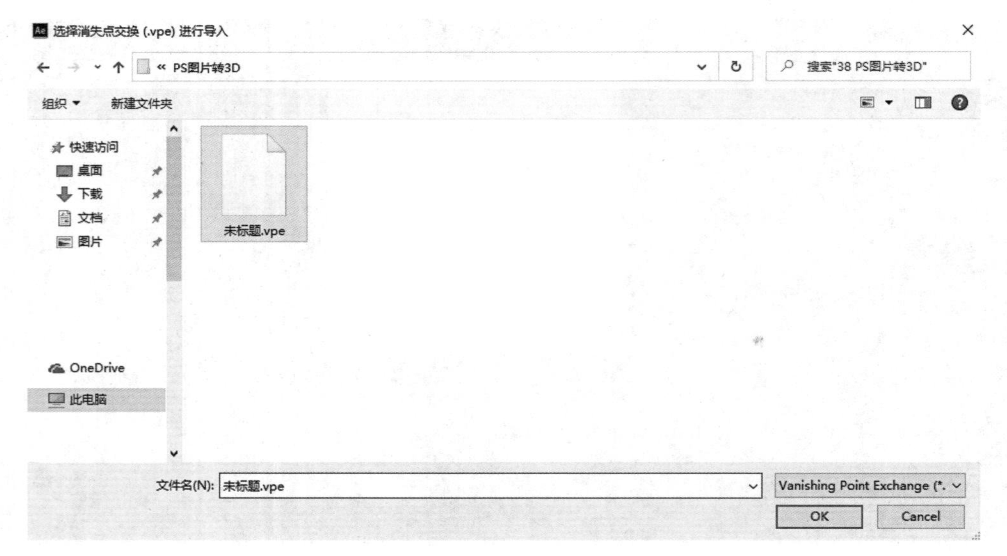

图2-2-9

消失点用于指定二维图像的三维几何图形，如隧道、走廊等。导入After Effects后，将二维图像拼接到由平面表示的不同图像中，还可以添加灯光，增强立体感。

（7）占位符...：导入占位符素材，如图2-2-10所示。

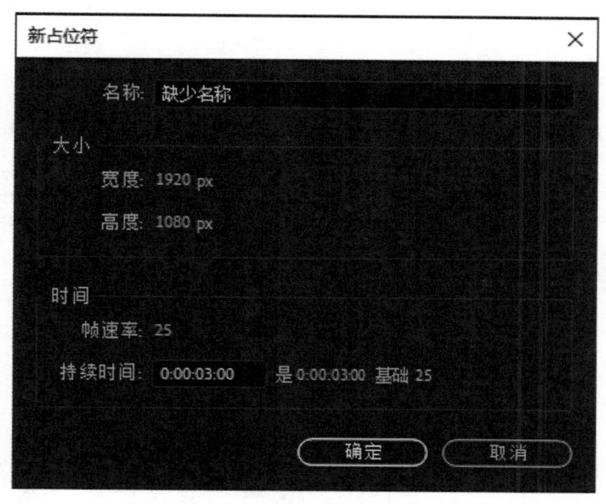

图2-2-10

如果当前工作需要的素材片段还没有到位，可以导入占位符，定义名称、大小和持续时间，并在占位符素材上进行操作，待需要的素材到位后，可以直接替换，在占位符上的所有操作都会应用到新的素材上。

（8）纯色...：导入纯色图层，如图 2-2-11 所示。

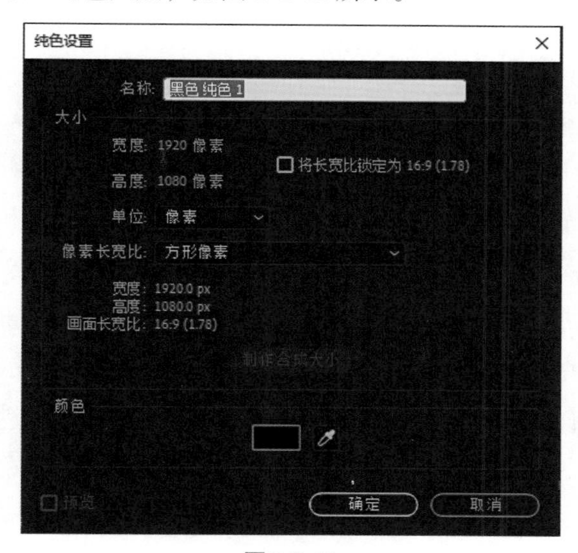

图2-2-11

这种方法产生的纯色图层直接出现在项目窗口中，而在合成里创建的纯色图层出现在项目窗口中的“纯色”文件夹中。

2. 导入常用格式的素材

在【导入文件】对话框中选择需要导入的素材，如图2-2-12所示。

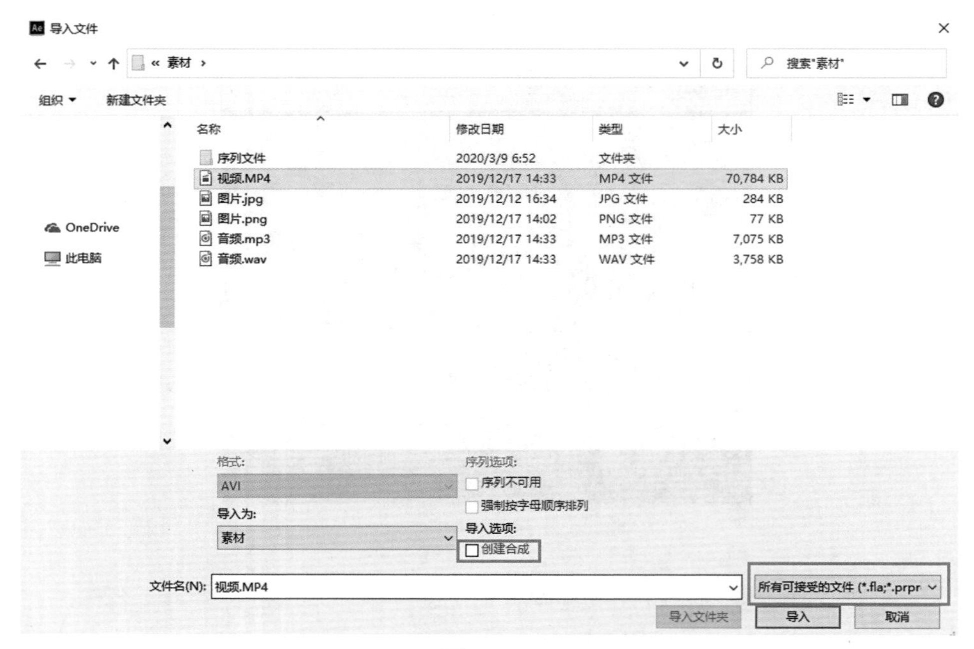

图 2-2-12

创建合成：根据选择的素材参数合成，默认把该素材放在新建的合成里。

可接受的文件：After Effects软件支持的所有文件格式。

（1）常用的图形图像文件格式。

BMP格式：一种与硬件设备无关的图像文件格式，使用非常广泛。由于BMP文件格式是Windows环境中交换与图像有关的数据的一种标准，因此，在Windows环境中运行的图形图像软件都支持BMP图像格式。BMP格式支持1位到24位颜色深度，与现有的Windows程序广泛兼容。其缺点是不支持压缩，生成的文件大。

JPEG格式：扩展名为.jpg或.jpeg，是一种常用的位图图片存储格式。压缩算法采用平衡像素之间的亮度色彩压缩，有利于表现带有渐变色彩且没有清晰轮廓的图片。压缩技术先进，用有损压缩方式去除冗余的图像和色彩数据，在获得极高压缩率的同时还能展现十分丰富生动的图像内容，也就是说，可以用最少的磁盘空间得到较好的图像质量。

GIF格式：英文Graphics Interchange Form（图形交换格式）的缩写，特点是压缩率比较高，磁盘空间占用较少。GIF格式只能保存最大8位颜色深度的图像，对于色彩复杂的物体就力不从心了。这种格式文件具有体积小、下载速度快、便于组成动画等优势，多用于网络。

PNG格式：它汲取了JPEG和GIF两种格式的优点，存储形式丰富，兼有JPEG和GIF的色彩模式。其能把图像文件压缩到极限，有利于网络传输，又能保留所有与图像品质有关的信息。其显示速度快，只需要下载1/64的图像信息就能显示低分辨率的预览图像。还支持Alpha通道信息，可以存储透明背景的图像。缺点是不支持动画效果。

TGA格式：TGA的格式比较简单，属于一种图形、图像数据的通用格式，是计算机生成图像向电视转换的一种首选格式。TGA格式最大的特点是可以做出不规则形状的图形、图像文件，可以存储Alpha通道信息。

TIFF格式：一种主要用来存储照片和艺术图的图像文件格式，图像格式复杂，支持多种编码方法。存储内容多，可以存储的图像细微层次的信息非常多，文件占用存储空间大。

（2）常用的声音文件格式。

WAV格式：WAV是微软公司开发的一种声音文件格式，用于保存Windows平台的音频信息资源，被Windows平台及其应用程序所支持。WAV文件是目前PC机上广为流行的声音文件格式，几乎所有的音频编辑软件都能识别这种音频格式。

MP3格式：MP3格式诞生于20世纪80年代，指的是MPEG标准中的音频部分。MPEG音频层根据不同的压缩质量和编码处理可以分为3层，分别是.mp1、.mp2和.mp3声音文件。

AIFF格式：AIFF的英文全称是Audio Interchange File Format，与WAV非常相似，大多数的音频编辑软件都支持。它是Apple公司开发的一种音频文件格式，是苹果电脑上的标准音频格式，属于Quick Time技术的一部分。

WMA格式：WMA格式以减少数据流量但保持音质的方法达到比MP3压缩率更高的目的。WMA还可以通过DRM方案加入防拷贝保护，这种版权保护技术可以限制播放时间和播放次数。另外，WMA格式还支持音频流（Stream）技术，适合用于网络播放。

（3）常用的视频文件格式。

AVI格式：AVI的英文全称是Audio Video Interleaved，即音频视频交错格式，可以将视频和音频交织在一起同步播放。这种视频格式的优点是图像质量高，可以跨多个平台使用；缺点是格式文件体积过大，压缩标准不统一，可能存在Windows媒体播放器播放不了的情况。

MOV格式：Apple公司开发的一种音频、视频文件格式，默认使用该公司的Quick Time播放器。它具有较高的压缩比率和比较完美的视频清晰度，最大特点是跨平台性，既支持MacOS，又支持Windows系列。

WMV格式：WMV是一种独立于编码方式，在互联网上实时传播多媒体的技术标准。主要优点体现在可扩充的媒体类型、本地或网络回放、可伸缩的媒体类型、流的优先级化、多语言支持、扩展性等方面。

MPEG格式：MPEG的英文全称是Motion Picture Experts Group，这类格式包括MPEG-1、MPEG-2和MPEG-4等多种视频格式。MPEG-1被广泛地应用到VCD的制作和一些视频片段下载的网络应用上，大部分VCD都是用MPEG-1格式压缩的。MPEG-2主要应用在DVD的制作上，同时在一些HDTV（高清晰度电视广播）和一些高要求视频编辑、处理方面也有相当多的应用。MPEG-1和MPEG-2采用以相同原理为基础的预测编码、变换编码、熵编码及运动补偿等第一代数据压缩编码技术，而MPEG-4则是基于第二代压缩编码技术制定的国际标准，以视听媒体对象为基本单元，采用基于内容的压缩编码，以实现数字视音频、图形合成应用及交互式多媒体的集成。MPEG系列标准已经成为国际上影响最大的多媒体技术标准。

FLV格式：FLV是FLASH VIDEO的简称，即一种流媒体格式。由于它形成的文件体积小、加载速度极快，使得网络观看视频成为可能。它的出现有效地解决了视频文件导入Flash后，文件体积过大不能在网络使用的问题。

3. 导入Alpha通道信息的素材

Alpha通道存储透明度信息，带有Alpha通道的素材通常为拥有透明背景的素材。导入带有Alpha通道的素材时，弹出【解释素材】对话框，如图2-2-13所示。

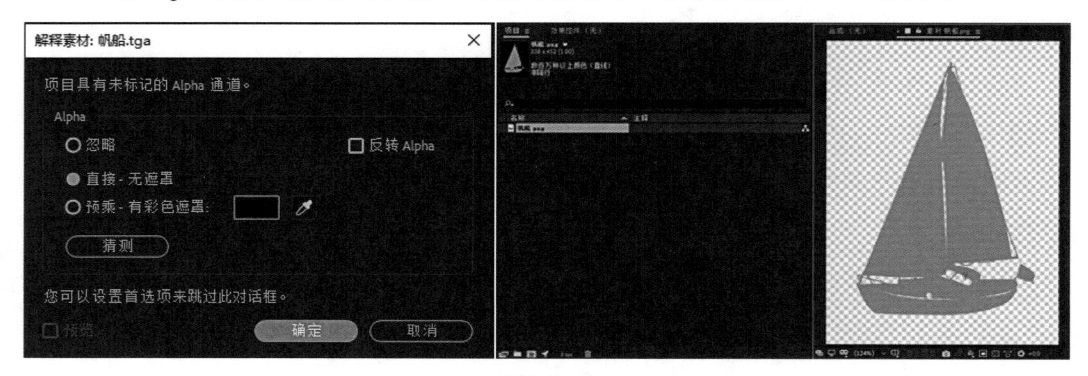

图2-2-13

Alpha通道有两种算法：直接和预乘。大多数情况下，不知道素材的Alpha通道的算法，最保险的做法是选择【猜测】，系统自动匹配素材。如果勾选【反转Alpha】，原始素材的透明度区域将发生反转。

4. 导入分层素材

分层文件完整地保留每个图层的信息，Photoshop和Illustrator的工程文件都是常见的分层文件，在After Effects软件中不同的导入操作，结果也是不一样的。下面以Photoshop文件为例说明分层文件的导入操作。

在【导入文件】对话框中选择分层文件，单击【导入】按钮，如图2-2-14所示。

图2-2-14

弹出【分层文件】对话框，如图2-2-15所示。

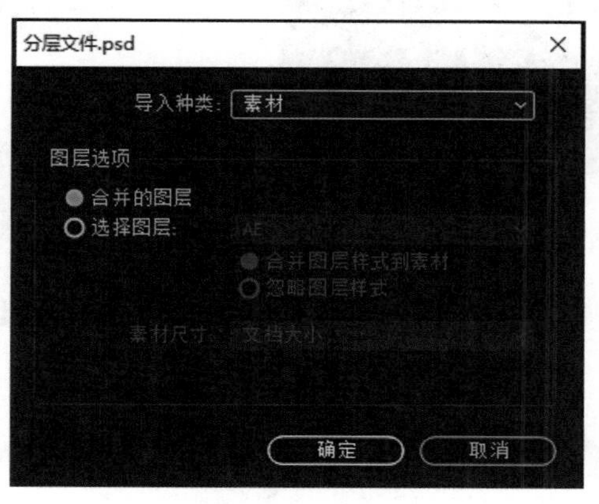

图2-2-15

（1）导入种类：素材。

默认情况下导入种类为素材，当以素材方式导入时，导入的结果是图片类素材。在图层选项中，默认的选择是合并的图层，指的是把所有图层的内容合并成一个图层，选择图层可以在下拉菜单中选择其中的一个图层，只导入一个图层的内容，如图2-2-16所示。

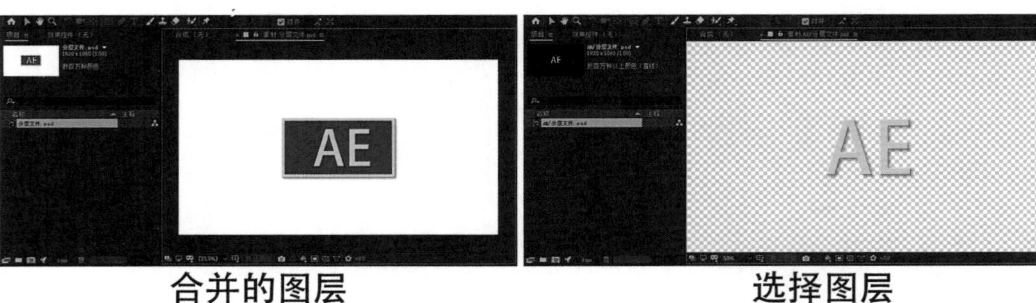

图 2-2-16

当选择【合并的图层】时，图层样式自动应用到导入结果，当选择【选择图层】时，可以选择忽略图层样式和可编辑的图层样式。一般情况下选择【可编辑的图层样式】，以便素材的进一步设计与修改。

（2）导入种类：合成。

当导入种类选择【合成】或【合成—保持图层大小】时，导入的结果是一个合成和对应的素材文件夹，如图 2-2-17 所示。

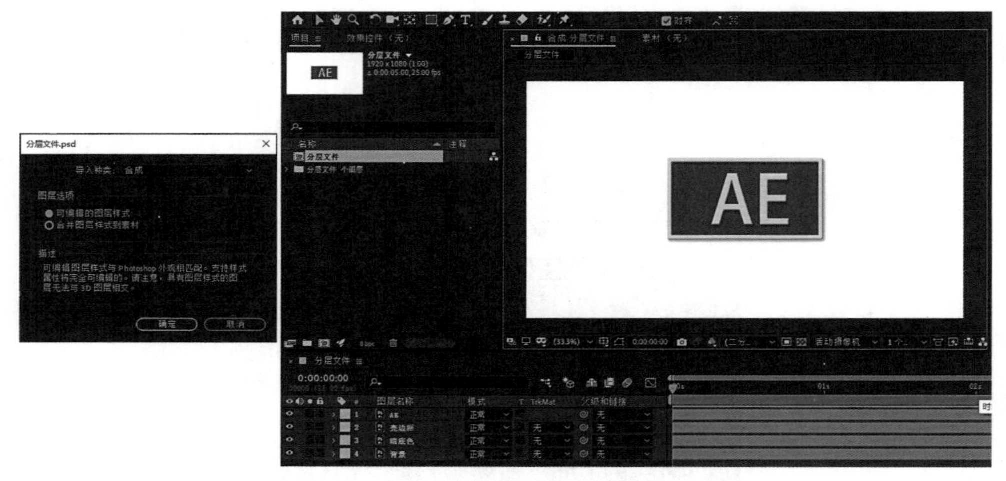

图 2-2-17

图层选项里一般选择【可编辑的图层样式】，方便素材的进一步设计和修改。以合成方式导入分层文件，所有的图层都出现在对应的合成时间线上，每个图层都可以添加特效和制作动画，从而让静态的平面设计动起来，因此也有人称“After Effects是动态的Photoshop”。

5. 导入序列素材

序列文件以图片的文件形式存储视频文件。相较于视频文件格式，图片文件格式最大限度地保留了色彩与像素信息，可以在不同的系统或软件之间转换。常用的序列文件格式有TGA、TIFF、PNG、JPG等。在After Effects导入序列文件时，不同的操作会有不同的结果。

（1）导入单个图片素材。

在【导入文件】对话框中，选择其中的一个文件，取消【Targa序列】前面的勾选，单击【导入】按钮，如图2-2-18所示。

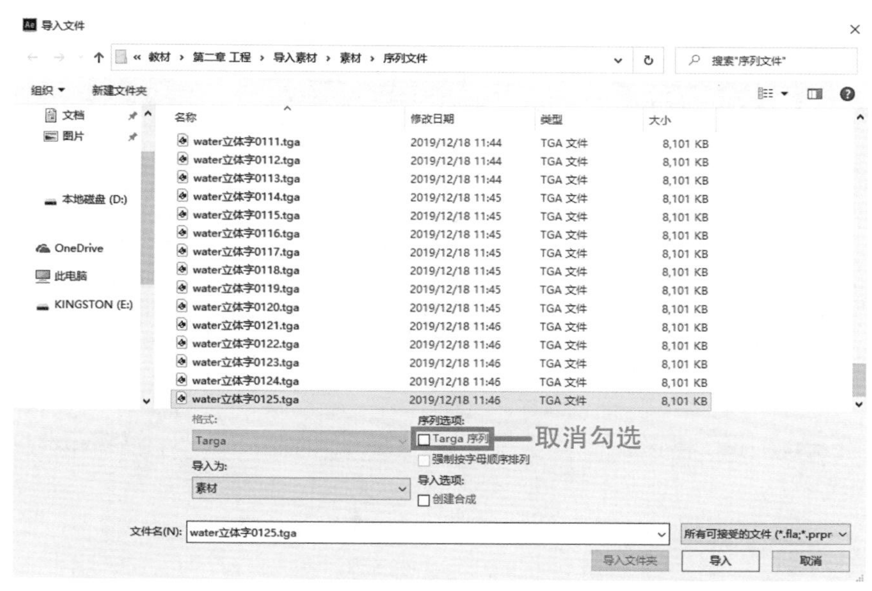

图2-2-18

导进来的结果就是一个独立的图片素材，一般可以作为镜头的开始和结束的静止帧画面使用，如图2-2-19所示。

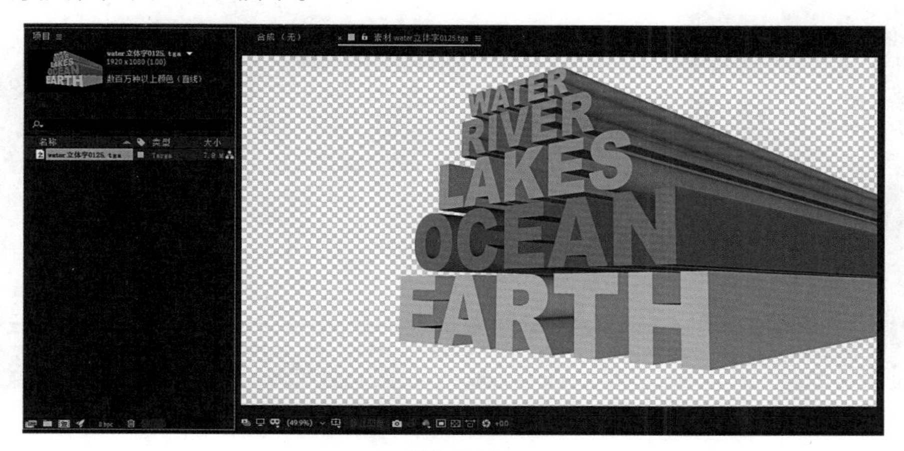

图2-2-19

（2）导入视频。

在【导入文件】对话框中，选择所有文件的第一个文件，取消【Targa序列】前面的勾选，单击【导入】按钮，如图2-2-20所示。

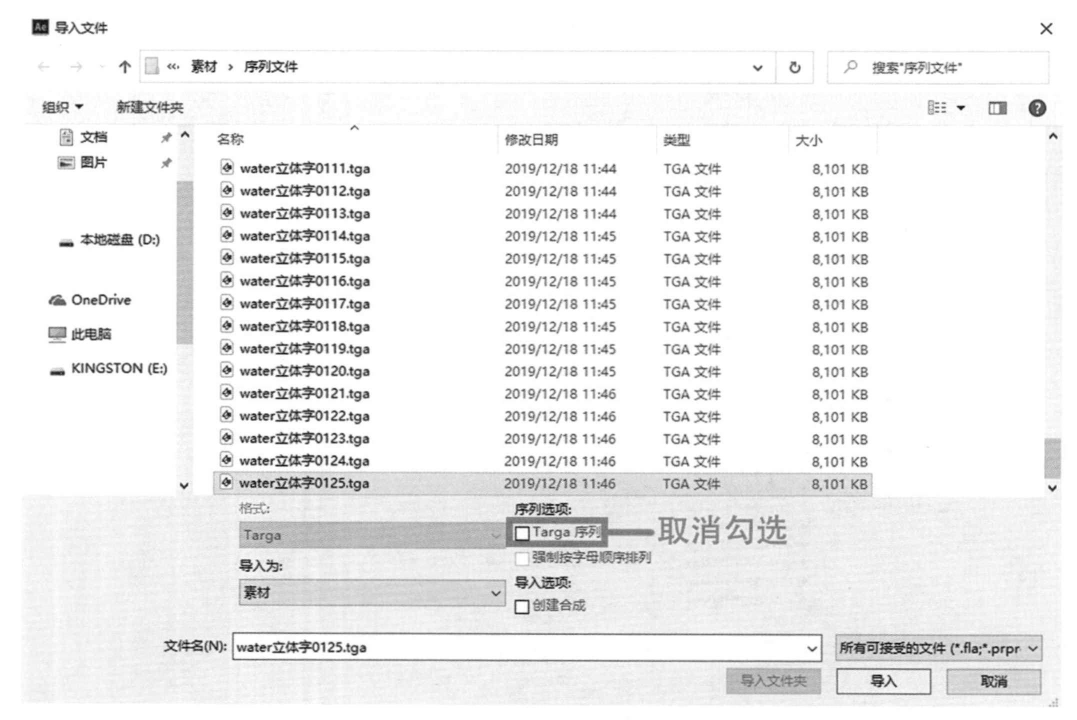

图2-2-20

导进来的结果是一段视频素材，如图2-2-21所示。

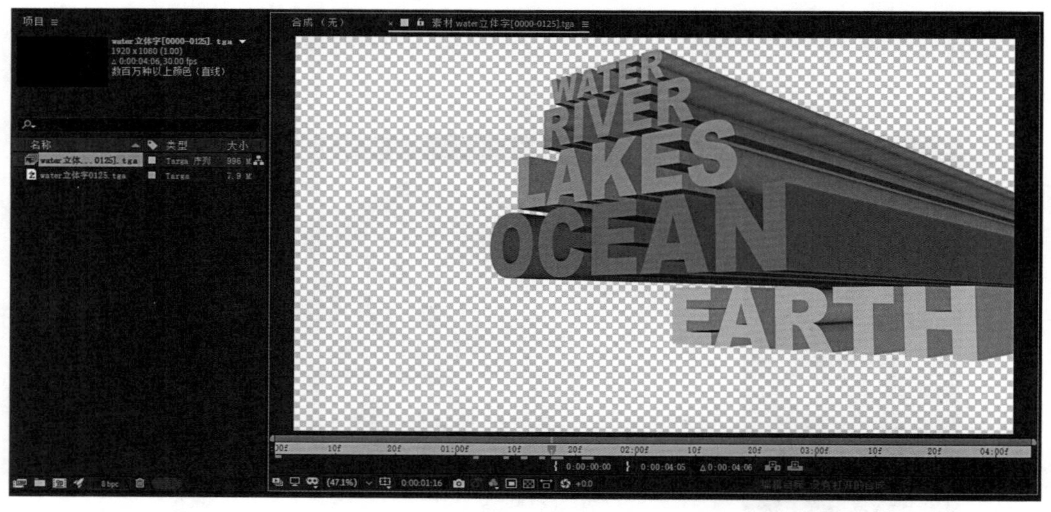

图2-2-21

此时序列视频的默认帧频是30，需要设置成我国PAL电视制式的25fps。在项目窗口，选择导入的序列视频文件，单击鼠标右键，在弹出的快捷菜单中选择【解释素材】—【主要...】，对应的快捷键为Ctrl+Alt+G，如图2-2-22所示。

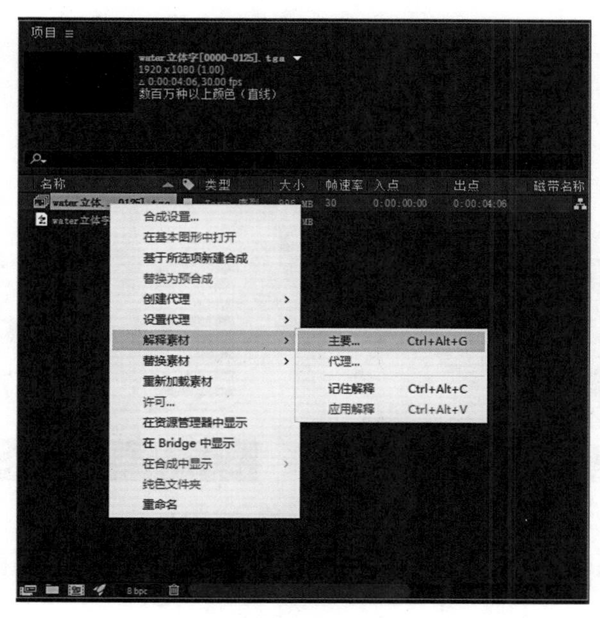

图2-2-22

在打开的【解释素材】对话框中，把【假定此帧速率】改为25帧/秒，如图2-2-23所示。

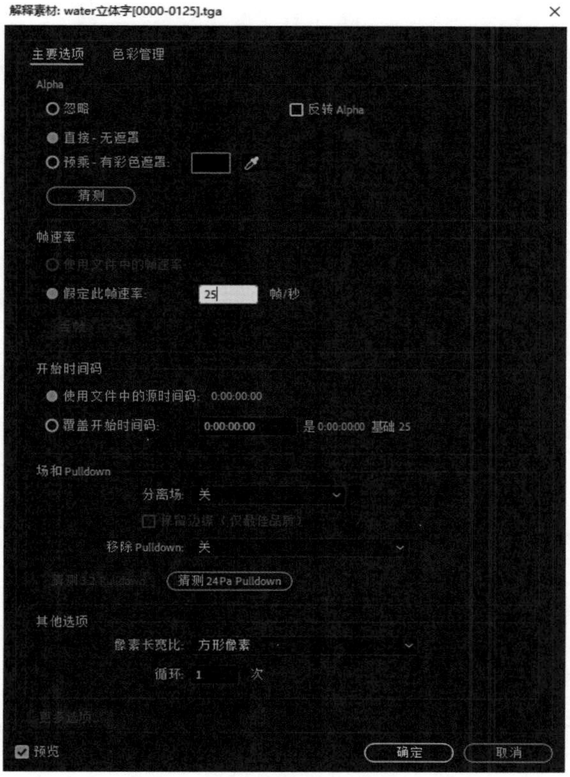

图2-2-23

（二）创建内部素材

创建一个合成，激活合成的时间线窗口，执行菜单栏【图层】—【新建】。在新建的级联菜单中有很多内部素材，如图2-2-24所示。

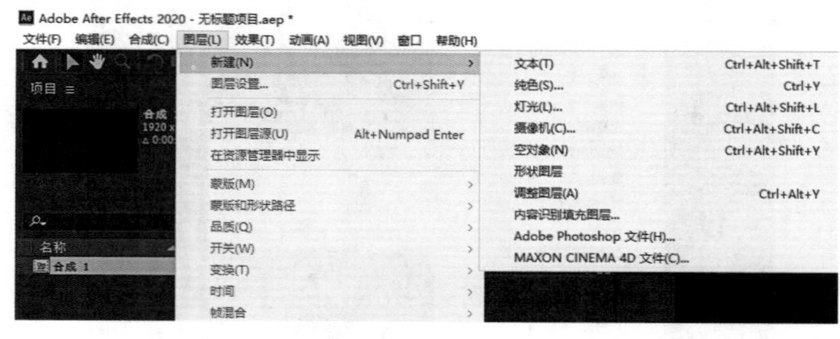

图2-2-24

文本：创建文字对象，对应时间线窗口的文本图层。

纯色：创建单一颜色的图层，相当于一张没有厚度的纸，是After Effects中最常用的内部素材。

灯光：创建灯光图层，可以实现物理灯光的光影效果。

摄像机：创建摄像机图层，用于控制三维空间的观察视角。

空对象：创建空对象图层，空对象本身不显示任何视觉内容，但可以通过父子层关系控制其他图层的属性。

形状图层：创建形状图层，形状图层是矢量计算方式，常用于制作MG动画。

调整图层：调整图层本身不显示任何视觉内容，但可以通过调整图层控制排在它下面所有图层的属性，包括特效属性。

内容识别填充图层：创建内容识别填充图层，可以在视频中去除不需要的元素，背景自动填充。

Adobe Photoshop文件：创建Photoshop图层，并自动打开Adobe Photoshop软件，对图层内容进行设计与制作。保存psd文件后，编辑结果自动呈现在时间线的Photoshop图层上。

MAXON CINEMA 4D文件：创建CINEMA 4D文件（.c4d），并且可以使用复杂的3D元素、场景和动画。若要使用该功能，需要安装免费的Maxon 4D Lite程序，注册一个免费的MyMaxon账户。

（三）管理素材

项目窗口的主要功能是管理素材，当素材数量比较多时，有效地管理素材可以为设计和制作工作提供更多的便利，从而达到事半功倍的效果。

1. 根据素材属性排列并查找素材

在项目窗口中，每条素材上都有属性栏，根据属性栏里的信息可以查找到特定的素材，也可以在属性栏上单击，所有素材按照当前属性栏的属性进行排序，如图2-2-25所示。

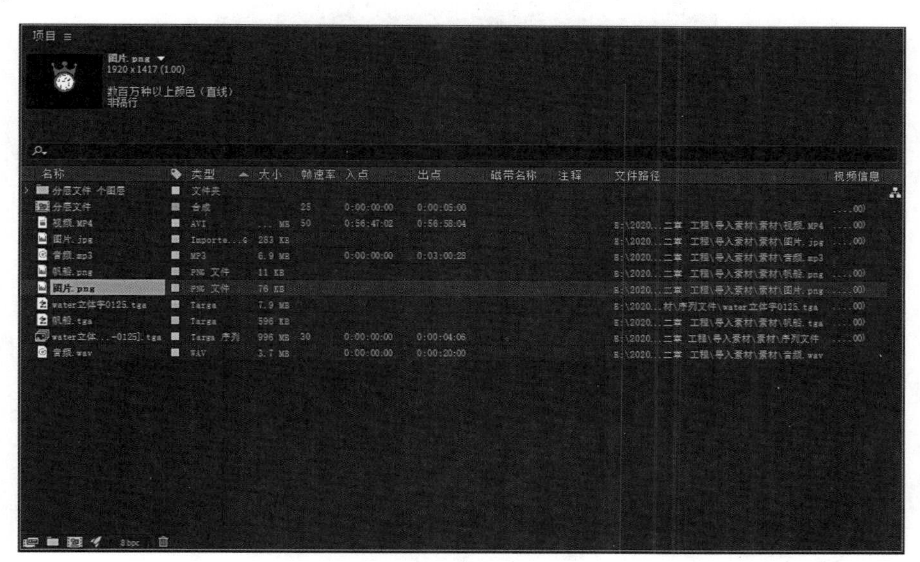

图2-2-25

2. 利用文件夹管理素材

在项目窗口的下方有【新建文件夹】按钮，如图2-2-26所示。

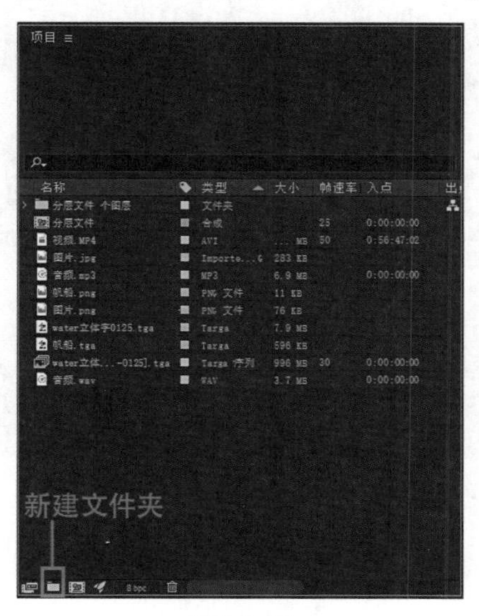

图2-2-26

单击此按钮，创建一个文件夹，给新建的文件夹命名，命名时起一个有意义的名称方便后期素材的查找和调用，如按照素材的类型或素材的场次等，如图2-2-27所示。

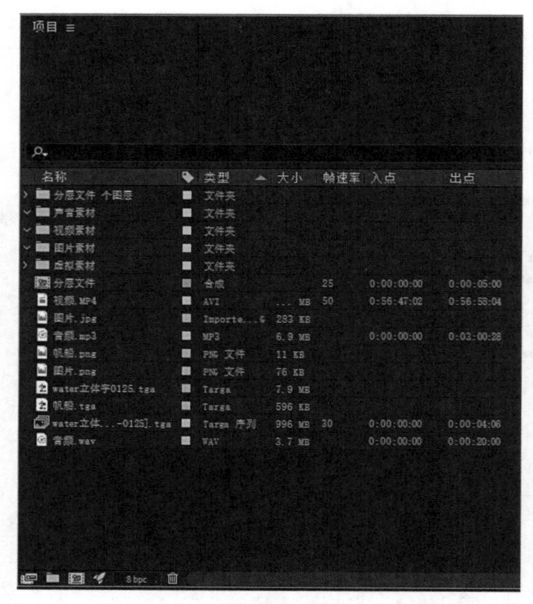

图2-2-27

把项目窗口中的素材分门别类地拖拽至相应的文件夹中，建立清晰的文件夹结构，如图2-2-28所示。

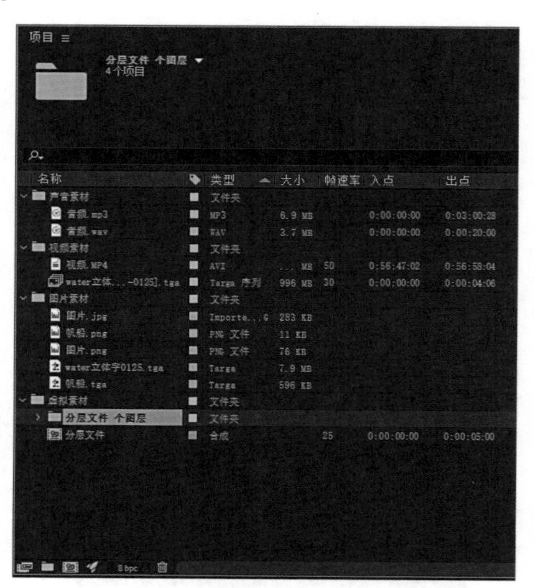

图2-2-28

小结：不管是在软件外部还是软件内部，都要养成整理文件的习惯。一个良好的文件整理习惯对后期工作非常重要，往往可以事半功倍。

三、图层操作

After Effects是一款图层式合成软件，所有的素材都是以图层的形式出现在时间线窗口，所以，图层操作是最基本的操作。

（一）图层基本操作

把项目窗口中的素材拖拽到时间上，可以产生图层，新建内部素材可以直接在时间线窗口产生图层。一个合成往往有多个图层。

1. 图层序号排列

默认的图层都是二维图层，即在一个二维平面上显示，图层序号排在上面的图层内容优先显示，如图2-3-1所示。

图2-3-1

在时间线窗口选择素材层，拖拽上下顺序，图层对应的需要就会变化，图层的显示内容也会发生变化，如图2-3-2所示。

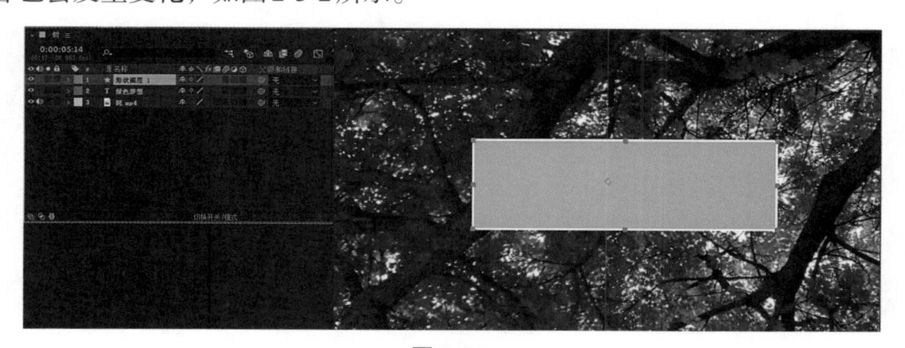

图2-3-2

2. 裁切图层入点、出点

素材层条可以进行裁切。将鼠标移动到素材层条的入点或是出现的位置，鼠标箭头呈现两个方向的状态，按住鼠标左键移动可以实现裁切，如图2-3-3所示。

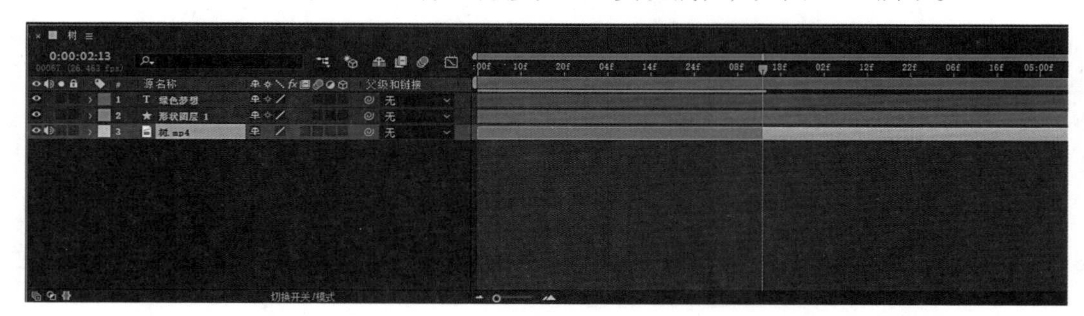

图2-3-3

也可以使用快捷键进行裁切。定位时间指示器的位置，“Alt+［”是裁切入点到时间指示器的位置，“Alt+］”是裁切出点到时间指示器的位置。

3. 移动图层

移动图层指的是改变图层内容开始和结束的时间位置。鼠标单击选中图层层条，移动到需要的时间位置，如图2-3-4所示。

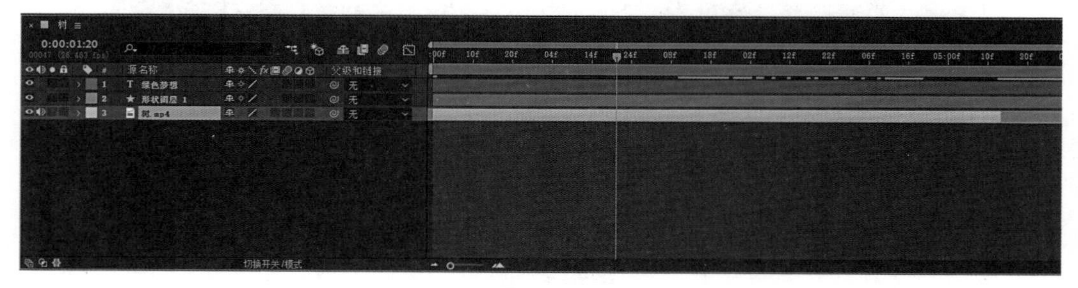

图2-3-4

也可以使用快捷键操作。定位时间指示器的位置，“［”是把层条的入点移动到时间指示器的位置，“］”是把层条的出点移动到时间指示器的位置。

4. 分离图层

分离图层相当于剪辑中的剃刀工具，把一个素材片段分切成两个独立的片段。选中素材层，定位时间指示器的位置，执行【编辑】—【拆分图层】，对应的快捷键为Ctrl+Shift+D，如图2-3-5所示。

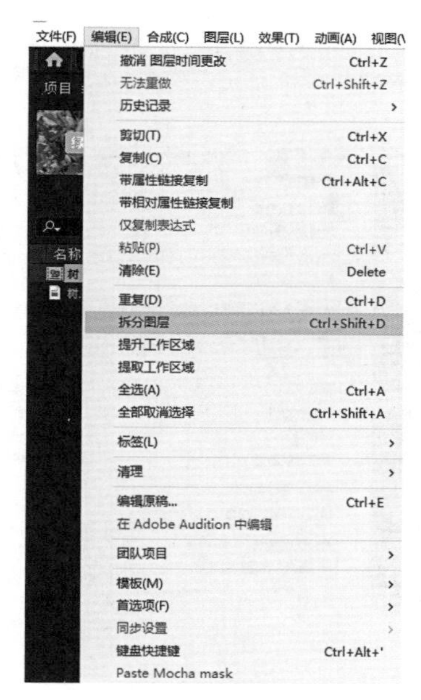

图2-3-5

在时间指示器的位置，一个图层将分割成两个独立的图层，可以分别进行操作，如图2-3-6所示。

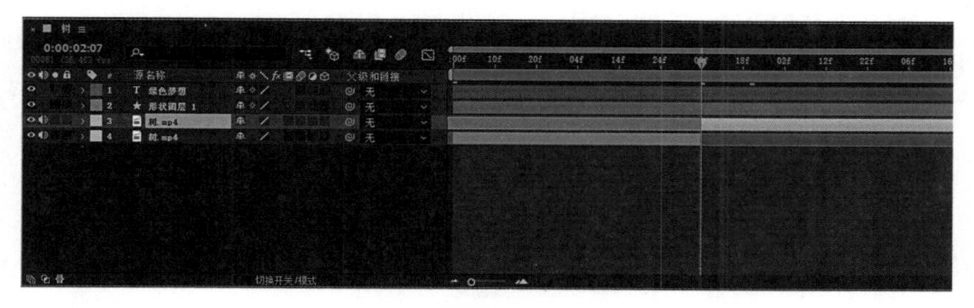

图2-3-6

5. 裁切工作区

工作区域栏定义渲染计算和输出的时间范围，鼠标光标放置在工作区域栏的开始端或结束端，按住鼠标左键拖拽调整工作区域栏的范围，如图2-3-7所示。

图2-3-7

执行【合成】—【将合成裁剪到工作区】，对应的快捷键为Ctrl+Shift+X，如图2-3-8所示。

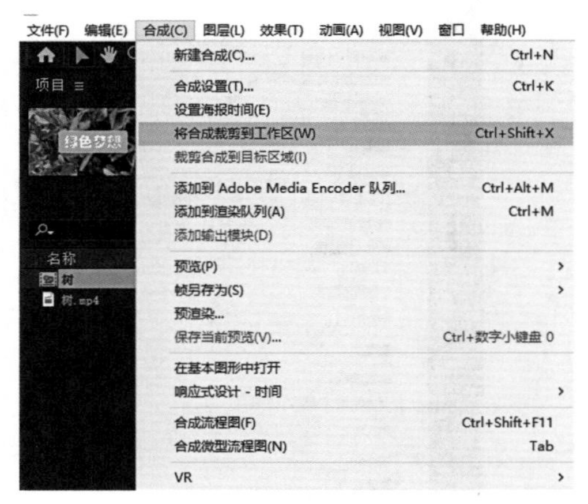

图2-3-8

（二）图层的对齐与分布

执行【窗口】—【对齐】，打开对齐窗口，如图2-3-9所示。

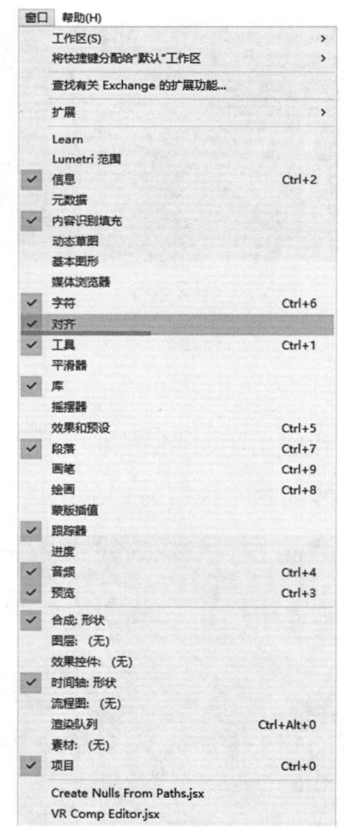

图2-3-9

对齐面板有两项功能，对齐和分布。对齐是指图层以上下左右中为准对齐；分布是指图层在一定的空间内均匀分布。如图2-3-10所示。

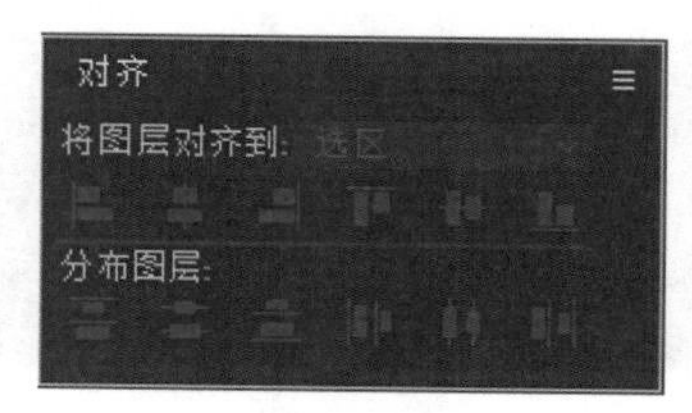

图2-3-10

案例：镂空球体。

利用对齐窗口，几何图形对齐均匀排列，再通过CC 特效实现镂空的球体形状，效果如图2-3-11所示。

图2-3-11

（1）新建合成，命名为“形状”，取消【锁定长宽比】，宽度为100，高度为100，像素长宽比为方形像素，帧速率为25帧/秒，持续时间为5秒，如图2-3-12所示。

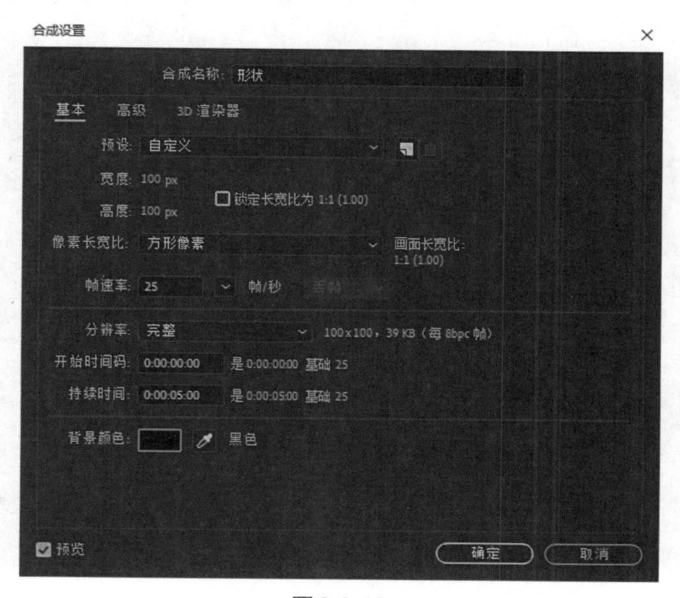

图2-3-12

（2）在工具栏里点击形状工具，按住鼠标左键别松开，在形状的级联菜单中选择五角星形状，如图2-3-13所示。

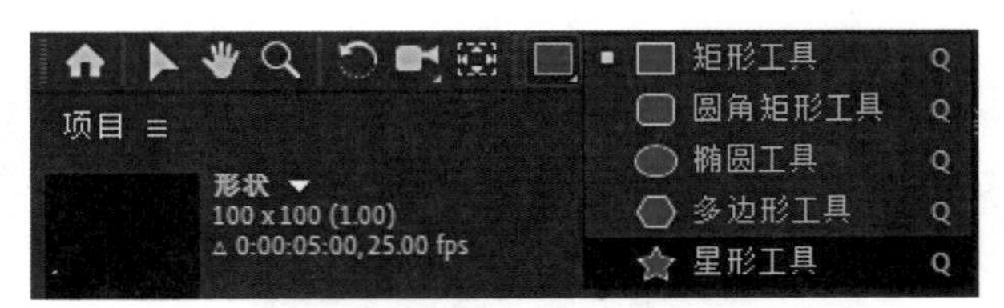

图2-3-13

双击五角星形状，创建一个五角星形状图层，如图2-3-14所示。

图2-3-14

（3）新建合成，命名为“一行形状”，宽度为1000，高度为100，持续时间为5秒，如图2-3-15所示。

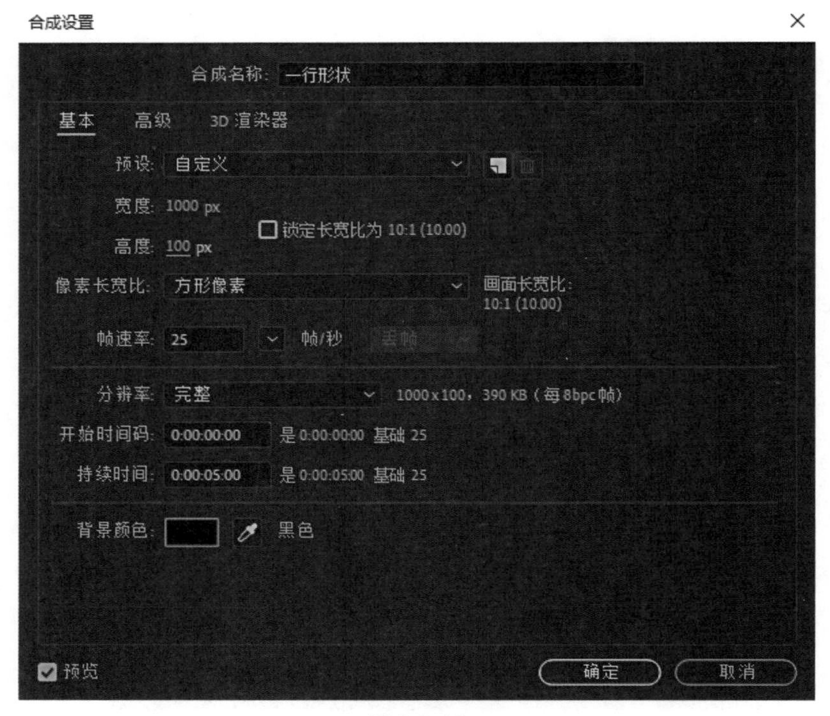

图2-3-15

（4）把合成“形状”嵌套进来，Ctrl+D制作副本，共8个图层，如图2-3-16所示。

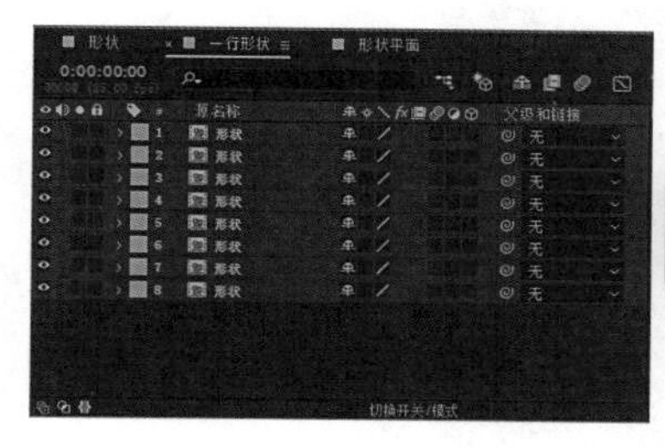

图2-3-16

选择最上面的图层，打开对齐窗口，选择【将图层对齐到】【合成】，单击【左对齐】按钮，此时五角星在合成的左端，如图2-3-17所示。

图2-3-17

选择最下面的图层，在对齐窗口中单击【右对齐】按钮，如图2-3-18所示。

图2-3-18

全选所有的图层，单击分布图层的【水平均匀分布】按钮，实现一行形状的整齐排列，如图2-3-19所示。

图2-3-19

（5）新建合成，命名为“形状平面”，宽度为1000，高度为1000，持续时间为5秒，如图2-3-20所示。

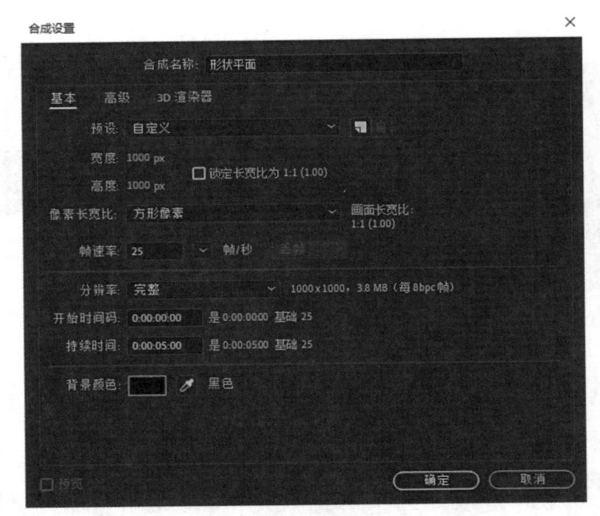

图 2-3-20

（6）嵌套合成“一行形状”，Ctrl+D 制作图层副本，共 8 个图层，如图 2-3-21 所示。

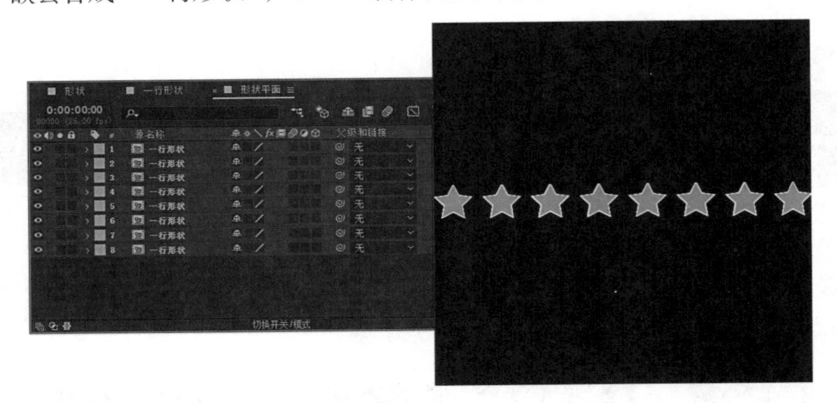

图 2-3-21

选择最上面的图层，点击对齐窗口中的【顶对齐】按钮，该图层移动到合成的顶端，如图 2-3-22 所示。

图 2-3-22

选择最下面的图层，点击对齐窗口的【底对齐】按钮，该图层移动到合成的底端，如图2-3-23所示。

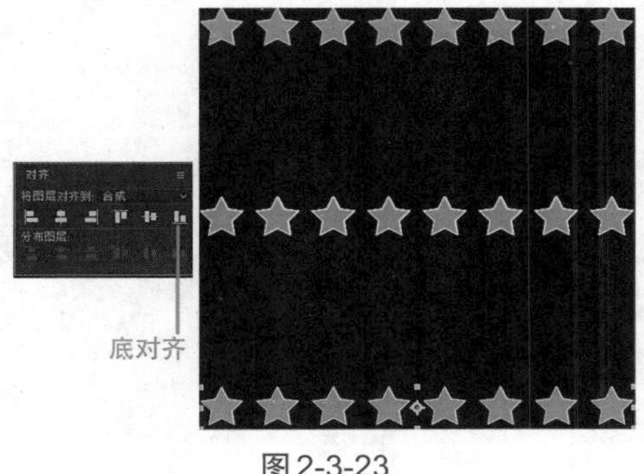

图2-3-23

全选所有的图层，点击对齐窗口的【垂直均匀分布】按钮，所有形状均匀整齐地铺满平面，如图2-3-24所示。

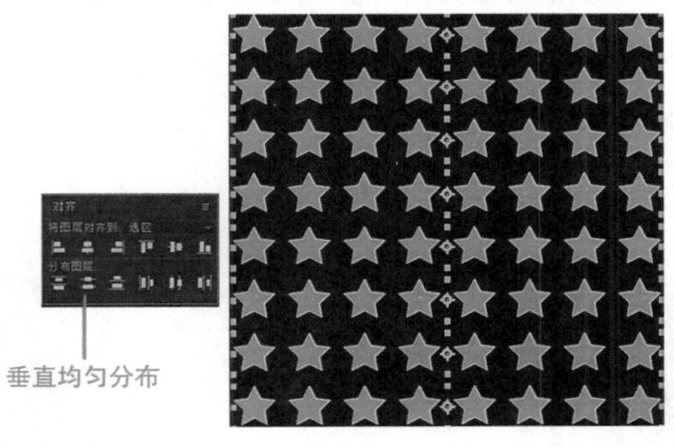

图2-3-24

（7）新建合成，命名为“镂空球体”，宽度为1920，高度为1080，持续时间为5秒，如图2-3-25所示。

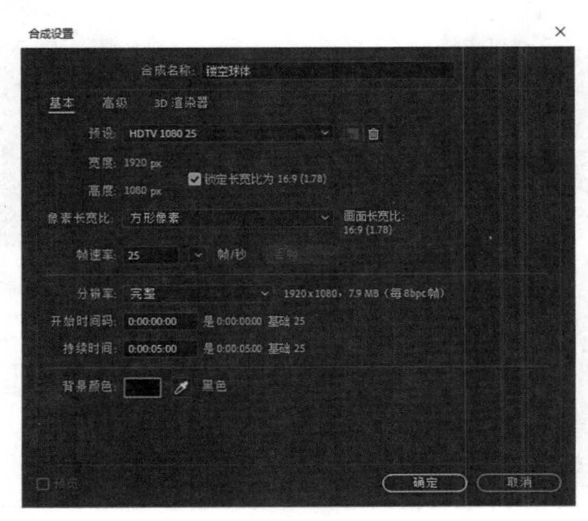

图2-3-25

（8）把合成“形状平面”嵌套进来，如图2-3-26所示。

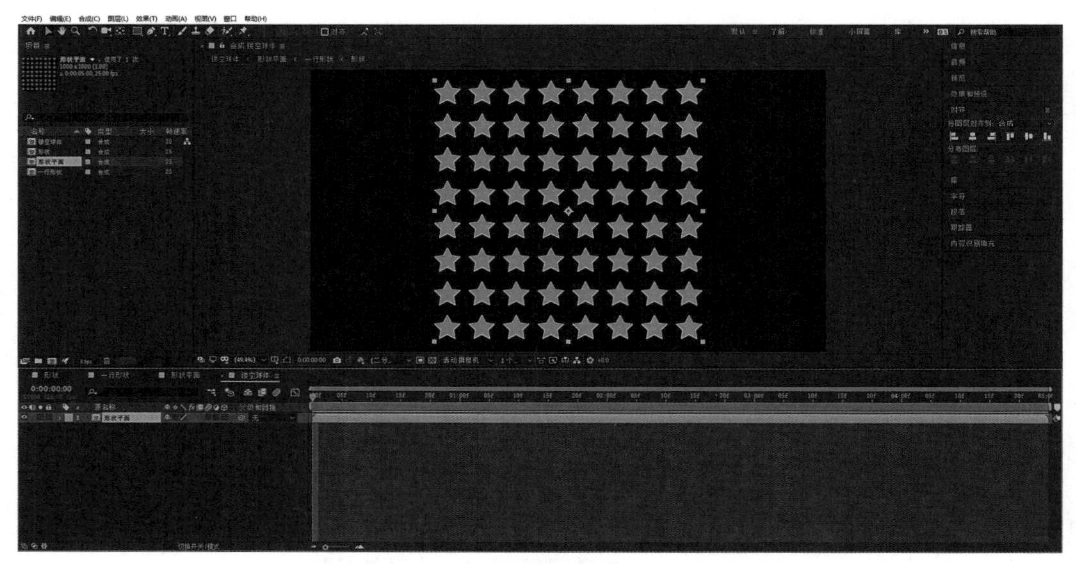

图2-3-26

选择形状平面图层，添加CC Sphere（CC球体）特效。执行【效果】—【透视】—【CC Sphere】，如图2-3-27所示。

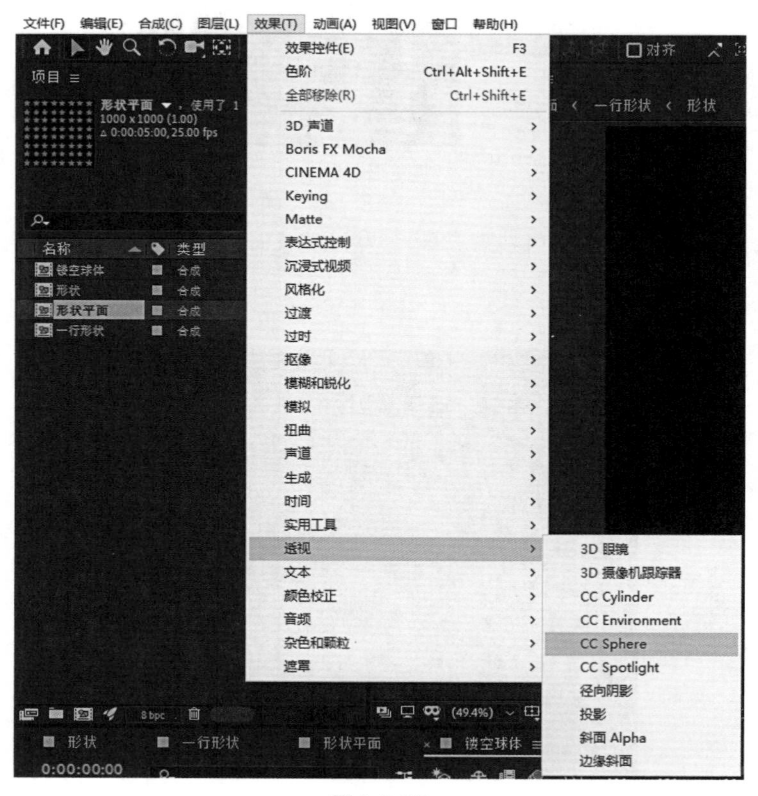

图2-3-27

默认参数的视觉效果，如图2-3-28所示。

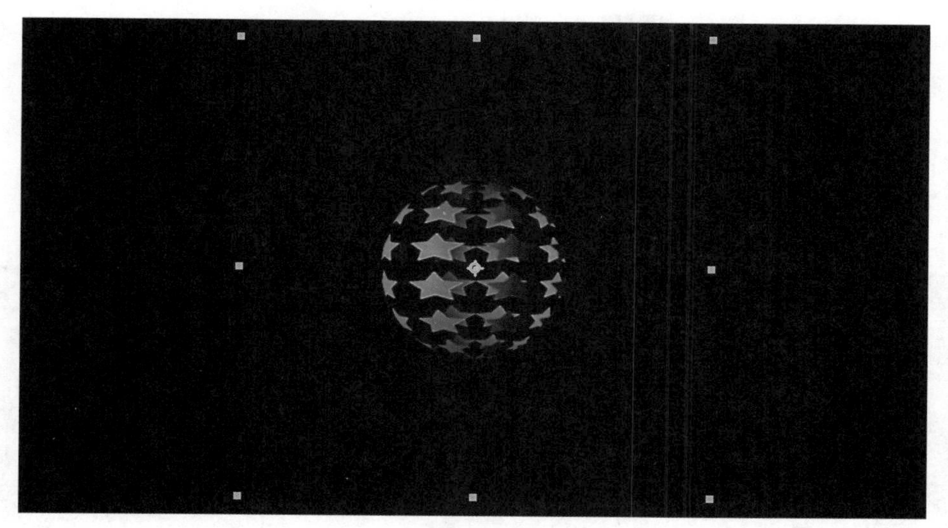

图2-3-28

在效果控件窗口中设置CC Sphere的参数值，如图2-3-29所示。

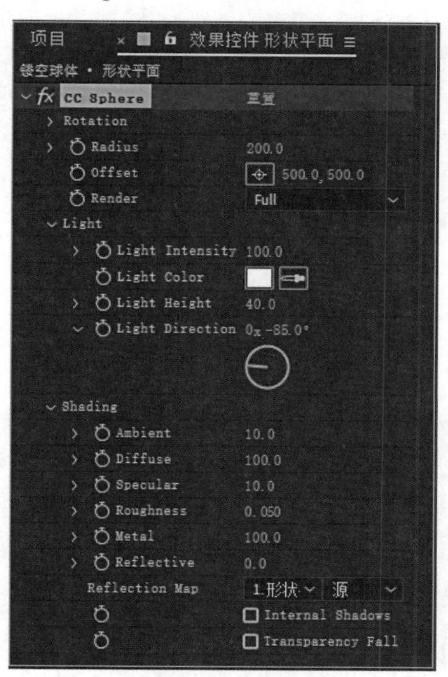

图2-3-29

Radius：半径，设置球体的半径，从而改变球体的大小。

Offset：偏移，默认以图层的几何中心位置为基点围成一个球体，可以通过改变偏移数值改变围成球体的基点。

Light：灯光，给球体进行照明，可以设置灯光的强度、颜色、高度和角度，影响球体的明暗分布。

Shading：明暗，球体在灯光照射下对灯光属性的反应，相当于简易的材质属性，包括环境、漫反射、高光、粗糙、金属、反射等。

（9）制作球体的旋转动画。展开CC Sphere的Rotation（旋转）属性，时间指示器定位到00:00开始时刻，打开Rotation Y（Y轴旋转）前面的关键帧记录器，初始值为0x+0°，如图2-3-30所示。

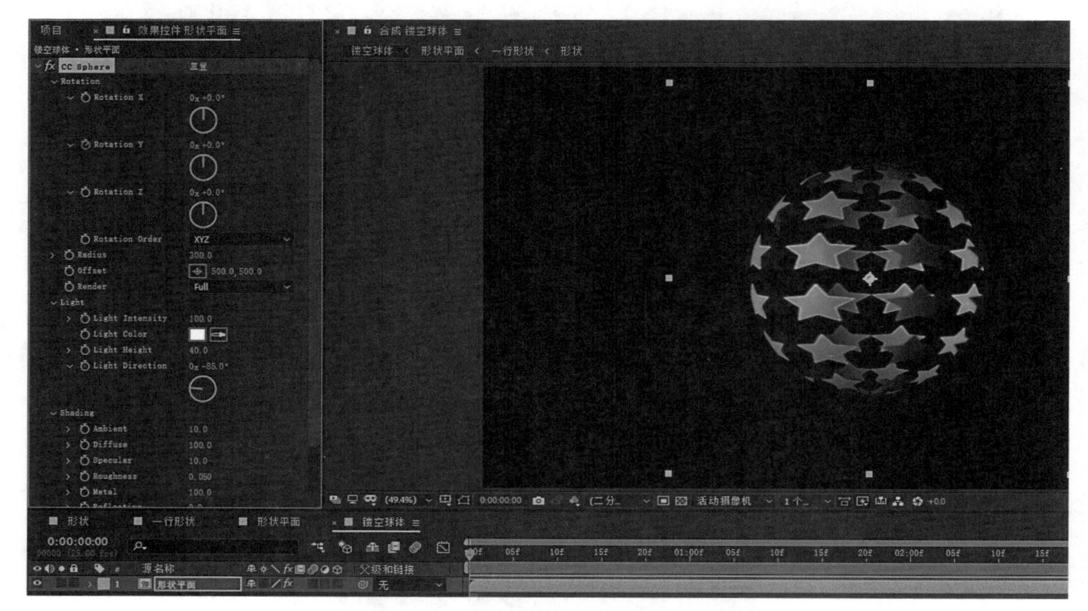

图2-3-30

时间指示器定位到最后一帧04:24时刻，修改Rotation Y（Y轴旋转）数值为1x+0°，如图2-3-31所示。

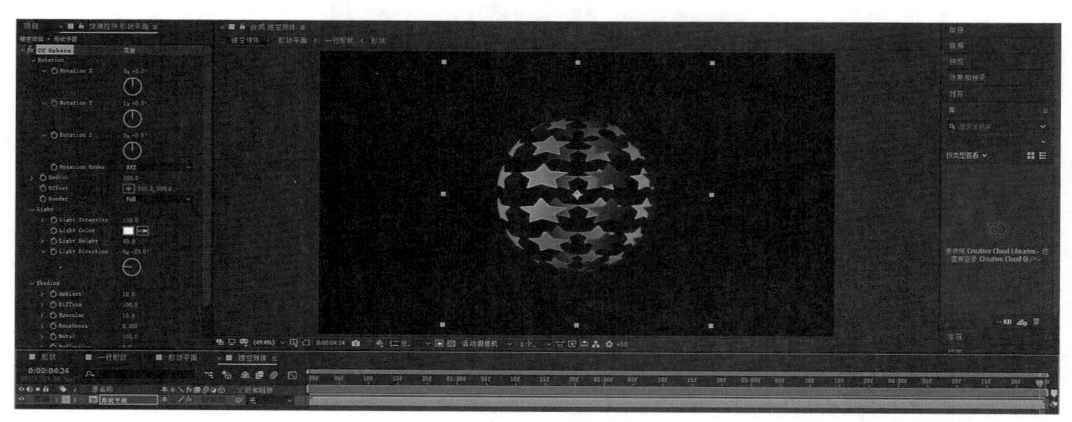

图2-3-31

球体围绕Y轴的竖直方向旋转起来。

（10）添加发光效果。执行【效果】—【风格化】—【发光】，如图2-3-32所示。

图2-3-32

在效果控件窗口中根据需要设置发光的参数值，如图2-3-33所示。

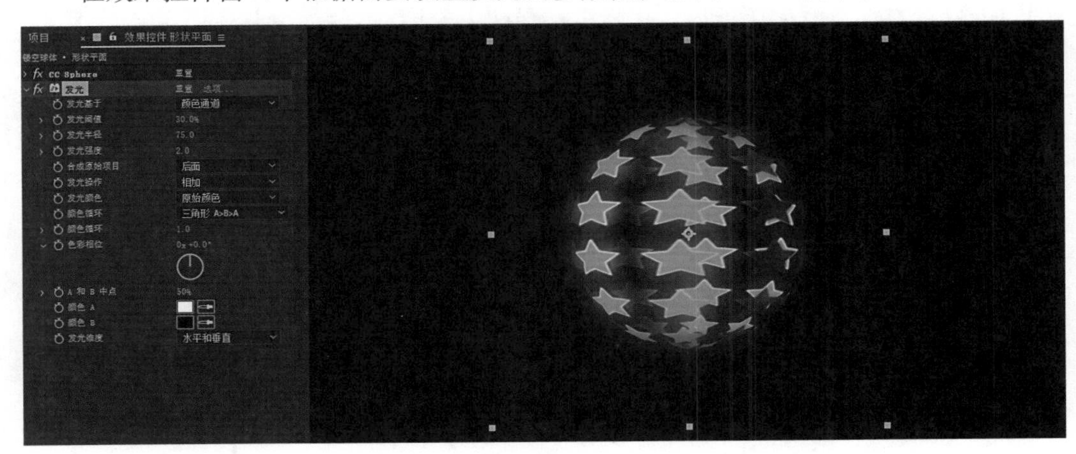

图2-3-33

发光基于：发光依据，默认是颜色通道，根据彩色的颜色区域发光；还有一个选项是Alpha通道，根据图层的Alpha通道信息产生发光。

发光阈值：根据选择的发光基于通道信息，确定百分比范围内产生发光。

发光半径：发光面积的大小。

发光强度：发光的强弱程度。

发光颜色：发光的色彩，默认是原始颜色。发光颜色是图层内容的颜色，也可以选择【A和B颜色】，在下面的颜色A、颜色B中设置任意的颜色。

（11）预览，渲染生成。

拓展练习：改变第一个合成“形状”里面的几何形状内容，改变形状的填充和描边颜色，改变或增加最后一个合成“镂空球体”CC Sphere（CC球体）的旋转轴向动画，调整发光颜色和发光强度。如图2-3-34所示。

图2-3-34

（三）序列图层

当有多个图层素材需要在时间上先后连接，可以使用序列图层，相当于非线性编辑中的片段组接。执行【动画】—【关键帧辅助】—【序列图层...】，如图2-3-35所示。

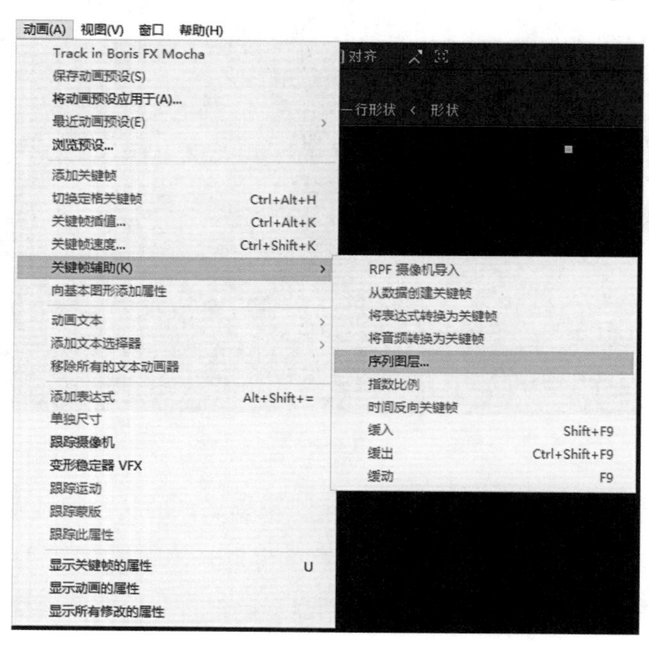

图2-3-35

案例：倒计时，如图2-3-36所示。

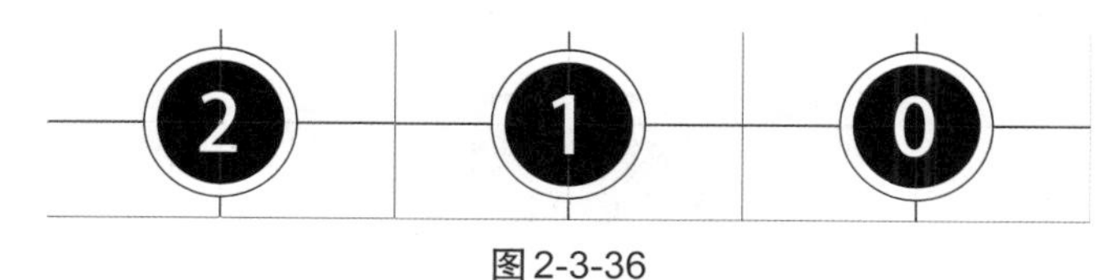

图2-3-36

案例分析：在Photoshop软件中设计并制作倒计时图片，以合成方式导入After Effects，利用序列图层命令完成倒计时片头的制作。

制作步骤：

（1）打开Photoshop软件，新建文档，宽度为1920像素，高度为1080像素，分辨率为72像素/英寸，颜色模式为RGB颜色，8位颜色深度，背景内容为白色，如图2-3-37所示。

图2-3-37

（2）显示标尺，新建垂直参考线和水平参考线，分别定位到文档的中心位置，方便后面创建元素时准确定位，如图2-3-38所示。

图2-3-38

绘制圆形、圆环、线条等内容，如图2-3-39所示。

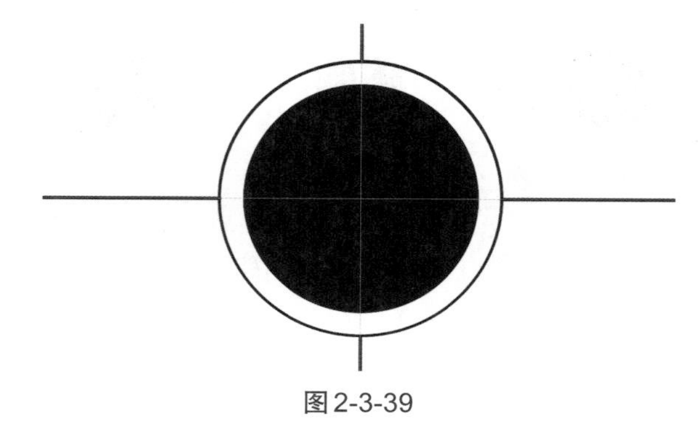

图2-3-39

在中间分别创建0、1、2、3、4、5、6、7、8、9数字图层，如图2-3-40所示。

图2-3-40

保存为“时间.psd ”文件格式。

（3）打开After Effects软件，以合成方式导入psd文件，双击打开对应的时间线，如图2-3-41所示。

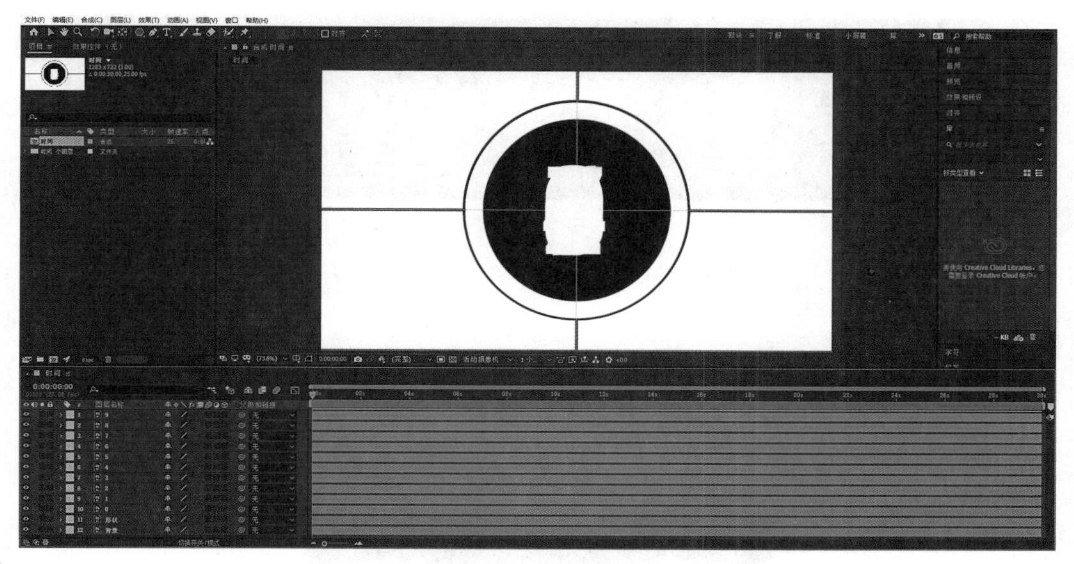

图2-3-41

使用快捷键Ctrl+K，打开【合成设置】对话框，修改持续时间为10秒，如图2-3-42所示。

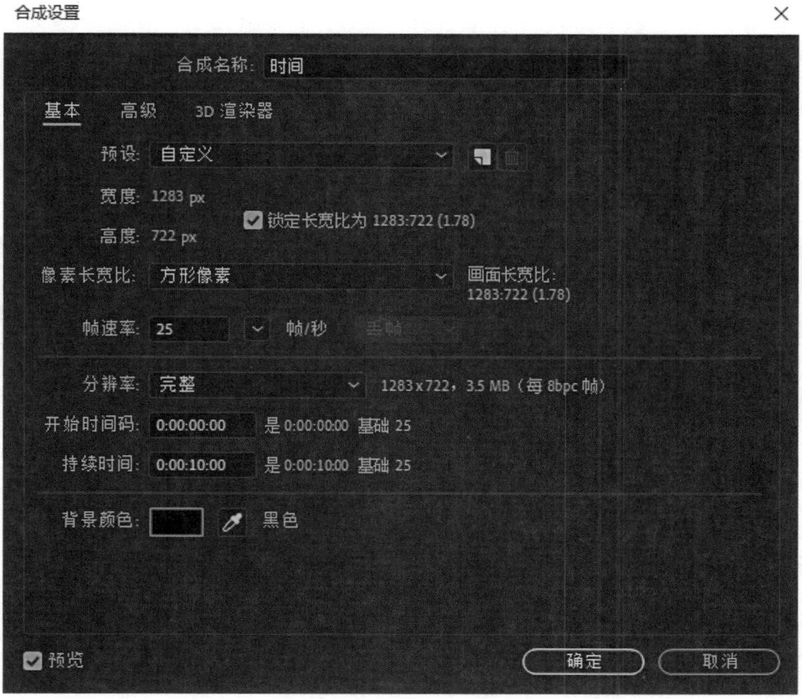

合成设置

合成名称：时间

基本　高级　3D 渲染器

预设：自定义

宽度：1283 px

高度：722 px

锁定长宽比为 1283:722 (1.78)

像素长宽比：方形像素

画面长宽比：1283:722 (1.78)

帧速率：25 帧/秒

分辨率：完整　1283x722，3.5 MB（每 8bpc 帧）

开始时间码：0:00:00:00　是 0:00:00:00　基础 25

持续时间：0:00:10:00　是 0:00:10:00　基础 25

背景颜色：黑色

预览　确定　取消

图2-3-42

（4）时间指示器定位到00:24时刻，选中0—9数字图层，快捷键Alt+】，把每个数字图层裁切成持续时间为1秒的片段，如图2-3-43所示。

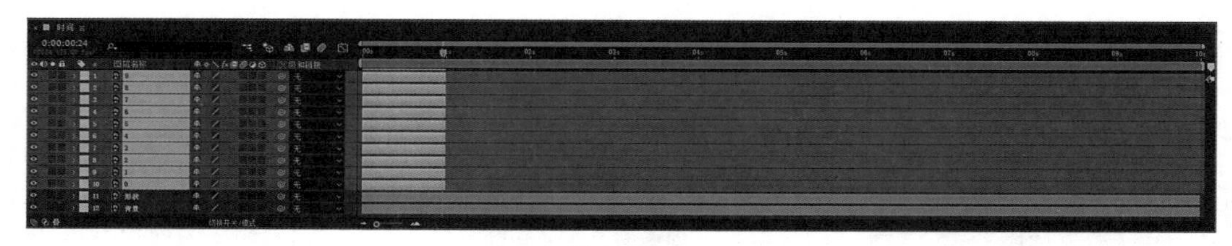

图 2-3-43

从数字9开始，依此选中8、7、6、5、4、3、2、1、0数字图层，执行菜单【动画】—【关键帧辅助】—【序列图层...】，或者在选中的素材条上单击鼠标右键，在弹出的快捷菜单中选择【关键帧辅助】—【序列图层...】，调出【序列图层】对话框，如图2-3-44所示。

图 2-3-44

如果勾选【重叠】，可以在每个层条之间自动添加叠化转场特效，通过设置持续时间定义叠化的时长，从而影响影片的节奏。

单击【确定】后，选中的图层按照选中的先后顺序在时间线上依次排列，如图2-3-45所示。

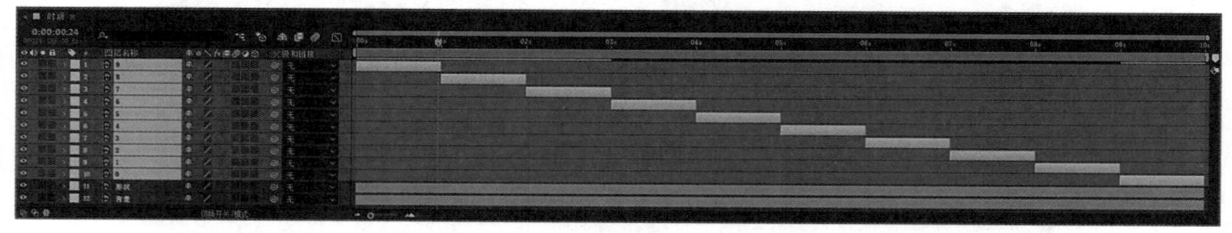

图 2-3-45

（5）预览，渲染生成。

拓展练习：在Photoshop软件中设计并制作个性化的数字图片，制作个性化的倒计时片头，如图2-3-46所示。

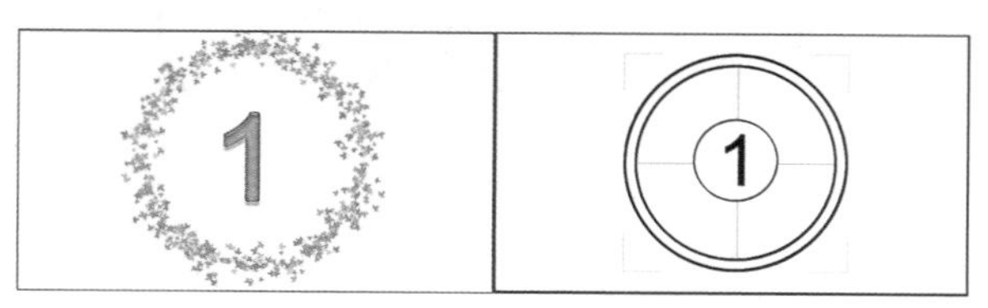

图 2-3-46

四、图层动画

默认的可视二维图层有五个基本变换属性：锚点、位置、缩放、旋转和不透明度，如图2-4-1所示。

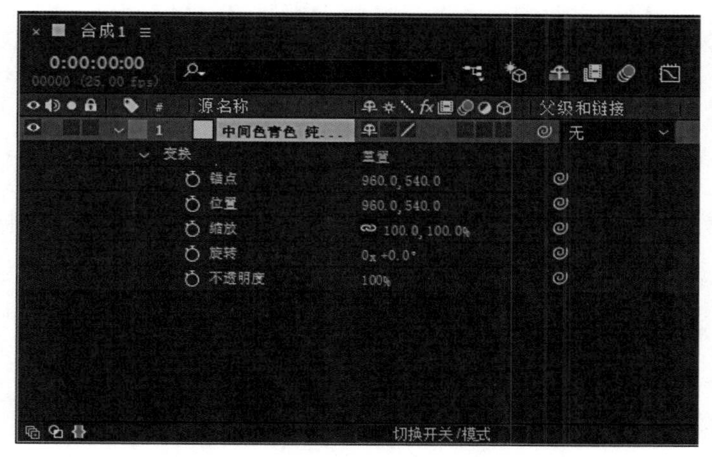

图2-4-1

锚点：图层的参考中心点，代表整个图层。坐标系是以当前图层为基准，图层的左上角为坐标原点，水平向右为X轴正方向，竖直向下为Y轴正方向。默认情况下，锚点在图层的几何中心。

位置：图层在合成图像中的定位点，也就是代表图层的锚点在合成图像中的位置。坐标系是以合成图像的左上角为坐标原点，水平向右为X轴正方向，竖直向下为Y轴正方向。

缩放：图层的大小。默认情况下，水平方向和竖直方向上的比例是锁定的，调整其中的一个参数，另一个参数随之而改变。可以单击数值前面的锁定按钮，取消锁定关系，只在水平方向或是竖直方向上改变图层的大小。需要注意的是，如果图层内容是具体的影像，如人物、标识等，必须在锁定比例的情况下调节缩放数值，避免图层内容变形。

旋转：图层的角度。以锚点为旋转点，改变角度数值从而改变方向。

不透明度：图层的显示虚实程度。可以通过记录图层的不透明度动画制作淡入、淡出效果，还可以制作闪烁效果。

在影视后期制作领域，最常见的动画是关键帧动画，即只需要制作一个变化过程的开始和结束状态，中间的变化过程由计算机自动完成，这可以节省很多时间和人力成本。在After Effects软件中，凡是属性前面有关键帧记录器的，都可以制作关键帧动画。

（一）位置动画

设置图层的位置动画，可以制作移动效果。

案例：文字飞入动画，如图2-4-2所示。

ADOBE
AFTE
ADOBE创意无限
AFTER EFFECTS

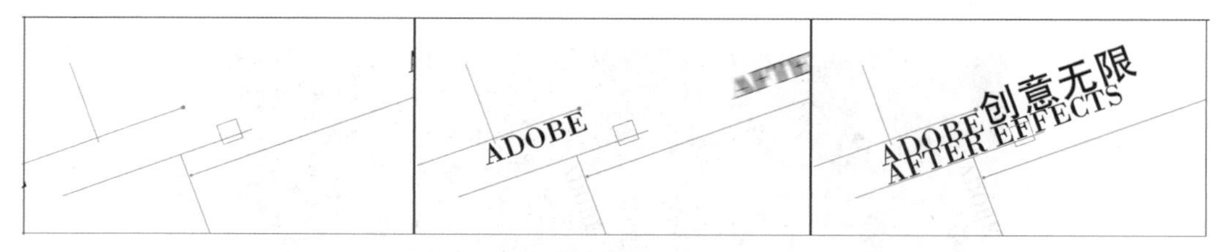

图2-4-2

案例分析：制作文字素材层的位置关键帧动画，让文字对象从镜头外飞入画面，使用图表编辑器改变速度。

操作步骤：

（1）新建合成，命名为“文字飞入动画”，预设为HDTV 1080 25，持续时间为5秒，如图2-4-3所示。

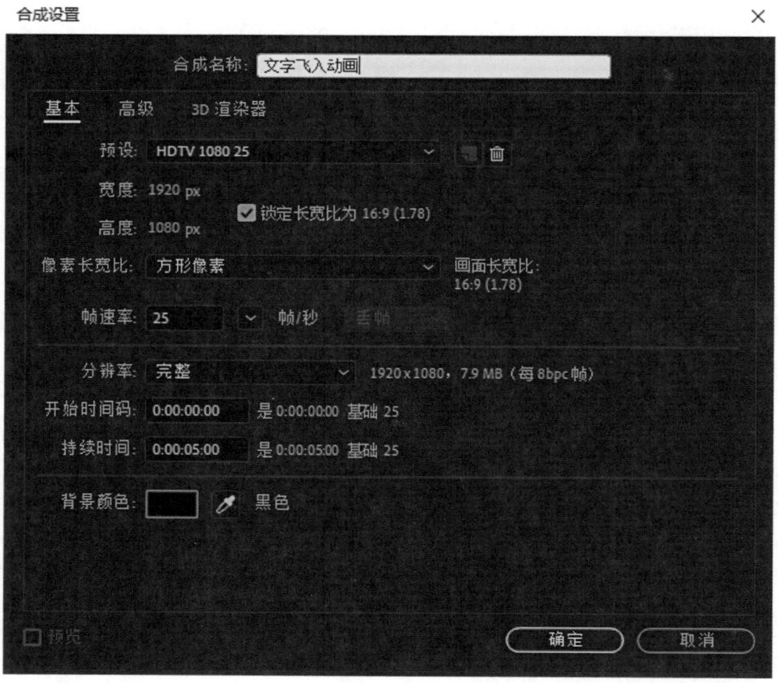

合成设置
合成名称：文字飞入动画
基本
高级
3D 渲染器
预设：HDTV 1080 25
宽度：1920 px
锁定长宽比为 16:9 (1.78)
高度：1080 px
像素长宽比：方形像素
画面长宽比：
16:9 (1.78)
帧速率：25
帧/秒
分辨率：完整
1920 x 1080，7.9 MB（每 8bpc 帧）
开始时间码：0:00:00:00
是 0:00:00:00 基础 25
持续时间：0:00:05:00
是 0:00:05:00 基础 25
背景颜色：
黑色
预览
确定
取消

图2-4-3

（2）导入所有的素材。把“背景”素材放置在时间线的最下层，其他3个文字素材放置在上面，如图2-4-4所示。

图2-4-4

（3）选择“ADOBE”图层时间指示器，定位到01:00时刻，打开图层位置属性前面的关键帧记录器，如图2-4-5所示。

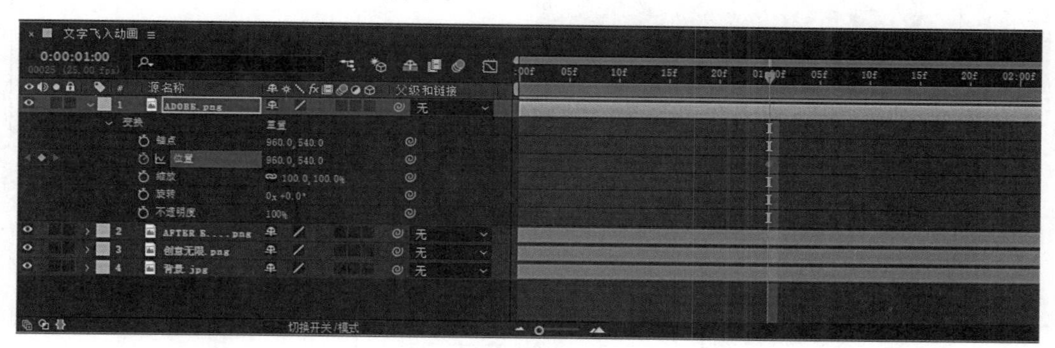

图2-4-5

时间指示器定位到00:00时刻，单击关键帧面板中的◆添加关键帧按钮，创建一个关键帧，用鼠标拖拽“位置”的横坐标数值，同时观察合成窗口中“ADOBE”文字移动到屏幕的左边直至看不见，如图2-4-6所示。

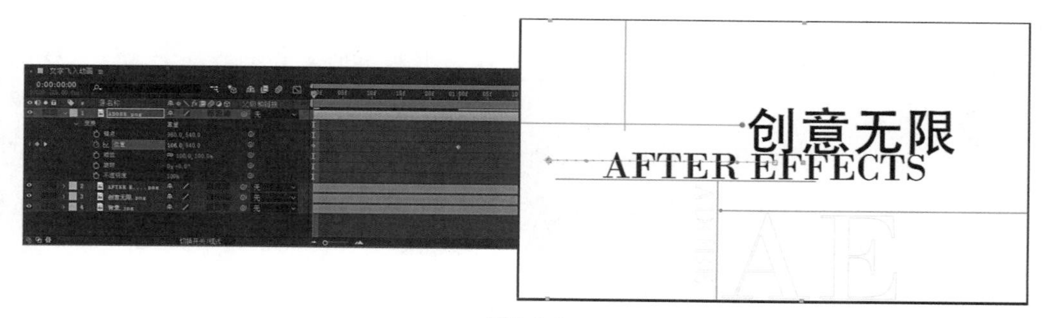

图2-4-6

（4）用同样的方法，制作“AFTER EFFECTS”图层的位置动画，让文字从屏幕的右边飞入，如图2-4-7所示。

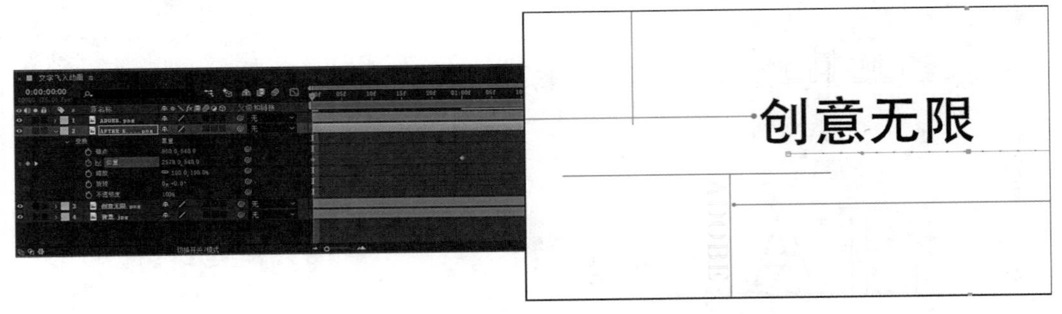

图2-4-7

（5）选择“创意无限”图层，制作从上到下的位置动画，如图2-4-8所示。

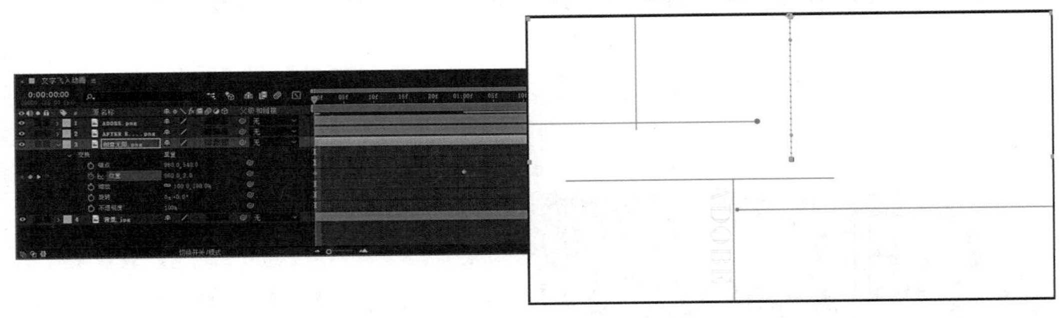

图2-4-8

（6）此时三个文字图层都是匀速从屏幕外飞入，在时间上也是同时的，整体动画比较呆板，如图2-4-9所示。

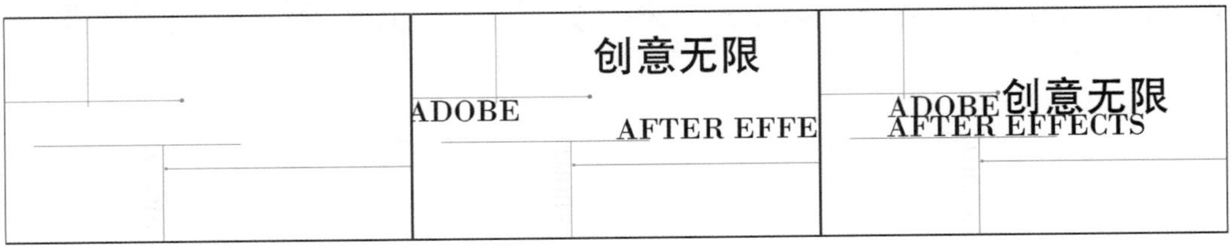

图2-4-9

（7）下面通过调整关键帧的时间和速度让动画元素活泼起来。选中三个文字图层，在英文输入法状态下按快捷键U键，展开三个图层的关键帧。鼠标单击关键帧移动时间位置，如“ADOBE”图层的关键帧分别在00:00和00:10，“AFTER EFFECTS”图层的关键帧分别在00:05和00:20，“创意无限”图层的关键帧分别在00:15和01:00，如图2-4-10所示。

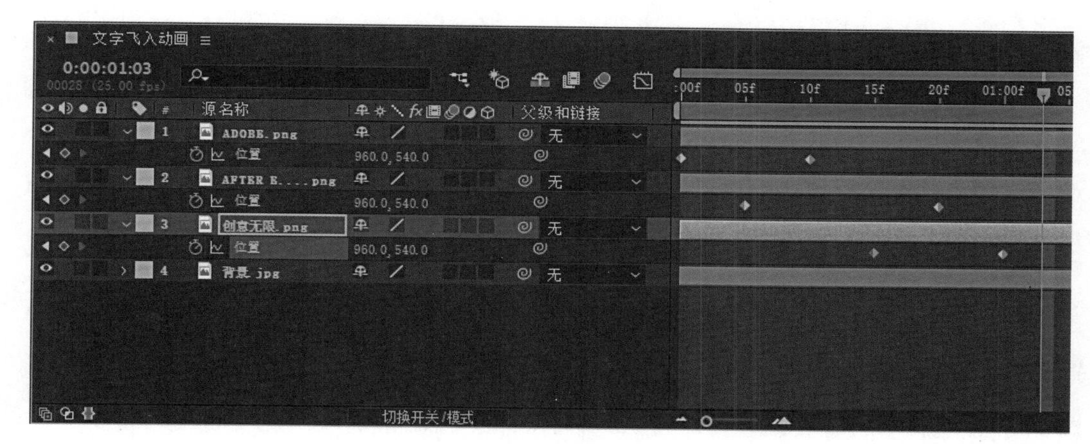

图 2-4-10

选择“ADOBE”图层的位置属性，单击【图表编辑器】，如图2-4-11所示。

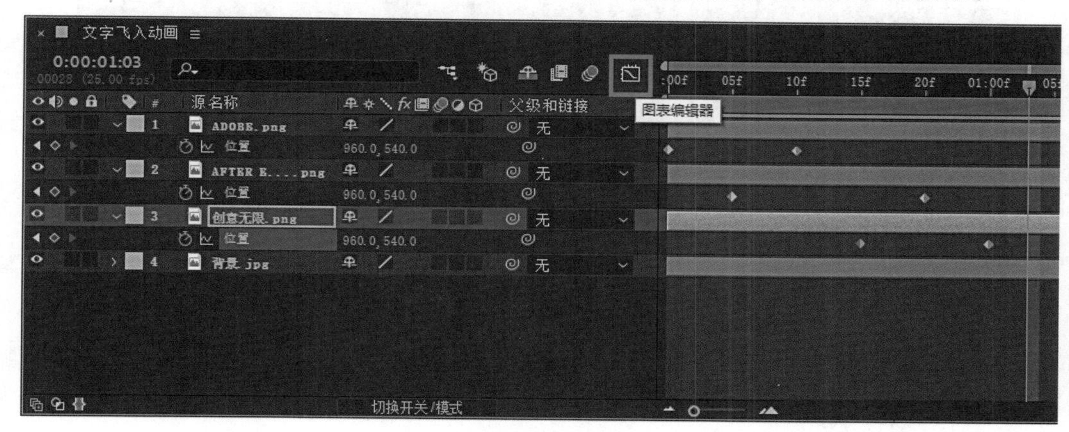

图 2-4-11

打开图表编辑器，默认显示的曲线是数值曲线，如图2-4-12所示。

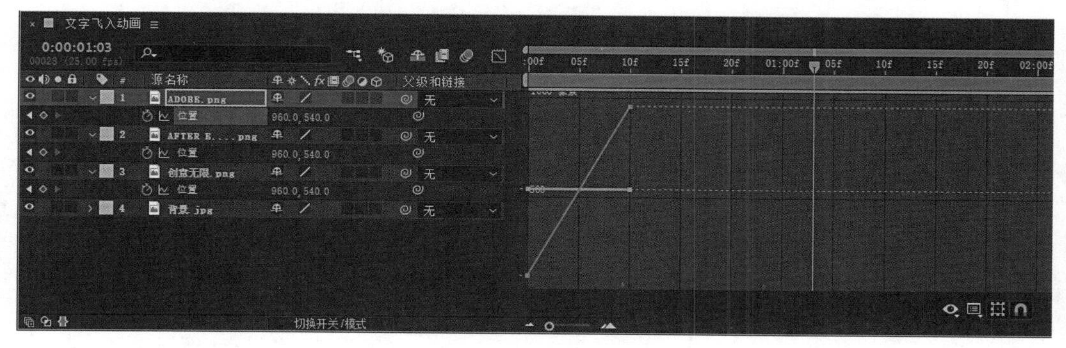

图 2-4-12

单击图表编辑器下边的【选择图表类型和选项】按钮，选择【编辑速度图表】，如图2-4-13所示。

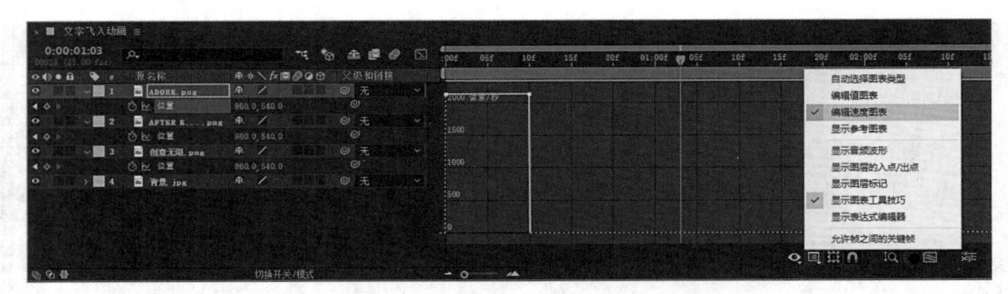

图2-4-13

此时的曲线显示的是速度曲线，直线表示两个关键帧点之间是匀速变化的，拖动两个控制点到0的位置，速度即为0，调整贝塞尔控制手柄改变速度曲线的曲率，如图2-4-14所示。

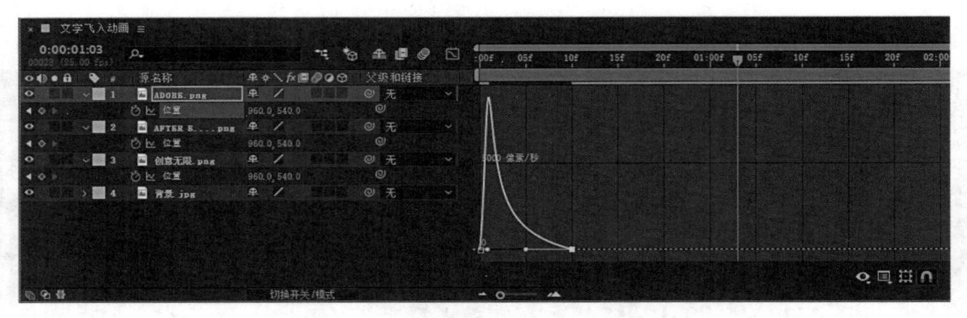

图2-4-14

此时“ADOBE”图层快速从屏幕外飞入然后降低速度，越接近目标位置速度越慢，直至在目标位置静止。再次单击【图表编辑器】按钮，关闭图表编辑状态。为了方便观察速度的变化，打开“ADOBE”图层的运动模糊开关，速度越快模糊程度越高，如图2-4-15所示。

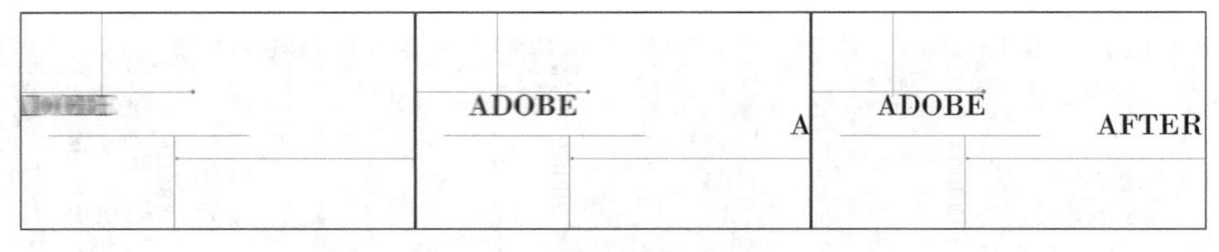

图2-4-15

（8）用同样的方法制作其他两个文字图层的位置变速动画，如图2-4-16所示。

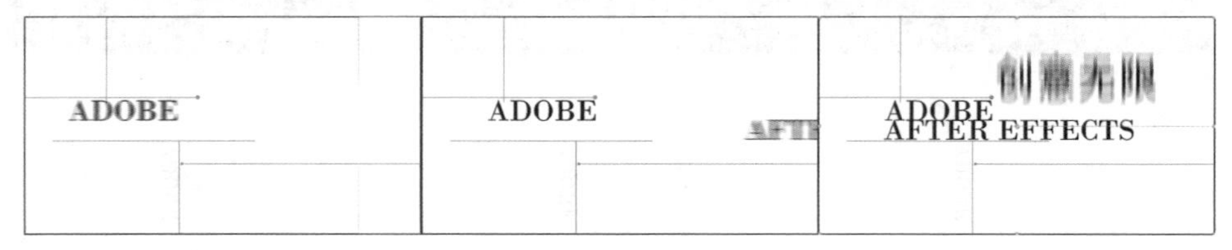

图2-4-16

（9）新建空对象，执行【图层】—【新建】—【空对象】，如图2-4-17所示。

图层(L) 效果(T) 动画(A) 视图(V) 窗口 帮助(H)
新建(N) ›
图层设置... Ctrl+Shift+Y
打开图层(O)
打开图层源(U) Alt+Numpad Enter
在资源管理器中显示
蒙版(M) ›
蒙版和形状路径 ›
品质(Q) ›
开关(W) ›
变换(T) ›
时间 ›
帧混合 ›
3D 图层
参考线图层
环境图层
标记 ›
保持透明度(E)
混合模式(D) ›
下一混合模式 Shift+=
上一混合模式 Shift+-
跟踪遮罩(A) ›
图层样式 ›
排列 ›
显示 ›
创建 ›
摄像机 ›
自动追踪...
预合成(P)... Ctrl+Shift+C

文本(T) Ctrl+Alt+Shift+T
纯色(S)... Ctrl+Y
灯光(L)... Ctrl+Alt+Shift+L
摄像机(C)... Ctrl+Alt+Shift+C
空对象(N) Ctrl+Alt+Shift+Y
形状图层
调整图层(A) Ctrl+Alt+Y
内容识别填充图层...
Adobe Photoshop 文件(H)...
MAXON CINEMA 4D 文件(C)...

图2-4-17

（10）选择“背景”和三个文字图层，在父级和链接下拉菜单中选择“1. 空 1”，此时“1. 空 1”图层是四个图层的父层，通过父层可以控制子层的属性，如图2-4-18所示。

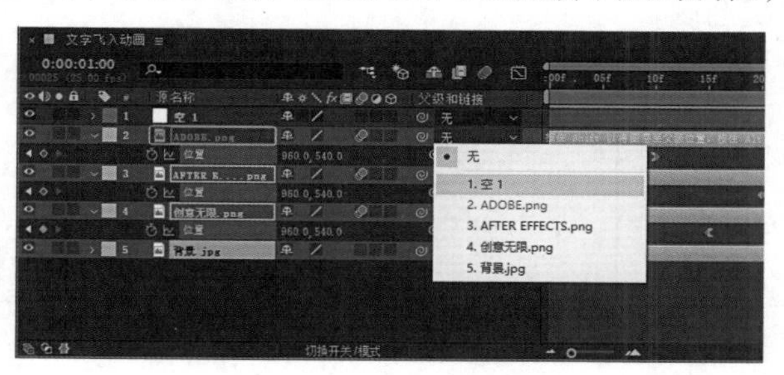

图2-4-18

（11）调整“空1”图层的旋转数值，所有元素的角度发生倾斜，如图2-4-19所示。

图2-4-19

（12）新建纯色层，命名为“白底”，放置在最下面的图层，如图2-4-20所示。

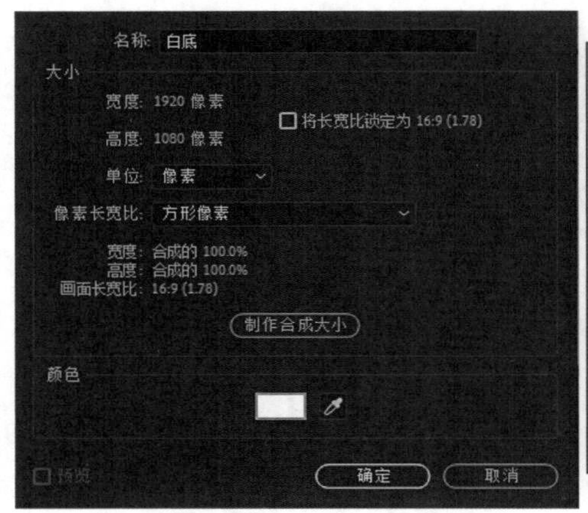

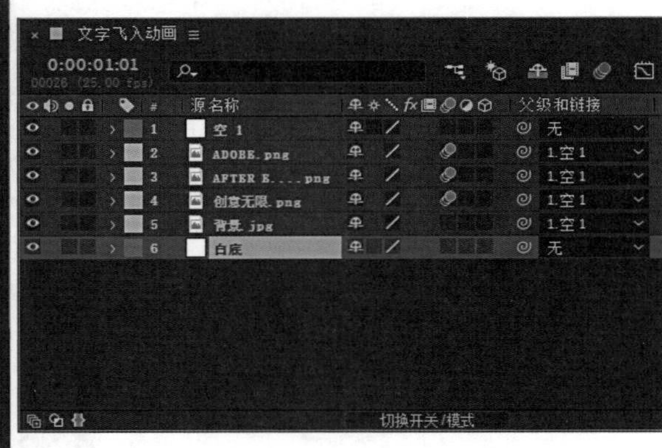

图2-4-20

（13）预览，渲染生成。

拓展练习：设计文字和图形的排版，制作位置动画。

（二）缩放动画

设置图层的缩放关键帧动画，可以制作放大或是缩小的动画效果。

案例：圆形弹出动画，如图2-4-21所示。

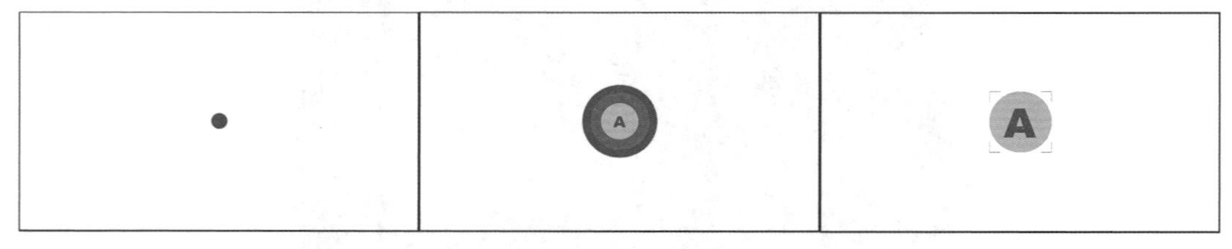

图2-4-21

案例分析：制作不同颜色的圆形，设置圆形图层的缩放动画，让圆形依次放大弹出，最后出现文字。

制作步骤：

（1）新建合成，命名为“紫色圆”，宽度为300px，高度为300px，持续时间为5秒，如图2-4-22所示。

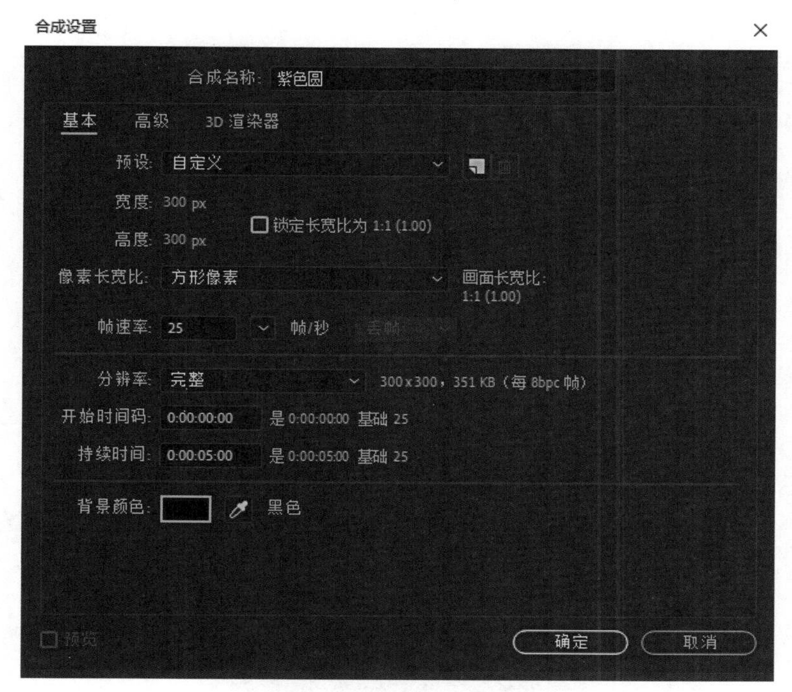

图2-4-22

在工具栏中双击【椭圆工具】，创建一个正圆形的形状图层，如图2-4-23所示。

图2-4-23

在时间线窗口展开形状图层，关闭描边，填充颜色改为紫色（138，16，108），如图2-4-24所示。

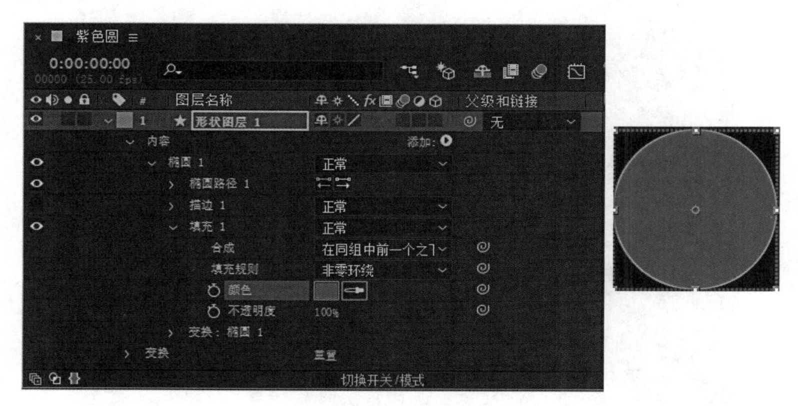

图2-4-24

（2）在项目窗口中选中合成“紫色圆”，Ctrl+D制作副本，如图2-4-25所示。

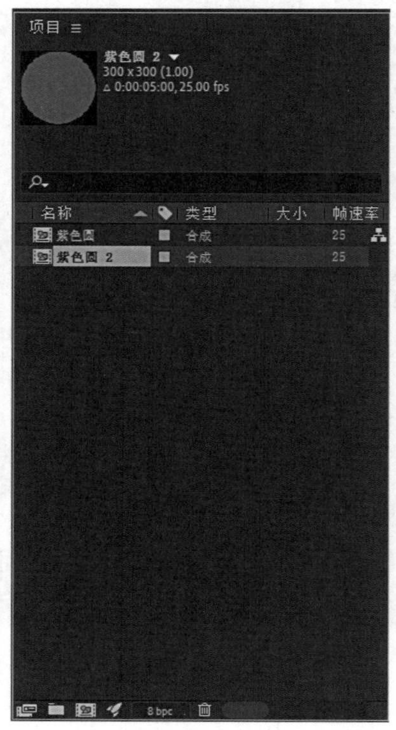

图2-4-25

双击合成“紫色圆2”，打开对应的时间线，Ctrl+K打开【合成设置】对话框，修改名称为“蓝色圆”，如图2-4-26所示。

图2-4-26

在时间线窗口修改形状图层的填充颜色为蓝色（46，97，149），如图2-4-27所示。

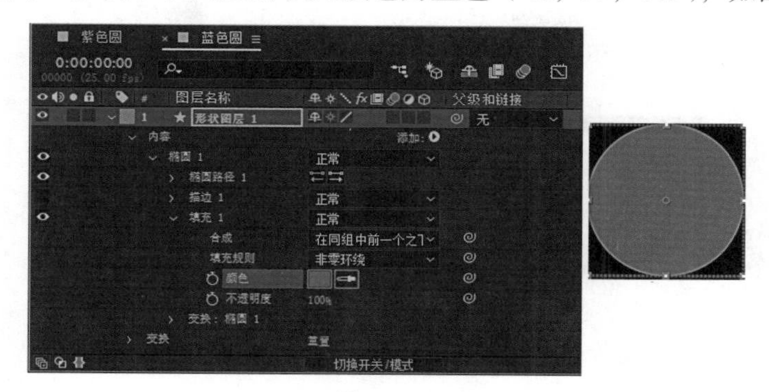

图2-4-27

（3）在项目窗口中选中合成“蓝色圆”,Ctrl+D制作副本，双击打开对应的时间线，改名为“橙色圆”，修改形状图层的填充颜色为橙色(224,185,112)，如图2-4-28所示。

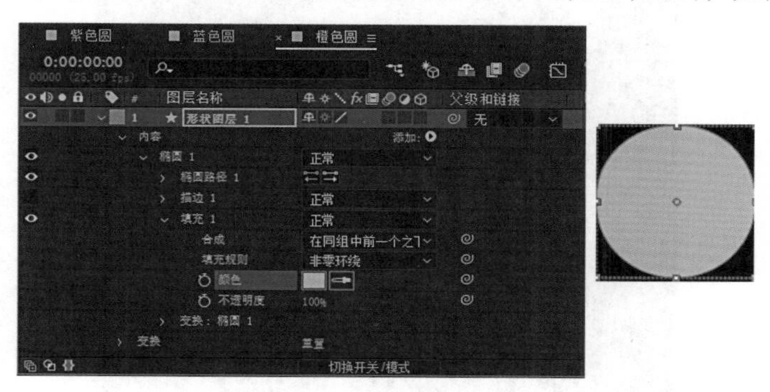

图2-4-28

（4）新建合成，命名为“文字A”，宽度为300px，高度为300px，持续时间为5秒，如图2-4-29所示。

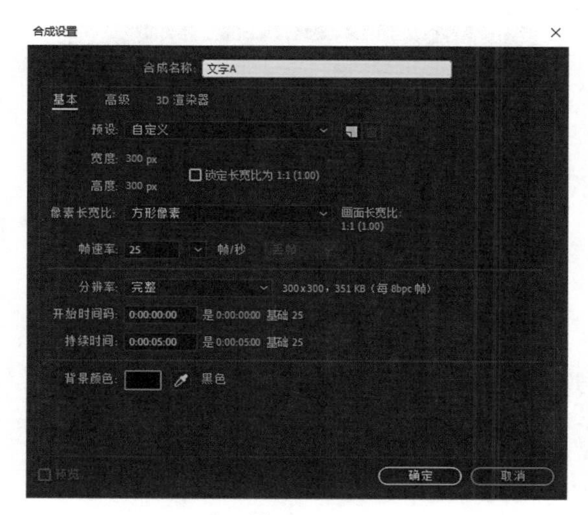

图2-4-29

在工具栏中选择文本工具，创建文字对象，在字符窗口中设置字体和大小，放置到合成的中心位置，如图2-4-30所示。

图2-4-30

（5）新建合成，命名为“圆形弹出动画”，预设为HDTV 1080 25，持续时间为5秒，如图2-4-31所示。

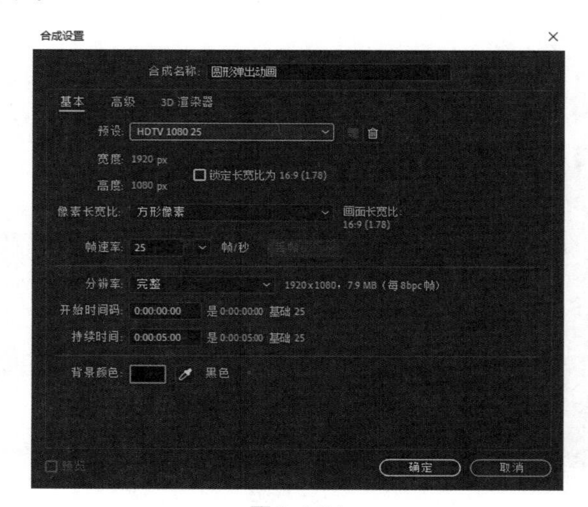

图2-4-31

新建纯色层，命名为“底色”，颜色为75%灰，如图2-4-32所示。

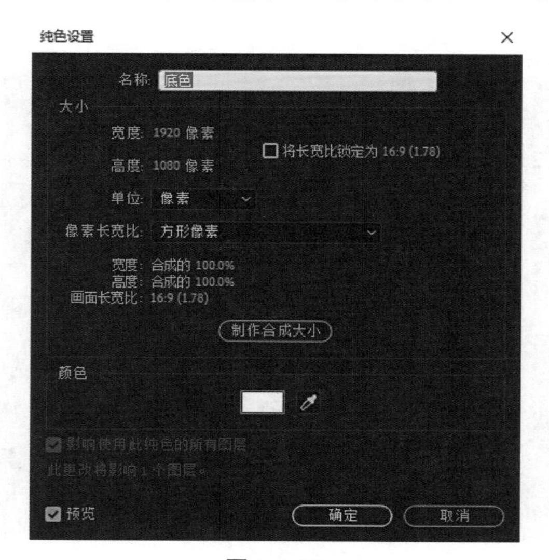

图2-4-32

（6）把合成的“紫色圆”、“蓝色圆”、“橙色圆”和“文字A”放置在时间线上，如图2-4-33所示。

图2-4-33

关闭“蓝色圆”、“橙色圆”和“文字A”图层的显示开关，展开“紫色圆”的缩放属性，设置关键帧。在00:00时，数值为0；00:10时，数值为120；00:15时数值为100，如图2-4-34所示。

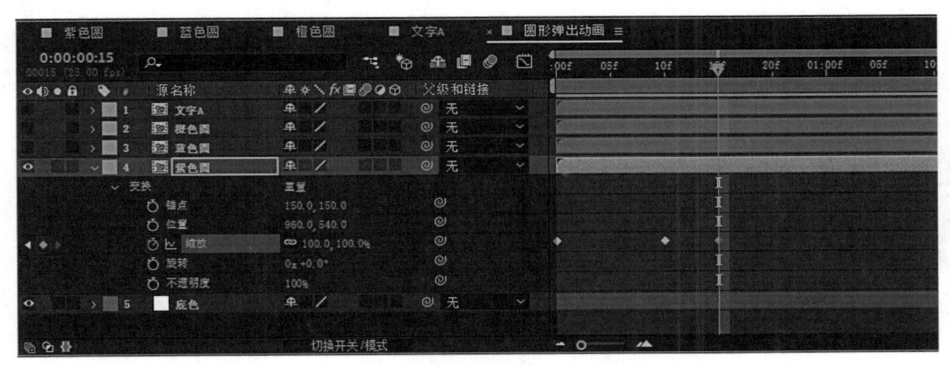

图2-4-34

框选缩放的三个关键帧，在关键帧上单击鼠标右键，在弹出的快捷菜单中执行【关键帧辅助】—【缓动】，对应的快捷键为F9，把匀速运动修改为变速运动，如图2-4-35所示。

图2-4-35

（7）框选所有的关键帧，Ctrl+C复制关键帧，打开“蓝色圆”图层的显示开关，展开图层的缩放属性，打开缩放属性名称前面的关键帧记录器，时间指示器定位到00:03时刻，Ctrl+V粘贴关键帧，如图2-4-36所示。

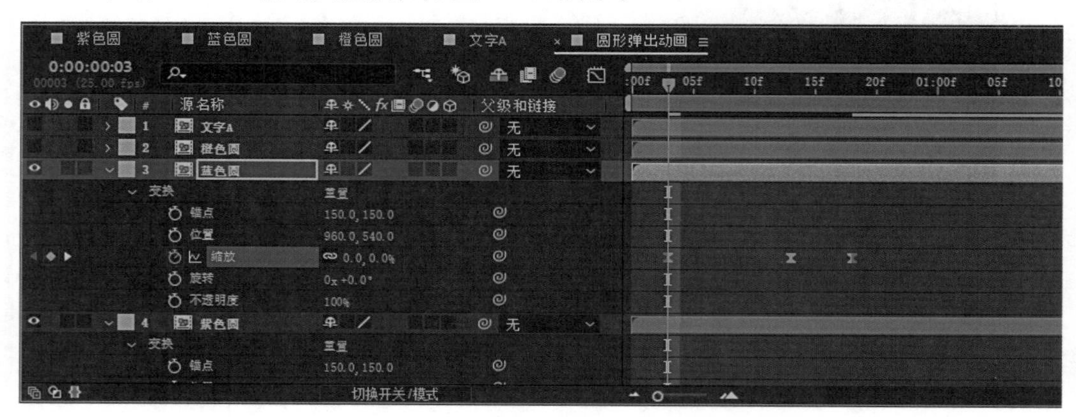

图2-4-36

（8）用同样的方法给“橙色圆”和“文字A”粘贴关键帧，根据节奏需要适当调整关键帧的时间位置，如图2-4-37所示。

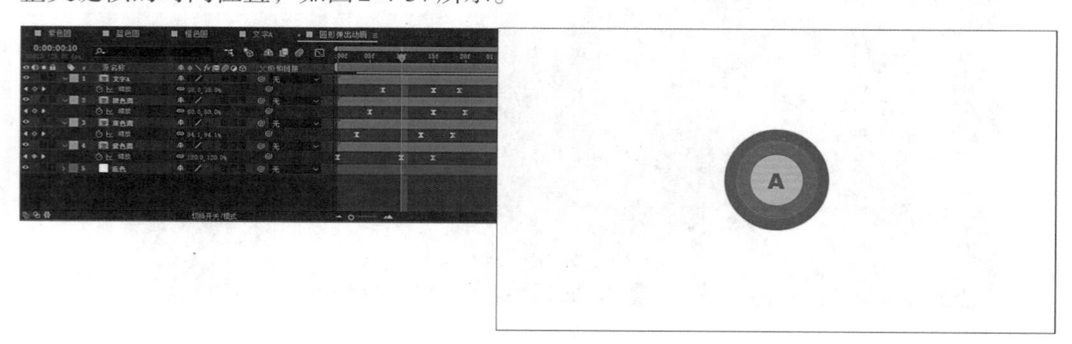

图2-4-37

（9）预览，渲染生成。

拓展练习：制作不同颜色的圆和不同的文字内容，根据节奏调整关键帧的时间位置，制作弹出动画，如图2-4-38所示。

图2-4-38

（三）旋转动画

设置图层的旋转关键帧动画，可以制作旋转效果。

案例：表盘动画，如图2-4-39所示。

图2-4-39

案例分析：以合成方式导入PSD分层文件，分别制作分针和时针的旋转动画。

制作步骤：

（1）导入“钟表”素材，导入类型为【合成-保持图层大小】，如图2-4-40所示。

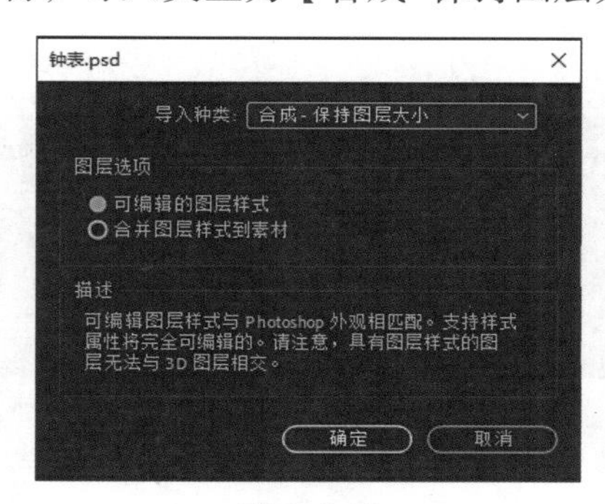

图2-4-40

（2）双击打开“钟表”合成的时间线，Ctrl+K打开【合成设置】对话框，预设修改为HDTV 1080 25，持续时间为10秒，如图2-4-41所示。

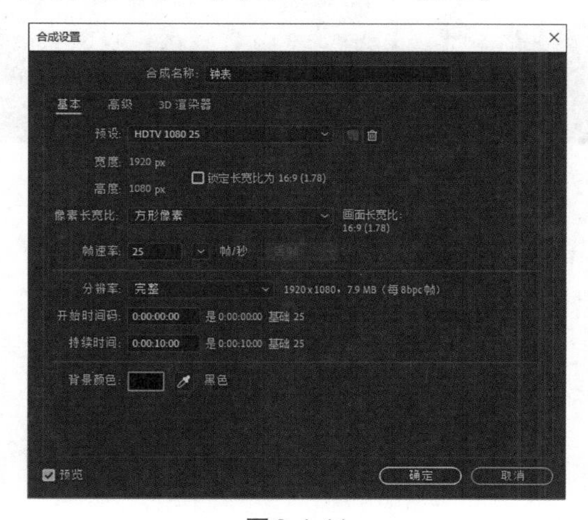

图2-4-41

（3）选择“分针”图层，此时分针图层的锚点在分针形状的几何中心位置。分针的旋转应该围绕中心点进行，需要首先调整锚点的位置。在工具栏中选择锚点工具，把锚点移动到钟表的中心点位置，如图2-4-42所示。

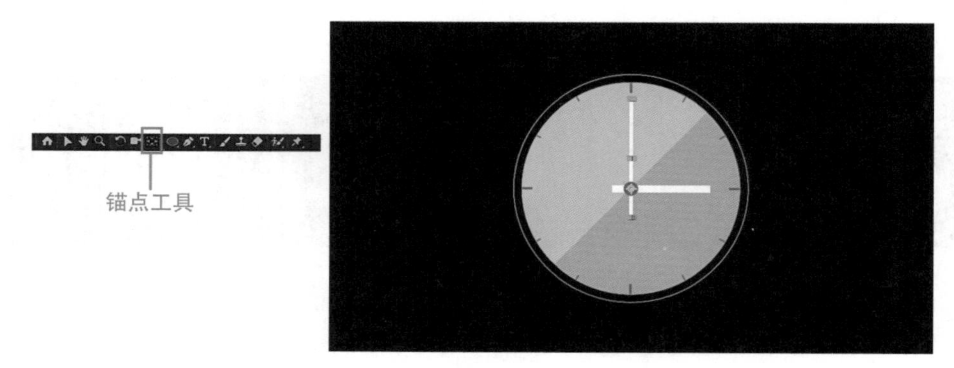

图2-4-42

（4）在时间线窗口展开“分针”图层的旋转属性，设置旋转的关键帧动画。在00:00时，旋转数值为0x+0°；在09:24时，旋转数值为1x+0°，如图2-4-43所示。

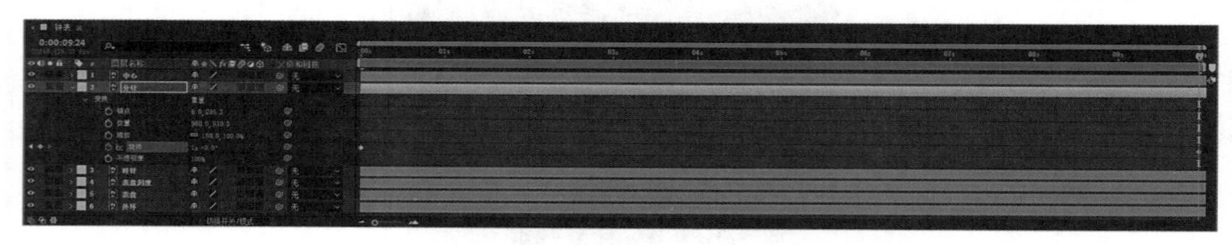

图2-4-43

（5）选择“时针”图层，修改锚点到钟表的中心点位置，制作旋转动画。在00:00时，旋转数值为0x+0°；在09:24时，旋转数值为0x+30°，如图2-4-44所示。

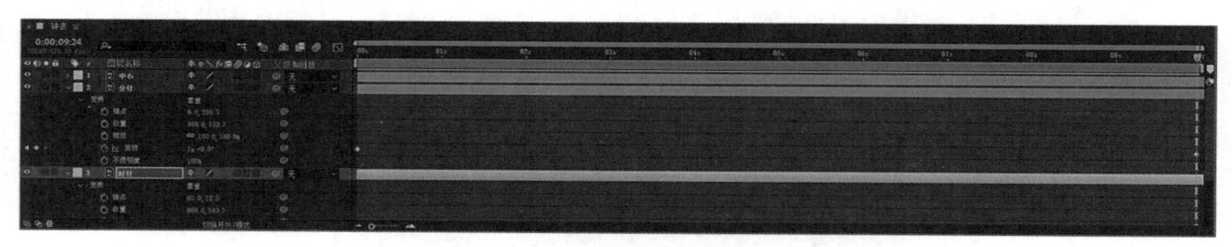

图2-4-44

（6）预览，渲染生成。

拓展练习：改变时针和分针的旋转角度，注意二者的角度关系。

（四）不透明度动画

通过调整图层的不透明度数值可以改变图层的透明与不透明显示。

案例：光球闪烁动画。

可以使用三种操作方式设置图层不透明度动画，即使用关键帧、摇摆器和表达式制作闪烁动画，效果如图2-4-45所示。

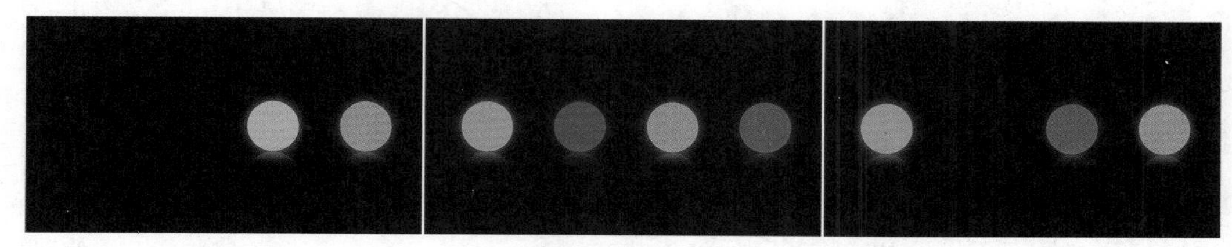

图2-4-45

（1）新建合成，命名为“光球”，宽度为300px，高度为300px，持续时间为5秒，如图2-4-46所示。

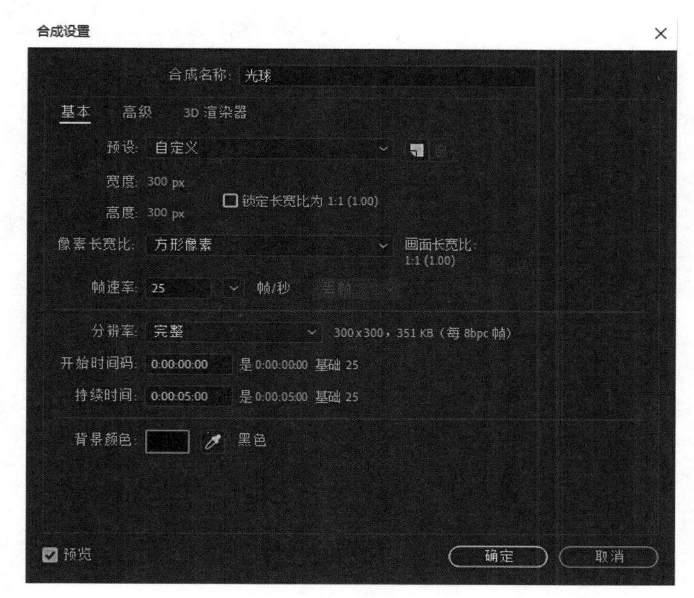

图2-4-46

（2）在工具栏中选择椭圆工具，双击，创建一个正圆形的形状图层，如图2-4-47所示。

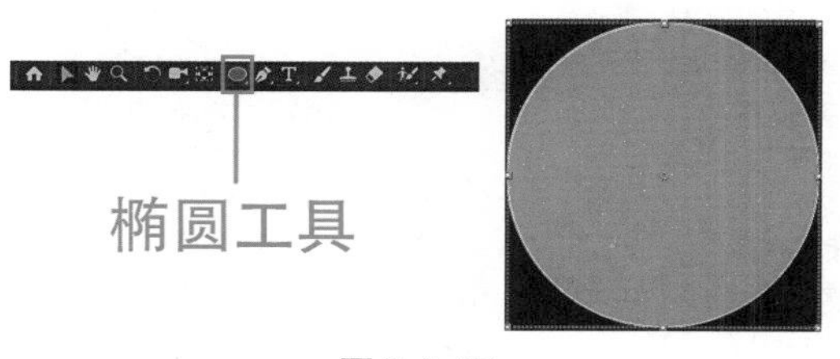

图2-4-47

（3）展开时间线窗口的形状图层，缩放数值设置为80，复制图层，如图2-4-48所示。

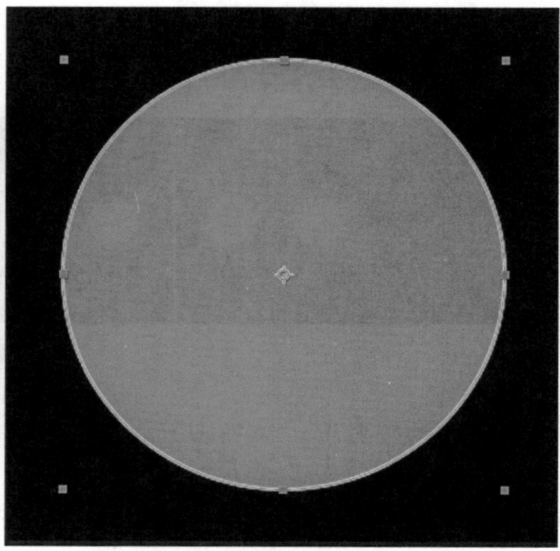

图2-4-48

（4）选择下面的形状图层，添加模糊效果。执行【效果】—【模糊和锐化】—【高斯模糊】，如图2-4-49所示。

图2-4-49

在效果控件窗口中修改模糊度为75，让圆球有发光的效果，如图2-4-50所示。

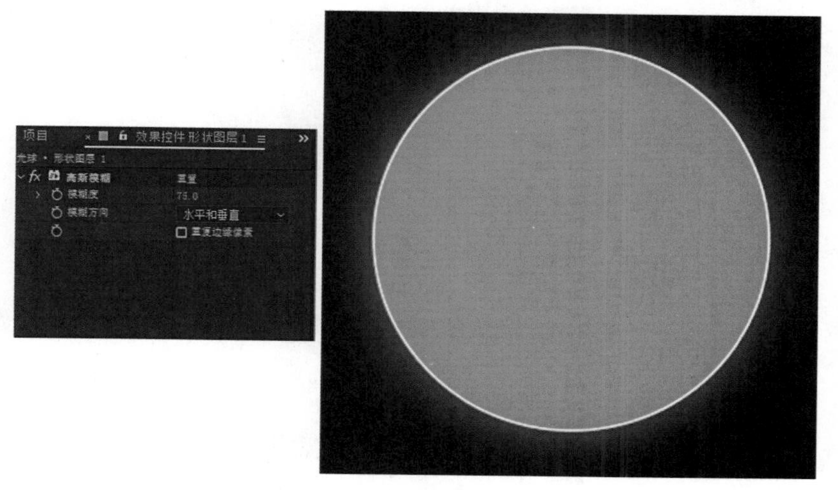

图2-4-50

（5）新建合成，命名为“光球闪烁动画”，预设为HDTV 1080 25，持续时间为5秒，如图2-4-51所示。

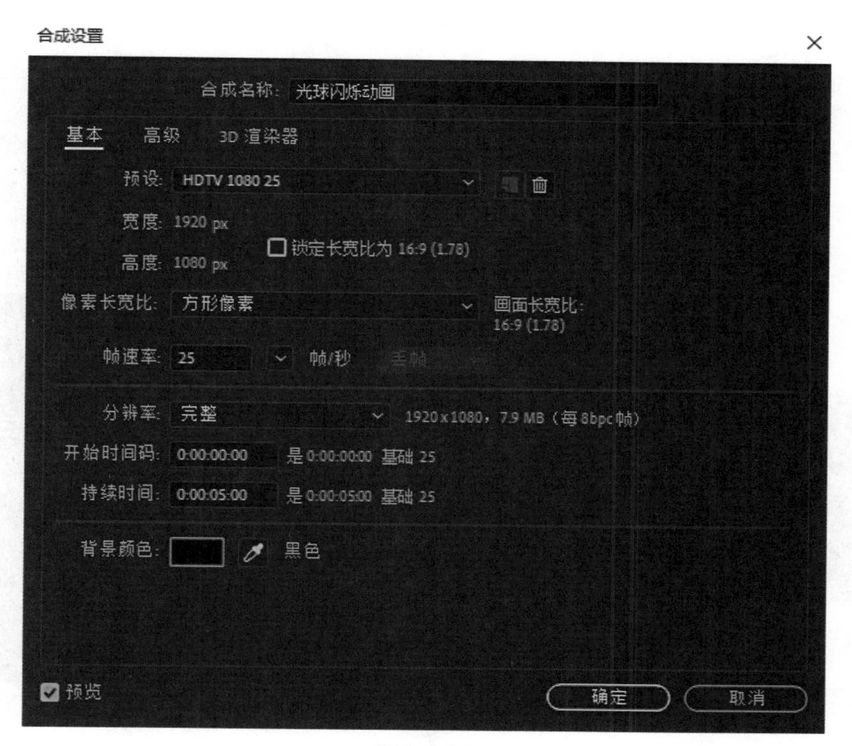

图2-4-51

（6）嵌套合成“光球”，添加填充特效。执行【效果】—【生成】—【填充】，如图2-4-52所示。

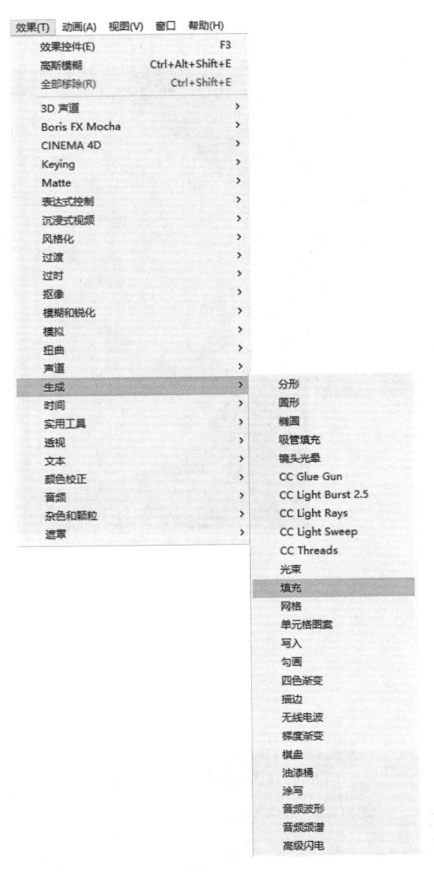

图2-4-52

在效果控件窗口中修改颜色为红色（240，132，128），如图2-4-53所示。

图2-4-53

（7）再复制3个“光球”图层，填充颜色分别为蓝色（142,156,184）、橙色（248，188，64）、绿色（174，170，100），如图2-4-54所示。

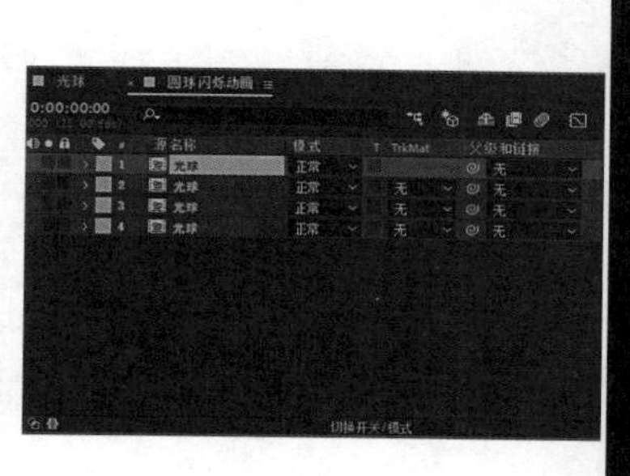

图2-4-54

（8）单击图层名称，按键盘上的回车键修改图层名称。四个图层按照填充颜色分别修改图层名称为红色光球、蓝色光球、橙色光球、绿色光球，如图2-4-55所示。

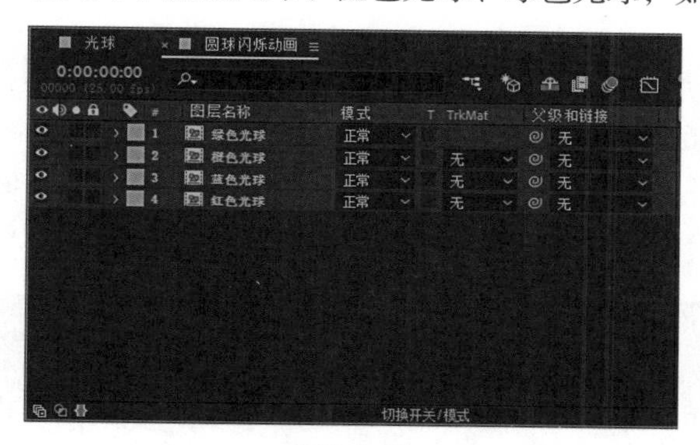

图2-4-55

（9）选择“红色光球”图层移动到合成的左边，位置参数值为（400，540）；选择“绿色光球”图层移动到合成的右边，位置参数值为（1557，540），如图2-4-56所示。

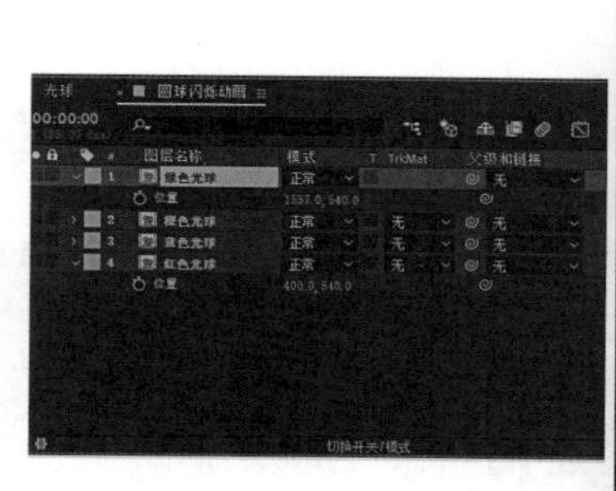

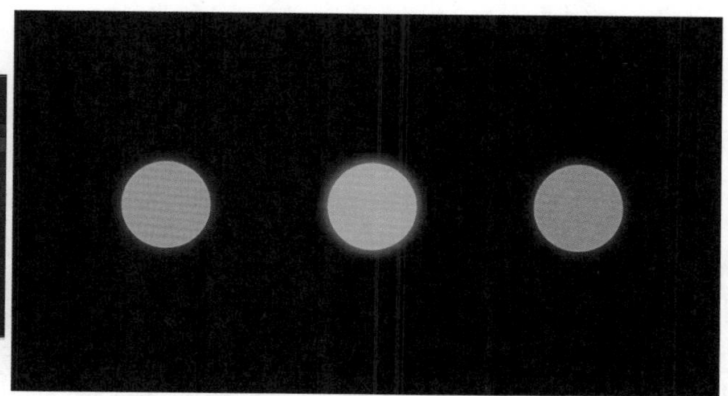

图2-4-56

全选所有的图层，调出对齐与分布面板，单击【水平均匀分布】按钮，如图2-4-57所示。

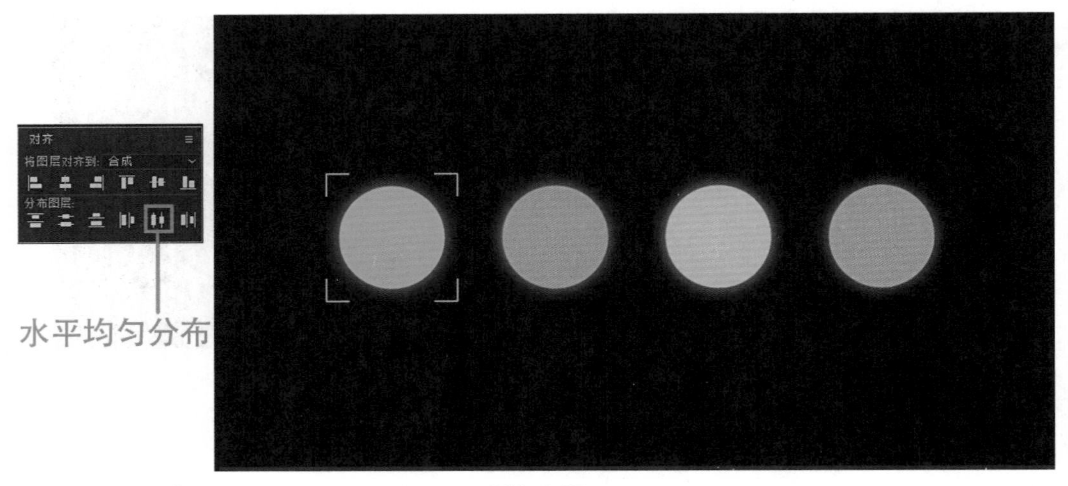

图2-4-57

（10）选择“红色光球”图层，展开图层的不透明度属性，对应的快捷键是T。时间指示器定位到00:00时刻，打开不透明度属性前面的关键帧记录器，数值为0%；时间指示器定位到01:00时刻，修改不透明度属性的数值为100%，制作“红色光球”渐显动画，如图2-4-58所示。

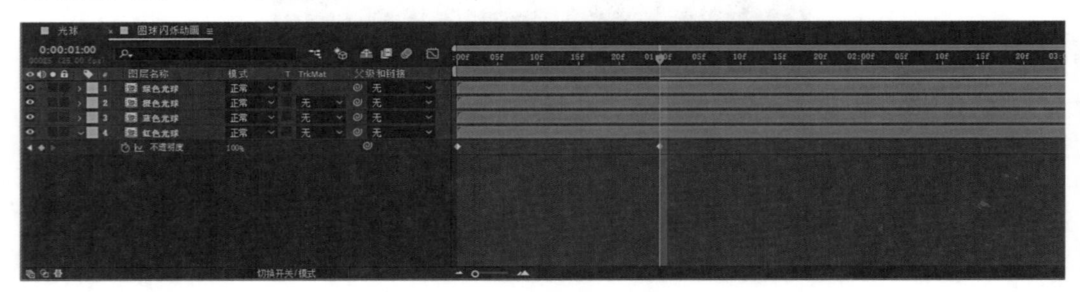

图2-4-58

（11）选择“蓝色光球”图层，展开图层的不透明度属性，时间指示器定位到00:00时刻，打开不透明度属性前面的关键帧记录器，数值为0%；时间指示器定位到04:24时刻，添加关键帧点，数值为0%，如图2-4-59所示。

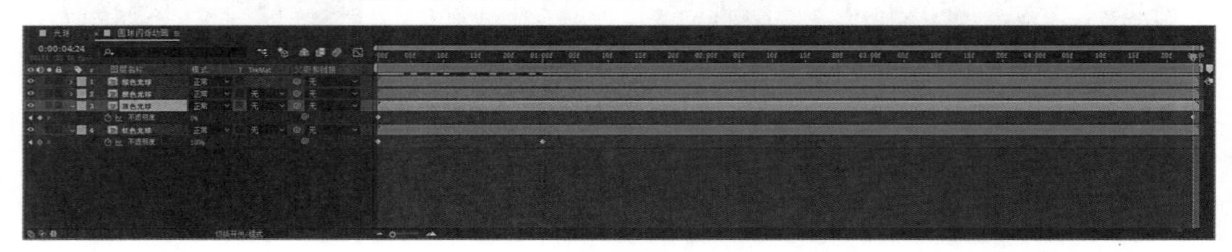

图2-4-59

调出摇摆器窗口，执行【窗口】—【摇摆器】，如图2-4-60所示。

窗口　帮助(H)
工作区(S)
将快捷键分配给"默认"工作区
查找有关 Exchange 的扩展功能...
扩展
Learn
Lumetri 范围
信息　Ctrl+2
元数据
内容识别填充
动态草图
基本图形
媒体浏览器
字符　Ctrl+6
对齐
工具　Ctrl+1
平滑器
库
摇摆器
效果和预设　Ctrl+5
段落　Ctrl+7
画笔　Ctrl+9
绘画　Ctrl+8
蒙版插值
跟踪器
进度
音频　Ctrl+4
预览　Ctrl+3
合成: 圆球闪烁动画
图层: (无)
效果控件: 蓝色光球
时间轴: 光球
时间轴: 圆球闪烁动画
流程图: (无)
渲染队列　Ctrl+Alt+0
素材: (无)
项目　Ctrl+0
Create Nulls From Paths.jsx
VR Comp Editor.jsx

图2-4-60

选中不透明度属性的两个关键帧，设置摇摆器中的频率为5，数量级为100，单击【应用】按钮，如图2-4-61所示。

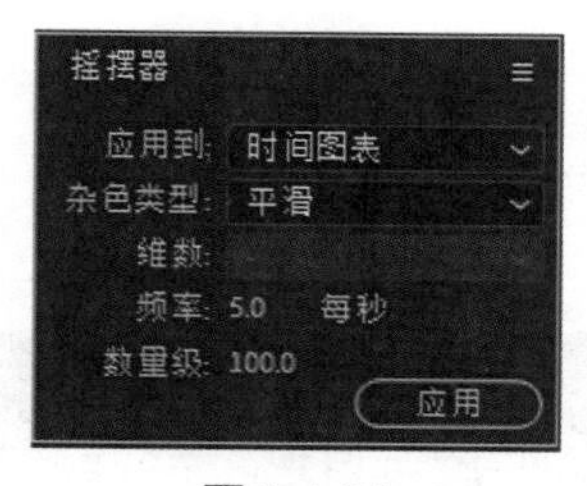

图2-4-61

在原有的两个关键帧点之间添加了很多的关键帧，蓝色光球闪烁，如图2-4-62所示。

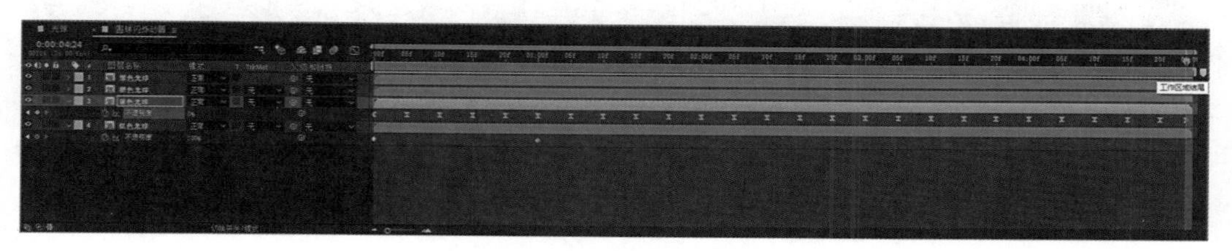

图2-4-62

（12）选择“橙色光球”图层，展开图层的不透明度属性，选择不透明度属性名称，添加表达式，执行【动画】—【添加表达式】，对应的快捷键是 Alt+Shift+=，如图 2-4-63 所示。

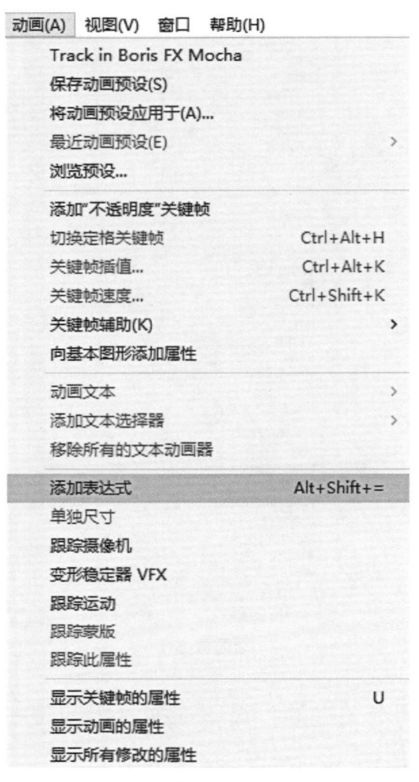

图 2-4-63

在表达式文本框中输入表达式random（100），注意此时输入法是英文状态，如图2-4-64所示。

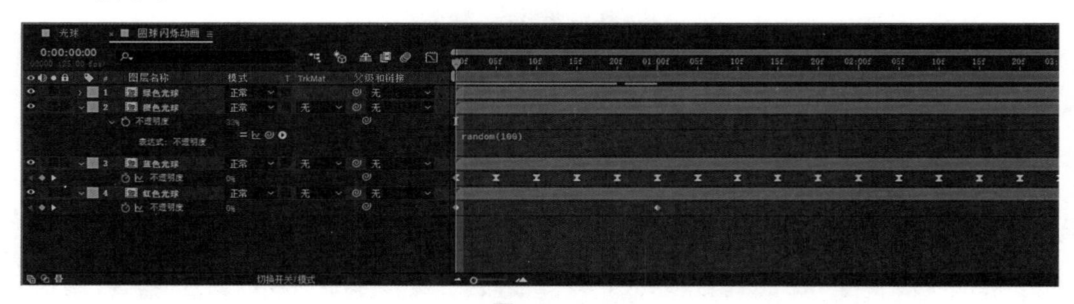

图 2-4-64

（13）选择“绿色光球”图层，展开图层的不透明度属性，数值设置为0。按下键盘上Alt键的同时打开属性前面的关键帧记录器，也可以添加表达式，在表达式文本框中输入wiggle（5，100），注意输入法为英文状态，如图2-4-65所示。

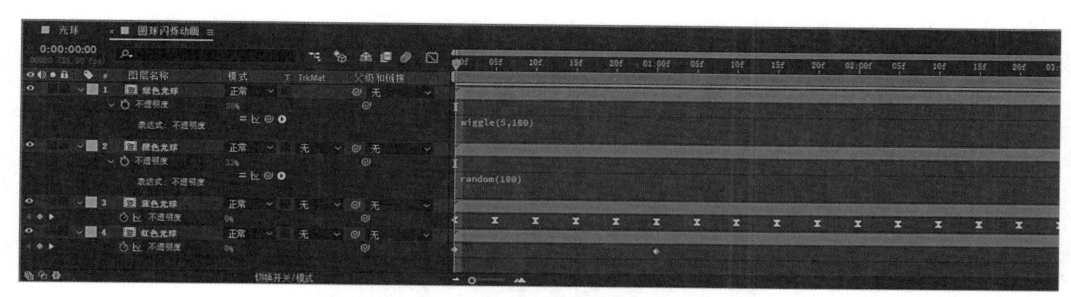

图2-4-65

（14）新建合成，命名为“光球加倒影”，预设为HDTV 1080 25，持续时间为5秒，如图2-4-66所示。

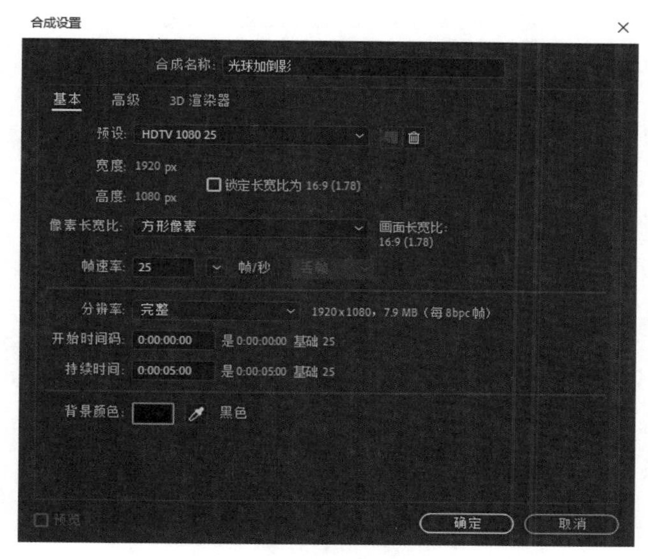

图2-4-66

（15）嵌套合成“圆球闪烁动画”，Ctrl+D制作副本，其中一个图层改名为“圆球闪烁动画倒影”，移动倒影层的位置，如图2-4-67所示。

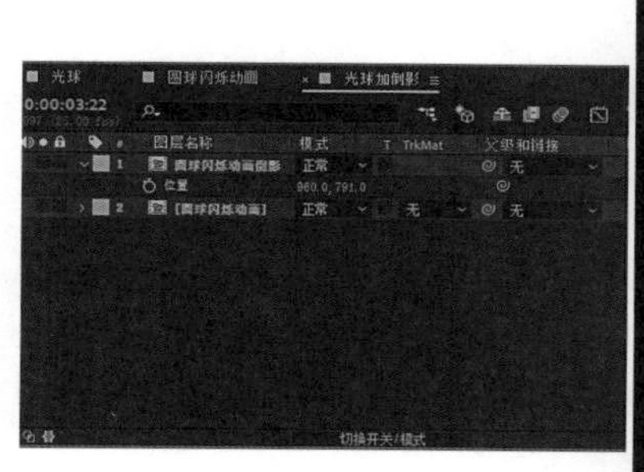

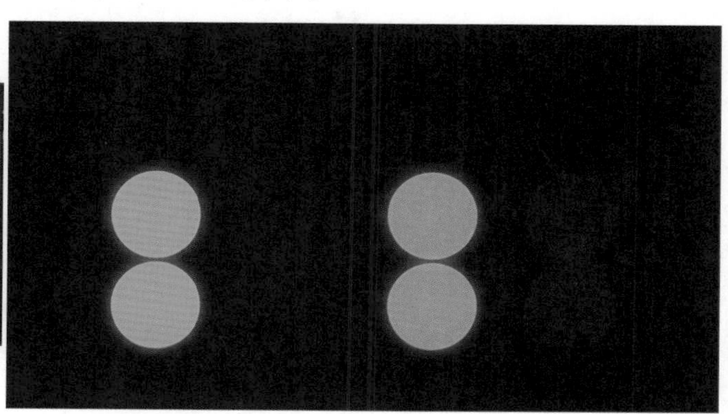

图2-4-67

新建纯色层，命名为“蒙版”，如图2-4-68所示。

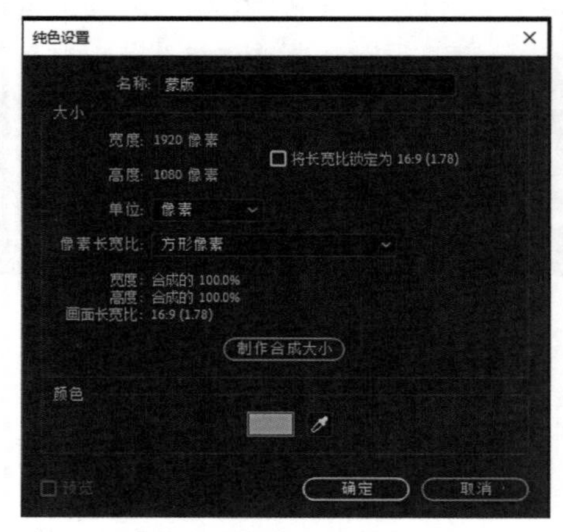

图2-4-68

添加渐变特效，执行【效果】—【生成】—【梯度渐变】，如图2-4-69所示。

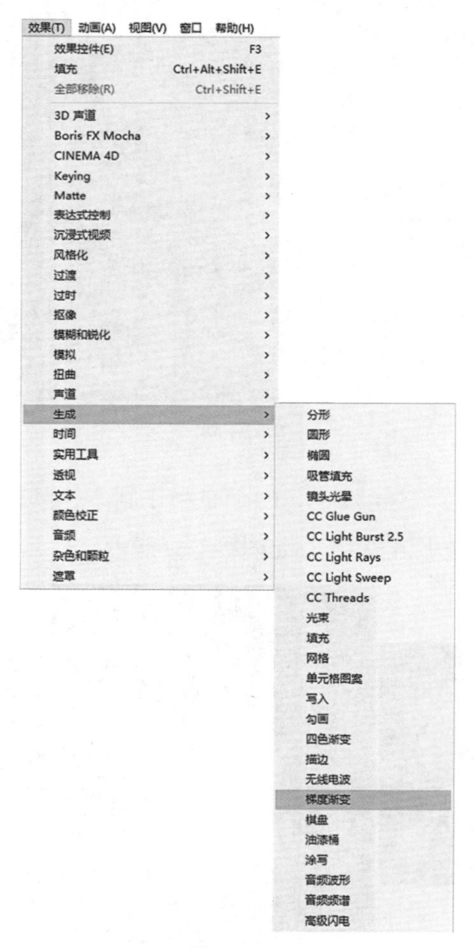

图2-4-69

在效果控件窗口中，渐变起点位置为（960，650），渐变终点位置为（960，780），如图2-4-70所示。

图2-4-70

在时间线窗口，开关面板切换到模式面板，设置“圆球闪烁动画倒影”图层的轨道蒙版为【亮度反转遮罩“[蒙版]”】，如图2-4-71所示。

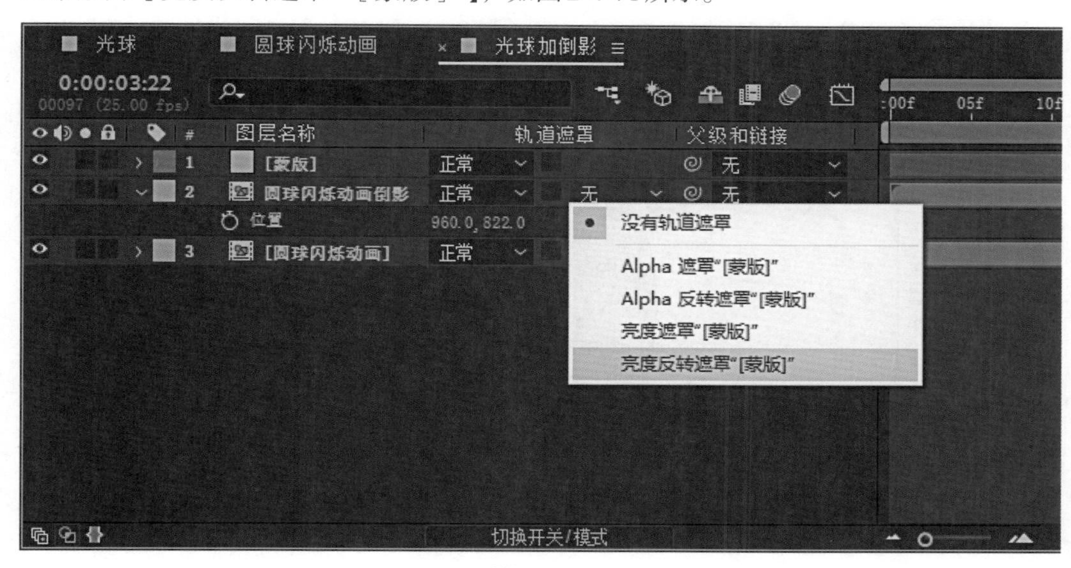

图2-4-71

（16）预览，渲染生成。

拓展练习：把圆球替换成任意元素，制作闪烁动画。

第三章　二维合成

二维合成是指在二维平面上将各种元素进行合成，常用的技术手法有蒙版（Mask）、轨道遮罩（Track Matte）和键控（Keying）。

一、蒙版（Mask）

在After Effects软件中，蒙版以闭合的曲线为依据。默认情况下，闭合路径之内的区域是不透明的，画面内容能够显示；闭合路径之外的区域是透明的，画面内容不能显示，如图3-1-1所示。

图3-1-1

在《英汉大词典》里，Mask的名词意思是面具、面罩、假面具、面膜，动词意思是掩饰、掩藏。20世纪初，为了解决二次曝光的局限性，Mask一词被引用到影视制作领域，称为马斯克或者遮片。使用遮片将画面的一部分遮挡起来，形成正负两块区域，第一次曝光画面被遮挡的部分应该是第二次曝光时被曝光的部分，所以两次曝光往往分别使用形状相同、一阴一阳两块遮片。遮片又分为固定遮片和活动遮片。固定遮片常常被用来拍摄一个演员分演两个角色并出现在同一画面中的镜头。活动遮片是一种高反差的胶片，只有透明和完全不透明两个部分。印片过程中，将作为活动遮片的胶片与需要合成的胶片叠合在一起曝光，画面中一些部分就会被遮片遮挡而不感光，而遮挡的部分又随被摄主体的变化而改变位置。随着科学技术的不断发展，影视制作领域全面进入数字化时代，固定遮片对应的是基于闭合路径的蒙版，活动遮片对应的是基于颜色的键控，它们在操作上都简化了很多，这是科技带来的福利。

（一）创建蒙版

在After Effects中，创建蒙版的方法有很多，可以在软件内部创建，也可以从软件外部导入。

1.使用形状工具创建蒙版

在工具栏中，选中形状工具，出现工具组面板，分别是矩形工具、圆角矩形工具、椭圆工具、多边形工具、星形工具等利用这些规则的几何形状可以创建规则的蒙版区域，如图3-1-2所示。

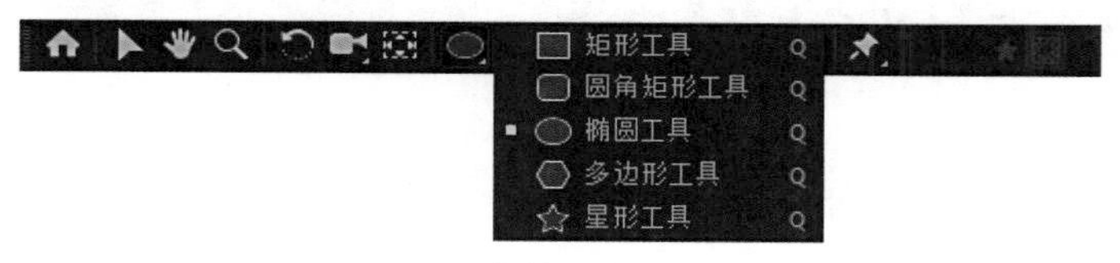

图3-1-2

方法一：在时间线窗口中选择需要创建蒙版的素材层，双击工具栏中的形状工具，在选中的素材层上添加相应形状的蒙版。此时蒙版的边界是以素材层为边界的形状区域，如图3-1-3所示。

图3-1-3

方法二：在时间线窗口选中素材层，切换到工具栏中的形状工具，直接在合成图像区域绘制，如图3-1-4所示。

图3-1-4

2. 使用钢笔工具创建蒙版

使用钢笔工具可以绘制任意不规则形状的蒙版区域。但要注意，使用钢笔工具时需要绘制闭合的路径才能作为蒙版起作用，如图3-1-5所示。

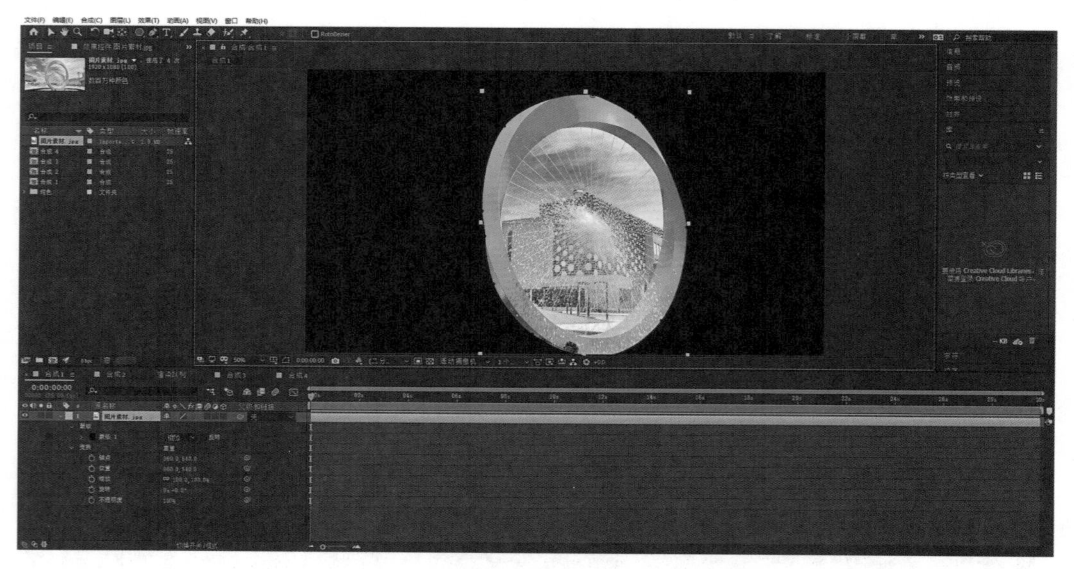

图3-1-5

3. 菜单命令创建蒙版

在时间线窗口选择素材层，执行【图层】—【蒙版】—【新建蒙版】，对应的快捷键为Ctrl+Shift+N，可以根据素材层的边界创建矩形蒙版，如图3-1-6所示。

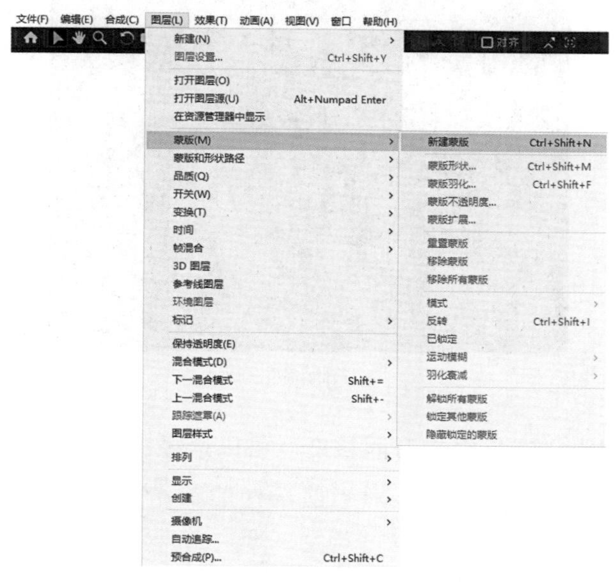

图3-1-6

4. 自动跟踪创建蒙版

在时间线窗口选择LOGO图片素材，执行【图层】—【自动追踪...】，如图3-1-7所示。

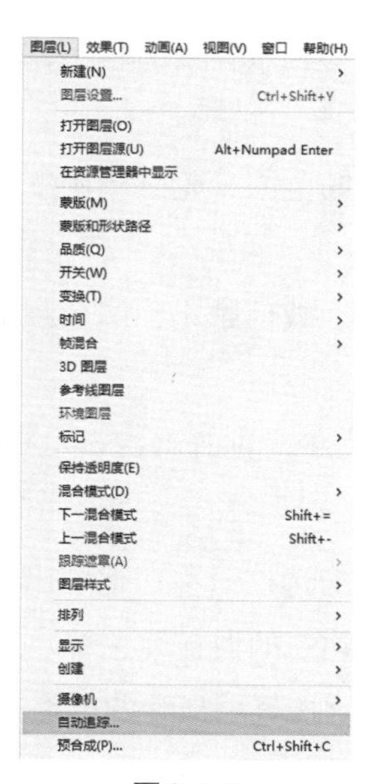

图3-1-7

打开【自动追踪】对话框，如图3-1-8所示。

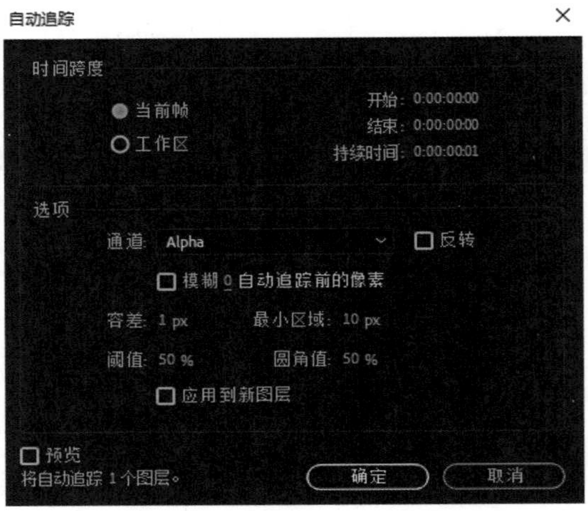

图3-1-8

时间跨度：用于设置追踪的时间长度。可以选择【当前帧】，只追踪当前帧下的路径，也可以选择【工作区】，对当前选择的工作范围内的动态对象进行路径跟踪。

选项：可以设置追踪模式和调整选区的精细程度。

通道选项可以针对不同的图层选择不同的通道，分别有Alpha通道，红、绿、蓝通道，亮度通道等。勾选【反转】复选框，选区进行反转。

容差值的作用是调整路径的分段数和平滑程度。数值越小，路径分段数越多，轮廓越精细，过渡越平滑，所需的计算时间越长。

最小区域数值限制追踪的最小区域。数值越小，追踪范围就越精细，路径数量也就越多，相应的耗时就越长。

阈值的作用是调整单个路径的范围和轮廓精确度。数值越小，单个路径的范围越大，路径的数量可能越少。

圆角值控制路径的圆角程度。数值越小，圆角程度越低，过渡越不平缓；数值越大，圆角程度越高，过渡越平缓。

模糊自动追踪前的像素复选框：数值可选0—999px，将路径的边界进行模糊处理，使得追踪出的轮廓不精确。

应用到新图层的复选框：不勾选这一项，追踪出来的路径会直接加到当前图层之上；勾选之后，会在合成当中创建新的白色纯色层。

预览复选框：勾选后，可以直接显示最终的追踪出的路径，实时调整、实时更新。

根据素材情况设置【自动追踪】对话框中的参数值，如图3-1-9所示。

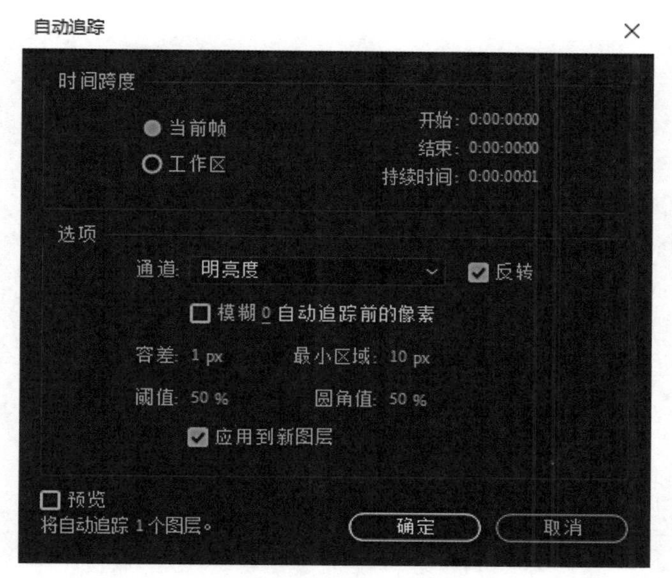

图3-1-9

在时间线窗口新建一个白色纯色层，根据图片素材的亮度通道追踪出的路径成为纯色层的蒙版，如图3-1-10所示。

图3-1-10

5. 使用外部路径创建蒙版

打开Photoshop软件，新建文档，命名为“路径”，宽度为1920像素，高度为1080像素，分辨率为72像素/英尺，颜色模式为RGB颜色，背景内容为黑色，如图3-1-11所示。

图 3-1-11

在工具栏中选择自定义形状工具，选择一个形状进行绘制，如图3-1-12所示。

图 3-1-12

切换到路径面板，工具栏中选择工具，选择整个路径，Ctrl+C复制，如图3-1-13所示。

路径选择工具
路径面板
了解 Photoshop
基本技能

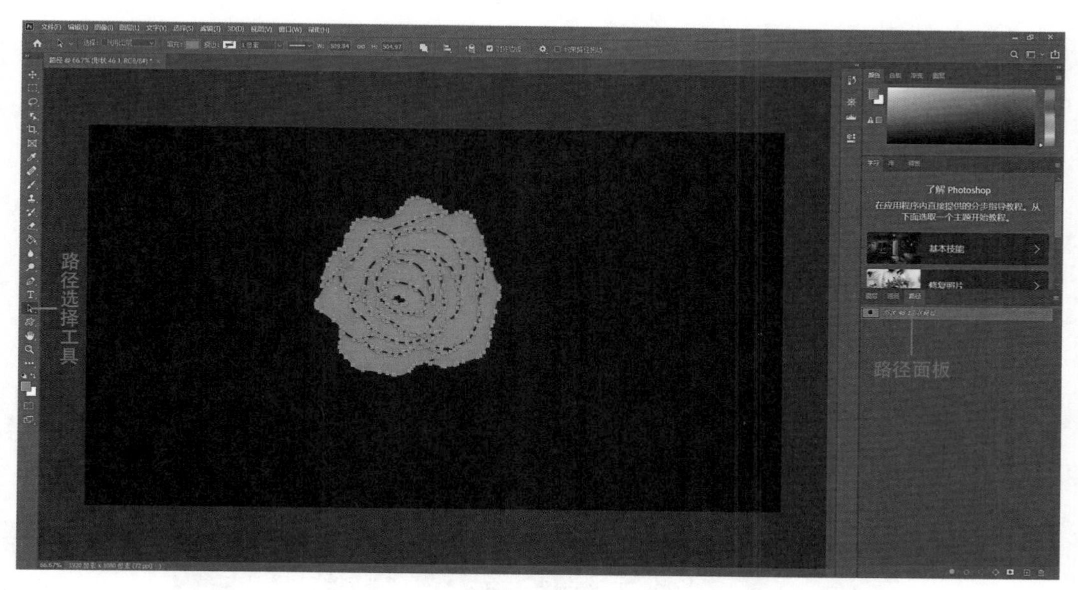

图3-1-13

打开After Effects软件，新建合成，名称为“路径”，预设为HDTV 1080 25，持续时间为5秒，如图3-1-14所示。

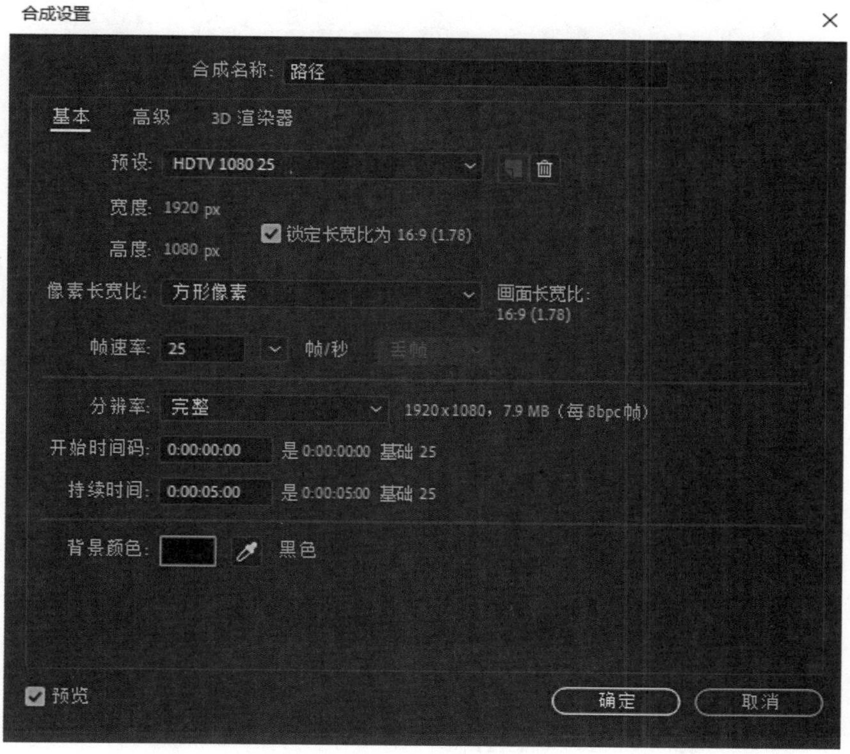

合成设置
合成名称：路径
基本
高级
3D 渲染器
预设：HDTV 1080 25
宽度：1920 px
锁定长宽比为 16:9 (1.78)
高度：1080 px
像素长宽比：方形像素
画面长宽比：
16:9 (1.78)
帧速率：25
帧/秒
丢帧
分辨率：完整
1920 x 1080，7.9 MB（每 8bpc 帧）
开始时间码：0:00:00:00
是 0:00:00:00 基础 25
持续时间：0:00:05:00
是 0:00:05:00 基础 25
背景颜色：
黑色
预览
确定
取消

图3-1-14

新建纯色层，命名为“颜色”，点击【制作合成大小】，颜色为蓝色（0，160，190），如图3-1-15所示。

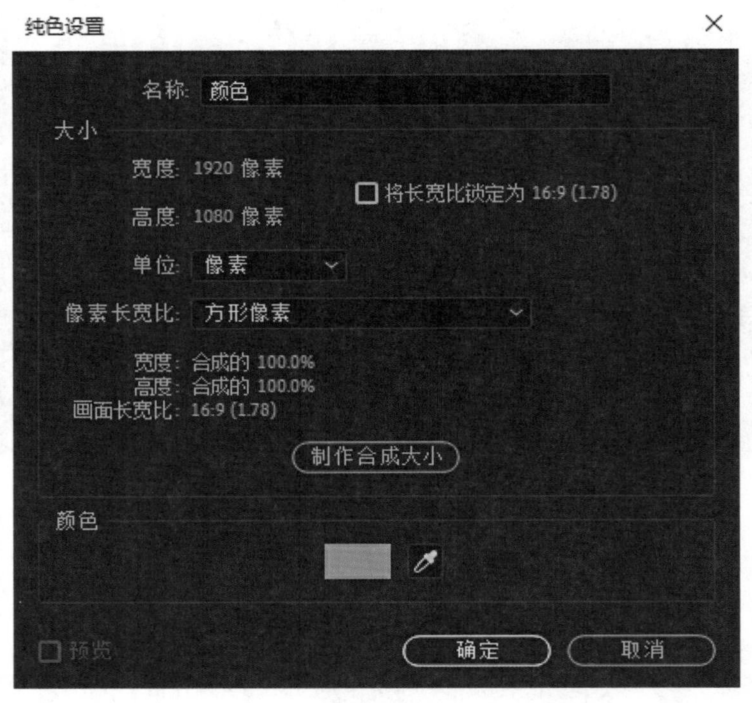

图3-1-15

选择“颜色”图层，Ctrl+V粘贴，此时Photoshop中的路径被完整地复制过来作为蒙版，如图3-1-16所示。

图3-1-16

展开颜色图层的蒙版，可以看到很多蒙版，这些蒙版组成了自定义的形状内容，如图3-1-17所示。

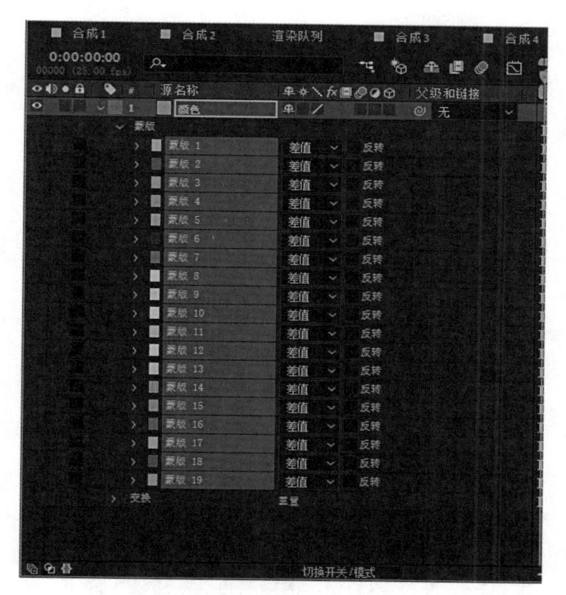

图3-1-17

（二）编辑蒙版

每个蒙版都有自己的属性，可以通过属性数值的操作修改蒙版，也可以直接在合成图像窗口中修改蒙版的形状。

1.单个蒙版的操作

新建合成，命名为“编辑蒙版”，预设为HDTV 1080 25，持续时间为5秒，如图3-1-18所示。

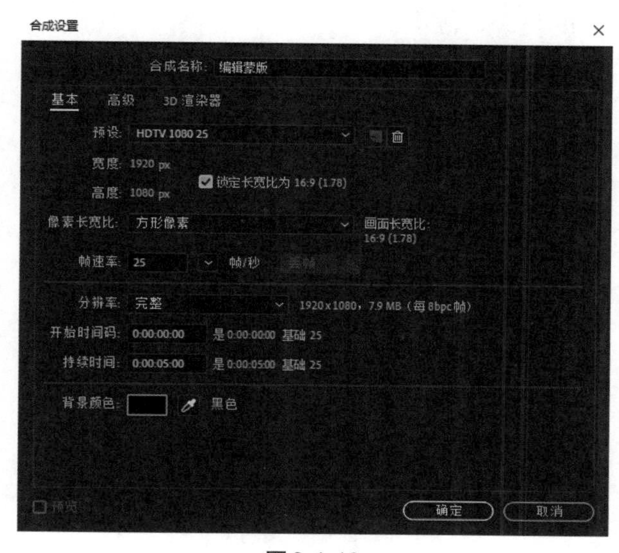

图3-1-18

添加素材到时间线窗口，选择素材图层，新建纯色层，命名为“彩色”，点击【制作合成大小】，如图3-1-19所示。

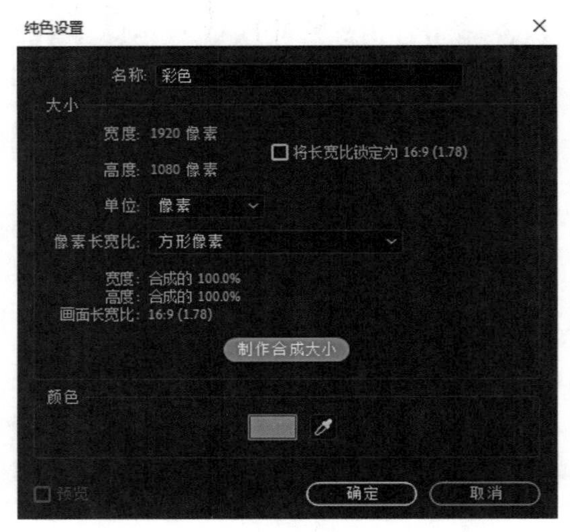

图3-1-19

“彩色”图层放在上层，添加四色渐变特效。执行【效果】—【生成】—【四色渐变】，如图3-1-20所示。

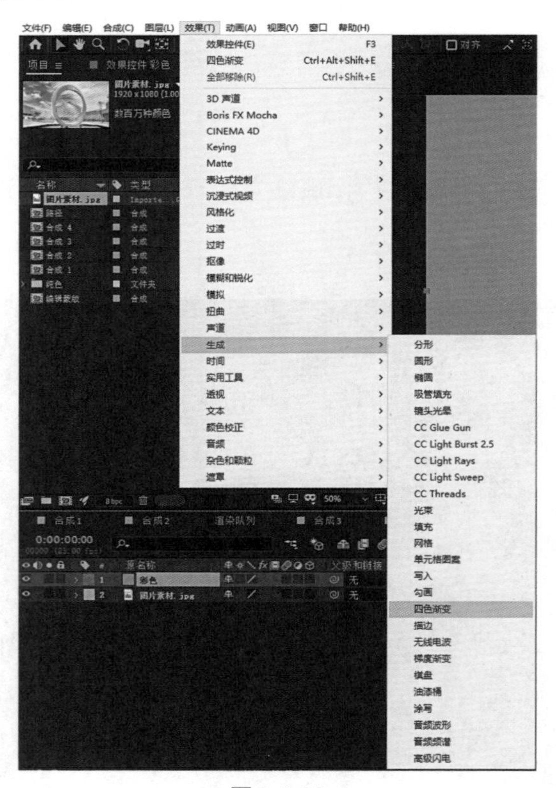

图3-1-20

选择“彩色”图层，将工具栏中的形状工具切换成椭圆形工具，双击椭圆形工具，创建蒙版，如图3-1-21所示。

图3-1-21

展开时间线窗口中“彩色”图层的蒙版，勾选【反转】，蒙版的透明区域发生反转，如图3-1-22所示。

图3-1-22

点击【蒙版路径】后面的【形状...】，打开【蒙版形状】对话框，可以通过数值调整蒙版区域的大小及位置，还可以改变蒙版的形状，如图3-1-23所示。

图 3-1-23

此时椭圆形蒙版的边界非常清晰，设置蒙版羽化的数值可以制作出柔和过渡的彩色边框效果，如图 3-1-24 所示。

图 3-1-24

把蒙版的不透明度数值调低，让彩色图层的不透明度低一些，饱和度可以降低一些，以突出图片内容，如图 3-1-25 所示。

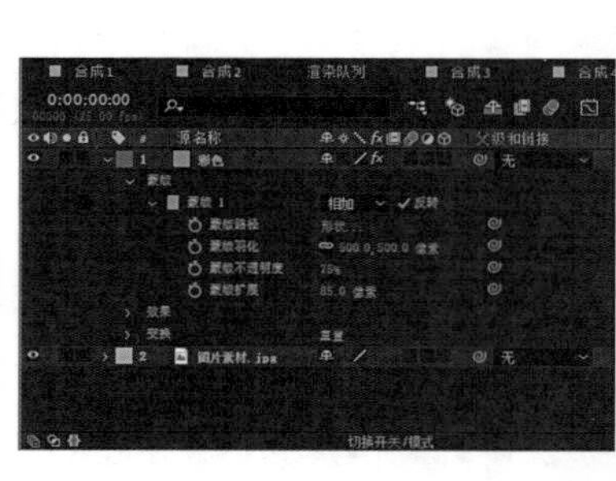

图 3-1-25

调整蒙版扩展的数值，蒙版扩展以闭合路径为依据，向内收缩或是向外扩展透明与不透明区域，如图 3-1-26 所示。

图3-1-26

还可以通过在合成图像窗口手动调整蒙版的控制点和控制线改变蒙版的形状。使用工具栏中的选择工具或钢笔组工具，调整成不规则的蒙版形状，如图3-1-27所示。

图3-1-27

根据素材内容的颜色或风格调整四色渐变的颜色，颜色1（47，177，215）、颜色2（242，142，2）、颜色3（119，177，7）、颜色4（226，79，6），如图3-1-28所示。

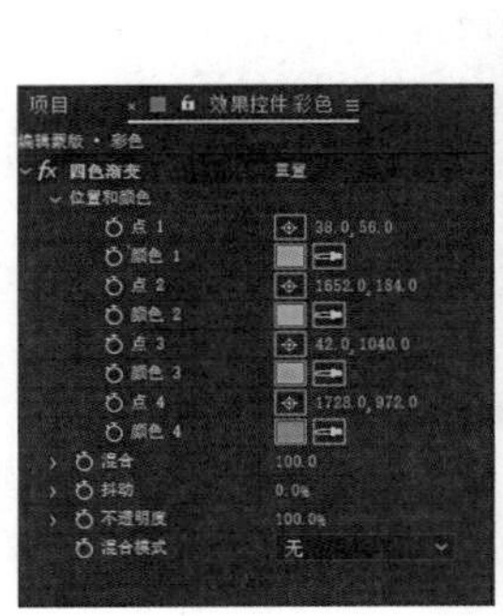

图3-1-28

2. 多个蒙版的操作

一个图层可以有多个蒙版，如果多个蒙版之间有重叠，不同的蒙版混合模式可以得到不同的结果。蒙版的混合模式有7种，如图3-1-29所示。

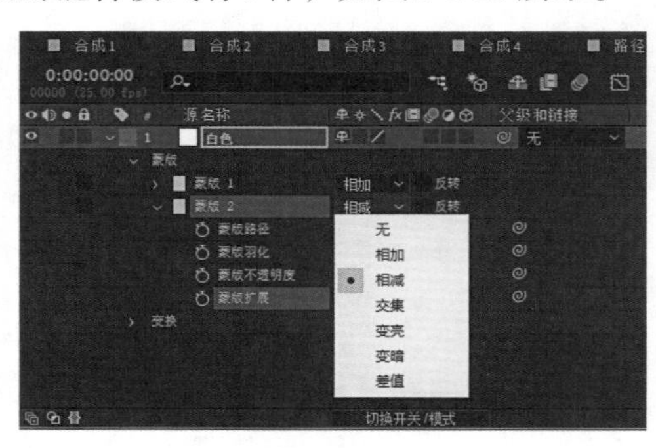

图3-1-29

无：蒙版不起作用，只是作为闭合路径使用。

相加：每个蒙版区域内的内容都保留。

相减：把该蒙版区域内的内容删除。

交集：蒙版的重叠区域保留。

变亮：保留范围与【相加】相同，但是蒙版重叠的部分保留的是不透明度较高（较亮）的区域。

变暗：保留范围与【交集】相同，但是蒙版重叠的部分保留的是不透明度较低（较暗）的区域。

差值：删除蒙版的重叠部分，其余部分保留。

7种蒙版混合模式对应的结果如图3-1-30所示。

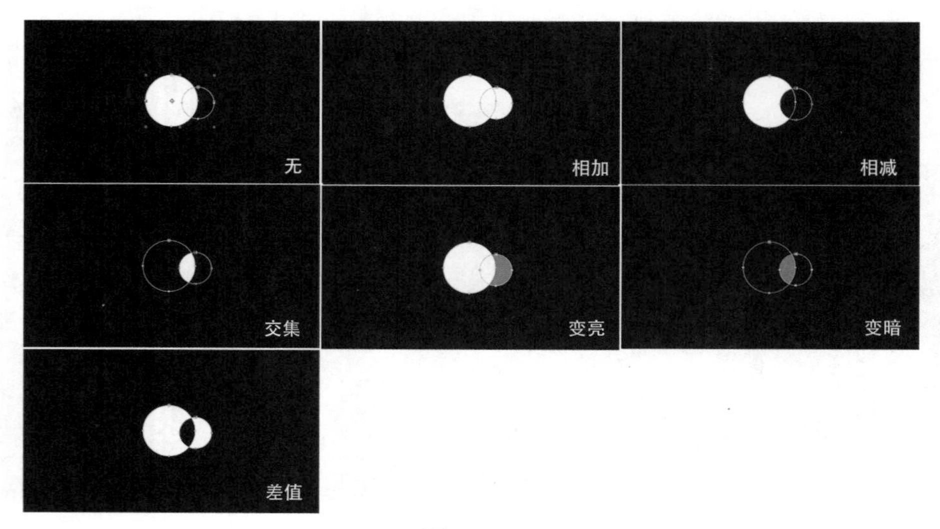

图3-1-30

虽然工具栏中只有5种形状工具，但是通过设置不同的蒙版混合模式可以组合出很多不规则的形状和区域。

（1）新建合成，名称为“多个蒙版操作”，预制为 HDTV 1080 25，持续时间为 5 秒，如图 3-1-31 所示。

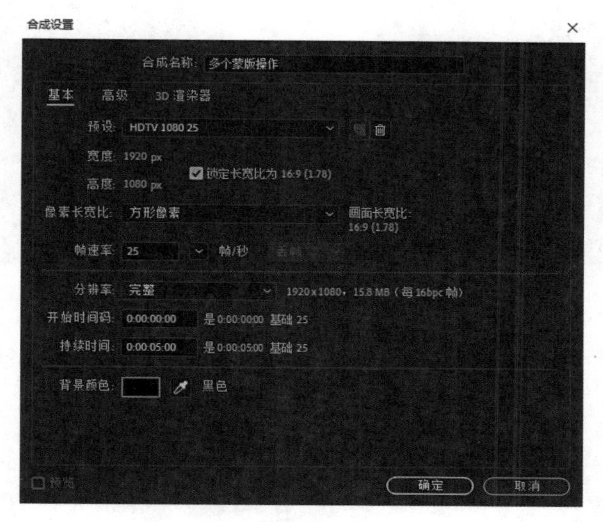

图 3-1-31

（2）新建纯色层，颜色为白色，如图3-1-32所示。

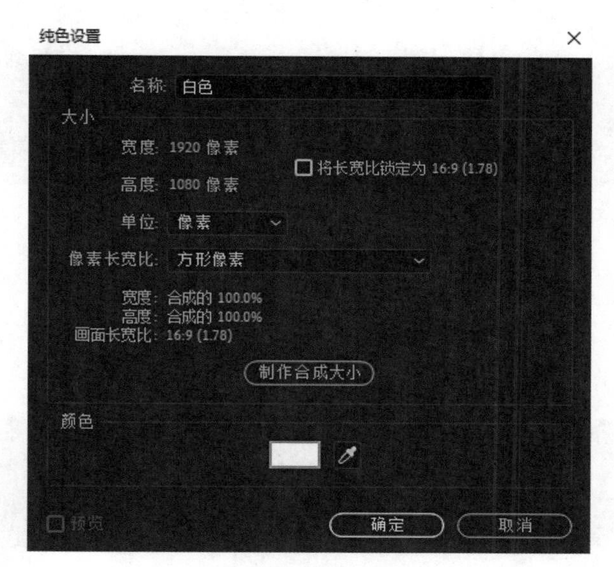

图 3-1-32

（3）选择时间线窗口中的白色纯色层，工具切换到工具栏中的椭圆形工具，鼠标定位到图层的中心位置，按住键盘上的Shift和Ctrl键，按住鼠标左键向外拖拽，创建一个正圆形的蒙版，如图3-1-33所示。

图 3-1-33

（4）在时间线窗口展开白色纯色层，选中“蒙版 1”，Ctrl+D 复制一个蒙版，展开“蒙版 2”，把【蒙版扩展】数值调小，“蒙版 2”的运算方式修改为“相减”，得到一个圆环形状，如图 3-1-34 所示。

图 3-1-34

（5）还可以把“蒙版1”的【蒙版不透明度】数值降低，“蒙版2”的蒙版混合模式变为【相加】,【蒙版扩展】数值调小，即可得到一个卡通风格的带有光晕的月亮或按钮，如图3-1-35所示。

图 3-1-35

3. 制作蒙版动画

蒙版的4个属性都可以制作相应的动画效果，下面以蒙版路径为例，最终效果图如3-1-36所示。

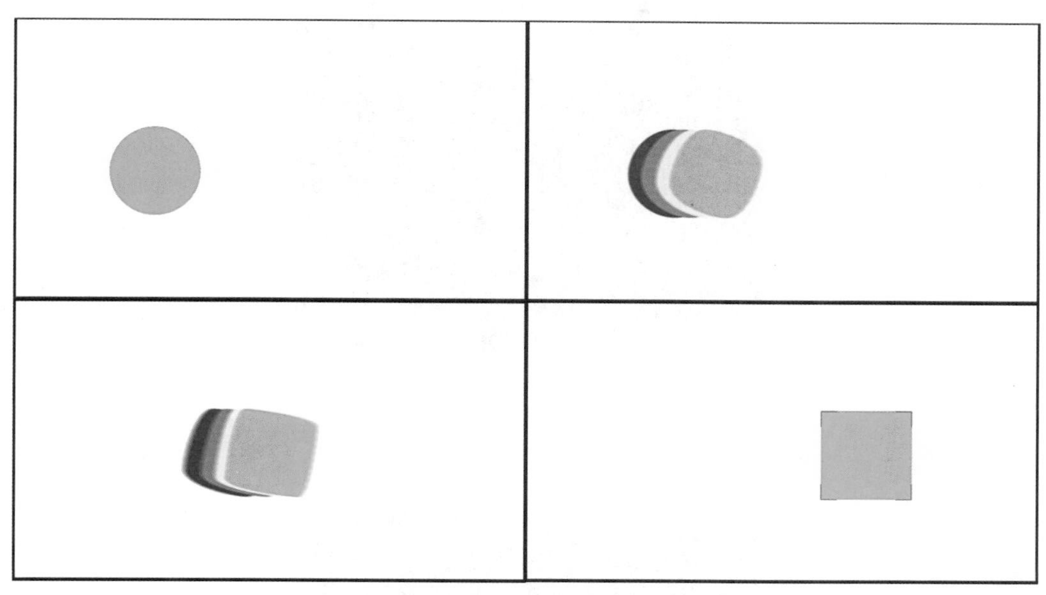

图3-1-36

（1）新建合成，名称为“变形动画”，预设为HDTV 1080 25，持续时间为5秒，如图3-1-37所示。

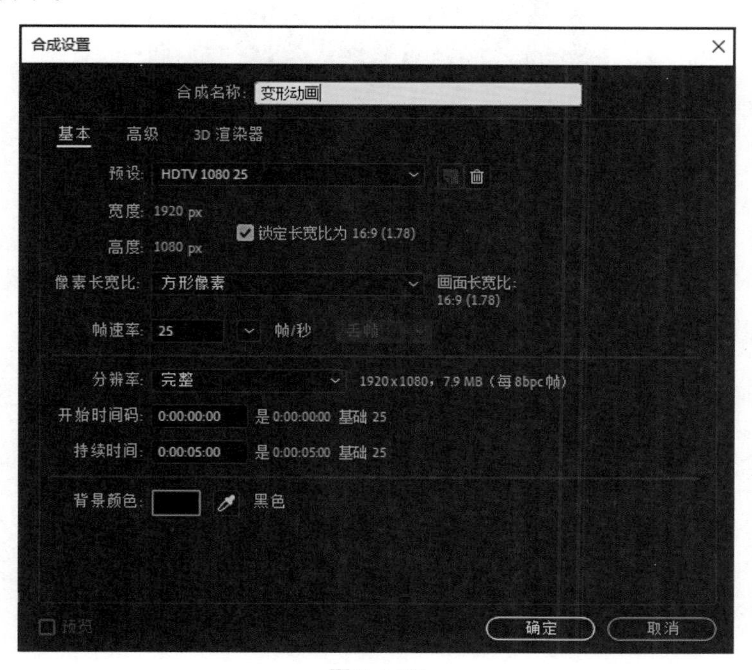

图3-1-37

（2）新建白色纯色层，颜色为白色（255，255，255），如图3-1-38所示。

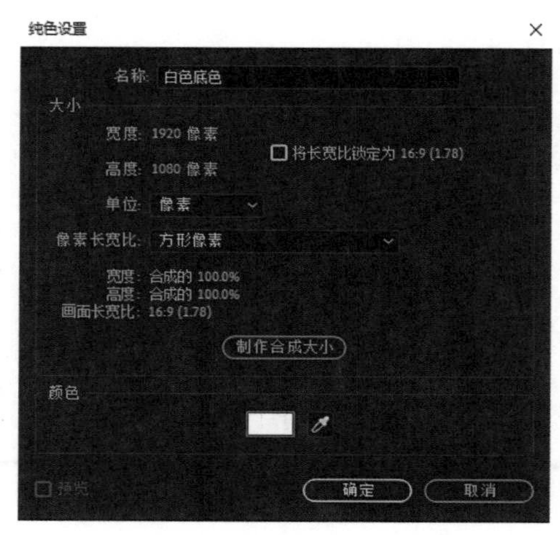

图3-1-38

（3）新建纯色层，颜色为橙色（255，154，0），如图3-1-39所示。

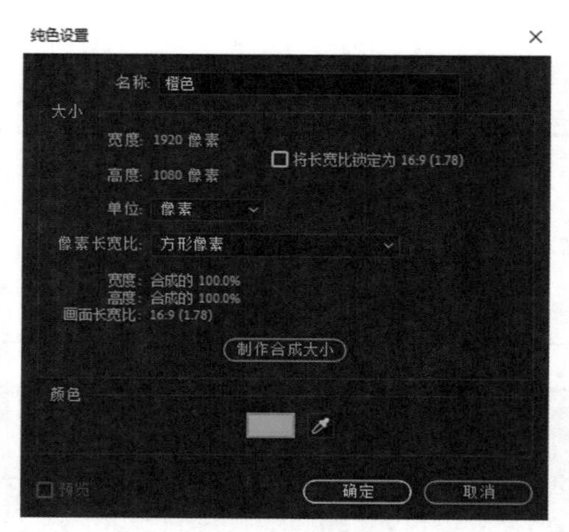

图3-1-39

（4）在时间线窗口选择“橙色”图层，工具栏中选择椭圆形工具，按住Shift键绘制一个正圆形，如图3-1-40所示。

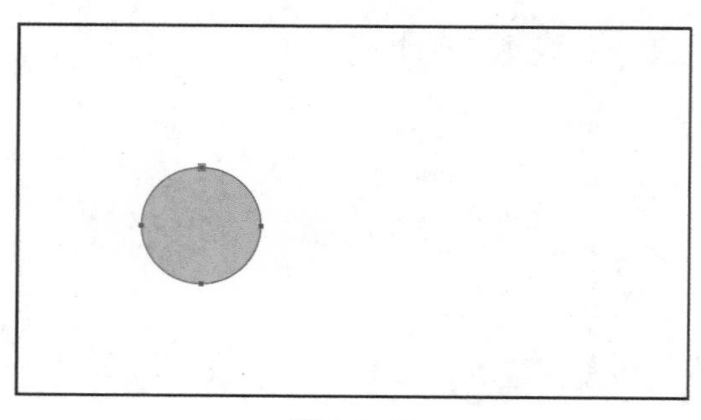

图3-1-40

（5）在时间线窗口展开蒙版的属性，时间指示器定位到00:00时刻，选择蒙版的【蒙版路径】，打开属性名称前面的关键帧记录器，记录当前的蒙版形状，如图3-1-41所示。

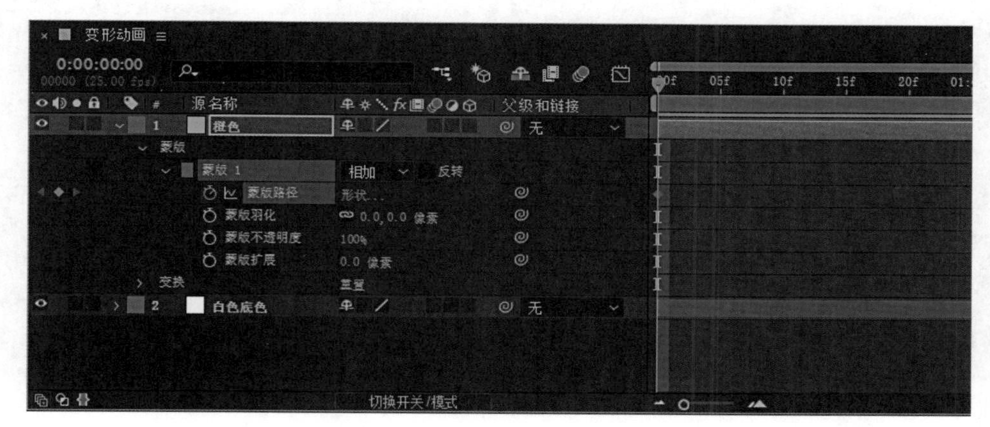

图3-1-41

（6）时间指示器定位到01:00时刻，点击蒙版路径属性后面的【形状 ...】，打开【蒙版形状】对话框，勾选【重置为：矩形】，如图3-1-42所示。

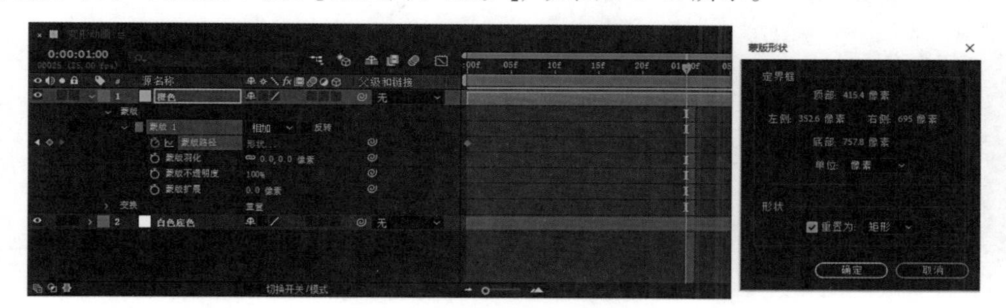

图3-1-42

（7）此时圆形变成了矩形，选择工具栏中的选择工具，鼠标靠近蒙版路径的附近将其拖拽到画面的右边，如图3-1-43所示。

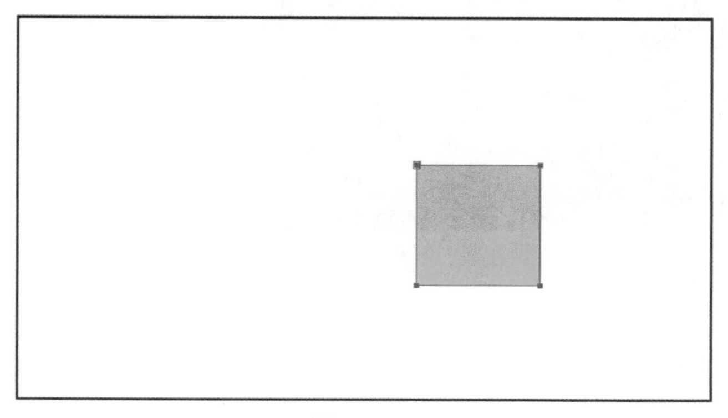

图3-1-43

（8）选中时间线窗口中蒙版路径的两个关键帧点，按下键盘上的F9，把动画变成缓动，如图3-1-44所示。

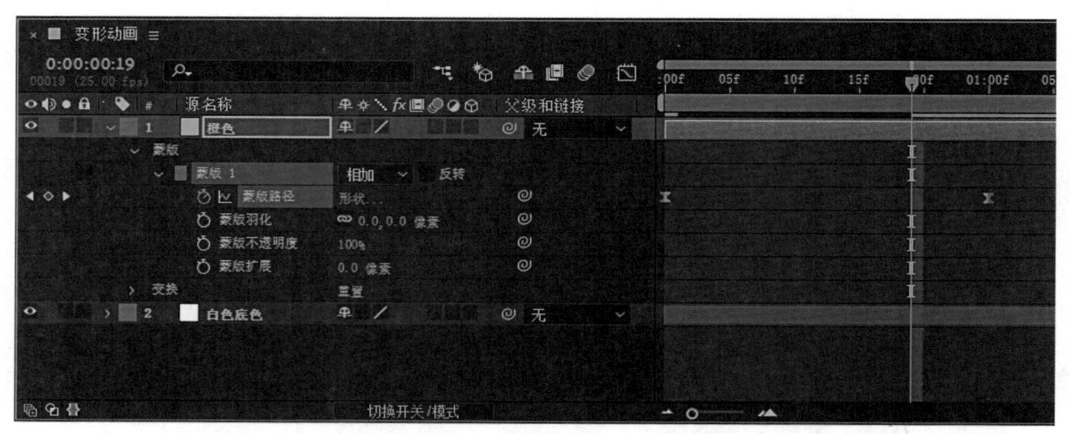

图3-1-44

（9）打开图层的运动模糊及模糊开关，如图3-1-45所示。

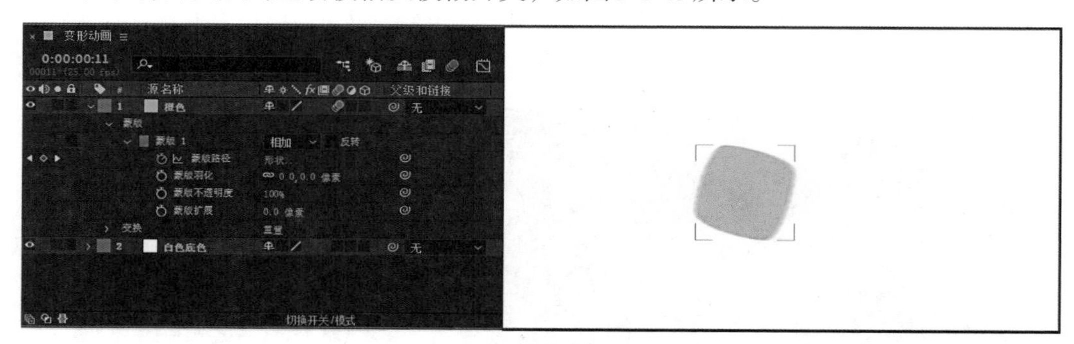

图3-1-45

（10）制作图层副本，修改下面的图层颜色为（238，246，248），把蒙版路径的第一个关键帧移动到00:02的位置，如图3-1-46所示。

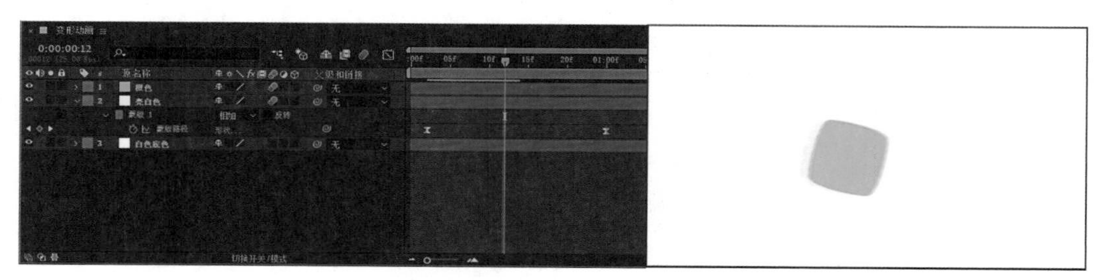

图3-1-46

（11）用同样的方法分别制作蓝色（1，150，215）和深蓝色（0，56，131）的形状，如图3-1-47所示。

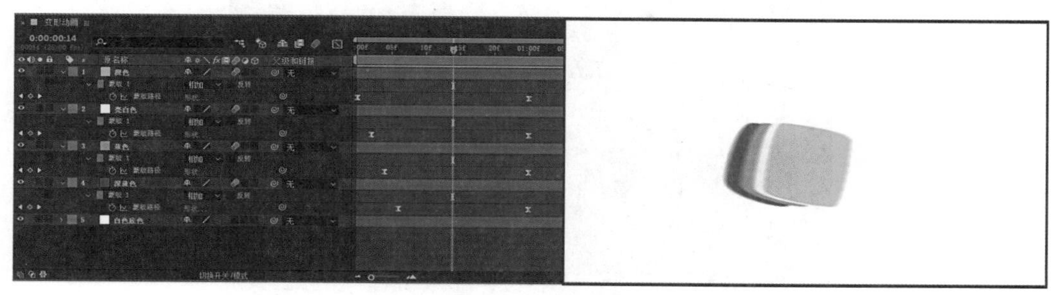

图3-1-47

（三）蒙版合成

1.视差转场

案例分析：使用不同比例的素材，分别利用钢笔工具绘制蒙版，制作蒙版路径的动画，形成视差效果，从而实现两个镜头的转场过渡，如图3-1-48所示。

图3-1-48

（1）导入图片素材，新建合成，名称为“视差转场”，预设为HDTV 1080 25，持续时间为5秒，如图3-1-49所示。

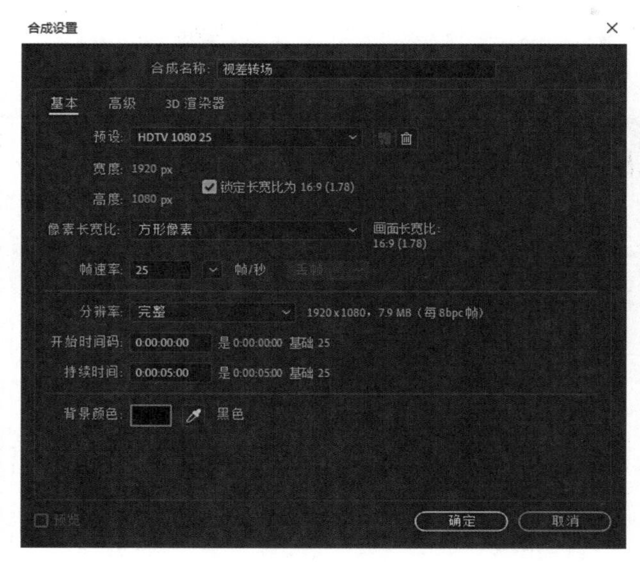

图3-1-49

（2）在时间线窗口添加“夜景（1）”和“夜景（2）”素材，把“夜景（1）”图层的缩放数值设置为（36，36），把“夜景（2）”图层的缩放数值设置为（36，36），如图3-1-50所示。

图3-1-50

（3）选择“夜景（2）”图层，用钢笔工具绘制蒙版，如图3-1-51所示。

图3-1-51

（4）制作蒙版动画。时间指示器定位到00:00时刻，水平移动蒙版路径到合成图像的左边显示区域外；时间指示器定位到00:10时刻，水平移动蒙版路径到合成图像的中间偏右的位置；时间指示器定位到02:00时刻，添加关键帧点；时间指示器定位到02:10时刻，水平移动蒙版路径到合成图像的右边显示区域外，如图3-1-52所示。

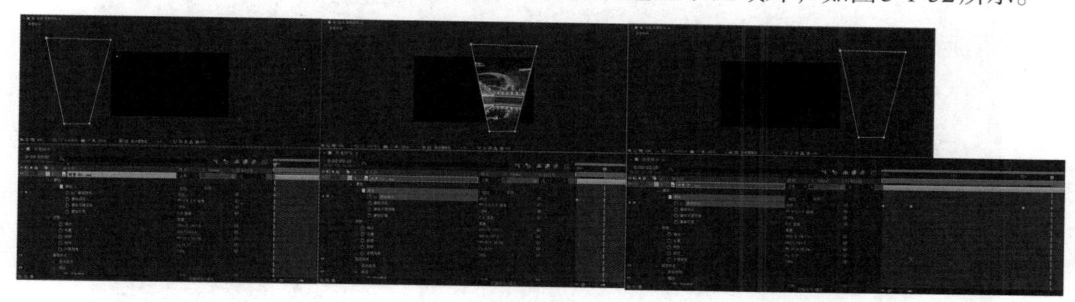

图3-1-52

（5）选中“夜景（2）”图层，添加描边图层样式，执行【图层】—【图层样式】—【描边】，如图3-1-53所示。

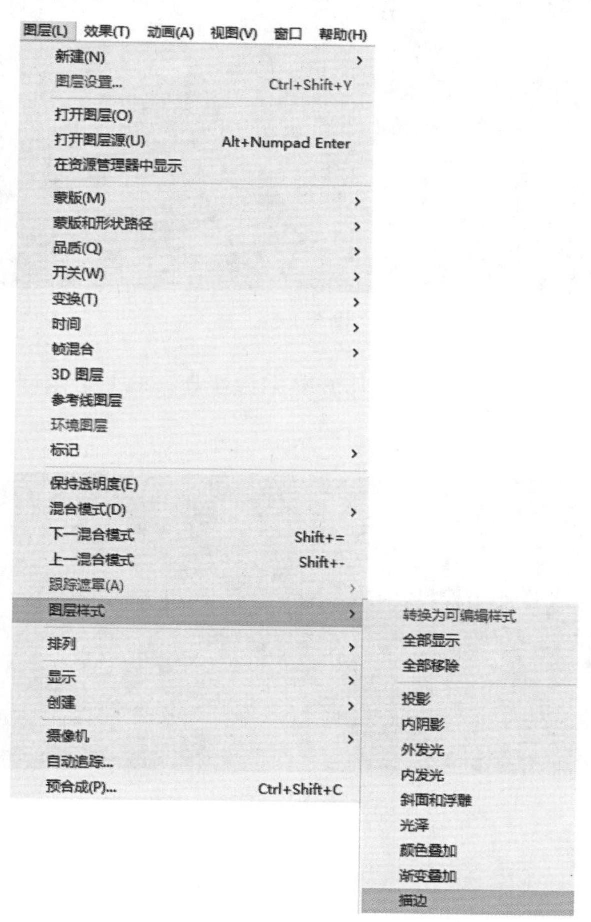

图3-1-53

（6）设置描边的颜色为白色，大小为5，如图3-1-54所示。

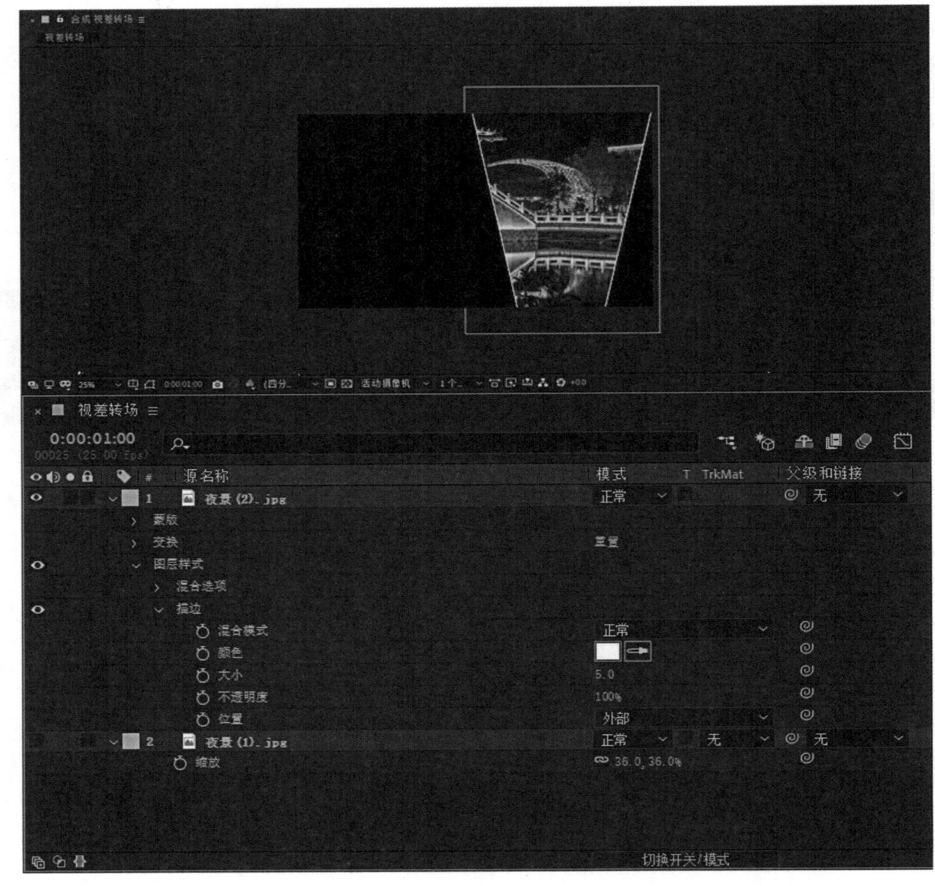

图3-1-54

（7）选中“夜景（2）”图层，添加外发光图层样式，执行【图层】—【图层样式】—【外发光】，参数设置如图3-1-55所示。

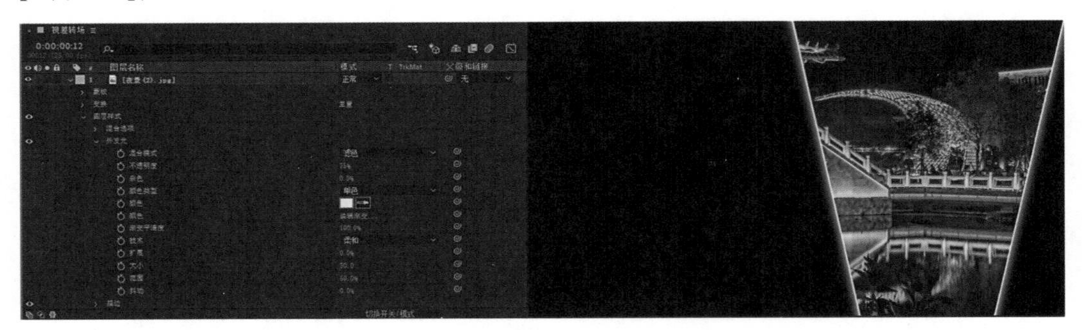

图3-1-55

（8）添加“夜景（2）”素材到时间线，放置在“夜景（1）”图层的上面，缩放数值设置为（40，40），位置数值为（960，760），如图3-1-56所示。

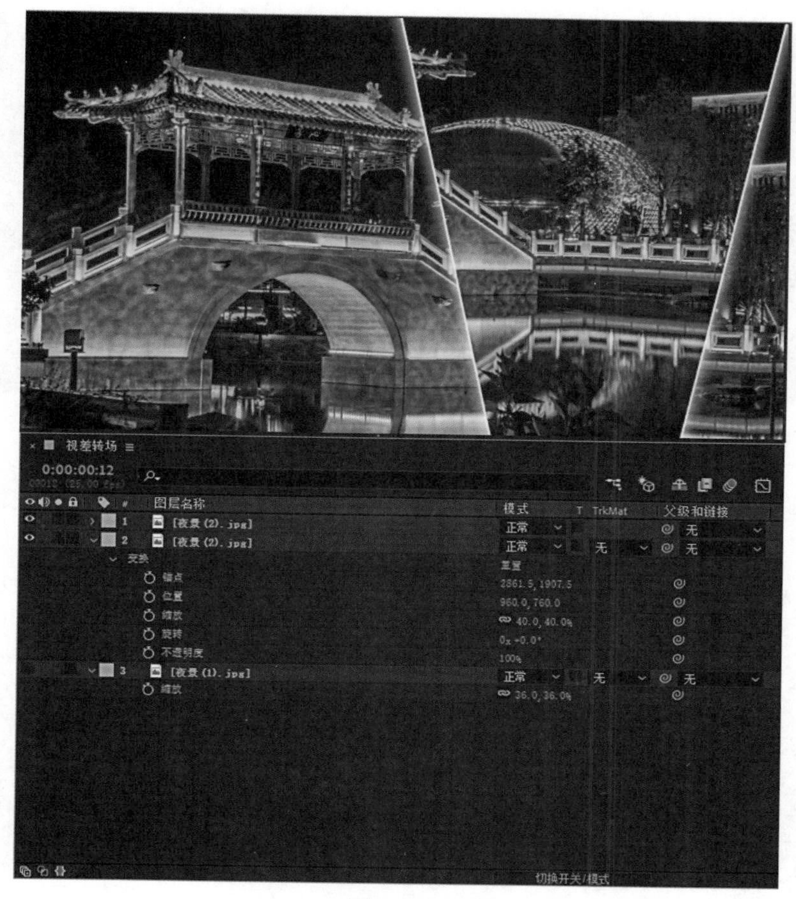

图3-1-56

（9）选择下面的“夜景（2）”图层，用矩形工具绘制蒙版，如图3-1-57所示。

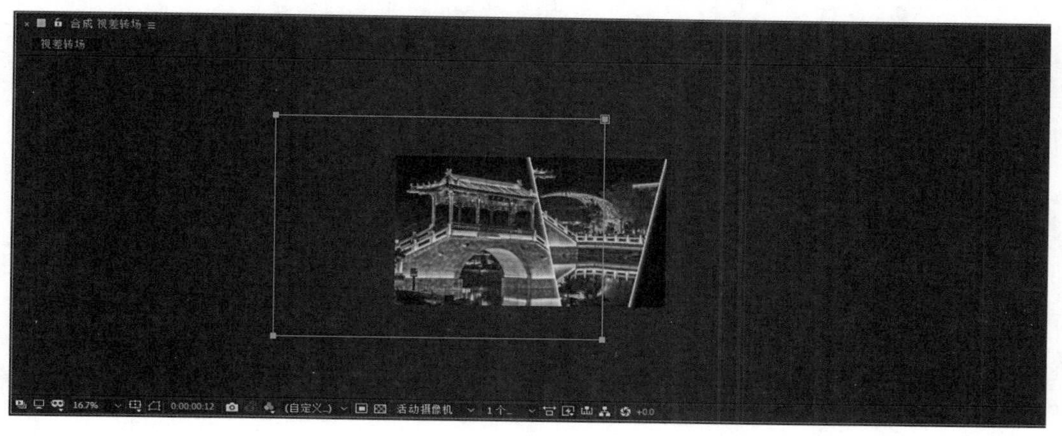

图3-1-57

（10）制作矩形蒙版路径形状右边线的关键帧动画，跟随此前蒙版的区域运动，如图3-1-58所示。

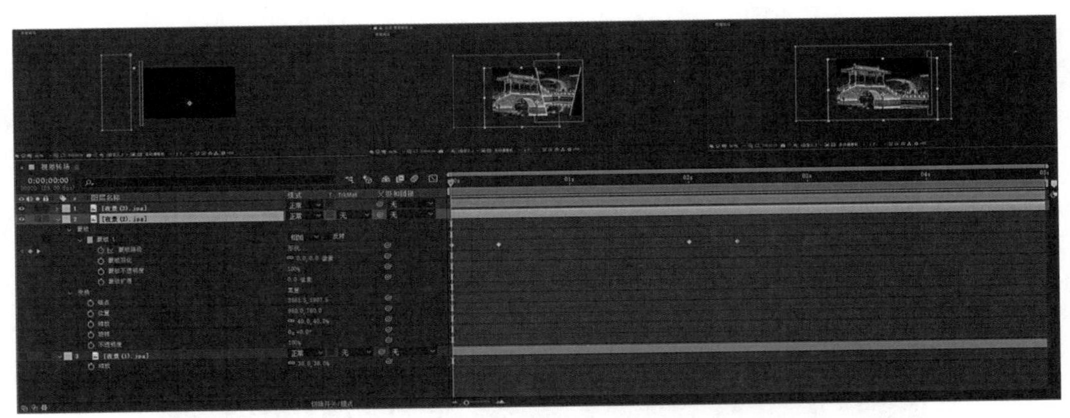

图3-1-58

2. 文字滑动出现

案例分析：制作文字的位置动画，预合成后绘制蒙版，完成文字出现效果，如图3-1-59所示。

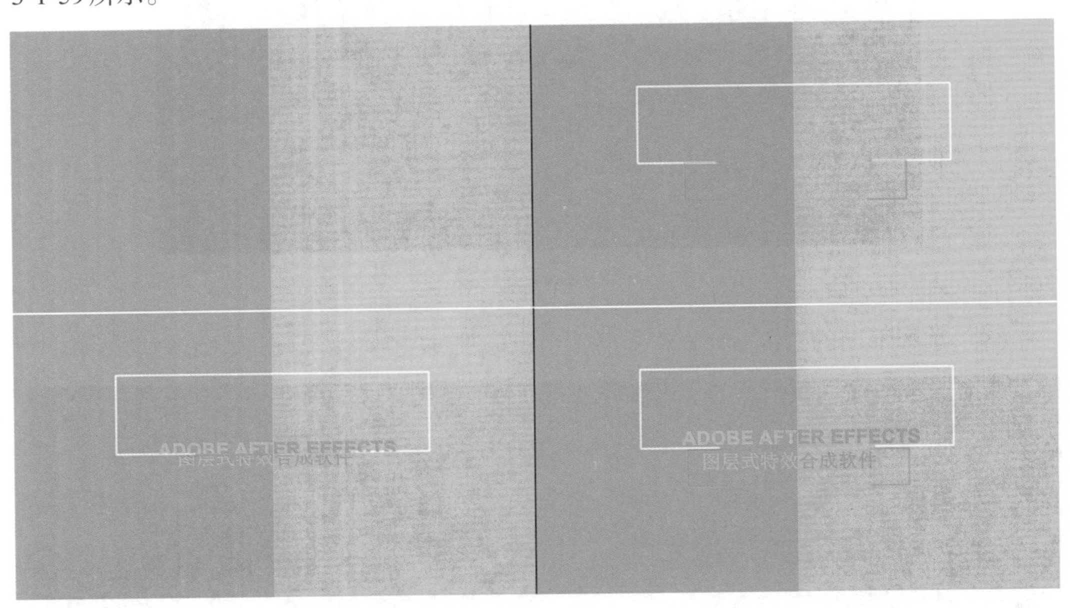

图3-1-59

（1）新建合成，名称为“文字滑动出现”，预设为HDTV 1080 25，持续时间为5秒，如图3-1-60所示。

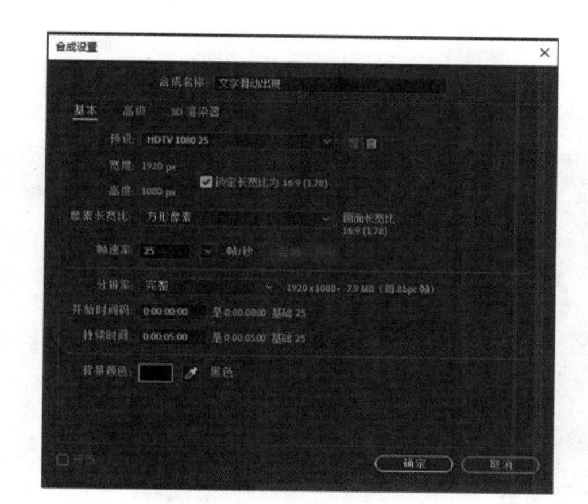

图 3-1-60

（2）新建纯色层，名称为“黄色色块”，颜色为（154,194,44），如图3-1-61所示。

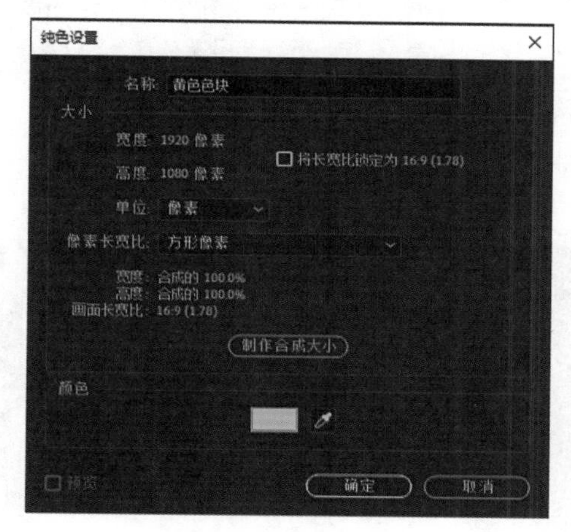

图 3-1-61

（3）新建纯色层，名称为“青色色块”，颜色为（30,196,174），如图3-1-62所示。

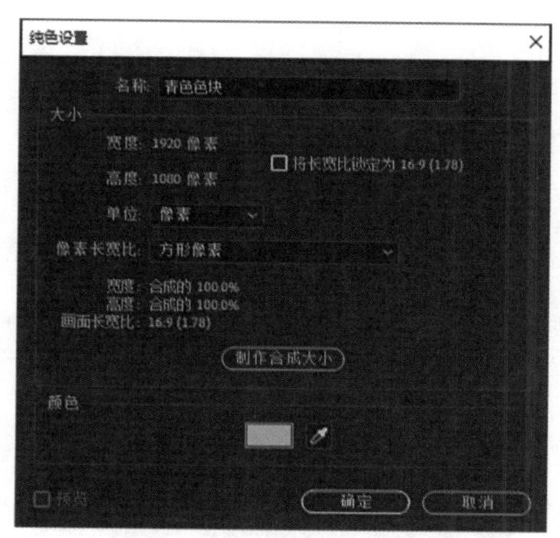

图 3-1-62

（4）在合成窗口打开【标题 / 动作安全】，方便显示图层的中心点位置，如图 3-1-63 所示。

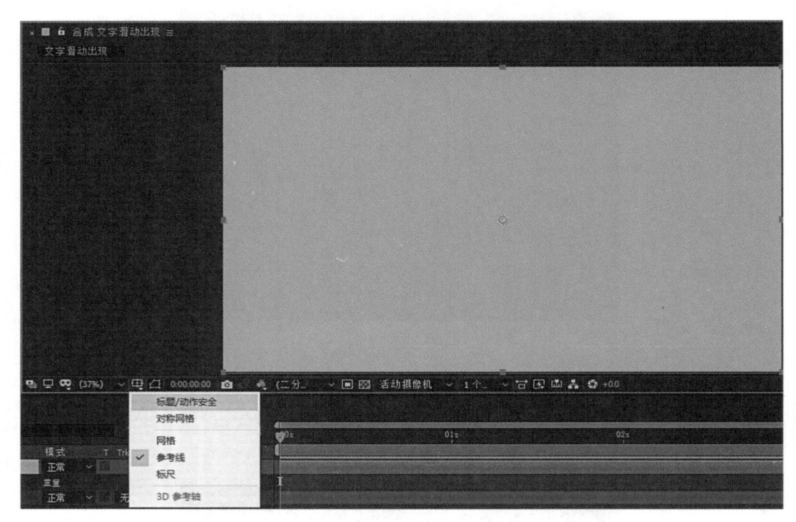

图 3-1-63

（5）工具栏中选择矩形工具，在画面的左边绘制矩形蒙版，如图 3-1-64 所示。

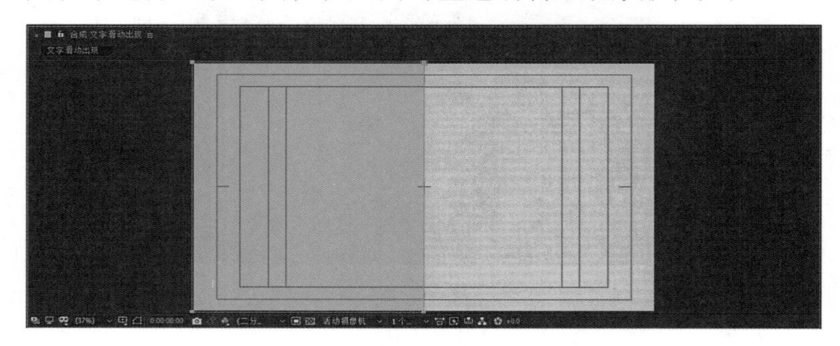

图 3-1-64

（6）新建纯色层，命名为“描边线条01”，颜色随意，如图 3-1-65 所示。

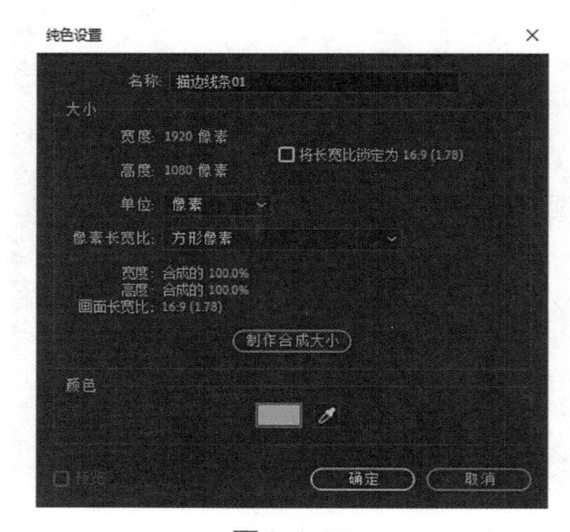

图 3-1-65

（7）在工具栏中选择矩形工具，绘制矩形，如图3-1-66所示。

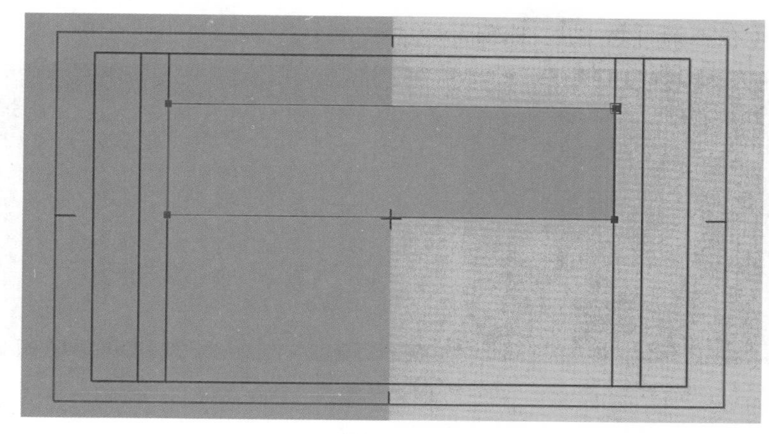

图3-1-66

（8）添加描边特效，执行【效果】—【生成】—【描边】，如图3-1-67所示。

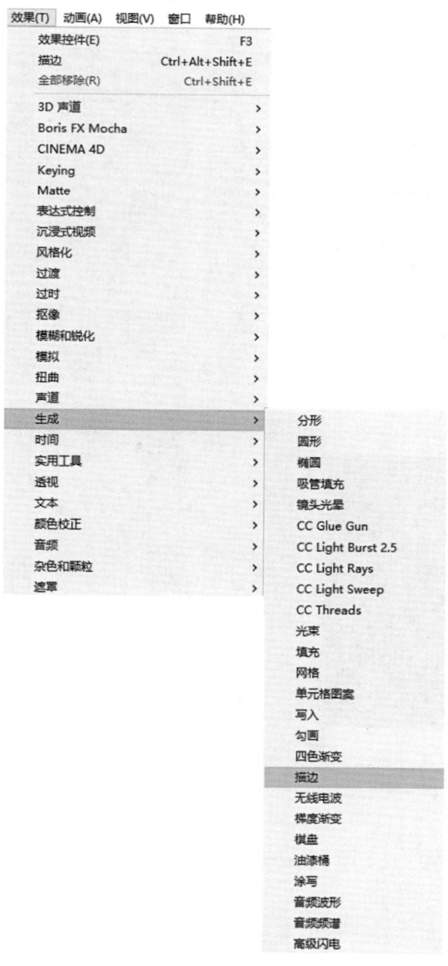

图3-1-67

（9）在特效控制窗口中设置描边特效的参数，路径选择【蒙版1】，画笔大小为5，绘画样式为【在透明背景上】，如图3-1-68所示。

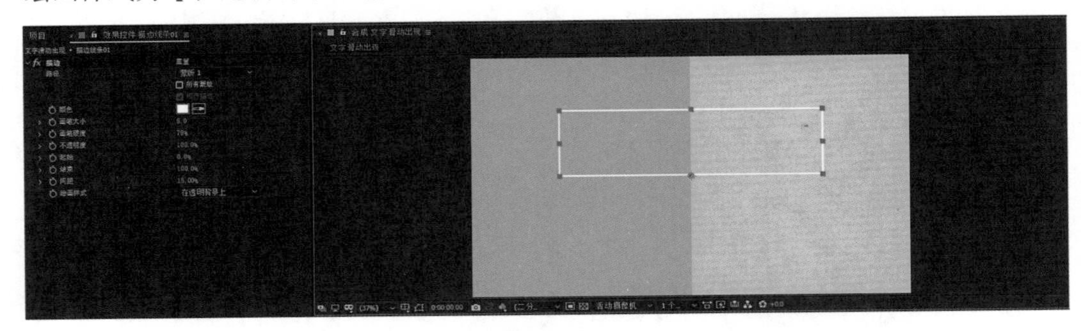

图3-1-68

（10）制作描边动画。起始数值设置为20，在中间的色块分界线位置上，打开【结束】属性前面的关键帧记录器，00:00时，数值为20，00:10时，数值为60，左边的线条到下边的黄色和青色色块分界线位置处，如图3-1-69所示。

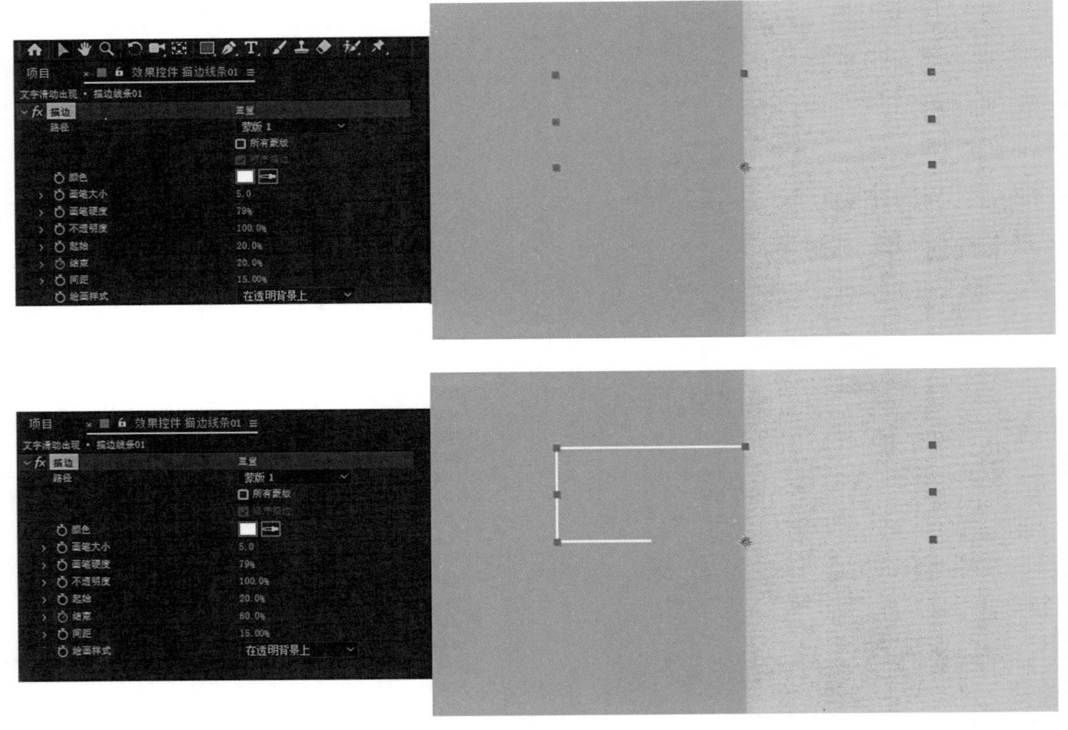

图3-1-69

（11）选中两个关键帧点，单击鼠标右键，选择【关键帧辅助】—【缓动】，如图3-1-70所示。

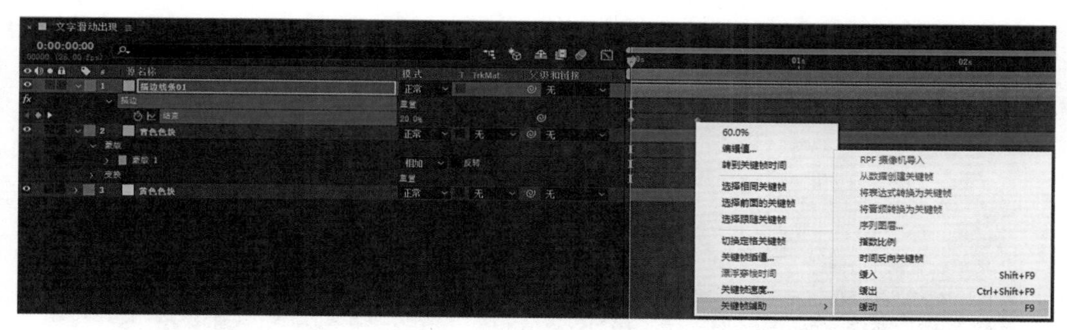

图3-1-70

（12）复制图层“描边线条01”，修改图层名称为“描边线条02”，修改图层的缩放数值为（−100，100），如图3-1-71所示。

图3-1-71

（13）创建文字对象“ADOBE AFTER EFFECTS”，以黄色和青色色块为边界，分别设置文字的颜色，如图3-1-72所示。

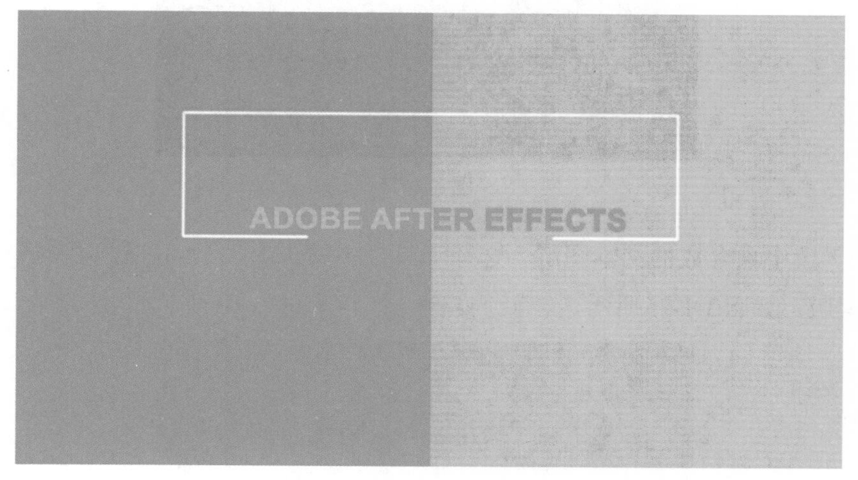

图3-1-72

（14）制作文字图层的位置动画。00:08时，位置数值调到“文字在白色线条的下面”，01:00时，位置数值调到“文字在线条的上面”，选中2个关键帧点，按下键盘上的快捷键F9，让动画更自然，如图3-1-73所示。

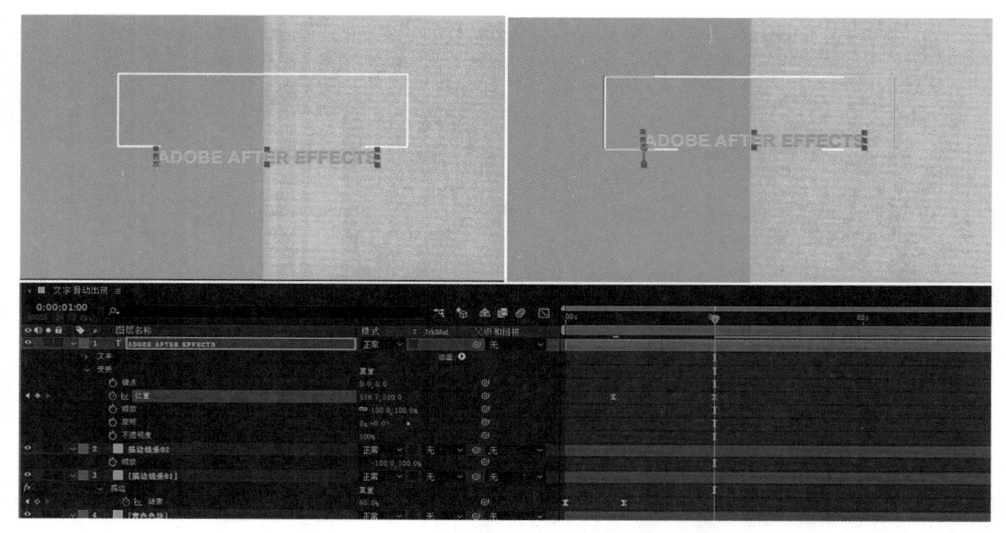

图 3-1-73

（15）选择文字图层，执行【图层】—【预合成...】，打开【预合成】对话框，选择【将所有属性移动到新合成】，如图 3-1-74 所示。

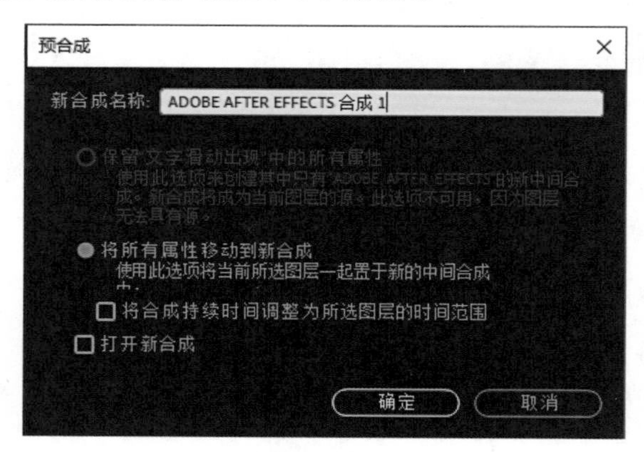

图 3-1-74

（16）选中预合成的文本图层，选择工具栏中的矩形工具，在描边线条的上方绘制矩形蒙版，如图 3-1-75 所示。

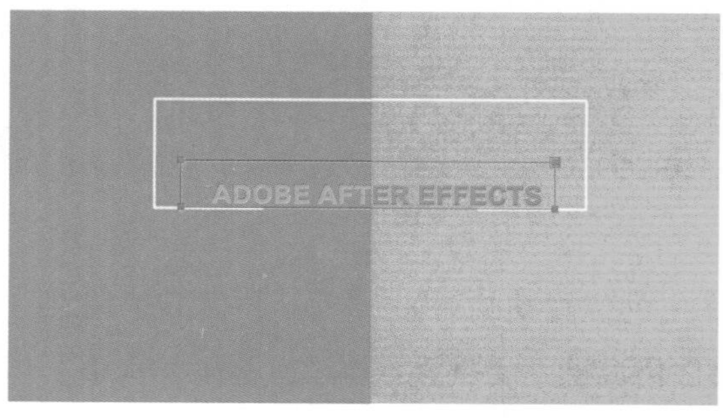

图 3-1-75

（17）用同样的方法在描边线条的下面制作文字内容，如图3-1-76所示。

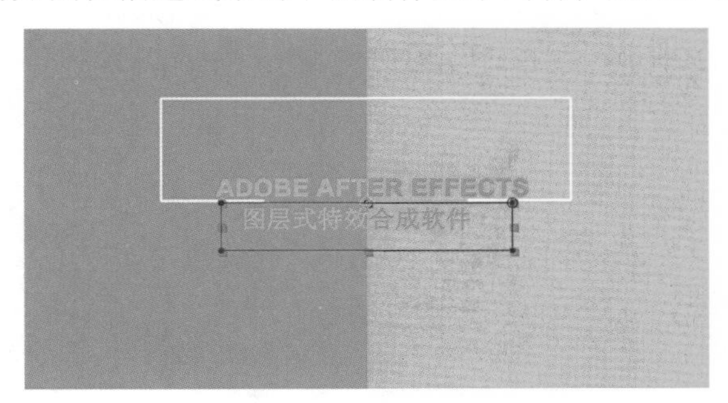

图3-1-76

3. 分身术

案例分析：固定机位拍摄一段素材，截取素材的两个片段，给片段绘制蒙版，实现一个角色的多个分身，如图3-1-77所示。

图3-1-77

（1）在项目窗口中导入视频素材，拖拽视频素材到项目窗口下面的【新建合成】按钮上，根据素材创建合成，如图3-1-78所示。

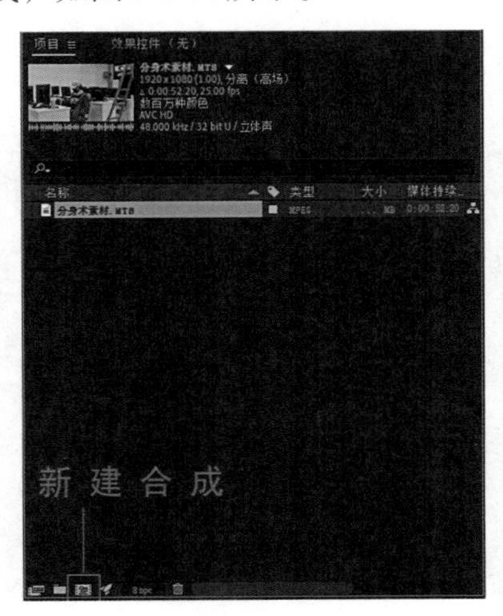

图3-1-78

（2）在时间线窗口，时间指示器定位到16:00时刻，即人物起身之前，执行【编辑】—【拆分图层】，或使用快捷键Ctrl+Shift+D，把素材切分成两个独立的片段，如图3-1-79所示。

图3-1-79

（3）时间指示器定位到26:00时刻，按下键盘上的Alt+[裁切片段，如图3-1-80所示。

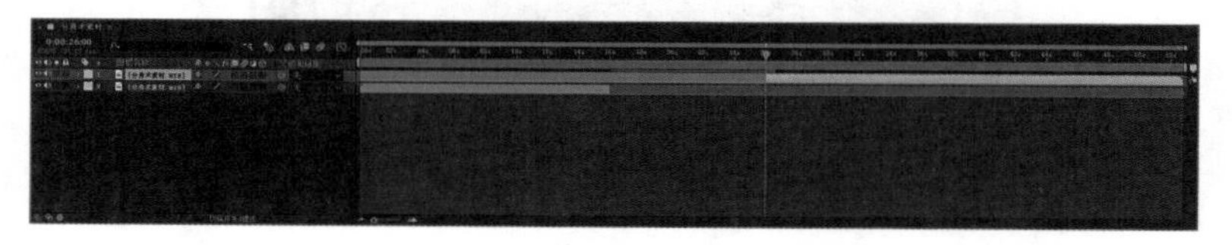

图3-1-80

（4）移动后面的视频片段到前面视频片段的上面，选中上面的视频片段，用矩形工具在画面的右边人物部分绘制蒙版。以第二排电脑桌竖直方向的边为边界绘制蒙版，如图3-1-81所示。

图3-1-81

（5）拖动时间线工作栏的出点到视频素材的结束位置，如图3-1-82所示。

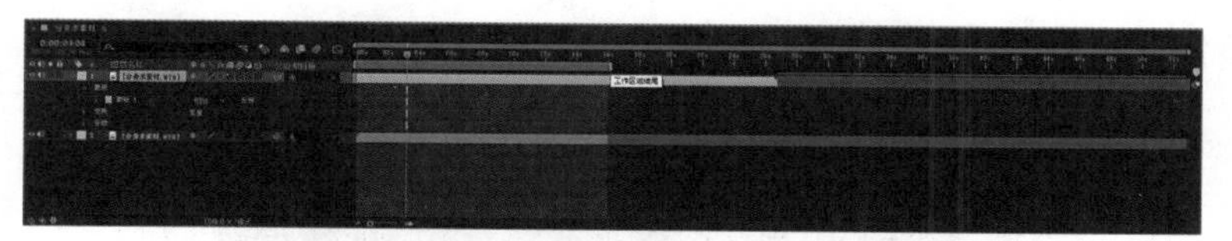

图3-1-82

（6）执行【合成】—【将合成裁剪到工作区】，对应的快捷键Ctrl+Shift+X，如图3-1-83所示。

合成(C)　图层(L)　效果(T)　动画(A)　视图(V)　窗口　帮助(H)

新建合成(C)...　Ctrl+N
合成设置(T)...　Ctrl+K
设置海报时间(E)
将合成裁剪到工作区(W)　Ctrl+Shift+X
裁剪合成到目标区域(I)
添加到 Adobe Media Encoder 队列...　Ctrl+Alt+M
添加到渲染队列(A)　Ctrl+M
添加输出模块(D)
预览(P)　>
帧另存为(S)　>
预渲染...
保存当前预览(V)...　Ctrl+数字小键盘 0
在基本图形中打开
响应式设计 - 时间　>
合成流程图(F)　Ctrl+Shift+F11
合成微型流程图(N)　Tab
VR　>

图3-1-83

拓展练习：固定机位，手动模式固定所有的参数，拍摄素材，不同的角色之间设计戏剧故事，形成互动，剪辑合成。

4. 瞬间位移

案例分析：固定机位拍摄一段素材，截取两段素材片段，给前面的片段绘制人物的蒙版，制作位置动画，添加模糊特效，添加音效素材，效果如图3-1-84所示。

图3-1-84

（1）在项目窗口中导入视频素材，拖拽视频素材到项目窗口下面的【新建合成】按钮上，根据素材创建合成，如图3-1-85所示。

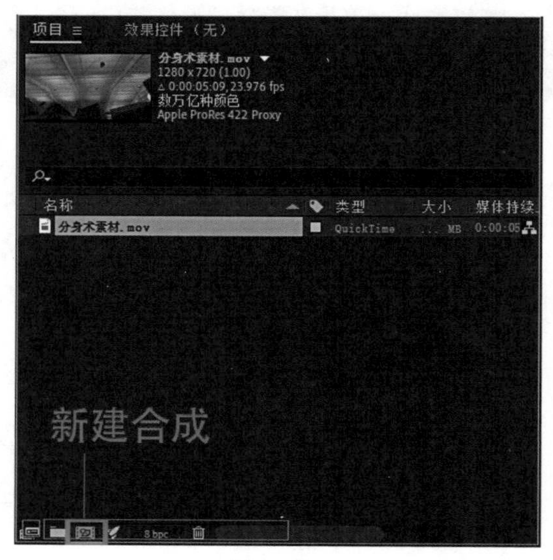

图3-1-85

（2）Ctrl+K打开【合成设置】对话框，修改开始时间为0:00:00:00，修改合成名称为“瞬间位移”，如图3-1-86所示。

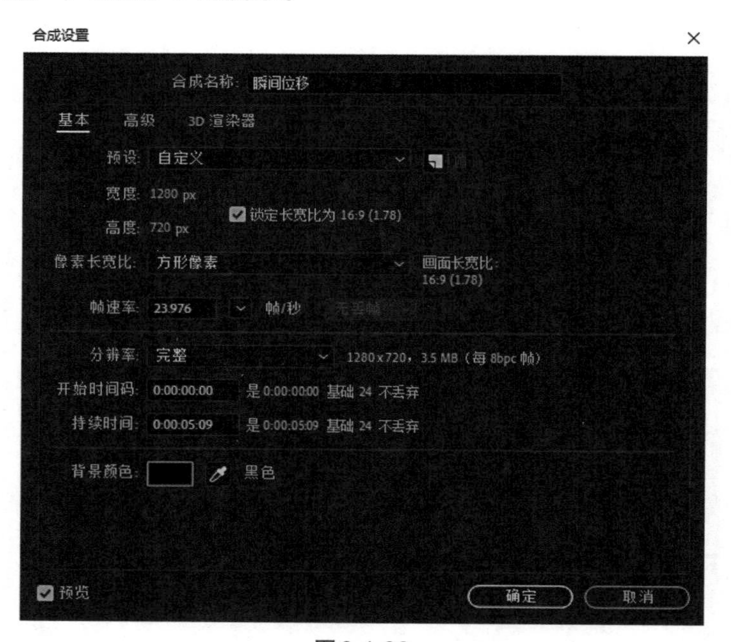

图3-1-86

（3）在时间线窗口，时间指示器定位到00:19时刻，执行【编辑】—【拆分图层】，或使用快捷键Ctrl+Shift+D，把素材切分成两个独立的片段，如图3-1-87所示。

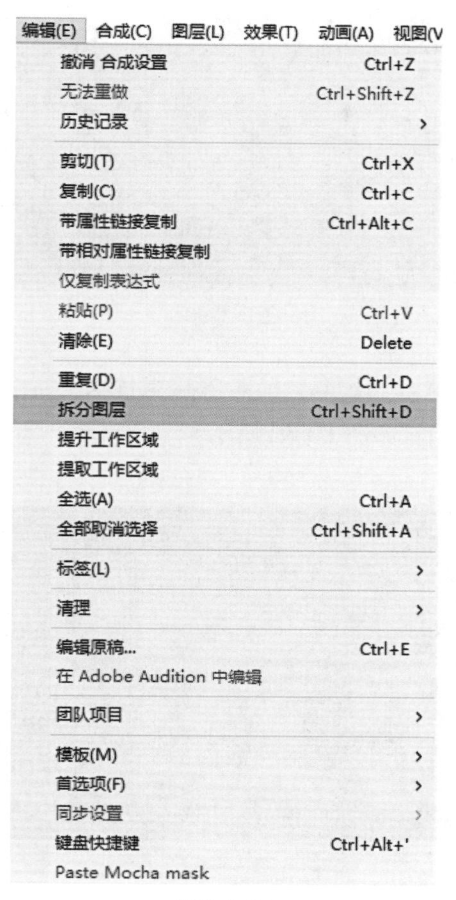

图3-1-87

（4）时间指示器定位到04:14时刻，按下键盘上的Alt+[裁切片段，如图3-1-88所示。

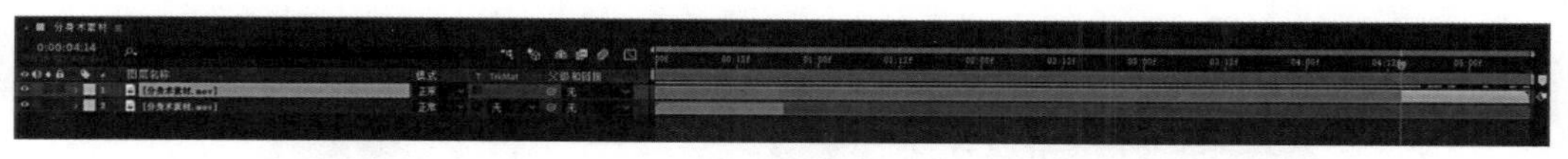

图3-1-88

（5）移动后面的视频片段的入点到01:00时刻，如图3-1-89所示。

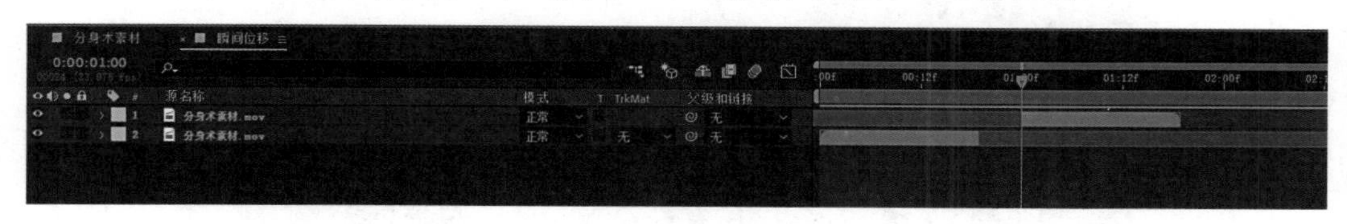

图3-1-89

（6）选中两个素材片段，Ctrl+D制作副本，在时间线上对齐，在上面的视频片段上依据画面中的结构边界绘制蒙版，如图3-1-90所示。

图3-1-90

（7）选择2个副本图层，预合成，命名为“预合成1”，勾选【将合成持续时间调整为所选图层的时间范围】，如图3-1-91所示。

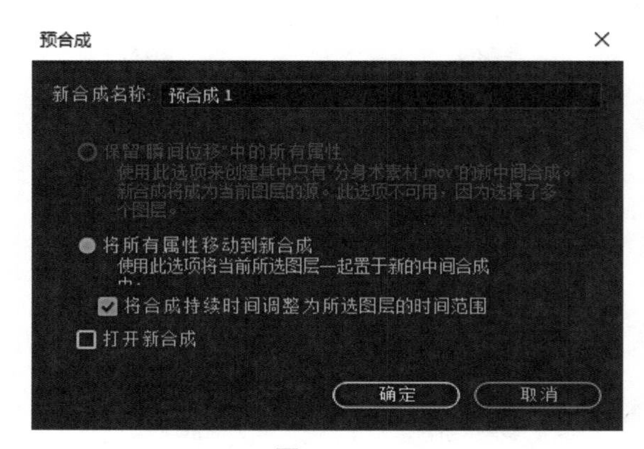

图3-1-91

（8）移动“预合成1”图层到两个视频片段的中间时刻位置，选择第一个视频片段制作图层副本，修改图层名称为“人物蒙版”，在出点的位置单击鼠标右键，选择【时间】—【启用时间重映射】，如图3-1-92所示。

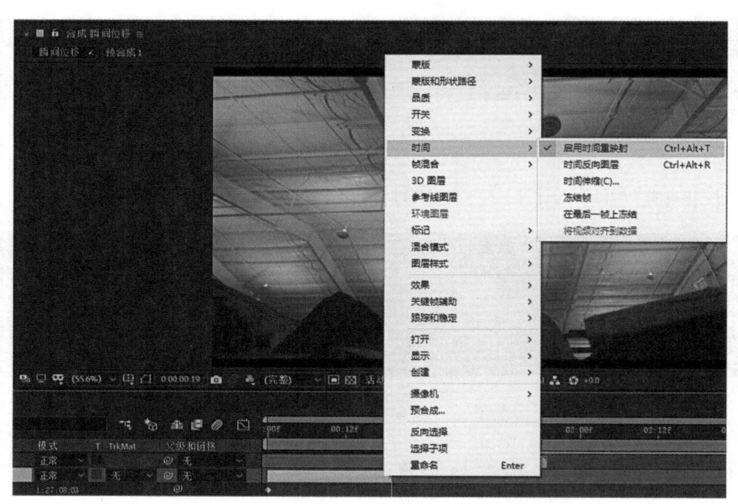

图3-1-92

（9）在“人物蒙版”的出点位置添加关键帧点，复制此处的关键帧点，延长图层片段到第二个视频片段出点的位置，并粘贴关键帧点，图层的入点裁切到00:19时刻，如图3-1-93所示。

图3-1-93

（10）选择“人物蒙版”图层，根据人物轮廓绘制蒙版，设置蒙版羽化为（10，10），如图3-1-94所示。

图3-1-94

（11）制作“人物蒙版”图层的位置动画，从静止的画面位置移动到第二个视频片段入点画面中人物的位置，调整位置路径的曲线形状，如图3-1-95所示。

图3-1-95

（12）添加模糊特效，执行【效果】—【模糊和锐化】—【定向模糊】，如图3-1-96所示。

图3-1-96

（13）在效果控件窗口中设置方向为图层的位置移动方向，模糊长度为50，如图3-1-97所示。

图3-1-97

（14）添加音效素材，修剪合成。

二、轨道蒙版

轨道遮罩至少需要两层才可以使用，设置上层为下层的轨道遮罩，上层为选区，下层为内容，根据上层的亮度信息或Alpha通道信息显示下层的内容。亮度信息指的是画面中像素的亮度数值，Alpha通道记录图像中的透明度信息，可以记录透明、不透明和半透明区域，其中黑表示透明，白表示不透明，灰代表半透明。

轨道遮罩的类型有亮度遮罩、亮度反转遮罩、Alpha遮罩、Alpha反转遮罩，如图3-2-1所示。

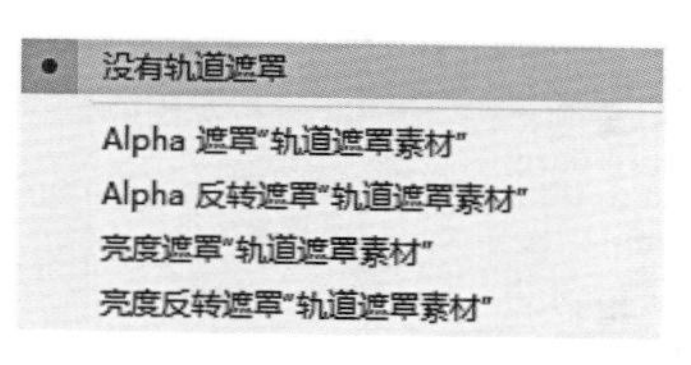

图3-2-1

亮度遮罩：根据上层的亮度显示下层内容，上层白色的地方对应下层不透明区域，上层黑色的地方对应下层透明区域，即“白显黑不显”。

亮度反转遮罩：根据上层的亮度显示下层内容，透明与不透明区域刚好与亮度遮罩相反，即“黑显白不显”。

Alpha遮罩：根据上层的不透明度显示下层内容，上层不透明的地方对应的下层不透明，上层透明的地方对应的下层也透明，即“上显下显，上不显下不显”。

Alpha反转遮罩：根据上层的不透明度显示下层内容，透明与不透明区域刚好与Alpha遮罩相反，即“上显下不显，上不显下显”。

（一）亮度轨道遮罩

（1）导入图片素材，创建合成，命名为“亮度轨道蒙版”，预设为HDTV 1080 25，持续时间为5秒，如图3-2-2所示。

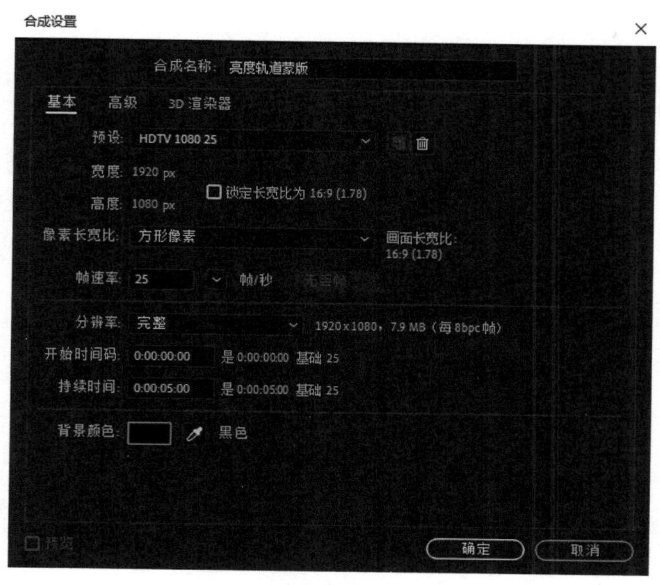

图3-2-2

（2）把图片素材添加到时间线上，添加黑白特效，执行【效果】—【颜色校正】—【黑色和白色】，如图3-2-3所示。

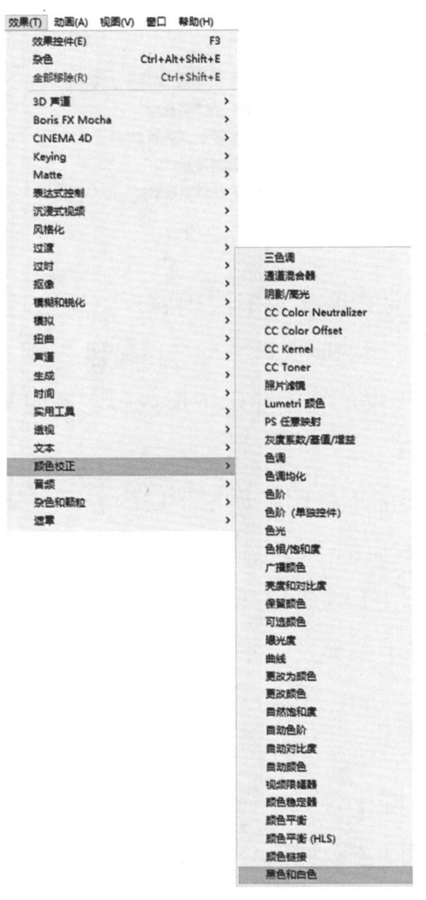

图3-2-3

（3）新建纯色层，命名为“亮度遮罩”，颜色为纯黑色，如图3-2-4所示。

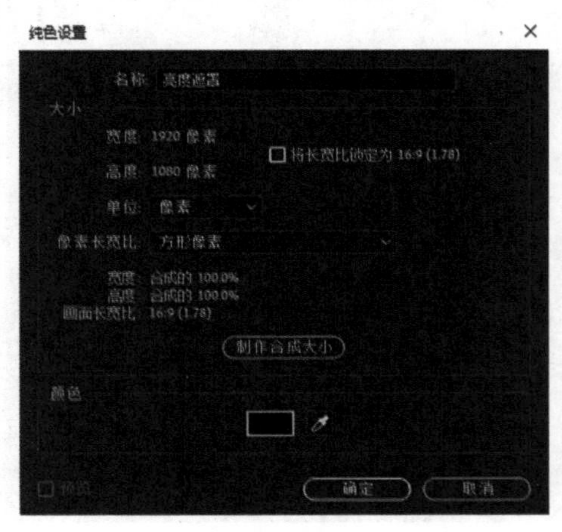

图3-2-4

（4）添加分形杂色特效，执行【效果】—【杂色和颗粒】—【分形杂色】，如图3-2-5所示。

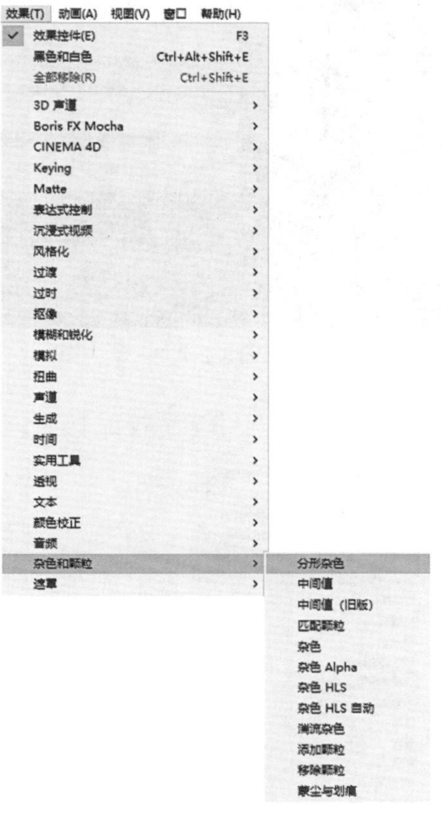

图3-2-5

（5）在特效控制窗口设置分形杂色的参数，杂色类型选择为【块】，复杂度为2，展开变换属性，取消勾选【统一缩放】，缩放宽度为2000，如图3-2-6所示。

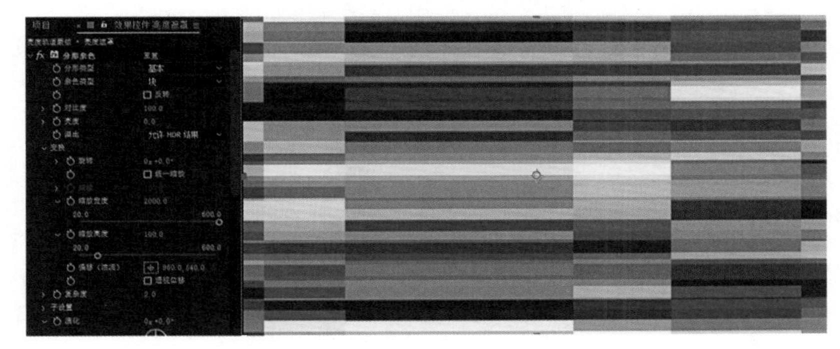

图3-2-6

（6）制作关键帧动画，时间指示器定位到00:00时刻，打开【演化】的关键帧记录器，时间指示器定位到00:10时刻，修改【演化】的参数值为1x+0°，如图3-2-7所示。

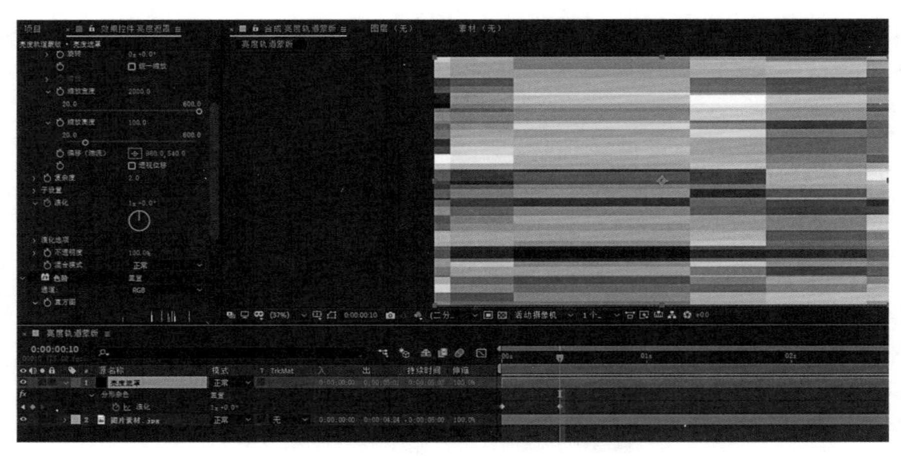

图3-2-7

（7）添加色阶特效，执行【效果】—【颜色校正】—【色阶】，如图3-2-8所示。

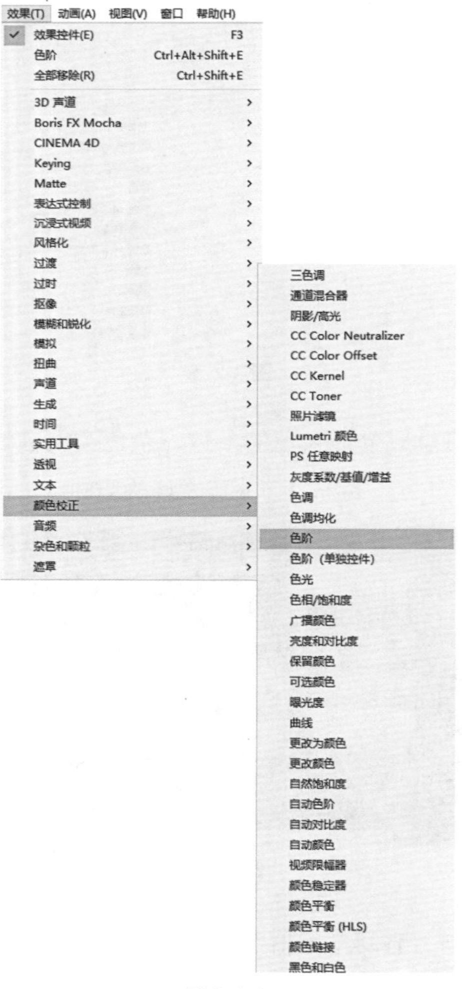

图3-2-8

（8）在特效控制窗口，调整色阶的三个滑块，让画面中只有黑白块，如图3-2-9所示。

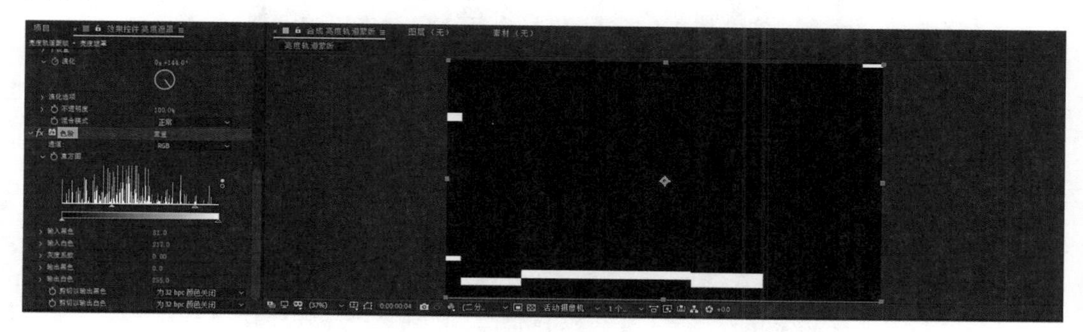

图3-2-9

（9）时间指示器定位到00:10时刻，按下键盘上的Alt+]，裁切图层的出点，Ctrl+D制作图层副本，移动图层片段到第一个亮度遮罩片段的后面，如图3-2-10所示。

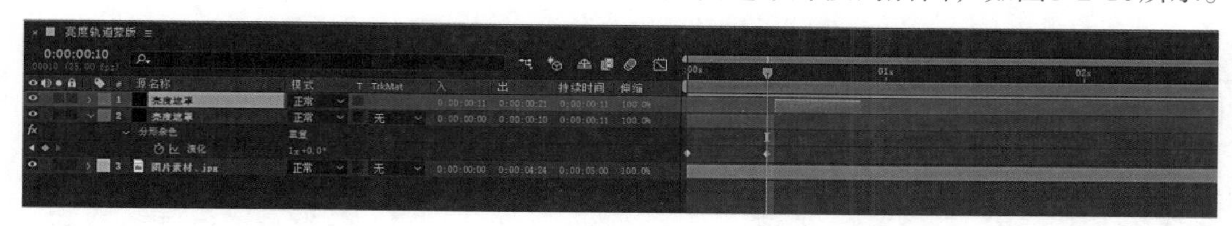

图3-2-10

（10）修改上面的图层名称为“亮度遮罩2”，修改分形杂色的参数数值，缩放宽度为3000，缩放高度为50，子位移为（500，500），如图3-2-11所示。

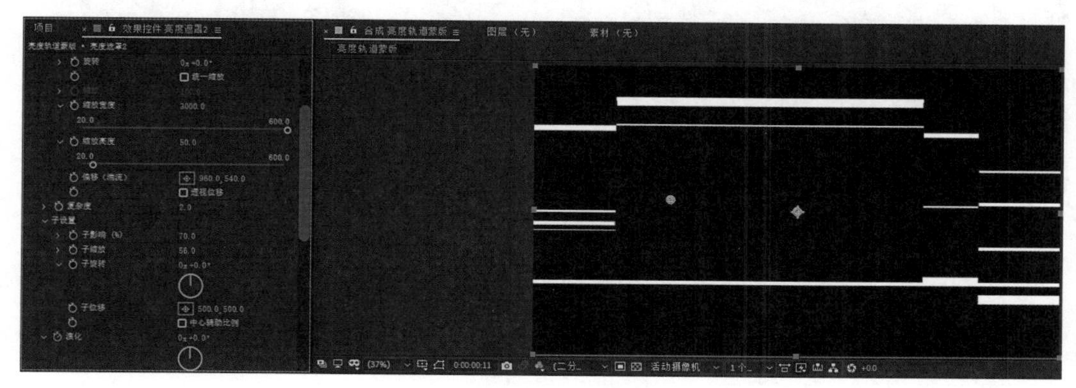

图3-2-11

（11）选择两个亮度遮罩素材图层，预合成，命名为“亮度遮罩素材”，勾选【将所有属性移动到新合成】和【将合成持续时间调整为所选图层的时间范围】，如图3-2-12所示。

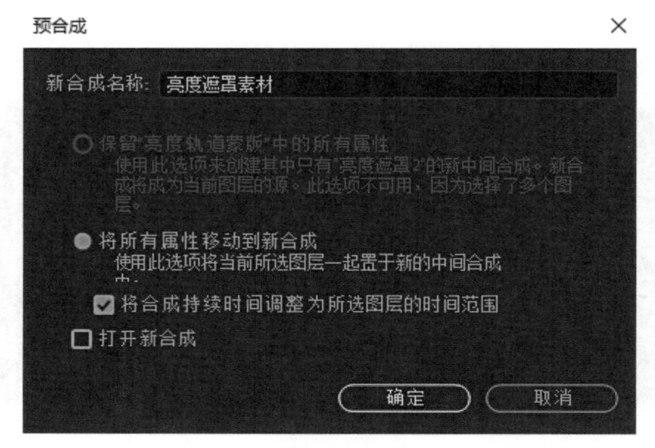

图 3-2-12

（12）打开模式面板，在轨道蒙版下拉菜单中选择【亮度遮罩“[亮度遮罩素材]”】，如图 3-2-13 所示。

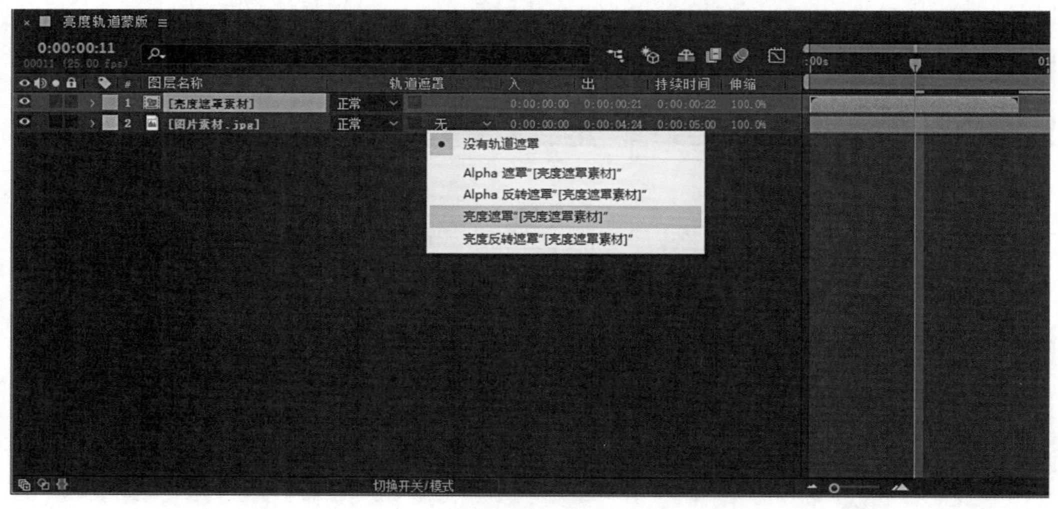

图 3-2-13

（13）从项目窗口中把图片素材添加到时间上，放置在最下层，制作不透明度的关键帧动画。时间指示器定位到 00:15 时刻，设置不透明度的数值为 0；时间指示器定位到 00:22 时刻，不透明度的数值为 100，如图 3-2-14 所示。

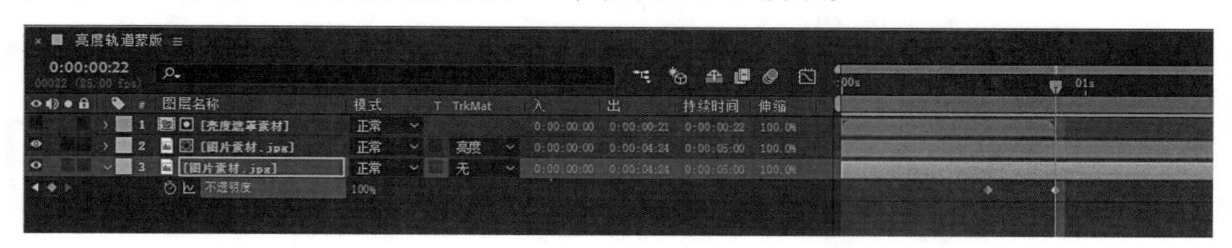

图 3-2-14

（14）新建纯色层，命名为"噪点"，颜色为纯黑色，如图3-2-15所示。

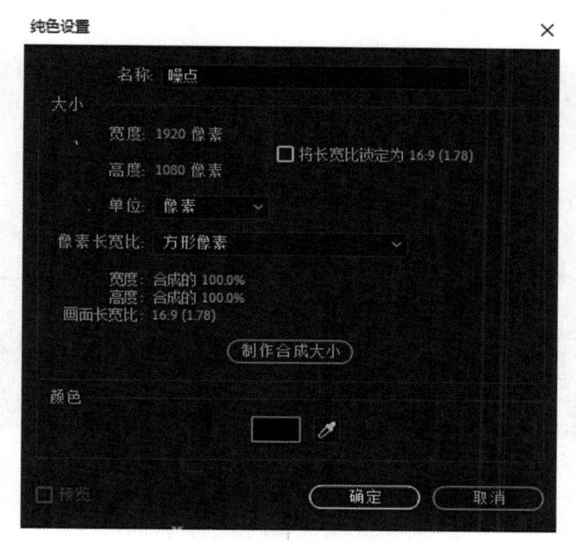

图3-2-15

（15）添加杂色特效，执行【效果】—【杂色和颗粒】—【杂色】，如图3-2-16所示。

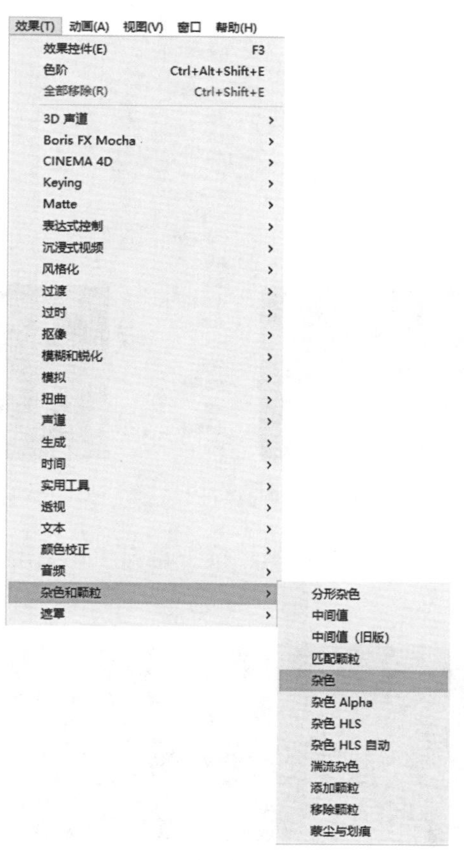

图3-2-16

（16）在特效控制窗口设置杂色的参数数值，杂色数量为100%，取消勾选【使用杂色】和【剪切结果值】，如图3-2-17所示。

图3-2-17

（17）设置“噪点”图层的层混合模式为【屏幕】，如图3-2-18所示。

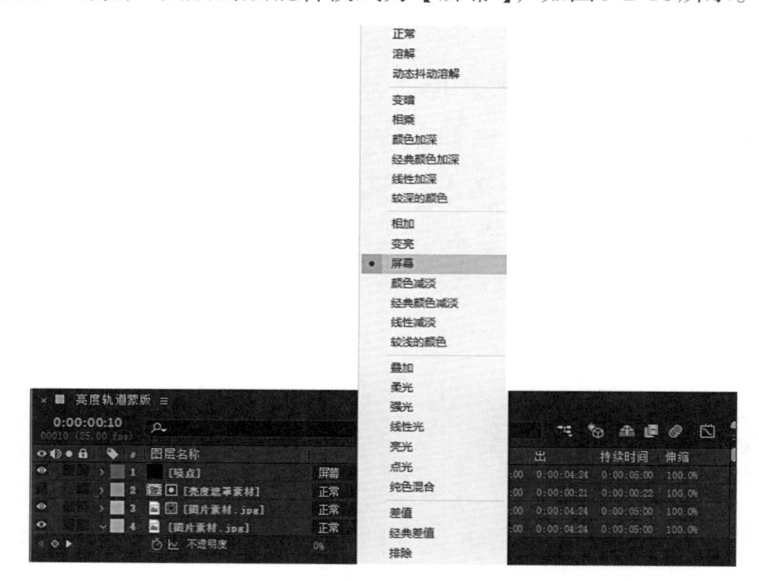

图3-2-18

（18）时间指示器定位到00:21时刻，按下键盘上的Alt+］裁切图层的出点，如图3-2-19所示。

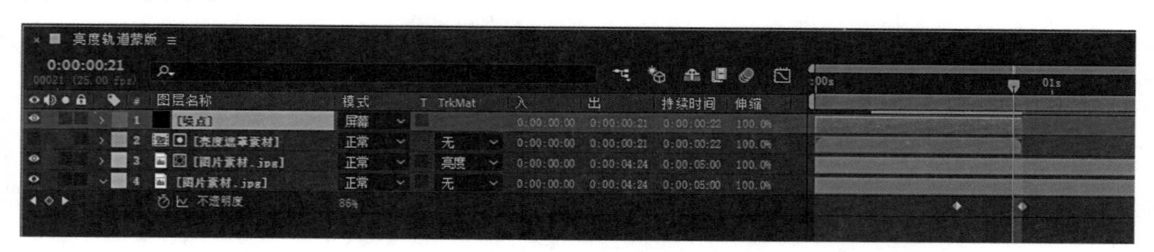

图3-2-19

（19）效果如图3-2-20所示。

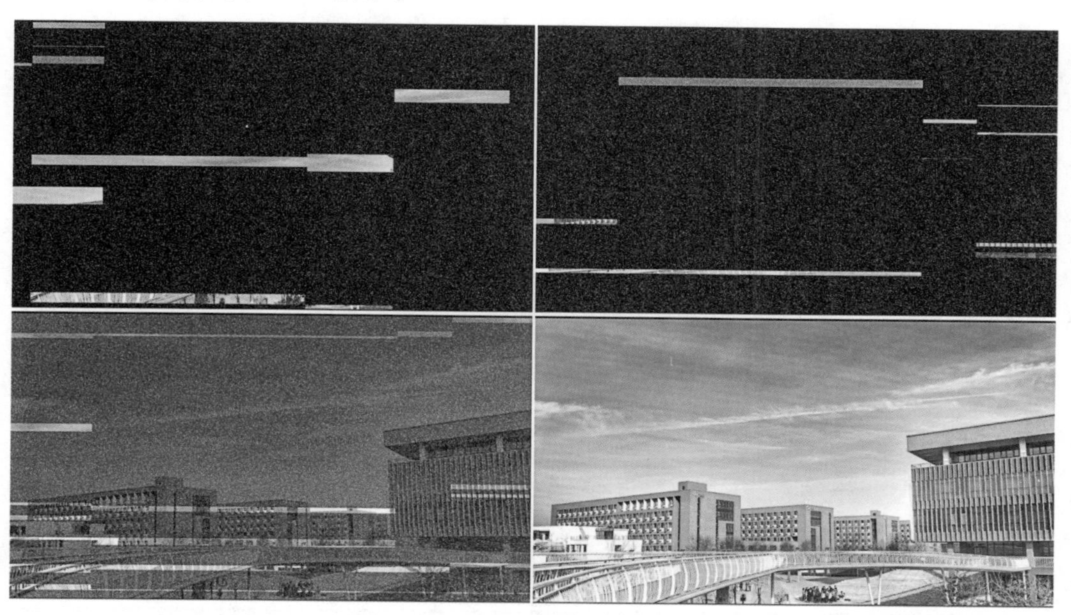

图3-2-20

（二）Alpha 轨道遮罩

（1）新建合成，命名为“LOGO”，宽度为500px，高度为500px，像素长宽比为方形像素，帧速率为25帧/秒，持续时间为5秒，如图3-2-21所示。

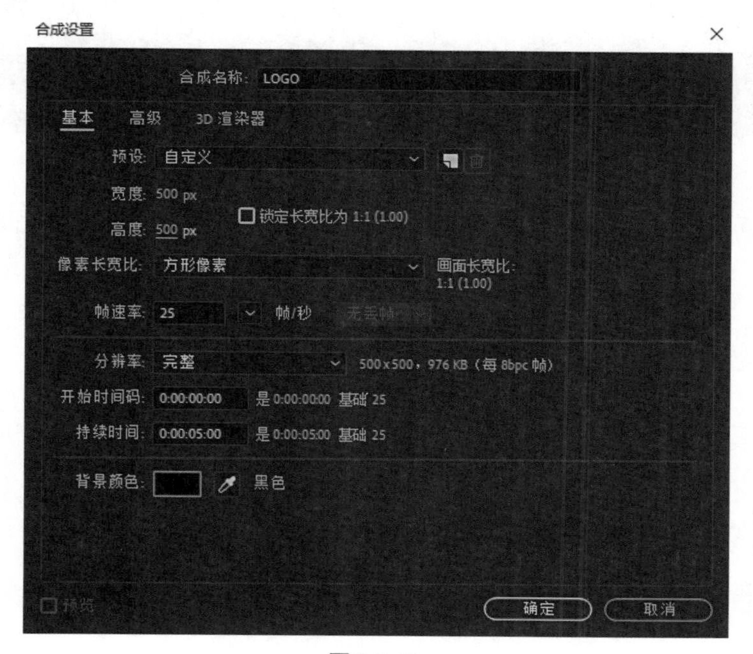

图3-2-21

（2）工具栏中切换到椭圆形工具，双击椭圆形工具，在合成窗口创建一个正圆形图形，如图3-2-22所示。

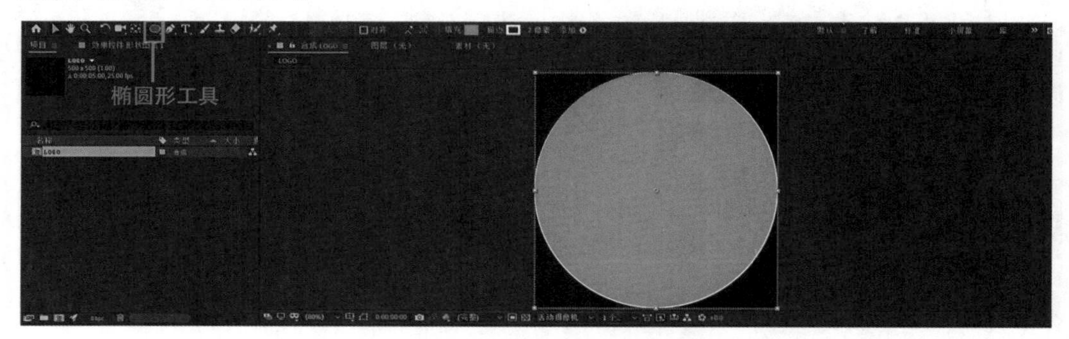

图3-2-22

（3）在时间线窗口展开图层参数，设置椭圆路径的大小为（450，450），描边颜色为浅紫色（197，138，243），描边宽度为20，填充颜色为紫色（31，0，63），如图3-2-23所示。

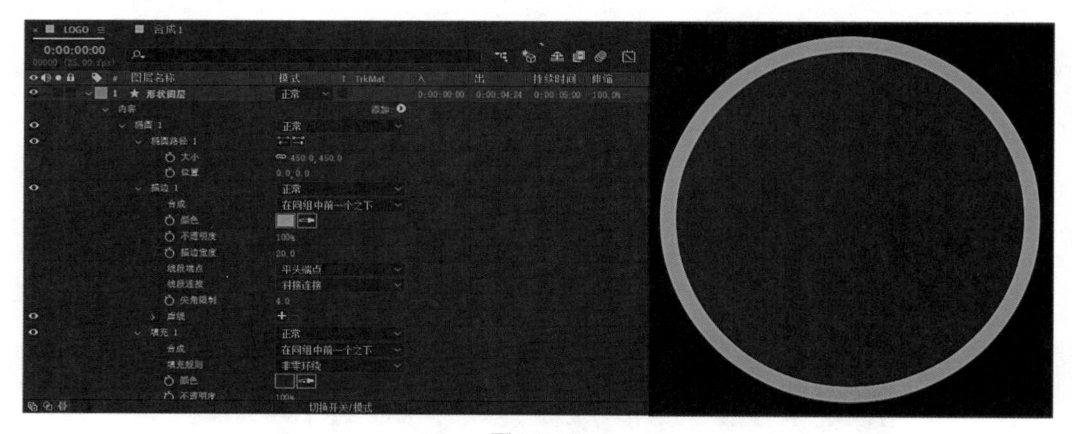

图3-2-23

（4）工具栏中选择文本工具，创建文字对象“AE”，选择比较粗的字体，设置合适的字符大小，颜色为浅紫色（197，138，243），如图3-2-24所示。

图3-2-24

（5）新建合成，命名为“LOGO描边”，宽度为500px，高度为500px，像素长宽比为方形像素，帧速率为25帧/秒，持续时间为5秒，如图3-2-25所示。

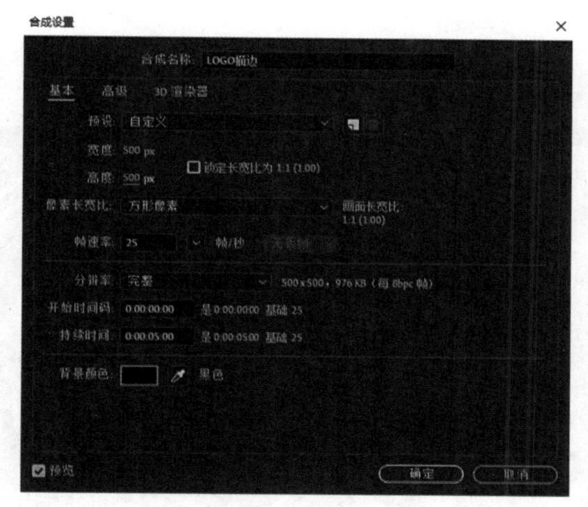

图3-2-25

（6）把合成“LOGO”嵌套到时间线窗口，添加勾画特效，执行【效果】—【生成】—【勾画】，如图3-2-26所示。

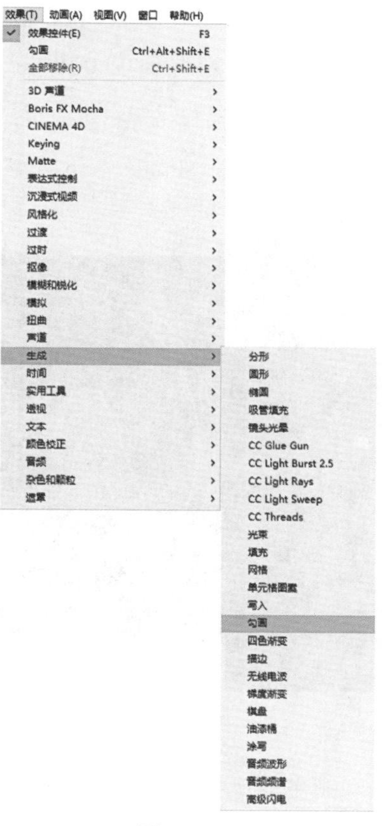

图3-2-26

（7）在特效控制窗口设置勾画的参数数值，描边选择【图像等高线】，片段为2，混合模式为透明，颜色为白色，宽度为4，硬度为1，中点不透明度为1，结束点不透明度为1，如图3-2-27所示。

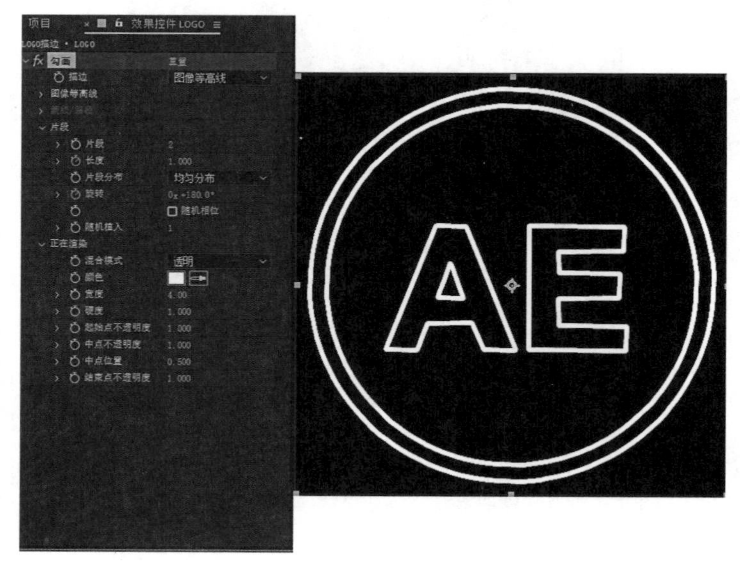

图3-2-27

（8）制作关键帧动画，时间指示器定位到00:00时刻，打开长度和旋转属性前面的关键帧记录器，长度数值为0，旋转属性为0x+0°；时间指示器定位到03:00时刻，修改长度数值为1，旋转数值为0x+180°，如图3-2-28所示。

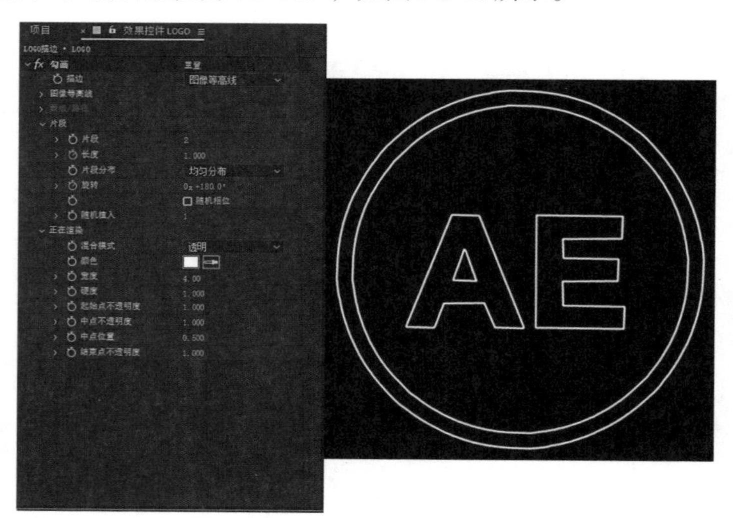

图3-2-28

（9）新建合成，命名为“简单轮廓描边LOGO”，预设为HDTV 1080 25，持续时间为5秒，如图3-2-29所示。

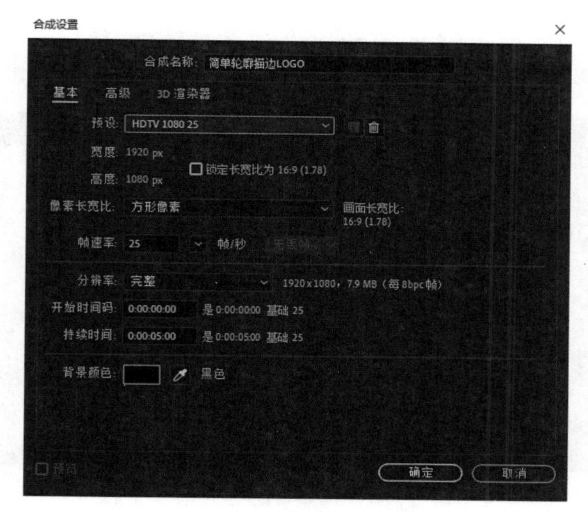

图3-2-29

（10）新建纯色层，命名为“渐变背景”，添加渐变特效，执行【效果】—【生成】—【梯度渐变】，如图3-2-30所示。

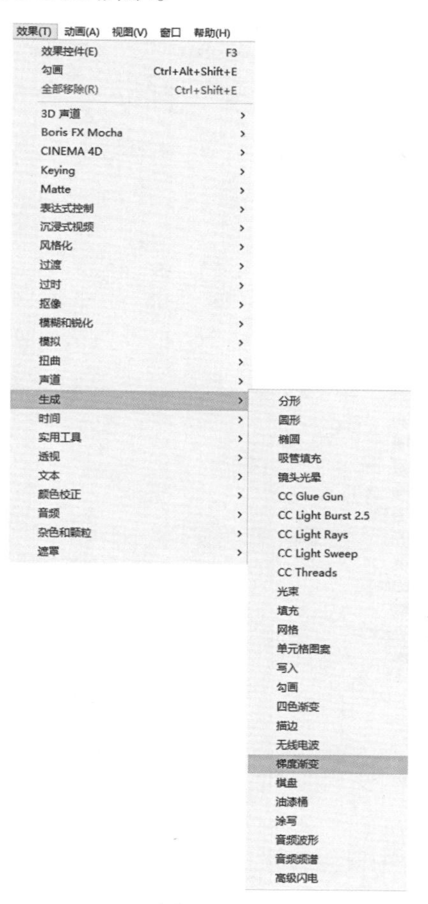

图3-2-30

（11）在效果控件窗口中设置梯度渐变的参数，渐变起点为（820，480），起始颜色为75%灰，渐变终点为（1400，1080），结束颜色为50%灰，如图3-2-31所示。

图3-2-31

（12）嵌套合成“LOGO描边”，添加投影特效，执行【效果】—【透视】—【投影】，如图3-2-32所示。

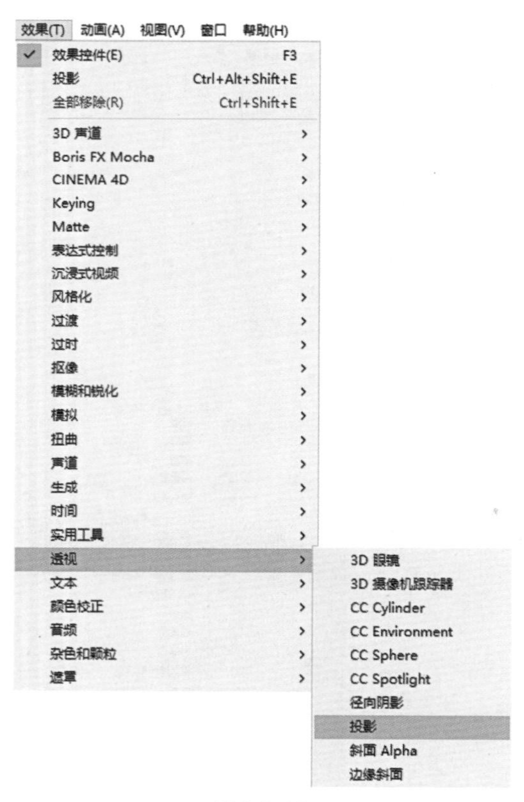

图3-2-32

（13）在效果控件窗口中设置投影的参数数值，阴影颜色为50%灰，不透明度为50%，方向为0x+135°，距离为10，柔和度为10，如图3-2-33所示。

图3-2-33

（14）选中投影特效，Ctrl+D制作特效副本，修改其中的距离为15，用同样的方法复制4个副本，每复制一个距离增加5，如图3-2-34所示。

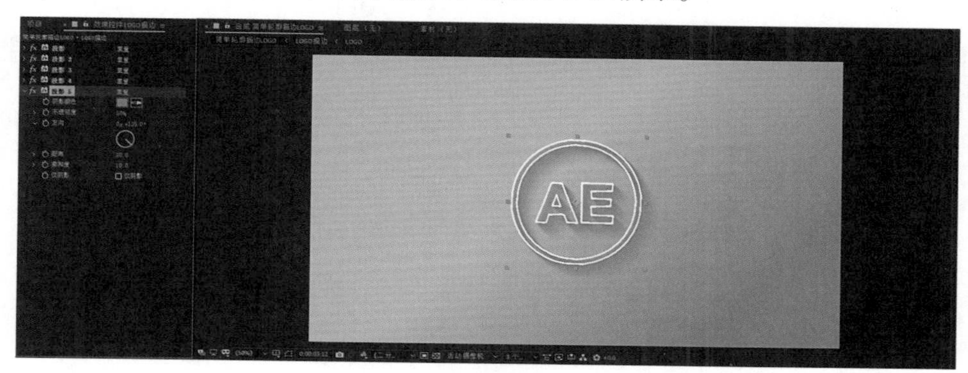

图3-2-34

（15）在项目窗口，选中合成“LOGO”，Ctrl+D制作副本，双击打开副本合成，Ctrl+K打开【合成设置】对话框，修改名称为“镂空LOGO”，如图3-2-35所示。

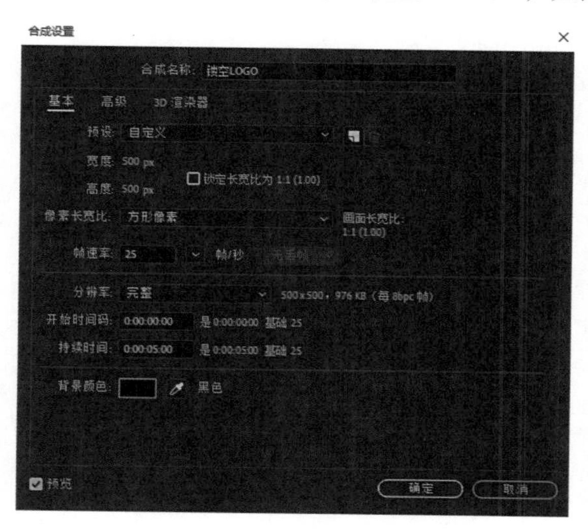

图3-2-35

（16）在时间线窗口，设置形状图层的轨道蒙版为【Alpha反转遮罩“AE”】，如图3-2-36所示。

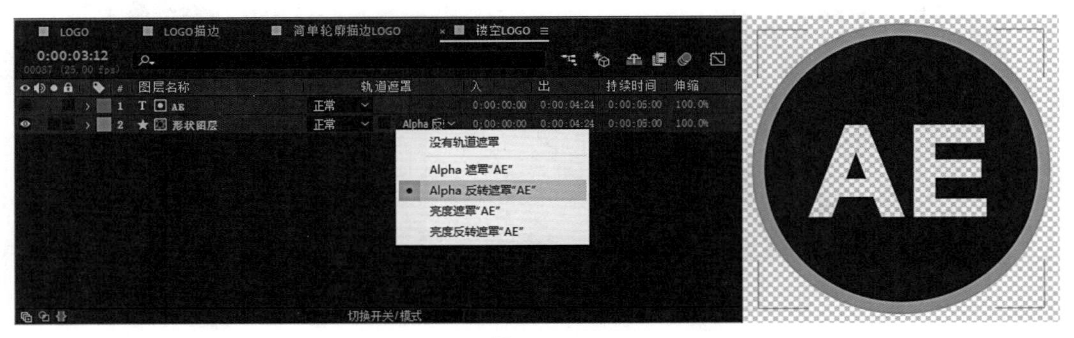

图3-2-36

（17）回到合成“简单轮廓描边 LOGO”的时间线窗口，把合成“镂空 LOGO”嵌套进来，添加斜面 Alpha 特效，执行【效果】—【透视】—【斜面 Alpha】，如图 3-2-37 所示。

图3-2-37

（18）在效果控件窗口中设置斜面Alpha特效的参数数值，边缘厚度为5，灯光角度为0x–45°，如图3-2-38所示。

图3-2-38

（19）制作不透明度动画，选择“LOGO 描边”图层，时间指示器定位到 03:00 时刻，打开不透明度的关键帧记录器，时间指示器定位到 04:00 时刻，修改不透明度数值为 0，如图 3-2-39 所示。

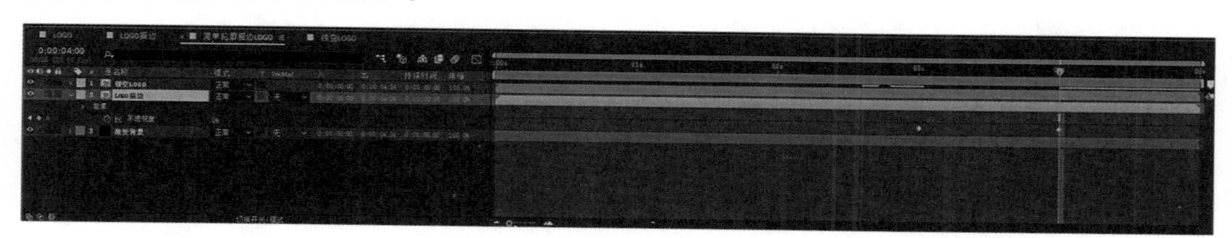

图3-2-39

（20）选择“镂空LOGO”图层，时间指示器定位到02:15时刻，打开不透明度的关键帧记录器，数值为0，时间指示器定位到03:15时刻，修改不透明度数值为100，如图3-2-40所示。

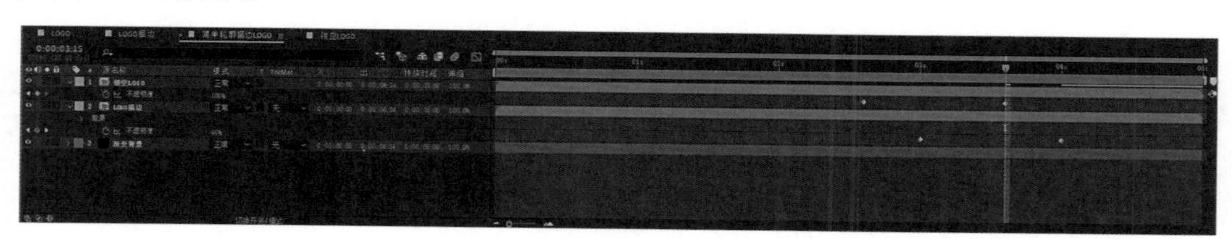

图3-2-40

（21）预览效果，如图3-2-41所示。

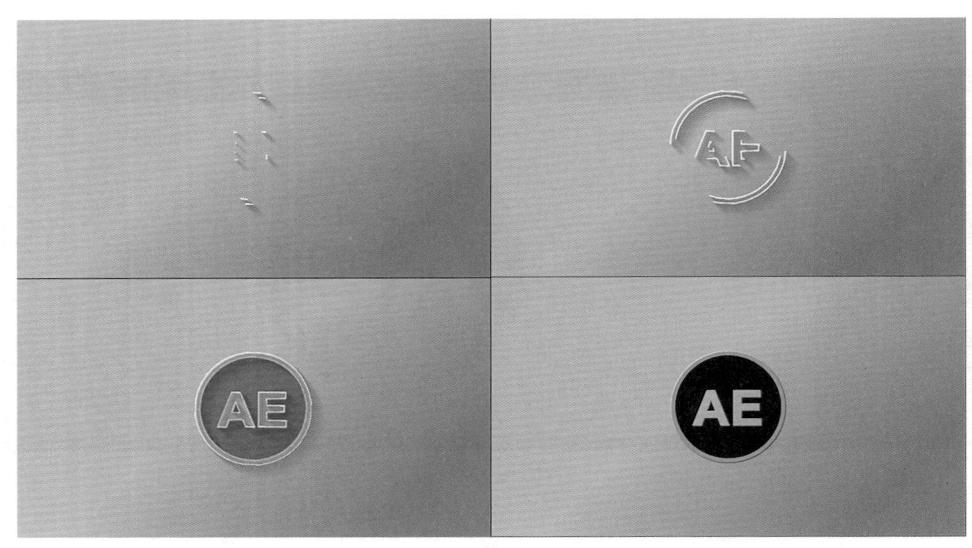

图3-2-41

三、抠像（Matte）

胶片时代，活动遮片是一种高反差的胶片，只有透明和完全不透明两个部分。印片过程中，将作为活动遮片的胶片与需要合成的胶片叠合在一起曝光，画面中一些部分就会被遮片遮挡而不感光，而遮挡的部分又随被摄主体的变化改变位置。这一复杂的电子合成过程被称为“抠像”。不过，传统合成一定要有阴阳成对的活动遮片，电子和计算机的抠像不一定要有遮片，有时只要抠掉不想要的景物即可。

在数字时代，抠像的操作变得越来越简单，主要通过键控技术实现。键控的最底层工作原理是根据像素点的颜色信息确定该像素的不透明度数值，是一项以颜色为基础的合成技术。目前，键控技术的使用已经非常普遍，大到好莱坞大片，小到自媒体节目，几乎都在使用。但是，使用过程中经常会出现一些问题，导致最终的结果并不理想。键控合成是在后期的工作中完成的，但是，这项技术的最终效果不仅仅取决于后期的设备和技术，还与前期的工作有着密切的关系。下面以正常的人物抠像为例探讨键控合成需要注意的事项。

1.使用正确的背景色

对人物抠像来说，一般选择蓝色或绿色背景色，这是因为人的肤色色谱中所含的蓝色和绿色成分最少，这两个颜色的背景色容易与人的肤色分离。蓝色（0，0，255）和绿色（0，255，0）在亮度上是有一些差别的，如图3-3-1所示。

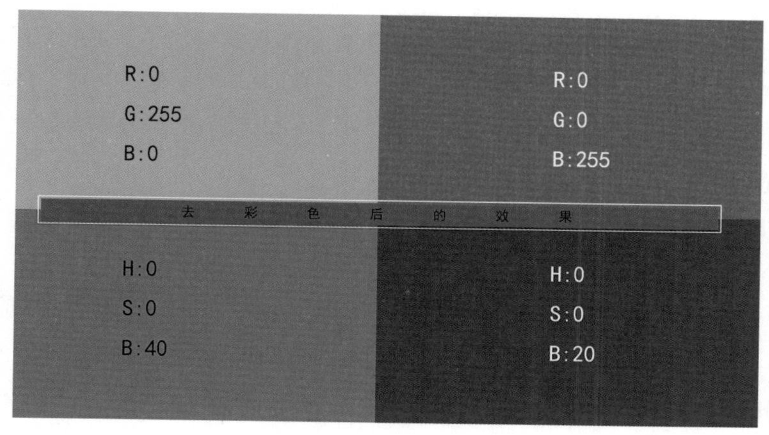

图3-3-1

所以一般情况下，拍摄亮场景合成的人物时最好选择绿色背景，拍摄暗场景合成的人物时最好选择蓝色背景。绿幕抠像后留下较亮边缘，蓝幕抠像后留下较暗边缘。

此外，在选择背景材料时应尽量选择不反光的材料。抠像后需要留下的演员和道具要避开背景色，如背景是绿色时，演员的服饰和道具不能是绿色的，否则在抠像后就变透明了。

2. 高码率拍摄

拍摄抠像素材时，选择的设备和拍摄格式以最高比特率为好，色彩深度10bit的颜色优于8bit，分量4:4:4优于4:2:2。如果能拍RAW则是更佳的选择。RAW的中文意思是“未经加工”，它记录拍摄时的所有元数据，如ISO的设置、快门速度、光圈值、白平衡等原始数据，对需要高精度颜色信息的后期操作来说是最好的选择。缺点是数据量庞大，存储和运算的任务量巨大。通常情况下使用RAW格式文件做抠像和调色操作，而剪辑和其他合成操作使用低码率的代理素材。

3. 打光

打光时拍摄对象和背景幕布必须分开打光。给拍摄对象打光时，人物和幕布背景最好相距1.8米以上。给人物布光要使人物形象立体饱满。在给角色布光的时候，要考虑合成场景的真实光照环境，匹配不同环境下的光照度，否则在后期合成的时候会有巨大的光照差距。

干净的键控能让演员或者拍摄主体有锐利的边缘，看起来十分自然。但还是会出现因锯齿边缘或散射导致幕布抠像不干净等情况。散射是一个老大难的问题——幕布会反射到拍摄主体上，导致有一圈背景色的光晕，后期很难处理。也要尽量避免使用闪亮的道具，否则会反射背景颜色，容易导致透明点。如果必须用带有反射属性的物体，后期合成时需要手动给道具加遮罩。

背景幕布打光也很重要，正确的曝光有助于避免背景色光的散射。应使用柔光光源，光线越平越好，确保背景颜色是均匀的，没有高光点或者阴影。灯光的摆放也很重要，尽量避免多个灯光有太多重叠的部分，确保背景上光的亮度是均匀的。

4. 运动镜头提高快门速度

拍摄运动镜头时，可以选择使用更快的快门速度减少动态模糊，保证每一帧素材画面中主体对象的边缘都是清晰的，这样有助于后期抠像时得到干净的主体。如果需要动态模糊的效果，可以在抠像完成后通过特效插件实现。

5. 选择合适的键控插件

很多后期软件都有键控插件，通过各种各样的键控插件可以有针对性地解决各种抠像素材。如果前期的工作配合得当，后期合成时的键控操作就变得容易很多，可以有更多的精力放在合成创作上。

（一）人物抠像

人物抠像是最常见的抠像操作，人物在幕布前表演，故事可以放在任意或真实或虚幻的场景中。After Effects软件中的键控级联菜单中有很多键控插件可以完成人物抠像，如图3-3-2所示。

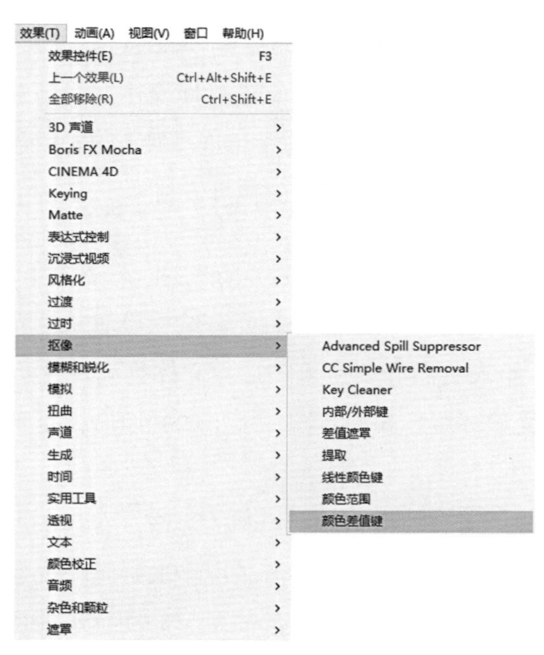

图3-3-2

Keylight是一款功能强大、屡获殊荣并经过产品验证的蓝绿屏幕抠像插件，非常擅长处理反射、半透明区域和头发，曾被应用于《理发师陶德》《大侦探福尔摩斯》《地球停转之日》《阿凡达》《诸神之战》等数百个项目上，如图3-3-3所示。

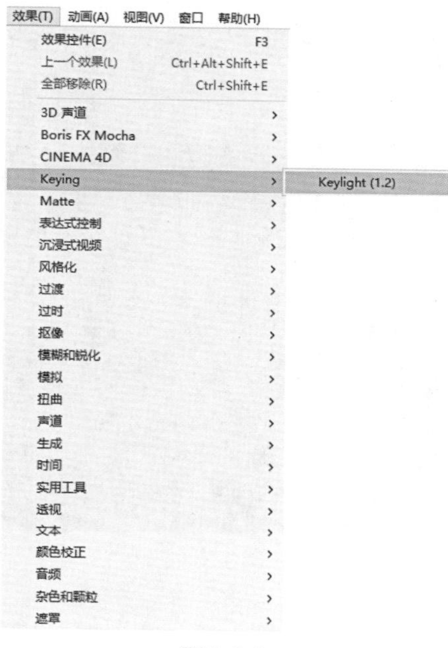

图3-3-3

下面以Keylight插件为例讲解人物抠像的操作。

（1）导入抠像素材，在项目窗口选择抠像素材，拖拽到项目窗口下方的（新建合成按钮），依据素材属性创建一个合成图像，如图3-3-4所示。

图3-3-4

（2）选中抠像素材，添加Keylight(1.2)特效，执行【效果】—【keying】—【keylight(1.2)】，在效果控件面板展开keylight(1.2)的参数，如图3-3-5所示。

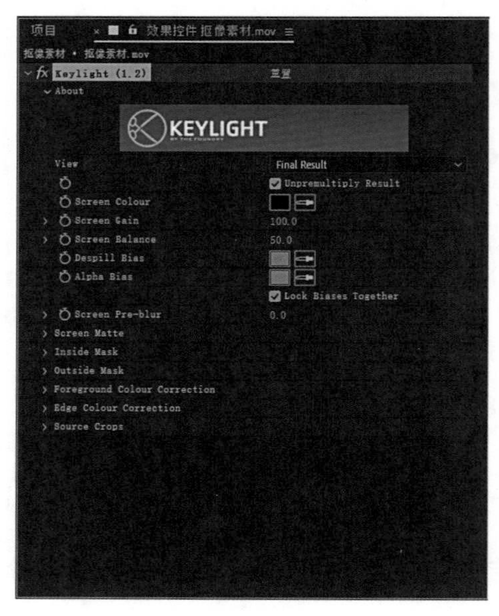

图3-3-5

View：视图，可以根据抠像操作的需要，在下拉菜单中选择最终结果、源、源Alpha、屏幕蒙版等。

Screen Colour：屏幕颜色，也就是需要变成透明的背景颜色。

Screen Gain：屏幕增益。

Screen Balance：屏幕平衡。

Despill Bias：颜色溢出偏移。

Alpha Bias：Alpha 溢出偏移。

Screen Pre-blur：屏幕预模糊。

Screen Matte：屏幕蒙版。

Inside Mask：内部遮罩。

Outside Mask：外部遮罩。

Foreground Colour Correction：前景颜色校正。

Edge Colour Correction：边缘颜色校正。

Source Crops：源素材裁切。

（3）用鼠标点击Screen Colour后面的吸管工具，在合成图像的背景颜色区域点选。如果背景颜色亮度分布不均匀，最好选择处于中间亮度区域的像素点，可以有尽可能多的相近颜色像素区域变成透明区域，如图3-3-6所示。

图 3-3-6

（4）把 View 切换到 Screen Matte（屏幕蒙版），显示抠像后的 Alpha 通道蒙版，如图 3-3-7 所示。

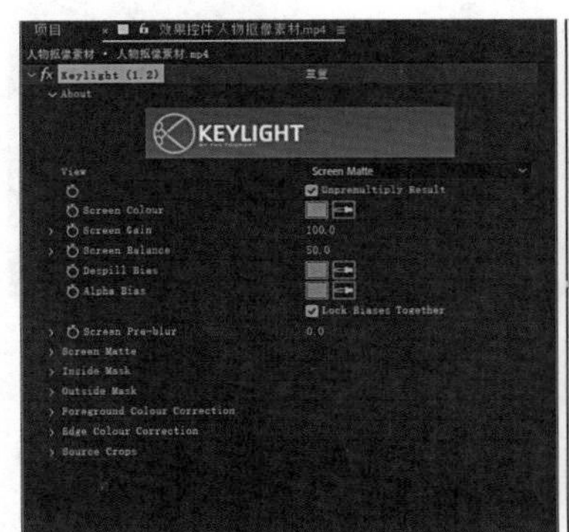

图 3-3-7

（5）在 Alpha 通道，白色表示不透明区域，黑色表示透明区域，此时背景区域是灰色的，说明背景并不是透明的。展开 Screen Matte（屏幕蒙版），调整 Clip Black（黑切）数值为 40，Clip White（白切）数值为 75，Screen Softness（屏幕柔化）数值为 5，改善抠像蒙版，如图 3-3-8 所示。

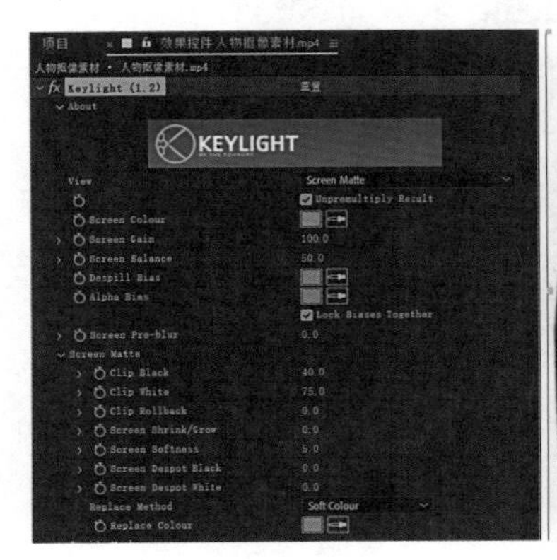

图 3-3-8

（6）此时，人物头部区域背景变成了黑色，而脸上眼镜的区域也变成了黑色透明，这是因为眼镜的镜片有比较强烈的反光，需要找回眼镜反光的区域。图层的 Keylight（1.2）的 View 切换到 Final Result（最终结果）。添加原始素材，选择工具栏中的矩形工具，在脸上的黑色区域绘制遮罩，如图 3-3-9 所示。

图 3-3-9

（7）选中两个图层进行预合成，执行【图层】—【预合成...】，在弹出的【预合成】对话框中将新合成命名为“内部保护”，如图 3-3-10 所示。

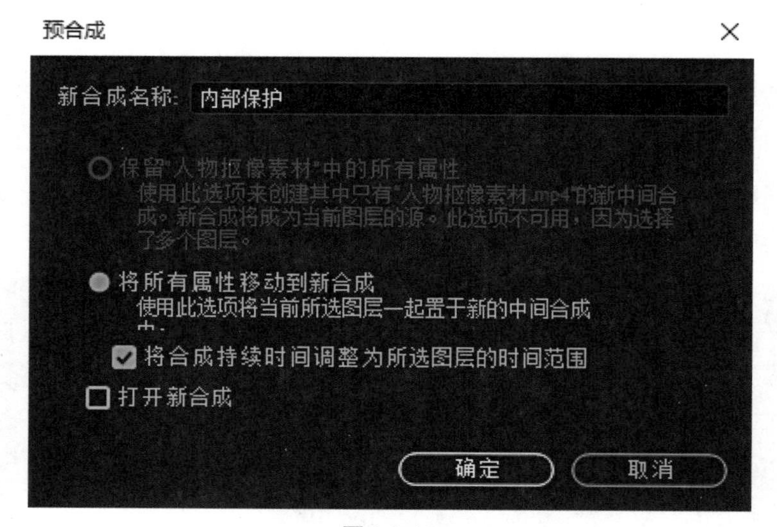

图 3-3-10

（8）此时，头发丝部分有削减，需要找回发丝的细节。在时间线上添加原始素材，选择工具栏里的椭圆形工具，在人物头部位置绘制椭圆形蒙版，如图 3-3-11 所示。

图3-3-11

（9）添加Keylight特效，重新定义键控颜色，选取头发边缘的绿色，切换到屏幕蒙版视图，调整Clip Black（黑切）数值为5，Screen Softness（屏幕柔化）数值为2，如图3-3-12所示。

图3-3-12

（10）将抠像图层的Keylight（1.2）的View切换到Final Result（最终结果），如图3-3-13所示。

图3-3-13

（11）由于拍摄环境中有大面积的蓝色，所以人物身上尤其是眼睛上有散射产生的绿色，需要抑制这种散射颜色。新建调整图层，执行【图层】—【新建】—【调整图层】，对应的快捷键为Ctrl+Alt+Y，如图3-3-14所示。

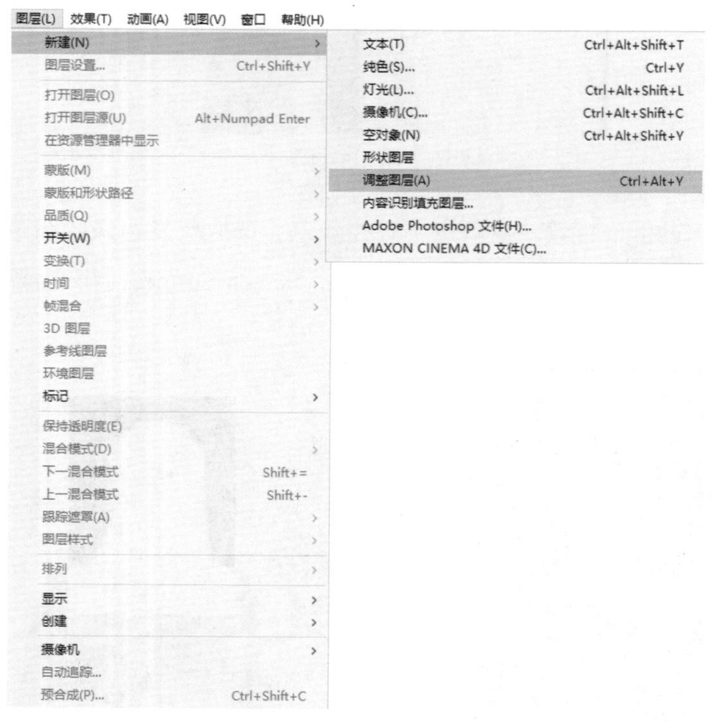

图3-3-14

（12）选择调整图层，添加溢出抑制特效，执行【效果】—【过时】—【溢出抑制】，在效果控件面板中，将需要抑制的颜色修改为素材的背景颜色，如图3-3-15所示。

图3-3-15

拓展练习：用钢笔工具遮掉周围的抠像板边界，并根据抠像素材的景别和光线，选择合适的场景素材做背景。

（二）毛发抠像

抠像工作中比较复杂的一类抠像是毛发抠像。Keylight（1.2）的毛发处理效果还是比较理想的，也有专门针对毛发抠像的键控插件——内外键，通过内部遮罩和外部遮罩进行相差计算得出正确的毛发边缘。

（1）导入素材，根据背景素材创建合成图像，把抠像素材放置在上层，如图 3-3-16 所示。

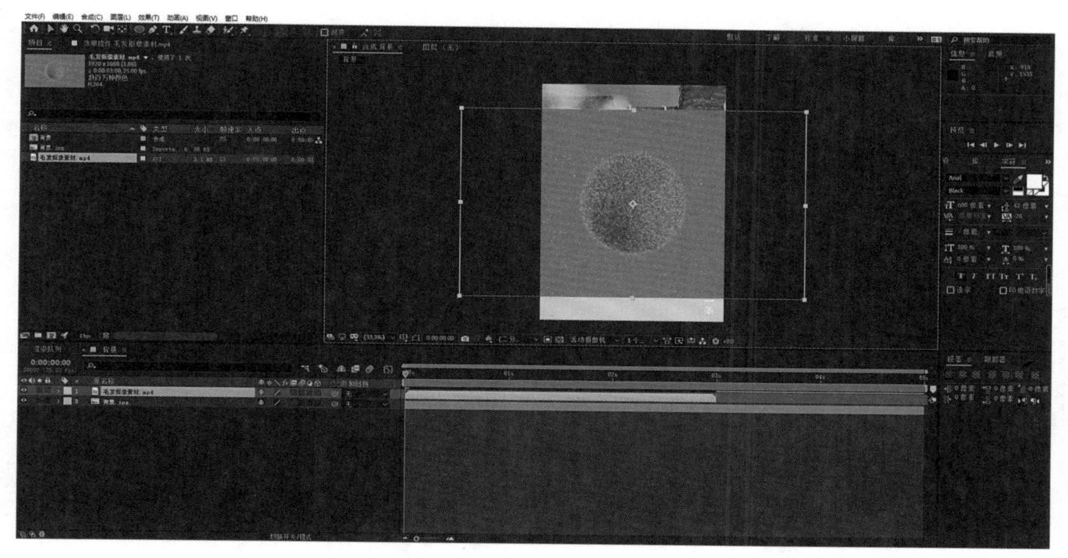

图 3-3-16

（2）选中抠像素材，以毛发没有露出背景色为依据绘制蒙版，以头发发梢为依据绘制蒙版，在时间线的图层上把两个蒙版的混合模式修改为无，如图 3-3-17 所示。

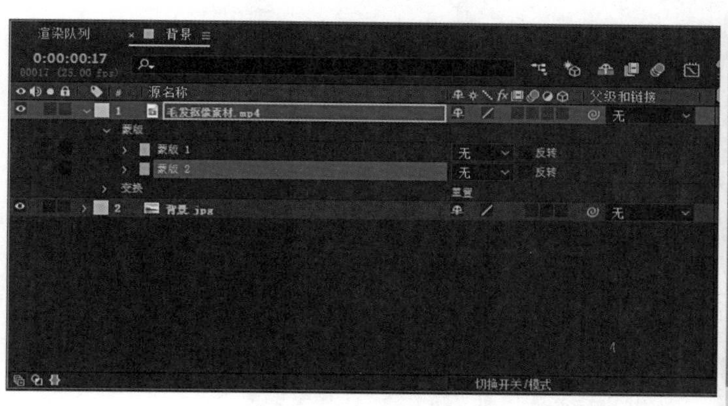

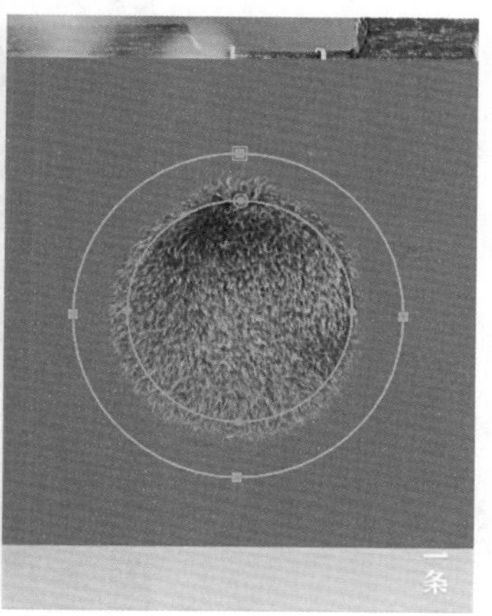

图 3-3-17

（3）添加内部/外部键，执行【效果】—【抠像】—【内部/外部键】，如图3-3-18所示。

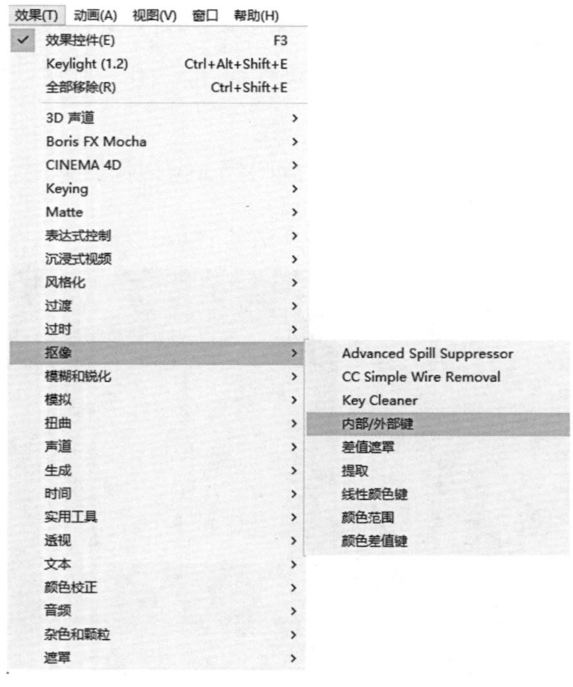

图3-3-18

（4）在效果控件面板中，设置前景（内部）为蒙版1，即小的蒙版；设置背景（外部）为蒙版2，即大的蒙版，如图3-3-19所示。

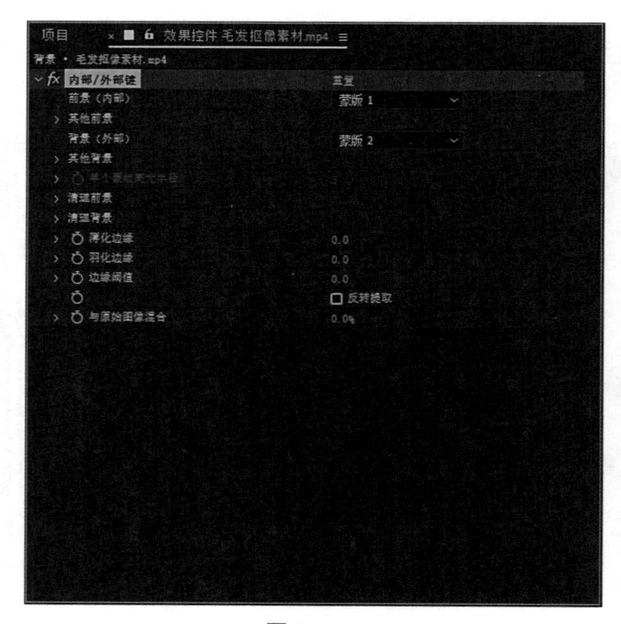

图3-3-19

（5）根据抠像结果适当调整薄化边缘的数值，即收缩或扩展透明边界。还可以添加溢出抑制，减少背景颜色对毛发的影响。调整抠像图层的比例和位置，将其放置在背景素材合理的位置上。

（三）烟雾抠像

烟雾在升腾过程中有非常复杂且多变的半透明层次。针对如此复杂的抠像素材，可以尝试用轨道蒙版抠取烟雾元素。拍摄时要用黑色的背景、白色的烟雾，利用亮度提取烟雾。

（1）导入烟雾素材和AE LOGO素材，在项目窗口选中烟雾素材拖拽到（新建合成按钮），根据素材创建合成，如图3-3-20所示。

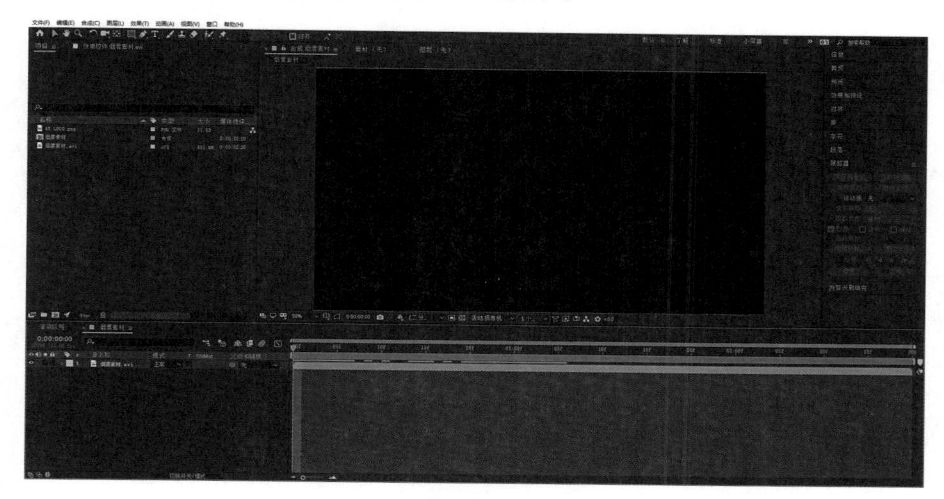

图3-3-20

（2）新建纯色层，命名为“背景”，如图3-3-21所示。

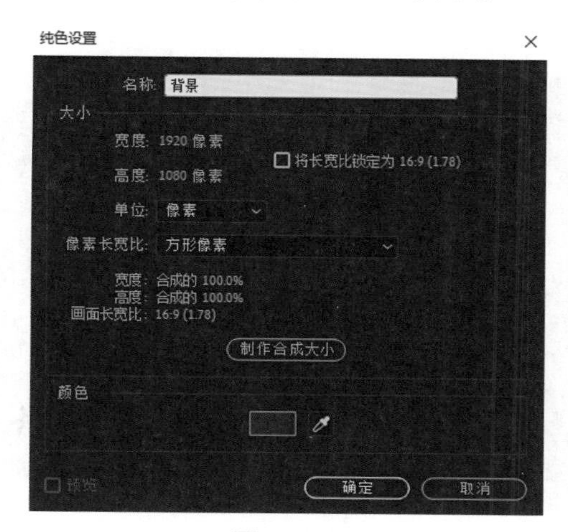

图3-3-21

（3）在时间线窗口，选中“背景”图层，添加渐变特效，执行【效果】—【生成】—【梯度渐变】，如图3-3-22所示。

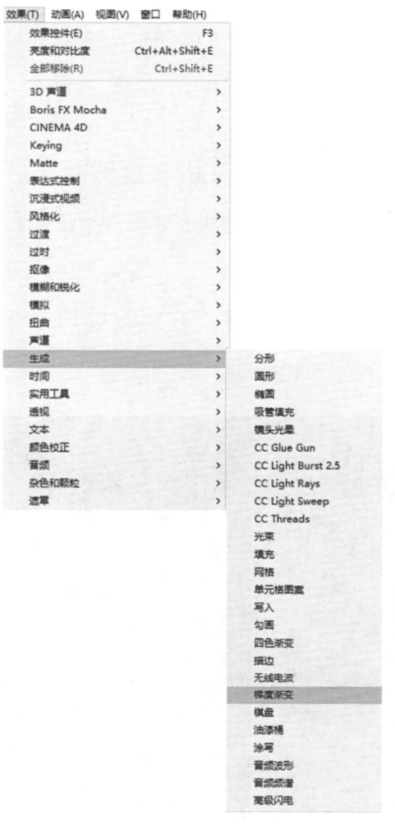

图3-3-22

（4）在效果控件面板，渐变起点为（960，540），起始颜色为灰色（128，128，128），渐变终点为（960，2400），结束颜色为黑色（0，0，0），渐变形状为径向渐变，如图3-3-23所示。

图3-3-23

（5）在时间线窗口，把“背景”图层放置在烟雾素材图层的下面。新建纯色层，命名为“白色”，颜色为白色（255，255，255），如图3-3-24所示。

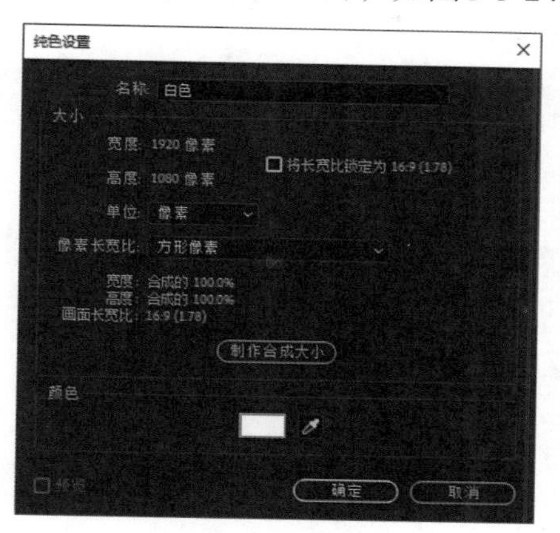

图3-3-24

（6）把“白色”图层放置在“背景”图层的上面、“烟雾素材”图层的下面，选择“白色”图层，在轨道蒙版的下拉菜单中选择【亮度遮罩“烟雾素材.avi”】，如图3-3-25所示。

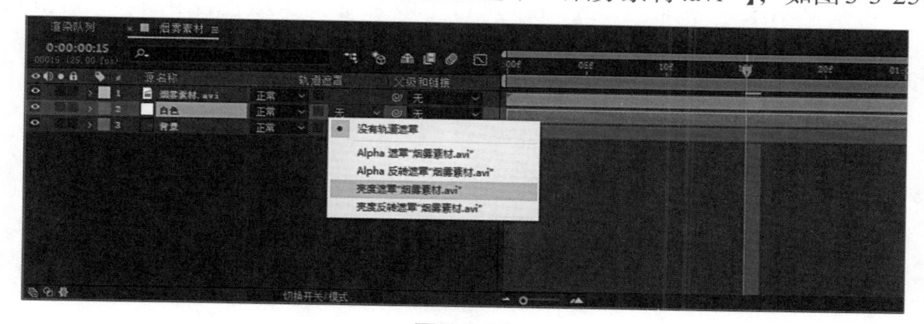

图3-3-25

（7）把“AE LOGO”放置在“背景”图层的上面、“白色”图层的下面，展开“AE LOGO”图层的不透明属性，在00:12时刻位置创建关键帧，参数数值为0，在01:00时刻位置，参数数值为100，如图3-3-26所示。

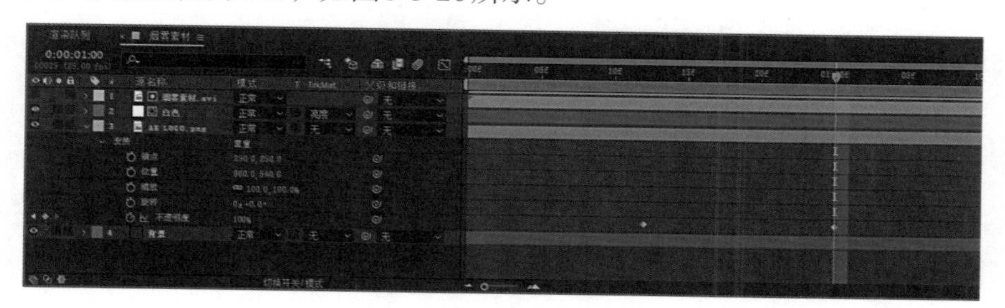

图3-3-26

（8）此时的烟雾和“AE LOGO”都是白色的，通过色调特效可以变成任意的颜色。新建调整图层，执行【图层】—【新建】—【调整图层】，如图3-3-27所示。

图 3-3-27

（9）在调整图层上添加色调特效，执行【效果】—【颜色校正】—【色调】，如图3-3-28所示。

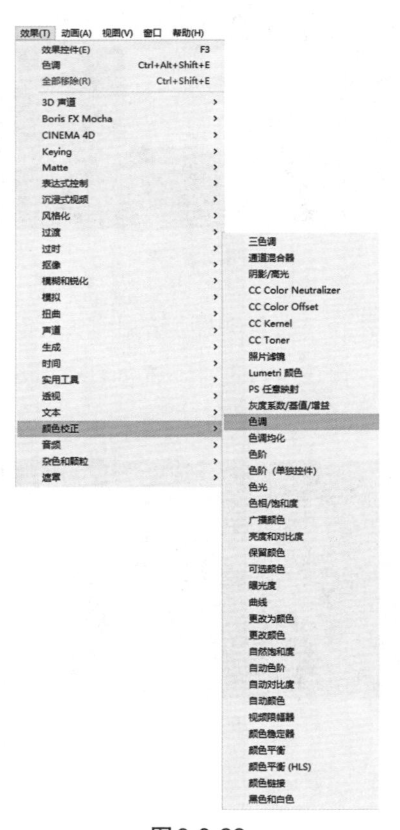

图 3-3-28

（10）在效果控件面板中，将白色映射到的颜色设置为紫色（225，125，255），如图3-3-29所示。

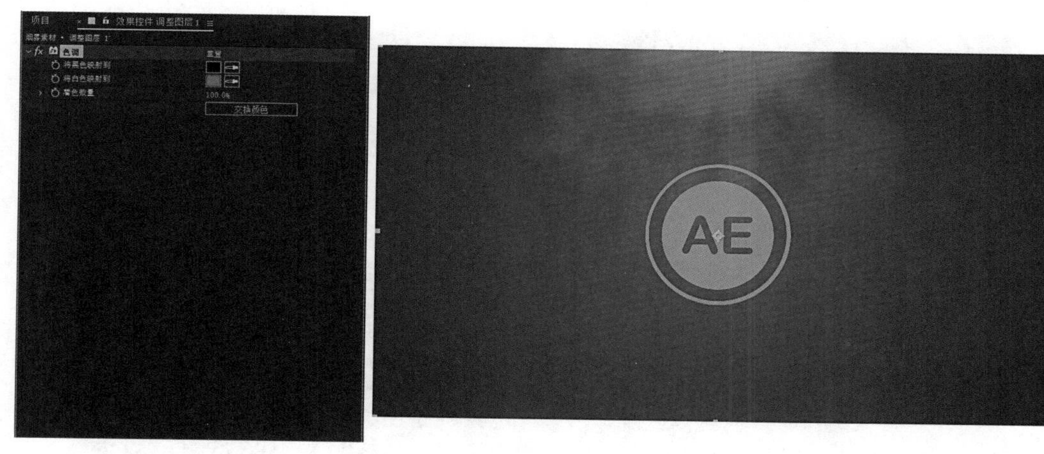

图3-3-29

拓展练习：白色图层和烟雾素材图层预合成，添加色调特效，制作多组彩色烟雾合成。

四、调色

颜色是视听语言里重要的元素之一。物质有颜色属性，人眼认识颜色又有主观意识因素，而调色是影视创作过程中一项必要的工作，一是校正还原正常的颜色，二是利用颜色进行风格化的创作。在影视后期合成创作中，调色任务更多的是指统一不同素材的色温、色调、亮度和对比度等。按照颜色的基本属性，即色相、亮度和饱和度，常用的基本特效插件有色阶、曲线、色相饱和度。

（一）色阶

色阶图又叫直方图，显示每个颜色通道像素的百分比数量，横轴沿数字刻度从0%（黑色）到100%（白色）。通过对比R、G和B图形的左、中、右部分，可以评估图像的阴影、中间调和高光中的颜色平衡。三个图形的左边都表示图像的黑点，而右边表示图像的白点，所有三个图形左右宽度之间的差异表示图像的整体对比度，如图3-4-1所示。

图3-4-1

（1）导入素材，新建合成，命名为“色阶调色”，预设为HDTV 1080 25，持续时间为3秒，如图3-4-2所示。

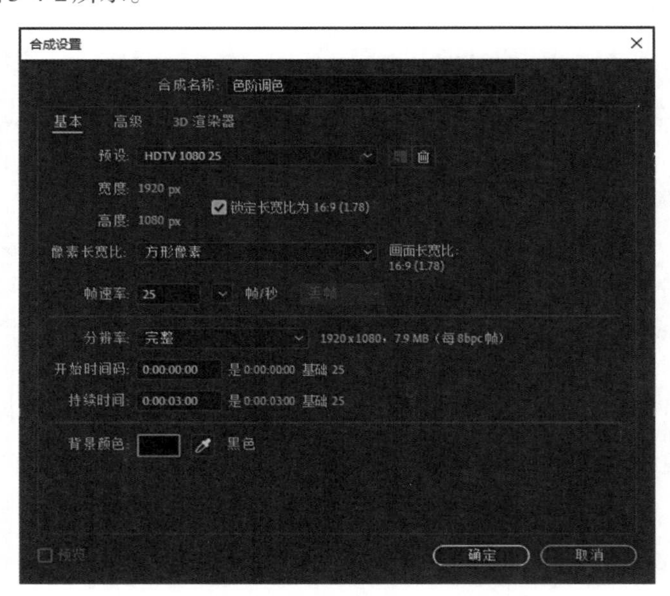

图3-4-2

（2）把素材添加到时间线上，缩放数值为37，位置数值为（960，640），如图3-4-3所示。

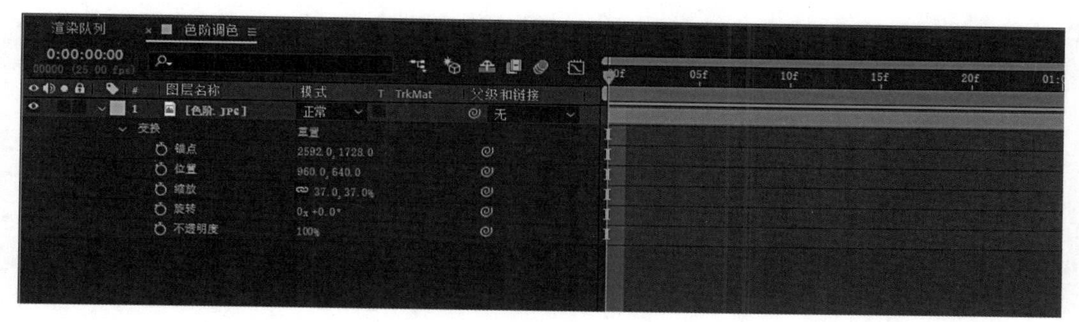

图3-4-3

（3）选择素材图层，添加色阶特效，执行【效果】—【颜色校正】—【色阶】，如图3-4-4所示。

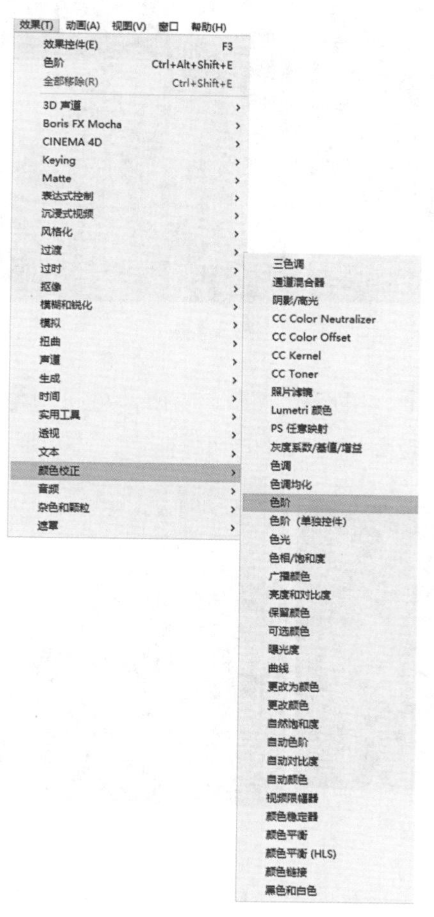

图3-4-4

（4）在效果控件面板中，观察直方图，把输入黑色滑块调整到直方图的左边，即数值为45，增加画面的动态范围，调整灰度系数滑块，数值为0.4，提升中间影调的对比度，如图3-4-5所示。

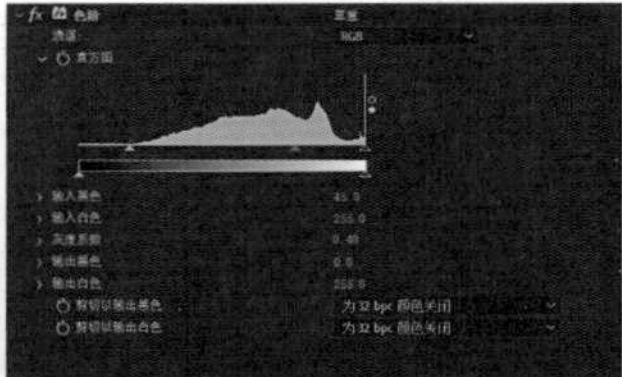

效 果 前　　　　　　　　效 果 后

图3-4-5

（5）因为雾霾，远处的大楼对比度低，需要单独调整。复制图层，用钢笔工具在背景大楼区域绘制蒙版，设置蒙版羽化数值为100，如图3-4-6所示。

图3-4-6

（6）在效果控件面板中，单击【重置】按钮，重新调整色阶的数值，输入黑色为120，白色为245，灰度系数为0.7，如图3-4-7所示。

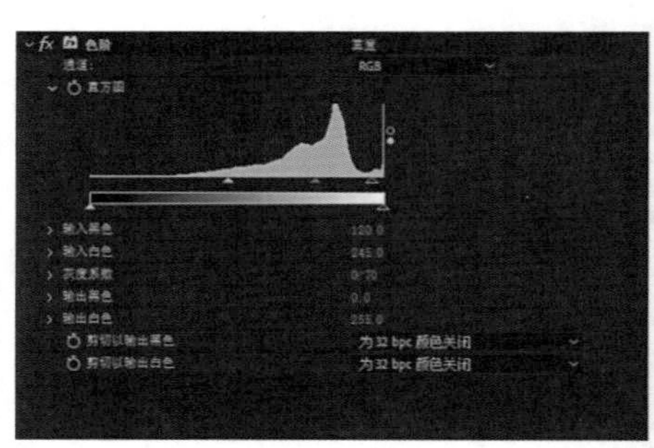

图3-4-7

（7）因为是春天，可以增加绿色的饱和度。选择下面的图层，把色阶切换到绿色通道，调整绿色灰度系数为1.15，如图3-4-8所示。

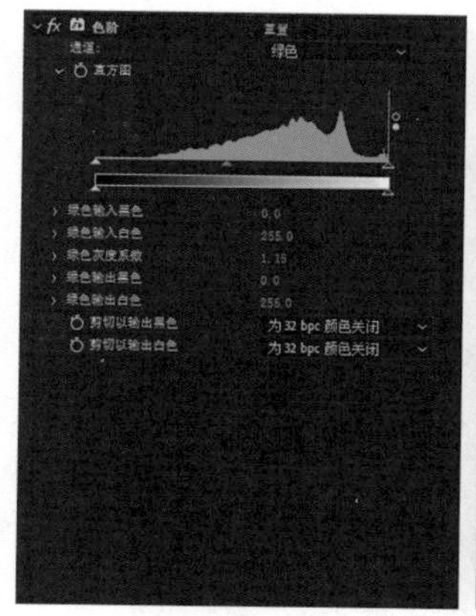

图3-4-8

（8）远处的大楼偏蓝色，需要校正。选择上面的图层，把色阶切换到蓝色通道，调整蓝色灰度系数为0.8，如图3-4-9所示。

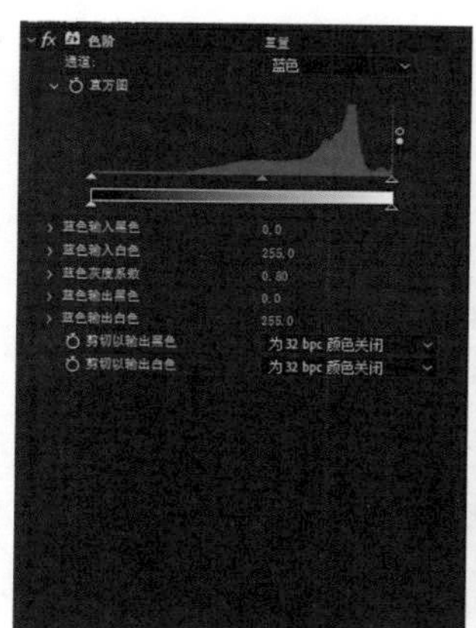

图3-4-9

（9）渲染生成。

拓展练习：把画面分成前中后三个景别层次，分别使用色阶进行调色。

（二）曲线

默认的曲线是从左下角到右上角的直线，以此条直线为基准可以调整不同区域的亮度和对比度。

（1）导入素材，根据素材创建合成，如图3-4-10所示。

图 3-4-10

（2）选中图层，添加曲线特效。执行【效果】—【颜色校正】—【曲线】，如图 3-4-11 所示。

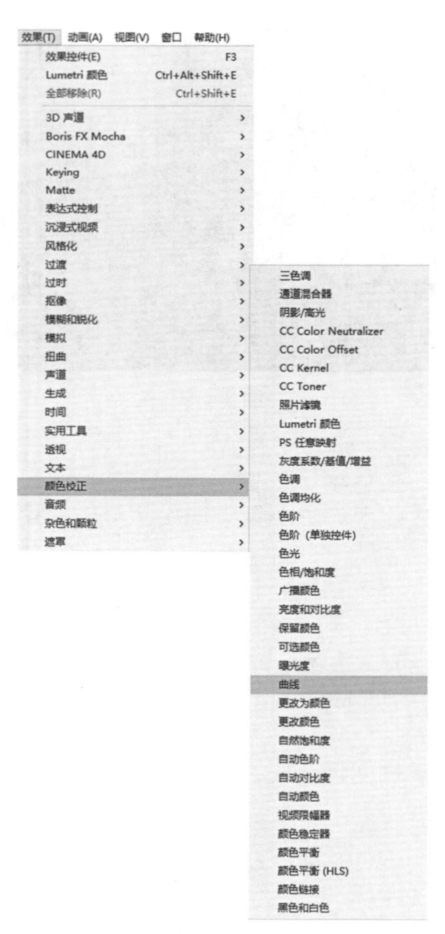

图 3-4-11

（3）在效果控件面板调整曲线形状，如图3-4-12所示。

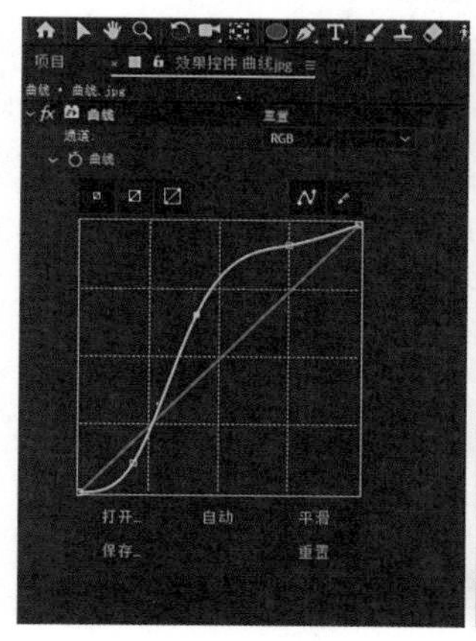

图3-4-12

（4）人物应该是画面的视觉中心，此时人物区域有些偏暗，需要调亮该区域以增强视觉重心。复制图层，用椭圆形工具在人物处绘制蒙版，设置蒙版羽化数值为100，如图3-4-13所示。

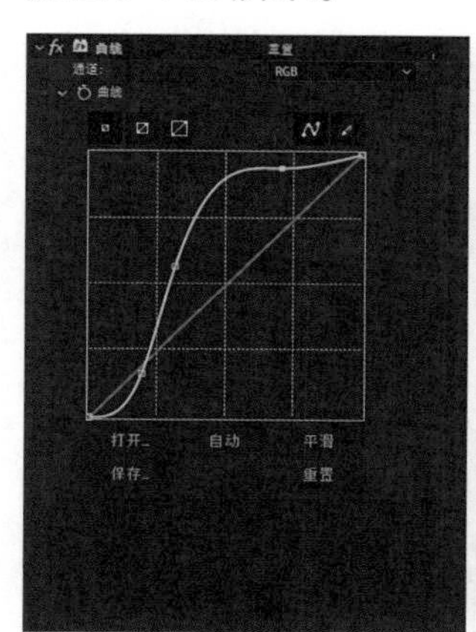

图3-4-13

（5）鼠标放在墙面区域，观察信息面板里的颜色参数，可以得知此时画面偏黄，需要校正偏色。新建调整图层，放在所有图层的最上面，如图3-4-14所示。

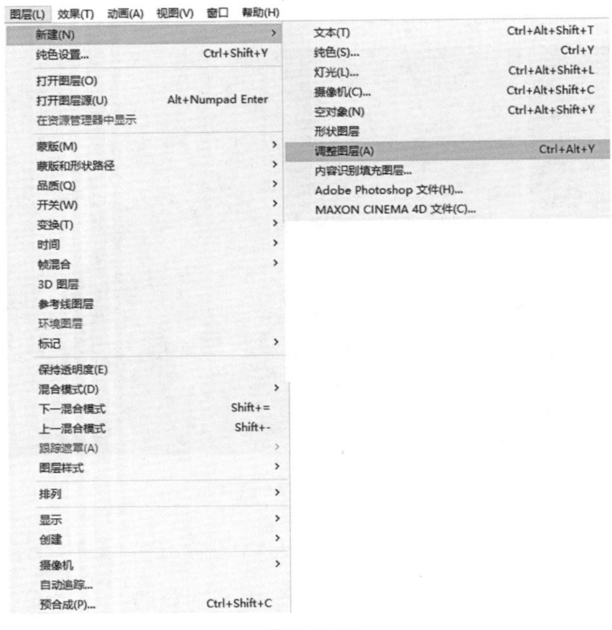

图 3-4-14

（6）选中调整图层，添加曲线特效，在效果控件面板中把通道分别切换到红色和蓝色通道，调整曲线，如图3-4-15所示。

图 3-4-15

（7）渲染生成。

拓展练习：尝试调整各种曲线样式，观察画面中颜色的变化。

（三）色相 / 饱和度

色相/饱和度可以调整画面所有颜色的色相和饱和度，也可以单独调整某个或某些颜色的色相和饱和度。

（1）导入图片素材，在项目面板中选择图片素材并拖拽到下方的新建合成按钮，依据素材创建合成，如图3-4-16所示。

图3-4-16

（2）选择图片素材图层，添加色相/饱和度特效，执行【效果】—【颜色校正】—【色相/饱和度】，如图3-4-17所示。

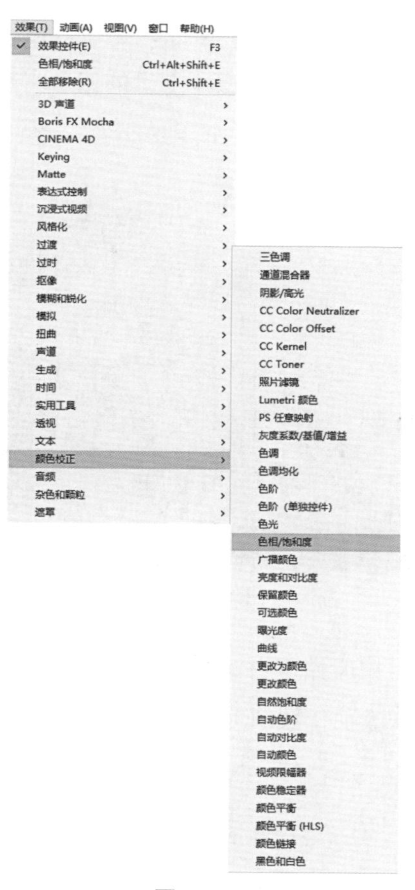

图3-4-17

（3）在效果控件面板中，通道控制使用默认的【主】，控制整个画面所有像素的颜色属性。主饱和度数值增加到30，提高画面中所有颜色的饱和度，如图3-4-18所示。

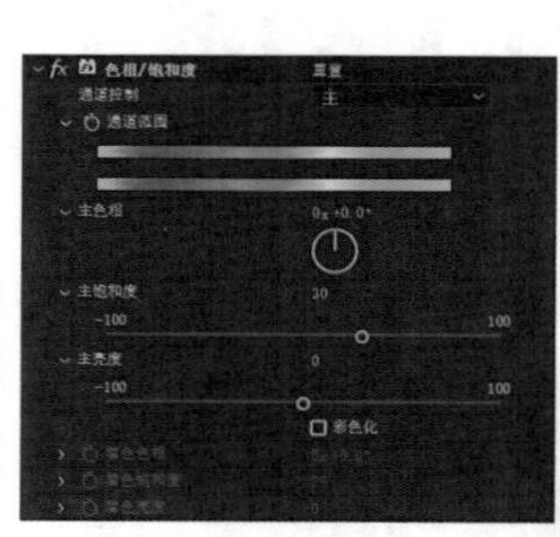

图3-4-18

（4）选中图片素材图层，继续添加色相/饱和度特效，在效果控件面板中修改参数数值，通道控制选择【绿色】，只调整绿色的颜色范围，绿色色相数值修改为0x−60°，绿色饱和度增加到30，适当调整通道范围里的四个滑块，让画面中的绿色变为橙红色，从而改变画面的季节颜色，如图3-4-19所示。

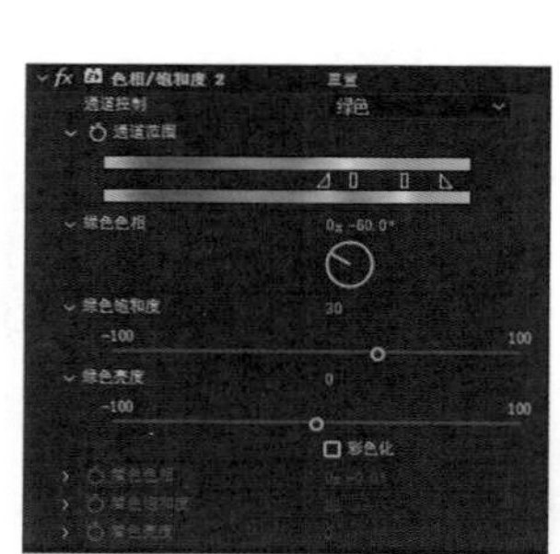

图3-4-19

（5）调整天空的颜色。把原始素材添加到时间线上，放在上层，用钢笔工具沿着天空区域绘制蒙版，设置蒙版羽化数值为50，如图3-4-20所示。

图3-4-20

（6）添加色相/饱和度特效。在效果控件面板中设置参数数值，通道控制切换到【青色】，青色色相为0x-10°，青色饱和度为60；通道控制切换到【蓝色】，蓝色色相为0x-10°，蓝色饱和度为60，如图3-4-21所示。

图3-4-21

（7）渲染生成。

（四）LUTs调色

Lut从用途上可以分为三种：第一种calibrtion Lut（校准LUT），主要用于色彩管理中硬件和显示设备校准；第二种Technical Lut（技术LUT），多用于不同色彩空间不同特性曲线下的转换，从Log映射到Rec709即属于此种类型；第三种 Creative Lut/Looks Lut（创意LUT），为实现某种特定风格而制作的Lut，摄影指导在前期拍摄中制作并可现场预览的Lut，后期调色也以此Lut为准。

（1）导入摄影机拍摄的素材，依据素材创建合成图像，如图3-4-22所示。

图3-4-22

（2）添加Lumetri 颜色特效，执行【效果】—【颜色校正】—【Lumetri 颜色】，如图3-4-23所示。

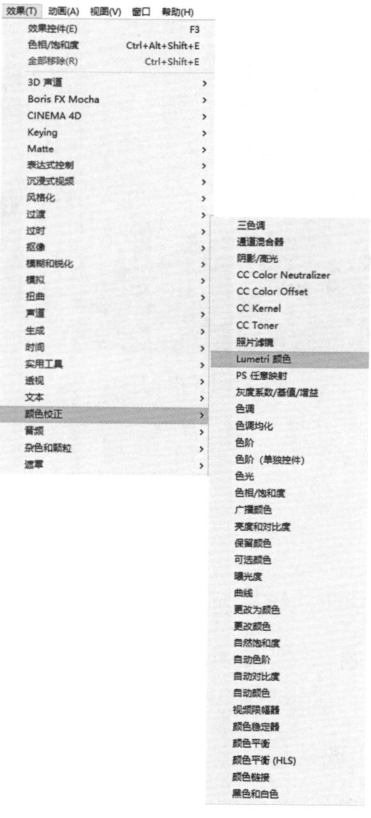

图3-4-23

（3）在效果控件面板中展开【基本校正】，输入LUT选择【AMIRA_Default_LogC2Rec709】，即把摄影机的Log-C色彩管理模式转换成电视色彩管理模式，属于技术LUT，如图3-4-24所示。

图3-4-24

（4）根据具体素材情况，使用技术LUT还原后，适当调整色温、色调、曝光度、对比度等数值，如图3-4-25所示。

图3-4-25

（5）展开创意，Look选择【Kodak 5218 Kodak 2383（by Adobe）】，模拟一种柯达胶片的颜色风格，属于创意LUT，如图3-4-26所示。

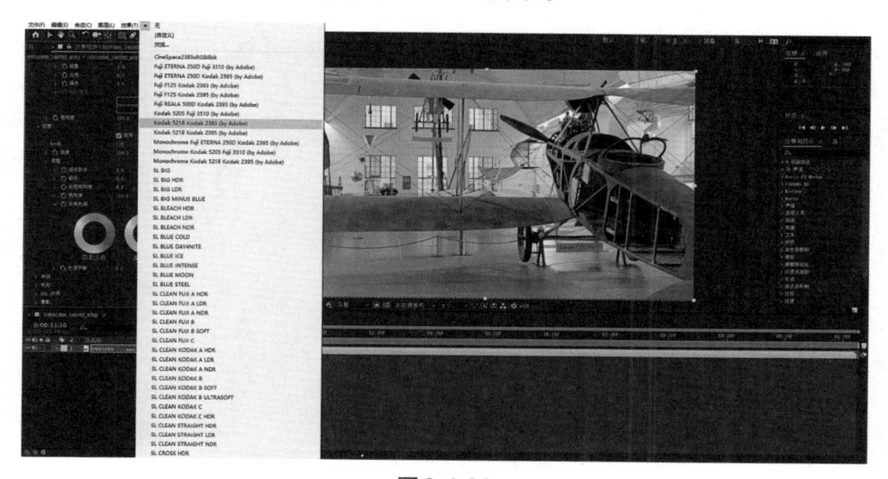

图3-4-26

（6）根据追求的画面颜色风格，可以自行修改强度、淡化胶片、锐化、自然饱和度、饱和度、分离色调、色调平衡等参数数值，以实现更加风格化的颜色效果，如图3-4-27所示。

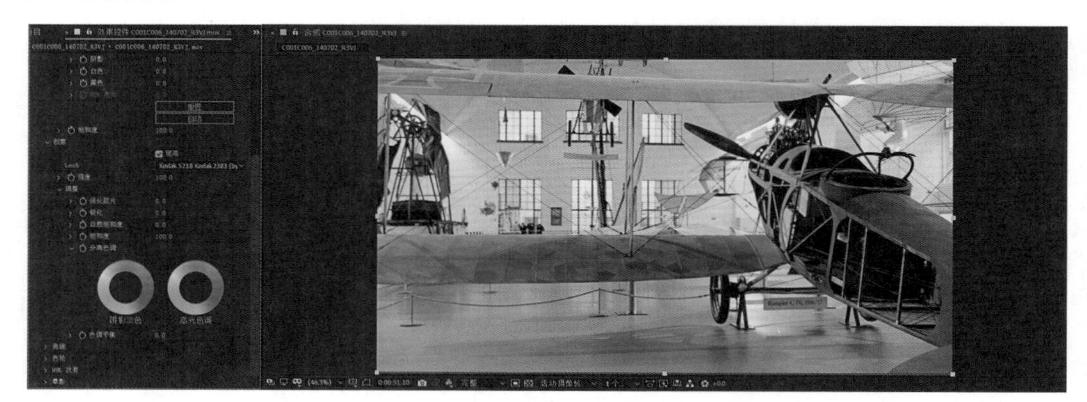

图3-4-27

（7）在此基础上，自定义调整曲线、色轮、HSL次要、晕影等参数数值，可以实现各种风格的调色，如图3-4-28所示。

图3-4-28

（8）渲染生成。

拓展练习：添加不同的LUTs，观察不同的画面颜色风格，还可以通过浏览导入更多的LUTs，应用更多的风格预设。

第四章　三维合成

After Effects软件不仅可以进行二维合成，还可以进行三维合成。这里的三维合成主要有两个思路：一是通过特效插件实现三维合成的视觉效果；二是把二维图层转换为三维图层。

一、透视插件组

效果下拉菜单中的透视插件组里的特效都可以在二维操作空间实现三维的视觉效果，如图4-1-1所示。

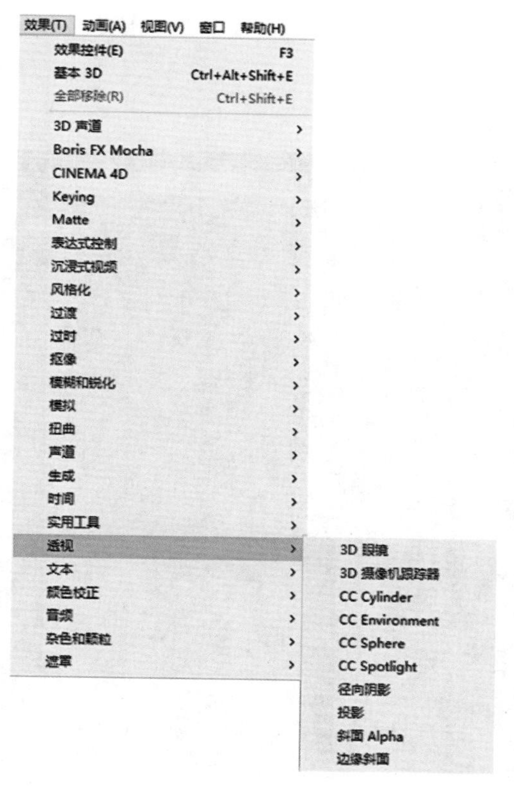

图4-1-1

这类插件是把三维空间的属性内置到特效的参数上，从而产生三维空间视觉感。

（一）基本 3D

创建镂空文字，通过添加基本3D、斜面Alpha和阴影特效，模拟立体的视觉效果，如图4-1-2所示。

图4-1-2

（1）新建合成，命名为“立体视觉效果文字”，预设为HDTV 1080 25，持续时间为5秒，如图4-1-3所示。

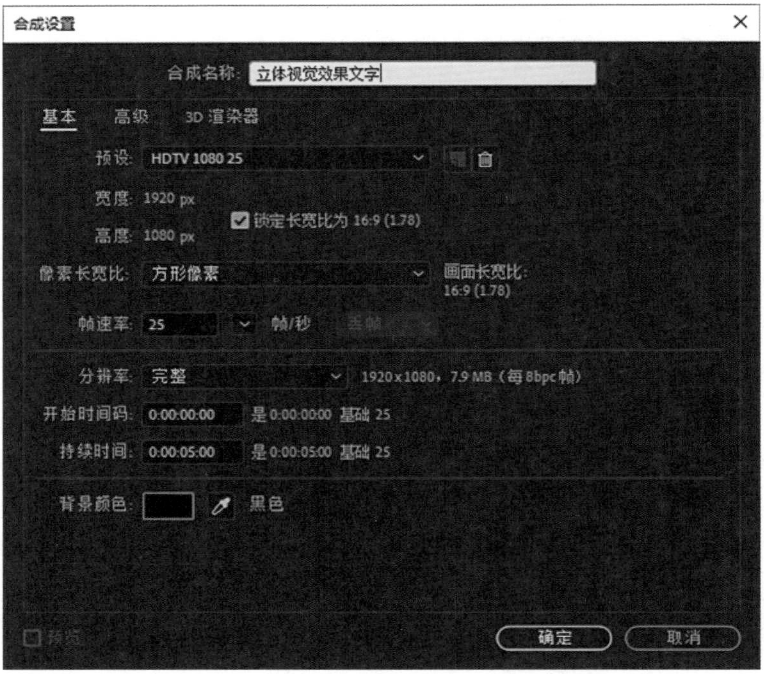

图4-1-3

（2）新建纯色层，命名为“背景”，定义为灰色（R150,G150,B150），如图4-1-4所示。

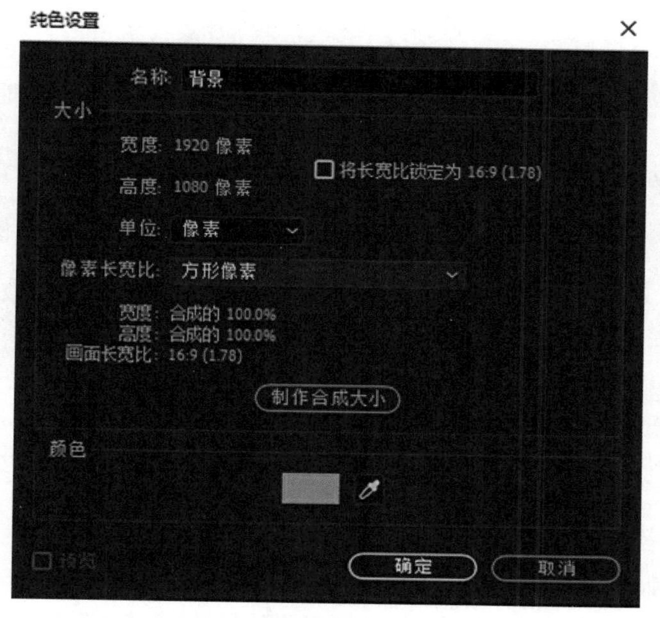

图4-1-4

（3）新建纯色层，命名为“底色块”，大小为1200×300，颜色为深紫色（R60，G0，B60），如图4-1-5所示。

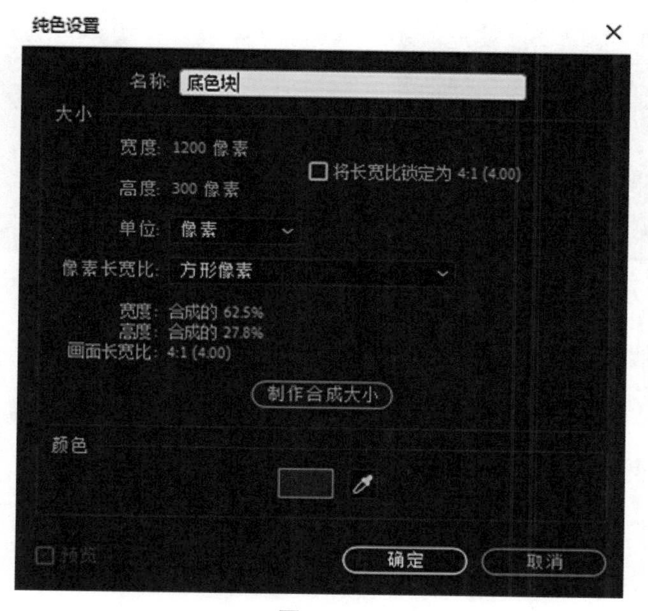

图4-1-5

（4）创建文本图层，输入文字AE CC，在字符面板中定义文字的属性，如图4-1-6所示。

图4-1-6

（5）切换到模式面板，在底色块图层的轨道蒙版的下拉菜单中选择【Alpha反转遮罩“AE CC”】，得到一个镂空文字的长条，如图4-1-7所示。

图4-1-7

（6）在时间线面板选中文本层AE CC和底色块图层，执行【图层】—【预合成...】，对应的快捷键为Ctrl+Shift+C，如图4-1-8所示。

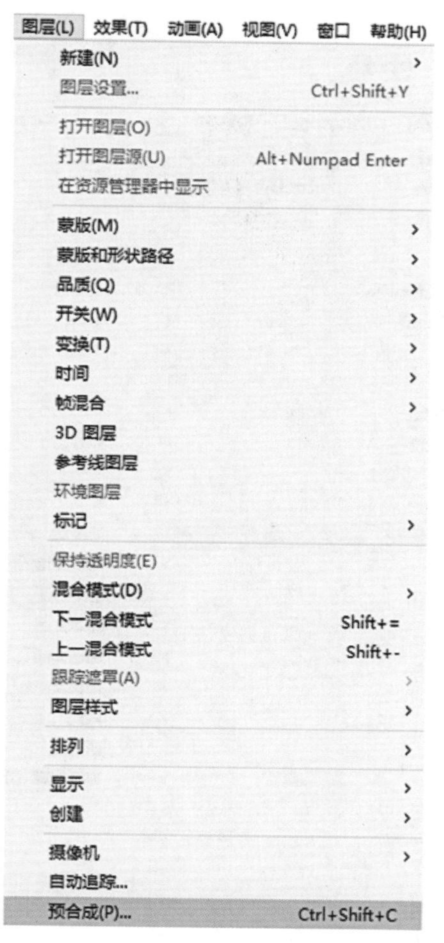

图4-1-8

（7）在弹出的【预合成】对话框中，将新合成命名为“镂空文字”，勾选【将所有属性移动到新合成】，如图4-1-9所示。

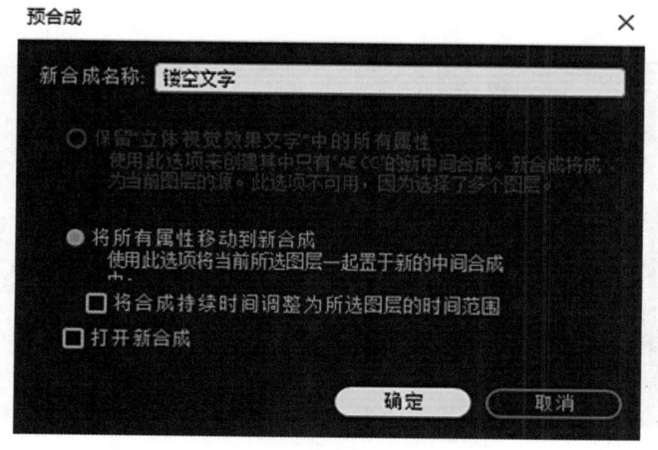

图4-1-9

（8）选择镂空文字图层，执行【过时】—【基本3D】，添加基本3D效果，如图4-1-10所示。

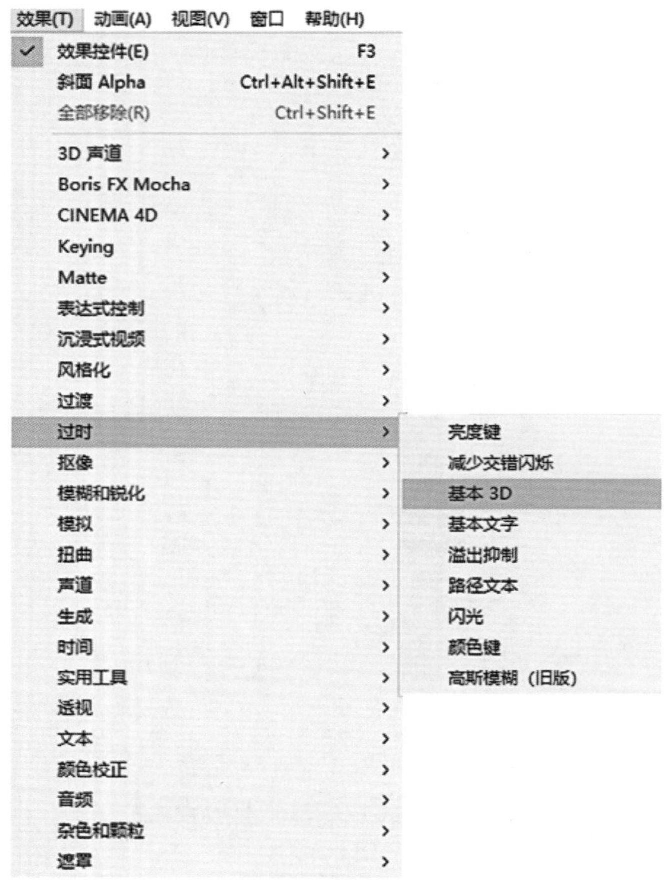

图4-1-10

（9）在效果控件面板里，设置旋转的数值为0x−45°，让镂空文字图层产生透视的视觉效果，如图4-1-11所示。

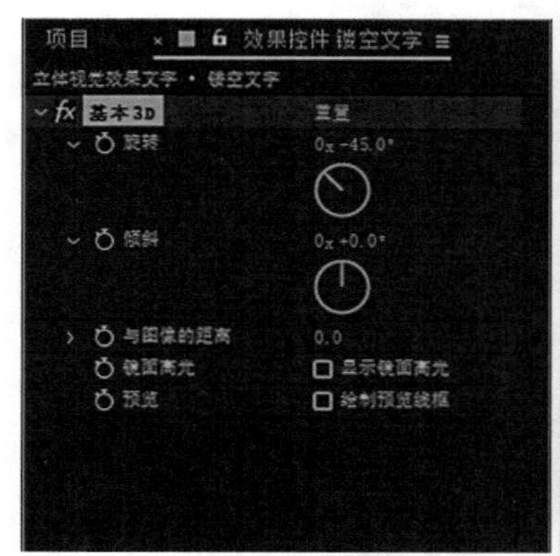

图4-1-11

（10）制作镂空文字图层进入画面的动作。时间指示器定位到00:00时刻，打开与图像的距离前面的关键帧记录器，设置与图像的距离数值为−50，如图4-1-12所示。

图4-1-12

时间指示器定位到01:00时刻，设置与图像的距离数值为0，如图4-1-13所示。

图4-1-13

（11）选择镂空文字图层，执行【效果】—【透视】—【斜面Alpha】，添加边缘突起效果，如图4-1-14所示。

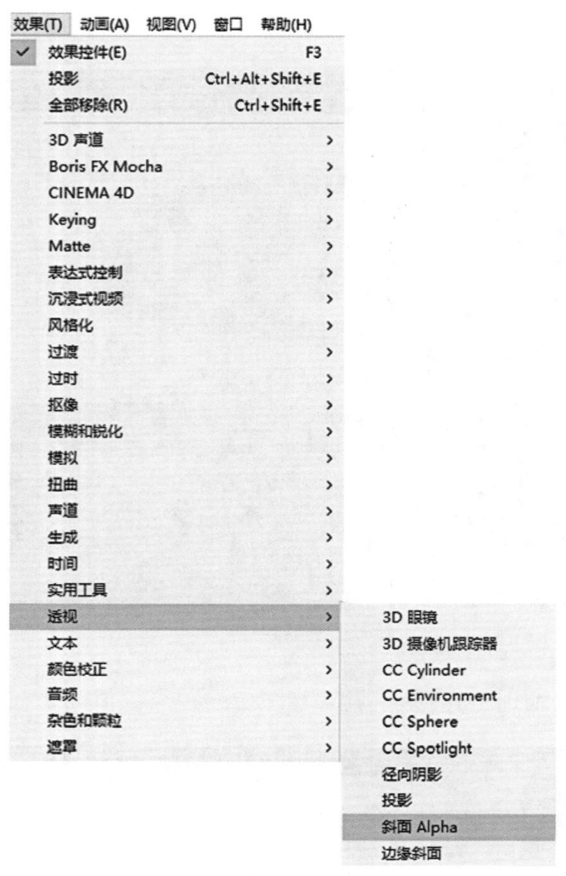

图4-1-14

（12）在效果控件面板中，调整边缘厚度的数值为10，灯光强度为0.5，让图层有突起的视觉效果，如图4-1-15所示。

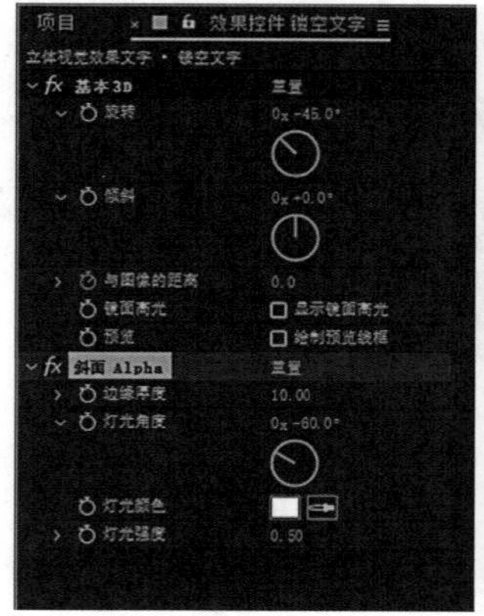

图4-1-15

（13）选择镂空文字图层，执行【效果】—【透视】—【投影】，如图4-1-16所示。

图4-1-16

（14）在效果控件面板里调整阴影的参数，方向与斜面Alpha特效里的灯光角度保持在一条线上，如Alpha特效里的灯光角度是60°，阴影特效里的方向就定义成120°，让光照和阴影在方向上保证逻辑正确。距离增加到20，柔和度增加到20，得到一个明显带有羽化边缘的一个阴影效果，如图4-1-17所示。

图4-1-17

（15）制作基本3D的旋转动画，时间指示器定位到01:00时刻，基本3D的旋转参数为−45°；时间指示器定位到03:00时刻，基本3D的旋转参数为0°，如图4-1-18所示。

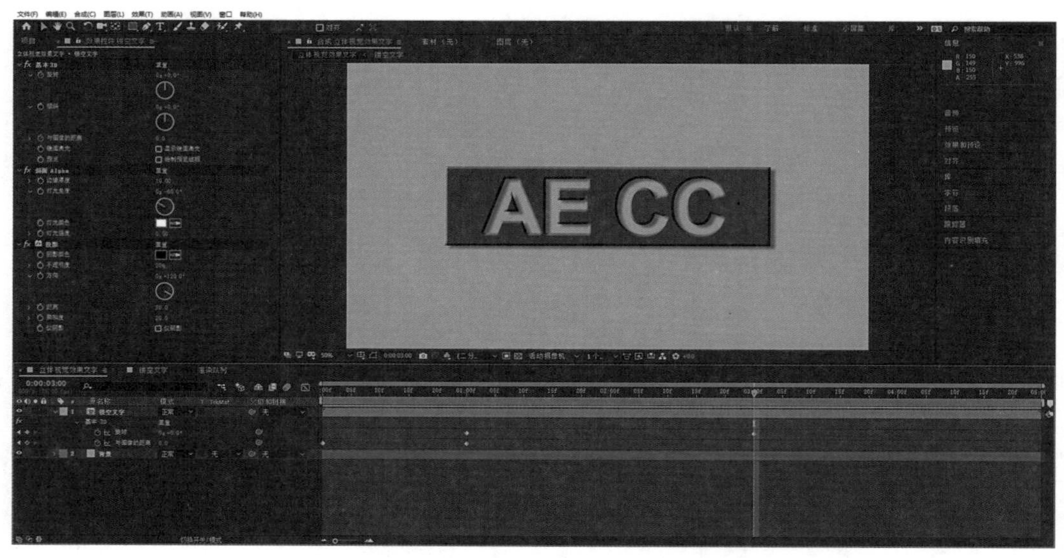

图4-1-18

（16）渲染生成。

拓展练习：制作镂空文字从不同的方向和位置进入画面。

（二）CC Cylinder（CC圆柱）

利用分形杂色制作光线，然后使用CC Cylinder特效制作成光柱，效果如图4-1-19所示。

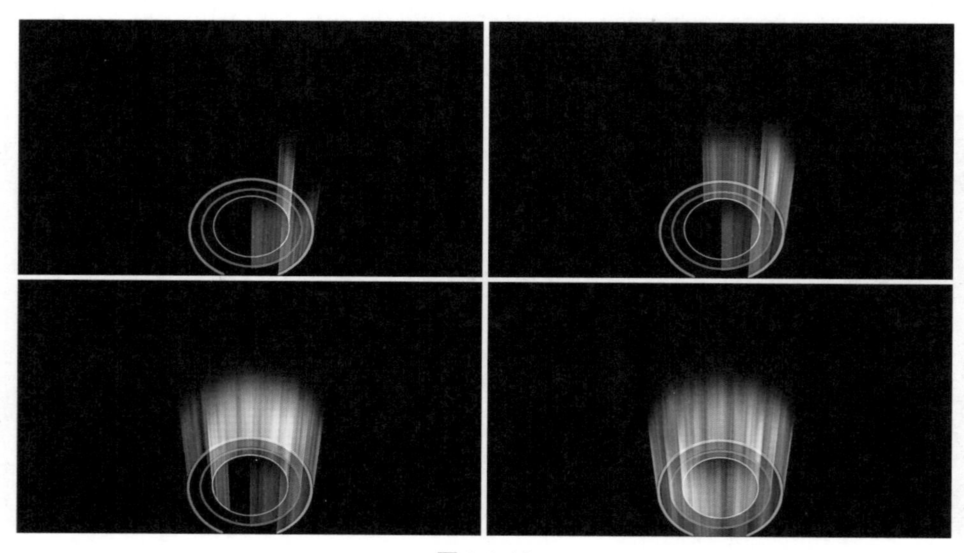

图4-1-19

（1）新建合成，命名为“光线”，预设为HDTV 1080 25，持续时间为5秒，如图4-1-20所示。

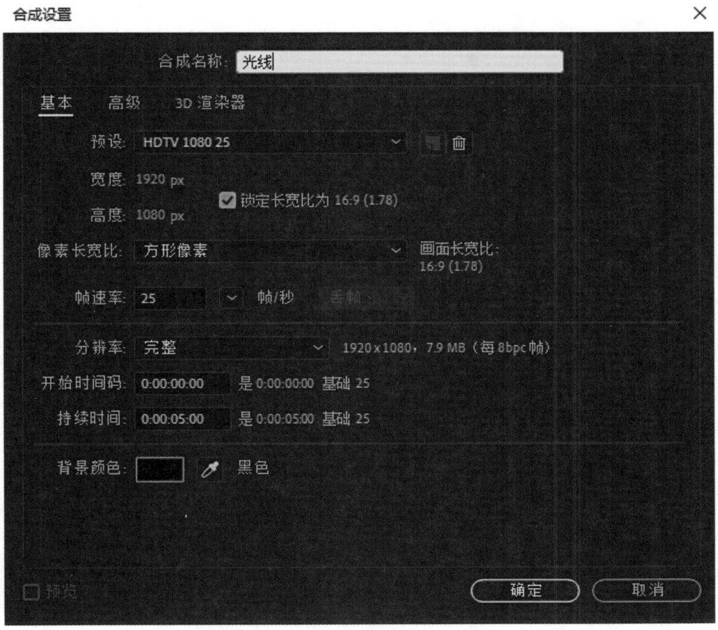

合成设置

合成名称：光线

基本　高级　3D 渲染器

预设：HDTV 1080 25

宽度：1920 px

锁定长宽比为 16:9 (1.78)

高度：1080 px

像素长宽比：方形像素　画面长宽比：16:9 (1.78)

帧速率：25　帧/秒　丢帧

分辨率：完整　1920 x 1080，7.9 MB（每 8bpc 帧）

开始时间码：0:00:00:00　是 0:00:00:00　基础 25

持续时间：0:00:05:00　是 0:00:05:00　基础 25

背景颜色：黑色

预览　确定　取消

图4-1-20

（2）新建纯色图层，命名为“光线”，颜色为黑色，如图4-1-21所示。

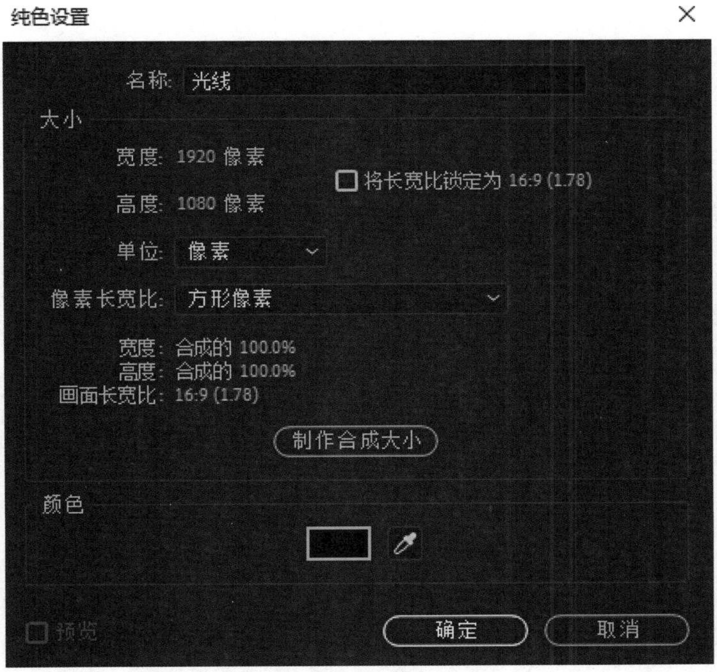

纯色设置

名称：光线

大小

宽度：1920 像素

将长宽比锁定为 16:9 (1.78)

高度：1080 像素

单位：像素

像素长宽比：方形像素

宽度：合成的 100.0%

高度：合成的 100.0%

画面长宽比：16:9 (1.78)

制作合成大小

颜色

预览　确定　取消

图4-1-21

（3）添加分形噪波特效，执行【效果】—【杂色和颗粒】—【分形杂色】，如图4-1-22所示。

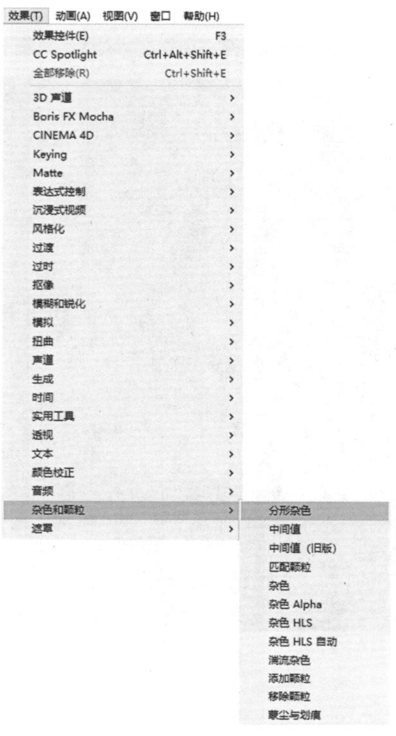

图4-1-22

（4）在效果控件窗口，展开变换属性，取消【统一缩放】，缩放高度数值为5000。制作演化的关键帧动画，时间指示器定位到00:00时刻，演化数值为0x+0°；时间指示器定位到04:24时刻，演化数值为5x+0°，如图4-1-23所示。

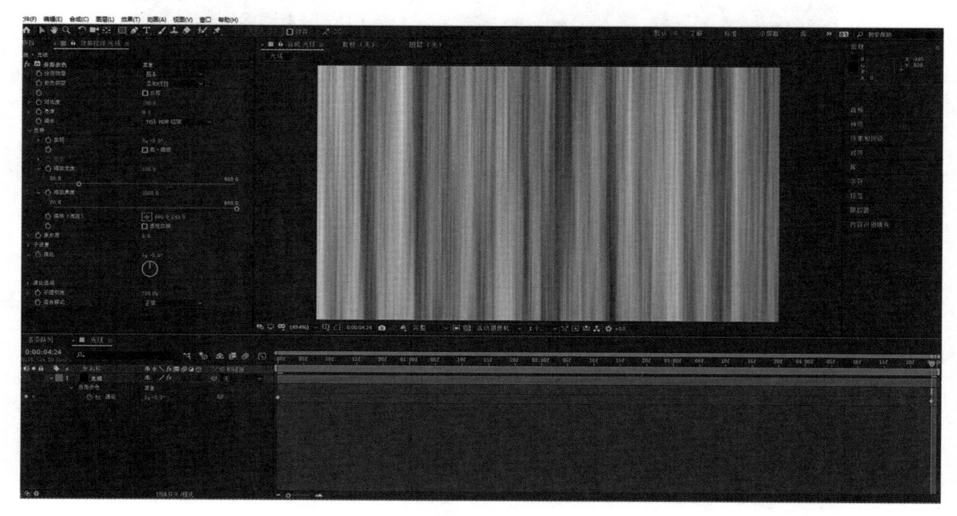

图4-1-23

（5）新建纯色层，命名为“白色”，颜色为白色，如图4-1-24所示。

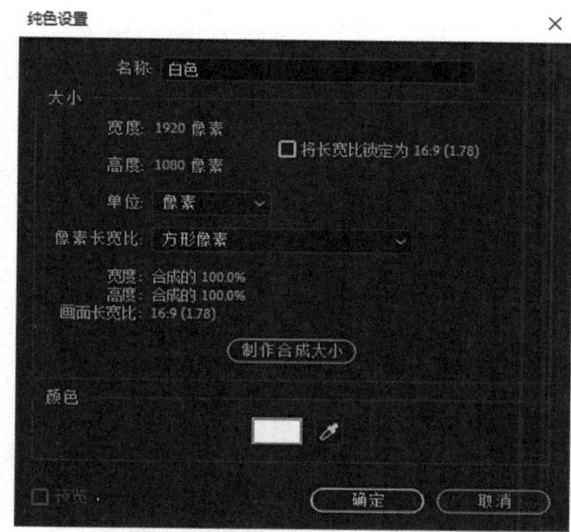

图4-1-24

（6）在时间线窗口选择“白色”图层，在轨道蒙版的下拉菜单中选择【亮度遮罩“光线”】，如图4-1-25所示。

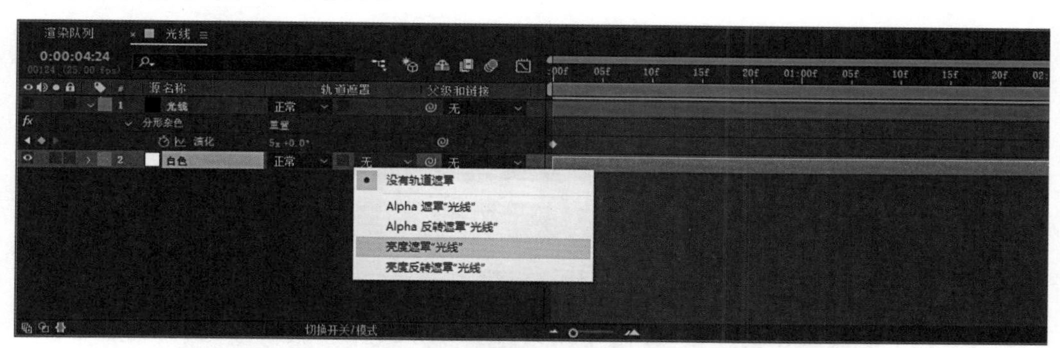

图4-1-25

（7）选中“白色”图层，工具栏中选择矩形工具，绘制蒙版，设置蒙版羽化数值为300，如图4-1-26所示。

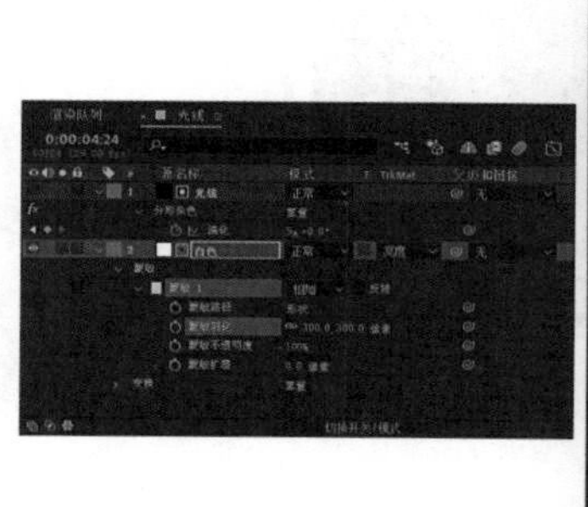

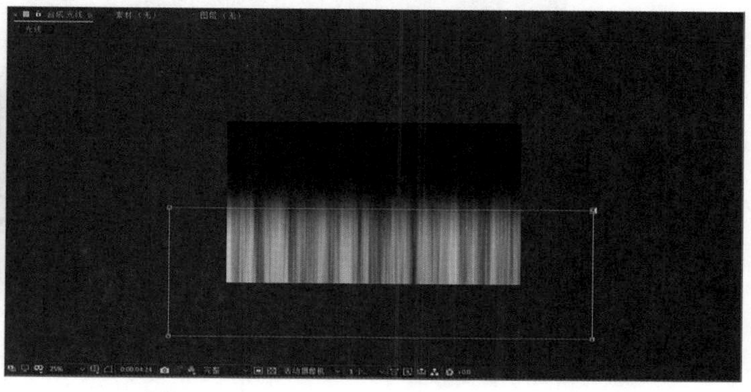

图4-1-26

（8）制作蒙版路径的关键帧动画，分别在00:00时刻和04:24时刻添加关键帧，双击00:00时刻的关键帧点，打开【蒙版形状】对话框，设置右侧数值与左侧数值一致，如图4-1-27所示。

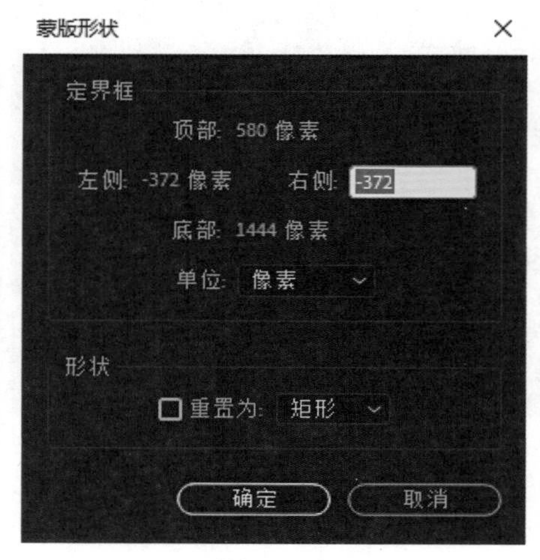

图4-1-27

（9）新建合成，命名为“彩色光柱”，预设为HDTV 1080 25，持续时间为5秒，如图4-1-28所示。

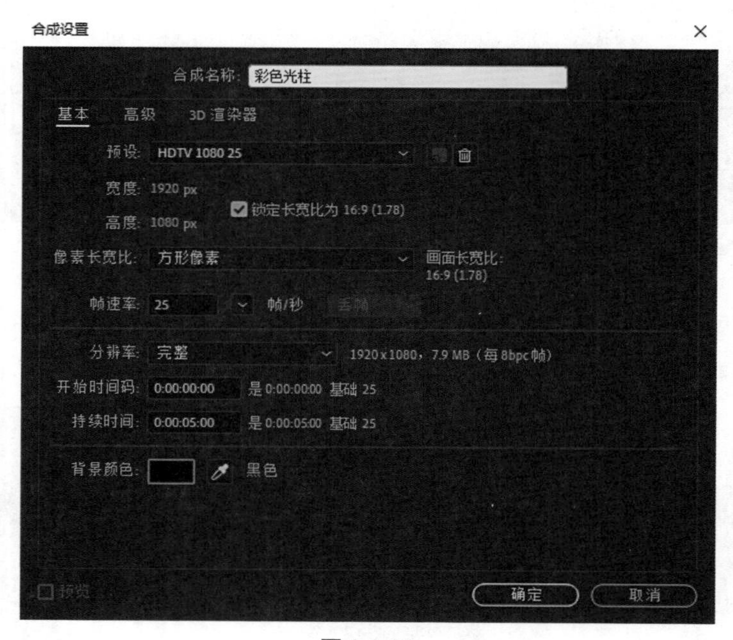

图4-1-28

（10）把合成“光线”和彩色圆环图片拖拽到时间线上，给“光线”图层添加CC Cylinder特效，执行【效果】—【透视】—【CC Cylinder】，如图4-1-29所示。

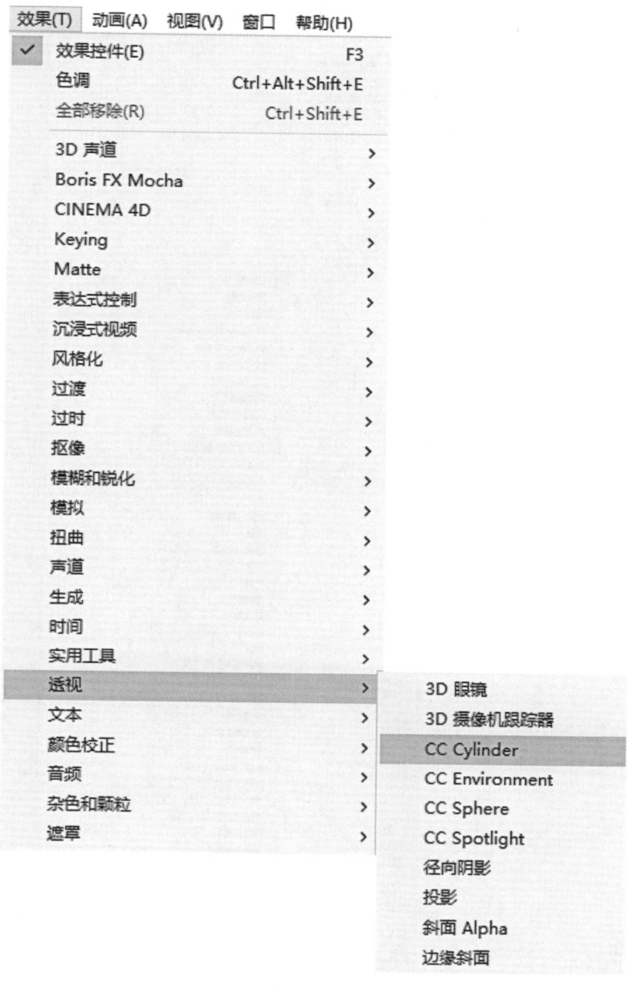

图4-1-29

（11）在效果控件窗口设置CC Cylinder的参数，Radius（半径）数值为100，展开Rotation（旋转），Rotation X为0x+45°，Rotation Y为0x+157°，如图4-1-30所示。

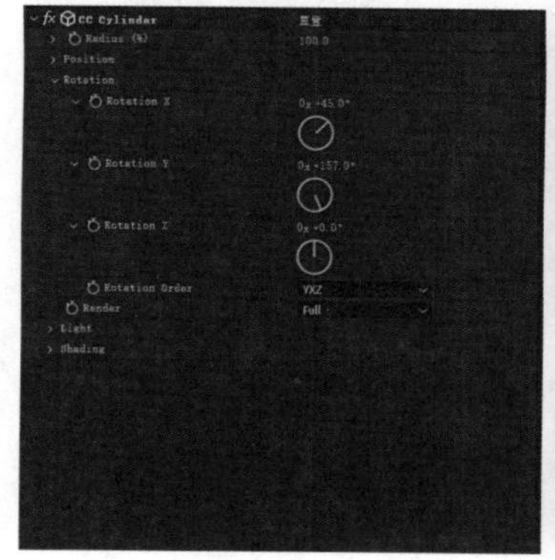

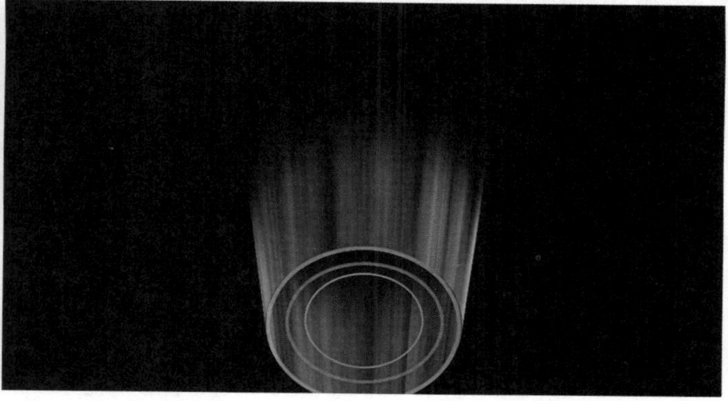

图4-1-30

（12）添加三色调特效，执行【效果】—【颜色校正】—【三色调】，如图4-1-31所示。

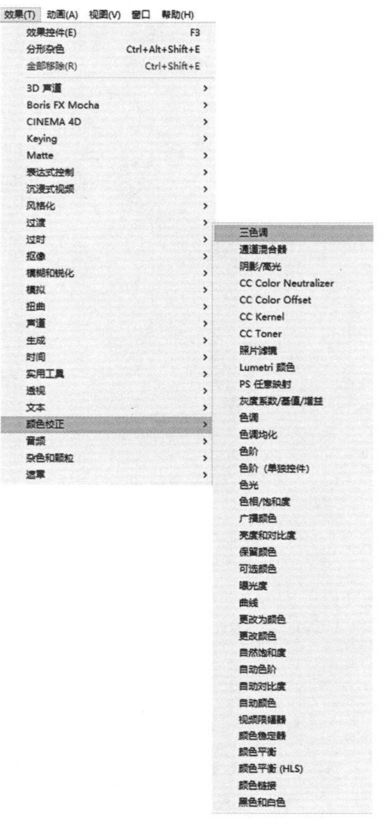

图4-1-31

（13）设置中间调为蓝色（2，164，204），如图4-1-32所示。

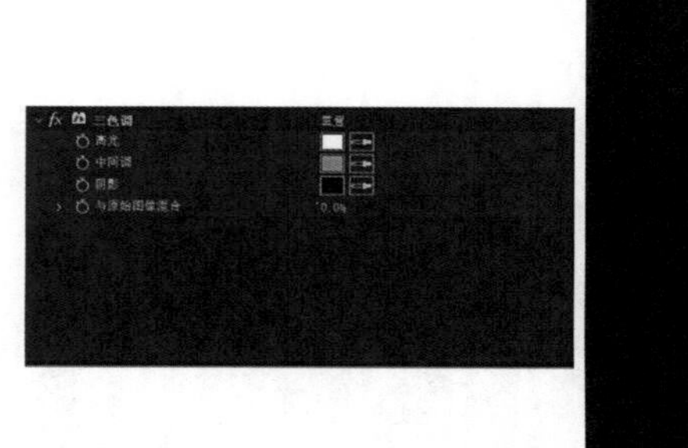

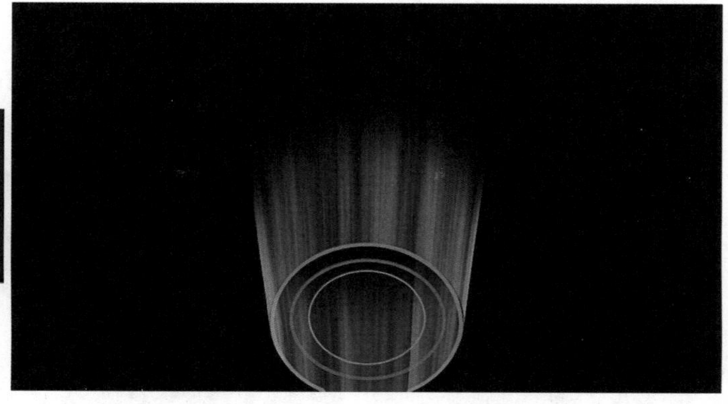

图4-1-32

（14）复制“光线”图层，修改CC Cylinder的参数，Radius（半径）数值为80，Rotation X为0x+45°，Rotation Y为0x+180°，修改三色调的中间调为紫色（145，2，204），如图4-1-33所示。

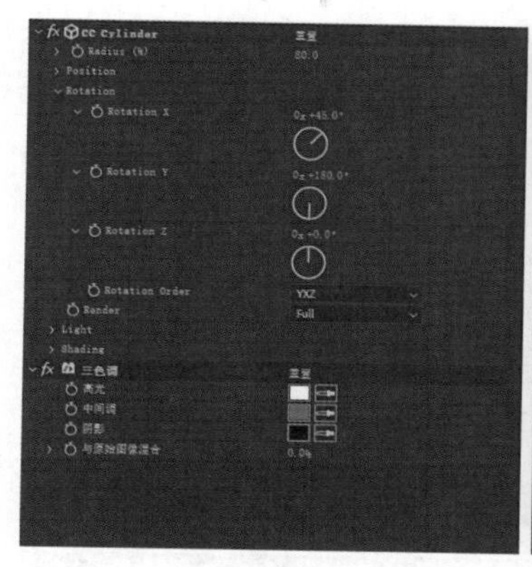

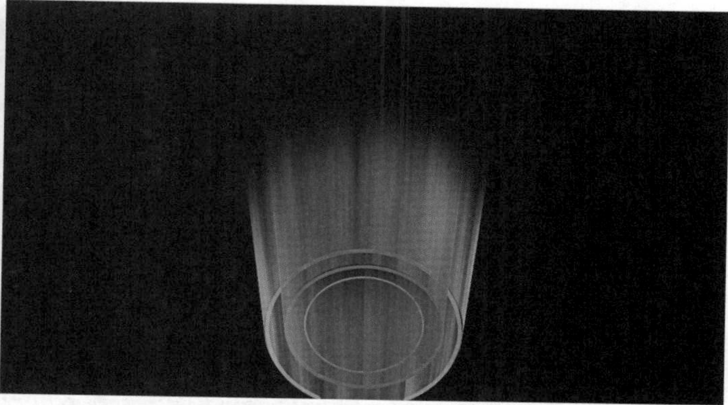

图4-1-33

（15）再次复制“光线”图层，修改CC Cylinder的参数，Radius（半径）数值为60，Rotation X为0x+45°，Rotation Y为0x+90°，修改三色调的中间调为黄色（204，168，2），如图4-1-34所示。

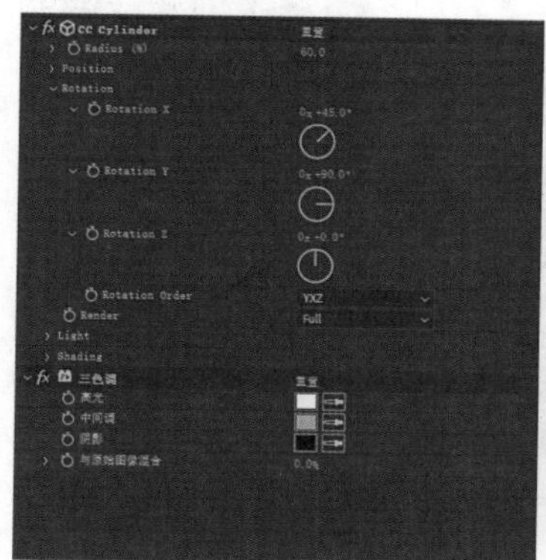

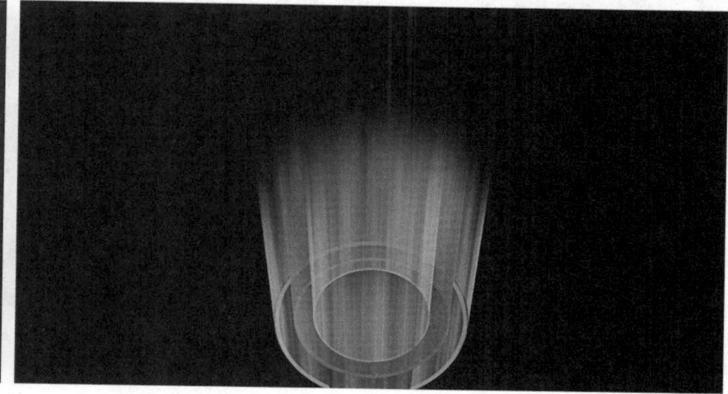

图4-1-34

（16）在时间线窗口切换到模式面板，三个“光线”图层的层混合模式为相加，如图4-1-35所示。

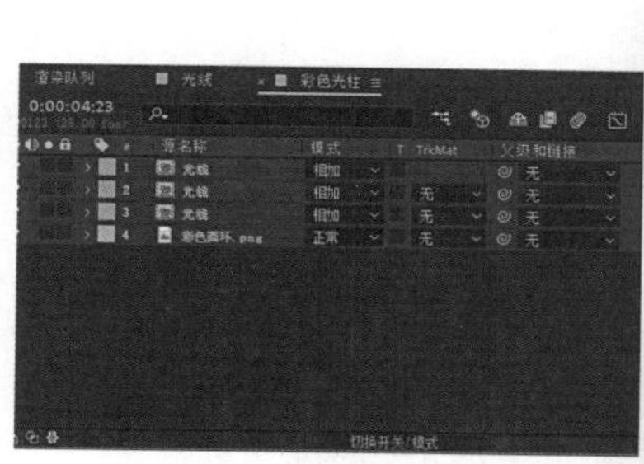

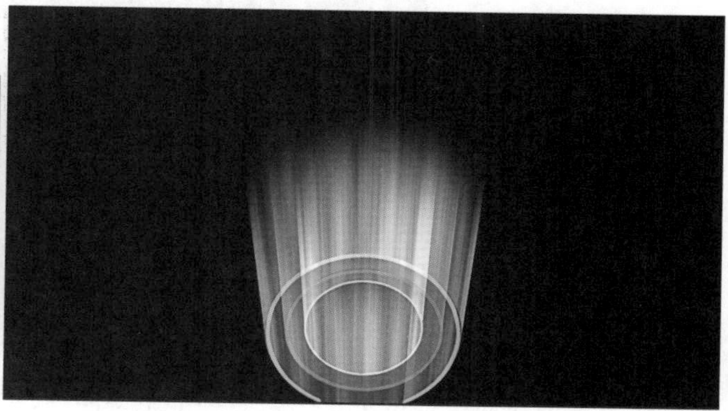

图4-1-35

（17）渲染生成。

拓展练习：自定义CC Cylinder的参数，制作不同的三维光柱效果。

二、三维图层合成

通过设置开关面板中的三维开关，可以实现二维图层到三维图层的转换。二维图层是在一个平面空间上操作，三维图层是在一个三维立体空间里操作，而素材层依然是二维的元素，所以也叫2.5维，如图4-2-1所示。

图4-2-1

在三维空间里，不同的视角看到的结果是不一样的，可以切换到多个视图布局。在合成面板单击视图布局按钮，可以根据自己的需要或习惯选择视图布局，如图4-2-2所示。

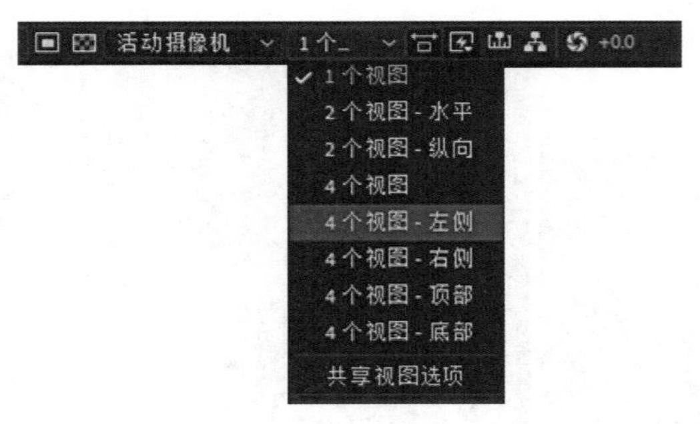

图4-2-2

在多视图布局中，每个视图的内容都是不同的，每个视图都是可以选择的。可以在合成面板视图下拉菜单中选择需要的视图，包括正面、左侧、顶部、背面、右侧、底部6个正交视图，还有3个自定义视图。如图4-2-3所示。

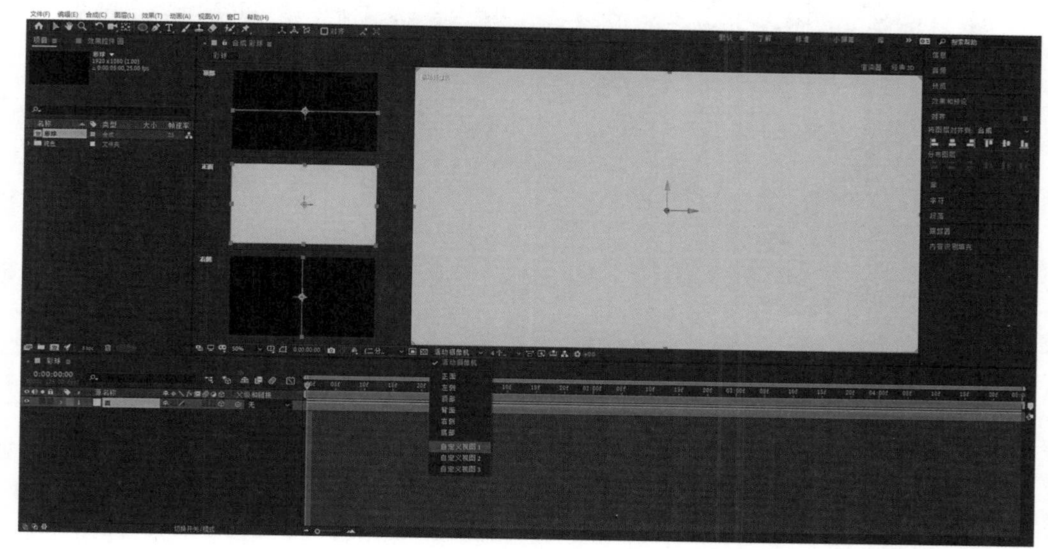

图4-2-3

自定义视图是有透视关系的视图，可以通过工具栏中的摄像机工具调整观察视角，如图4-2-4所示。

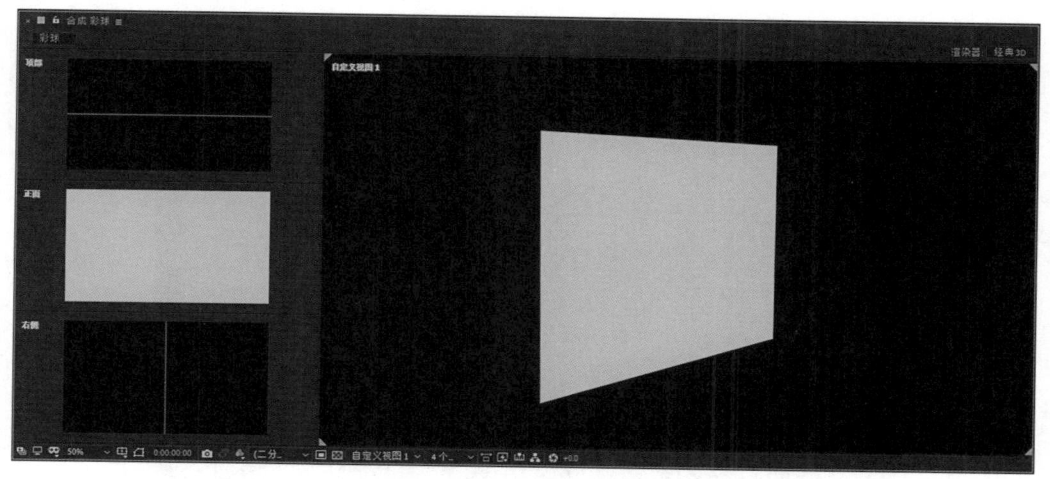

图4-2-4

当图层转换为三维图层后，变换属性参数的意义与二维图层时相同，只是在操作空间上增加了一个纵深方向的维度。

（一）实例：圆形彩球

把圆形二维图层转换成三维图层，依次旋转角度，可以复制旋转出球体，效果如图4-2-5所示。

图4-2-5

（1）新建合成，命名为“彩球”，预设为HDTV 1080 25，持续时间为5秒，如图4-2-6所示。

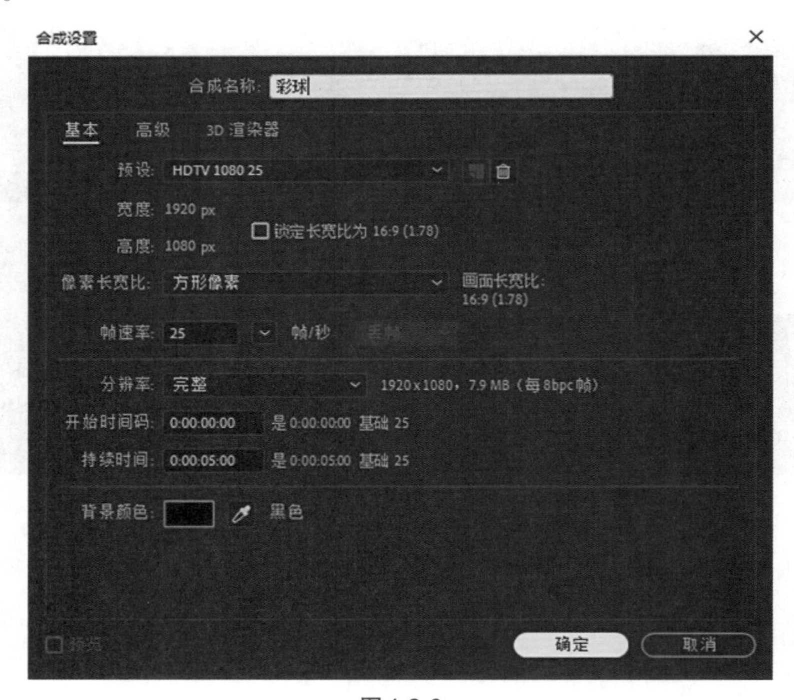

图4-2-6

（2）新建纯色层，命名为“圆”，大小为1920×1080，颜色为青色（R106，G208，B255），如图4-2-7所示。

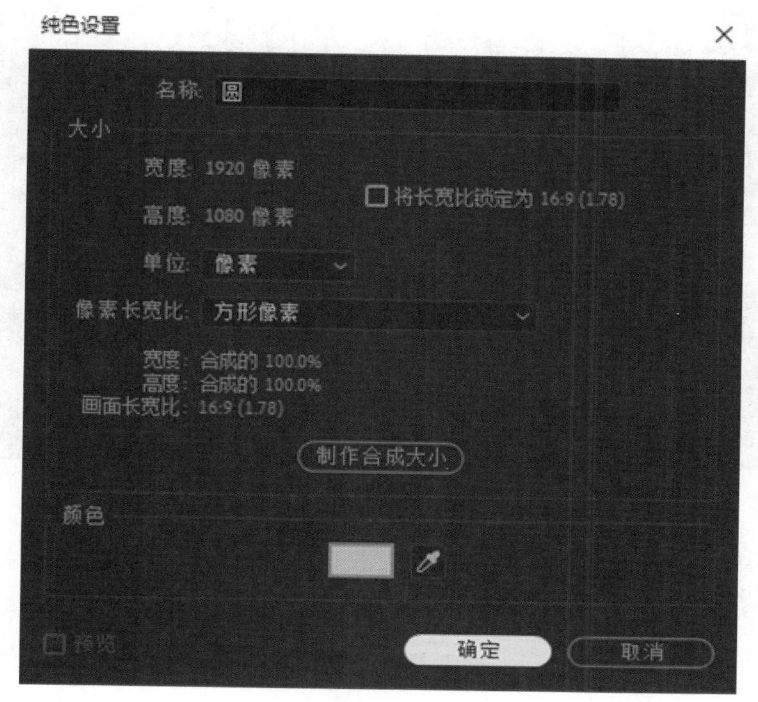

图4-2-7

（3）选中“圆”图层，在工具栏选择椭圆形工具，鼠标定位到图层中心点的位置，按下鼠标左键，同时按下键盘上的Ctrl+Shift+Alt键，鼠标向外拖拽一个正圆形，如图4-2-8所示。

图4-2-8

（4）打开“圆”图层的三维开关，转换成三维图层，视图布局切换到多视图，把活动摄像机视图切换到自定义视图，如图4-2-9所示。

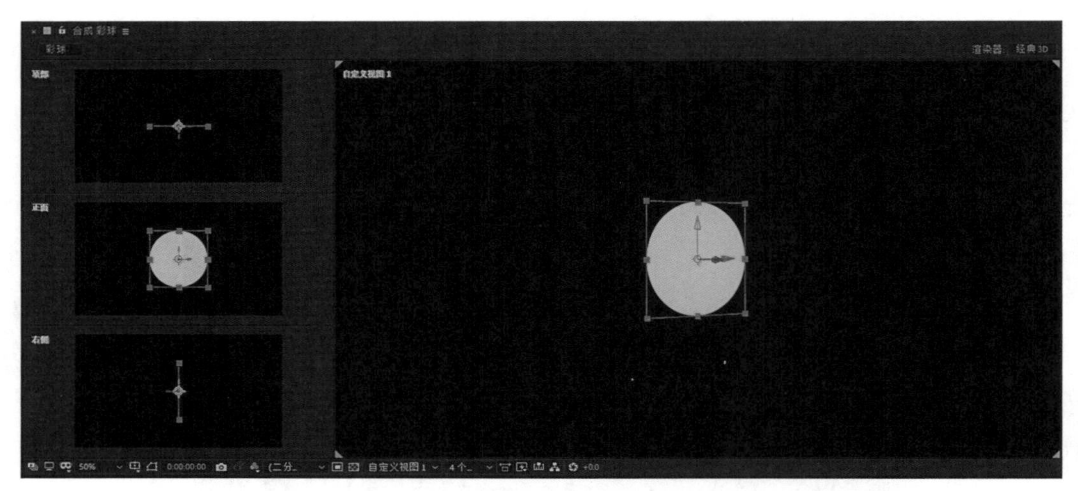

图4-2-9

（5）Ctrl+D 制作“圆”图层的副本，选中副本图层，执行【图层】—【纯色设置 ...】，对应的快捷键是 Ctrl+Shift+Y，打开【纯色设置】对话框，如图 4-2-10 所示。

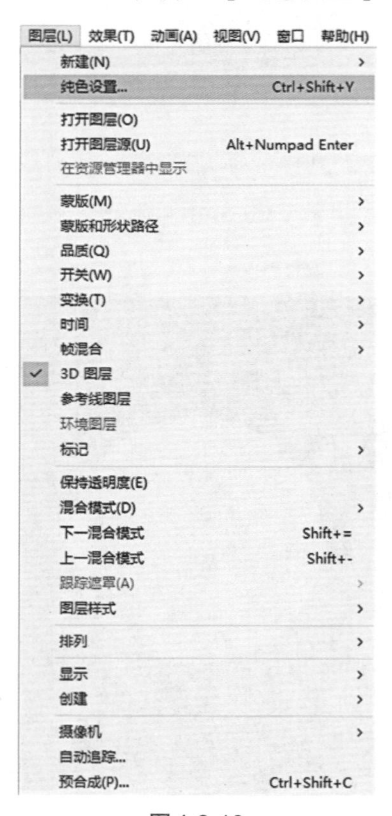

图4-2-10

（6）在【纯色设置】对话框中，修改命名为“圆02”，颜色改为绿色，如图4-2-11 所示。

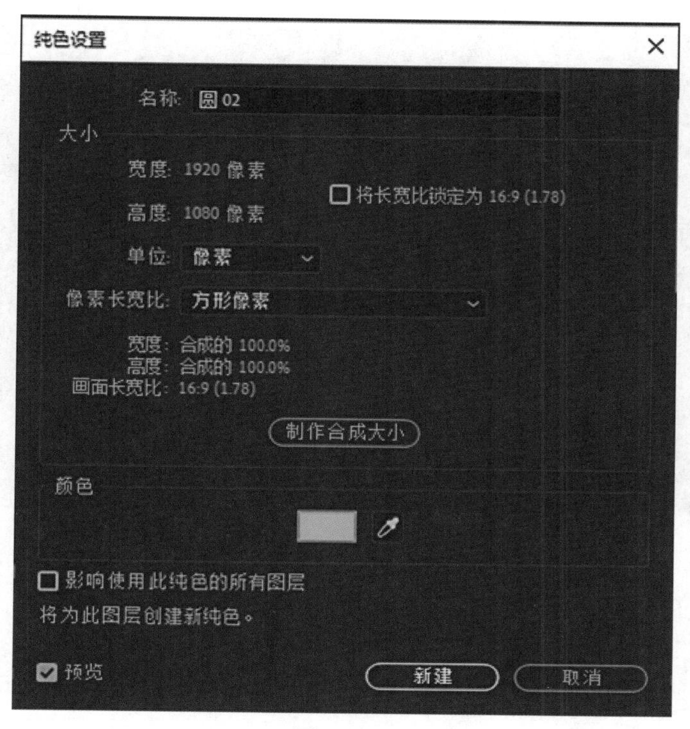

图 4-2-11

（7）选择“圆 02”图层，快捷键 R 打开图层的旋转属性，把 Y 轴旋转的数值设置为 0x+30°，如图 4-2-12 所示。

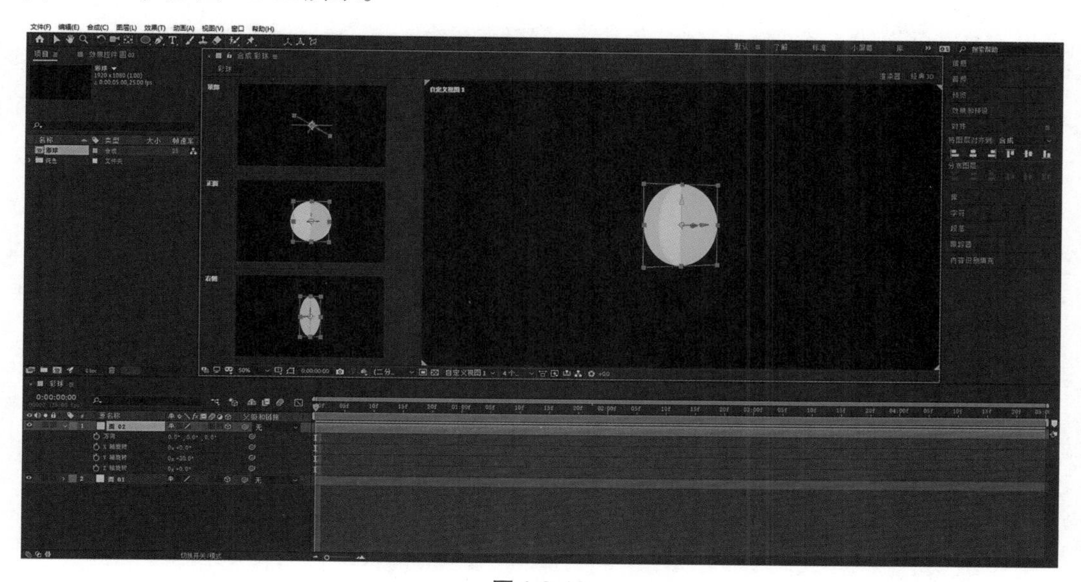

图 4-2-12

（8）重复步骤（5）—（7），制作圆 03、圆 04、圆 05、圆 06 图层，Y 轴旋转的数值分别为 0x+60°、0x+90°、0x+120°、0x+150°，如图 4-2-13 所示。

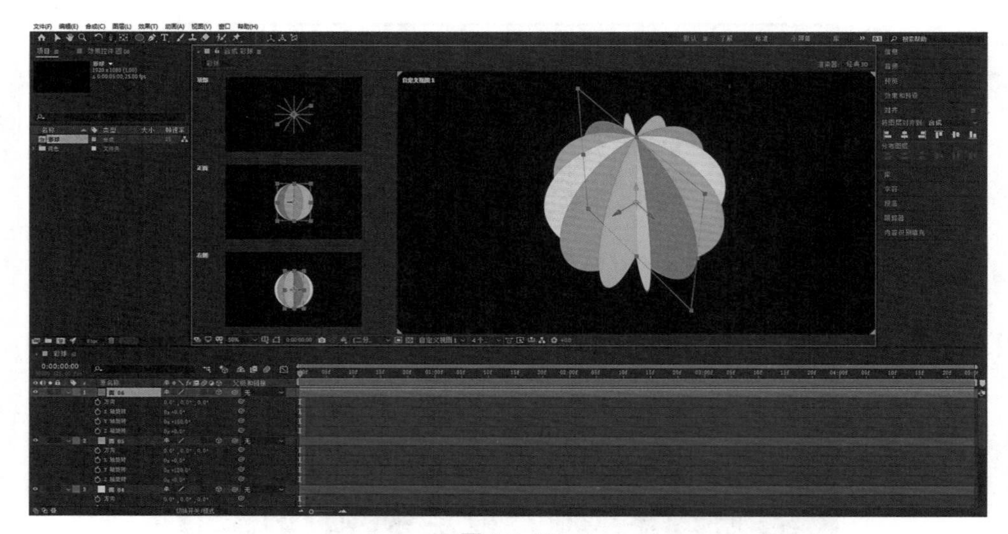

图4-2-13

（9）执行【图层】—【新建】—【空对象】，对应的快捷键为Ctrl+Shift+Alt+Y，如图4-2-14所示。

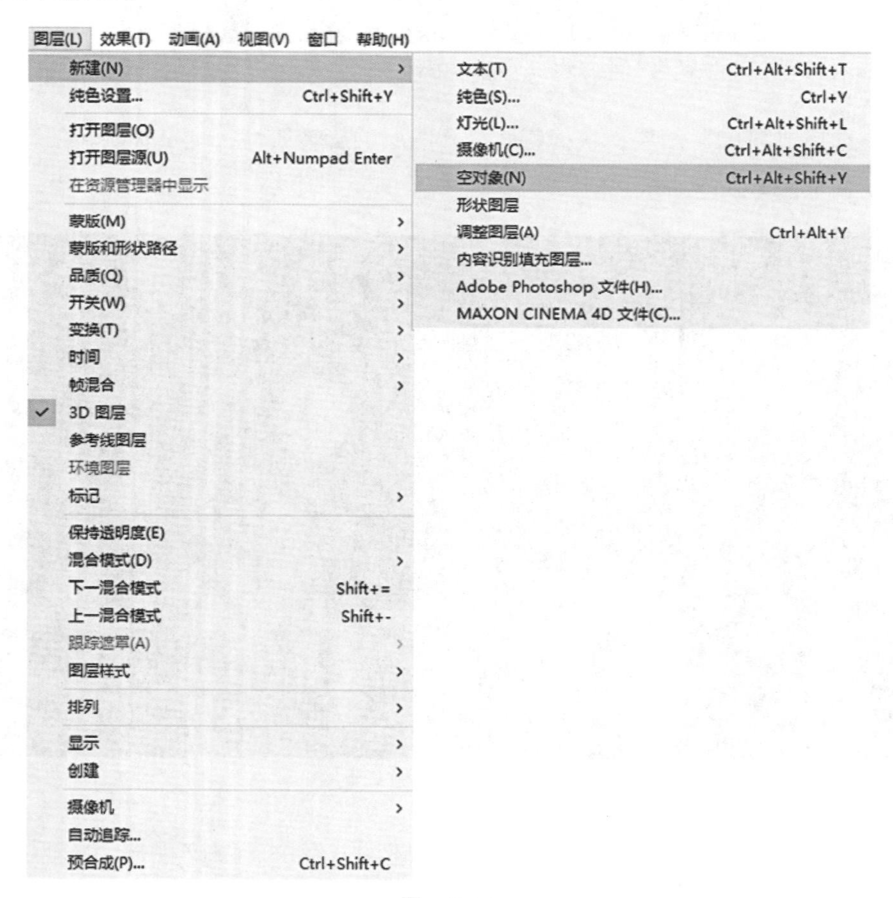

图4-2-14

（10）把“空1”图层转换为三维图层，如图4-2-15所示。

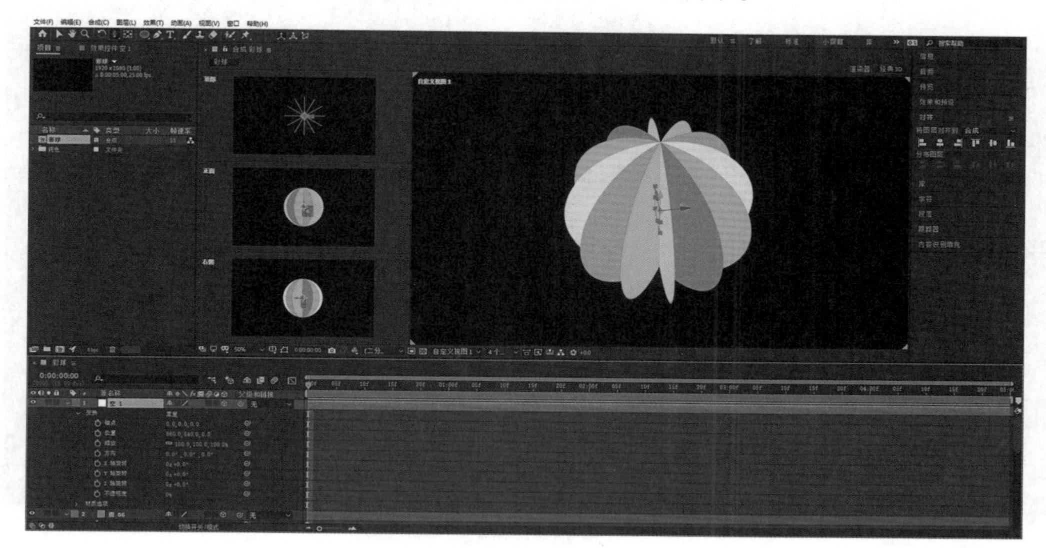

图4-2-15

（11）选择“圆01”至“圆06”图层，在父级和链接栏目条的下拉菜单中选择“空1”，此时“圆01”至“圆06”都是“空1”图层的子层，只需要设置父层“空1”图层的动画就可以让整个彩球运动起来，如图4-2-16所示。

图4-2-16

（12）时间指示器定位到00:00时刻，打开“空1”图层Y轴旋转前面的关键帧记录器，数值为0x+0°，如图4-2-17所示。

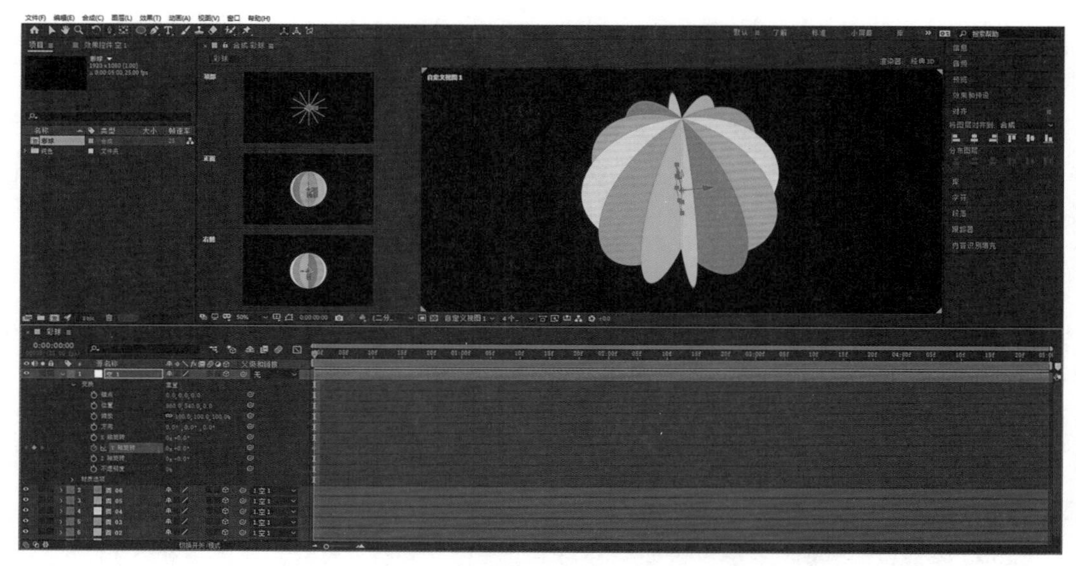

图4-2-17

（13）时间指示器定位到04:24时刻，设置Y轴旋转的数值为1x+0°，让彩球沿竖直方向旋转起来，如图4-2-18所示。

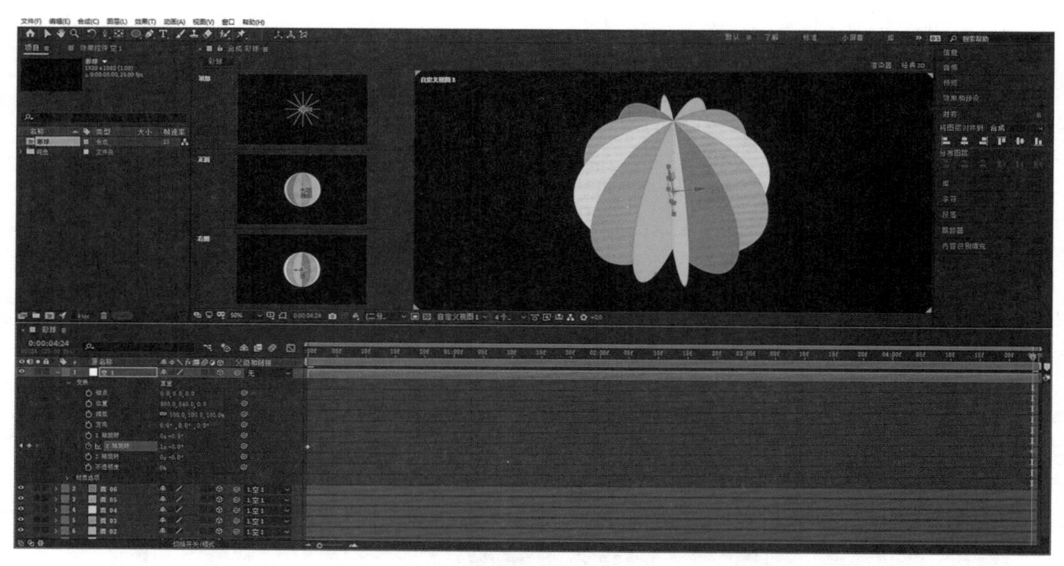

图4-2-18

（14）渲染生成。

拓展练习：把圆形换成其他图形或内容，如正方形、图片或者视频。

（二）实例：旋转的立方体

正立方体由6个面组成，每个面都是正方形。把正方形纯色层转换成三维图层，通过设置旋转和位置数值搭建立方体，效果如图4-2-19所示。

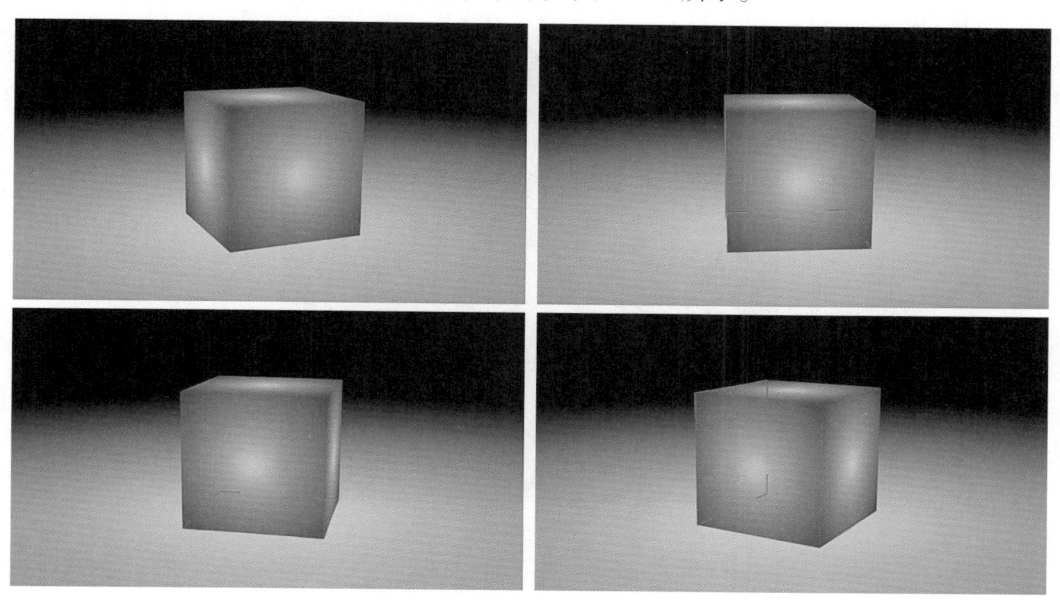

图4-2-19

（1）新建合成，命名为“立方体”，预设为HDTV 1080 25，持续时间为5秒，如图4-2-20所示。

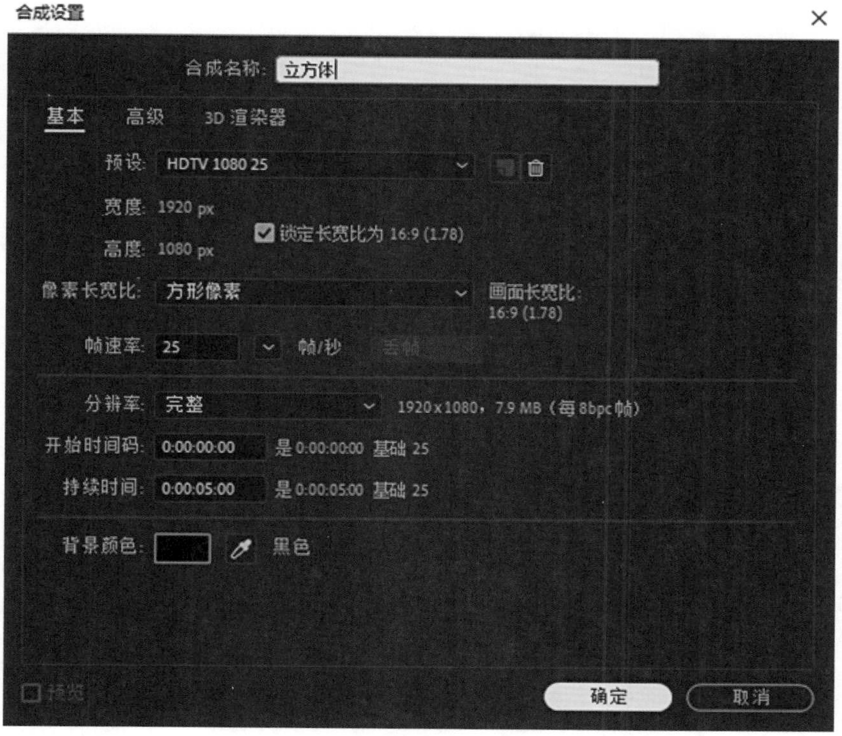

图4-2-20

（2）新建纯色层，命名为“下面”，大小为400×400，如图4-2-21所示。

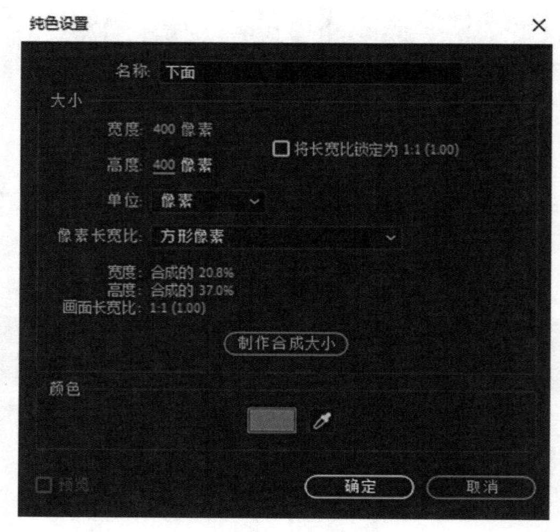

图4-2-21

（3）选择“下面”图层，执行【效果】—【生成】—【梯度渐变】，添加渐变特效，如图4-2-22所示。

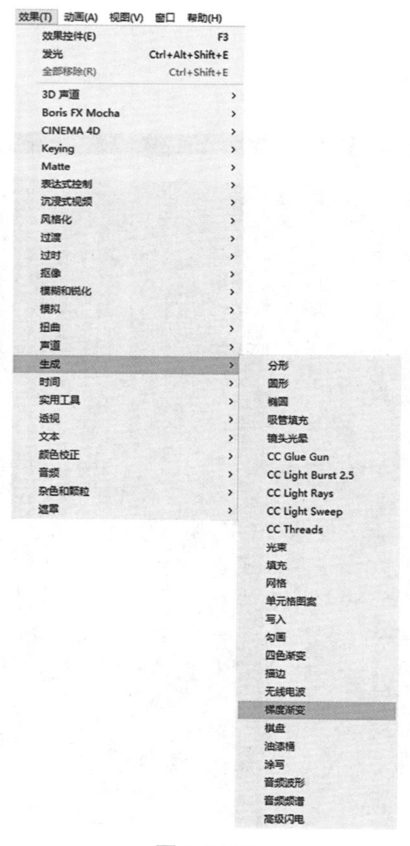

图4-2-22

（4）在效果控件面板，设置渐变形状为径向渐变，渐变起点数值为（200，200），起始颜色为浅蓝色（137，225，255），渐变终点数值为（200，480），结束颜色为深蓝色（0，85，103），如图4-2-23所示。

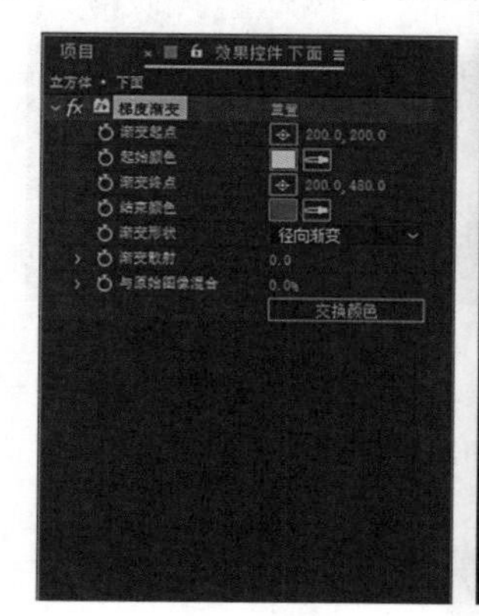

图4-2-23

（5）把“下面”图层转换为三维图层，X轴旋转数值为0x+90°，位置竖直方向上的数值加上200，即740，如图4-2-24所示。

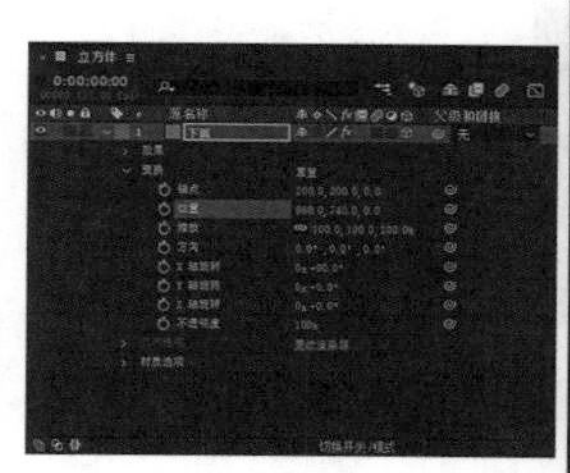
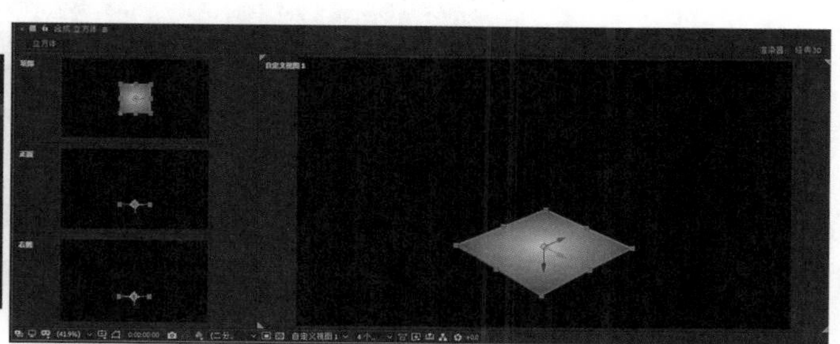

图4-2-24

（6）Ctrl+D复制“下面”图层，Ctrl+Shift+Y修改纯色层的命名为“上面”，如图4-2-25所示。

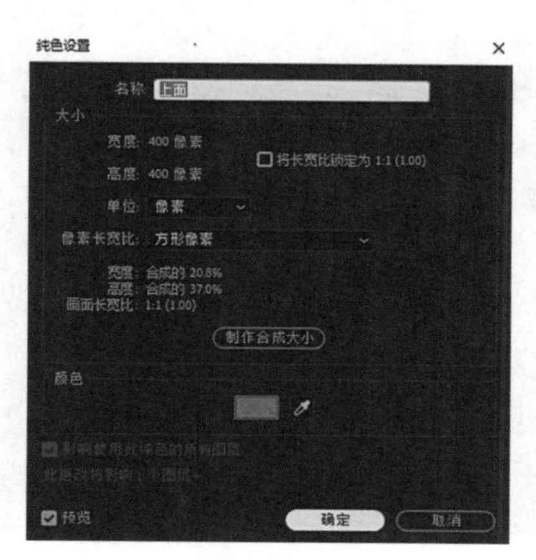

图4-2-25

（7）修改“上面”图层位置竖直方向的数值，减去400，即340，如图4-2-26所示。

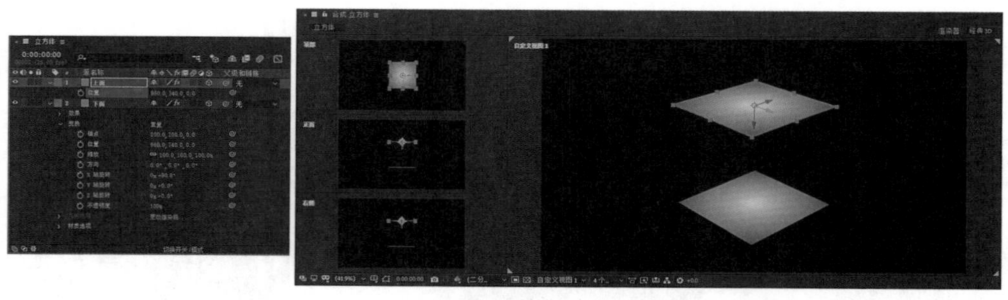

图4-2-26

（8）新建纯色层，命名为“左面”，大小为400×400，如图4-2-27所示。

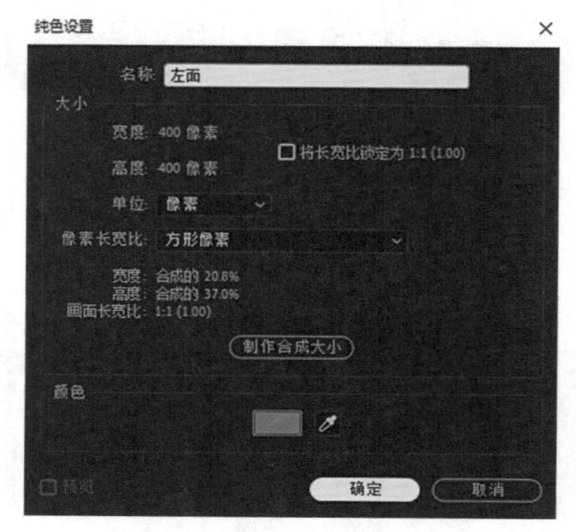

图4-2-27

（9）复制“上面”图层的梯度渐变特效，粘贴给“左面”图层，转换为三维图层，如图4-2-28所示。

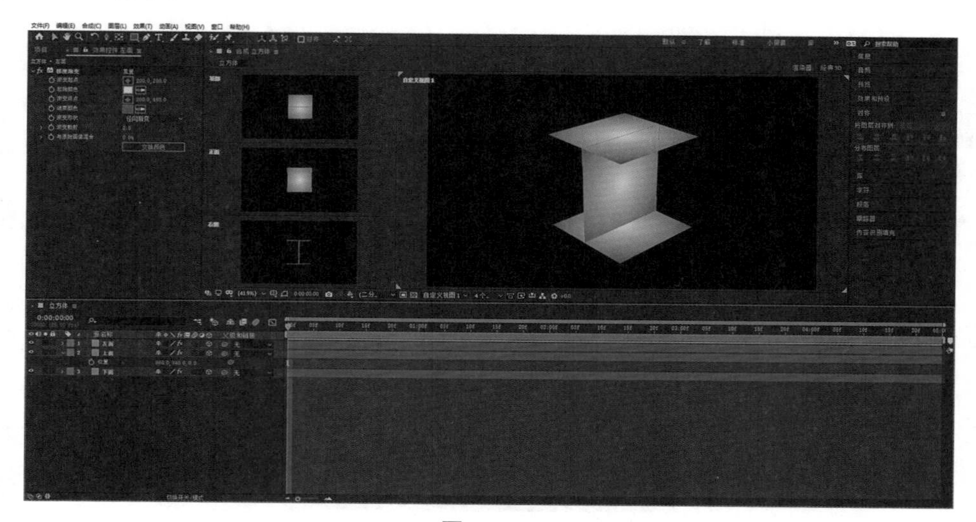

图4-2-28

（10）“左面”图层的Y轴旋转数值为0x+90°，位置的横坐标数值减去200，即760，如图4-2-29所示。

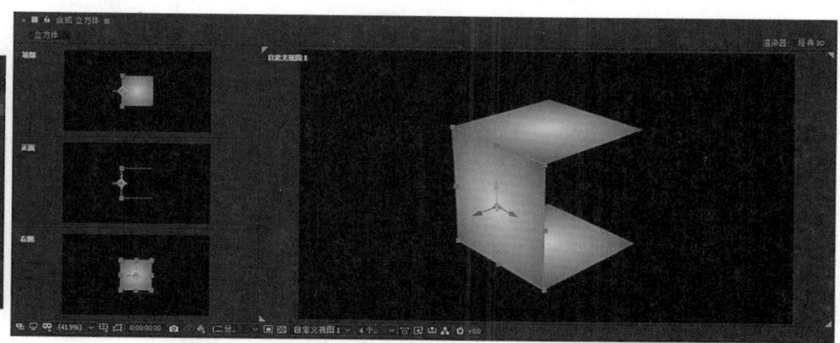

图4-2-29

（11）Ctrl+D复制“左面”图层，Ctrl+Shift+Y修改纯色层的命名为“右面”，如图4-2-30所示。

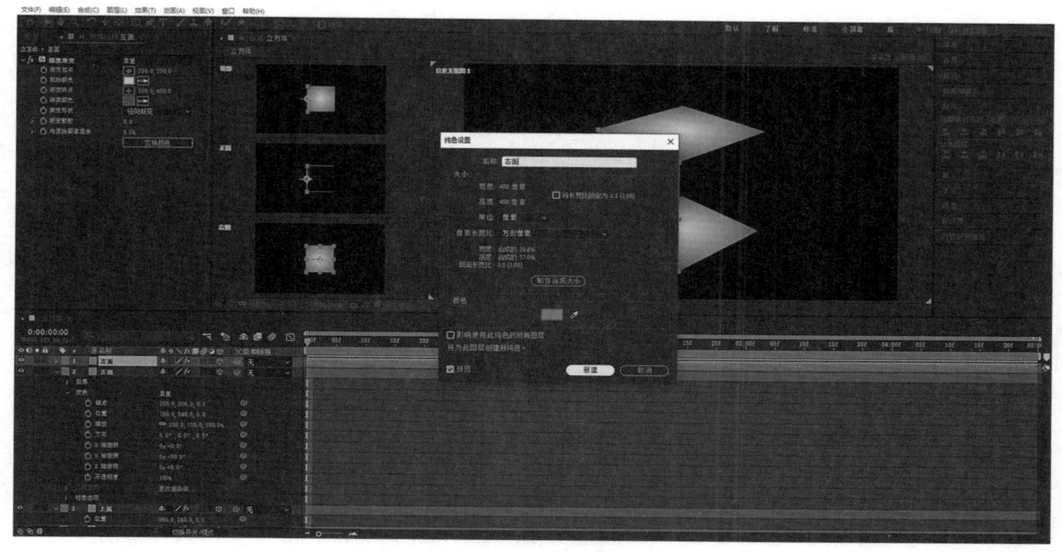

图4-2-30

（12）修改“右面”图层位置横坐标的数值，加上400，即1160，如图4-2-31所示。

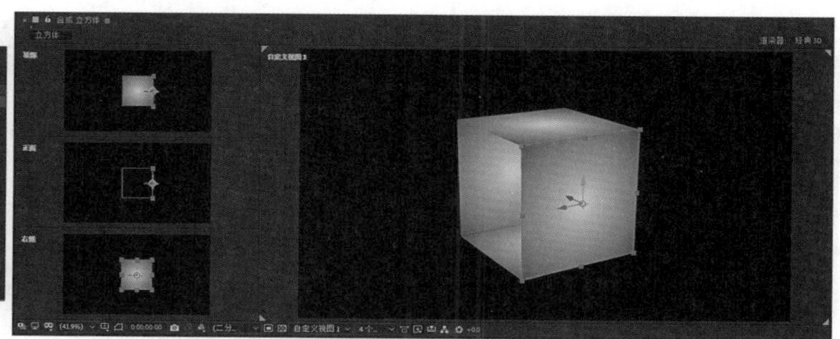

图4-2-31

（13）新建纯色层，命名为“后面”，大小为400×400，如图4-2-32所示。

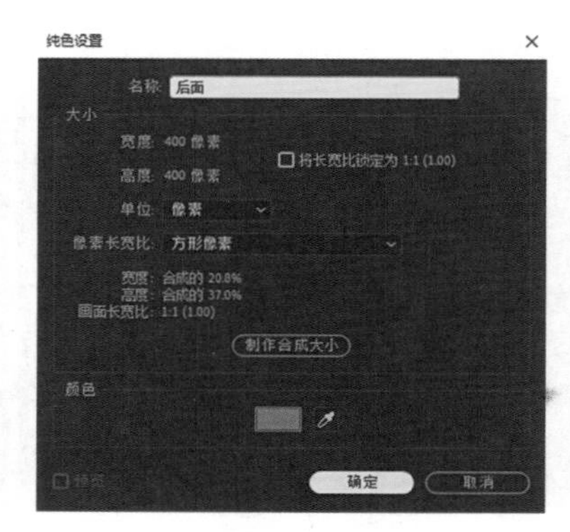

图4-2-32

（14）复制“右面”图层的梯度渐变特效，粘贴给“后面”图层，转换为三维图层，如图4-2-33所示。

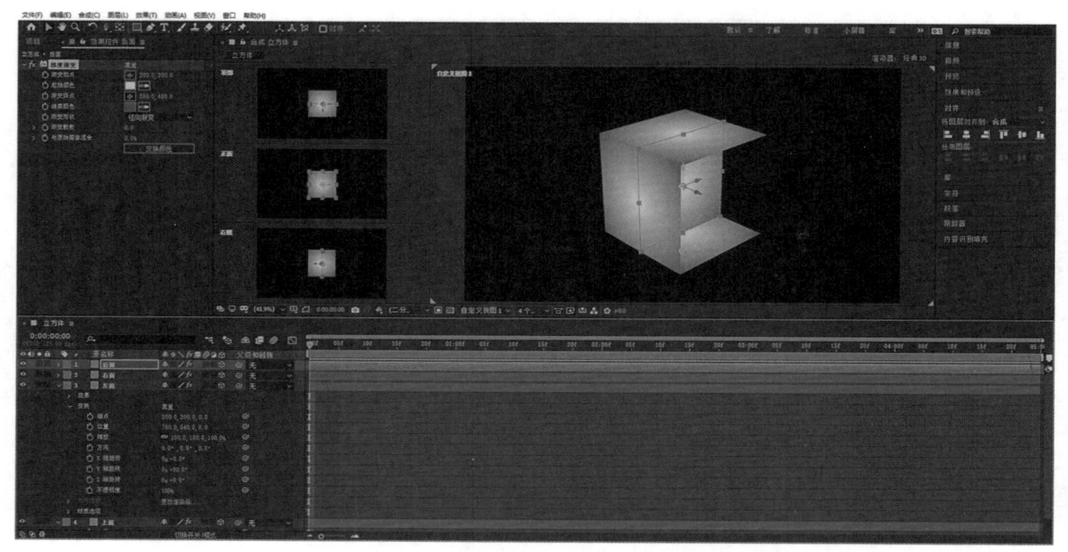

图4-2-33

（15）将“后面”图层位置纵深方向上的数值设置为200，如图4-2-34所示。

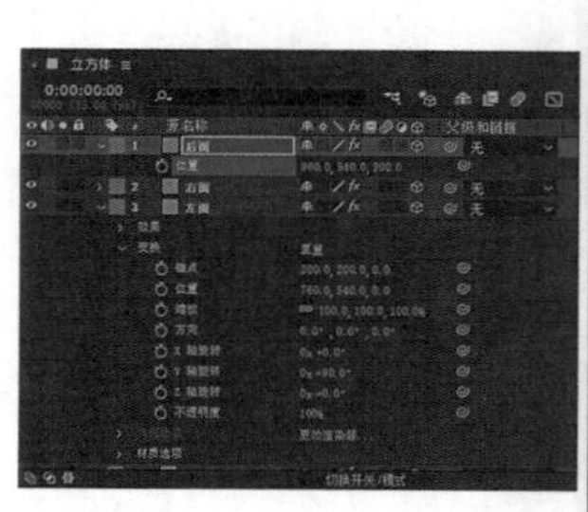
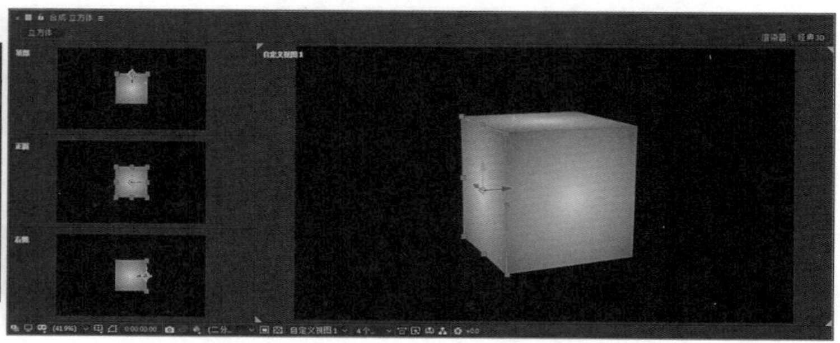

图4-2-34

（16）Ctrl+D复制“后面”图层，Ctrl+Shift+Y修改纯色层的命名为“前面”，如图4-2-35所示。

图4-2-35

（17）将“前面”图层位置纵深方向上的数值设置为-200，如图4-2-36所示。

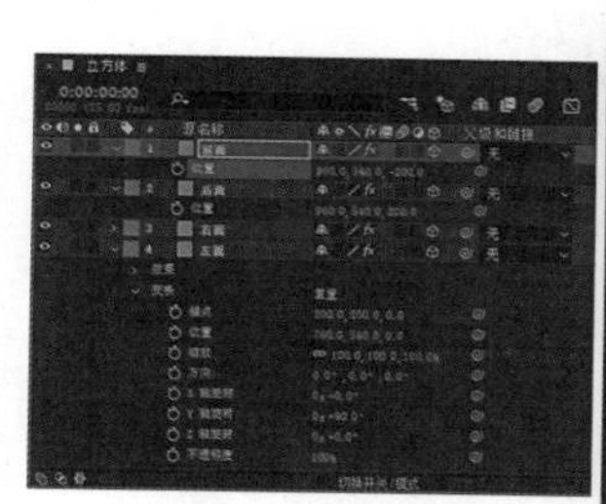
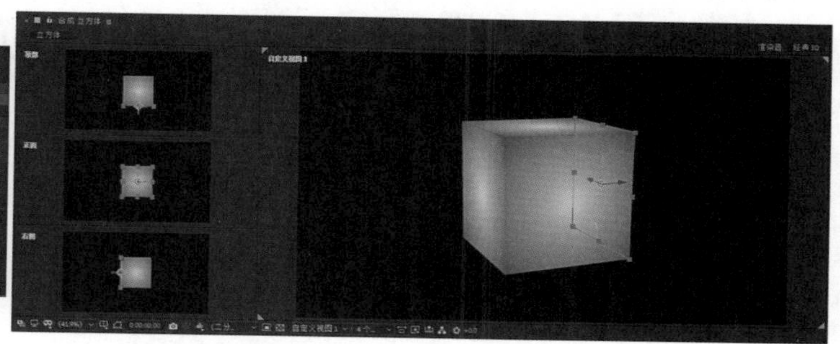

图4-2-36

（18）新建纯色层，命名为“地面”，大小为1920×1080，如图4-2-37所示。

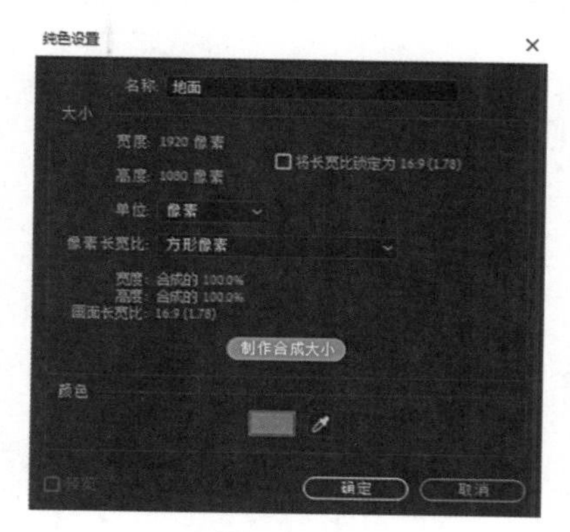

图4-2-37

（19）“地面”图层转换为三维图层，X轴旋转为0x+90°，位置竖直方向上的数值加上200，即740，增加缩放数值，让地面基本充满整个画面，如图4-2-38所示。

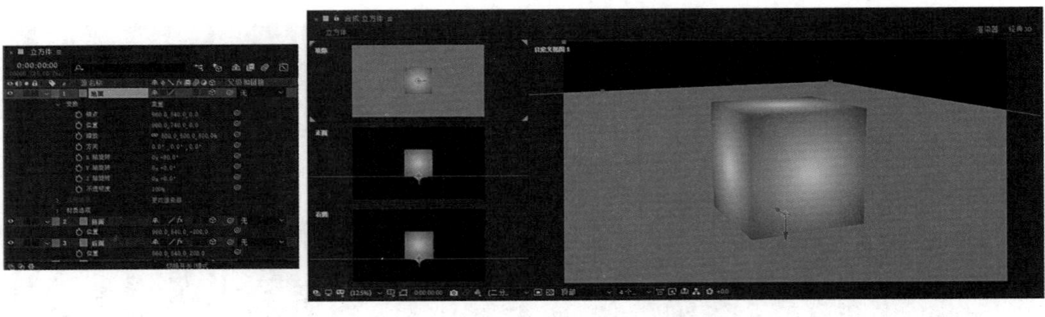

图4-2-38

（20）选择“地面”图层，添加渐变特效，执行【效果】—【生成】—【梯度渐变】，如图4-2-39所示。

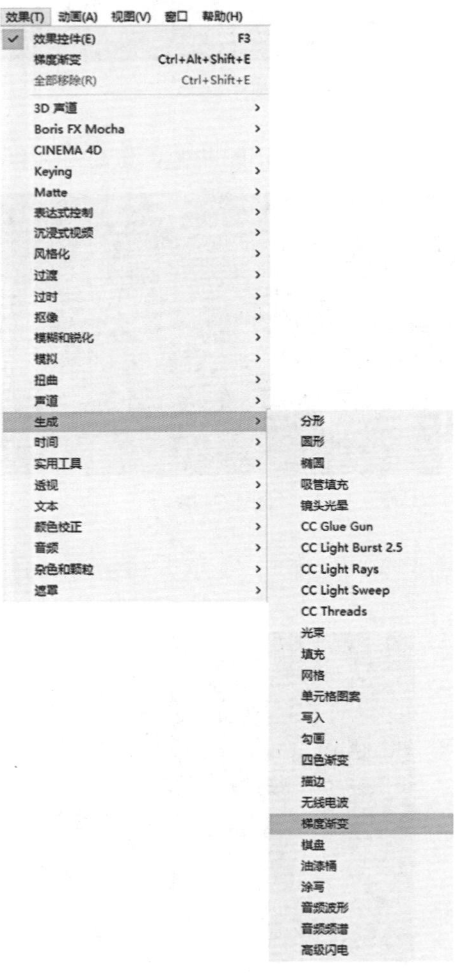

图4-2-39

（21）在效果控件面板设置梯度渐变的参数，渐变形状为径向渐变，渐变起点为（960，540），起始颜色为浅青色（173，242，250），渐变终点为（960，1080），结束颜色为黑色（0，0，0），如图4-2-40所示。

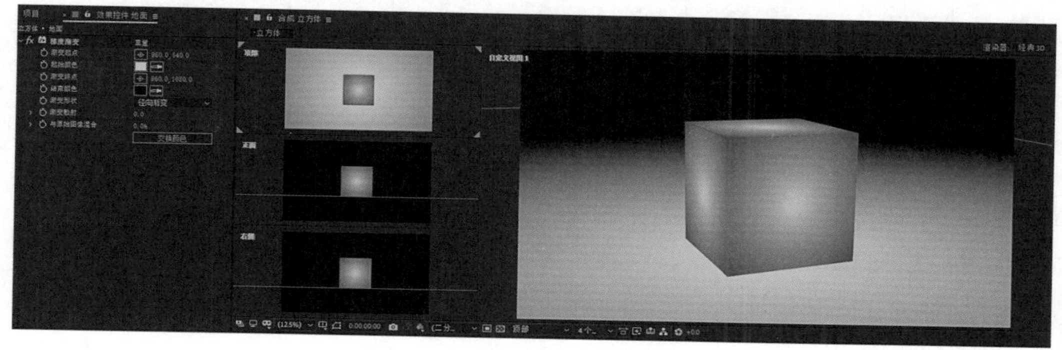

图4-2-40

（22）选择“前面”、“后面”、“右面”、“左面”和“上面”图层，在父级和链接栏目的下拉菜单中选择“下面”，让“下面”做另外5个面的父层，如图4-2-41所示。

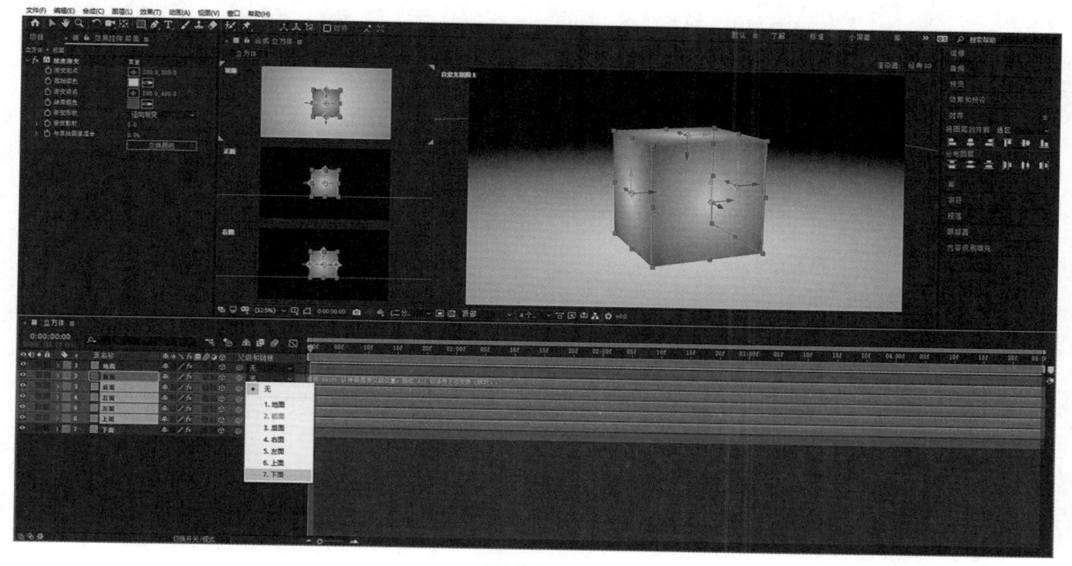

图4-2-41

（23）选择“下面”图层，时间指示器定位到00:00时刻，打开Z轴旋转前面的关键帧记录器，初始数值为0x+0°，如图4-2-42所示。

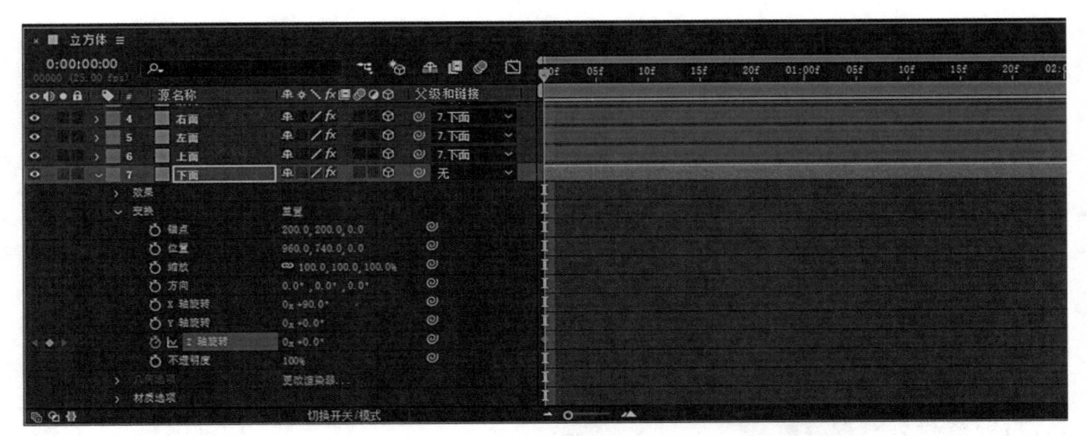

图4-2-42

（24）时间指示器定位到04:24时刻，Z轴旋转数值为1x+0°，如图4-2-43所示。

图4-2-43

（25）渲染生成。

拓展练习：选择生成级联菜单中的特效，给立方体的每个面添加不同的效果插件，制作不同的空间动画。

在After Effects的三维空间合成中，有两个重要的工具：摄像机和灯光。在After Effects软件里，摄像机和灯光以图层的形式出现在时间线面板，可以实现与物理摄像机和灯光同样的功能，又因为是虚拟的摄像机和灯光，可以摆脱物理条件的限制，在使用过程中有更大的自由度。

三、摄像机

在自定义视图中可以任意改变观察的视角，但是不能记录该视角的信息，也就是说，不能输出自定义视图。借助摄像机可以渲染输出任意定义的视角内容。

（一）创建摄像机

在菜单栏中执行【图层】—【新建】—【摄像机...】，对应的快捷键是Ctrlt+Alt+Shift+C，如图4-3-1所示。

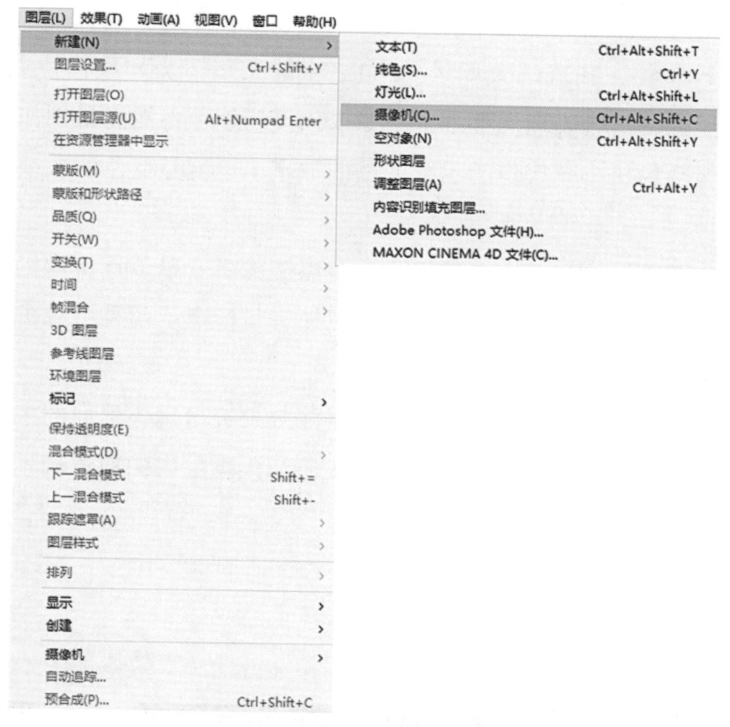

图4-3-1

可以打开【摄像机设置】对话框，如图4-3-2所示。

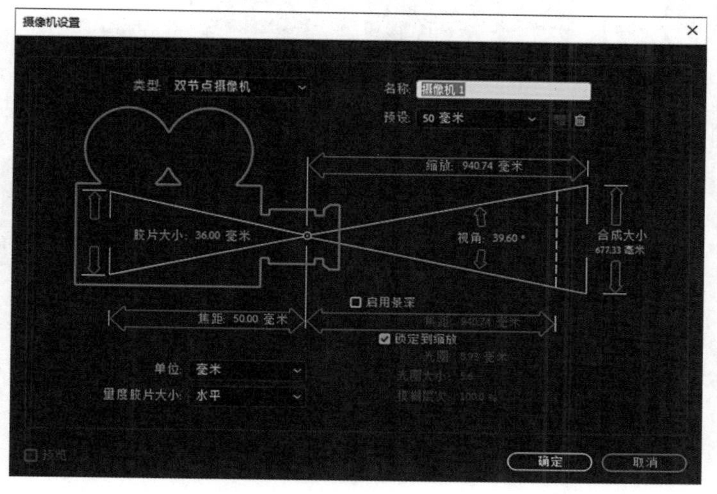

图4-3-2

（1）名称：定义摄像机的名称。一个三维场景中可以有多个摄像机，就好比拍摄一台晚会会进行多机位拍摄，可根据一定的标准命名摄像机，如主机位、侧机位、机动机位或者全景机位、特写机位等。原则上以摄像机的功能定位命名。

（2）预设：指摄像机的焦距。不同的焦距可以呈现不同的成像特点，与物理摄像机的成像特点相同。比如，15毫米的广角镜头的成像特点是：视野大、景深大、透视感强，适合表现宏伟、壮观的大场景。200毫米的长焦镜头的成像特点是：视野小、景深小、透视感弱，适合表现局部细节。如果预设的焦距不能满足创作需求的话，还可以自定义，将摄像机小孔成像的示意图里的数字（也就是蓝色的数字）设置成特殊的镜头。

（3）类型：类型分为单节点摄像机和双节点摄像机。单节点摄像机只有摄像机的位置点，而双节点摄像机既有摄像机的位置点还有目标点。两种摄像机在操作过程中还是有些区别的。

（4）启用景深：可以模拟物理摄像机的景深效果突出镜头里面的主体内容。需要手动勾选景深，通过设置焦距、光圈、光圈大小和模糊层次的数值调整景深的位置和大小。

（二）摄像机动画

分别创建单节点摄像机和双节点摄像机制作穿行动画，效果如图4-3-3所示。

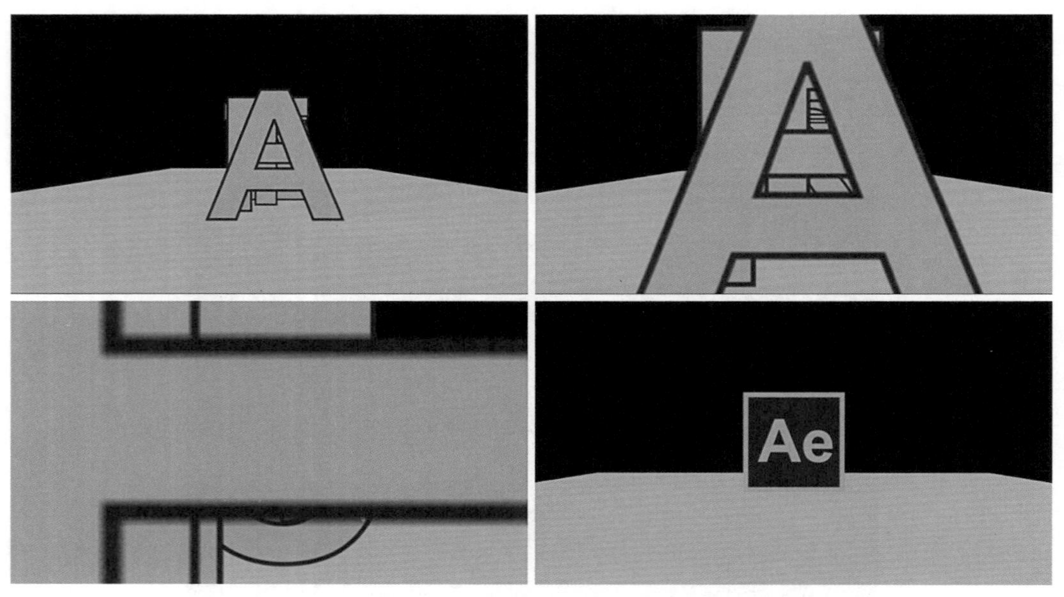

图4-3-3

（1）新建合成“AE图标”，尺寸为300×300，像素长宽比为方形像素，持续时间为10秒，如图4-3-4所示。

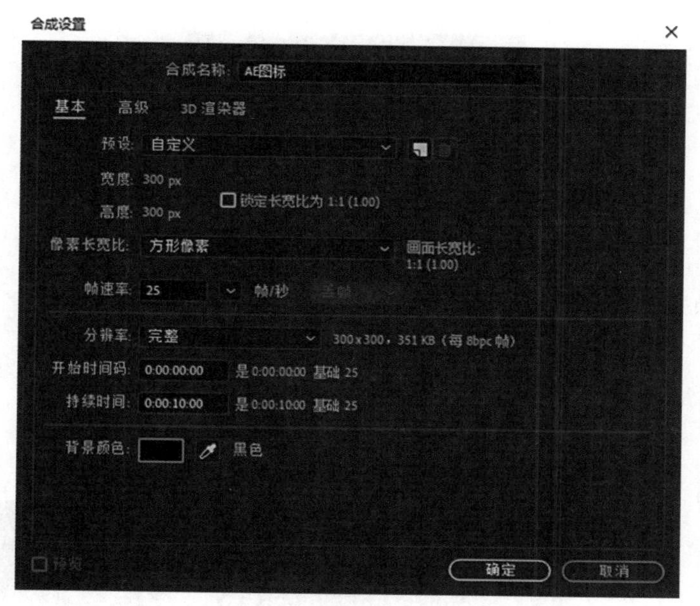

图4-3-4

（2）新建纯色层，命名为“边框”，尺寸为300×300，颜色为浅紫色（可以用吸管工具吸取任务栏上AE图标的边框颜色），如图4-3-5所示。

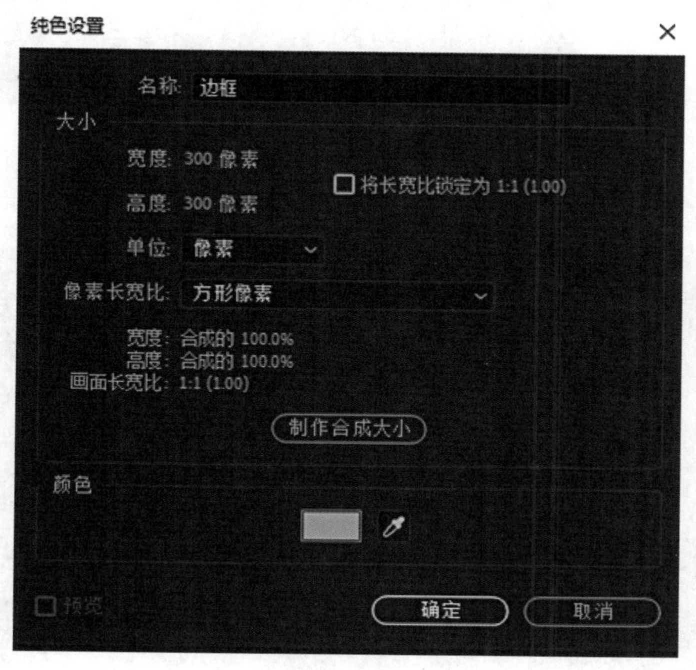

图4-3-5

（3）新建纯色层，命名为“底色”，尺寸为300×300，颜色为深紫色（可以用吸管工具吸取任务栏上AE图标的深紫色颜色），如图4-3-6所示。

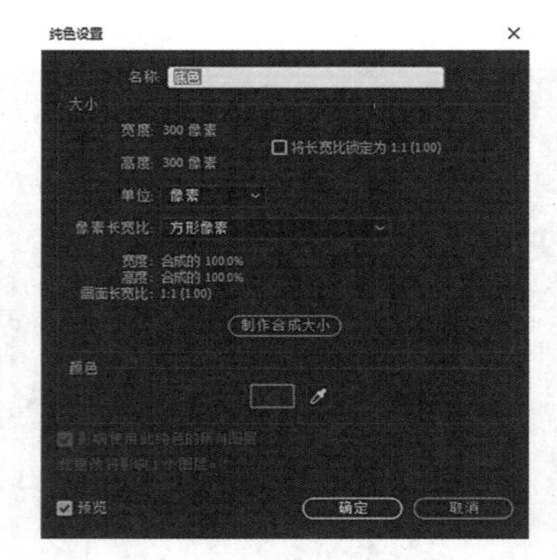

图 4-3-6

（4）选择“底色”图层，把图层的缩放属性定义为90，如图4-3-7所示。

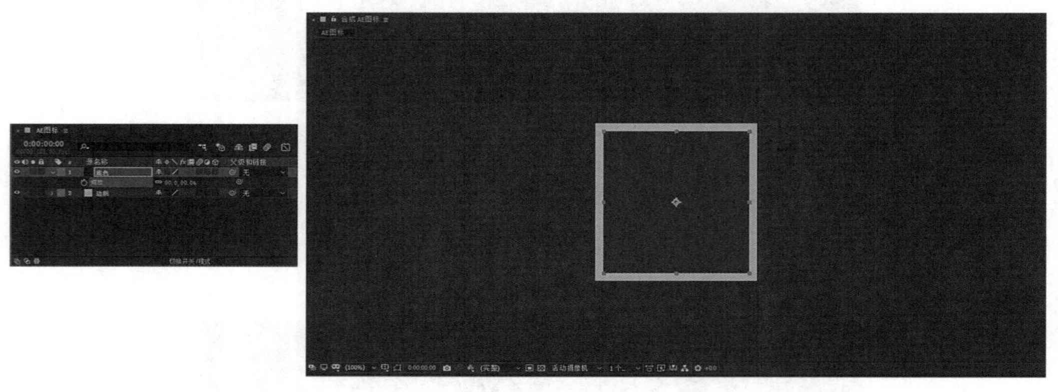

图 4-3-7

（5）工具栏里选择文本工具，创建文字对象“Ae”，如图4-3-8所示。

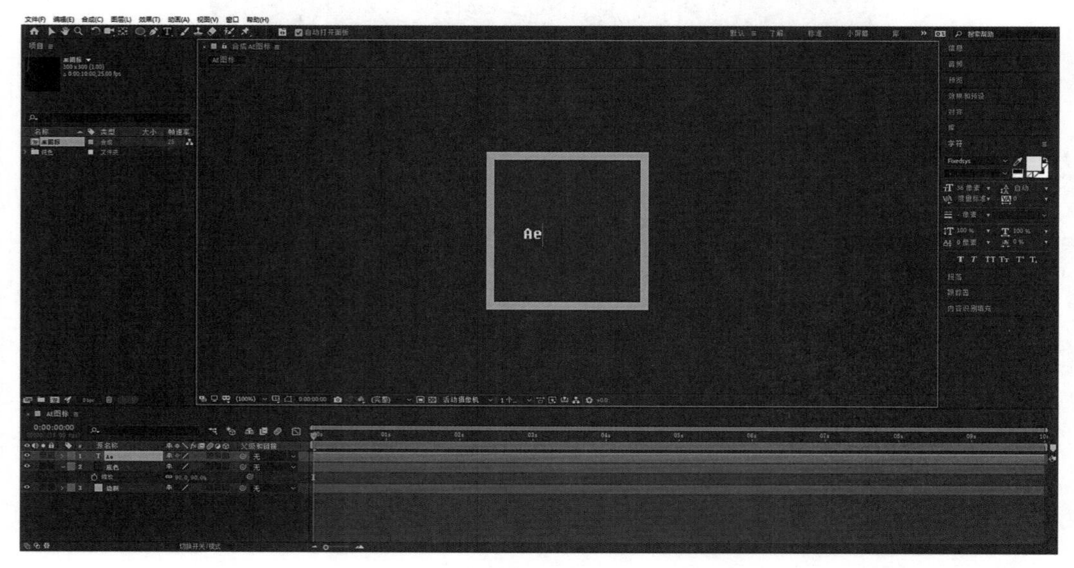

图 4-3-8

（6）在字符面板里修改字体、字号、填充颜色，切换到工具栏里的选择工具，移动文字到合成的中间位置，如图4-3-9所示。

图4-3-9

（7）新建合成，命名为“摄像机”，预设为HDTV 1080 25，持续时间为10秒，如图4-3-10所示。

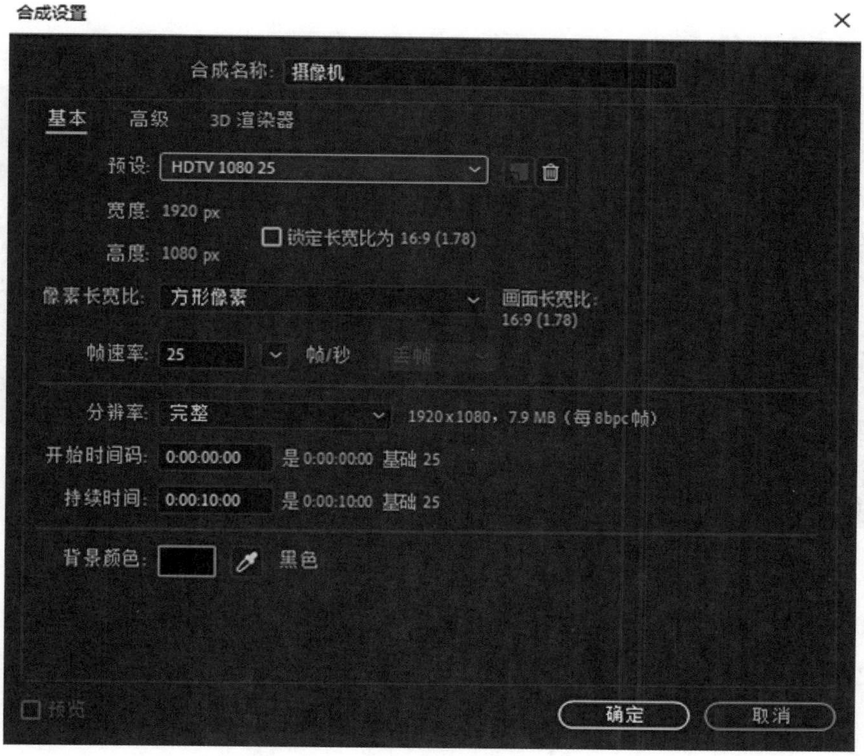

图4-3-10

（8）把合成“Ae图标”嵌套进来，并打开该图层的三维开关，如图4-3-11所示。

图4-3-11

（9）把视图布局定义为“4个视图-左侧”，如图4-3-12所示。

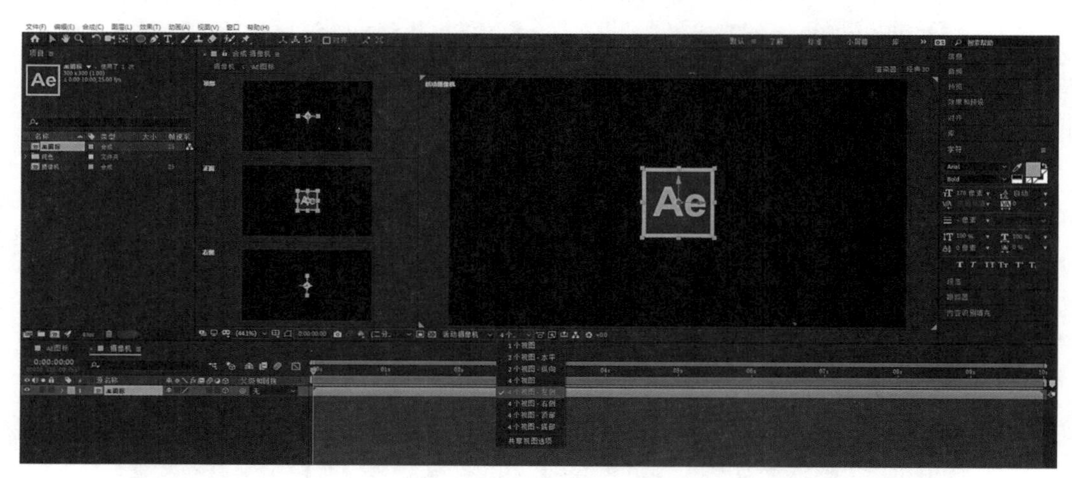

图4-3-12

（10）执行【图层】—【新建】—【文本】，对应的快捷键是Ctrl+Alt+Shift+T，如图4-3-13所示。

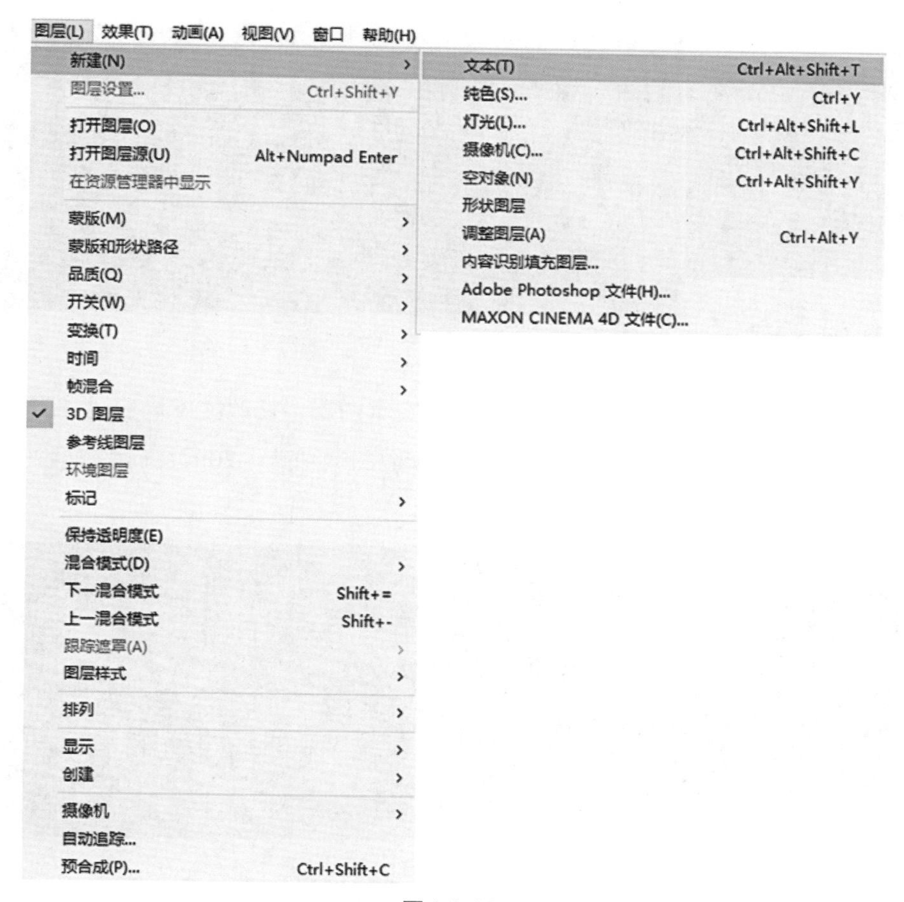

图 4-3-13

（11）输入 After Effects 的最后一个字母“S”，在字符面板中设置文字的字体、字号、填充颜色和边框颜色，放置在 Ae 图标的位置，如图 4-3-14 所示。

图 4-3-14

（12）把文本图层转换为三维图层，设置该图层的位置纵深方向数值为–500，如图 4-3-15 所示。

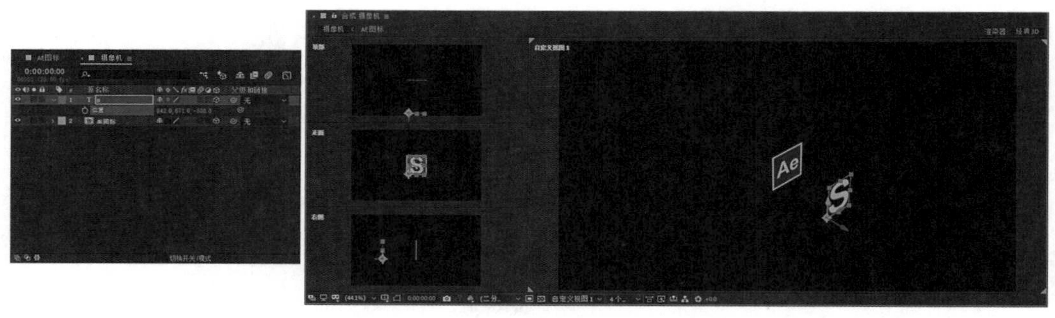

图4-3-15

（13）Ctrl+D 制作文本图层的副本，双击文本图层，修改文本内容为“T”（After Effects 的倒数第二个字母），设置位置纵深方向的数值为 –700，与倒数第一个字母“S”间隔 200 像素的距离，如图 4-3-16 所示。

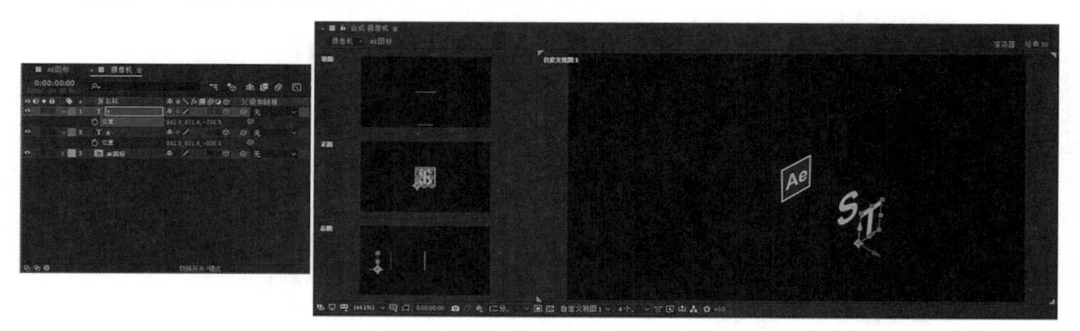

图4-3-16

（14）步骤同（12）—（13），做出After Effects的所有字母在纵深方向上排列，每个字母间隔200像素的距离，如图4-3-17所示。

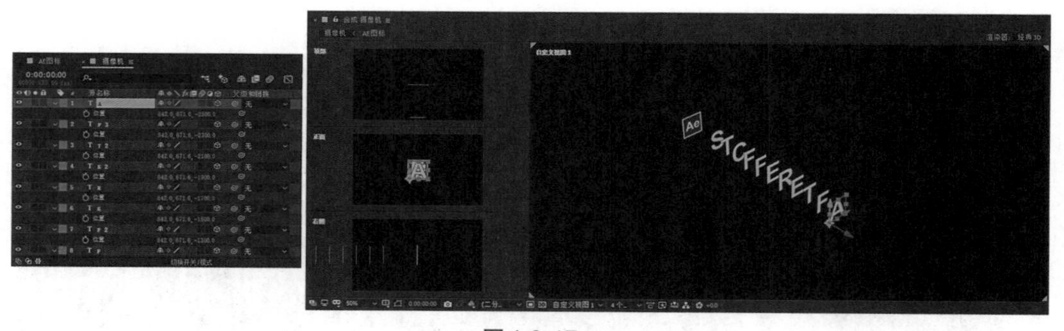

图4-3-17

（15）新建纯色层，命名为“地面”，颜色为灰色，如图4-3-18所示。

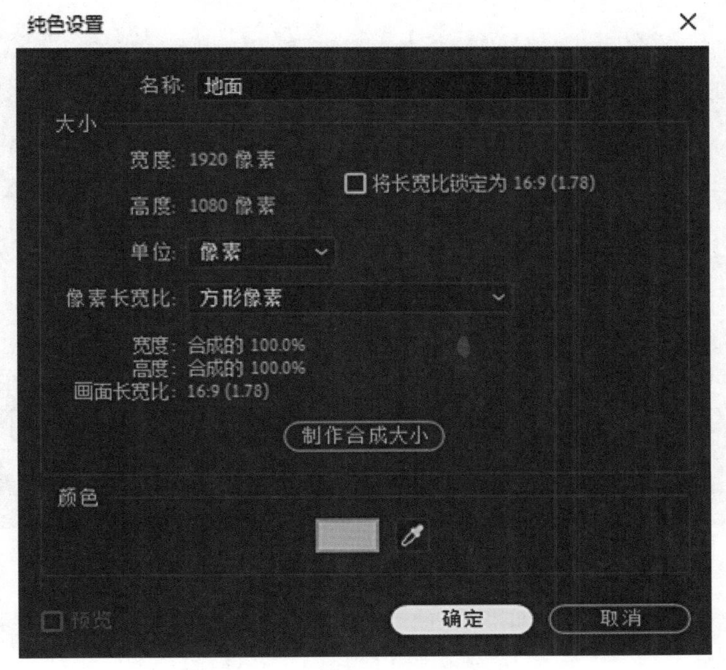

图4-3-18

（16）把“地面”图层转换为三维图层，X轴旋转0x+90°，调整竖直方向上的数值，使“地面”移动到Ae图标和字母的下面，调整竖直方向上的缩放比例，使“地面”铺满Ae图标和字母的下面，如图4-3-19所示。

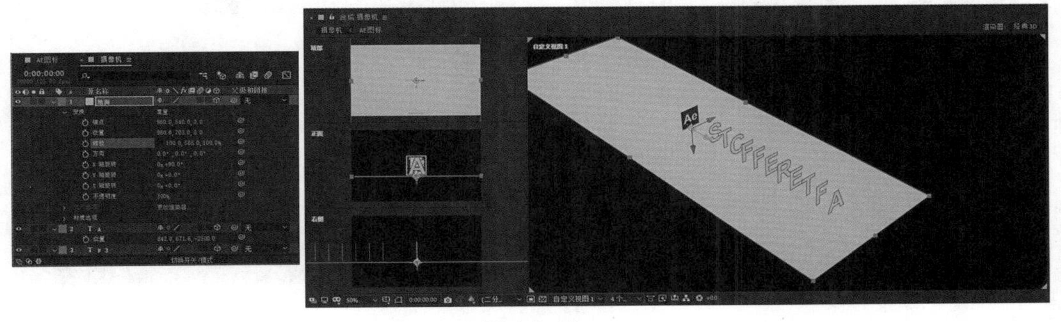

图4-3-19

（17）执行【图层】—【新建】—【摄像机...】，或者使用快捷键Ctrl+Alt+Shift+C，打开【摄像机设置】对话框，类型选择单节点摄像机，预设选择50毫米，勾选【启用景深】，如图4-3-20所示。

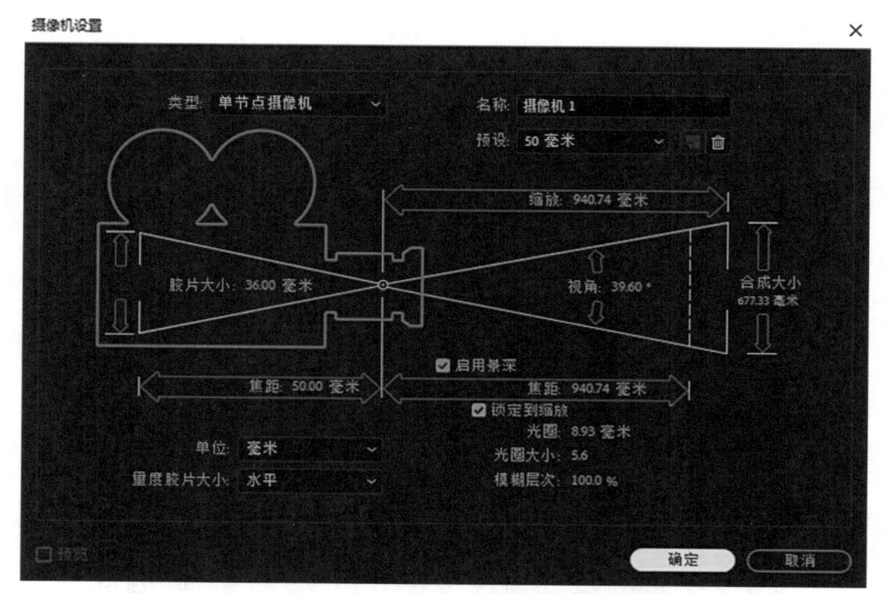

图4-3-20

（18）把自定义视图切换到摄像机1视图，查看默认参数下的视觉效果，同时观察其他参考视图里摄像机示意图的空间属性，如图4-3-21所示。

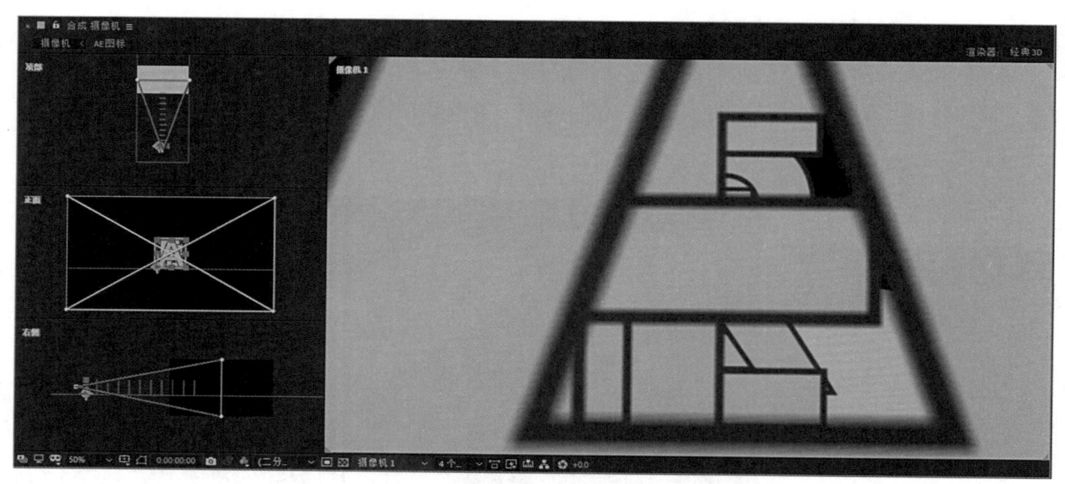

图4-3-21

（19）调整摄像机1在纵深方向上的位置数值，可以在顶视图或者右侧视图中移动摄像机的位置，也可以在摄像机1视图里使用摄像机工具里的跟踪Z摄像机，还可以在时间线面板调整摄像机的位置参数数值，让摄像机看到最前面的字母A，如图4-3-22所示。

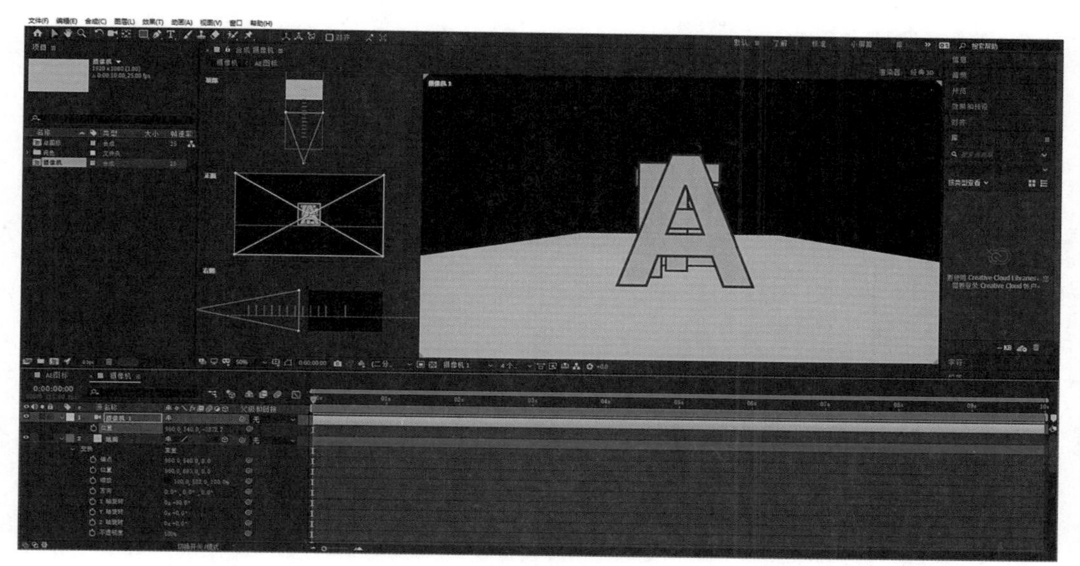

图4-3-22

（20）在00:00时刻设置摄像机1图层位置的关键帧，然后将时间指示器移动到08:00时刻，调整摄像机纵深方向上的位置数值，让摄像机穿过最后一个字母S，如图4-3-23所示。

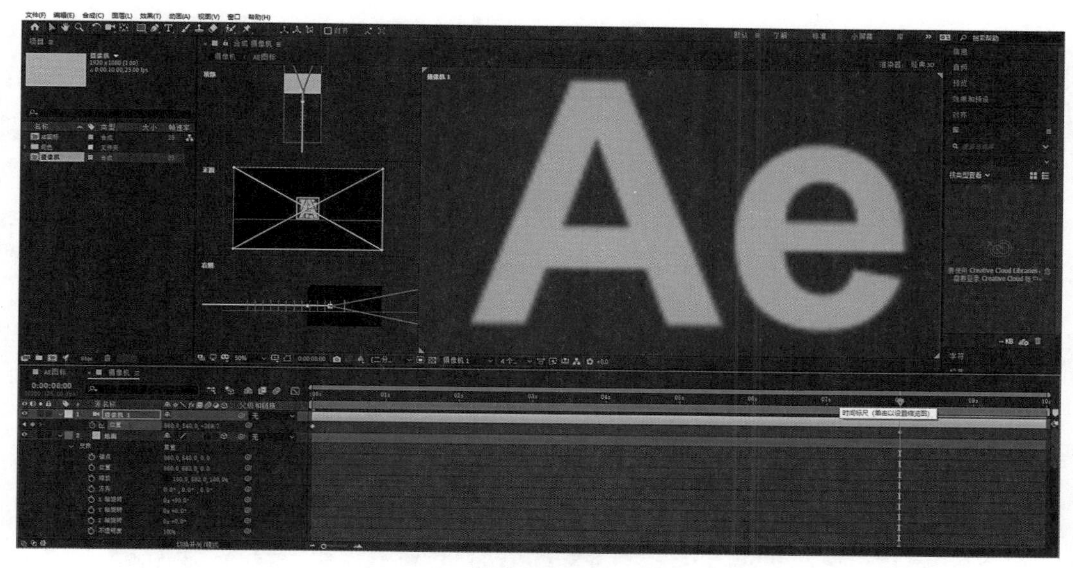

图4-3-23

（21）继续调整Ae图标图层的位置，让该图层的全部内容处在摄像机镜头的中心位置，并且是清晰的，如图4-3-24所示。

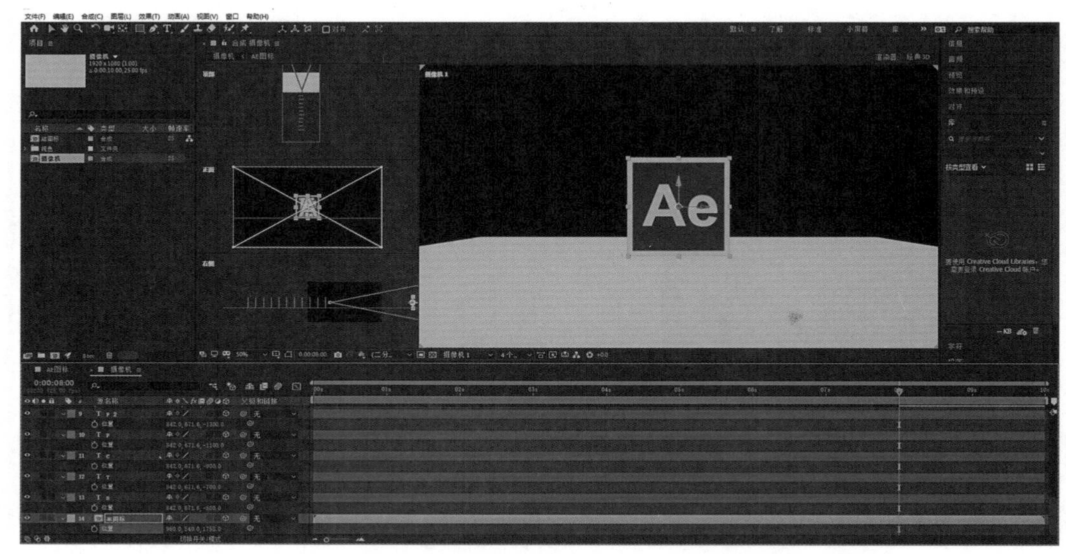

图4-3-24

（22）执行【图层】—【新建】—【摄像机...】，或者使用快捷键Ctrl+Alt+Shift+C，打开【摄像机设置】对话框，类型选择为双节点摄像机，预设选择15毫米，取消勾选【启用景深】，如图4-3-25所示。

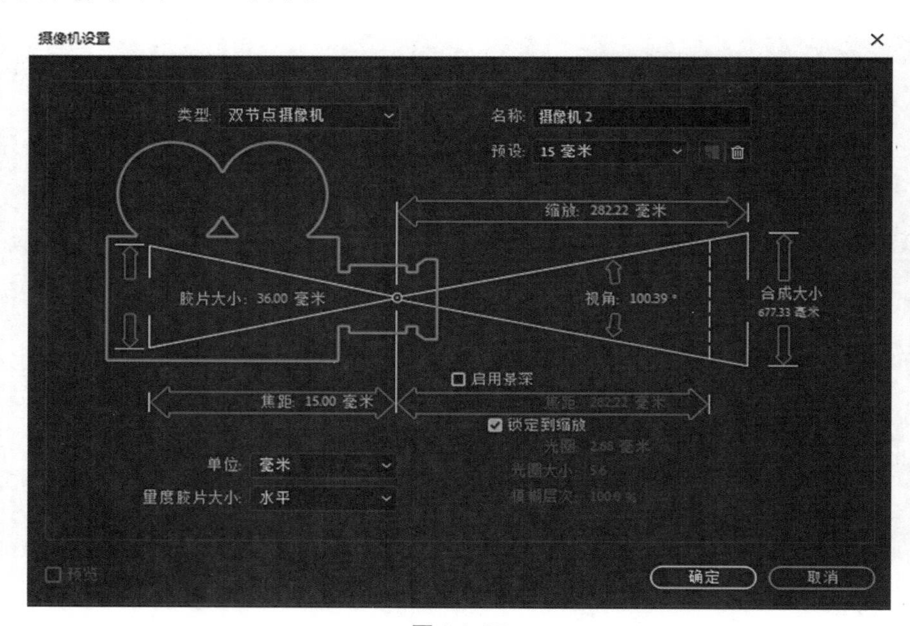

图4-3-25

（23）在时间线面板展开摄像机2的图层属性。与单节点摄像机相比，变换属性里多了目标点。视图切换到摄像机2，从摄像机2里看到的结果不同于摄像机1里的结果，如图4-3-26所示。

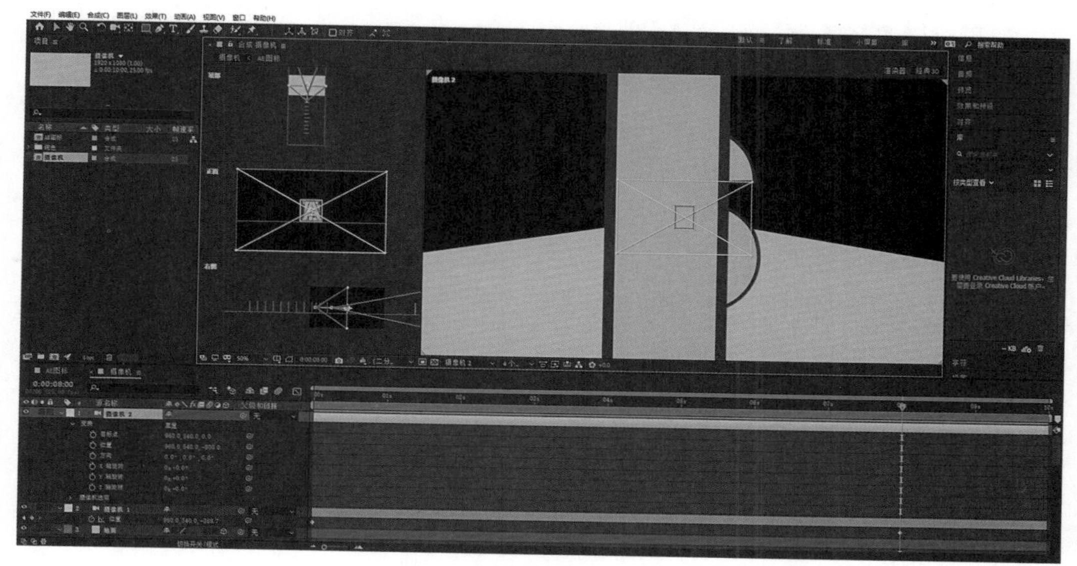

图4-3-26

（24）在00:00时刻设置摄像机2图层位置的关键帧，让摄像机2看到最前面的字母A；将时间指示器移动到08:00时刻，调整摄像机纵深方向上的位置数值，让摄像机刚好穿过最后一个字母S，如图4-3-27所示。

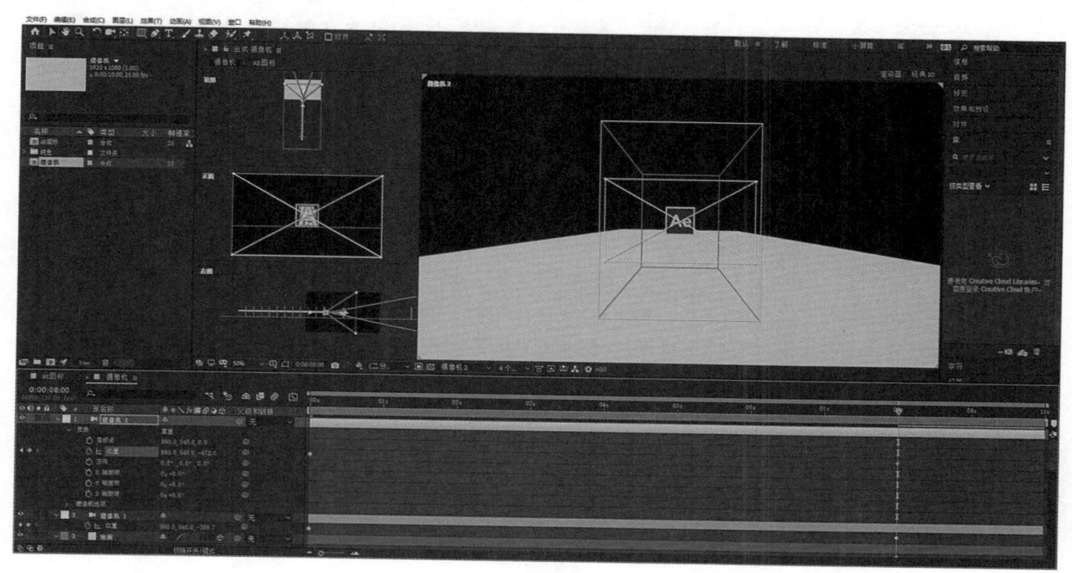

图4-3-27

（25）此时，如果继续让摄像机2推进，摄像机的位置一旦超过目标点会自动反向。需要把摄像机2的目标点定义到Ae图标上，即把Ae图标图层纵深方向上的位置数值复制粘贴到摄像机2目标点的纵深位置上，如图4-3-28所示。

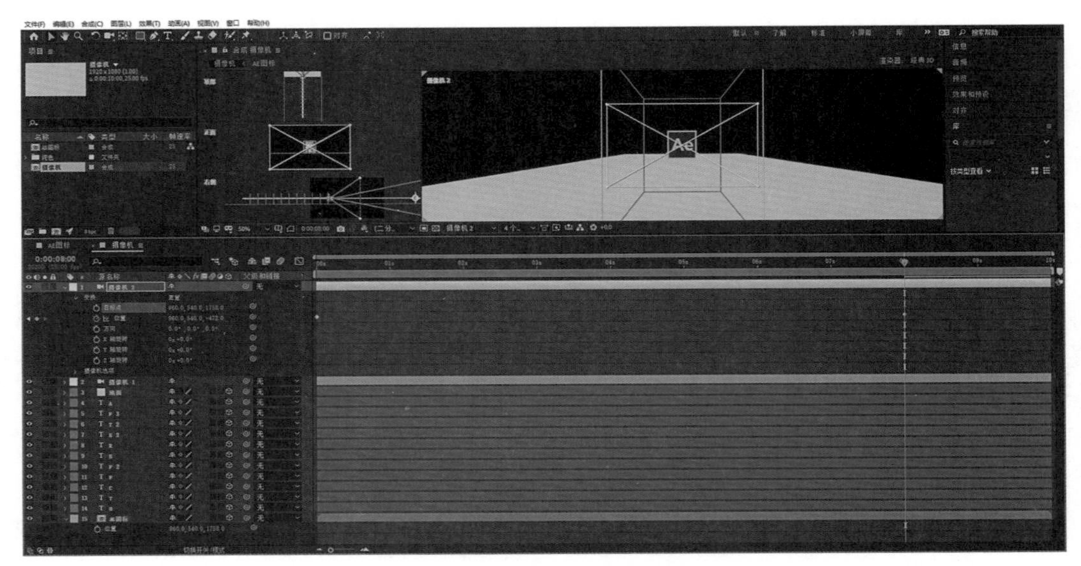

图4-3-28

（26）时间指示器定位到08:00时刻，继续调整摄像机2位置纵深方向上的数值，直至得到需要的落幅画面，如图4-3-29所示。

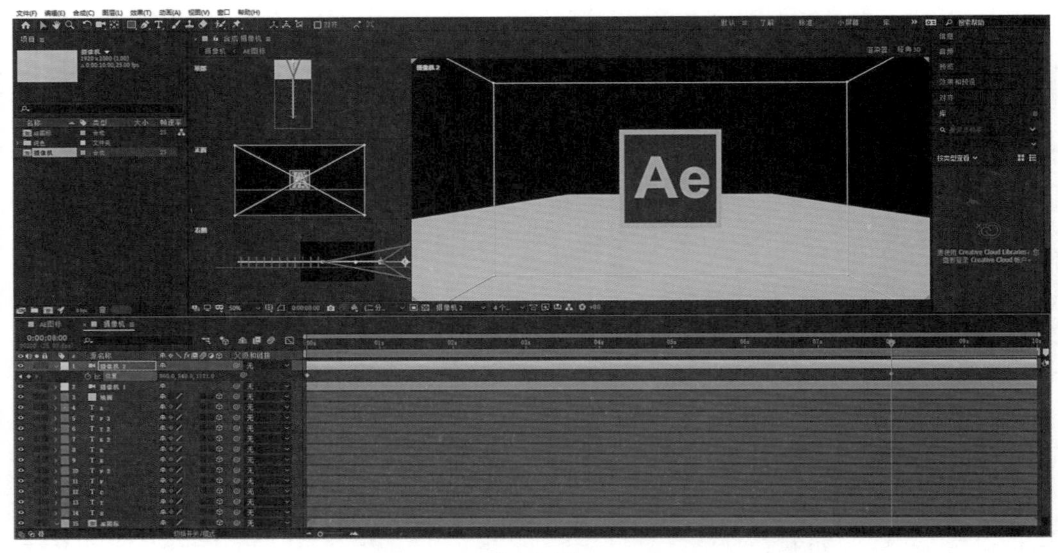

图4-3-29

（27）摄像机1的镜头内容。在时间线面板，打开摄像机1的图层显示开关，关闭摄像机2的图层显示开关，视图切换到摄像机1，如图4-3-30所示。

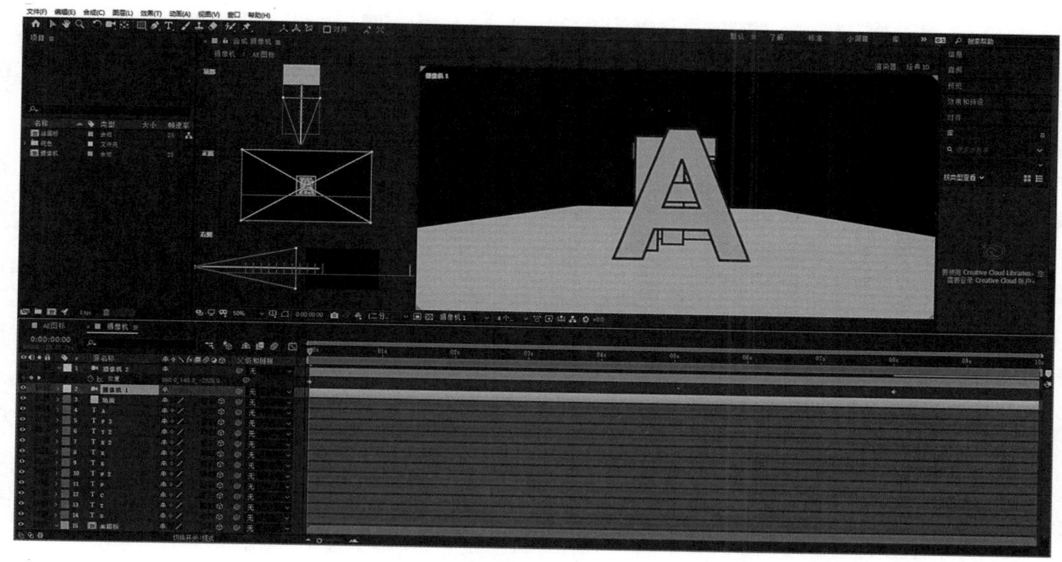

图4-3-30

（28）执行【合成】—【添加到渲染队列】，相应的快捷键为Ctrl+M，渲染输出，如图4-3-31所示。

合成(C) 图层(L) 效果(T) 动画(A) 视图(V) 窗口 帮助(H)

新建合成(C)...	Ctrl+N
合成设置(T)...	Ctrl+K
设置海报时间(E)	
将合成裁剪到工作区(W)	Ctrl+Shift+X
裁剪合成到目标区域(I)	
添加到 Adobe Media Encoder 队列...	Ctrl+Alt+M
添加到渲染队列(A)	Ctrl+M
添加输出模块(D)	
预览(P)	›
帧另存为(S)	›
预渲染...	
保存当前预览(V)...	Ctrl+数字小键盘 0
在基本图形中打开	
响应式设计 - 时间	›
合成流程图(F)	Ctrl+Shift+F11
合成微型流程图(N)	Tab
VR	›

图4-3-31

（29）用同样的方法渲染输出摄像机2镜头的内容，如图4-3-32所示。

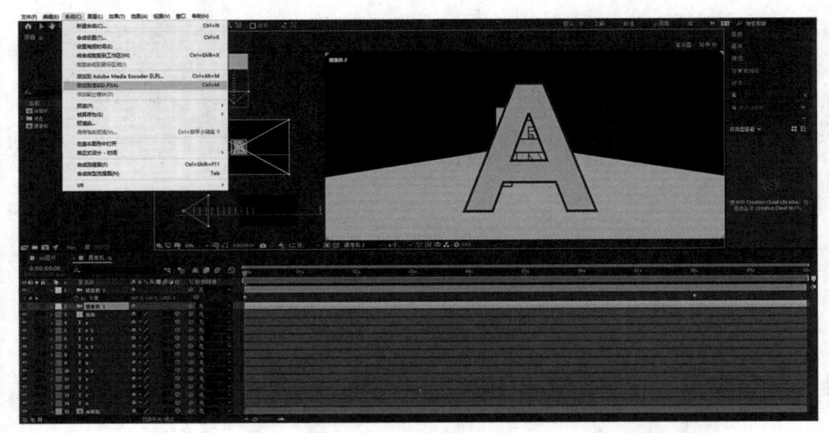

图4-3-32

（30）对比摄像机1和摄像机2的内容，可以用于多机位剪辑。

思路拓展：制作摄像机的旋转动画。

四、灯光图层

使用灯光图层不仅可以实现照明功能，还可以通过设置灯光的参数渲染气氛。

（一）创建灯光

在菜单栏中执行【图层】—【新建】—【灯光...】，对应的快捷键是Ctrl+Alt+Shift+L，如图4-4-1所示。

图4-4-1

可以打开【灯光设置】对话框，如图4-4-2所示。

图4-4-2

（1）名称：定义灯光的名称。一个三维场景中可以有很多盏灯光，灯光数量多了以后，给灯光起一个有意义的名称可以方便管理。

（2）灯光类型：After Effects有4种灯光类型，分别是聚光灯、平行光、点光和环境光。

聚光灯：相当于在一个圆形灯泡上加了一个灯罩，只有灯罩的方向上才有光线，灯罩方向之外是没有光线的。在聚光灯的照射下影子有明显的透视效果。

平行光：生活中认为太阳光是平行光，太阳距离地球非常遥远，当太阳光传播到地球上时基本上是平行的。早晨太阳刚刚升起时，地上的影子又细又长，没有透视变形。

点光：从一个点开始发光，周围360°范围内都有光照。在点光的照射下也可以产生阴影。

环境光：用来控制整个场景的亮度。没有发光的位置，也没有阴影。

（3）强度：指光源的亮度，数值可以大于100%，也可以小于100%。

（4）锥形角度：只有使用聚光灯时才有锥形角度，可以控制光照的区域大小。

（5）锥形羽化：设置聚光灯照射下光照区域与非光照区域的边界过渡，一般情况下，为了模拟生活中真实的照射效果都设置羽化过渡。

（6）衰减：光在传播过程中是衰减的。比如，夜晚用手电筒照明，远到一定距离后就没有了光亮，这就是光在传播的过程中逐渐减弱直至消失了。

（7）投影：在灯光的照射下一般会产生阴影，而在灯光图层需要手动勾选【投影】

才能产生影子。阴影深度是指影子的明暗程度，如果影子是100%的黑色，可以说明被照射的物体是完全不透光的，也可以说明场景里没有其他光源。阴影扩散是指影子的边界是否设置模糊效果。通常情况下，现实生活中的影子都是有羽化边缘的。

（二）三点布光

三点布光法则是所有布光的基础，分别为主光、辅助光和轮廓光。通过不同类型的灯光，可以给一个正立方体进行三点布光。效果如图4-4-3所示。

图4-4-3

（1）新建合成，命名为“正方形平面”，尺寸为300×300，像素长宽比为方形像素，持续时间为5秒，如图4-4-4所示。

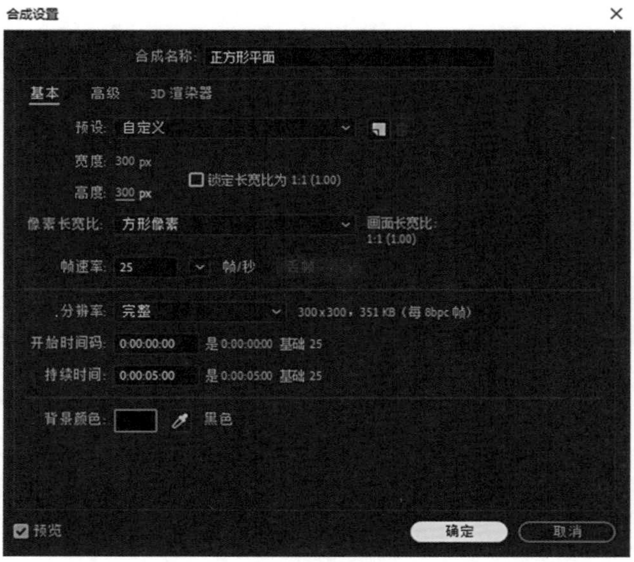

图4-4-4

（2）新建纯色层，命名为“边框”，尺寸为300×300，像素长宽比为方形像素，颜色为浅紫色，如图4-4-5所示。

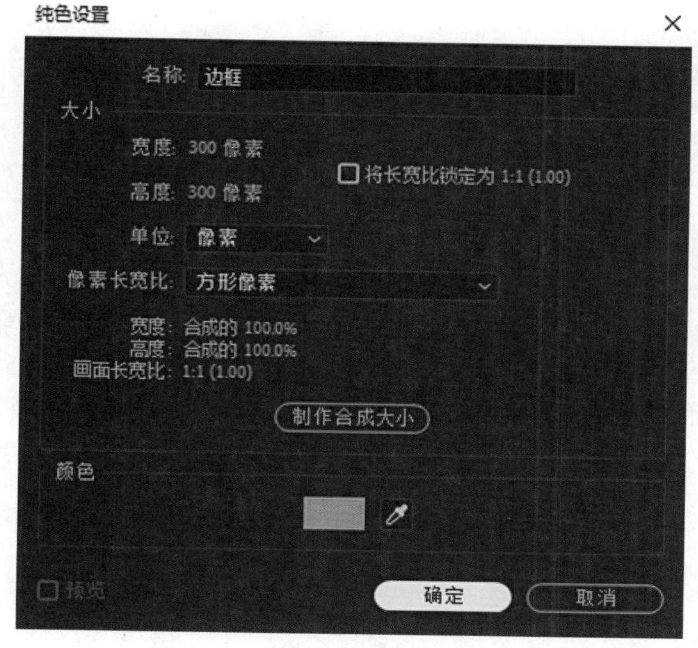

图4-4-5

（3）新建纯色层，命名为“底色”，尺寸为300×300，像素长宽比为方形像素，颜色为深紫色，如图4-4-6所示。

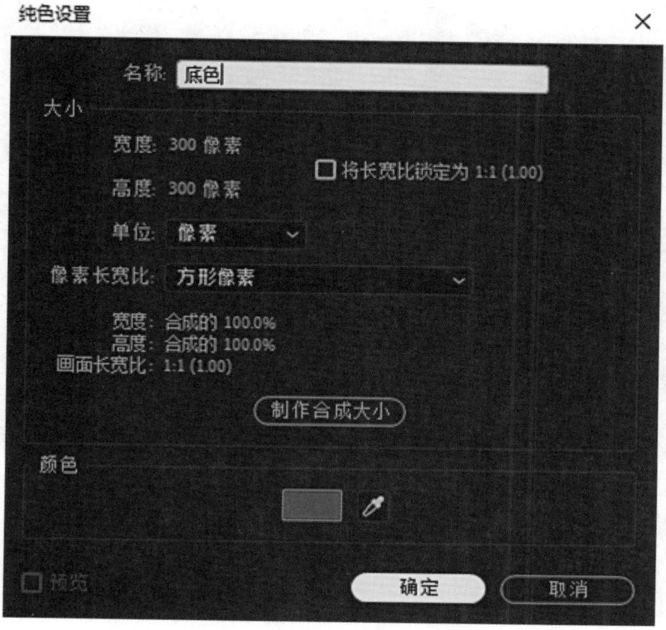

图4-4-6

（4）选择“底色”图层，在工具栏选择矩形工具，绘制一个正方形遮罩，如图4-4-7所示。

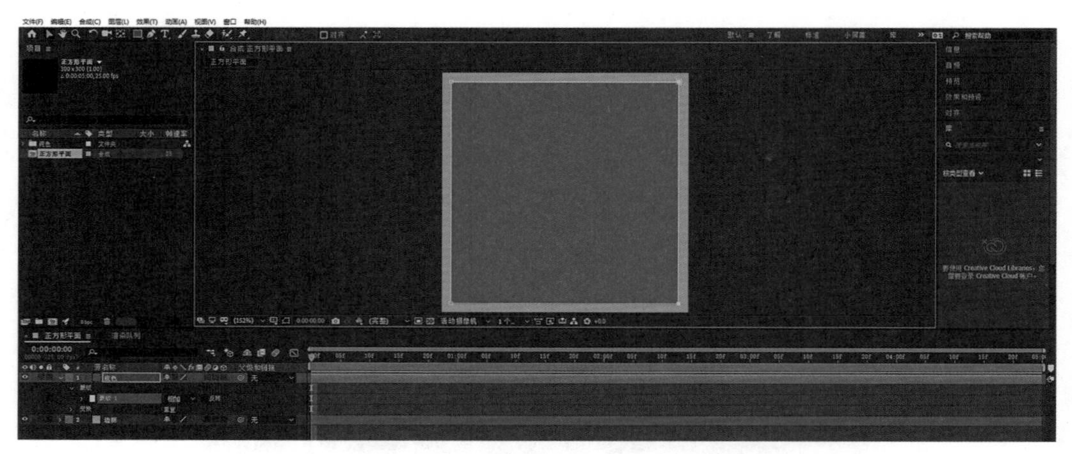

图4-4-7

（5）新建合成，命名为“立方体”，预设为HDTV 1080 25，持续时间为5秒，如图4-4-8所示。

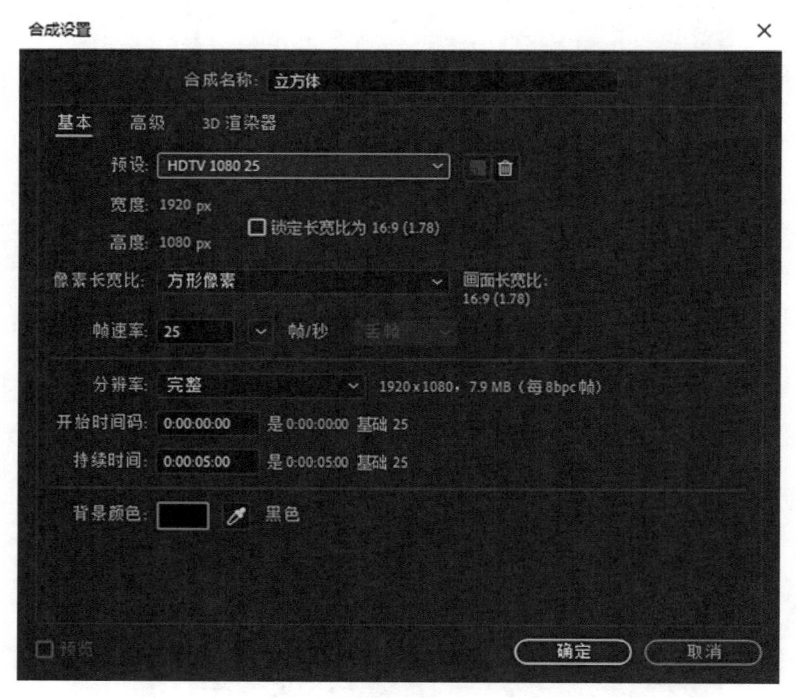

图4-4-8

（6）把合成“正方形平面”嵌套进来，并转换成三维图层，视图布局定义为“4个视图－左侧”，如图4-4-9所示。

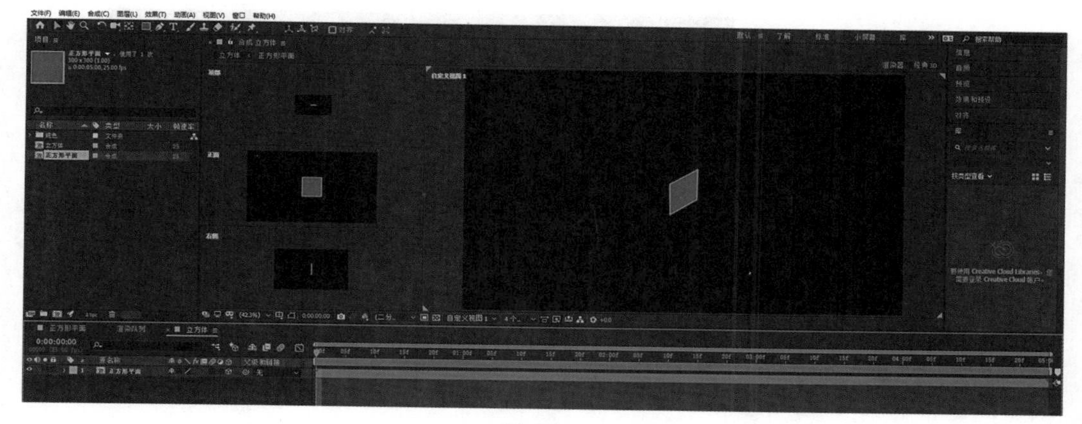

图4-4-9

（7）修改“正方形平面”的锚点纵坐标数值为150（正方形平面边长的一半），如图4-4-10所示。

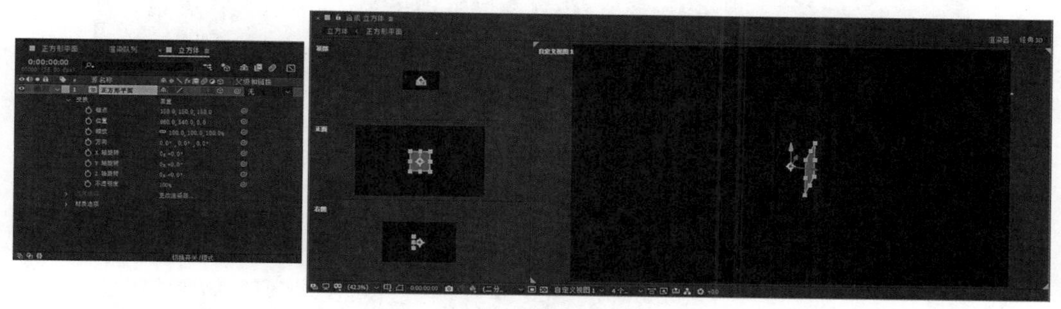

图4-4-10

（8）Ctrl+D制作图层副本，R键打开图层的旋转属性，把X轴旋转数值设置为0x+90°，如图4-4-11所示。

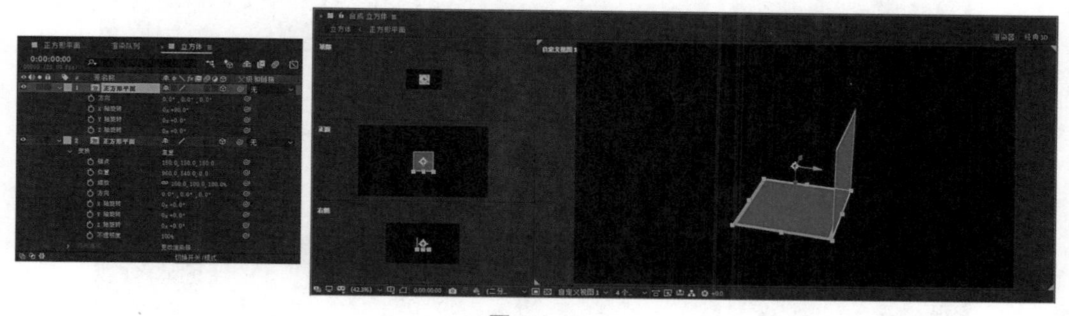

图4-4-11

（9）Ctrl+D制作图层副本，R键打开图层的旋转属性，把X轴旋转数值设置为0x+180°，如图4-4-12所示。

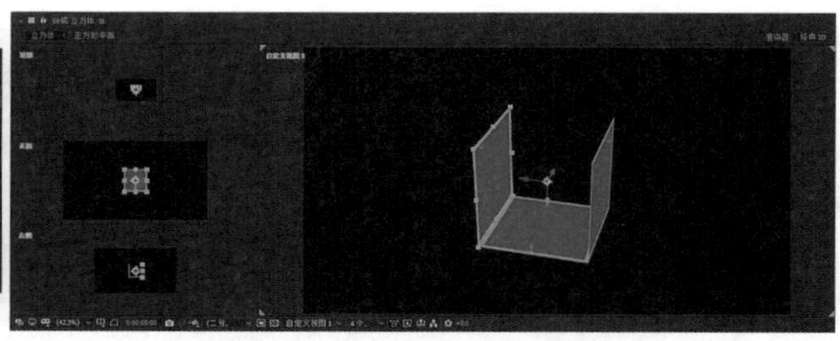

图4-4-12

（10）Ctrl+D 制作图层副本，R 键打开图层的旋转属性，把 X 轴旋转数值设置为 0x+270°，如图 4-4-13 所示。

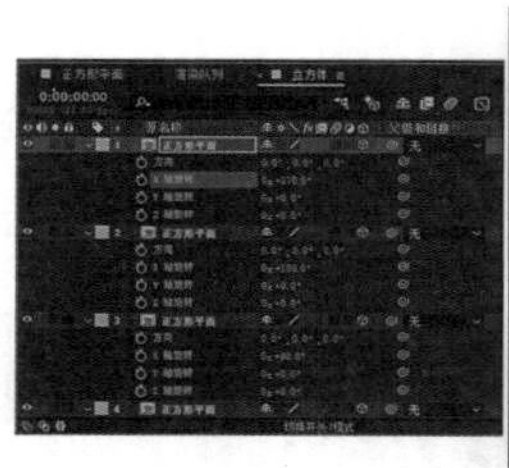
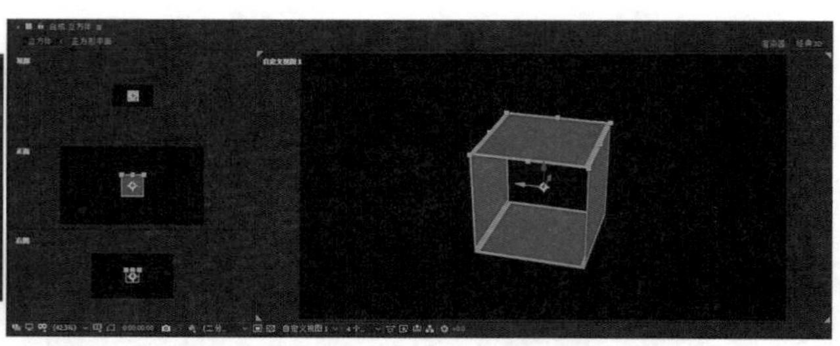

图4-4-13

（11）Ctrl+D 制作图层副本，R 键打开图层的旋转属性，把 X 轴旋转数值设置为 0x+0°，设置 Y 轴旋转数值为 0x+90°，如图 4-4-14 所示。

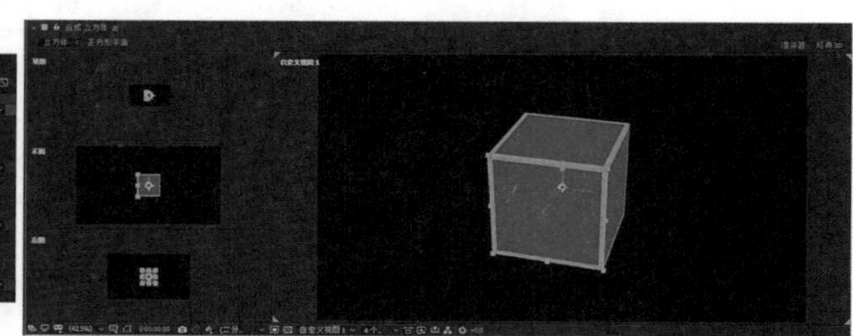

图4-4-14

（12）Ctrl+D 制作图层副本，R 键打开图层的旋转属性，把 X 轴旋转数值设置为 0x+0°，设置 Y 轴旋转数值为 0x−90°，如图 4-4-15 所示。

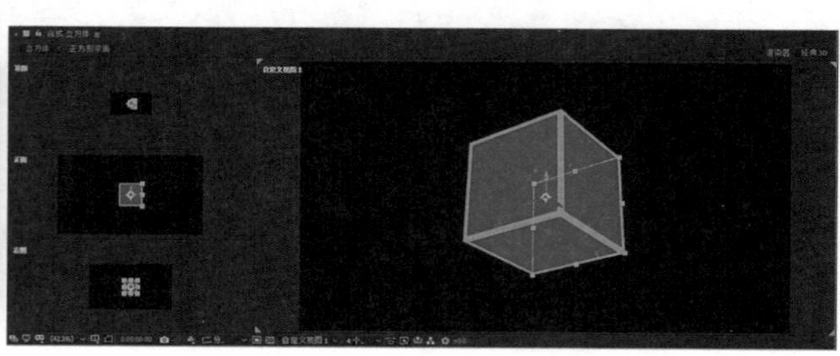

图4-4-15

（13）新建合成，命名为“灯光”，预设为HDTV 1080 25，持续时间为5秒，如图4-4-16所示。

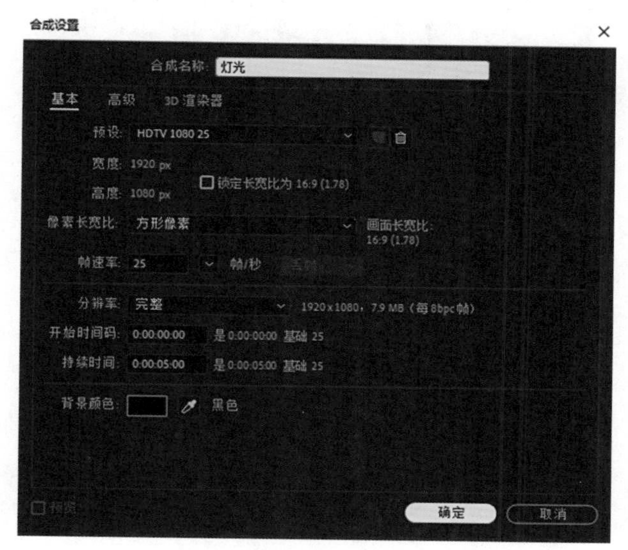

图4-4-16

（14）新建纯色层，命名为“地面”，大小为1920×1080，颜色为深灰色，如图4-4-17所示。

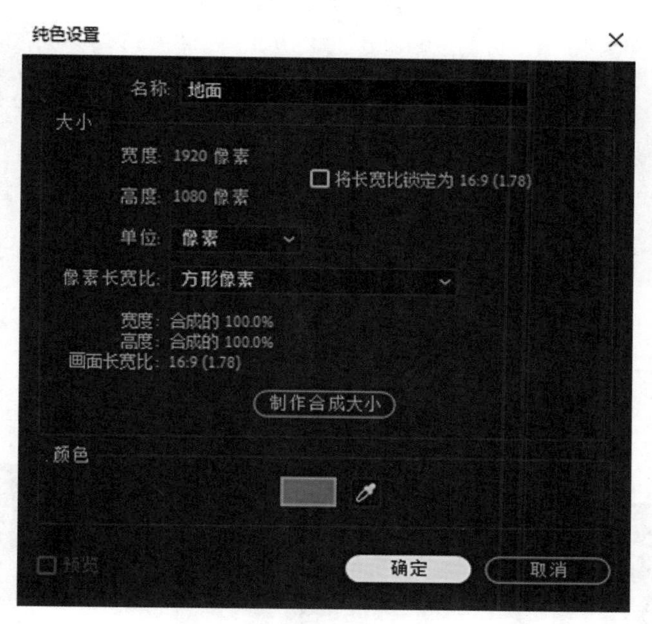

图4-4-17

（15）新建纯色层，命名为“墙面”，大小为1920×1080，颜色为浅灰色，如图4-4-18所示。

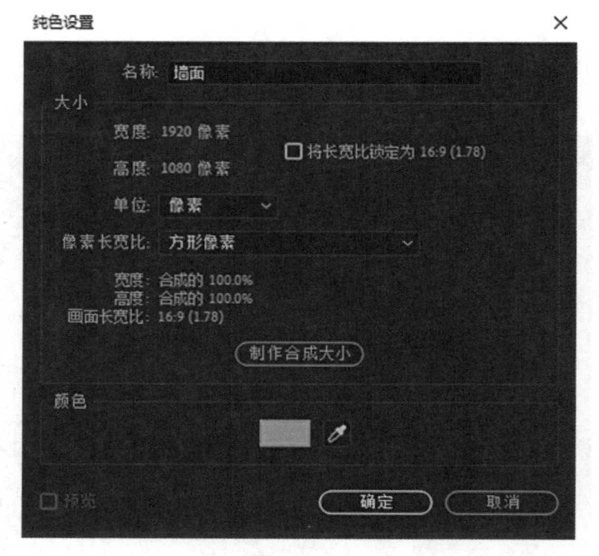

图 4-4-18

（16）把“地面”和“墙面”图层转换为三维图层，如图 4-4-19 所示。

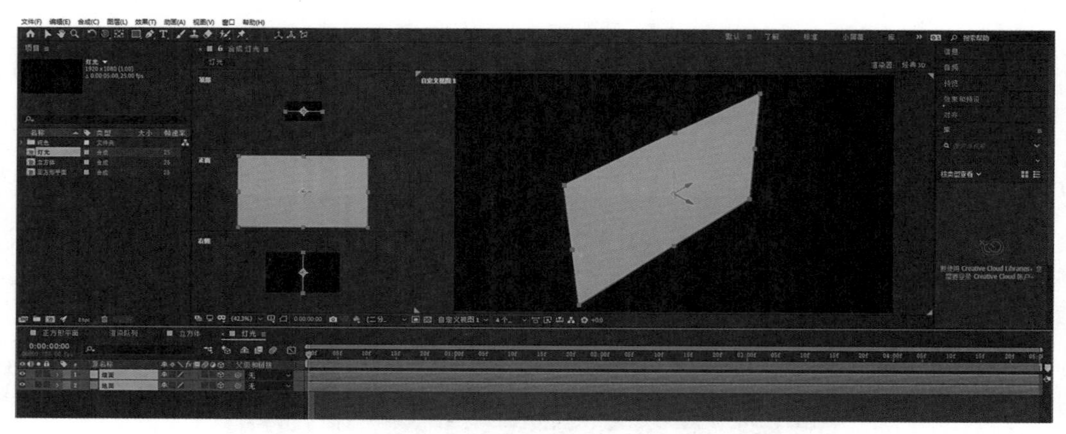

图 4-4-19

（17）设置“地面”图层的 X 轴旋转为 0x+90°，“位置”竖直方向上的数值为 1080，如图 4-4-20 所示。

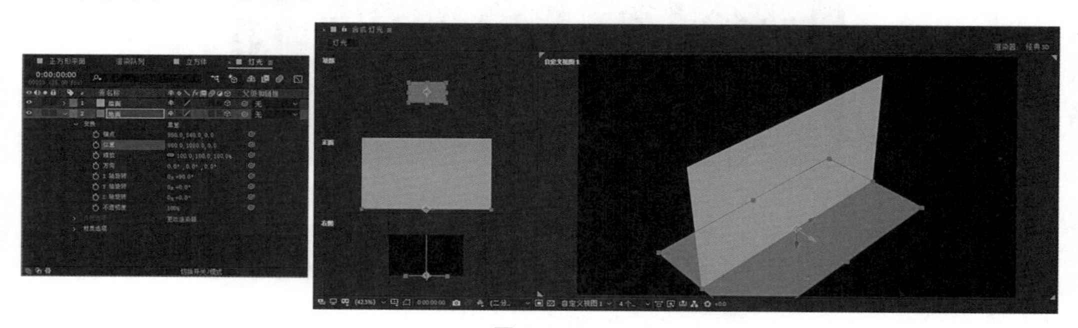

图 4-4-20

（18）把“墙面”图层的“位置”纵深方向上的数值设置为540，如图4-4-21所示。

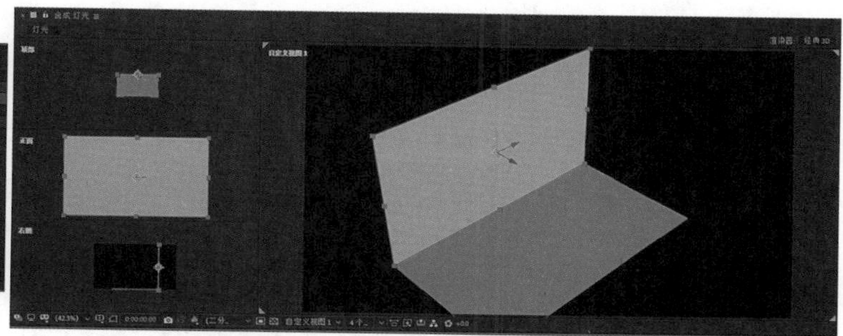

图4-4-21

（19）把合成“立方体”嵌套进来，转换成三维图层，开启栅格开关，如图4-4-22所示。

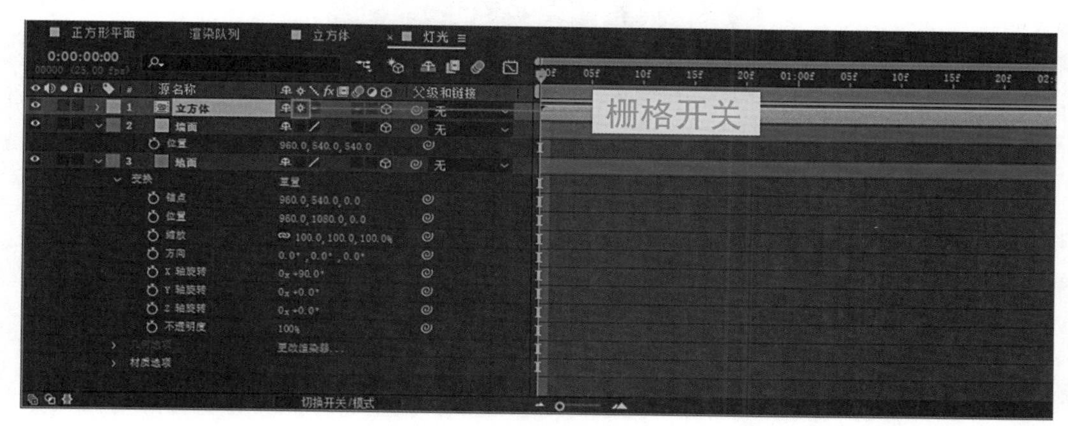

图4-4-22

（20）设置“立方体”图层“位置”竖直方向上的数值，让立方体落到地面上，如图4-4-23所示。

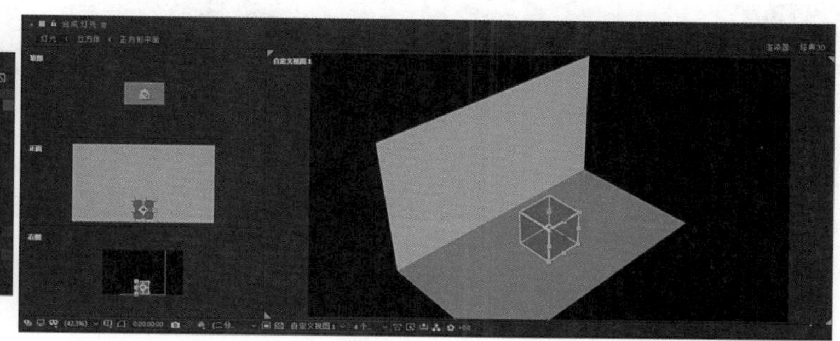

图4-4-23

（21）在菜单栏中执行【图层】—【新建】—【灯光...】，对应的快捷键是Ctrl+Alt+Shift+L，打开【灯光设置】对话框，命名为“主光”，灯光类型为聚光，勾选【投影】，阴影扩散数值为20，如图4-4-24所示。

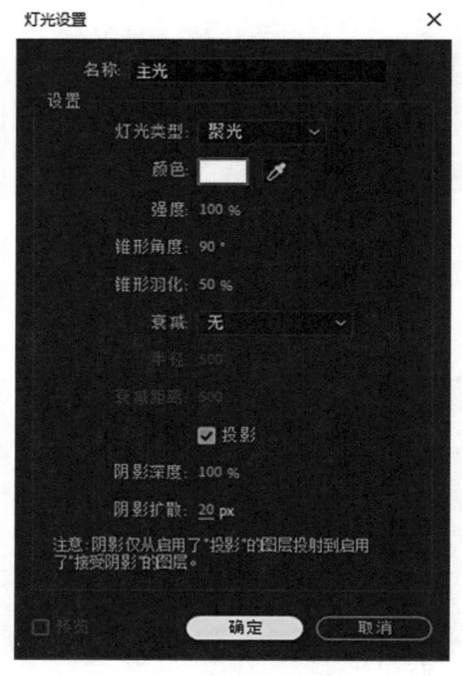

图4-4-24

（22）打开时间线面板里灯光图层的变换属性，调整目标点，将目标点定位到立方体上，如图4-4-25所示。

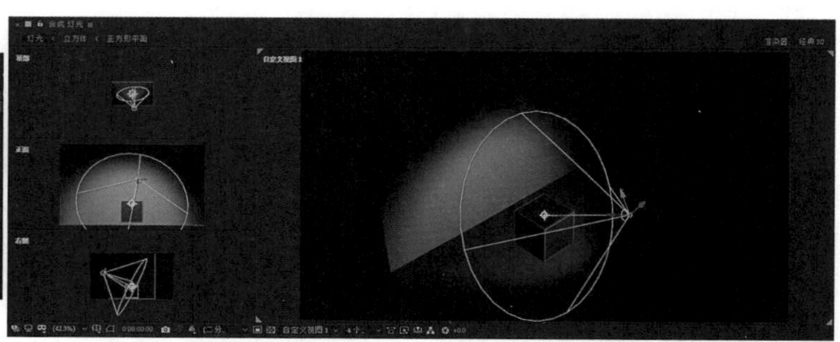

图4-4-25

（23）回到“立方体”合成中，展开每个“正方形平面”图层的材质选项，打开“投影”，如图4-4-26所示。

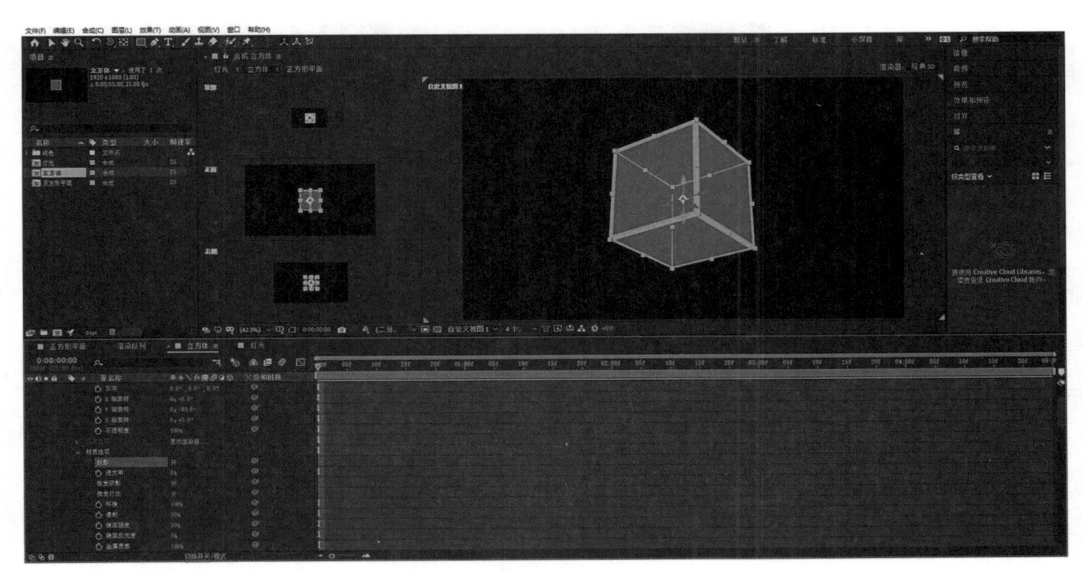

图4-4-26

（24）回到“灯光”合成中，此时立方体有了影子，如图4-4-27所示。

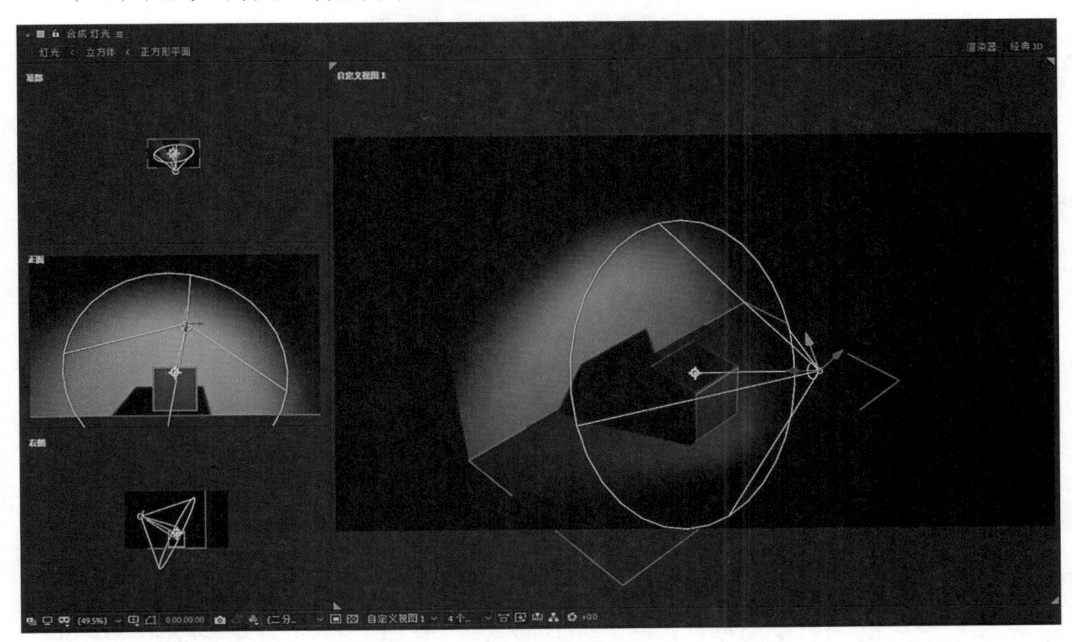

图4-4-27

（25）参考顶视图的内容，调整灯光图层位置的横坐标数值，让灯光在立方体的正前方，如图4-4-28所示。

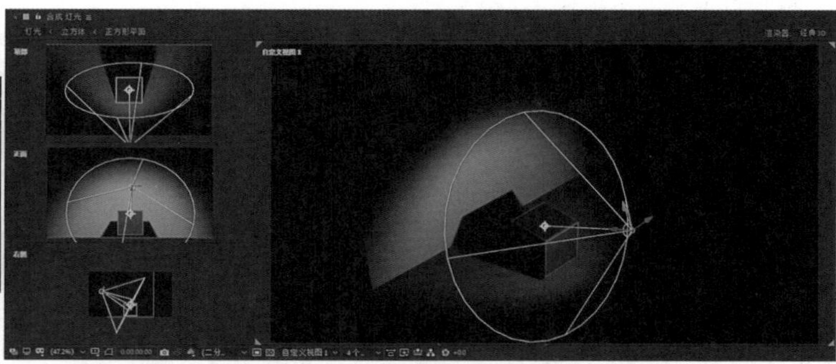

图4-4-28

（26）在菜单栏中执行【图层】—【新建】—【灯光...】，对应的快捷键是Ctrl+Alt+Shift+L，打开【灯光设置】对话框，命名为“辅光”，灯光类型为平行，强度为75%，勾选【投影】，如图4-4-29所示。

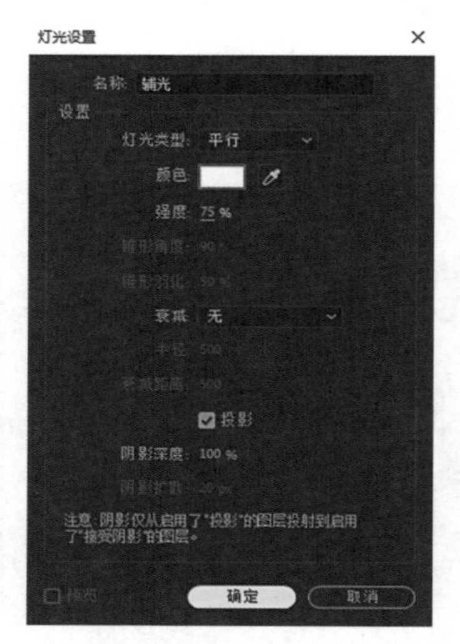

图4-4-29

（27）参考不同的视图，把目标点定位到立方体上，放置在立方体的一侧，如图4-4-30所示。

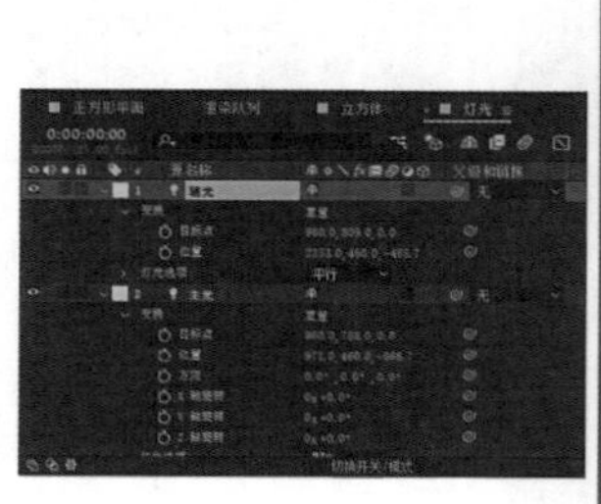
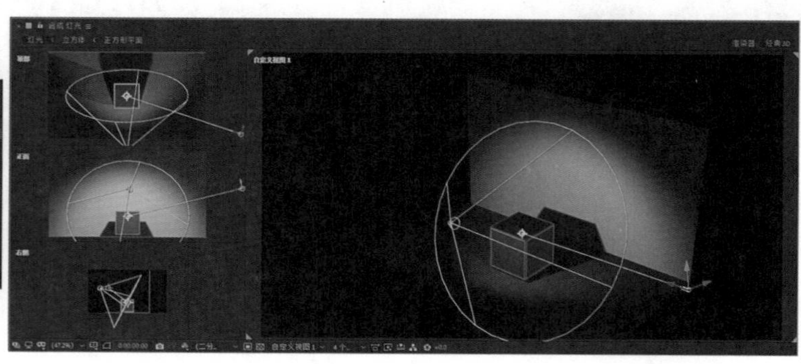

图4-4-30

（28）在菜单栏中执行【图层】—【新建】—【灯光...】，对应的快捷键是Ctrl+Alt+Shift+L，打开【灯光设置】对话框，命名为“背景光”，灯光类型为点，强度为20%，勾选【投影】，如图4-4-31所示。

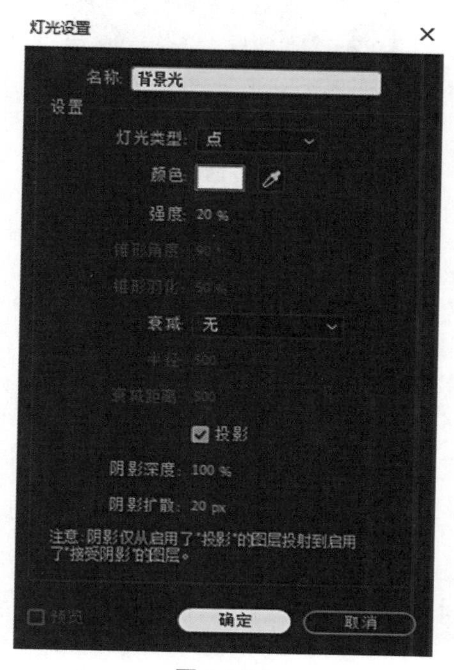

图4-4-31

（29）参考顶视图，把背景光放置到立方体的后面、墙面的前面，如图4-4-32所示。

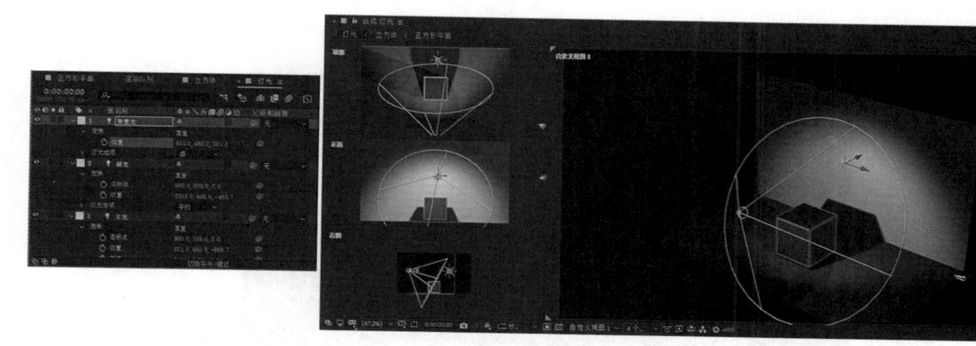

图4-4-32

（30）在菜单栏中执行【图层】—【新建】—【灯光...】，对应的快捷键是Ctrl+Alt+Shift+L，打开【灯光设置】对话框，命名为“环境光”，灯光类型为环境，如果强度为正值，场景的亮度整体提升，如果强度为负值，场景的亮度整体降低，如图4-4-33所示。

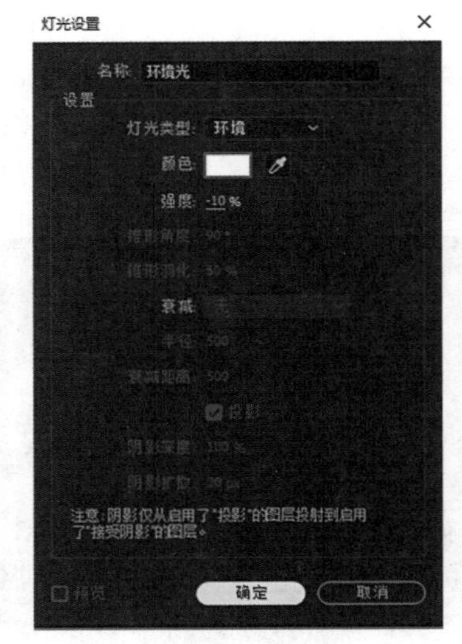

图 4-4-33

灯光图层里所有的属性都可以做相应的关键帧动画，从而形成动态的灯光效果。

思路拓展：修改灯光的颜色、强度、变换等参数数值，制作氛围灯光。

五、CINEMA 4D渲染器

默认情况下，合成图像使用经典3D渲染器。经典3D是传统的After Effects渲染器，图层可以作为平面放置在三维空间里。除此之外，还可以使用CINEMA 4D渲染器。新建合成，打开【合成设置】对话框，切换到【3D渲染器】标签面板，在渲染器下拉菜单中选择“CINEMA 4D”，如图4-5-1所示。

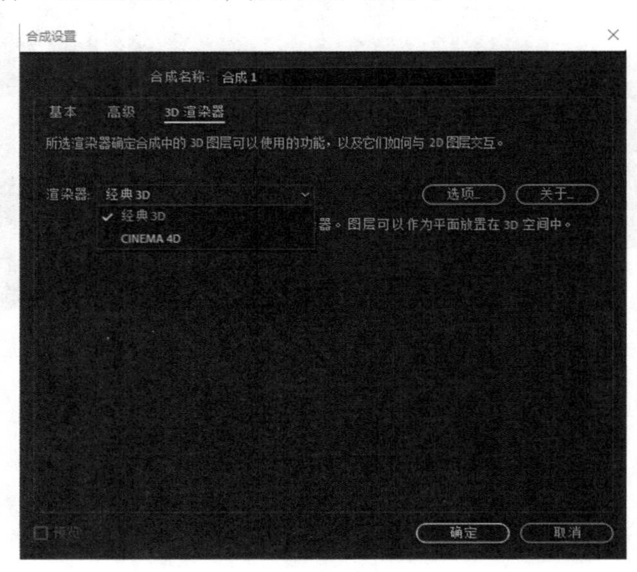

图 4-5-1

CINEMA 4D渲染器支持创建三维的文本和形状，启用一些渲染功能的同时也会禁用一些功能，如图4-5-2所示。

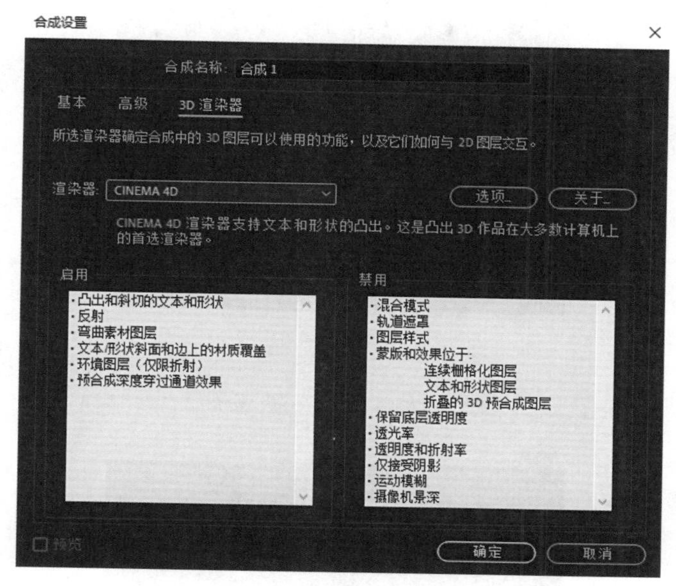

图4-5-2

下面通过制作一个金属质感的三维立体文字介绍CINEMA 4D渲染器的使用，效果如图4-5-3所示。

图4-5-3

（1）新建合成，命名为“金属立体文字”，预设为HDTV 1080 25，持续时间为5秒，如图4-5-4所示。

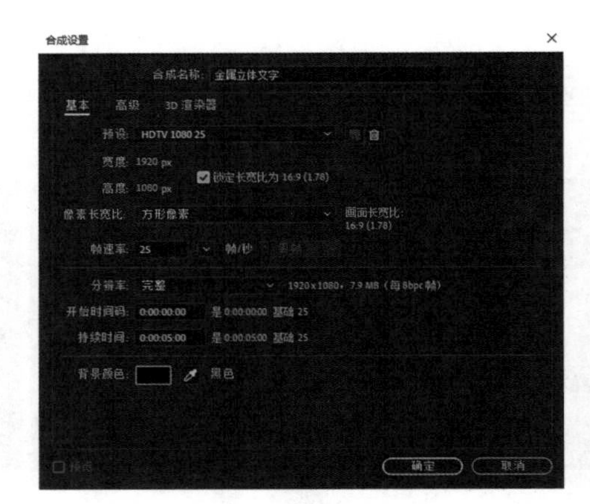

图4-5-4

（2）切换到【3D渲染器】标签面板，渲染器选择为“CINEMA 4D”，如图4-5-5所示。

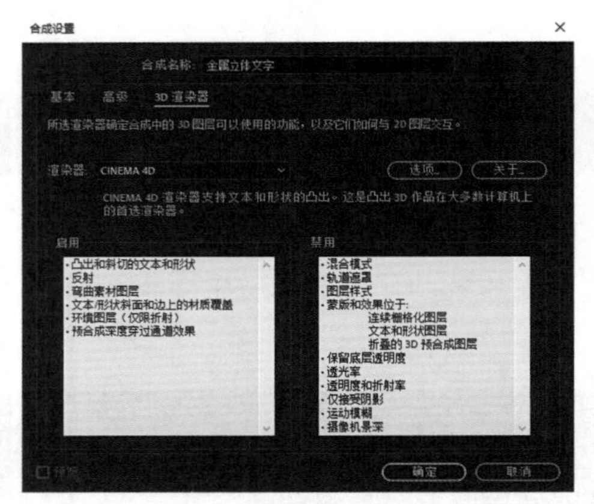

图4-5-5

（3）新建纯色层，命名为“地面”，颜色为灰色（128,128,128），如图4-5-6所示。

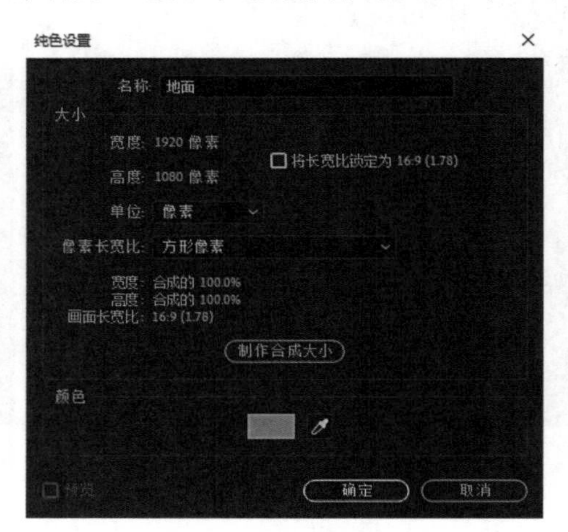

图4-5-6

（4）用文本工具创建文字“AECC”，字体为Arial，风格为Bold，字号为300，颜色为灰色（229，229，229），如图4-5-7所示。

图4-5-7

（5）把“地面”图层和文字图层转换为三维图层，切换到4个视图布局，“地面”图层的X轴旋转为0x+90°，位置移动到文字的下面，如图4-5-8所示。

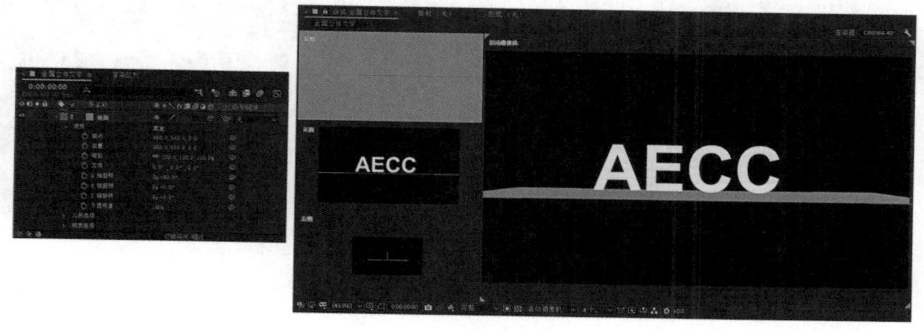

图4-5-8

（6）创建灯光图层，命名为“灯光1”，灯光类型为聚光灯，勾选【投影】，阴影深度为80%，阴影扩散为30px，如图4-5-9所示。

图4-5-9

（7）展开灯光图层，设置灯光的位置为（1040，120，–666.7），如图4-5-10所示。

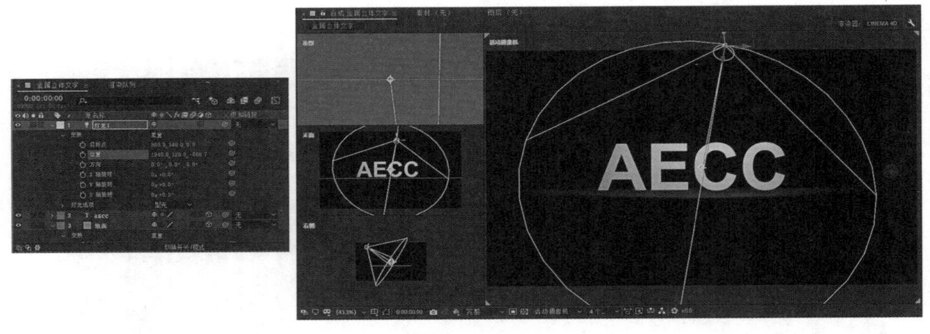

图4-5-10

（8）展开文本层的材质选项，投影设置为“开”，此时地面上出现了文字的影子，如图4-5-11所示。

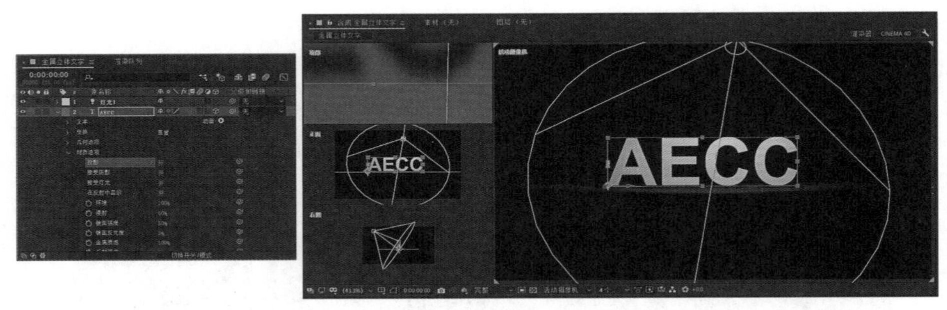

图4-5-11

（9）创建灯光图层，命名为“环境光”，灯光类型为环境，强度为20%，如图4-5-12所示。

图4-5-12

（10）创建摄像机，命名为“摄像机1”，参数使用默认数值，如图4-5-13所示。

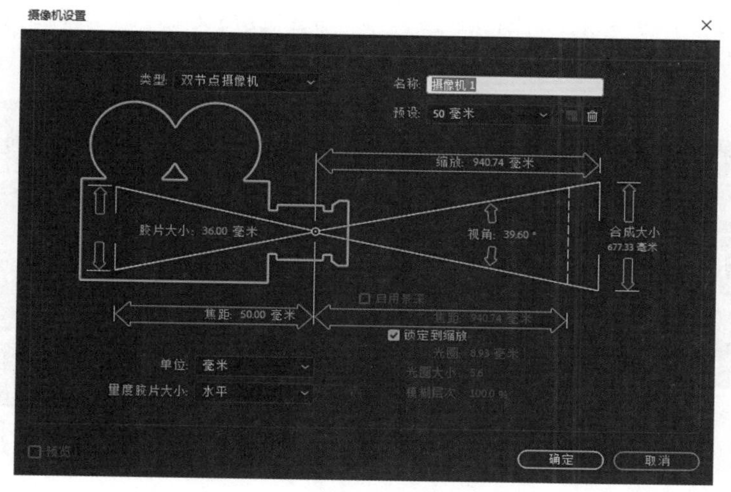

图4-5-13

（11）把主视图切换到摄像机1视图，使用摄像机工具调整视角，或在时间线窗口调整摄像机1的位置为（–480，–820，–1767），如图4-5-14所示。

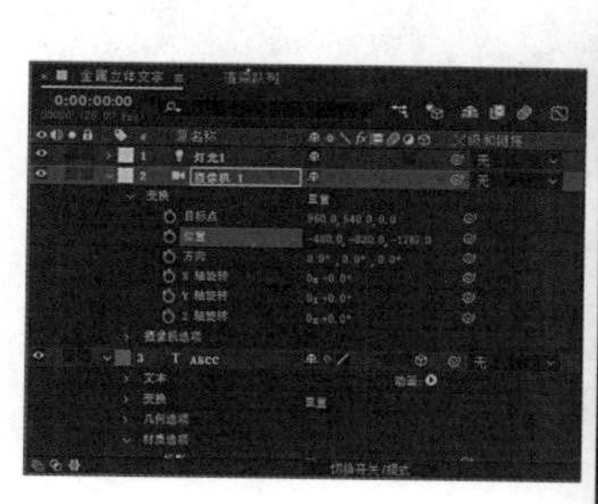

图4-5-14

（12）展开文本图层的几何选项，斜面样式为凹面，斜面深度为10，凸出深度为10，如图4-5-15所示。

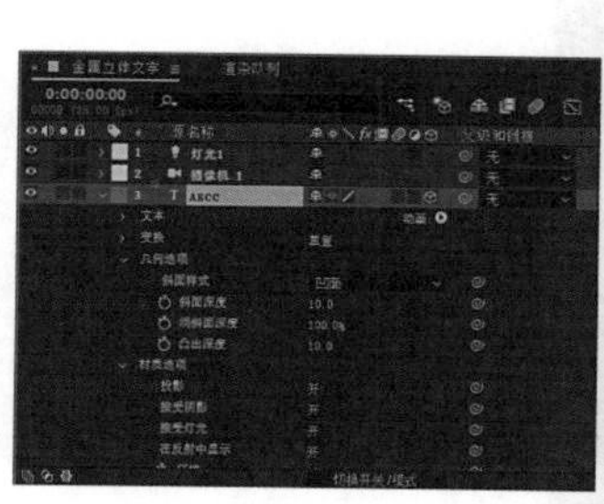

图4-5-15

（13）复制文本图层，双击文本图层2，修改文字的填充颜色为黄色（255，120，0），修改几何选项的参数，斜面样式为尖角，斜面深度为0，凸出深度为50，文本图层2的“位置”纵深方向上的数值为20，如图4-5-16所示。

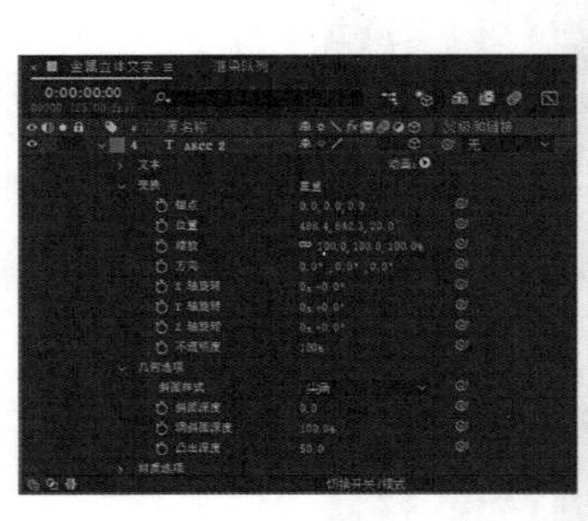
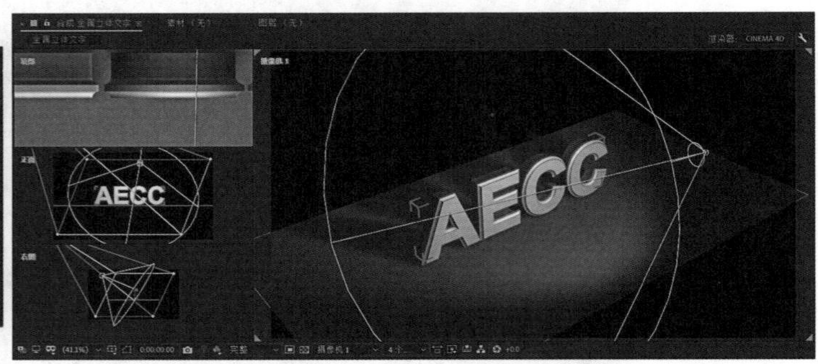

图4-5-16

（14）再次复制第一个文本图层，修改“位置”纵深方向上的数值为70，如图4-5-17所示。

图4-5-17

（15）新建纯色层，命名为“环境图层”，如图4-5-18所示。

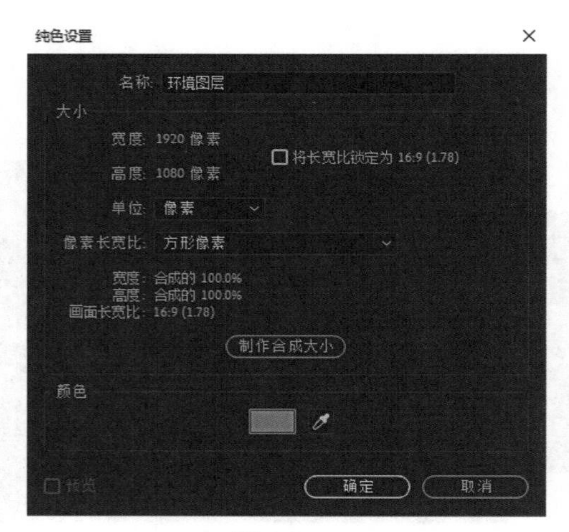

图4-5-18

（16）添加分形噪波特效，执行【效果】—【杂色和颗粒】—【分形杂色】，如图4-5-19所示。

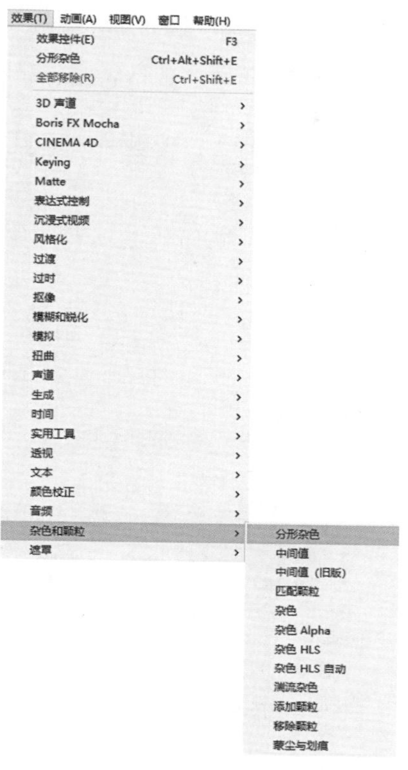

图4-5-19

（17）设置分形杂色的演化关键帧动画，在00:00时刻，演化的数值为0x+0°，在04:24时刻，演化的数值为5x+0°，如图4-5-20所示。

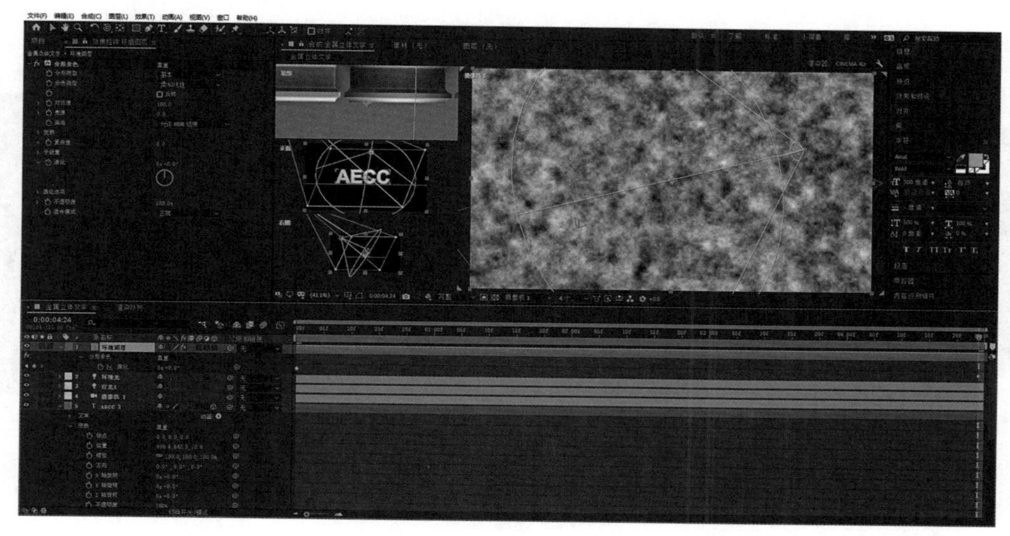

图4-5-20

（18）设置环境图层，选中“环境图层”，执行【图层】—【环境图层】，如图4-5-21所示。

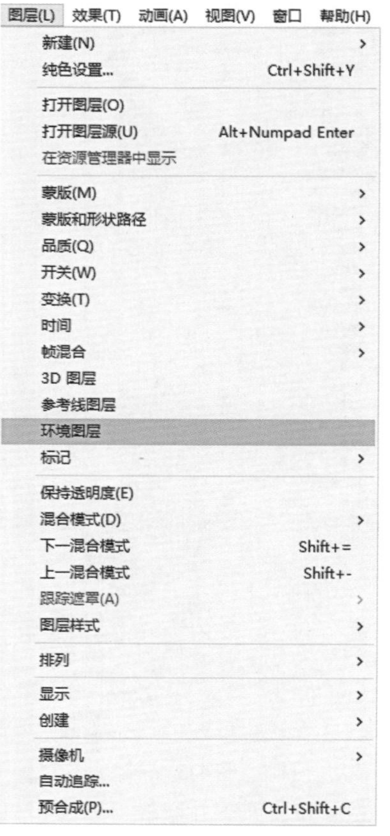

图4-5-21

（19）分别展开 3 个文本图层的材质选项，反射强度数值为 100%，如图 4-5-22 所示。

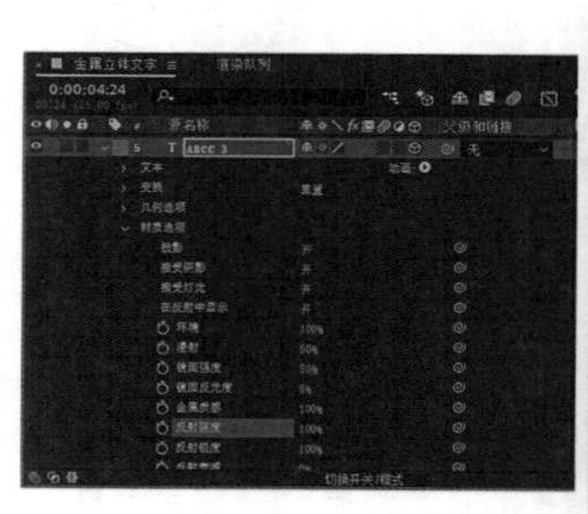
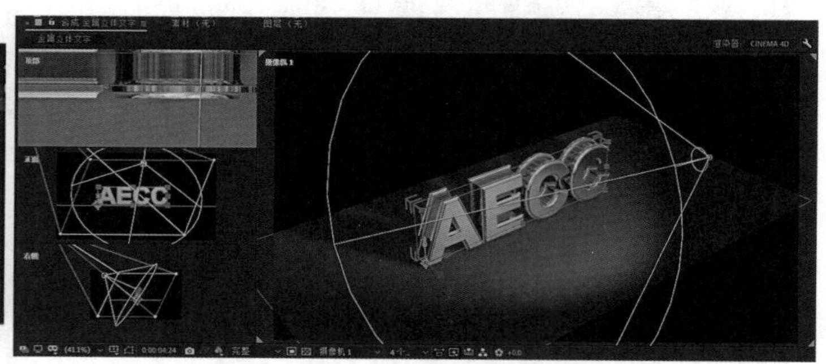

图4-5-22

（20）设置灯光1的位置动画，00:00时刻，位置数值为（240，120，–666.7），04:24时刻，位置数值为（1040，120，–666.7），如图4-5-23所示。

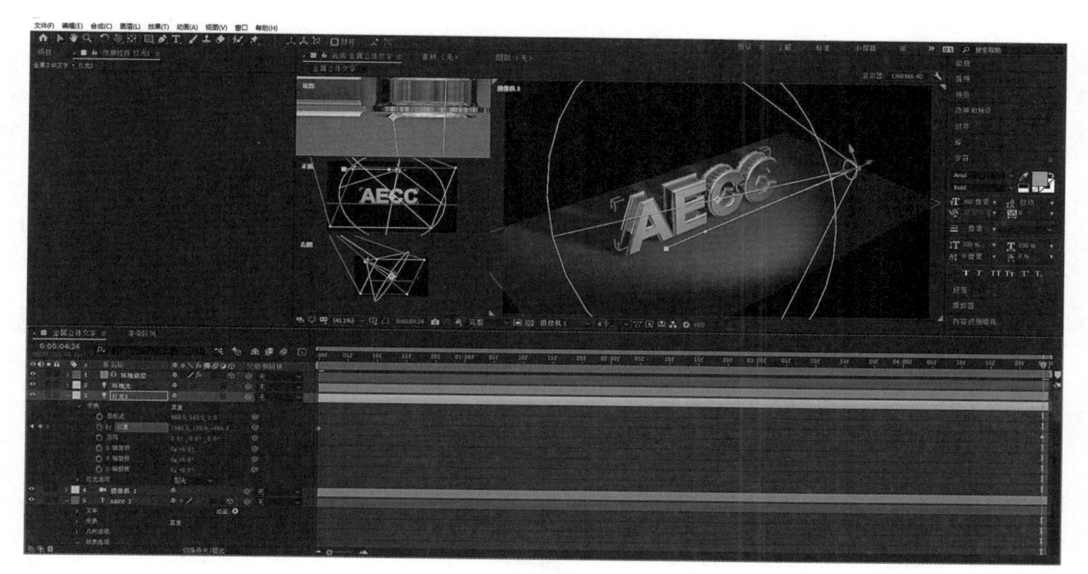

图4-5-23

（21）渲染生成。

拓展练习：增加摄像机动画，也可以设置文字三维空间的动画效果。

第五章　运动合成

运动跟踪的核心是计算机的一种算法，目标跟踪算法一般是在给定一个视频片段的第一帧目标位置的基础上，对后续帧中的原始目标进行跟踪。由于目标抖动、局部遮挡、背景光照变化、形状改变、快速运动等因素，运动跟踪仍然具有很大的挑战。After Effects软件通过识别跟踪目标的颜色属性数值的差别，得出跟踪数据，然后把跟踪数据应用于其他元素。After Effects中有动态追踪和摄像机追踪两种追踪方式，区别在于，一个是创建三维摄像机，就是我们说的摄像机反求，另一个是面片跟踪，根据素材的特点去跟踪，然后绑定素材合成。动态追踪可以大致分为二维跟踪和三维跟踪。二维跟踪是在当前平面上跟踪选择的点。如果只有一个跟踪点，则只能得到这个点在当前平面上的位置信息。如果有两个跟踪点，就可以根据两个跟踪点的相对运动得到镜头的旋转信息。三维跟踪同理，通过多个点的相对运动信息可以还原三维空间。因此，需要得到的运动信息越多，我们需要的跟踪点的运动数据也更多更准确，然后就有了一些原则。比如，高光和反射的物体因为在三维中不是真实存在的不可以被应用成跟踪点，平面跟踪的跟踪点需要在同一个平面上等。而点的计算是基于色彩差异的，这里的色彩不仅指单纯的颜色层，也可以是亮度层之类的。

从操作上说，After Effects软件有内置跟踪器和Macha跟踪，分别从【窗口】下拉菜单和【动画】下拉菜单中调出。

内置跟踪器窗口可以从【窗口】下拉菜单中调出，执行【窗口】—【跟踪器】，如图5-1-1所示。

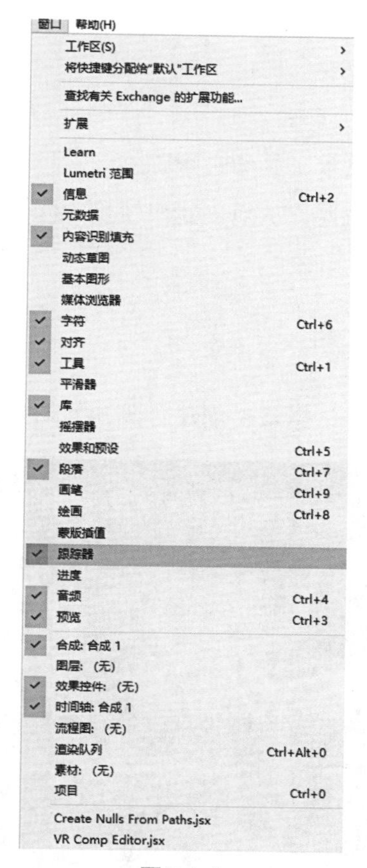

图 5-1-1

打开【跟踪器】对话框，其中包括跟踪摄像机、变形稳定器、跟踪运动和稳定运动四种跟踪形式，如图 5-1-2 所示。

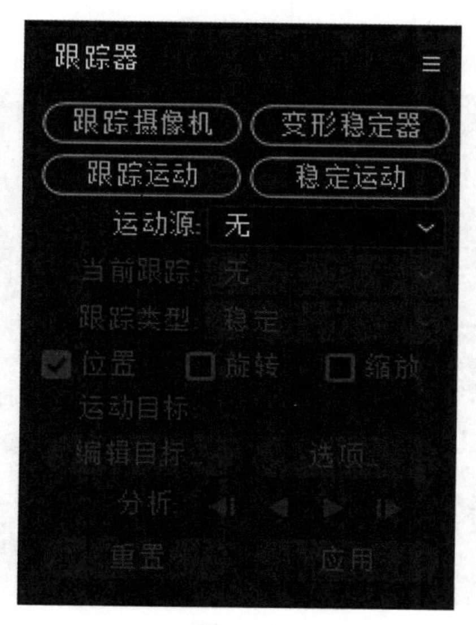

图 5-1-2

一、跟踪摄像机

跟踪摄像机也叫摄像机反求，其通过跟踪不同颜色的像素点运动轨迹，推算出前期拍摄时物理摄像机的运动轨迹，从而创建出轨迹相同的虚拟摄像机。在虚拟摄像机里可以合成纯色层、文字和空对象。

（一）纯色层跟踪摄像机

（1）导入运动镜头素材，依据素材创建合成，如图 5-1-3 所示。

图 5-1-3

（2）用快捷键 Ctrl+K 打开【合成设置】对话框，修改合成名称为“纯色层跟踪”，如图 5-1-4 所示。

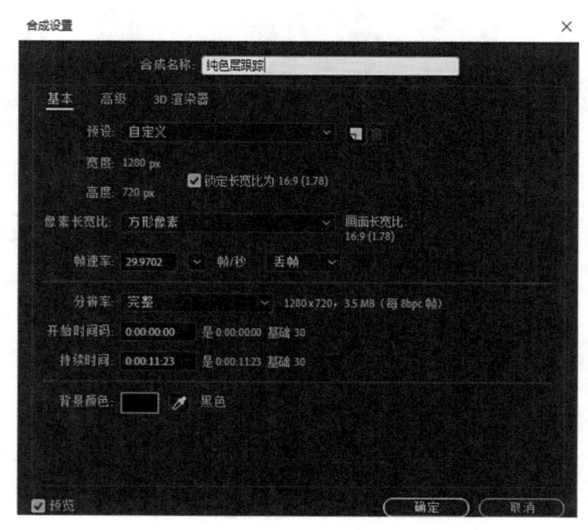

图 5-1-4

（3）在时间线窗口选中运动镜头图层，单击跟踪器窗口中的【跟踪摄像机】按钮，开始进入后台计算。在【效果控件】自动添加3D摄像机跟踪器特效，可以看到计算进度，此时的计算速度取决于电脑的硬件配置，如图5-1-5所示。

图5-1-5

（4）待计算完成后，单击选中效果控件窗口中的3D摄像机跟踪器特效的名称，可以在合成图像画面上看到各种颜色的标记点，如图5-1-6所示。

图5-1-6

（5）在楼顶位置用鼠标圈选标记点，在选中的标记点上单击鼠标右键，选择【创建实底和摄像机】，如图5-1-7所示。

图 5-1-7

（6）此时合成图像窗口根据选中的标记点创建一个纯色层，时间线窗口中多了三维图层“跟踪实底 1”和摄像机图层，如图 5-1-8 所示。

图 5-1-8

（7）纯色层可以替换成任意需要的图片或视频内容，导入替换素材，按下键盘上的 Alt 键，把替换素材从项目窗口拖拽到时间线窗口的纯色层上，如图 5-1-9 所示。

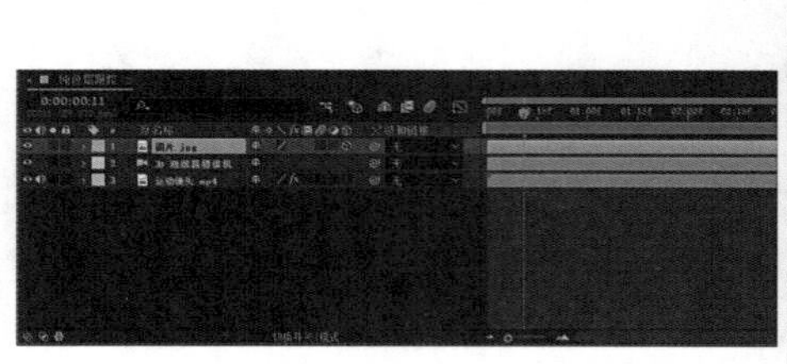

图 5-1-9

（8）根据画面微调图片图层的Z轴旋转角度和缩放数值，让图片落到楼顶上，如图5-1-10所示。

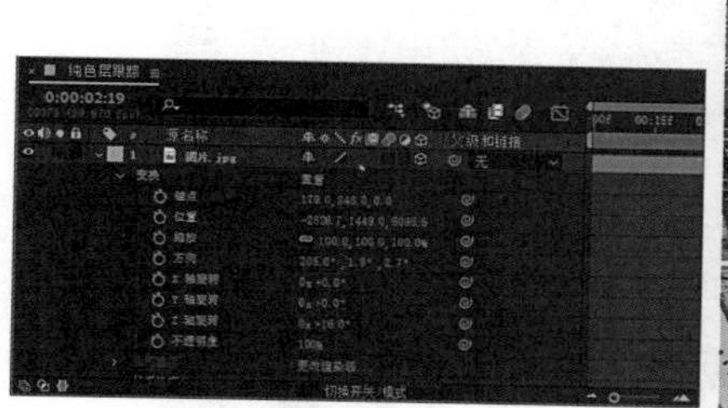

图5-1-10

（二）文字跟踪摄像机

（1）依据运动镜头素材创建合成，修改合成图像的名称为“文字跟踪”，如图5-1-11所示。

合成设置

合成名称：文字跟踪

基本　高级　3D 渲染器

预设：自定义

宽度：1280 px

高度：720 px

锁定长宽比为 16:9 (1.78)

像素长宽比：方形像素

画面长宽比：16:9 (1.78)

帧速率：29.9702　帧/秒　丢帧

分辨率：完整　1280 x 720，3.5 MB（每 8bpc 帧）

开始时间码：0:00:00:00　是 0:00:00:00 基础 30

持续时间：0:00:11:23　是 0:00:11:23 基础 30

背景颜色：黑色

预览

确定　取消

图5-1-11

（2）选中运动镜头图层，单击跟踪器面板中的【跟踪摄像机】，计算机自动区分计算得出标记点，如图5-1-12所示。

图5-1-12

（3）在高速公路的地方按下键盘上的Shift键，连续选中三个以上的标记点从而创建一个平面，单击鼠标右键，选择【创建文本和摄像机】，如图5-1-13所示。

图5-1-13

（4）双击文字图层，输入“AECC”，在字符窗口中设置文字的属性，如字体、字号、颜色等，如图5-1-14所示。

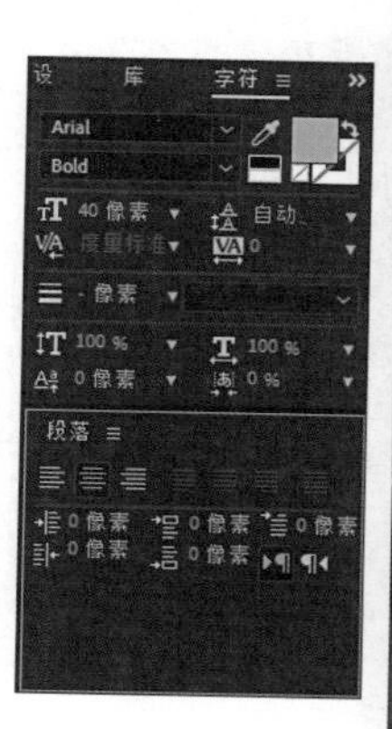

图 5-1-14

（5）在时间线窗口切换到模式面板，把文本图层的层混合模式设置为“叠加”，文字更加自然地与路面融为一体，如图 5-1-15 所示。

图 5-1-15

（6）该运动镜头素材的前两帧是黑色的，文字也在前两帧不显示，选中文本图层，时间指示器定位到00:02时刻，鼠标靠近层条开始的时刻，呈现两个方向箭头的时候拖动鼠标，裁切文本图层的入点，如图 5-1-16 所示。

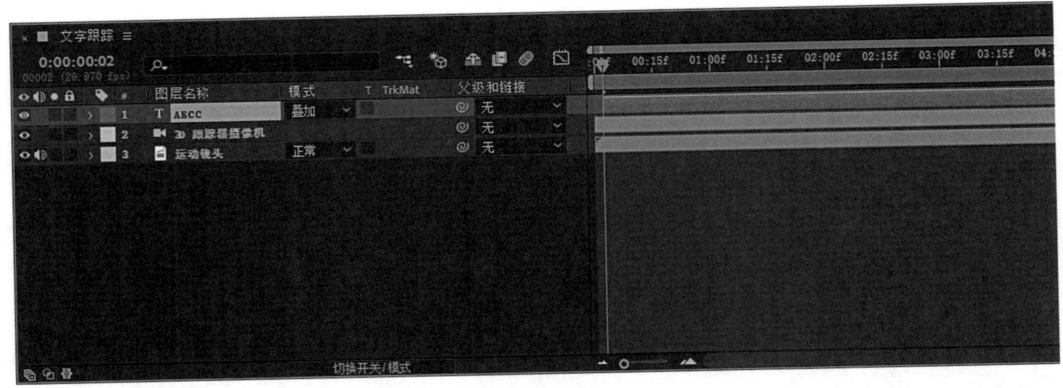

图5-1-16

（三）空对象跟踪摄像机

（1）根据运动镜头素材创建合成，修改合成图像的名称为“空对象跟踪”，如图5-1-17所示。

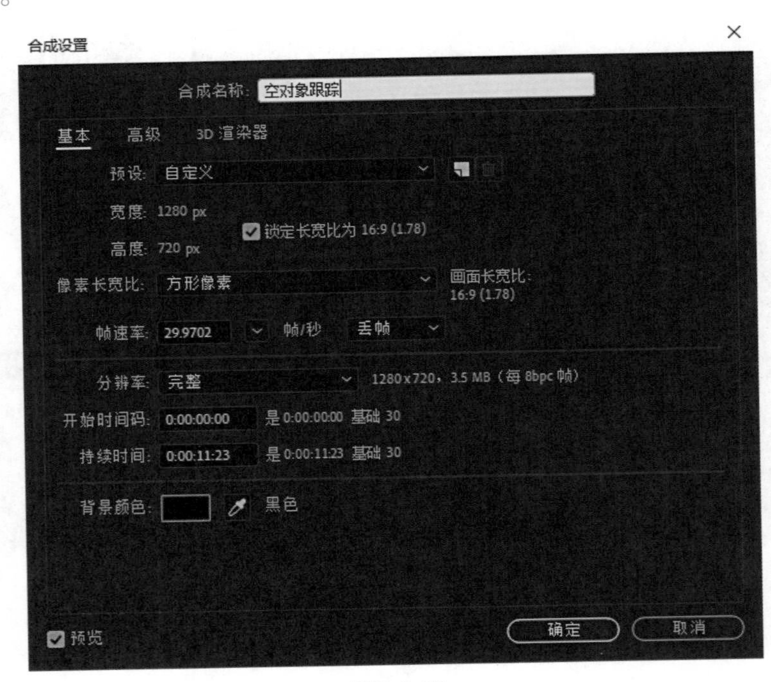

图5-1-17

（2）裁切图层的入点到00:02时刻，选中运动镜头图层，单击跟踪器面板中的【跟踪摄像机】，在效果控制窗口中勾选详细分析，进而得到更多的标记点，如图5-1-18所示。

图5-1-18

（3）时间指示器定位到05:00时刻，鼠标滑动到楼的侧面位置，在大楼的侧面位置确定一个平面，单击鼠标右键，选择“创建空白和摄像机”，如图5-1-19所示。

图5-1-19

（4）此时的空对象图层定位到大楼的侧面，在这个侧面上可以合成多种元素。新建纯色图层，命名为“线条”，如图5-1-20所示。

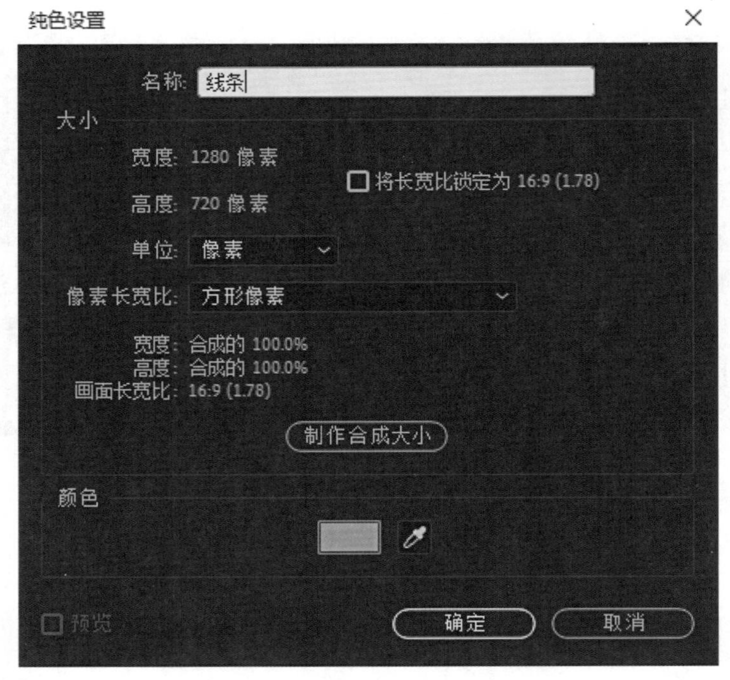

图5-1-20

（5）选择“线条”图层，时间指示器定位到05:00时刻，用钢笔工具绘制折线段，如图5-1-21所示。

图5-1-21

（6）添加描边特效。执行【效果】—【生成】—【描边】，如图5-1-22所示。

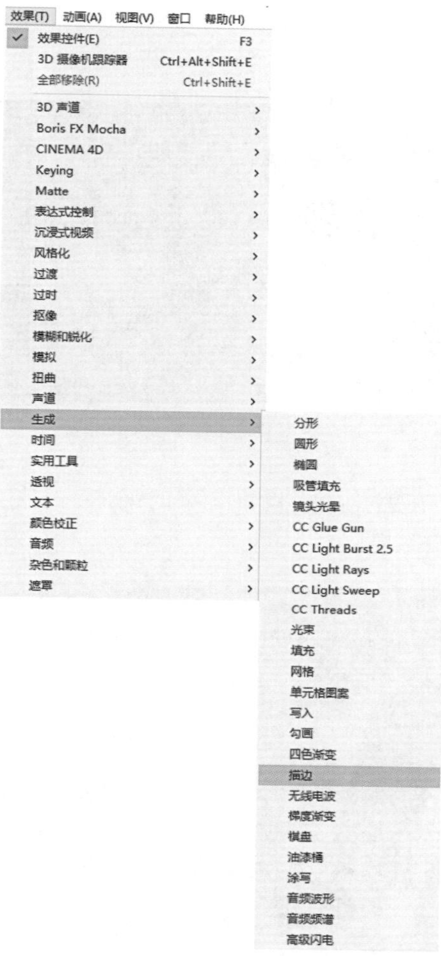

图5-1-22

（7）设置描边特效的参数，路径选择“蒙版1”，颜色为红色（255，0，0），画笔大小为3，绘画样式选择“在透明背景上”，如图5-1-23所示。

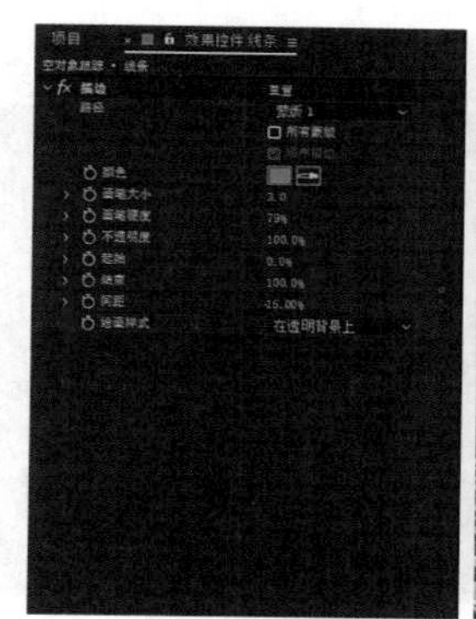

图5-1-23

（8）制作线条动画。时间指示器定位到00:02时刻，打开描边特效结束参数前面的关键帧记录器，参数设置为0，时间指示器定位到02:00时刻，结束的数值为100%，如图5-1-24所示。

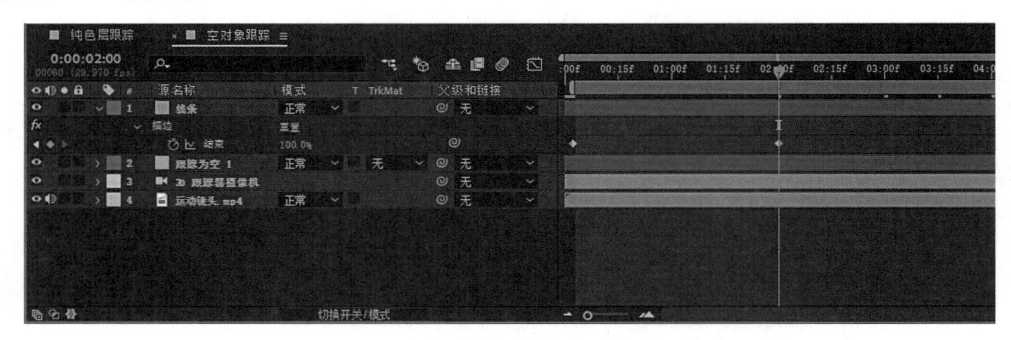

图5-1-24

（9）创建文字对象，在字符面板设置文字的字体、字号、填充颜色和描边颜色，如图5-1-25所示。

图5-1-25

（10）制作文字图层的不透明度动画。时间指示器定位到02:00时刻，不透明度数值为0，时间指示器定位到02:15时刻，不透明度数值为100%，如图5-1-26所示。

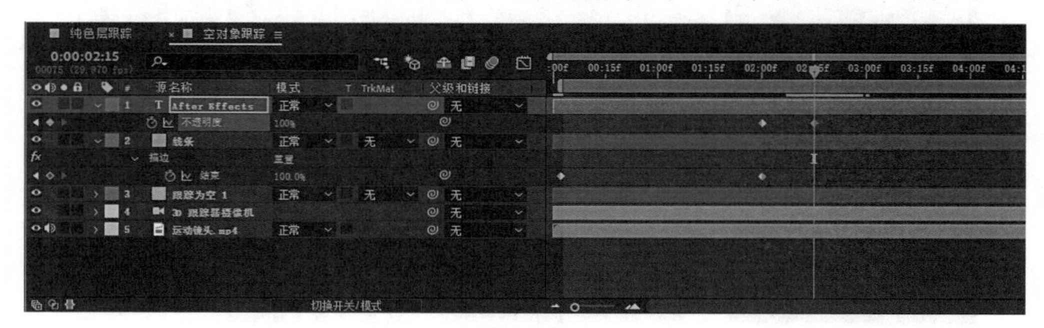

图5-1-26

（11）选中文本图层和“线条”图层，执行【图层】—【预合成...】，对应的快捷键为Ctrl+Shift+C，如图5-1-27所示。

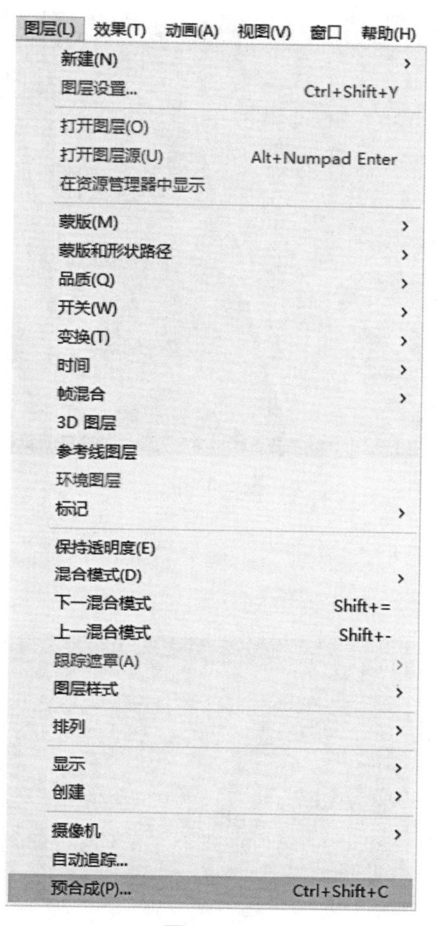

图5-1-27

（12）在打开的预合成窗口中，修改预合成的名称为“线条和文字”，选择“将所有属性移动到新合成”，如图5-1-28所示。

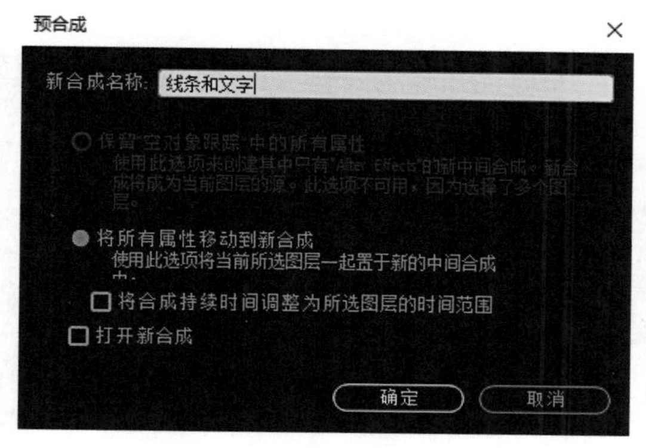

图5-1-28

（13）选择“线条和文字”图层，切换到工具栏中的锚点工具，把图层的中心点定位到线条的左下端，如图5-1-29所示。

图5-1-29

（14）时间指示器定位到05:00时刻，把“线条和文字”图层转换为三维图层，复制“跟踪为空 1”图层的位置属性数值到该图层的位置属性，如图5-1-30所示。

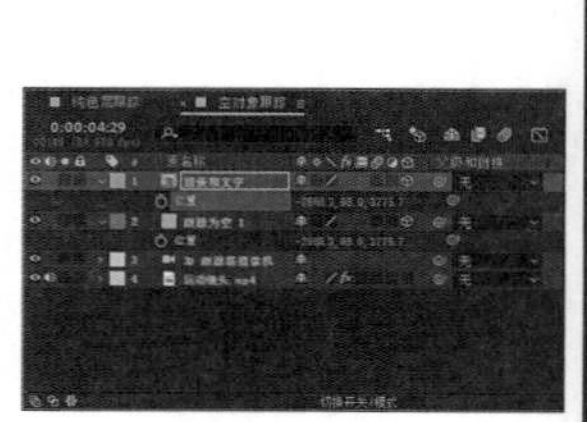

图5-1-30

（15）微调X轴旋转数值，让线条和文字与大楼的侧面平行，增加缩放数值为400，如图5-1-31所示。

图5-1-31

（16）时间指示器定位到10:15时刻，选择“线条和文字”图层绘制遮罩，如图5-1-32所示。

图5-1-32

（17）制作蒙版路径动画。跟随大楼的遮挡关系，在10:15时刻和11:21时刻记录蒙版路径，如图5-1-33所示。

图5-1-33

二、变形稳定器和稳定运动

在有些拍摄条件下，如在没有防抖设备或用抖动的拍摄架时，不可避免地会出现画面抖动。通过变形稳定器可以消除抖动，但是这种消除不是百分之百消除，也要看素材的情况，因此拍摄素材时应使用高帧率以尽量避免因抖动模糊画面，抖动幅度不能太大，更不能让拍摄主体超出画框。

（一）变形稳定器

变形稳定器可以自动稳定运动画面，默认情况下，稳定的结果有“平滑运动”，此外还有“无运动”。平滑运动用于消除摄像机运动拍摄过程中的抖动，让摄像机的运动平滑流畅；无运动用于消除固定的摄像机在拍摄过程中的抖动。边界取景默认使用“稳定、裁切、自动缩放”，根据计算结果对素材图层采用稳定、裁切边缘、自动缩放处理，可以根据需要选择其他选项。

（1）导入抖动素材，根据素材创建合成，修改合成图像的名称为“变形稳定器”，如图 5-2-1 所示。

图 5-2-1

（2）单击跟踪器窗口的【变形稳定器】按钮，素材图层自动添加变形稳定器特效，计算机自动进入后台进行分析计算，抖动素材是手持拍摄的固定镜头，在此稳定的结果选择“平滑运动”，边界取景使用“稳定、裁剪、自动缩放”，如图 5-2-2 所示。

图5-2-2

（3）观察变形稳定器特效的参数变化，边界的自动缩放数值变为100%，播放对比原始画面，如图5-2-3所示。

图5-2-3

（二）稳定运动

稳定运动是手动定义跟踪点，通过跟踪点数据调整图层的位置、缩放和旋转的参数数值，从而让画面稳定。

（1）导入抖动素材，根据素材创建合成，修改合成图像的名称为“稳定运动”，如图5-2-4所示。

图5-2-4

（2）时间指示器定位到开始时刻，单击【稳定运动】按钮，自动打开“抖动素材”图层的图层窗口。跟踪器窗口的运动源自动定义成“抖动素材.mp4”，当前跟踪默认命名为“跟踪器 1”，跟踪类型是“稳定”，勾选【位置】、【旋转】和【缩放】，由图层的位置、旋转、缩放属性调整图层的稳定效果，如图5-2-5所示。

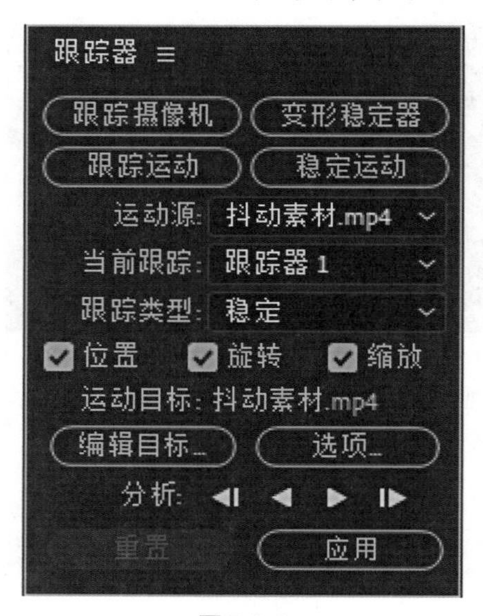

图5-2-5

（3）单击【选项...】按钮，打开【动态跟踪器选项】对话框，跟踪器增效工具默认使用内置，通道通过颜色的属性差异得出跟踪数据，可以是RGB、明亮度或饱和度，如图5-2-6所示。

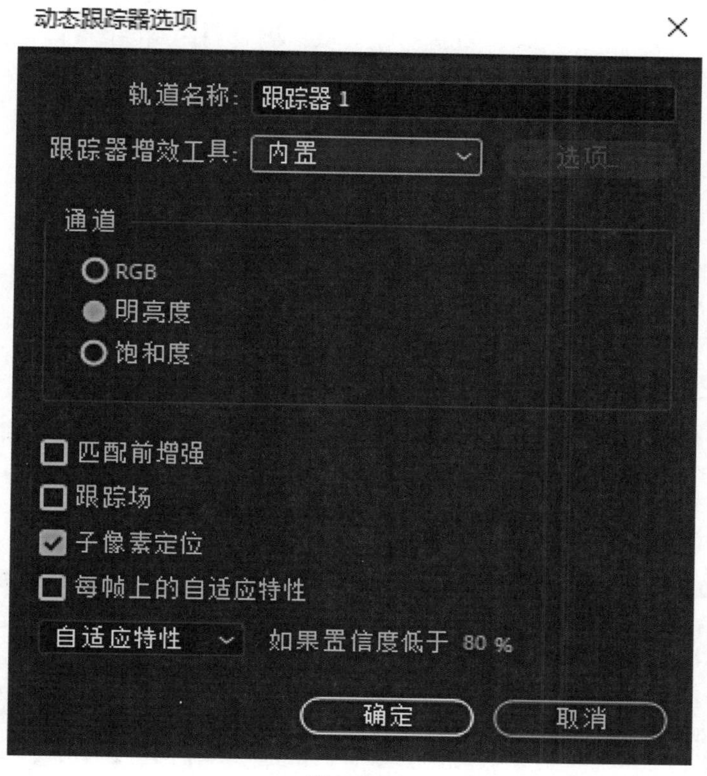

图5-2-6

（4）单击【编辑目标】，打开【运动目标】对话框，定义稳定结果的应用对象图层，如图5-2-7所示。

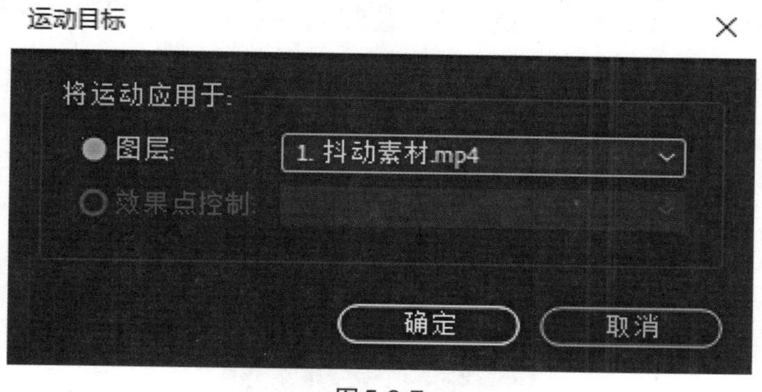

图5-2-7

（5）在图层窗口有两个跟踪点，每个跟踪点由三部分组成：跟踪目标点、特征区域框和搜索区域框。跟踪目标点确定跟踪像素的颜色属性，特征区域框确定跟踪特征的范围，搜索区域框确定搜索范围，搜索范围根据前后帧画面的变化幅度而适当调整，如图5-2-8所示。

图 5-2-8

（6）鼠标靠近特征区域框，当鼠标图标变成黑色且右下角有四个方向的箭头时拖动鼠标左键到色相、亮度或饱和度有明显区别的位置，此时特征区域框内的影像内容是放大状态，便于识别，如图5-2-9所示。

图 5-2-9

（7）在跟踪器窗口，单击【分析】后面的【向前分析】按钮，计算机自动从开始时刻分析计算，如图5-2-10所示。

图 5-2-10

（8）分析过程中如果发现有跟踪不准确的地方，可以随时停止，然后定位到开始跟踪不上的时刻位置，手动调整跟踪框，继续单击【向前分析】，重新分析计算错误的部分，直到所有的帧画面跟踪准确。选择不同的跟踪点得到的跟踪结果也不太一样，可以多尝试几次进行比对，如图5-2-11所示。

图5-2-11

（9）在跟踪器窗口单击【应用】按钮，在弹出的【动态跟踪器应用选项】对话框中，选择应用维度为“X和Y”，如图5-2-12所示。

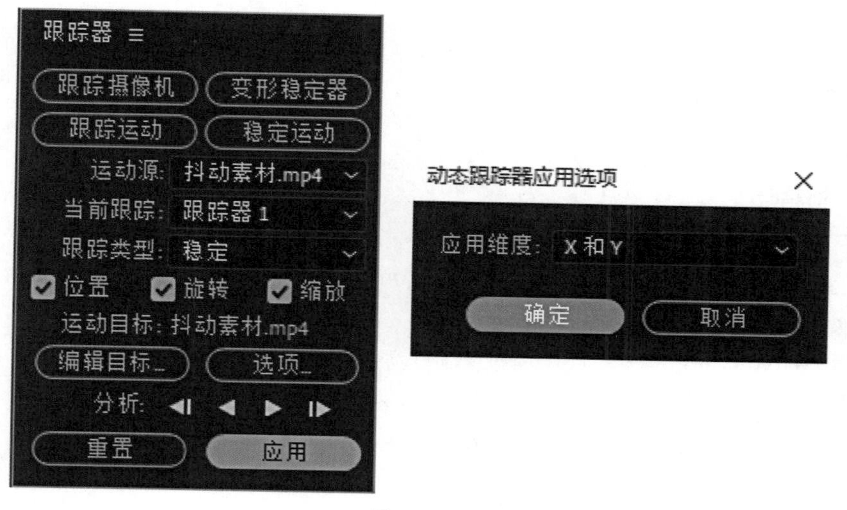

图5-2-12

（10）自动切换到合成图像窗口，把稳定跟踪的数据应用于抖动素材图层的锚点、位置、缩放和旋转属性数值，如图5-2-13所示。

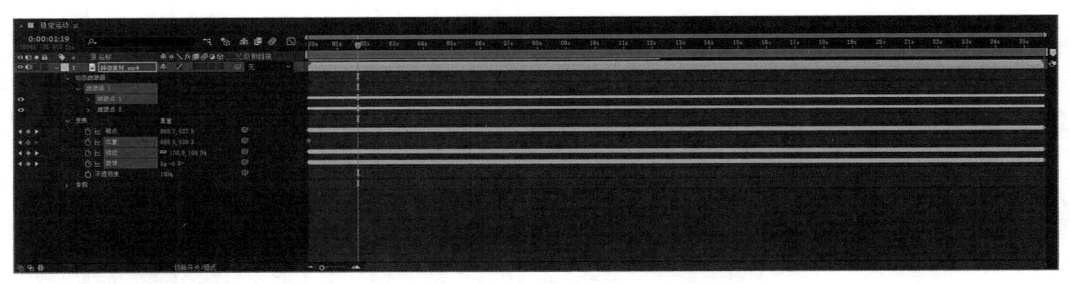

图 5-2-13

（11）播放应用稳定跟踪数据之后的图层，有时会露出图层边界，需要适当调大图层的缩放数值。创建调整图层，执行【图层】—【新建】—【调整图层】，如图 5-2-14 所示。

图层(L) 效果(T) 动画(A) 视图(V) 窗口 帮助(H)

新建(N) >
图层设置... Ctrl+Shift+Y
打开图层(O)
打开图层源(U) Alt+Numpad Enter
在资源管理器中显示
蒙版(M) >
蒙版和形状路径 >
品质(Q) >
开关(W) >
变换(T) >
时间 >
帧混合 >
3D 图层
参考线图层
环境图层
标记 >
保持透明度(E)
混合模式(D) >
下一混合模式 Shift+=
上一混合模式 Shift+-
跟踪遮罩(A) >
图层样式 >
排列 >
显示 >
创建 >
摄像机 >
自动追踪...
预合成(P)... Ctrl+Shift+C

文本(T) Ctrl+Alt+Shift+T
纯色(S)... Ctrl+Y
灯光(L)... Ctrl+Alt+Shift+L
摄像机(C)... Ctrl+Alt+Shift+C
空对象(N) Ctrl+Alt+Shift+Y
形状图层
调整图层(A) Ctrl+Alt+Y
内容识别填充图层...
Adobe Photoshop 文件(H)...
MAXON CINEMA 4D 文件(C)...

图 5-2-14

（12）设置“调整图层 1”为“抖动素材 .mp4”图层的父层，如图 5-2-15 所示。

图 5-2-15

（13）调整“调整图层 1”的缩放数值，直至“抖动素材 .mp4”图层不再露出边界，如图 5-2-16 所示。

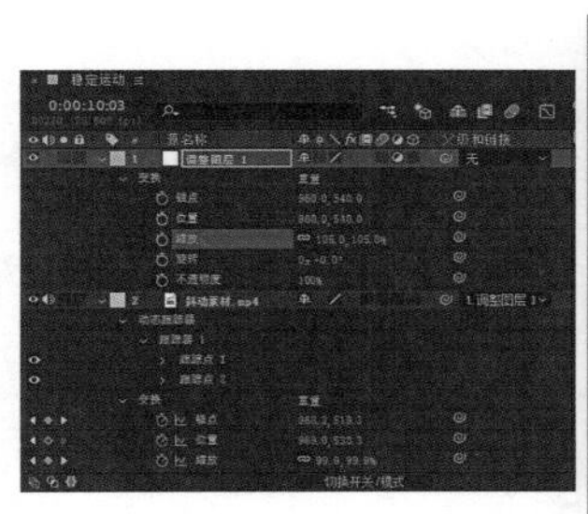

图 5-2-16

三、跟踪运动

跟踪运动可以通过识别运动着的跟踪点的颜色属性差别得出跟踪数据，按照跟踪点的数量可以分为单点跟踪、两点跟踪和四点跟踪。

（一）单点跟踪

（1）导入单点跟踪素材，依据素材创建合成图像，修改合成图像的名称为“单点跟踪”，如图 5-3-1 所示。

图 5-3-1

（2）创建空对象图层，执行【图层】—【新建】—【空对象】，如图5-3-2所示。

图层(L) 效果(T) 动画(A) 视图(V) 窗口 帮助(H)

新建(N) >
图层设置... Ctrl+Shift+Y
打开图层(O)
打开图层源(U) Alt+Numpad Enter
在资源管理器中显示
蒙版(M) >
蒙版和形状路径 >
品质(Q) >
开关(W) >
变换(T) >
时间 >
帧混合 >
3D 图层
参考线图层
环境图层
标记 >
保持透明度(E)
混合模式(D) >
下一混合模式 Shift+=
上一混合模式 Shift+-
跟踪遮罩(A) >
图层样式 >
排列 >
显示 >
创建 >
摄像机 >
自动追踪...
预合成(P)... Ctrl+Shift+C

文本(T) Ctrl+Alt+Shift+T
纯色(S)... Ctrl+Y
灯光(L)... Ctrl+Alt+Shift+L
摄像机(C)... Ctrl+Alt+Shift+C
空对象(N) Ctrl+Alt+Shift+Y
形状图层
调整图层(A) Ctrl+Alt+Y
内容识别填充图层...
Adobe Photoshop 文件(H)...
MAXON CINEMA 4D 文件(C)...

图 5-3-2

（3）取消图层的选择状态，双击工具栏中的椭圆形工具，自动创建形状图层，如图5-3-3所示。

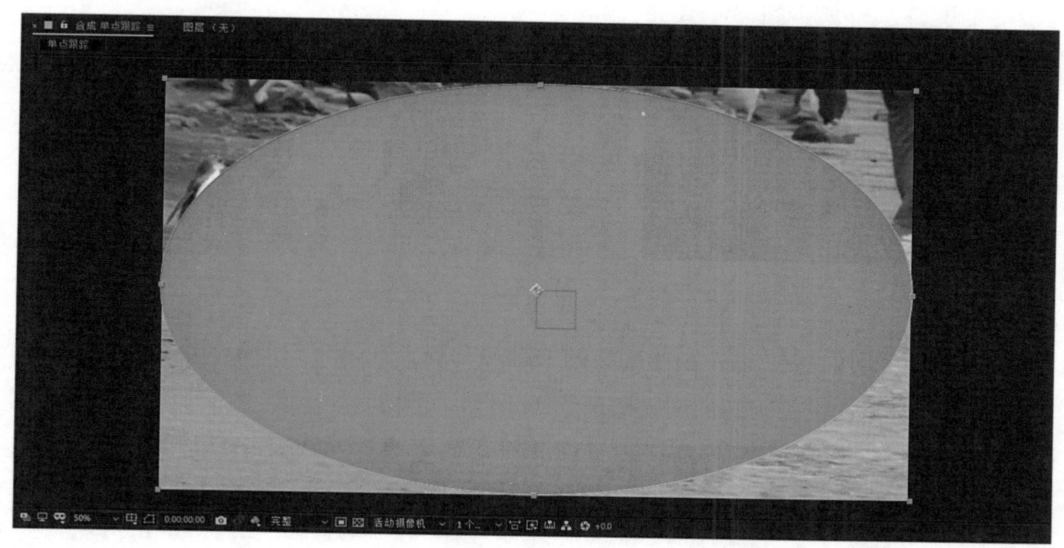

图5-3-3

（4）在时间线上展开形状图层1的内容，设置大小为（1000，1000），描边的颜色为蓝色（3，115，138），描边宽度为5，如图5-3-4所示。

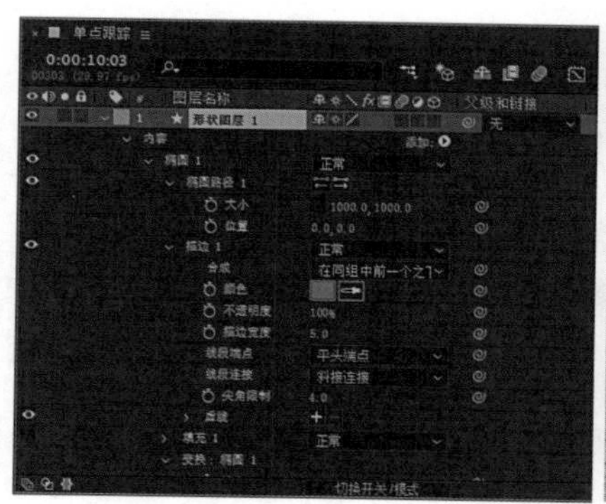

图5-3-4

（5）复制形状图层，修改形状图层2的属性，描边宽度为20，线段端点为圆头端点，单击虚线后面的“+”加号，添加虚线和偏移属性，设置虚线数值为500，如图5-3-5所示。

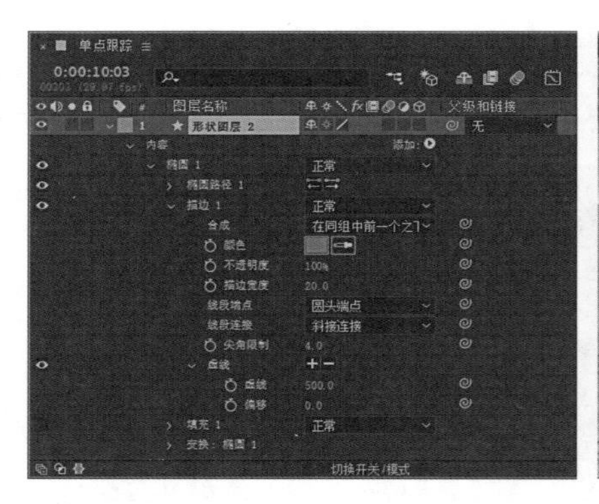

图 5-3-5

（6）展开变换：椭圆 1，制作旋转的关键帧动画，开始时刻为 0x+0°，时间指示器定位到最后时刻，设置旋转的属性数值为 2x+0°，如图 5-3-6 所示。

图 5-3-6

（7）复制形状图层 2，修改形状图层 3 的属性，大小为（600，600），描边宽度为 15，如图 5-3-7 所示。

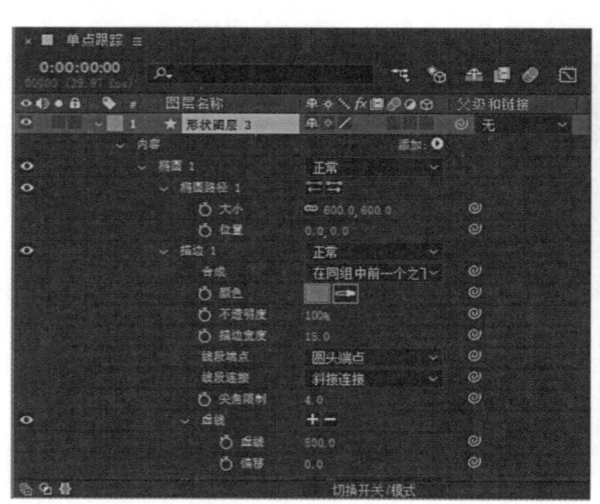

图 5-3-7

（8）修改形状图层 3 的旋转关键帧数值，开始时刻数值为 0x+0°，结束时刻数值为 –2x+0°，如图 5-3-8 所示。

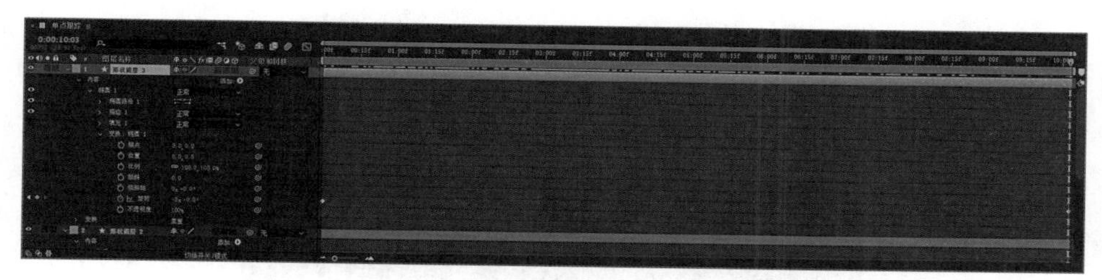

图 5-3-8

（9）复制形状图层 3，修改形状图层 4 的参数，大小为（300，300），取消描边，勾选【填充】，填充颜色为蓝色（3，115，138），取消旋转的关键帧动画，如图 5-3-9 所示。

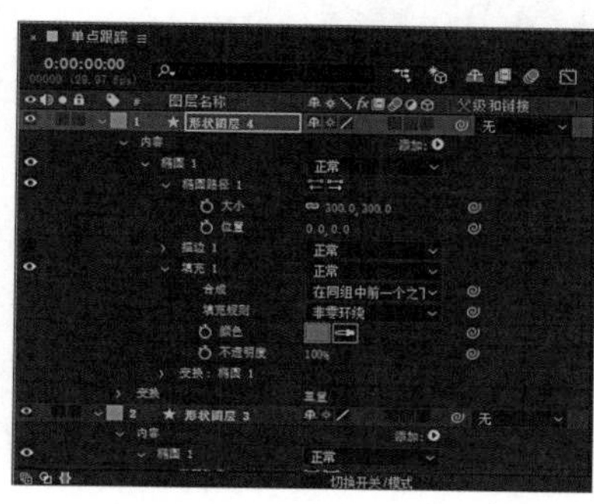

图 5-3-9

（10）选择4个形状图层，执行【图层】—【预合成...】，对应的快捷键为Ctrl+Shift+C，如图 5-3-10 所示。

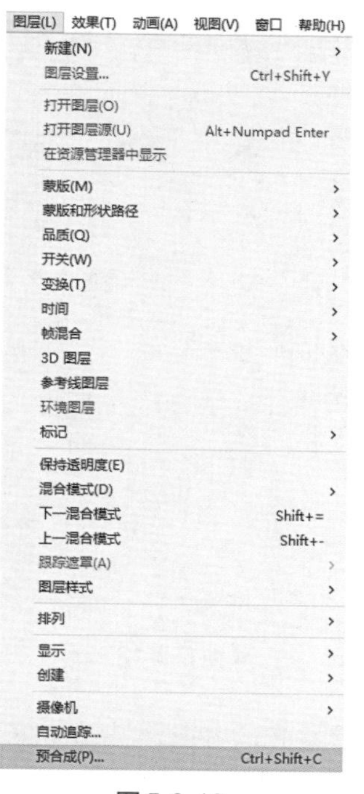

图 5-3-10

（11）在弹出的【预合成】对话框中，修改新合成名称为“HUD”，勾选【将所有属性移动到新合成】，如图5-3-11所示。

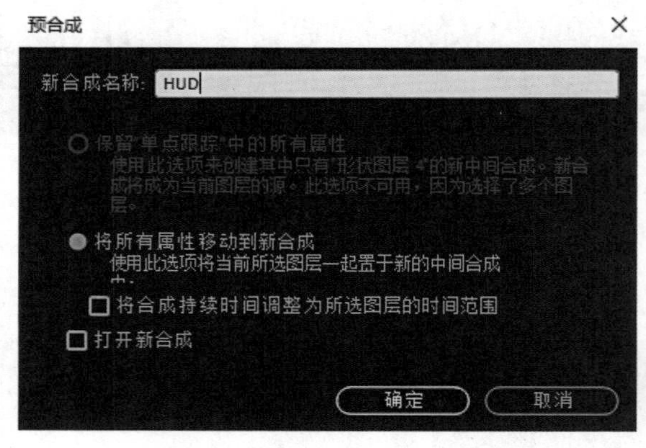

图5-3-11

（12）选择“HUD”图层，添加发光特效。执行【效果】—【风格化】—【发光】，如图5-3-12所示。

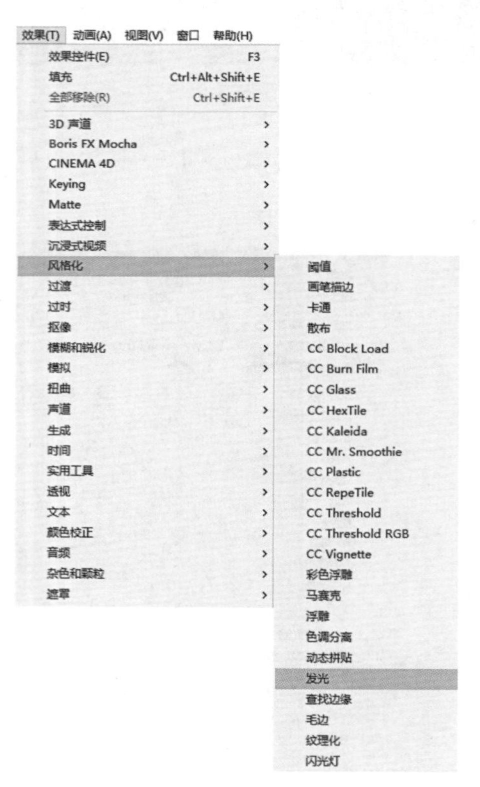

图5-3-12

（13）在效果控件窗口设置发光的参数。发光阈值为35%，发光半径为60，如图5-3-13所示。

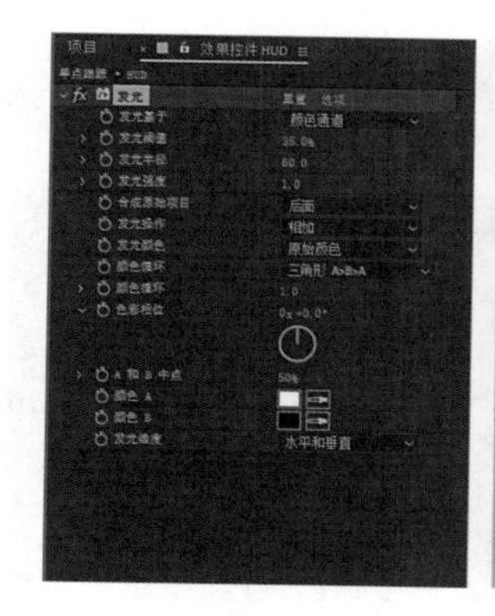

图5-3-13

（14）制作发光的闪烁动画。按下键盘上的Alt键，单击发光强度前面的关键帧记录器，给发光强度添加表达式，在英文输入法状态下输入表达式random（10），如图5-3-14所示。

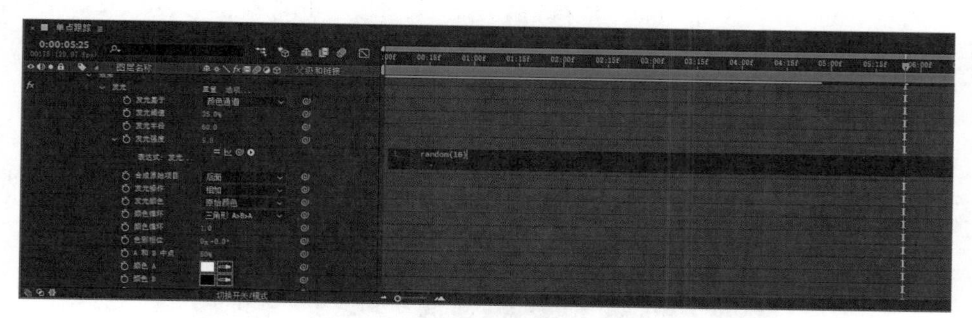

图5-3-14

（15）时间指示器定位到00:00时刻，选择“单点跟踪素材”图层，单击跟踪器窗口的【跟踪运动】，自动打开图层窗口，如图5-3-15所示。

图5-3-15

（16）把跟踪点定位到企鹅头部，适当调整特征区域框和搜索区域框的范围，如图5-3-16所示。

图5-3-16

（17）在跟踪器窗口单击【选项】按钮，自动弹出的【动态跟踪器选项】对话框中，通道选择RGB，如图5-3-17所示。

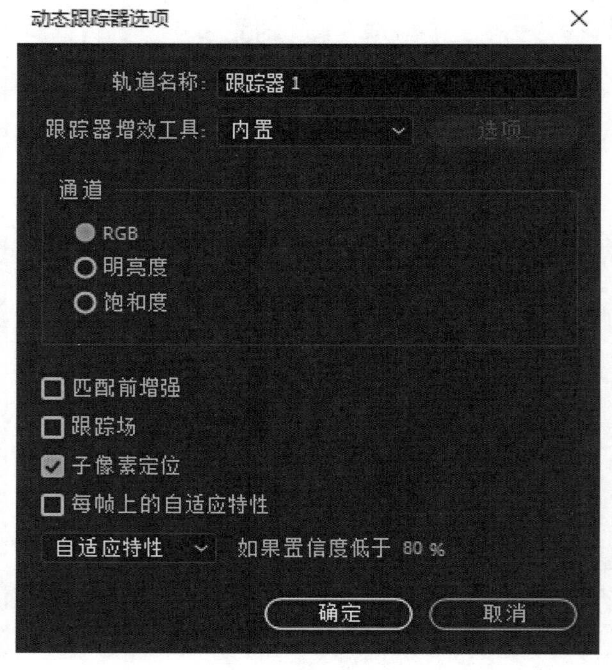

图5-3-17

（18）单击【向前分析】按钮，计算机自动开始跟踪计算，到大约05:15时刻跟踪点开始不准确。暂停后重新调整跟踪点到企鹅的头部，继续进行分析，直到跟踪正确，如图5-3-18所示。

图5-3-18

（19）单击【编辑目标】按钮，选择图层为“2.空1”，如图5-3-19所示。

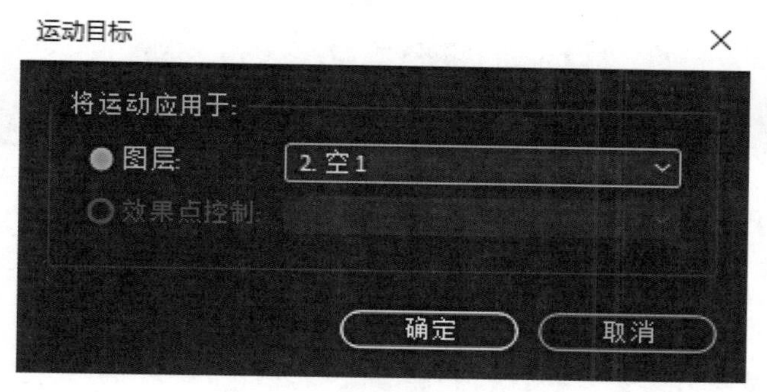

图5-3-19

（20）单击【应用】按钮，选择应用维度为“X和Y”，如图5-3-20所示。

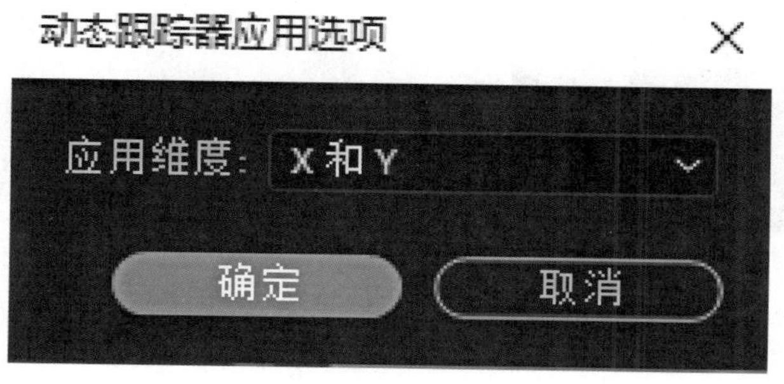

图5-3-20

（21）此时把跟踪数据应用到“空 1”图层的位置属性上，如图5-3-21所示。

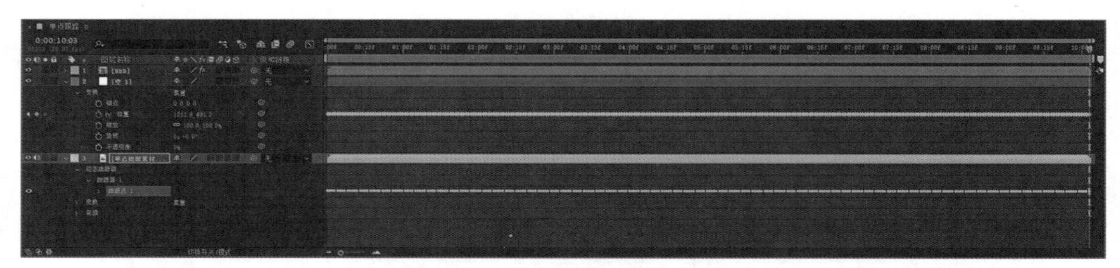

图5-3-21

（22）时间指示器定位到开始时刻，单击父级关联器按钮拖拽到“空 1”图层上，如图5-3-22所示。

图5-3-22

（23）展开“HUD”图层，缩放数值为24，位置数值为（10，2），把HUD放置在企鹅的头部，如图5-3-23所示。

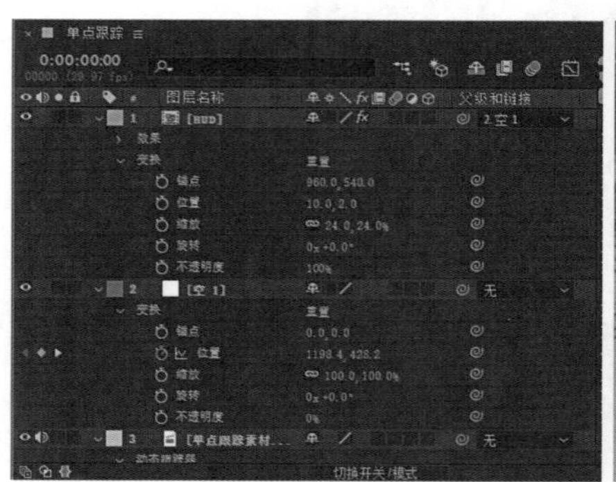

图5-3-23

拓展练习：绘制不同的HUD内容，跟踪不同的企鹅，增加科技感。

（二）两点跟踪

（1）导入两点跟踪素材，依据素材创建合成图像，修改合成图像的名称为“两点跟踪”，如图 5-3-24 所示。

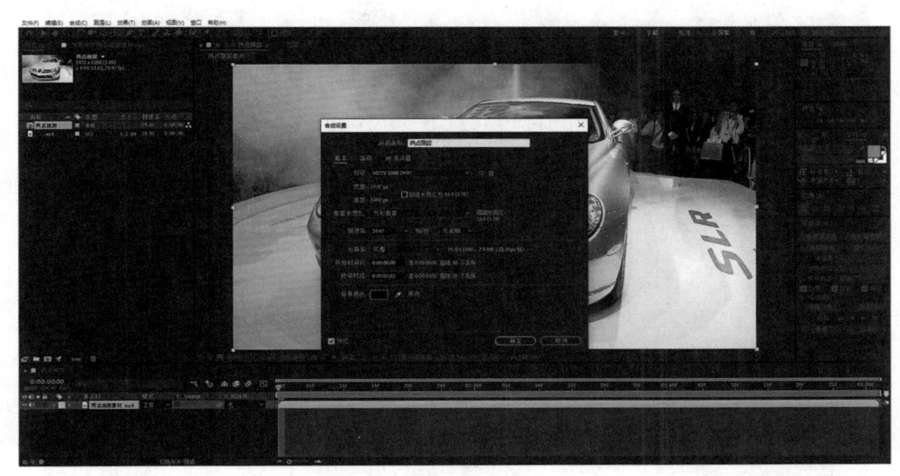

图 5-3-24

（2）新建空对象。执行【图层】—【新建】—【空对象】，如图 5-3-25 所示。

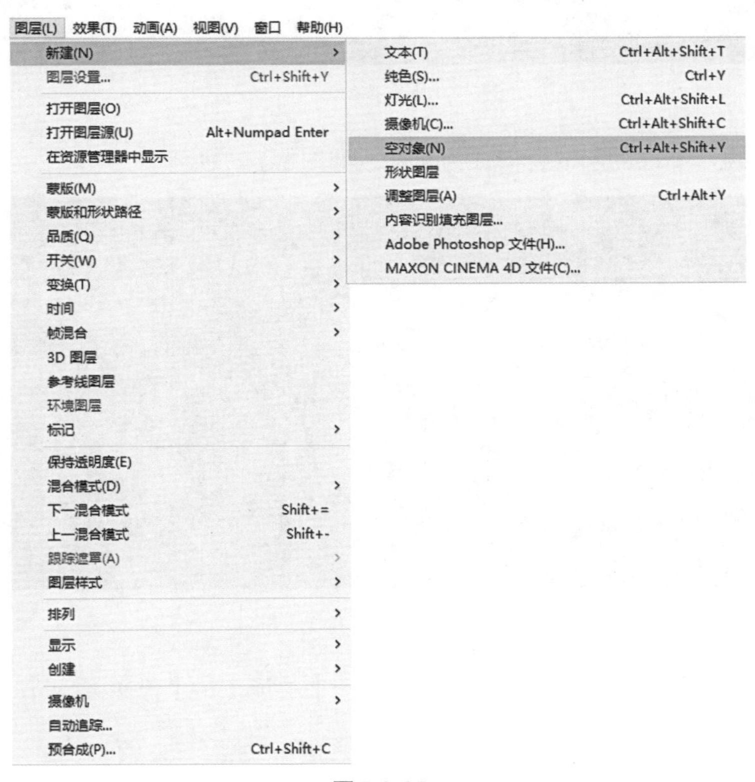

图 5-3-25

（3）新建纯色层，命名为“光斑”，颜色为黑色，如图5-3-26所示。

图5-3-26

（4）“光斑”图层的层混合模式为相加，如图5-3-27所示。

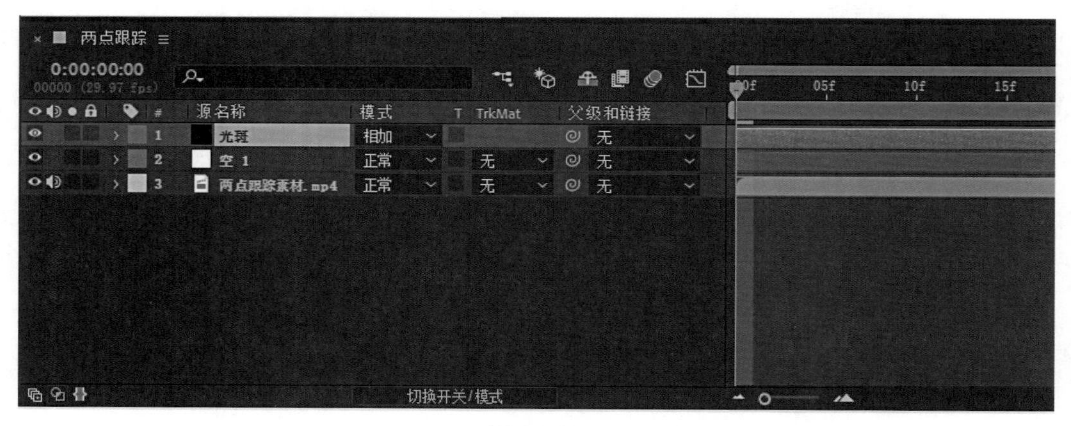

图5-3-27

（5）添加镜头光晕特效。执行【效果】—【生成】—【镜头光晕】，如图5-3-28所示。

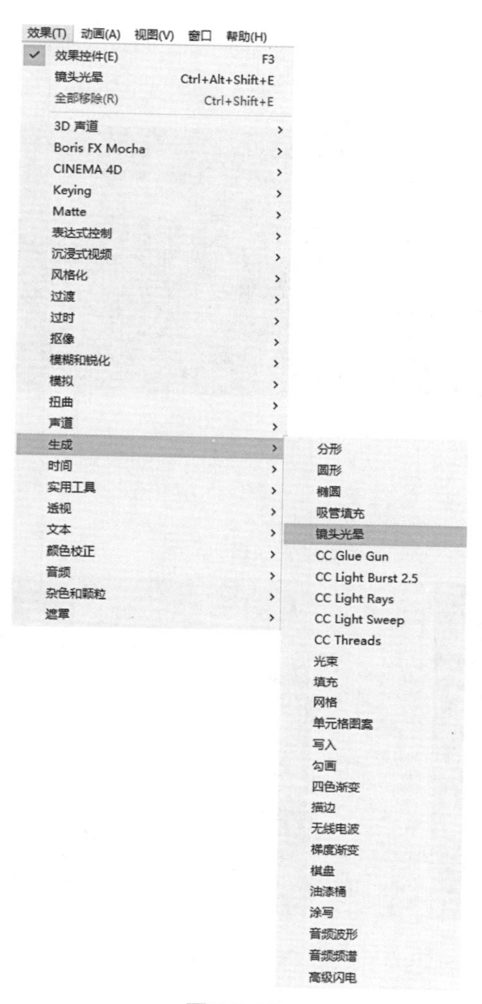

图 5-3-28

（6）时间指示器定位到开始时刻，把光晕中心定位到一个前车灯位置，光晕亮度为40%，镜头类型为105毫米定焦，如图5-3-29所示。

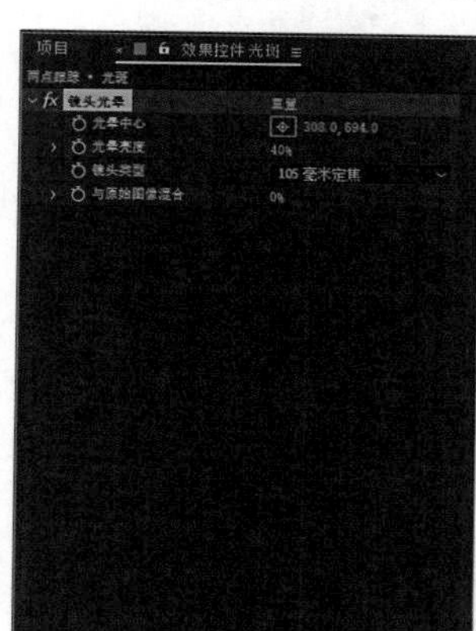

图 5-3-29

（7）按下键盘上的Alt键，鼠标单击光晕亮度属性前面的关键帧记录器，给光晕亮度添加表达式，在英文输入法状态下，输入表达式wiggle（5，40），如图5-3-30所示。

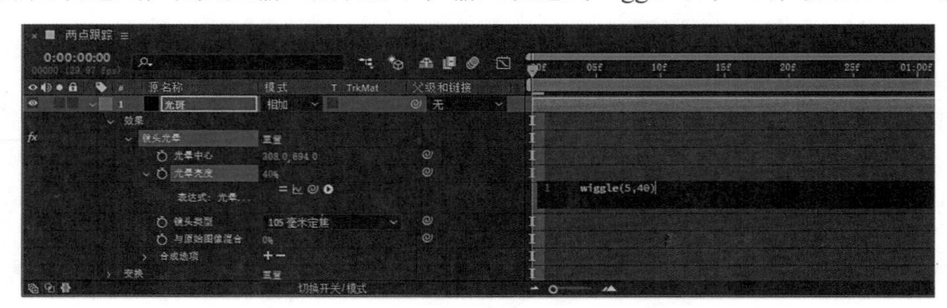

图5-3-30

（8）复制光斑图层，调整光晕中心的位置定位到另一个前车灯位置，如图5-3-31所示。

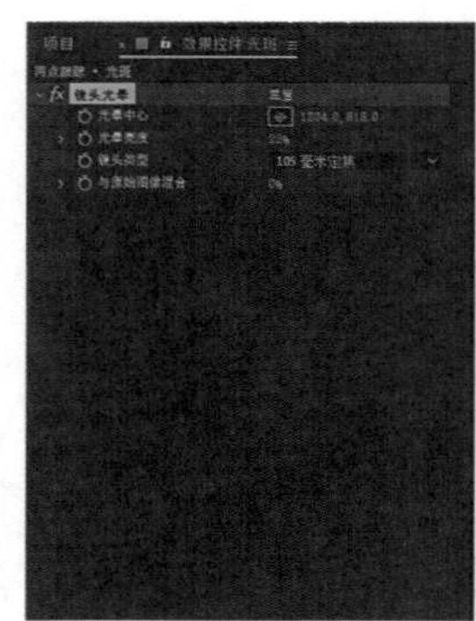

图5-3-31

（9）选择“两点跟踪素材”图层，单击跟踪器窗口的【跟踪运动】按钮，自动打开图层窗口，如图5-3-32所示。

图5-3-32

（10）勾选【位置】、【旋转】、【缩放】，图层窗口中出现两个跟踪点，如图5-3-33所示。

图5-3-33

（11）单击【选项】按钮，在打开的【动态跟踪器选项】对话框中选择通道为明亮度，单击【编辑目标】按钮，在弹出的【运动目标】对话框中图层选择“3.空1”，如图5-3-34所示。

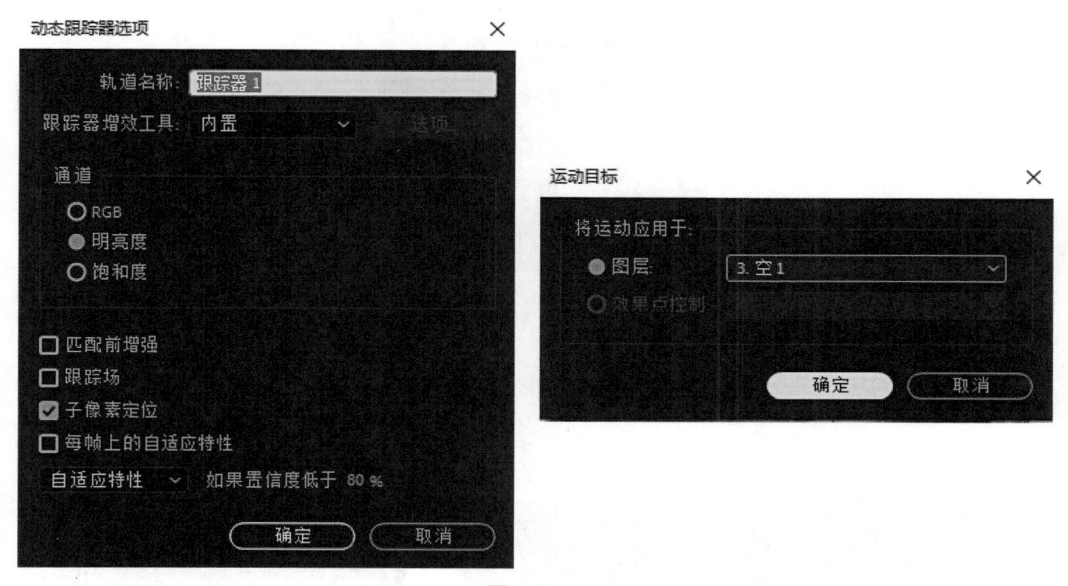

图5-3-34

（12）时间指示器定位到图层结束时刻，把两个跟踪点调整到两个前车灯的位置，适当调整特征区域框和搜索区域框的范围，如图5-3-35所示。

图 5-3-35

（13）单击分析中的【向后分析】按钮，如果出现跟踪不上的情况，把时间指示器定位到不准确的位置，重新调整跟踪点，继续进行分析，如图 5-3-36 所示。

图 5-3-36

（14）单击【编辑目标】按钮，运动目标的图层选择“3. 空 1”，单击【应用】按钮，应用维度选择“X 和 Y”，如图 5-3-37 所示。

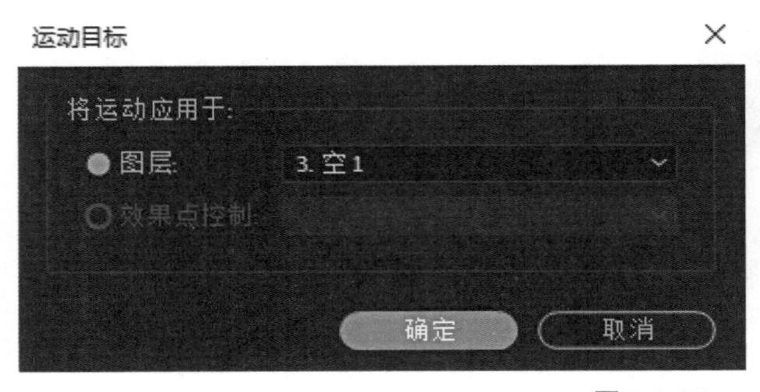

动态跟踪器应用选项

应用维度：X 和 Y

确定　取消

图 5-3-37

（15）此时跟踪点1和跟踪点2的数据应用到了“空 1”图层的位置、缩放和旋转的属性数值，如图5-3-38所示。

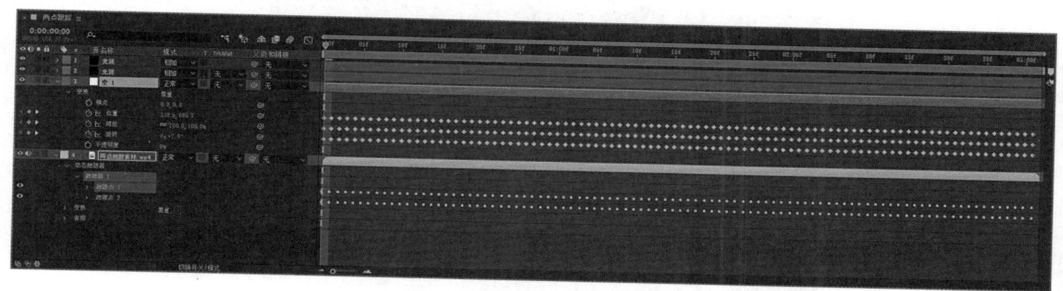

图5-3-38

（16）时间指示器定位到开始时刻，在两个“光斑”图层的父级和链接面板对应的下拉菜单中选择“空 1”，把两个光斑图层设置为空1图层的子层，如图5-3-39所示。

图5-3-39

拓展练习：把光斑修改成其他合理的元素，制作跟踪效果。

（三）四点跟踪

（1）导入相册、边框、视频素材，在项目窗口选中视频素材，单击鼠标右键，执行【解释素材】—【主要…】，如图5-3-40所示。

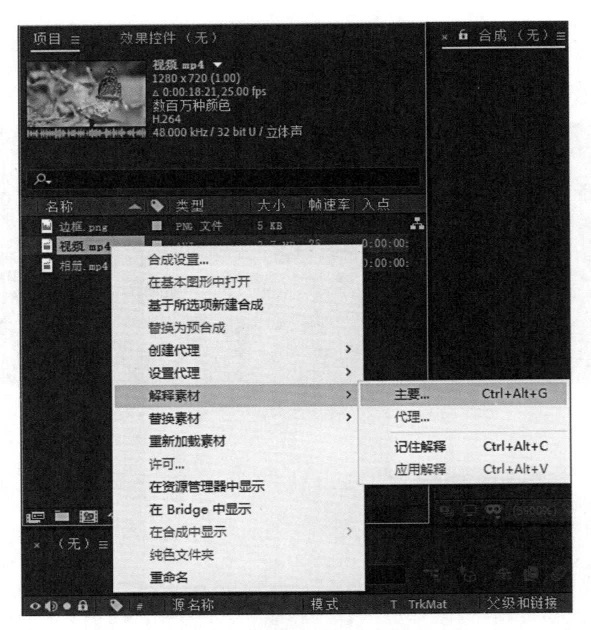

图5-3-40

（2）在弹出的【解释素材】对话框中，设置匹配帧速率为25帧/秒，如图5-3-41所示。

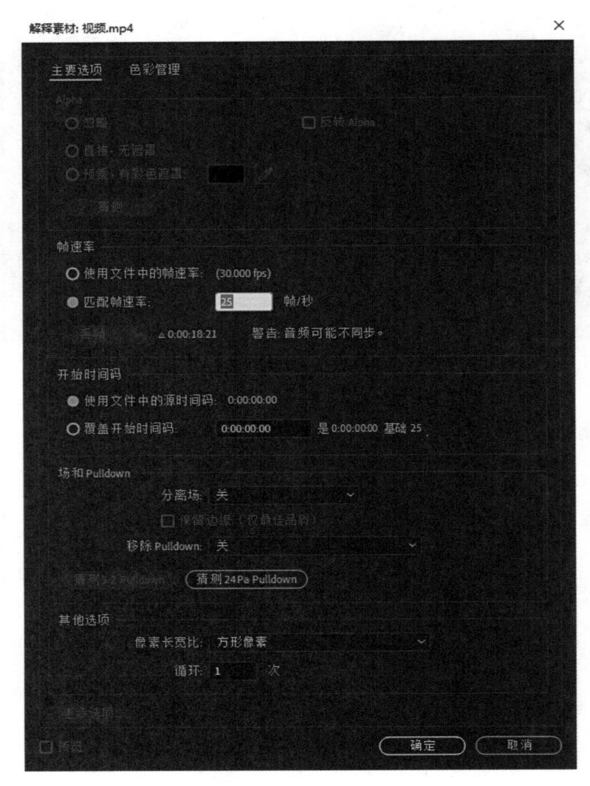

图5-3-41

（3）把视频素材拖拽到项目窗口的新建合成按钮上，依据素材创建合成图像，如图5-3-42所示。

图5-3-42

（4）把边框素材添加到时间线上，展开“视频”图层，调整缩放数值为85，如图5-3-43所示。

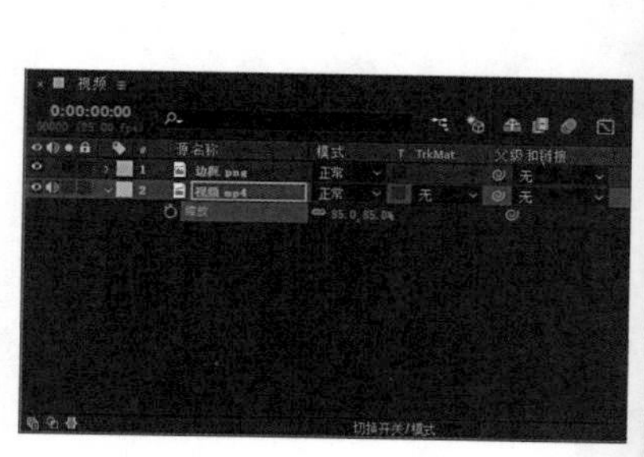

图5-3-43

（5）选择“视频”图层，在工具栏中选择钢笔工具，沿着内边框绘制蒙版，如图5-3-44所示。

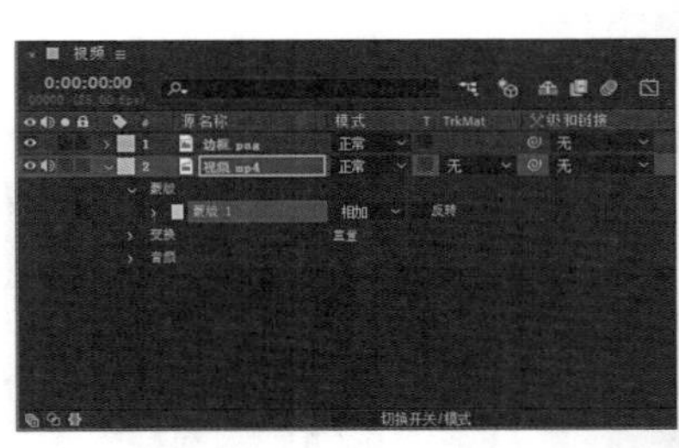

图5-3-44

（6）在项目窗口选择相册素材并拖拽至新建合成按钮，依据素材创建合成，把视频合成添加到时间线上，如图5-3-45所示。

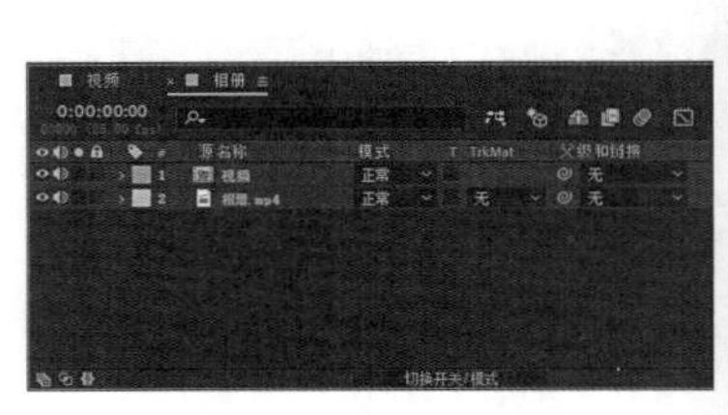

图5-3-45

（7）选择相册素材，单击跟踪器窗口的【跟踪运动】按钮，自动打开“相册”图层窗口，在跟踪器窗口内，跟踪类型选择“透视边角定位”，如图5-3-46所示。

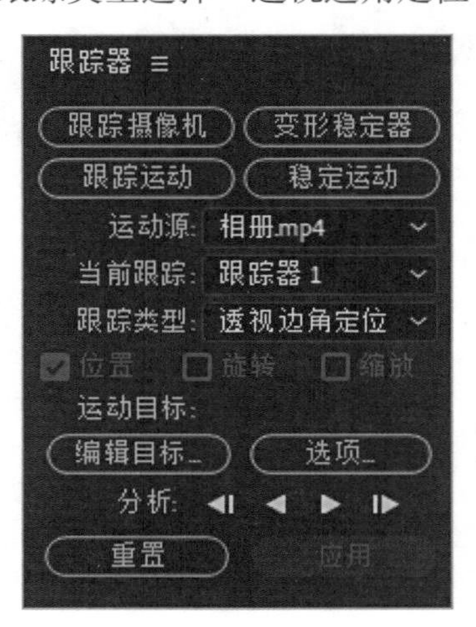

图5-3-46

（8）时间指示器定位到开始时刻，在图层窗口把四个跟踪点定位到四个黑点上，适当调整特征区域框和搜索区域框的范围，如图5-3-47所示。

图5-3-47

（9）在跟踪器窗口中，单击分析中的【向前分析】按钮，自动计算跟踪数据，如图5-3-48所示。

图5-3-48

（10）待分析计算完成后，单击【编辑目标】按钮，在弹出的【运动目标】对话框中图层选择“1.视频”，如图5-3-49所示。

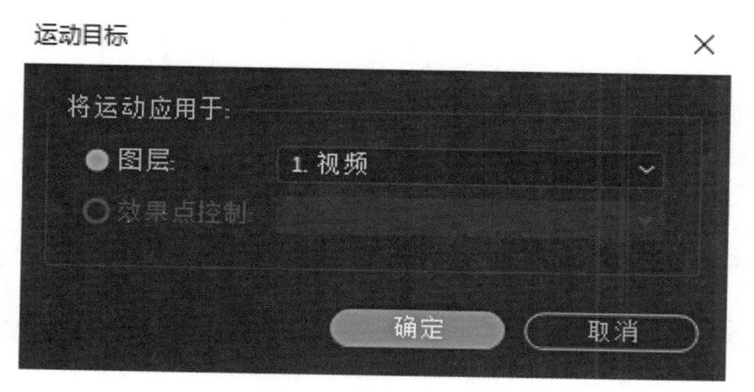

图5-3-49

（11）单击【应用】按钮，自动切换到合成图像窗口，此时“视频”图层自动添加了边角定位特效，跟踪数据给到“视频”图层的位置属性的同时也把跟踪点1、跟踪点2、跟踪点3和跟踪点4的数据给到该图层的边角定位特效的属性参数，如图5-3-50所示。

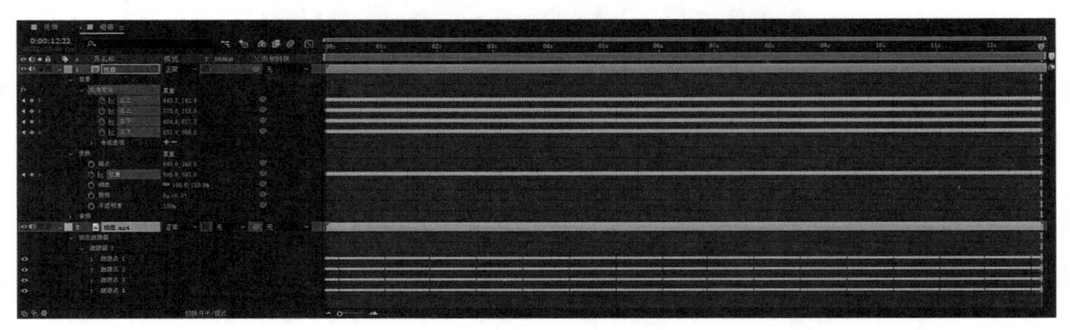

图5-3-50

（12）展开“视频”图层，取消缩放的锁定按钮，设置数值为（115，85），如图5-3-51所示。

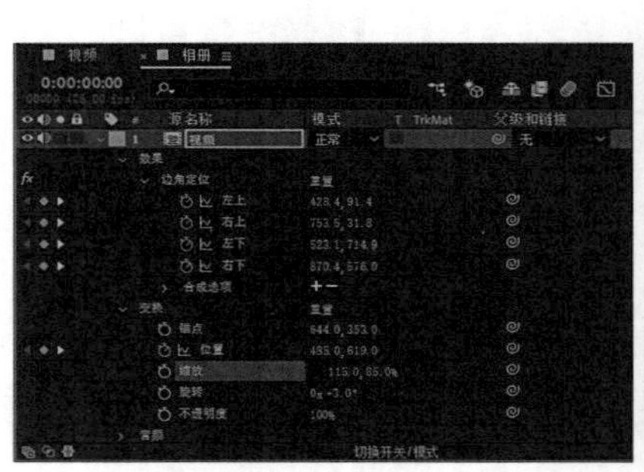

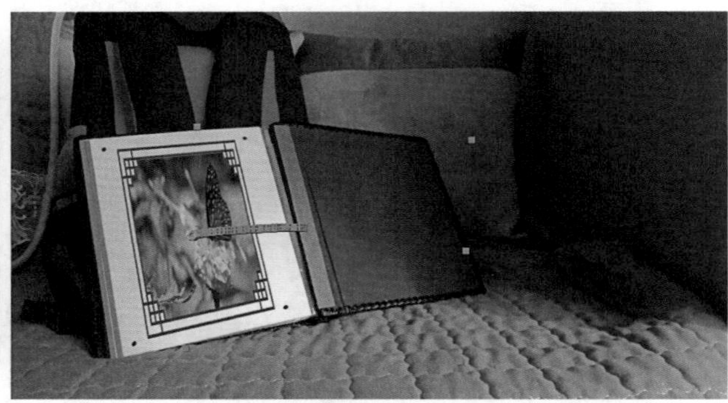

图5-3-51

拓展练习：替换跟踪内容，制作透视跟踪效果。

（四）蒙版跟踪

（1）导入笔记本素材，依据素材创建合成图像，修改合成图像的名称为“蒙版跟踪”，如图5-3-52所示。

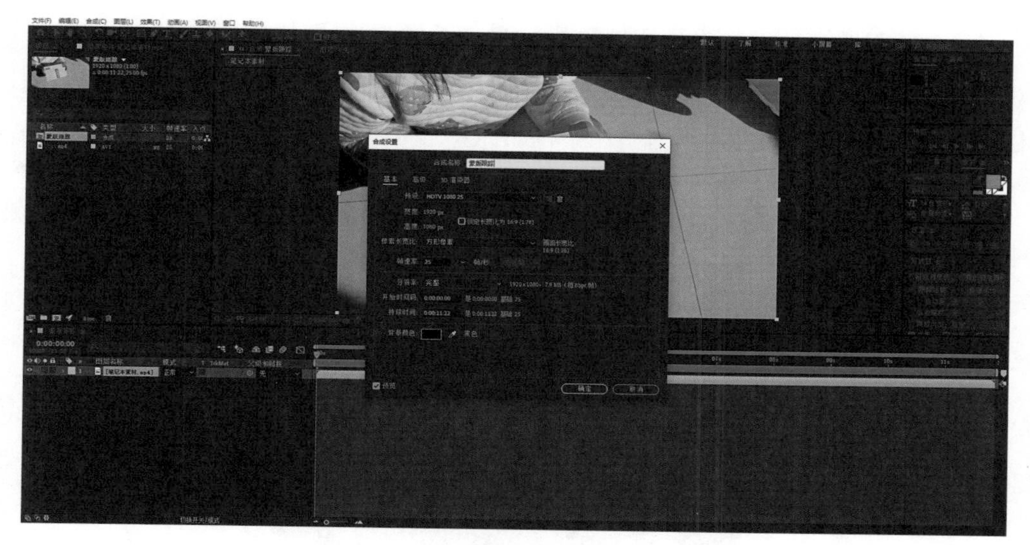

图5-3-52

（2）时间指示器定位到开始时刻，用钢笔工具绘制蒙版，把图层蒙版的混合模式设置为“无”，如图5-3-53所示。

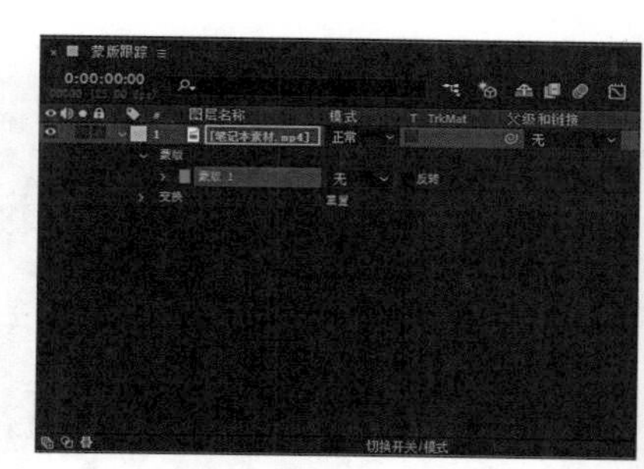

图5-3-53

（3）在时间线窗口，选中图层的蒙版，单击鼠标右键，在弹出的快捷菜单中单击“跟踪蒙版”，如图5-3-54所示。

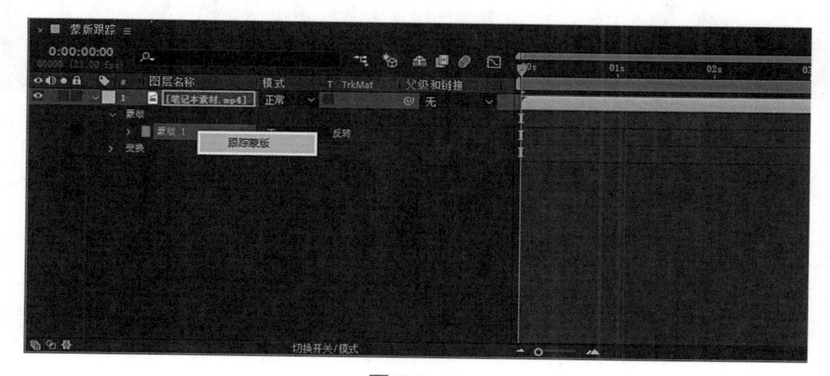

图5-3-54

（4）此时跟踪器窗口显示跟踪蒙版的参数，方法选择位置、缩放及旋转，单击【向前跟踪所选蒙版】按钮进行分析计算，如果蒙版跟踪不准确，手动调整蒙版的控制点，继续单击【向前跟踪所选蒙版】按钮，直至分析完成，如图5-3-55所示。

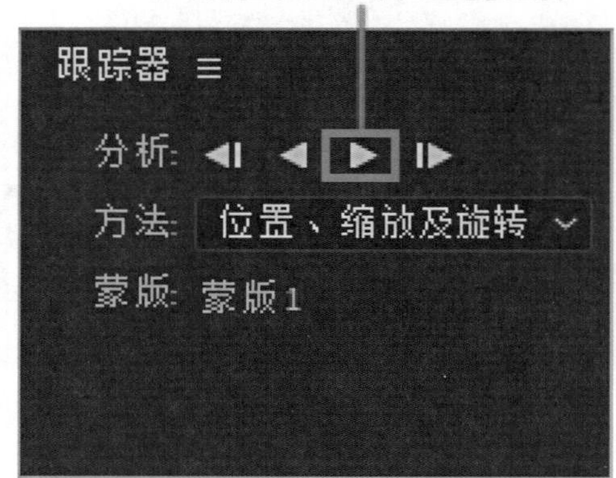

图5-3-55

（5）跟踪的数据自动应用到蒙版路径的属性上，如图5-3-56所示。

图5-3-56

（6）蒙版 1的混合模式设置为相加，给图层添加发光特效，执行【效果】—【风格化】—【发光】，如图5-3-57所示。

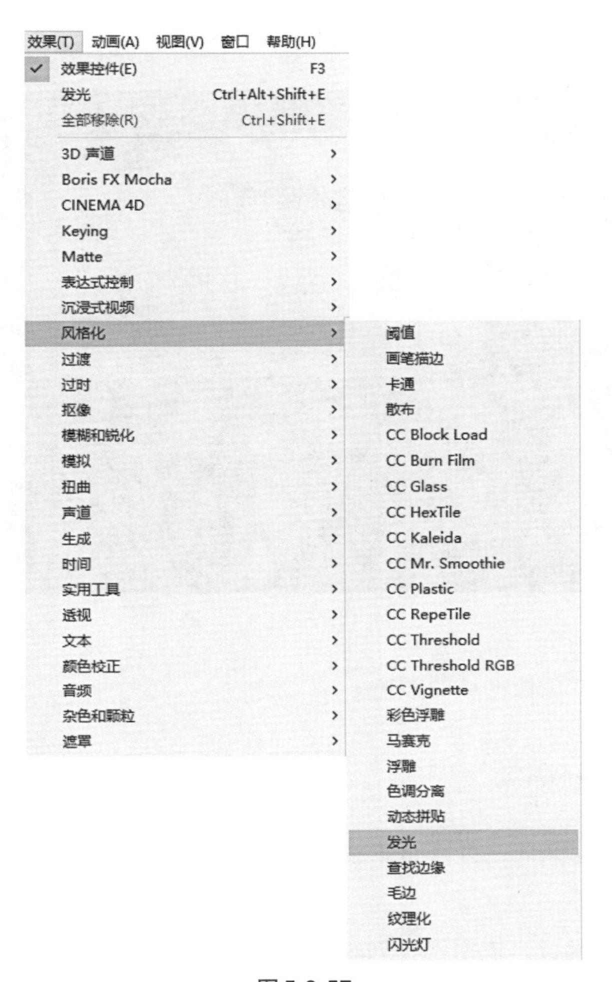

图 5-3-57

（7）设置发光半径数值为100，给发光强度添加表达式wiggle（8，5），发光颜色设置为A和B颜色，颜色A为白色，颜色B为绿色（58，143，12），如图5-3-58所示。

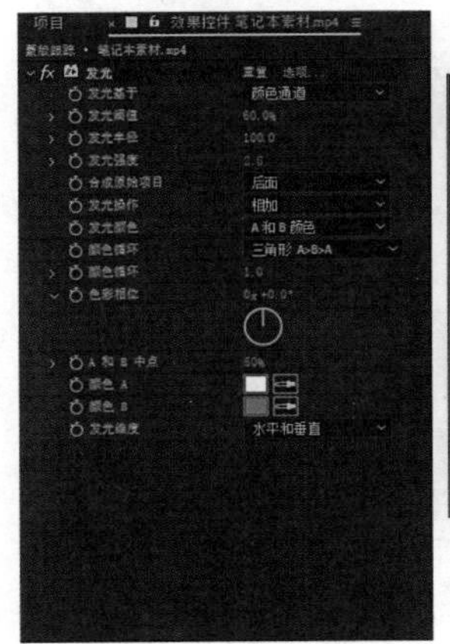

图 5-3-58

（8）把原始笔记本素材添加到时间线上，放置在下层，如图5-3-59所示。

图5-3-59

拓展练习：改变蒙版区域的颜色。

四、Mocha跟踪

Mocha跟踪功能强大，可以制作各种跟踪效果，尤其适合制作局部效果，如二级调色、局部马赛克等。

（1）导入汽车素材，依据素材创建合成图像，修改合成图像的名称为“Mocha跟踪”，如图5-4-1所示。

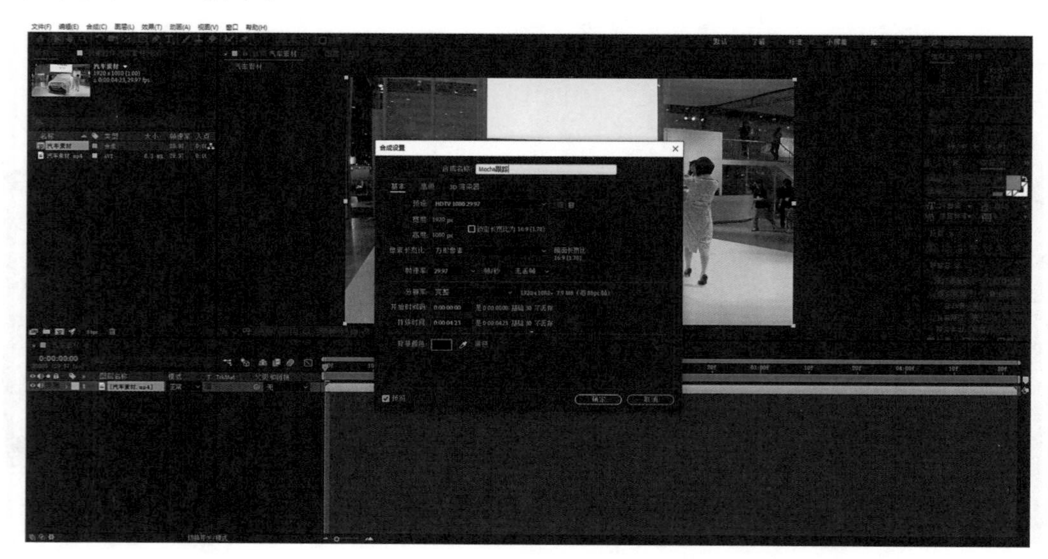

图5-4-1

（2）选中汽车素材，添加Mocha，执行【动画】—【Track in Boris FX Mocha】，如图5-4-2所示。

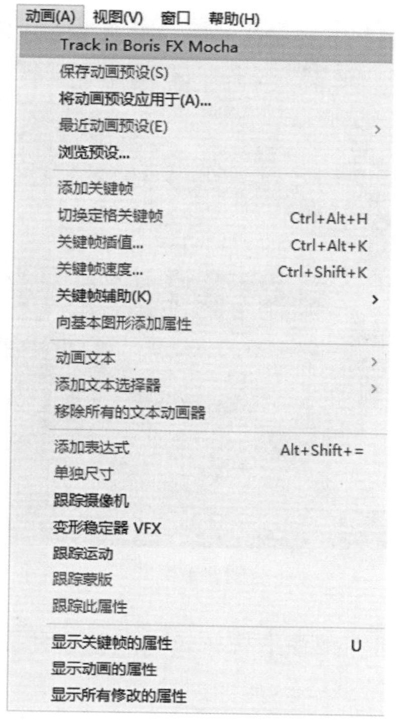

图5-4-2

（3）在效果控件窗口添加Mocha AE特效，单击Mocha图标，打开Mocha AE Plugin窗口，如图5-4-3所示。

图5-4-3

（4）时间指示器定位到结束时刻，选择Create X-Spline Layer Tool，在汽车车牌位置绘制蒙版，确保红色线条在车牌四周，如图5-4-4所示。

图5-4-4

（5）单击Track中的【向左跟踪】按钮，进入分析计算，待计算完成后Layers增加一个图层记录跟踪数据，如图5-4-5所示。

图5-4-5

（6）单击【Save the project】保存跟踪结果，关闭 Mocha AE Plugin 窗口，如图 5-4-6 所示。

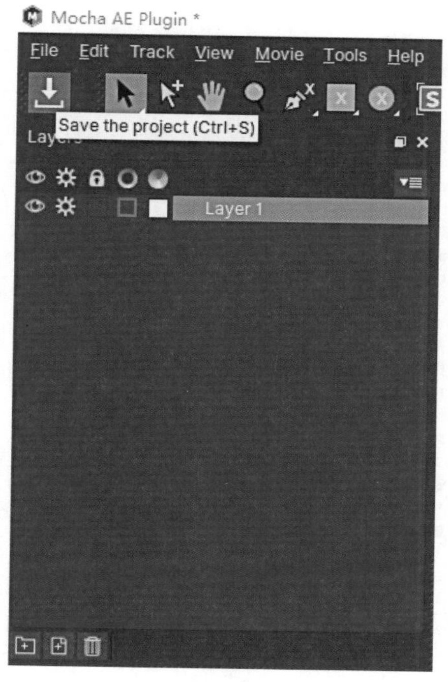

图 5-4-6

（7）在效果控件窗口展开“Mocha AE”的“Matte”，单击【Create AE Masks】，依据跟踪数据在汽车车牌位置创建蒙版，如图 5-4-7 所示。

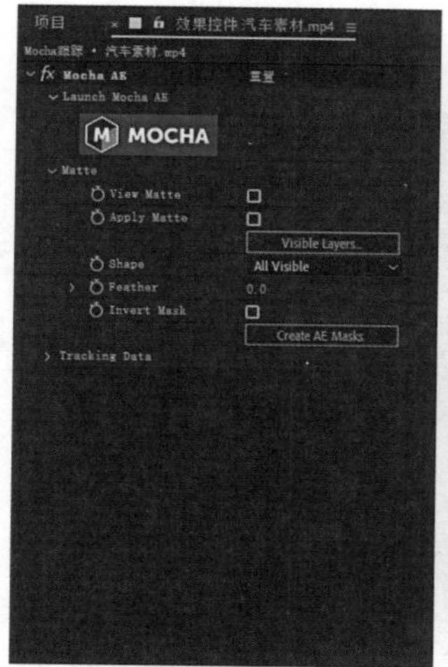

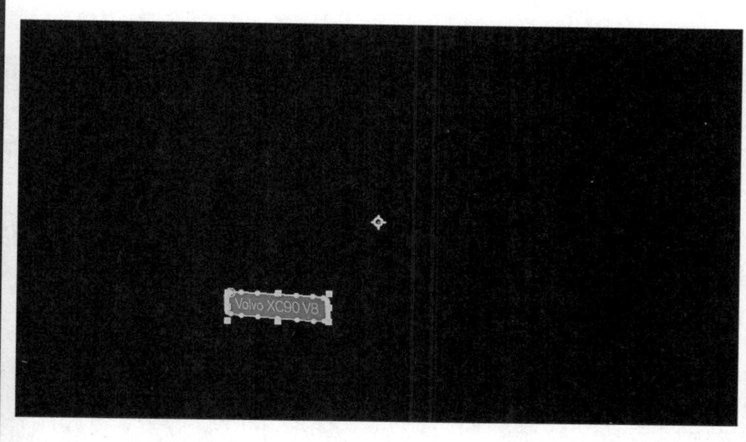

图 5-4-7

（8）添加马赛克特效，执行【效果】—【风格化】—【马赛克】，如图5-4-8所示。

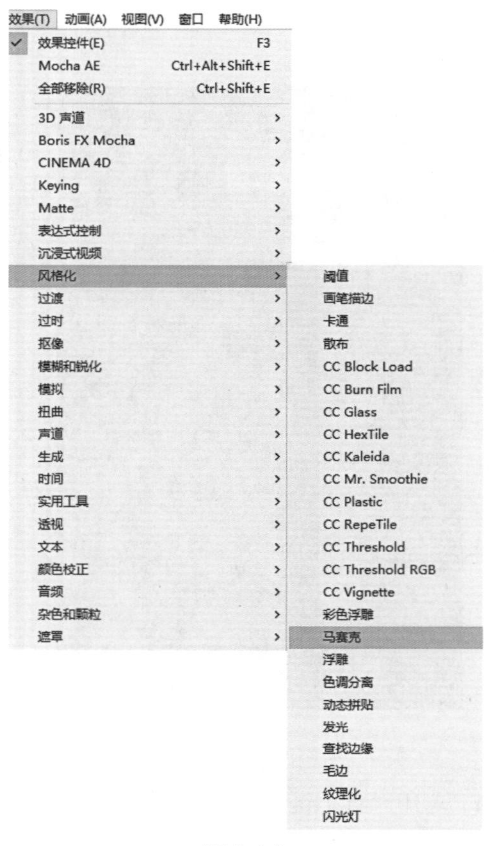

图5-4-8

（9）在效果控件窗口设置水平块为100，垂直块为100，如图5-4-9所示。

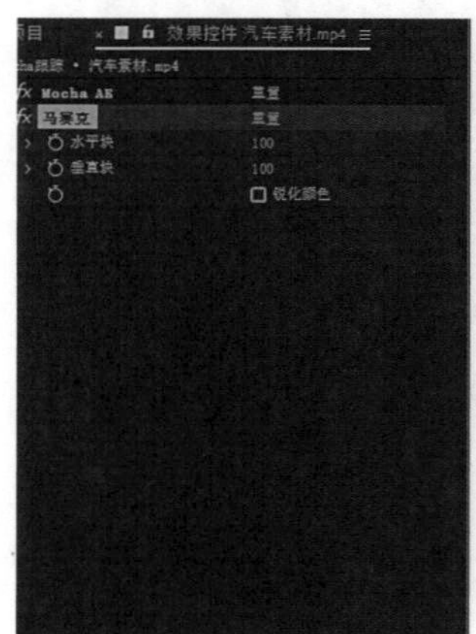

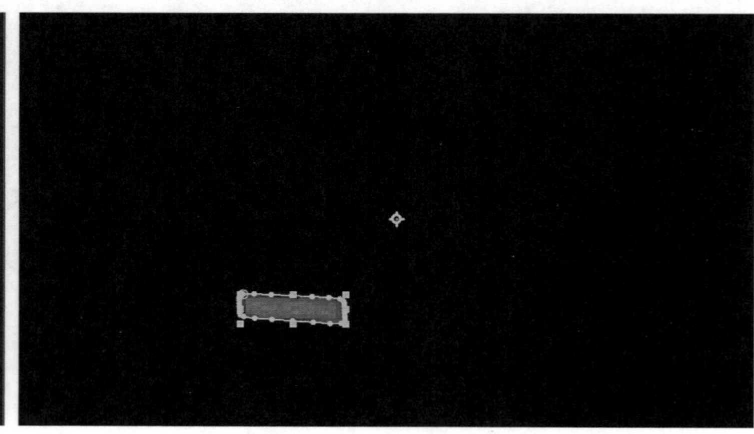

图5-4-9

（10）把项目窗口中的原始汽车素材添加到时间线窗口，放置在下层，用马赛克效果遮挡车牌的号牌，如图5-4-10所示。

图5-4-10

拓展练习：对比Mocha跟踪与蒙版跟踪的准确性。

第六章　文字特效

文字以其简洁、明确的特点消除画面和声音带给观众的不确定性，成为影视包装作品中不可或缺的重要因素。文字不仅表达抽象概念，其本身也是一种视觉对象，文字的字体、字号、颜色、显现方式等都会给观众带来不同的审美感受。随着音响、色彩、计算机数字技术的介入，字幕造型更加丰富，艺术性增强，文字给观众带来的视觉冲击力越来越大，真正成为一种艺术形式出现在影视作品中。

在当前注重包装的时代，文字已不再仅仅用于传达信息，它成为影视视觉设计的一个重要元素，不仅可以诠释影片的画面，还可以调节影片的节奏，甚至起到结构影片的作用。文字可以激发观众的好奇心进而调动气氛，可以转场，可以成为两个无法衔接的镜头之间的过渡，它已不仅仅是解说词的代替品。各种生动的文字符号是感情运动的书画轨迹，它们不是抽象的，而是内心状态的直接再现。因此，可以说影视作品的文字是影视作品艺术表现力的重要元素。在设计使用过程中，要注意以下几点：

（1）让文字与影像结合，使其设计图形化；

（2）改变文字的外形结构，让其与画面元素更好地融合；

（3）运用合理的编排，使镜头有节奏感；

（4）用文字的视觉质感表现，加强文字特效，增加震撼力；

（5）讲究文字颜色搭配。

在After Effects软件中，有两种方法创建文字对象，分别是通过文字特效创建文字对象和通过文本图层创建文字对象。通过文字特效创建文字对象是比较传统的制作方法，After Effects软件到7.0版本以后开始出现文本图层，现在的文字对象大多以文本图层的方式创建。

一、文字特效

利用文本特效组里的特效插件创建文字是比较早的文字创建方法，到了After Effects CC 2020版本，文字对象分别放置在文本特效组和过时特效组中，如图6-1-1和图6-1-2所示。

图6-1-1

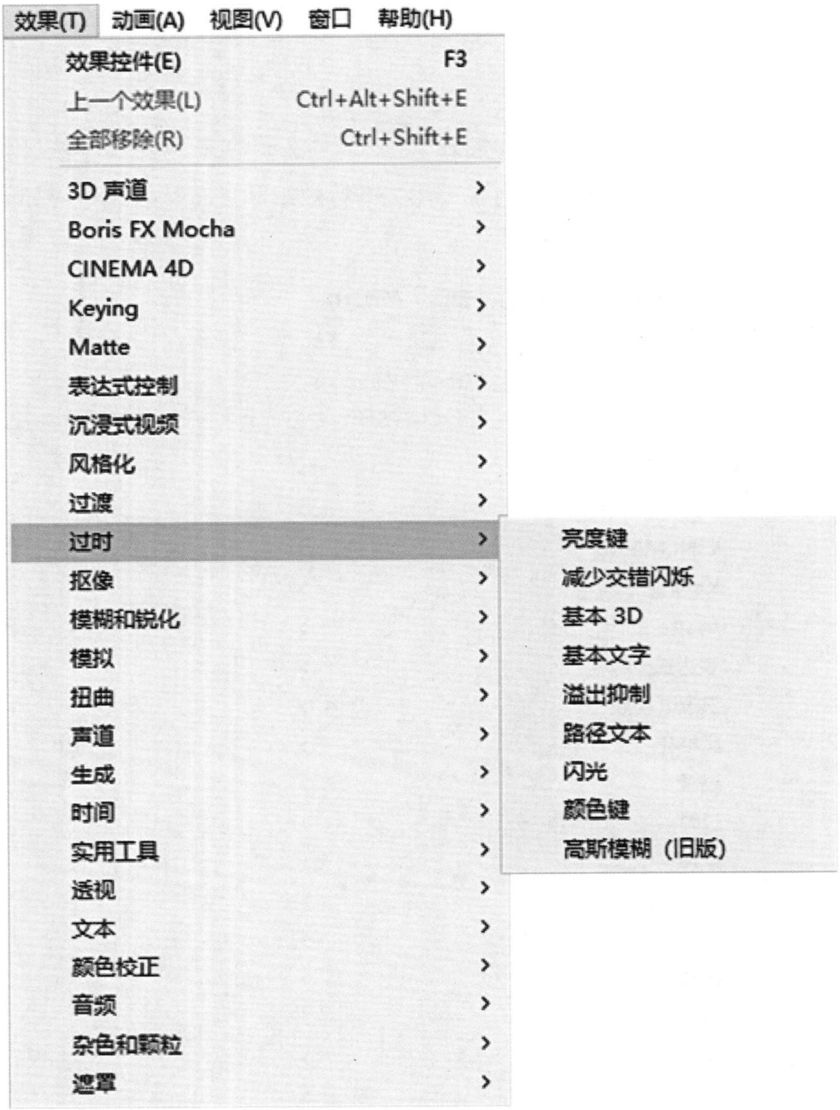

效果(T) 动画(A) 视图(V) 窗口 帮助(H)
效果控件(E) F3
上一个效果(L) Ctrl+Alt+Shift+E
全部移除(R) Ctrl+Shift+E
3D 声道
Boris FX Mocha
CINEMA 4D
Keying
Matte
表达式控制
沉浸式视频
风格化
过渡
过时
抠像
模糊和锐化
模拟
扭曲
声道
生成
时间
实用工具
透视
文本
颜色校正
音频
杂色和颗粒
遮罩
亮度键
减少交错闪烁
基本 3D
基本文字
溢出抑制
路径文本
闪光
颜色键
高斯模糊（旧版）

图6-1-2

（一）基本文字特效

利用基本文字特效可以创建最基本的静态文字对象。下面以金属质感文字为例介绍基本文字特效的应用。

（1）新建合成，命名为“金属质感文字”，预设为 HDTV 1080 25，持续时间为 5 秒，如图 6-1-3 所示。

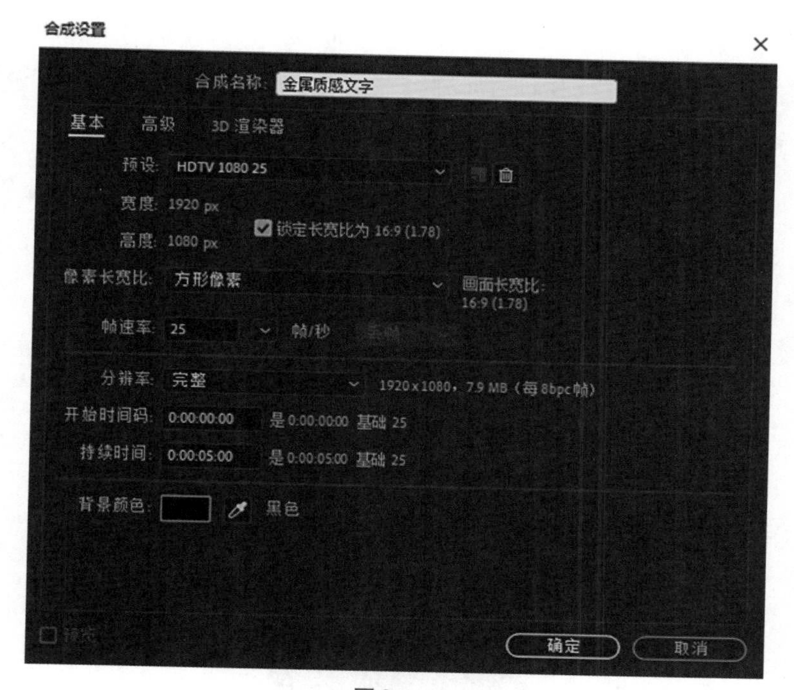

图6-1-3

（2）新建纯色层，命名为“背景”，大小为合成大小，如图6-1-4所示。

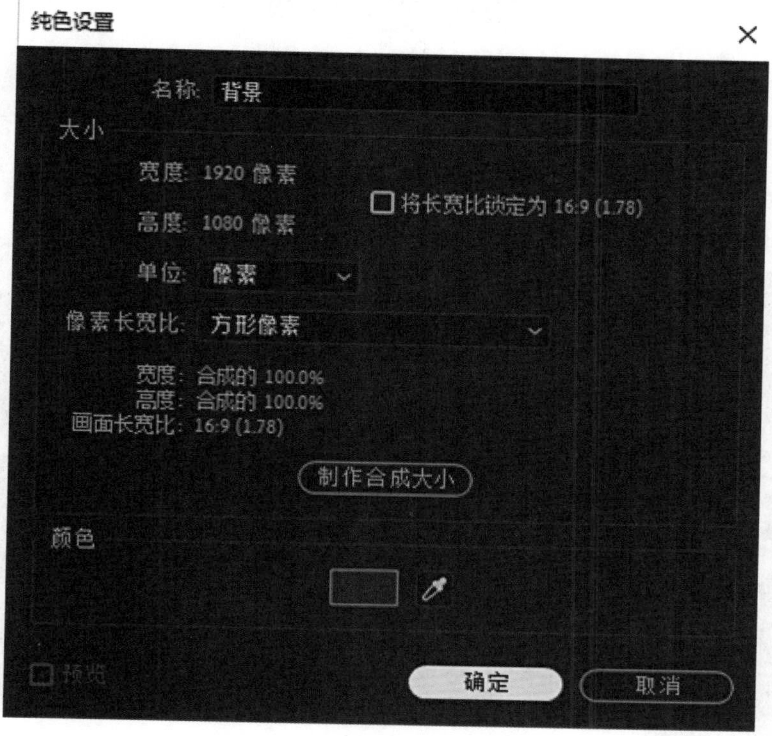

图6-1-4

（3）选择背景图层，时间指示器定位到00:00时刻，在特效和预设面板添加尘渣预设，执行【动画预设】—【Backgrounds】—【尘渣】，也可以选择其他的背景预设，如图6-1-5所示。

图6-1-5

（4）可以在效果控件面板中查看该预设效果的特效插件名称及参数设置，也可以在此基础上修改参数数值或者添加、删除某些特效，如关闭Glow（发光）的特效滤镜，如图6-1-6和图6-1-7所示。

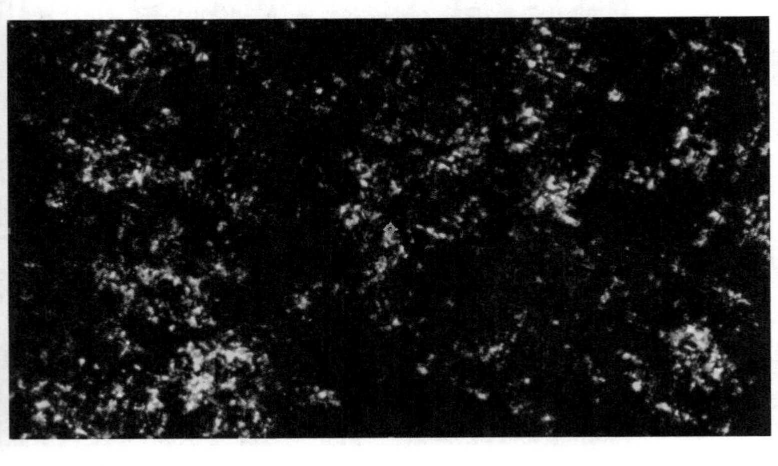

图6-1-6

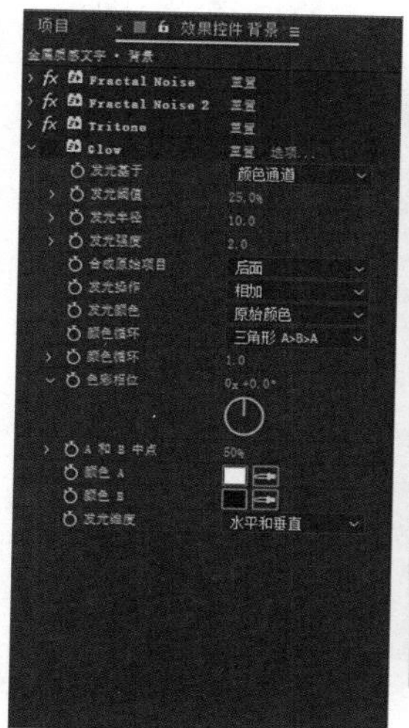

图6-1-7

（5）新建纯色层，命名为“文字”，大小为合成大小，如图6-1-8所示。

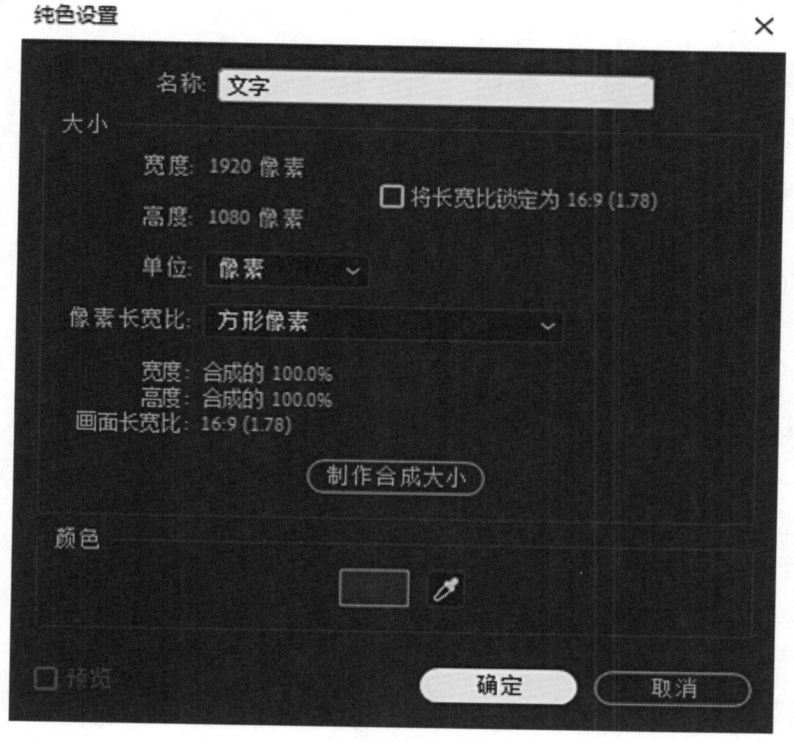

图6-1-8

（6）选择“文字”图层，添加基本文字特效。执行【效果】—【过时】—【基本文字】，如图6-1-9所示。

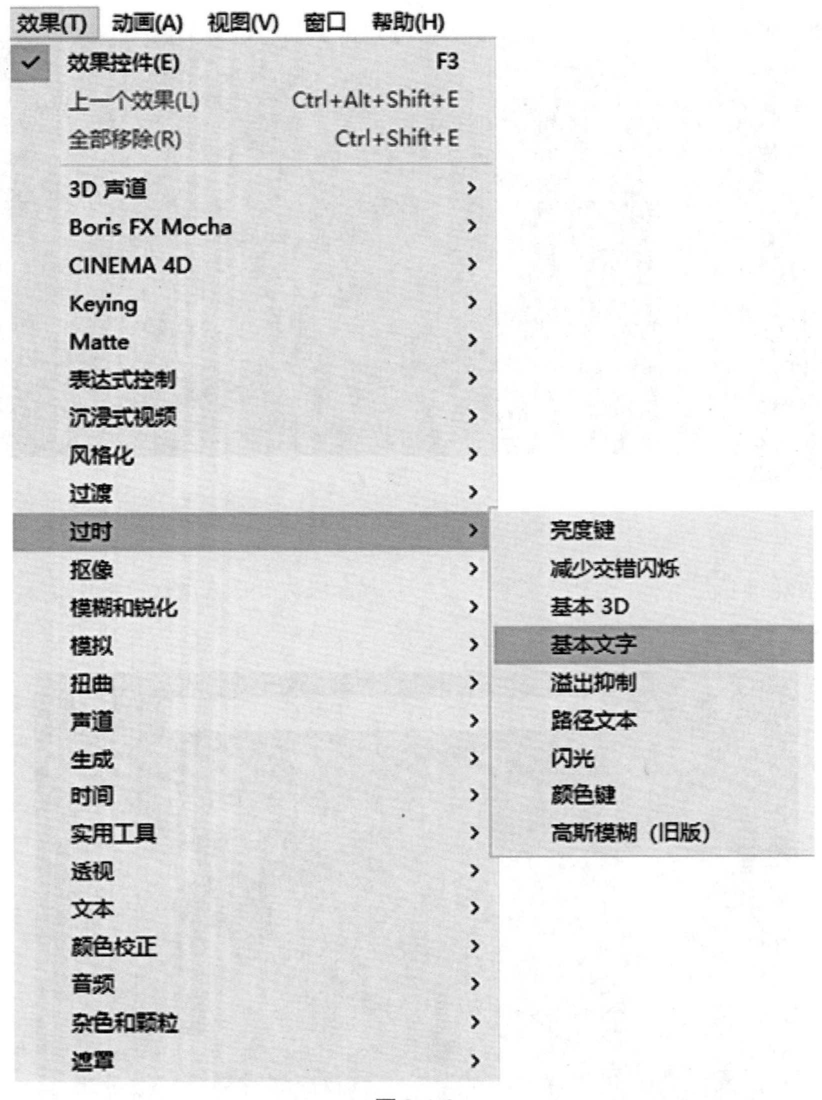

图6-1-9

（7）在弹出的【基本文字】对话框的文本框中输入需要的文字内容。如果是汉字，字体最好选择汉字的字体，以避免有些外文字体不能正常显示某些汉字。对于某些字体可以选择不同的风格样式。方向指的是文字的排列方向，现在大部分的文字都是水平方向排版的，但是有的时候也有竖直方向排版的，如中国传统书画中的文字。有的时候因为构图的需要，也会有竖直方向排版的。对齐方式是指文字的中心点在整个文字对象的位置，如左边、右边、居中，如图6-1-10所示。

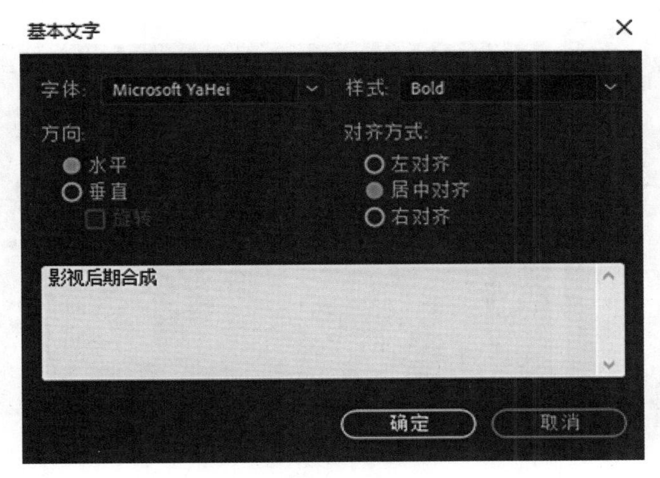

图6-1-10

（8）默认情况下，文字对象在合成画面的中心位置，可以通过调整效果控件面板里的特效参数进行文字属性的定义。注意此时不能通过字符面板修改文字对象，如图6-1-11所示。

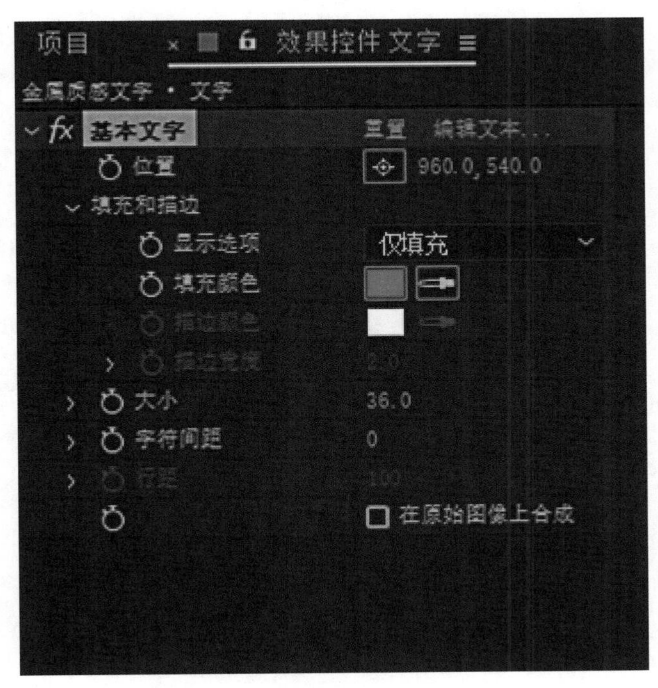

图6-1-11

（9）可以根据需要调整文字的位置、填充颜色、描边颜色及宽度、字号大小、字符间距及行距等，如图6-1-12所示。

图 6-1-12

（10）选择“文字”图层，添加渐变特效，执行【效果】—【生成】—【梯度渐变】，如图 6-1-13 所示。

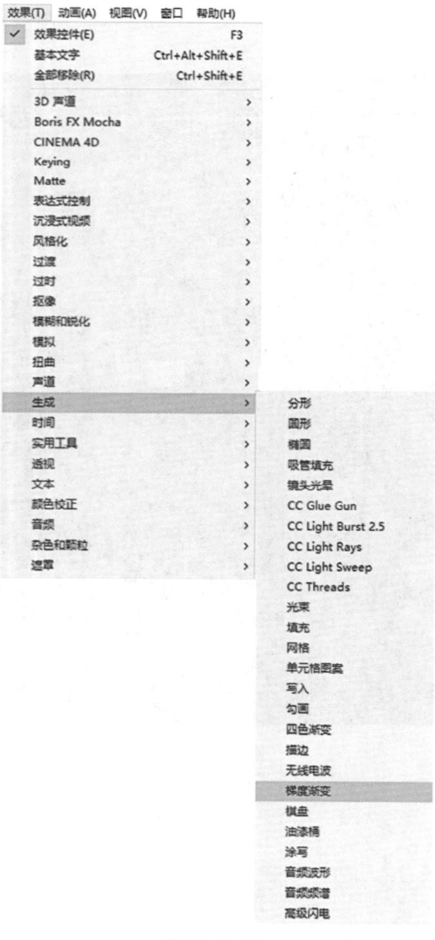

图 6-1-13

（11）把梯度渐变的起点定位到文字对象的上面，渐变的终点定位到文字对象的下面，让文字对象上有更多的明暗变化层次，为后面的金属质感做准备，如图6-1-14所示。

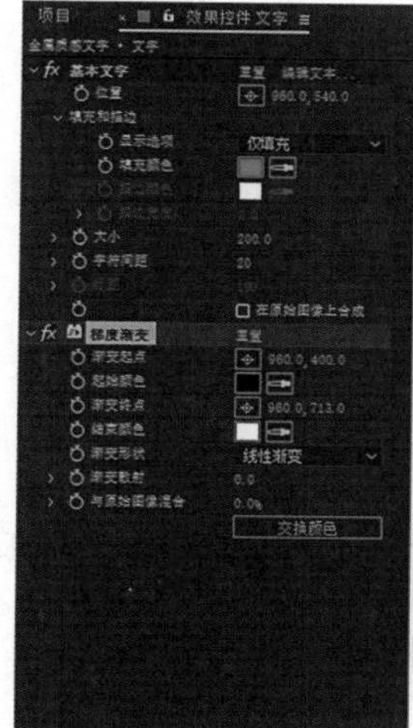

图6-1-14

（12）选择“文字”图层，添加斜面Alpha特效，制作边缘凸起的视觉效果。执行【效果】—【透视】—【斜面Alpha】，如图6-1-15所示。

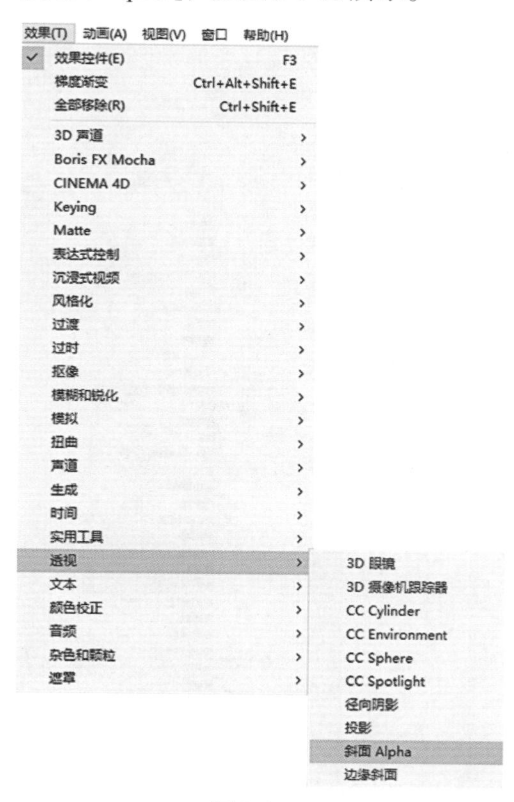

图6-1-15

（13）在效果控件面板中设置斜面Alpha特效的参数，适当调整边缘厚度数值，让文字出现厚度的视觉效果。定义灯光角度的关键帧动画，在00:00时刻，灯光角度数值为0x–60°，时间指示器到04:24时刻，灯光角度数值为1x–60°，即一圈，如图6-1-16所示。

图6-1-16

（14）选择“文字”图层，添加曲线特效。执行【效果】—【颜色校正】—【曲线】，如图6-1-17所示。

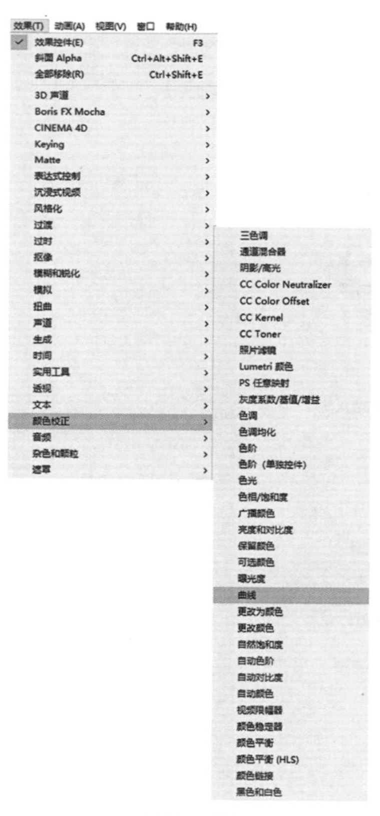

图6-1-17

（15）在效果控件面板中，选择成曲线的画笔工具，在曲线图上绘制多重曲线，观察合成视图中文字的明暗层次变化，如图6-1-18所示。

图6-1-18

（16）给金属文字定义彩色金属。执行【效果】—【颜色校正】—【三色调】，如图6-1-19所示。

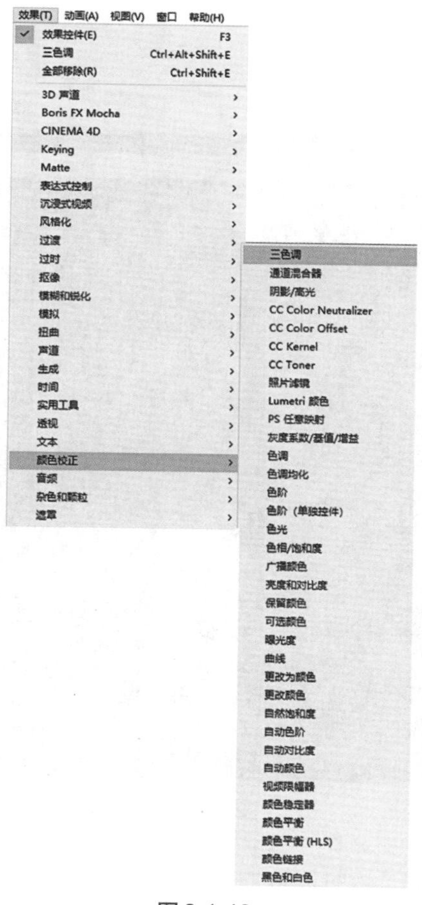

图6-1-19

（17）修改中间调的颜色，可以设置成需要的彩色金属，此处不建议修改高光和阴影的颜色。修改中间调的颜色可以最大限度地保留原有的明暗层，如图6-1-20所示。

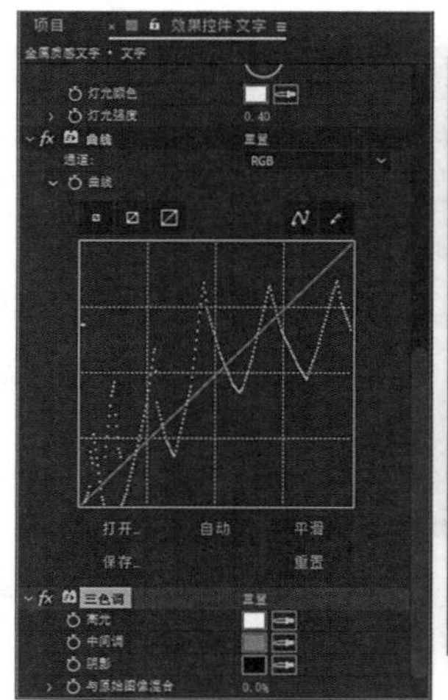

图6-1-20

（18）新建合成，命名为“金属质感文字动画”，预设为HDTV 1080 25，持续时间为5秒，如图6-1-21所示。

合成设置

合成名称：金属质感文字动画

基本　高级　3D 渲染器

预设：HDTV 1080 25

宽度：1920 px

高度：1080 px

锁定长宽比为 16:9 (1.78)

像素长宽比：方形像素　画面长宽比：16:9 (1.78)

帧速率：25　帧/秒

分辨率：完整　1920x1080，7.9 MB（每 8bpc 帧）

开始时间码：0:00:00:00　是 0:00:00:00 基础 25

持续时间：0:00:05:00　是 0:00:05:00 基础 25

背景颜色：黑色

预览　确定　取消

图6-1-21

（19）把“金属质感文字”合成嵌套进来，如图6-1-22所示。

图6-1-22

（20）选择金属质感文字，在工具栏中选择椭圆形工具，在合成视图区域绘制椭圆形，如图6-1-23所示。

图6-1-23

（21）展开时间线上金属质感文字图层的蒙版属性，把蒙版羽化数值调大，让遮罩的边界羽化过渡，如图6-1-24所示。

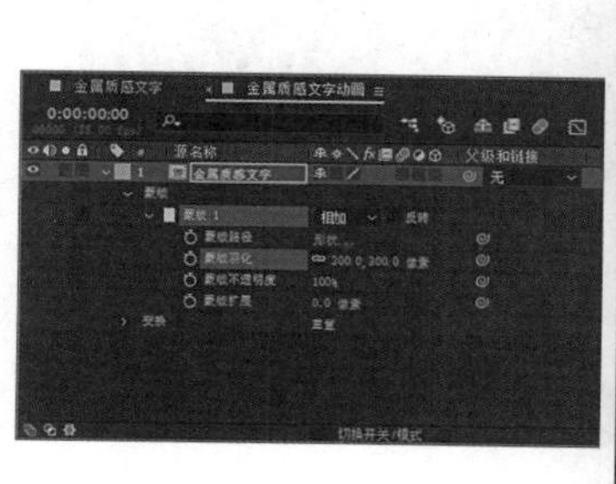

图6-1-24

（22）制作图层的缩放动画。时间指示器定位到00:00时刻，缩放数值为（0，0）；时间指示器定位到00:10时刻，缩放数值为90；时间指示器定位到04:15时刻，缩放数值为100；时间指示器定位到04:24时刻，缩放数值为500。不同的时间段有不同的变化速度制作节奏变化。选中所有的关键帧，按快捷键F9变成变速运动。开启图层的运动模糊开关，以增强视觉上的速度感，如图6-1-25所示。

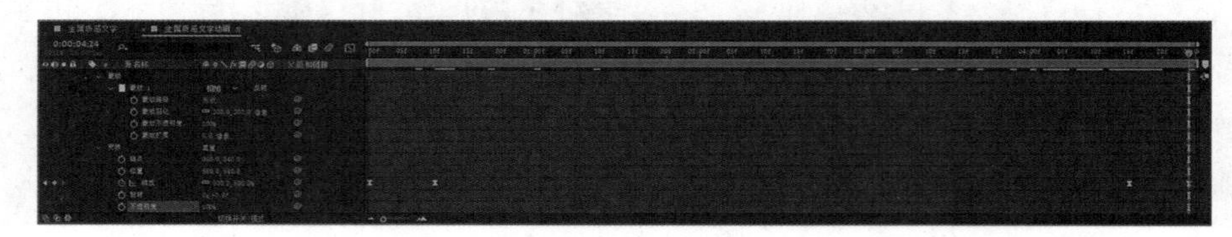

图6-1-25

（23）制作图层的不透明度动画。时间指示器定位到00:00时刻，不透明度数值为0；时间指示器定位到00:05时刻，不透明度数值为100；时间指示器定位到04:20时刻，不透明度数值为100；时间指示器定位到04:24时刻，不透明度数值为0，如图6-1-26所示。

图6-1-26

（24）导入音效素材，添加到时间线上。添加了音效素材要注意声音与画面的对应关系，如图6-1-27所示。

图6-1-27

拓展练习：选择不同的背景预设，制作不同颜色的金属文字。

（二）路径文字特效

通过路径文字特效创建的文字可以是任意排列方式，如图6-1-28所示。

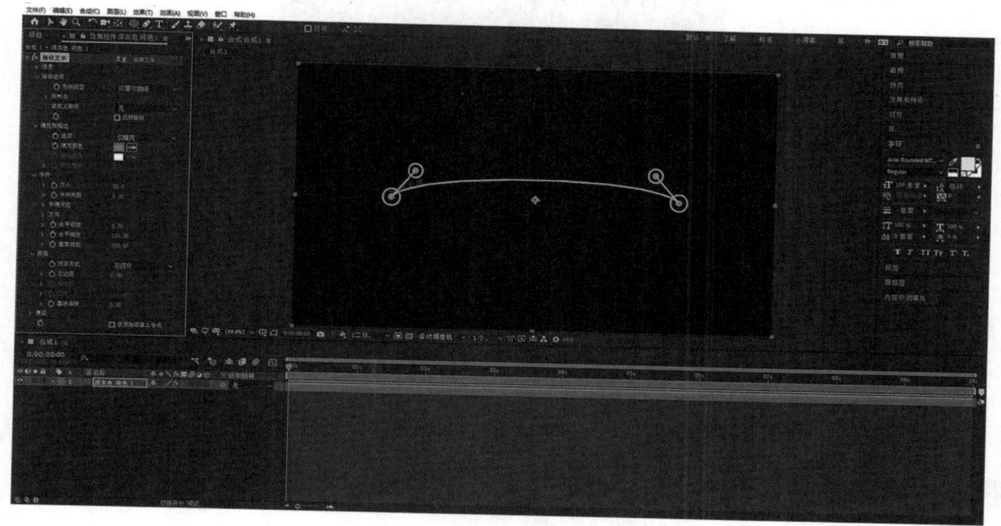

图6-1-28

默认的路径形状是贝塞尔曲线，可以通过调整控制点的位置和弯曲手柄改变曲线形状，从而改变文字的排列路径。除此之外，还有圆形、循环和线，都可以在预设的基础上进行修改。如果预设的所有形状都不能满足创作需要，还可以自己绘制路径，这个路径可以是开放的，也可以是闭合的。下面以开放的路径为例介绍路径文字特效的操作。

（1）新建合成，名称为“爱心”，预设为HDTV 1080 25，持续时间为10秒，如图6-1-29所示。

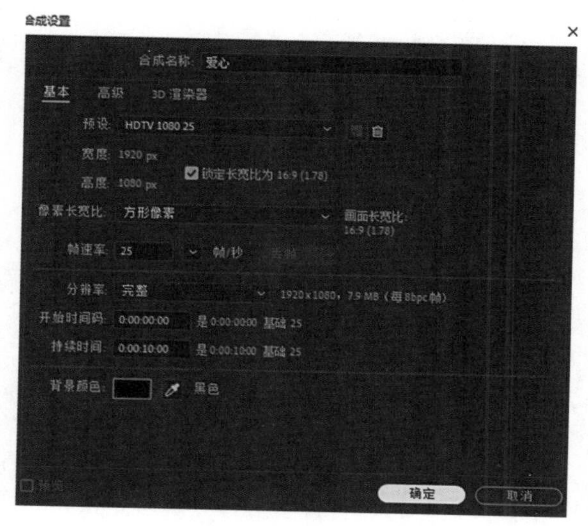

图6-1-29

（2）新建纯色层，名称为“网格背景”，大小为合成大小，如图6-1-30所示。

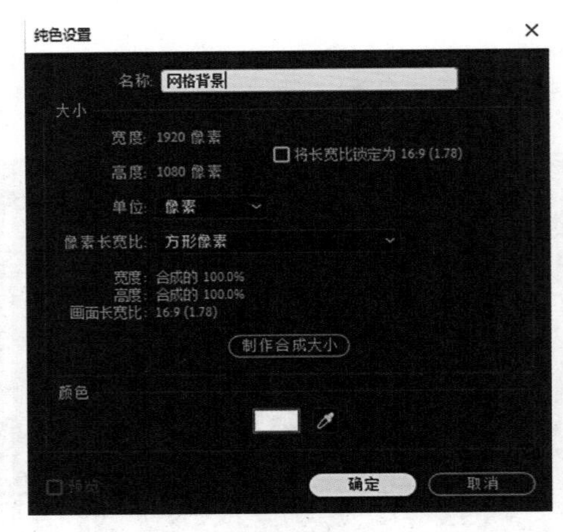

图6-1-30

（3）选择“网格背景”图层，添加网格特效，执行【效果】—【生成】—【网格】，如图6-1-31所示。

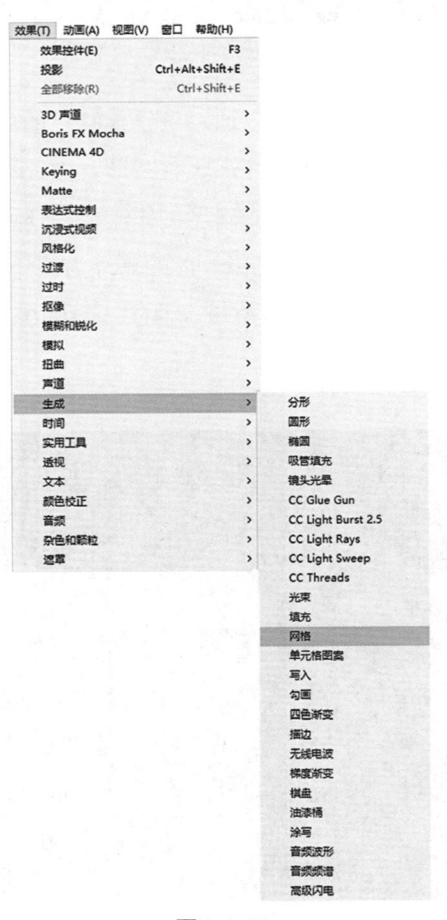

图6-1-31

（4）在效果控件面板中，根据需要调整宽度和高度的数值，调整宽度和高度滑块，可以灵活地设置网格的宽高和大小。边界是定义网格线的粗细，可根据不同的表现风格设置该数值。默认的颜色是白色的，在此处设置成墨绿色，如图6-1-32所示。

图6-1-32

（5）新建纯色层，名称为“爱心”，大小为合成大小，如图6-1-33所示。

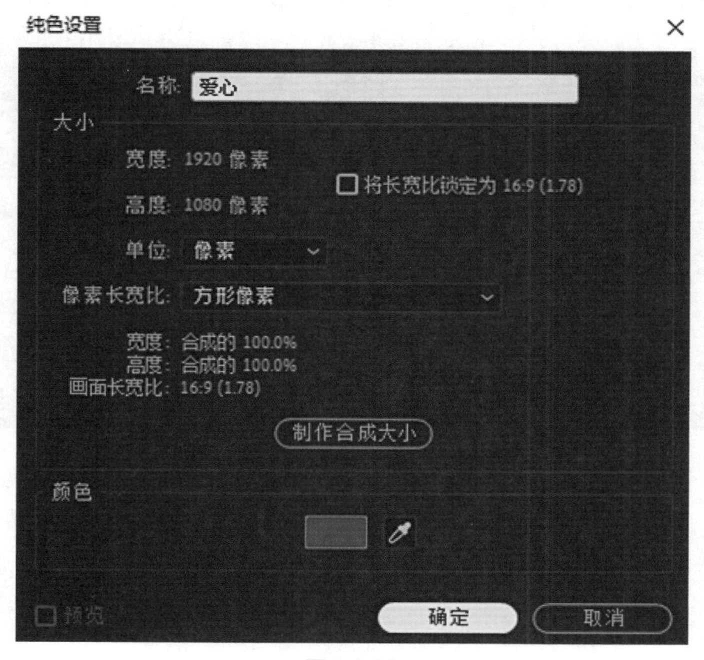

图6-1-33

（6）在合成视图下边栏中点击选择网格和参考线选项，选择网格，便于绘制规则的形状内容，如图6-1-34所示。

图 6-1-34

（7）选择“爱心”图层，参考网格线条，用钢笔工具绘制路径，如图 6-1-35 所示。

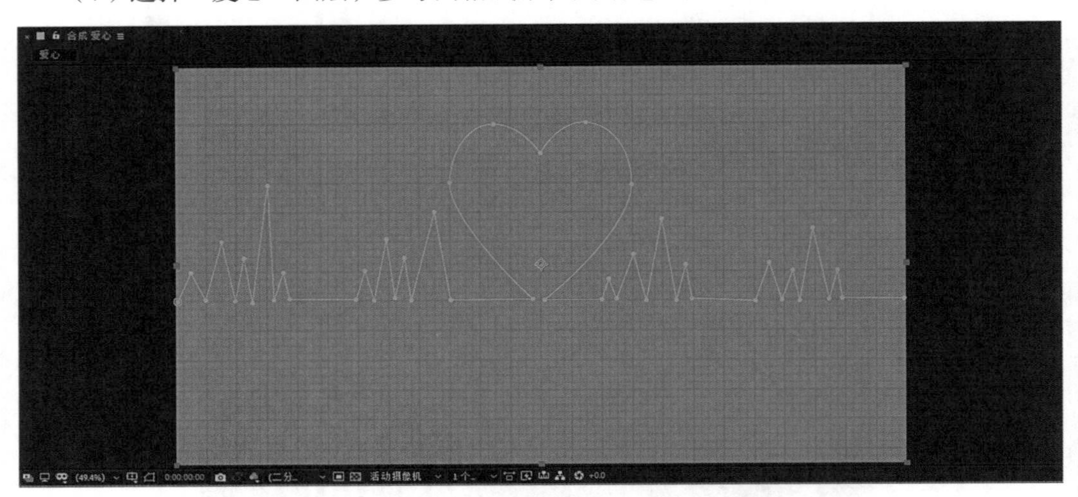

图 6-1-35

（8）取消网格显示，选择“爱心”图层，添加描边特效。执行【效果】—【生成】—【描边】，如图 6-1-36 所示。

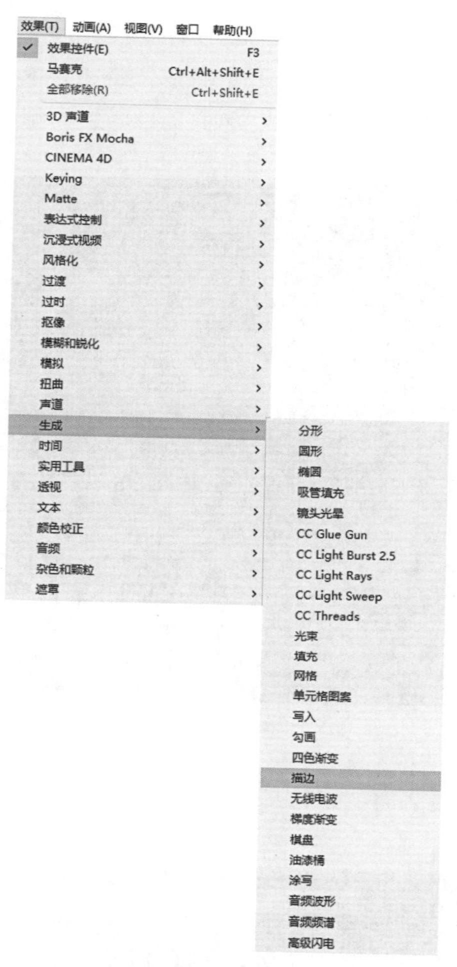

图6-1-36

（9）在效果控件窗口设置描边的参数数值，路径选择蒙版 1，颜色为暗红色（94，3，0），画笔大小为5，间距为100%，绘画样式为“在透明背景上”，如图6-1-37所示。

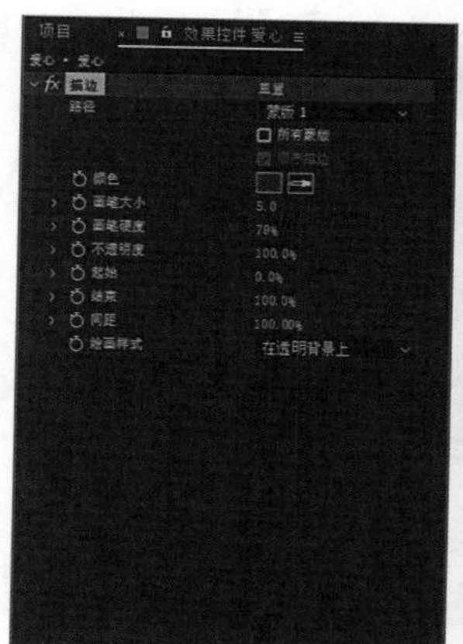

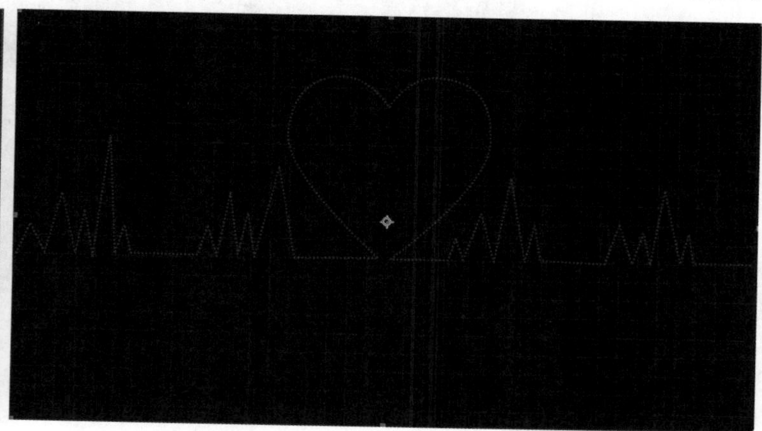

图6-1-37

（10）制作描边动画。时间指示器定位到00:00时刻，打开结束的关键帧记录器，结束的数值为0%，时间指示器定位到03:00时刻，结束的数值为100%，如图6-1-38所示。

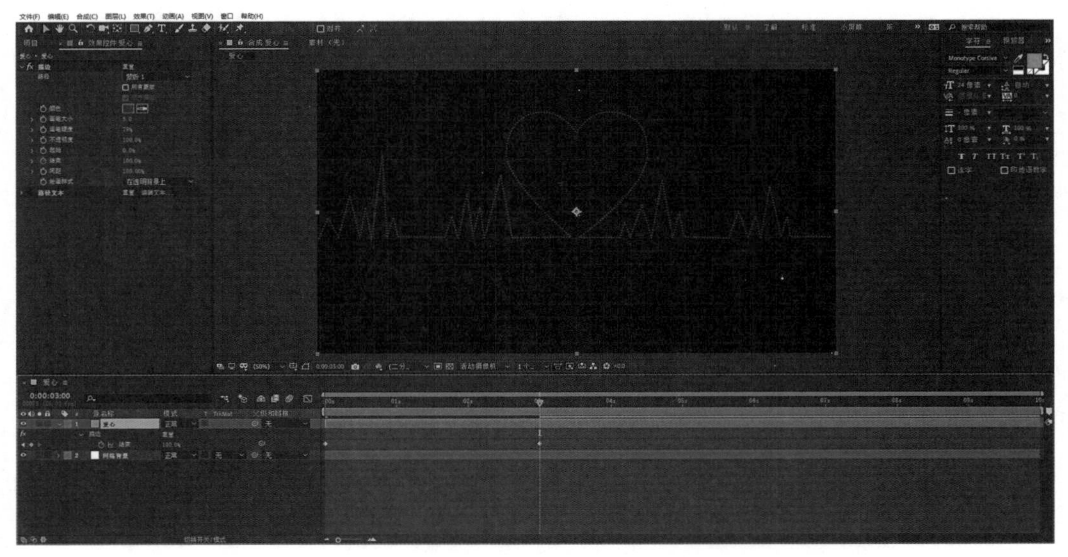

图6-1-38

（11）新建纯色层，命名为“路径文字”，如图6-1-39所示。

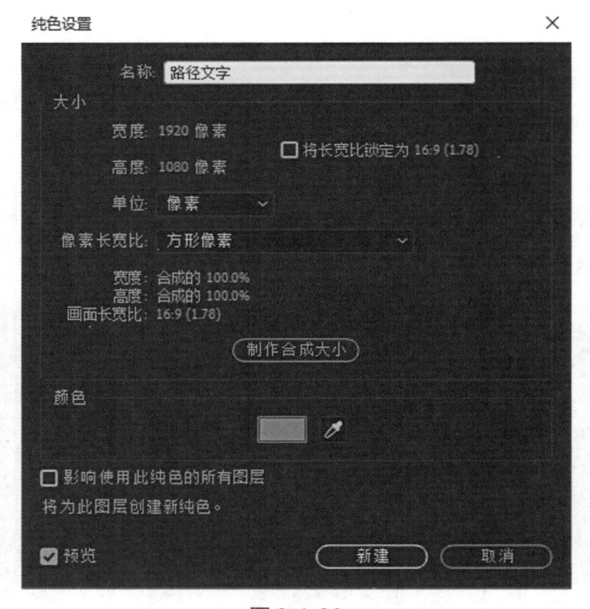

图6-1-39

（12）展开“爱心”图层，把蒙版1复制粘贴到“路径文字”图层上，保持两个图层的蒙版形状一致，如图6-1-40所示。

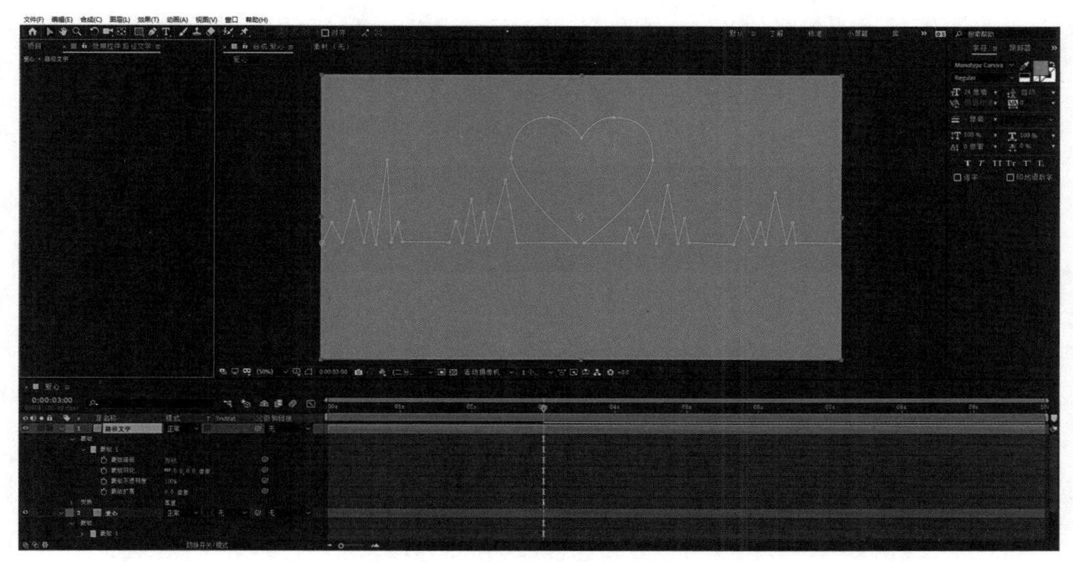

图6-1-40

（13）选择“路径文字”图层，添加路径文字特效，执行【效果】—【过时】—【路径文本】，如图6-1-41所示。

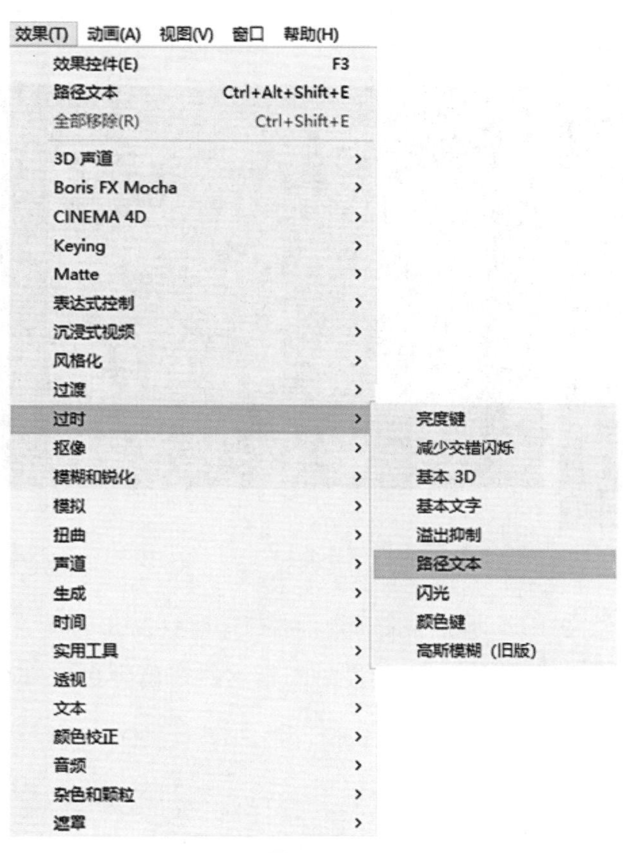

图6-1-41

（14）在弹出的【路径文字】对话框的文本框中输入文字内容，定义字体和样式，如图6-1-42所示。

图6-1-42

（15）在效果控件窗口中设置路径文字的参数数值，自定义路径选择“蒙版1”，填充颜色为浅红色（255，100，100），字符大小为30，段落左边距为3180，基线偏移为5，如图6-1-43所示。

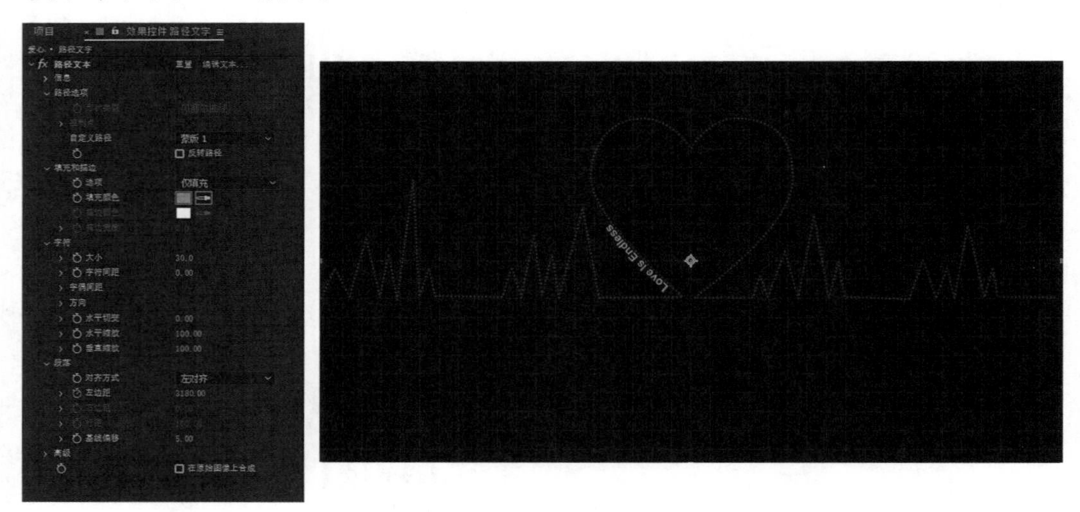

图6-1-43

（16）制作路径文字的动画。时间指示器定位到03:00时刻，打开左边距的关键帧记录器，设置左边距数值为3180，时间指示器定位到09:24时刻，如图6-1-44所示。

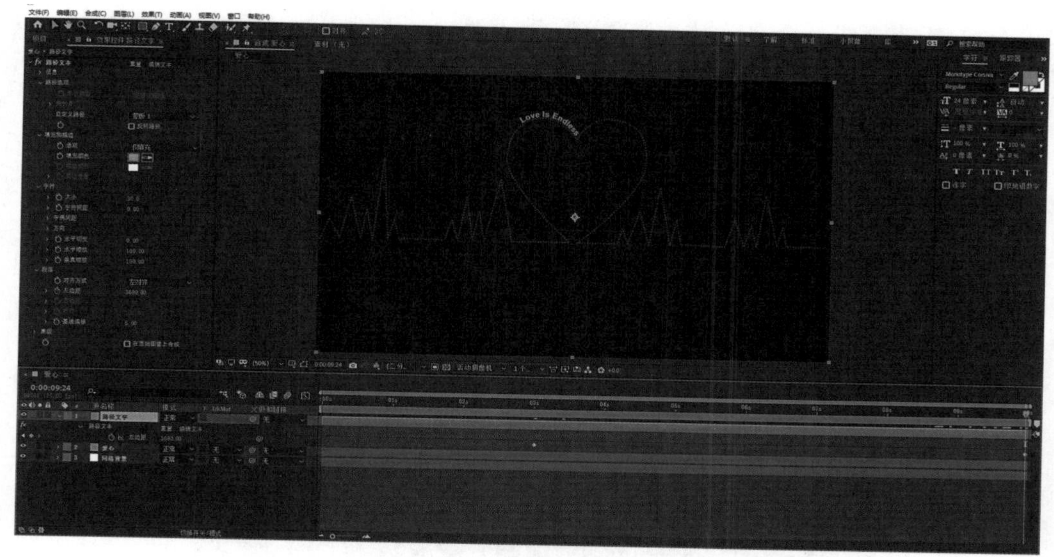

图6-1-44

（17）设置路径文字的不透明度动画。时间指示器定位到02:00时刻，打开图层不透明度的关键帧记录器，数值为0%，时间指示器定位到03:00时刻，不透明度数值为100%，如图6-1-45所示。

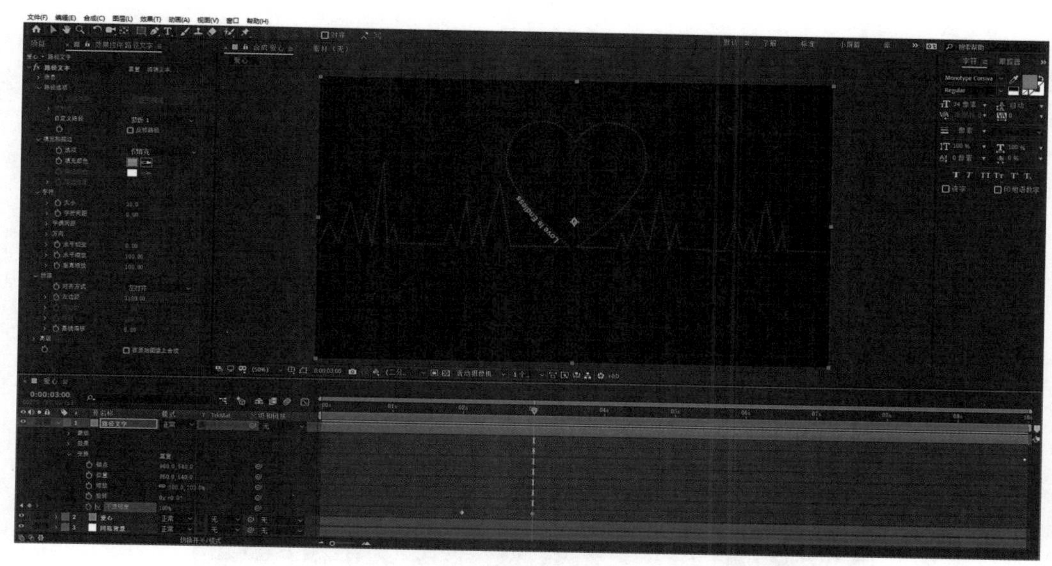

图6-1-45

拓展练习：设计并绘制闭合路径，制作路径文字动画。

（三）编号特效

编号特效可以制作随机变化的数字、时间、日期等文字。

（1）新建合成，命名为“数字”，宽度为100px，高度为1080px，持续时间为5秒，如图6-1-46所示。

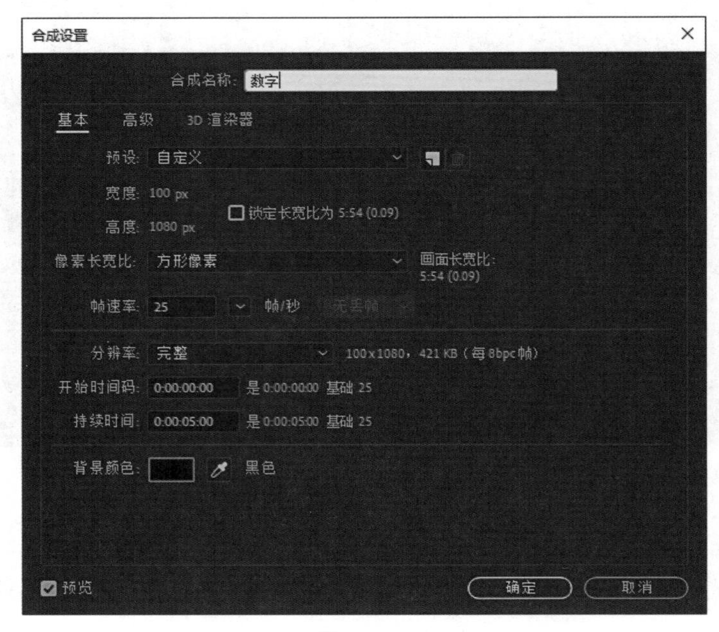

图6-1-46

（2）新建纯色层，命名为“数字”，单击【制作合成大小】，如图6-1-47所示。

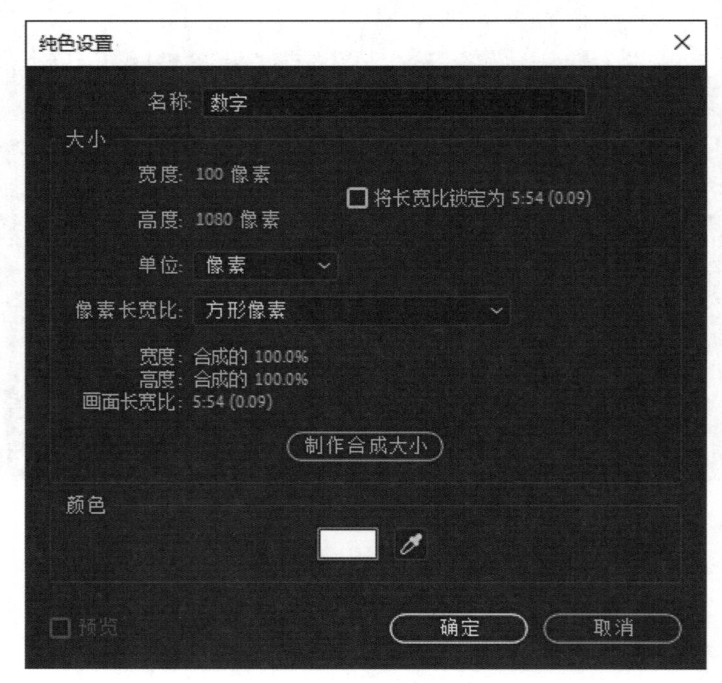

图6-1-47

（3）添加编号特效，执行【效果】—【文本】—【编号】，如图6-1-48所示。

效果(T)　动画(A)　视图(V)　窗口　帮助(H)
效果控件(E)　F3
极坐标　Ctrl+Alt+Shift+E
全部移除(R)　Ctrl+Shift+E
3D 声道
Boris FX Mocha
CINEMA 4D
Keying
Matte
表达式控制
沉浸式视频
风格化
过渡
过时
抠像
模糊和锐化
模拟
扭曲
声道
生成
时间
实用工具
透视
文本
颜色校正
音频
杂色和颗粒
遮罩
编号
时间码

图6-1-48

（4）在弹出的【编号】对话框中，选择字体，设置样式，方向是指文字的排列方向，对齐方式是指段落的对齐，如图6-1-49所示。

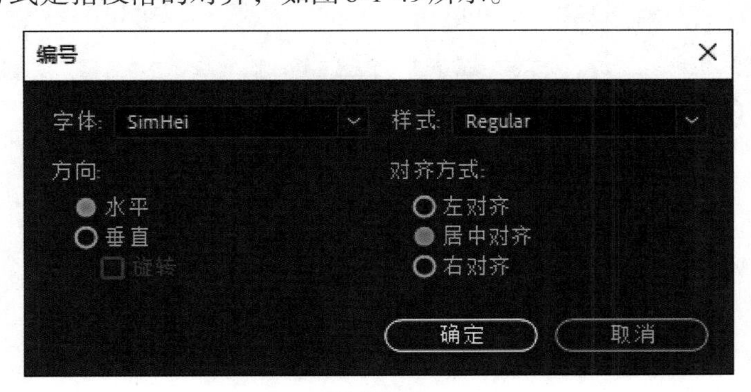

图6-1-49

（5）在效果控件窗口中设置参数，类型选择数目，小数位数为0，填充颜色为蓝色（13，83，120），大小为50，给数值/位移/随机最大添加表达式random（9），即在0和9之间随机变化数字，如图6-1-50所示。

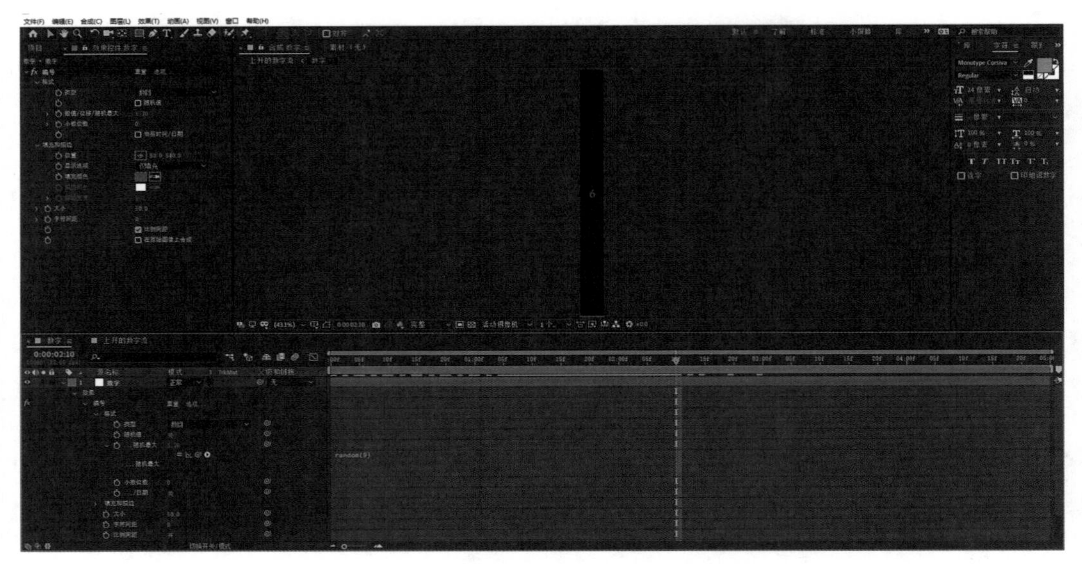

图6-1-50

（6）展开图层的变换属性，制作位置动画。时间指示器定位到00:00时刻，设置位置数值为（50，1100），时间指示器定位到04:24时刻，设置位置数值为（50，–50），如图6-1-51所示。

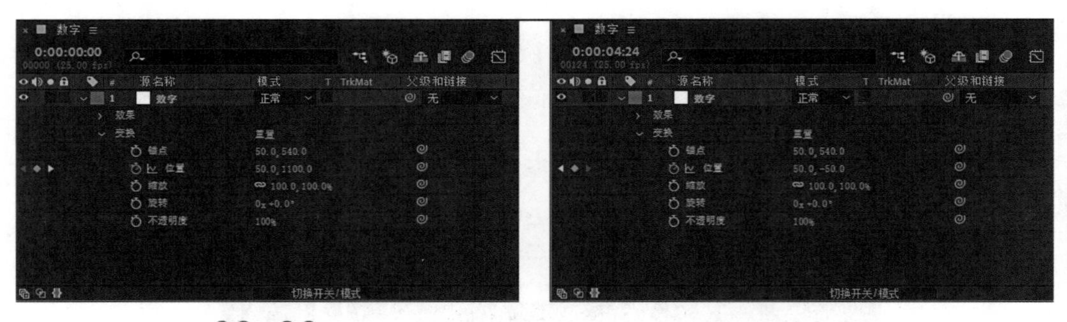

00:00　　04:24

图6-1-51

（7）新建合成，命名为“上升的数字流”，预设为HDTV 1080 25，持续时间为5秒，如图6-1-52所示。

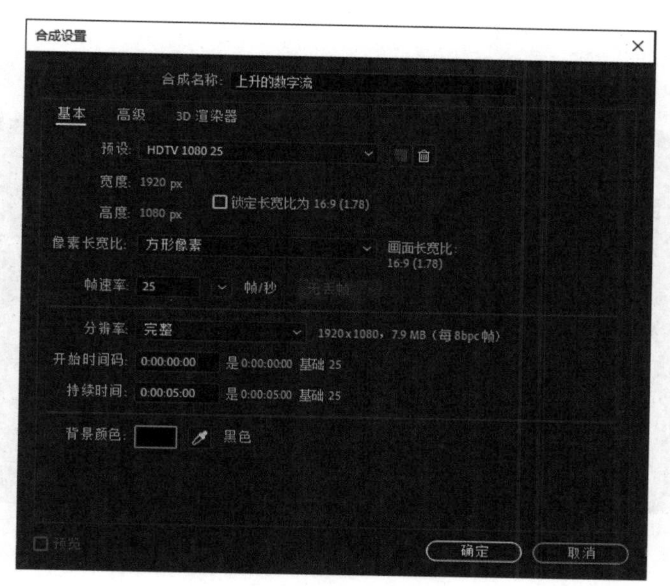

图6-1-52

（8）嵌套合成“数字”，添加残影效果。执行【效果】—【时间】—【残影】，如图6-1-53所示。

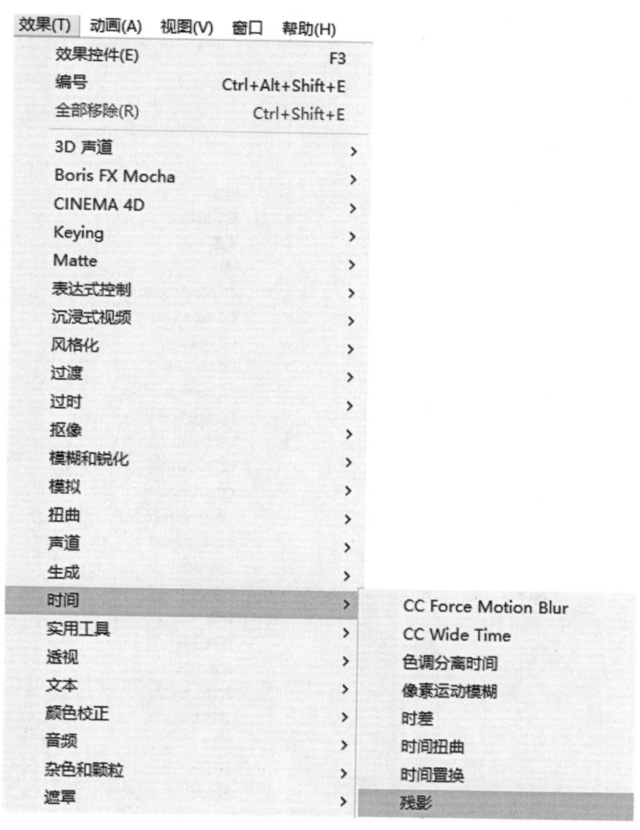

图6-1-53

（9）在效果控件窗口设置参数，残影时间（秒）为-0.1，残影数量为20，衰减为0.85，如图6-1-54所示。

图6-1-54

（10）添加发光特效。执行【效果】—【风格化】—【发光】，如图6-1-55所示。

图6-1-55

（11）在效果控件窗口设置参数，发光阈值为50%，发光半径为30，发光强度为2，如图6-1-56所示。

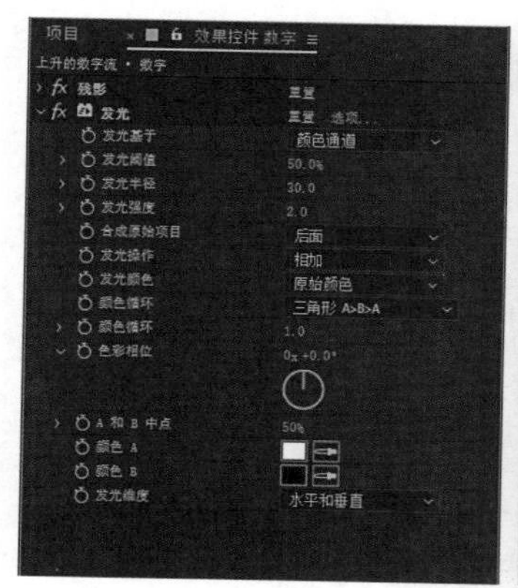

图6-1-56

（12）复制图层，调整图层的位置横坐标属性，让数字串在水平方向上随机分散开，移动每个图层层条的开始时刻位置，如图6-1-57所示。

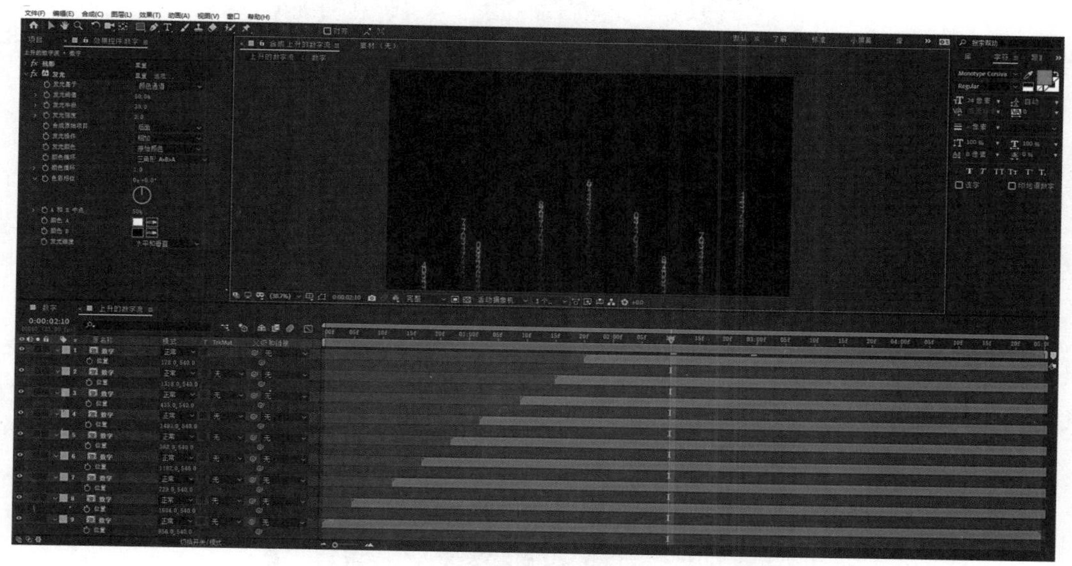

图6-1-57

拓展练习：制作不同颜色和排列方式的数字流。

二、文本图层

（一）文字动画控制器

文本图层较文字特效多了动画控制器，可通过文本图层的动画控制器制作文字的各种出现和消失动画效果。

（1）新建合成，命名为“倒影文字”，预设为HDTV 1080 25，持续时间为5秒，如图6-2-1所示。

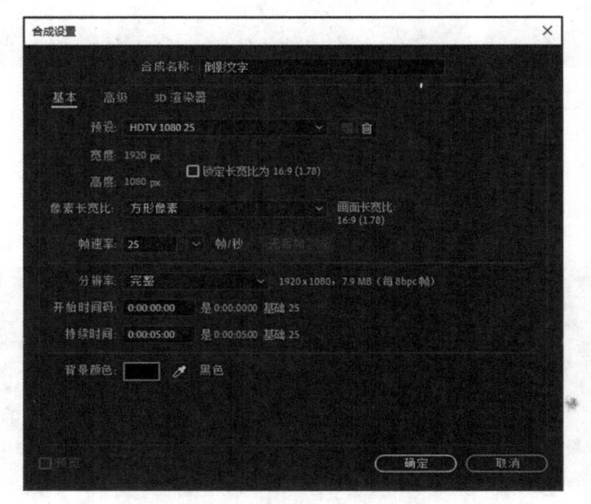

图6-2-1

（2）新建纯色层，命名为“渐变背景”，如图6-2-2所示。

图6-2-2

（3）添加梯度渐变特效。执行【效果】—【生成】—【梯度渐变】，如图6-2-3所示。

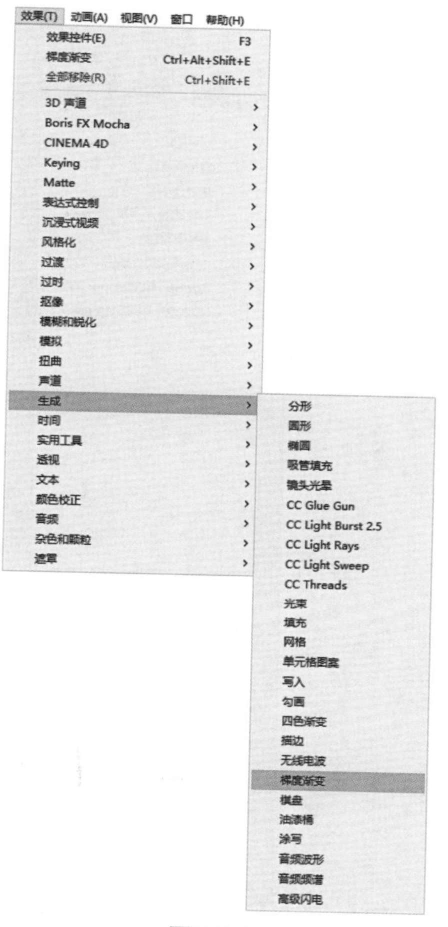

图6-2-3

（4）在效果控件窗口设置参数，开始颜色为暗红色（138，0，7），结束颜色为黑色（0，0，0），如图6-2-4所示。

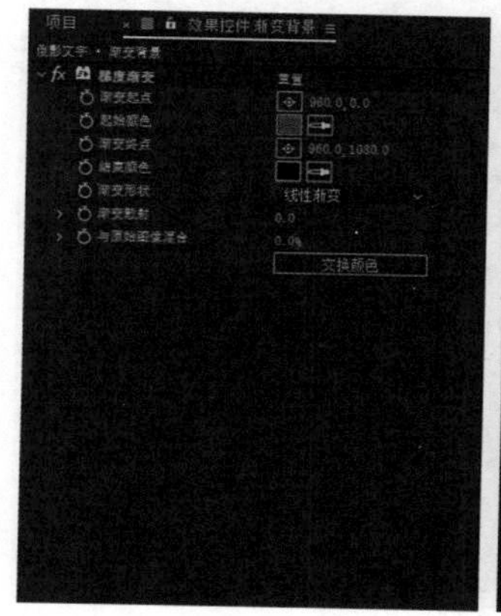

图6-2-4

（5）新建文本图层，执行【图层】—【新建】—【文本】，对应的快捷键为Ctrl+Alt+Shift+T，如图6-2-5所示。

图6-2-5

（6）输入文字内容：AFTER EFFECTS CC，在字符面板设置文字的属性，字体为Arial，字号为120，填充颜色为红色（196，0，10），垂直缩放为150%，在段落面板设置段落对齐为居中对齐，如图6-2-6所示。

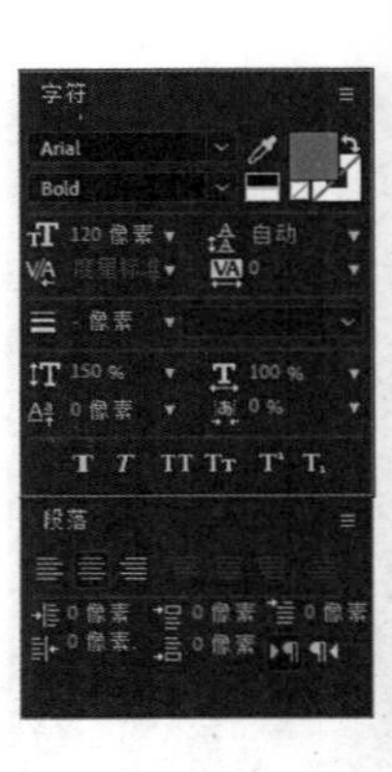

图6-2-6

（7）展开文本图层，单击动画后面的小三角，在弹出的快捷菜单中选择位置，如图6-2-7所示。

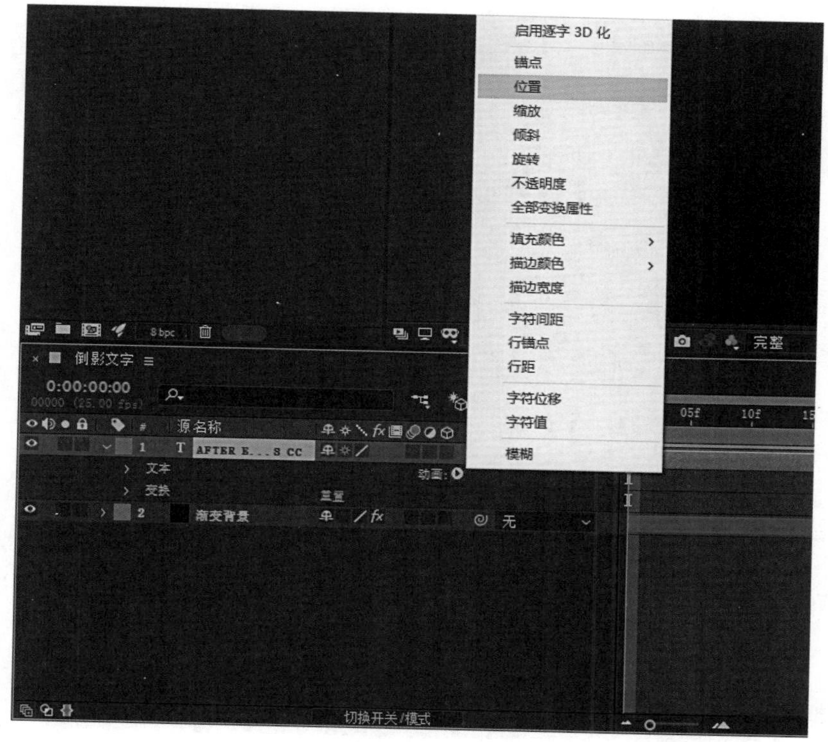

图6-2-7

（8）文本图层添加动画控制工具1，按下键盘上的回车键，修改动画控制器的名字为“位置动画”，如图6-2-8所示。

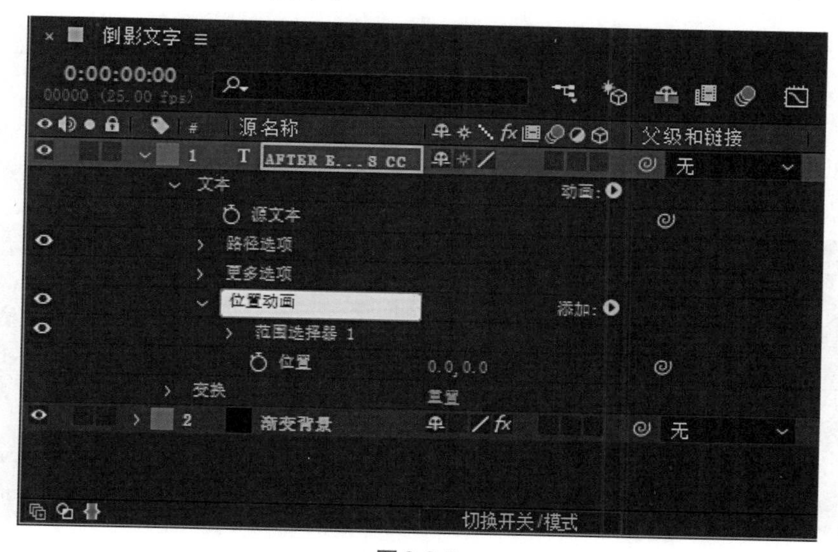

图6-2-8

（9）修改位置数值为（0，300），展开位置动画的范围选择器1中的高级，形状选择为上斜坡，随机排序为开，如图6-2-9所示。

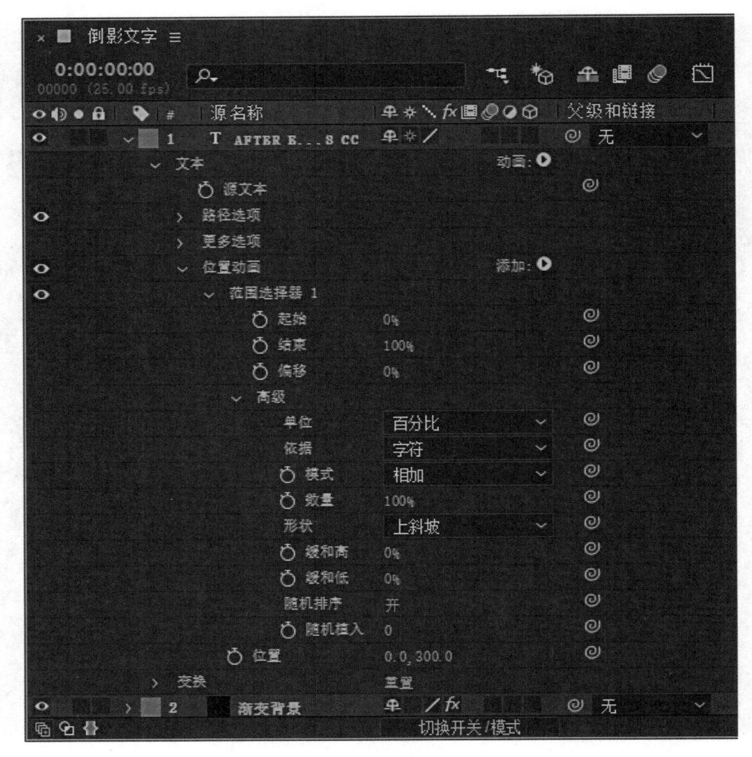

图6-2-9

（10）制作动画，时间指示器定位到00:00时刻，偏移数值为–100，时间指示器定位到02:00时刻，偏移数值为100，如图6-2-10所示。

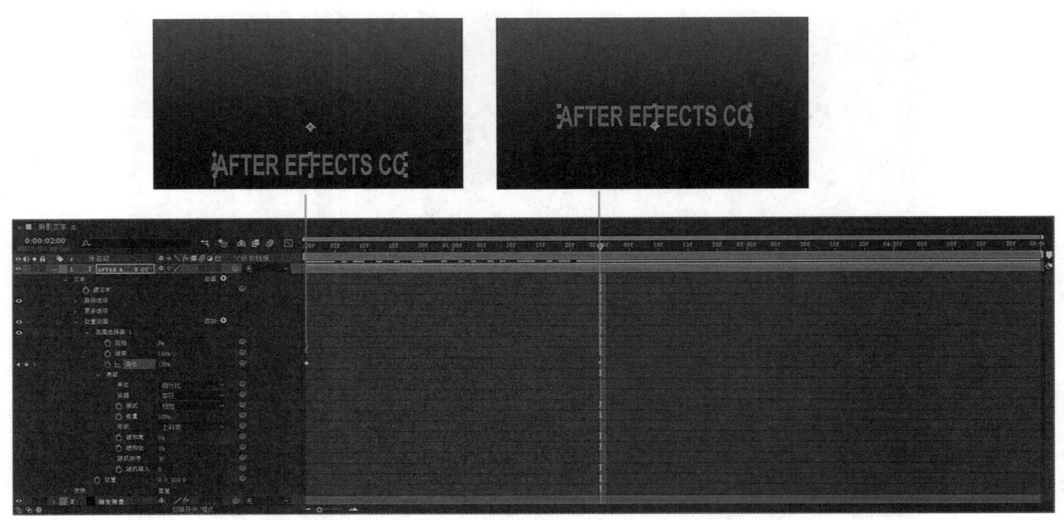

图6-2-10

（11）工具栏中选择矩形工具，在文本图层上绘制蒙版，如图6-2-11所示。

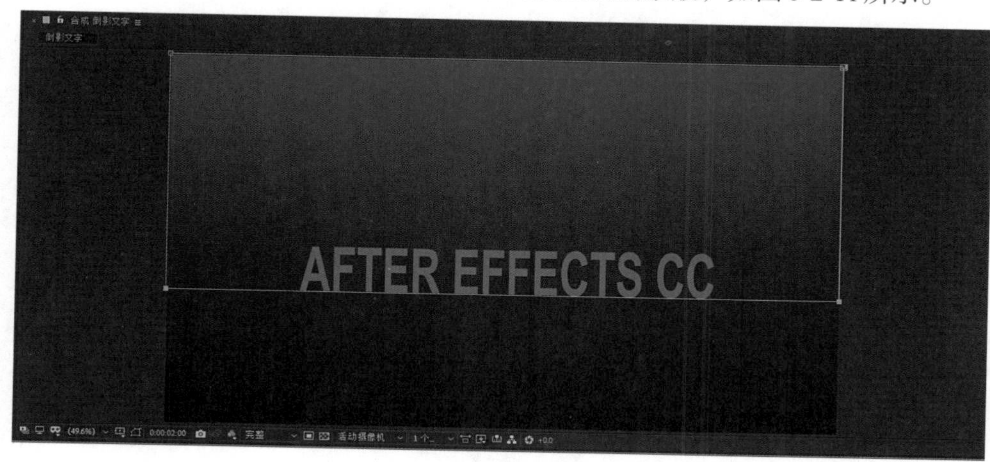

图6-2-11

（12）复制文本图层，修改图层名称为“倒影”，展开图层的变换属性，修改缩放数值为（100，-100），不透明度数值为30%，如图6-2-12所示。

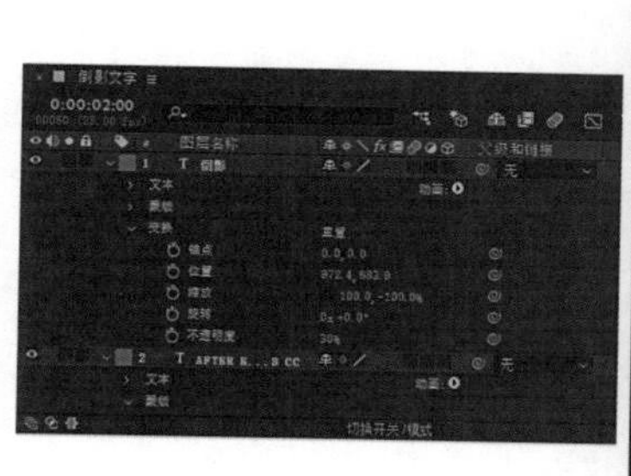

图6-2-12

（13）新建纯色层，命名为“遮罩”，如图6-2-13所示。

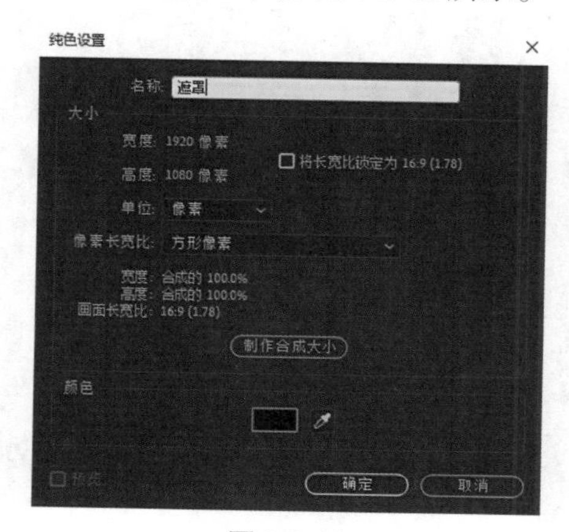

图6-2-13

（14）选择“遮罩”图层，添加梯度渐变特效。执行【效果】—【生成】—【梯度渐变】，如图 6-2-14 所示。

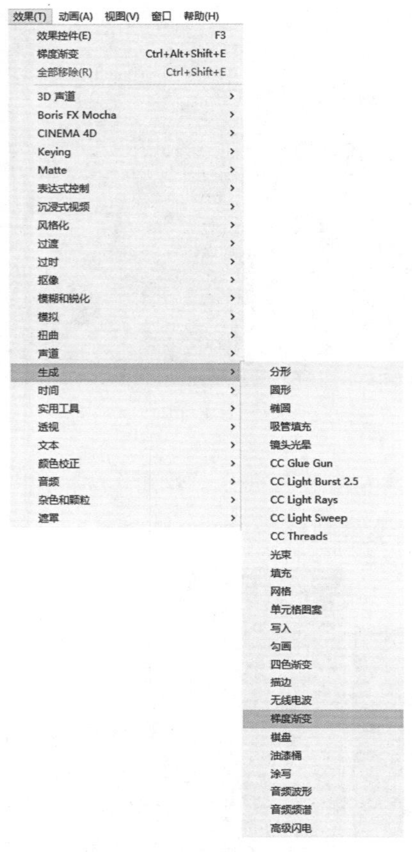

图6-2-14

（15）时间线切换到模式面板，给“倒影”图层设置亮度反转遮罩，如图 6-2-15 所示。

图6-2-15

（16）修改“遮罩”图层的梯度渐变参数，渐变起点数值为（960，680），即倒影文字的上端位置，渐变终点数值为（960，800），即倒影文字的下端位置，如图6-2-16所示。

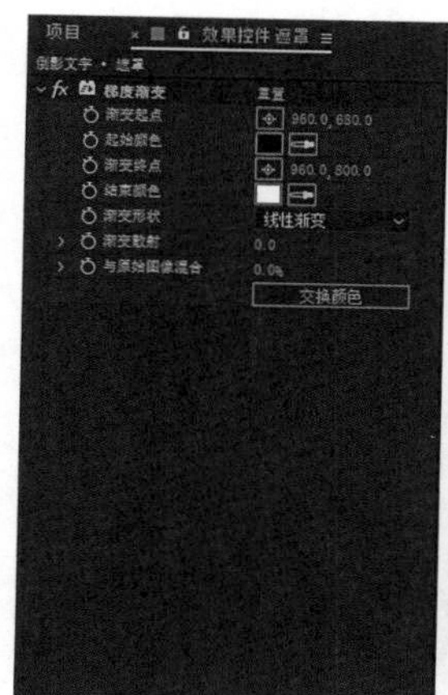

图6-2-16

拓展练习：继续添加其他动画控制器。

（二）逐字3D化

文本图层属于视觉图层，具有可视性图层的所有属性，也可以转换为三维图层。在三维表现上，相较于视觉图层，文本图层还具有把单个字符转换为三维图层的属性。启用文本图层的逐字3D化，文本对象就转换成了三维图层。

（1）新建合成，命名为“3D文本”，预设为HDTV 1080 25，持续时间为5秒，如图6-2-17所示。

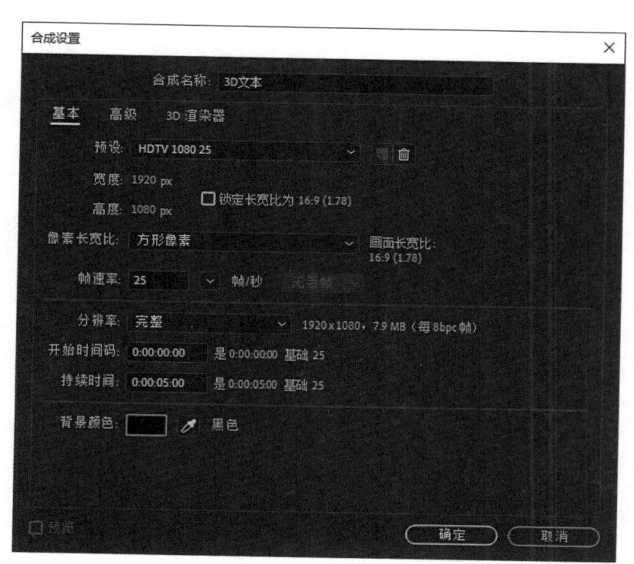

图6-2-17

（2）切换到3D渲染器标签面板，渲染选择为CINEMA 4D，如图6-2-18所示。

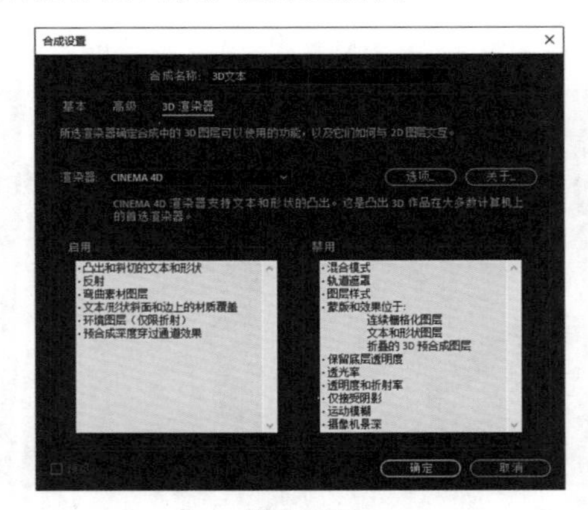

图6-2-18

（3）新建纯色层，命名为“地面”，颜色为灰色（128，128，128），如图6-2-19所示。

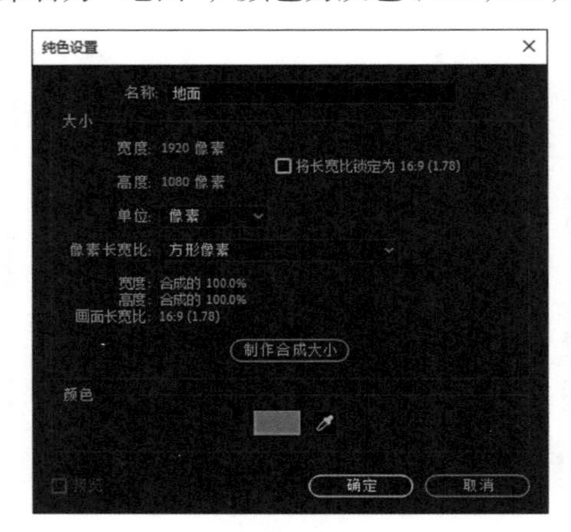

图6-2-19

（4）创建纯色层，命名为“墙面”，颜色为浅灰色（191，191，191），如图6-2-20所示。

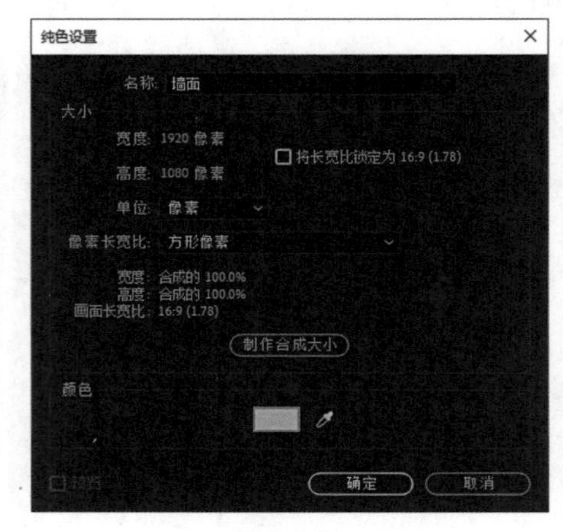

图6-2-20

（5）在工具栏中选择文本工具，输入文本内容：AECC2020。在字符窗口中设置字体、字号、颜色，在段落窗口中设置段落居中对齐，如图6-2-21所示。

图6-2-21

（6）把“地面”、“墙面”、文本图层转换成三维图层，视图布局选择4个视图—左侧，如图6-2-22所示。

图6-2-22

（7）展开“地面”图层，设置X轴旋转0x+90°，位置数值为（960，653，0），放置在文字下方。展开“墙面”图层，设置位置数值为（960，540，540），如图6-2-23所示。

图6-2-23

（8）按下键盘上的Ctrl+Alt+Shift+L创建灯光图层，在灯光对话框中设置灯光参数，名称为“聚光 1”，灯光类型选择聚光，颜色为白色，强度为100%，锥形角度为120°，锥形羽化为50%，勾选投影，阴影深度为80%，阴影扩散为30px，如图6-2-24所示。

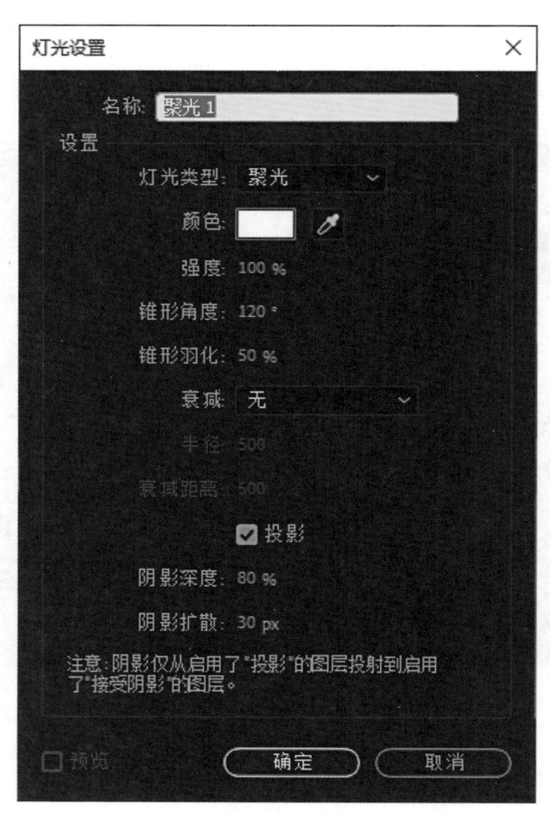

图6-2-24

（9）展开灯光图层，设置灯光图层的位置数值为（1040,0,-666.7），如图6-2-25所示。

图6-2-25

（10）展开文本图层的材质选项，设置投影为开，展开几何选项，设置斜面样式为凹面，斜面深度为10，凸出深度为60，如图6-2-26所示。

图6-2-26

（11）按下键盘上的Ctrl+Alt+Shift+L创建灯光图层，在打开的【灯光设置】对话框中设置名称为“环境光”，灯光类型为环境，强度为10%，如图6-2-27所示。

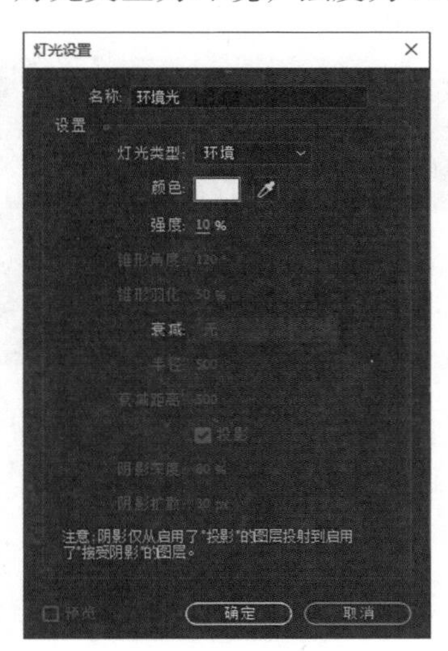

图6-2-27

（12）按下键盘上的Ctrl+Alt+Shift+C创建摄像机，在打开的【摄像机设置】对话框中设置名称为“摄像机1”，预设为24毫米，如图6-2-28所示。

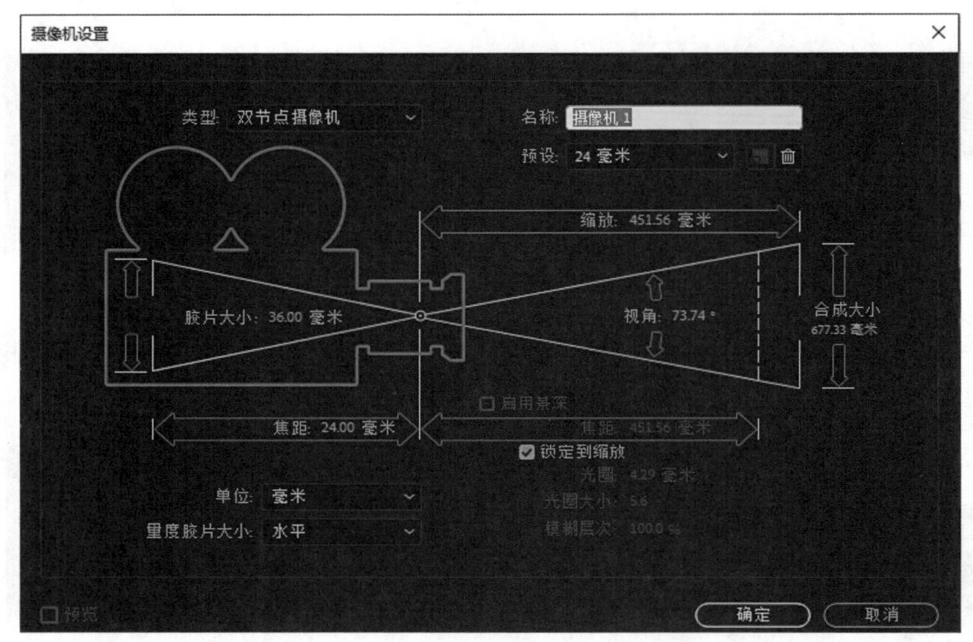

图6-2-28

（13）视图切换到摄像机1视图，设置摄像机图层的位置数值为（–200，170，–1080），如图6-2-29所示。

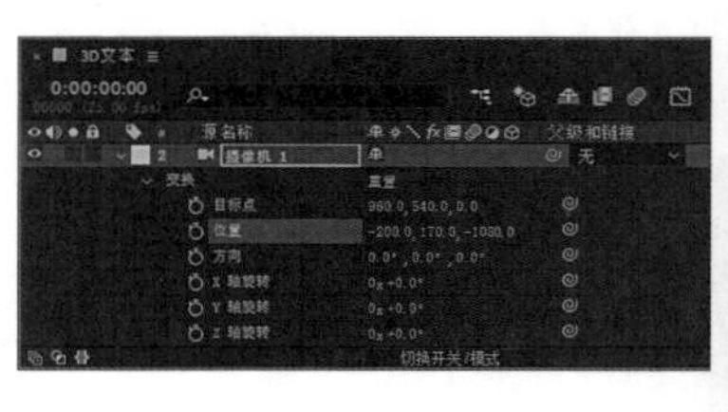

图6-2-29

（14）展开文本图层，单击动画后面的小三角，在弹出的菜单中选择启用逐字3D化，如图6-2-30所示。

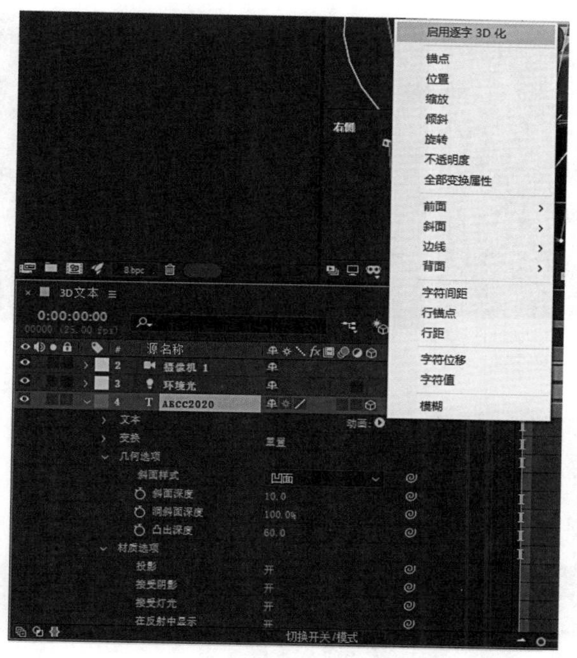

图6-2-30

（15）单击动画后面的小三角，在弹出的菜单中选择旋转，如图6-2-31所示。

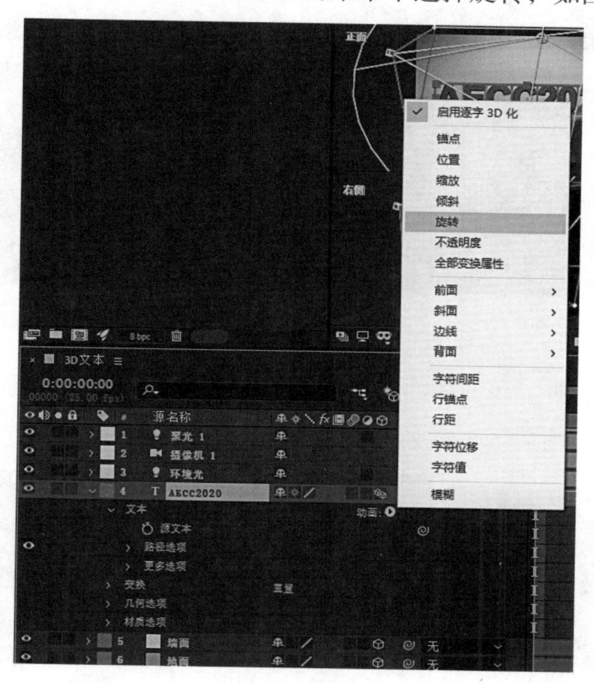

图6-2-31

（16）展开动画制作工具 1，X轴旋转数值为0x+90°，展开高级，设置形状为上斜坡，如图6-2-32所示。

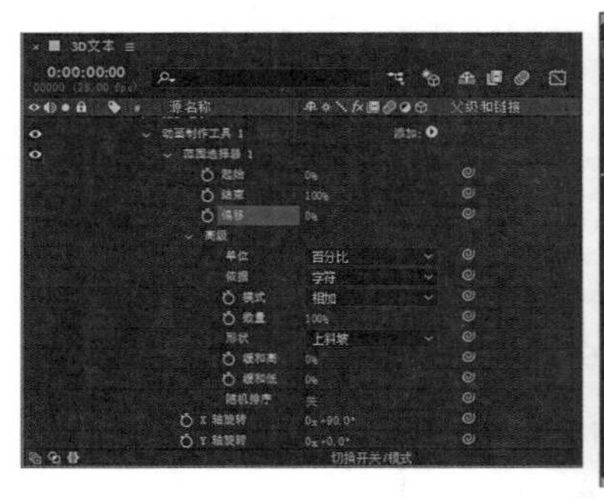

图 6-2-32

（17）制作偏移动画，展开范围选择器 1，打开偏移属性前面的关键帧记录器，时间指示器定位到 00:00 时刻，偏移数值为 –100%，时间指示器定位到 03:00 时刻，偏移数值为 100%，如图 6-2-33 所示。

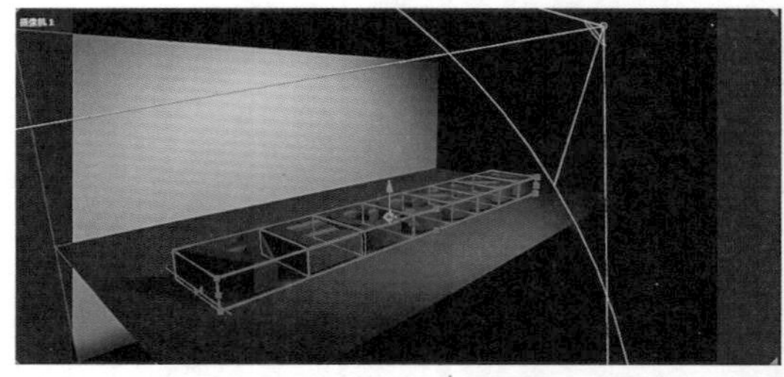

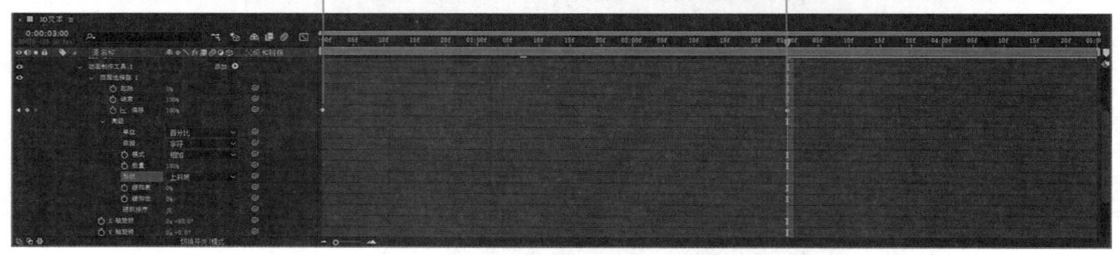

图 6-2-33

（18）调整“地面”和“墙面”图层的缩放数值直至镜头中不露边界，适当调整文字和灯光的位置，如图 6-2-34 所示。

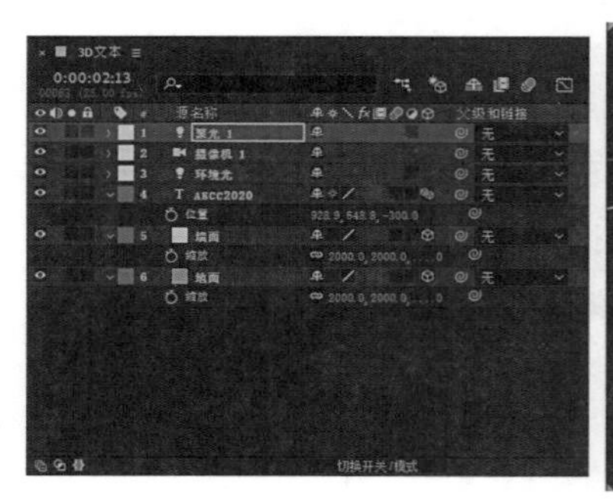

图 6-2-34

拓展练习：启用文本图层的逐字3D化，增加其他属性动画控制器。

（三）文字动画预设

After Effects软件预置了一些文本图层的动画效果，可以为设计者提供创作思路，也可以在预置效果的基础上修改参数及数值，将其改造成自己作品需要的效果，从而事半功倍。

（1）执行【窗口】—【效果和预设】，调出效果和预设窗口，如图6-2-35所示。

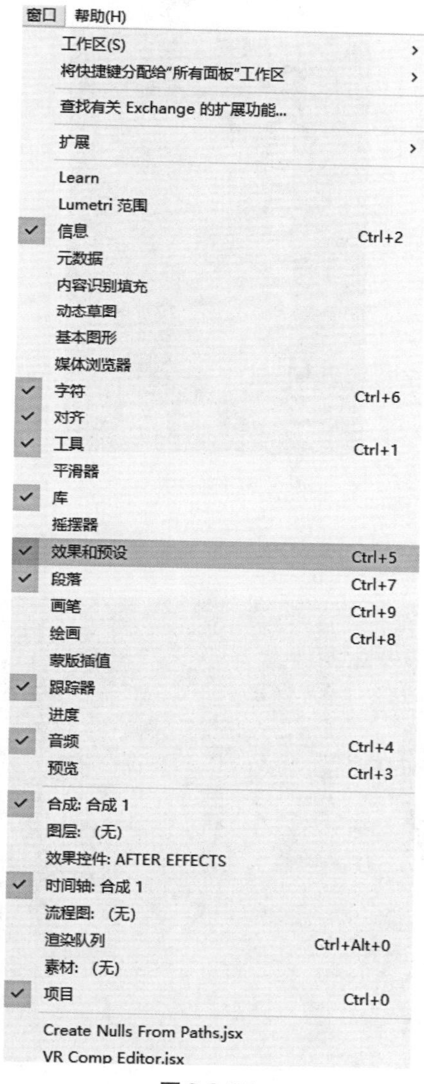

图6-2-35

（2）在效果和预设窗口依次展开【动画预设】—【Text】，各种文本效果预设效果分门别类地放置在不同的目录下，如图6-2-36所示。

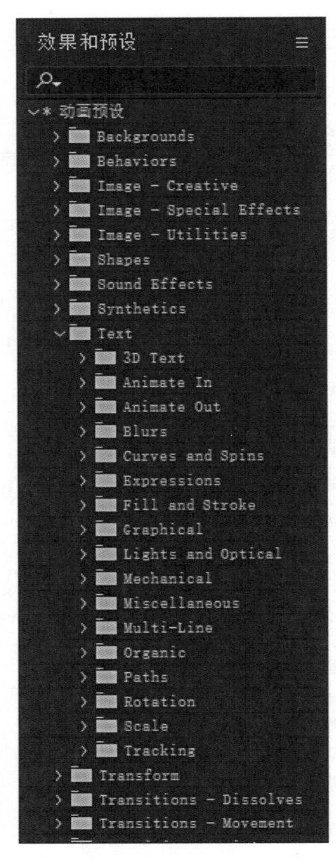

图6-2-36

（3）创建文本图层，输入文本内容，在字符窗口设置文字样式，如图6-2-37所示。

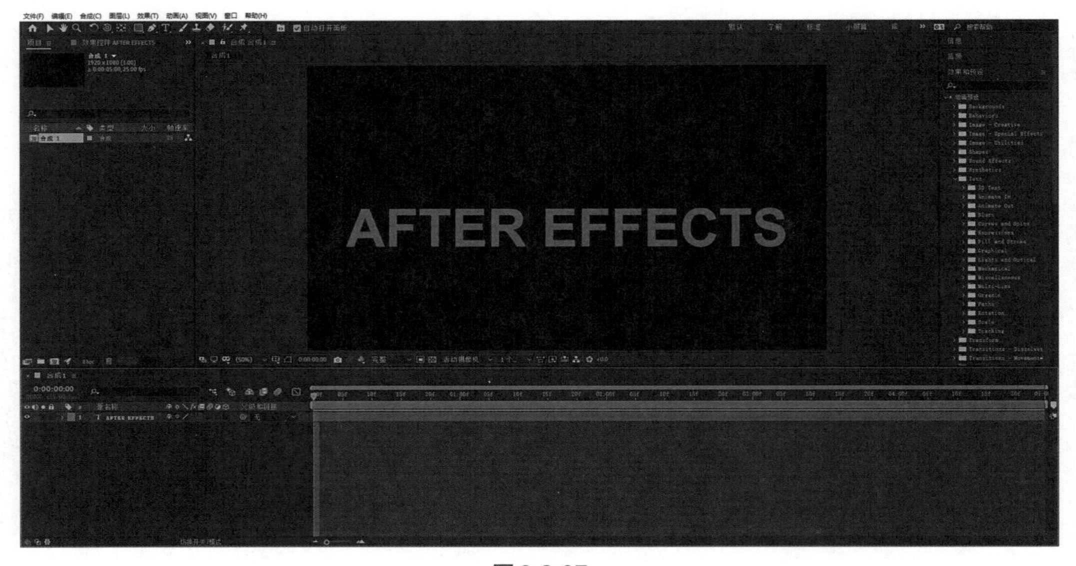

图6-2-37

（4）展开效果和预设窗口里【Text】下的【3DText】，如图6-2-38所示。

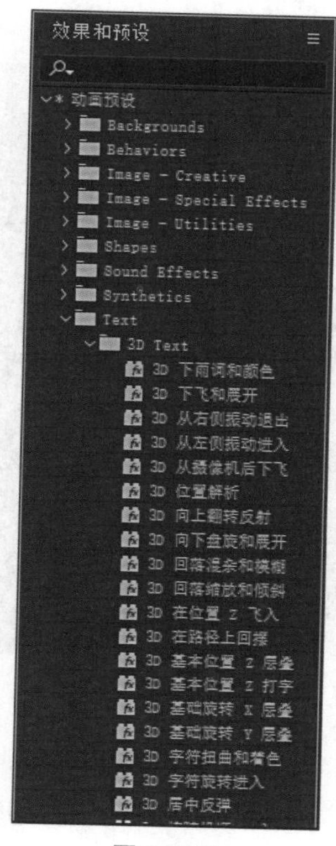

图6-2-38

（5）选择文本图层，时间指示器定位到开始时刻，双击3D下雨词和颜色，或是用鼠标把其中的效果拖拽到文本图层上，效果如图6-2-39所示。

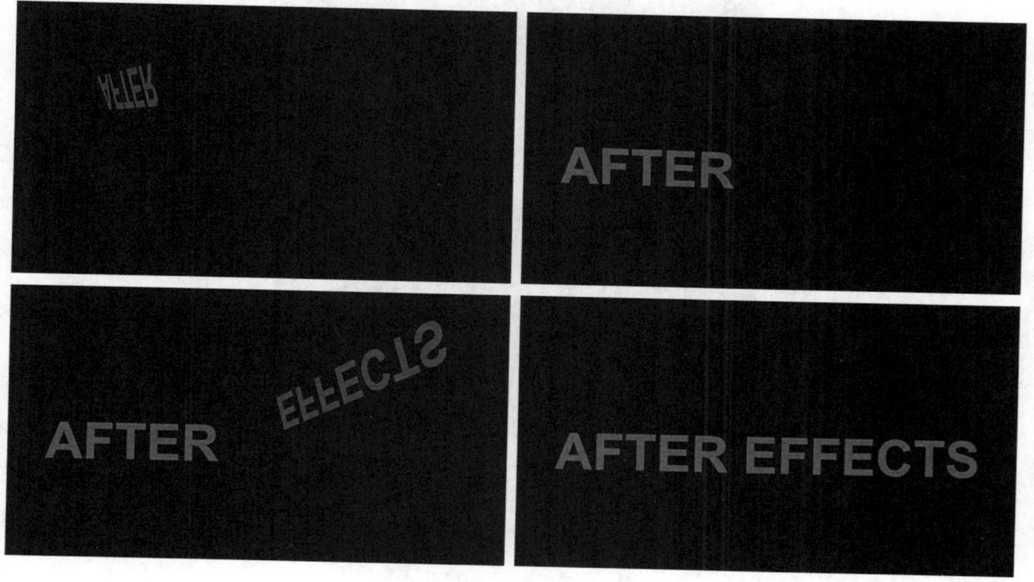

图6-2-39

（6）展开文本图层，可以看到增加了Animator 1和Animator 2，通过观察增加的参数和数值，可以看到该视觉效果的实现过程，如图6-2-40所示。

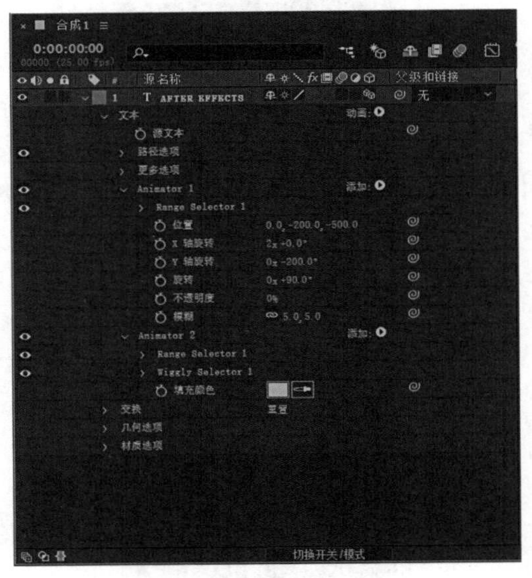

图6-2-40

（7）修改其中的参数数值，可以在预设效果的基础上变换出更多的不同效果。展开Animator 1的Range Selector 1，将设置中高级选项里的依据修改为字符，文字以单个字符形式出现，如图6-2-41所示。

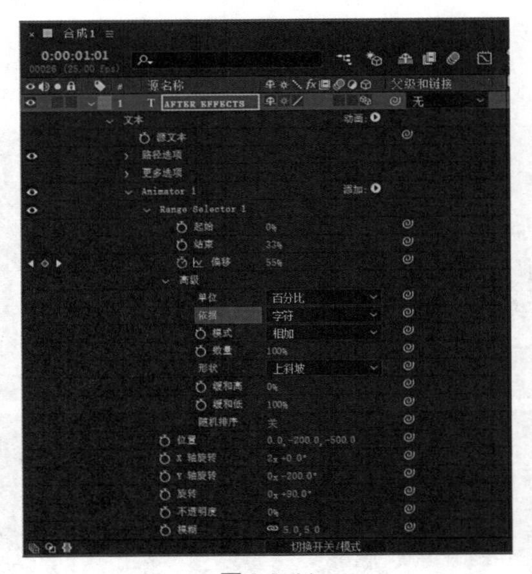

图6-2-41

在现有属性动画的基础上还可以增加或减少属性，通过不同的属性组合、参数组合创作出更多的文字动画形式，从而增强文字的表现力。

第七章　光效

随着影视特效的兴起和发展，影视特效制作技术的应用也越来越广泛。光效是影视特效的主要组成部分，灵活运用光效，可以实现绚丽、魔幻等各种特效，给作品增光添彩，提高作品的感染力。光效本身是一种光，光的本质属性是亮，因为它的亮度高于其他的元素，非常容易吸引观众的注意力，有很好的视觉引导作用，如图7-1-1、图7-1-2所示。

图7-1-1

图7-1-2

在使用光效进行设计与创作的时候要遵循以下五个基本原则。

1. 对比原则

主要强调光效的明度对比，往往采用中长调对比，以增强视觉上的对比。光明本就相对于黑暗而存在，明度对比强烈的颜色搭配可以凸显光效明亮、光亮的本质，在视觉形象上更加突出。在大部分影视作品中，光效的背景设计成昏暗的色调。此外，除了特殊艺术需要，应尽量避免因光效产生画面大面积曝光过度，否则在损失画面影调层次的同时也弱化了光效的作用。

2. 构图均衡

光效可以根据需要设计成任意形状、任意大小，摆放在任意位置，但作为视觉元素，光效应与画面中的其他视觉元素（如文字、图形、图片、图像等）一样，从画面构图的角度遵循均衡原则。判断光效是以点、线还是面的形态出现，如果是线形，是直线还是曲线，这些线条该有序排列还是无序组合，都要综合其他视觉元素设计光效的位置、大小、角度等。比如，在很多定版画面中经常见到的标识或文字，要根据标识的形状或文字的排版确定光效的形状。如果定版的主体是一行横版文字（文本的水平长度大于竖直长度），光效若定义为直线，根据主体的垂直位置可以放在文字的上方或下方，长度应大于或小于文字行的长度，而不宜等于，否则过分整齐对等的构图过于呆板，光效的虚实部分本应有的方向、动势被局限在文字行的范围内，缺乏光效的灵动与发展。

3. 画面简洁

在应用光效时，颜色、数量、动画设计应尽量简洁。虽然光效以绚丽的效果受到影视制作者的青睐，能够俘获观众的视线，但切忌滥用，过犹不及。要从作品的需要出发，设计光效，突出重点，帮助表现主题，避免因过于杂乱形成不必要的视觉干扰。

4. 动画连贯

光效的动画主要体现在运动轨迹和动作承接上。运动轨迹要从平面构成的角度考虑。无论光效定义成点、线还是面的形态，都要以主体形态设计运动轨迹。比如，画面的主体是圆形的标识，若光效是线形，可设计圆形或椭圆形运动轨迹，与主体形状相呼应。在设计光效的动作时，不能仅局限于当前画面元素，还要考虑前后时间上画面元素的动作方式，可根据“动接动、静接静”的基本组接原则设计动作的承接，以保证视觉上的流畅性和完整性。

5. 逻辑合理

应用光效时，要注意其合理性，如场景、动作或语言上让光效合理出现，符合人们的生活逻辑和思维逻辑，使其顺理成章。光效若脱离了合理的层面，虽然画面漂亮了，却成了纯粹为追求形式美而带给观众的单纯的视觉刺激，热闹过后成了“无源之水，无本之木”。

光效以其耀眼的魅力，成为影视作品重要的元素，但是一味炫技、追求热闹，必定会喧宾夺主，沦为技术的附属品。要让光效真正为艺术灵魂服务，应从光效的需要出发，遵循基本的原则，提升作品的艺术水平。

影视作品中最常见的光效有光斑、光线，下面分别使用After Effects的内置插件和常用外挂插件制作。

一、光斑

影视作品中光斑是指灯光、月光、太阳光等发光位置的光点，或是投射在水面或地面等介质上形成的一道光点。

（一）镜头光晕

（1）执行【效果】—【生成】—【镜头光晕】，添加镜头光晕特效，如图7-1-3所示。

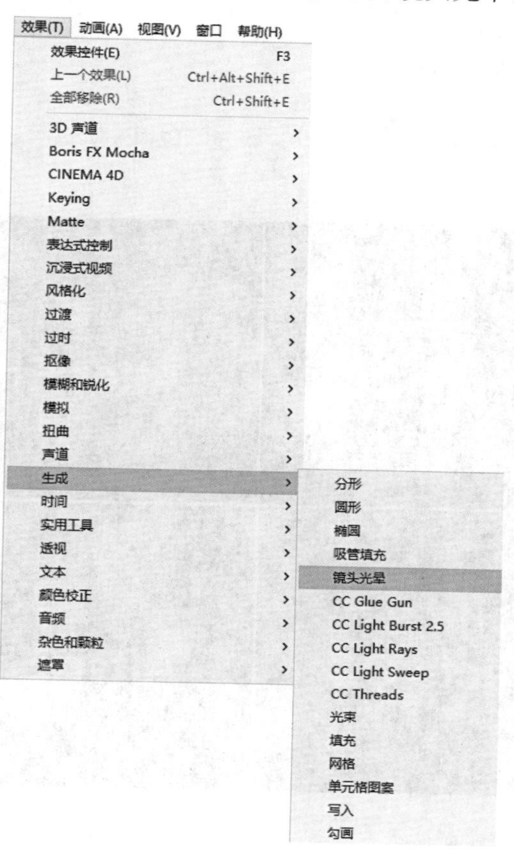

图7-1-3

（2）在【效果控件】面板调整镜头光晕的参数，如图7-1-4所示。

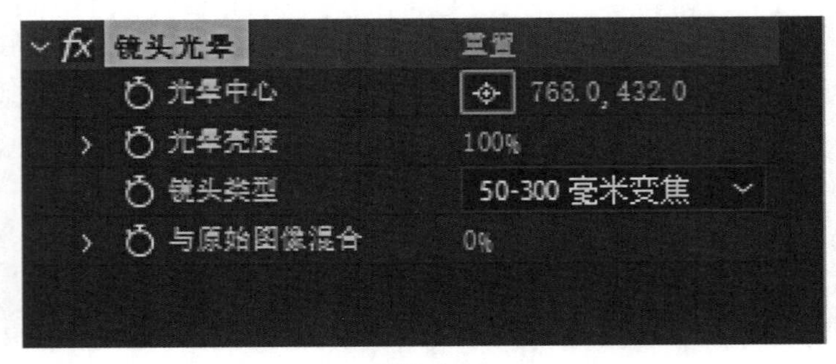

图7-1-4

光晕中心：镜头光晕的位置。

光晕亮度：镜头光晕的亮度。

镜头类型：镜头光晕的样式，分为50—300毫米变焦、35毫米变焦、105毫米变焦，每种类型的光斑样式都是不同的。

与原始图像混合：镜头光晕与所在素材层的混合程度，也就是光斑在素材层上的不透明度。

（二）实例：闪耀的光斑

使用镜头光晕特效制作不同样式的光斑，让光斑闪烁起来，从而形成星光熠熠的画面效果，如图7-1-5所示。

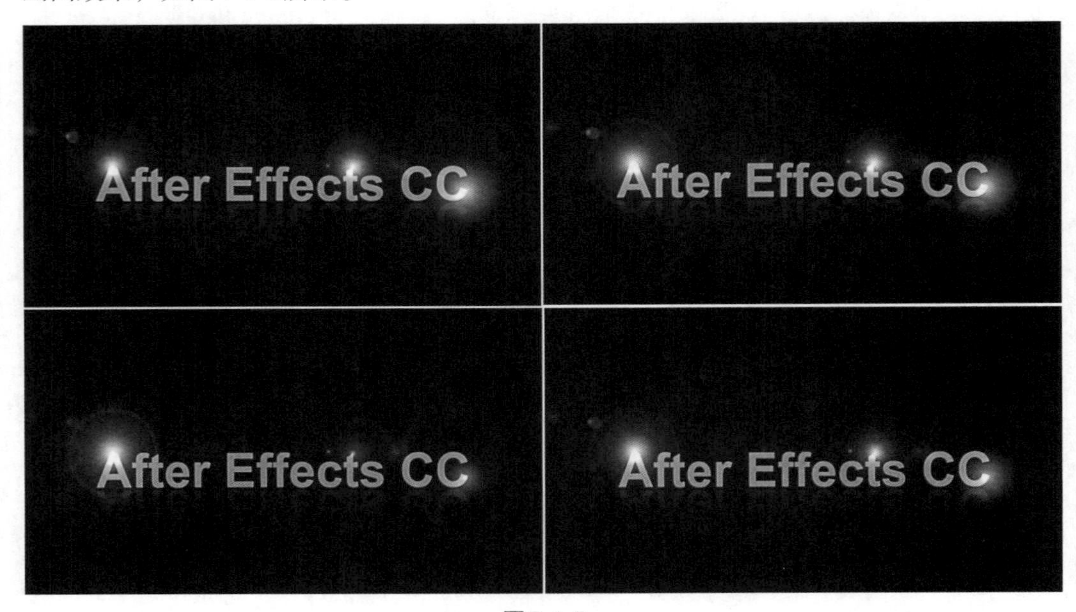

图7-1-5

（1）新建合成，命名为“闪耀的光斑”，预设为HDTV 1080 25，持续时间为5秒，如图7-1-6所示。

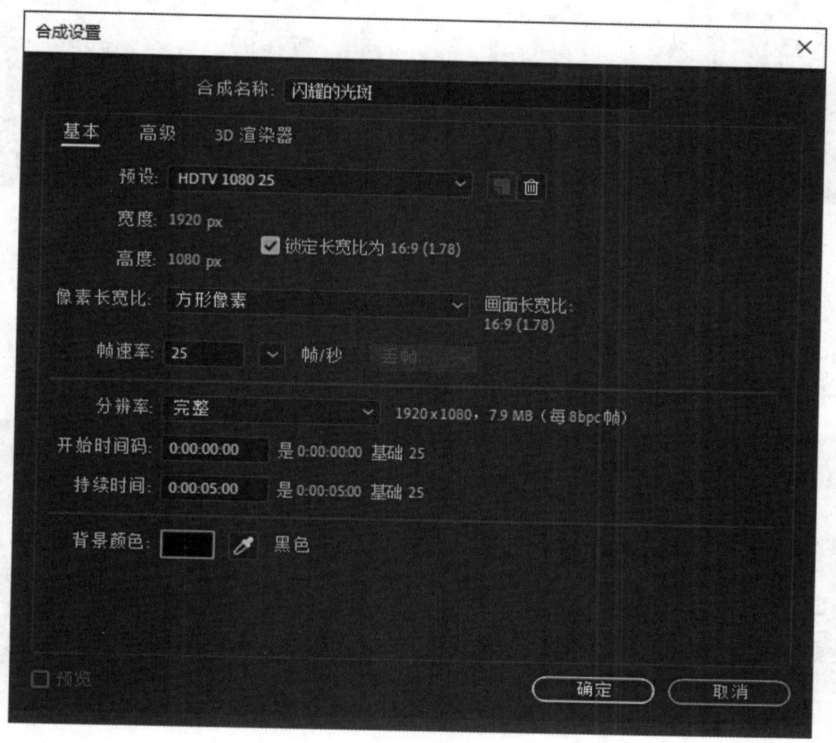

图7-1-6

（2）工具栏中选择文本工具，创建文字对象“After Effects CC”，在字符面板设置字体、字号填充颜色为紫色（R：169，G：116，B：212），如图7-1-7所示。

图7-1-7

（3）Ctrl+D复制文字图层，改名为“After Effects CC倒影文字”，展开“After Effects CC倒影文字”图层的缩放属性，取消约束比例，把竖直方向上的百分比数值改成-100%，如图7-1-8所示。

图7-1-8

（4）调整“After Effects CC倒影文字”图层的位置纵坐标数值，把倒影文字往下移动，倒影文字与主体文字没有笔画交叉，把“After Effects CC倒影文字”图层的不透明度数值降低，让倒影文字隐约可见，如图7-1-9所示。

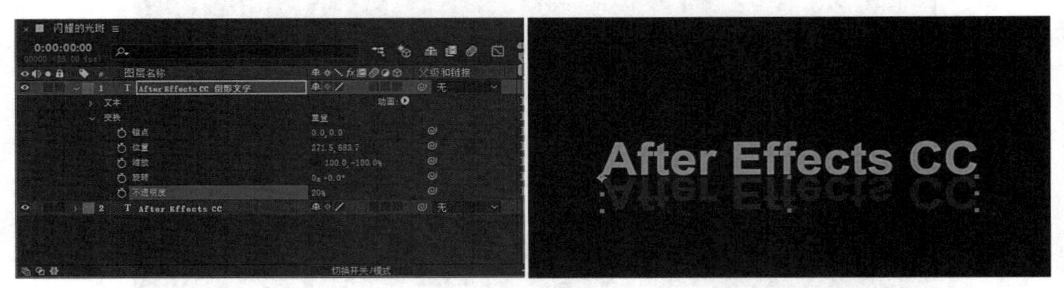

图7-1-9

（5）在现实世界中，文字之所以会产生倒影，是因为遇到了具有反射能力的介质。离介质近的地方倒影比较清晰，离介质远的地方倒影逐渐衰减甚至完全消失。要模拟真实的倒影效果，需要设置这个衰减过程。新建纯色层，命名为“蒙版”，如图7-1-10所示。

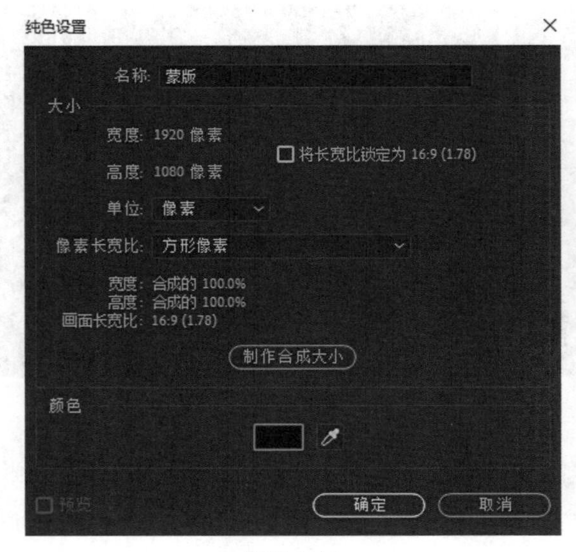

图7-1-10

（6）添加梯度渐变特效。执行【效果】—【生成】—【梯度渐变】，如图7-1-11所示。

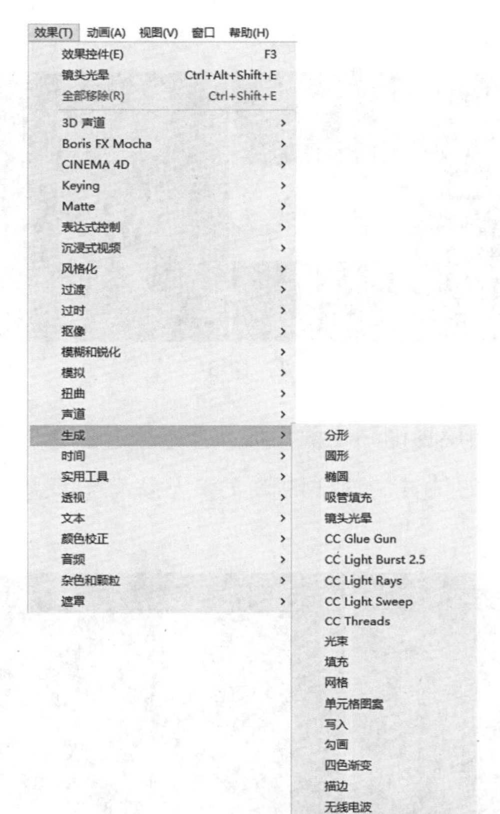

图7-1-11

（7）在【效果控件】面板中修改梯度渐变的参数，起始颜色为白色，结束颜色为黑色，如图7-1-12所示。

图7-1-12

（8）选中“After Effects CC倒影文字”图层，切换到模式面板，在轨道蒙版的下拉菜单中选择【亮度遮罩“蒙版”】，如图7-1-13所示。

图7-1-13

（9）调整“蒙版”图层梯度渐变的参数，让渐变起点在倒影文字上边的位置，渐变终点在倒影文字下边的位置，这样倒影文字上就有了衰减变化过程，如图7-1-14所示。

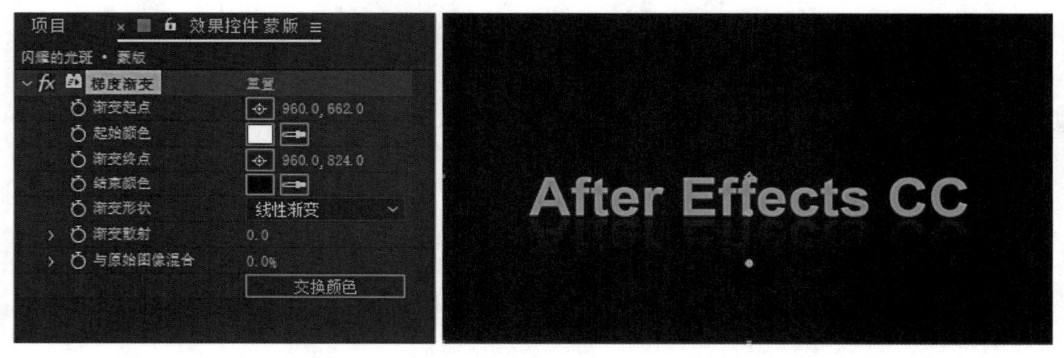

图7-1-14

（10）新建纯色层，命名为“光斑”，颜色为纯黑色，如图7-1-15所示。

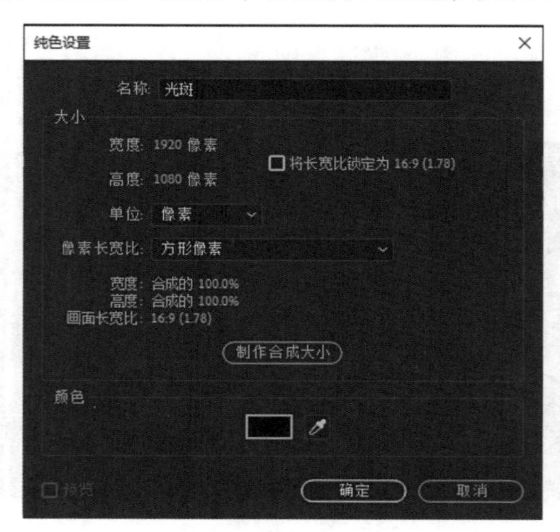

图7-1-15

（11）添加镜头光晕特效，把图层的混合模式设置为“相加”，如图7-1-16所示。

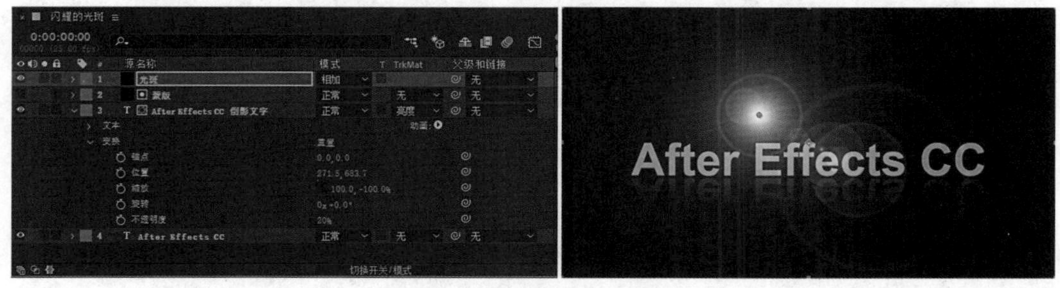

图7-1-16

（12）调整光晕中心到文字的笔画上，光晕亮度值为50%，如图7-1-17所示。

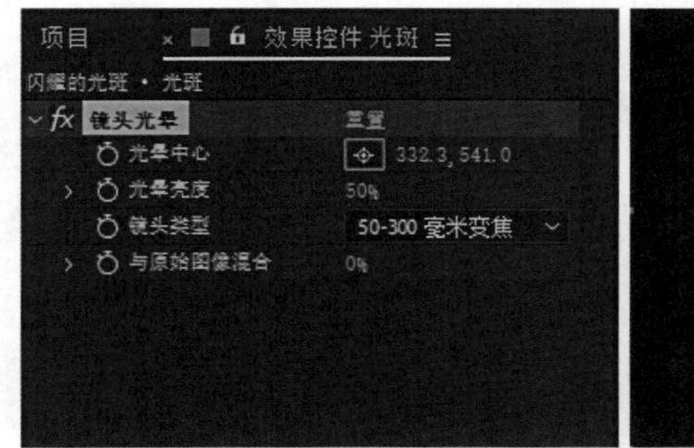

图7-1-17

（13）制作光斑的闪烁动画。按下键盘上的Alt键，用鼠标单击镜头亮度的关键帧记录器，给镜头亮度添加表达式。在文本框中输入表达式wiggle（10，30），注意输入表达式时输入法必须切换到英文输入法状态。Wiggle是抖动函数，括号里第一个数值是频率，10表示每秒闪动10次；括号里第二个数值是幅度，30表示镜头亮度数值在50%的上下30内随机取值，如图7-1-18所示。

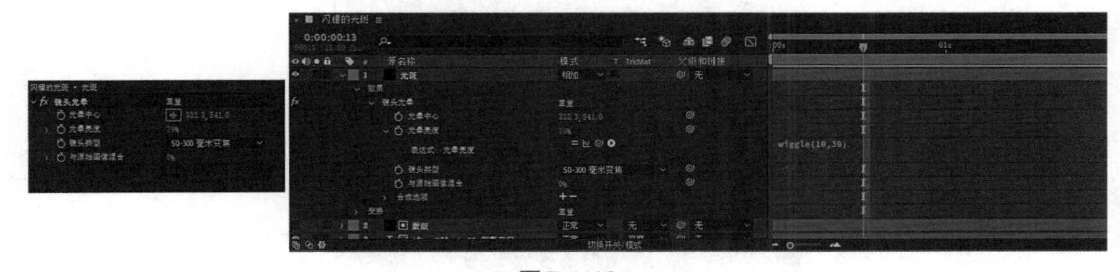

图7-1-18

（14）添加色相/饱和度特效，统一光斑颜色。执行【效果】—【颜色校正】—【色相/饱和度】，如图7-1-19所示。

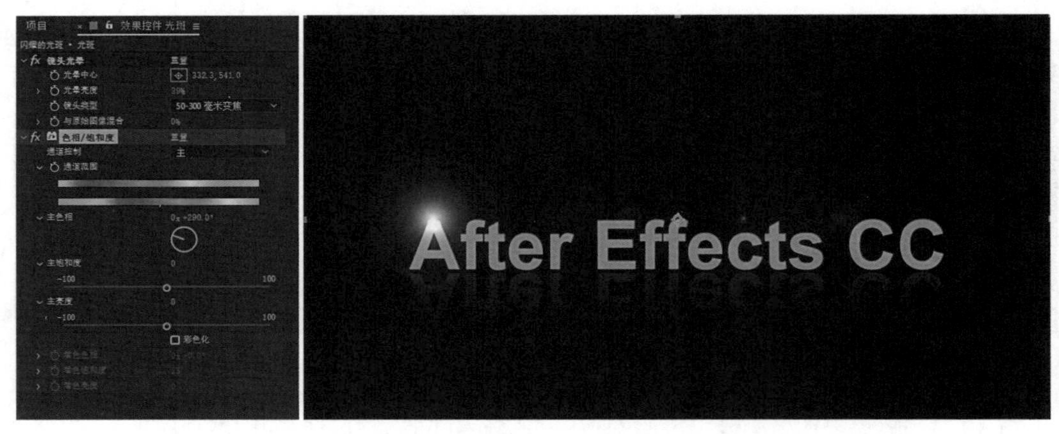

图7-1-19

（15）Ctrl+D复制“光斑”图层，修改复制“光斑”图层镜头光晕的参数数值，光晕中心定位到其他字母上，镜头类型修改为35毫米定焦，如图7-1-20所示。

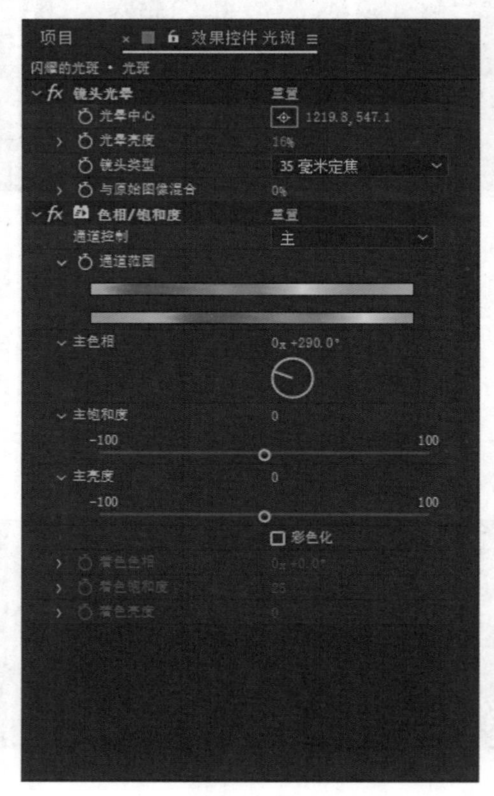

图7-1-20

（16）时间线上展开光晕亮度的表达式，关闭表达式，把光晕亮度的数值修改为16%。再重新打开表达式，此时光晕亮度值以16%为基准上下浮动，修改表达式的频率和幅度数值，如图7-1-21所示。

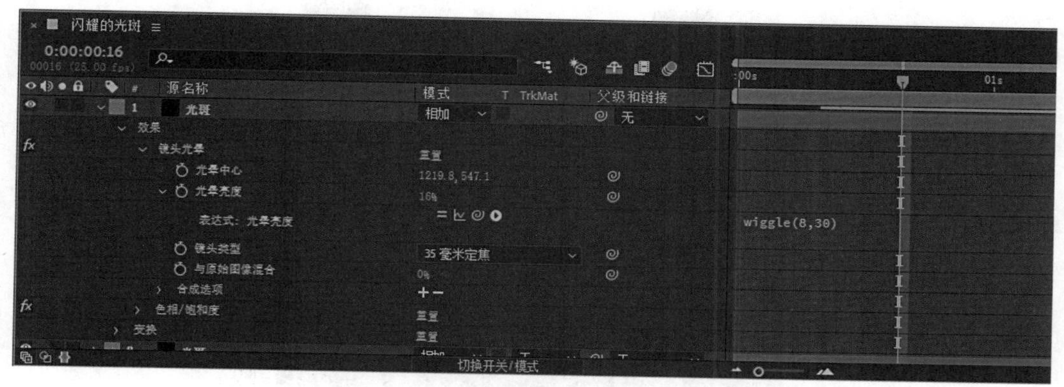

图7-1-21

（17）再次复制“光斑”图层，修改镜头光晕的光晕中心、光晕亮度和光晕类型的参数，再次制作一个光斑，效果如图7-1-22所示。

图7-1-22

拓展练习：根据作品需要创建文字对象或LOGO图形，添加闪烁的光斑，突出主体，渲染气氛。

（三）外挂插件 Optical Flares

Optical Flares插件自2010年问世以来，逐渐成为视频设计师不可或缺的制作工具，各种行业、各种领域的片子中都少不了光的装饰。小到学生作业，大到好莱坞电影，Optical Flares已经是各种作品的常客。

安装好Optical Flares插件后，添加Optical Flares特效，执行【效果】—【Video Copilot】—【Optical Flares】，参数如图7-1-23所示。

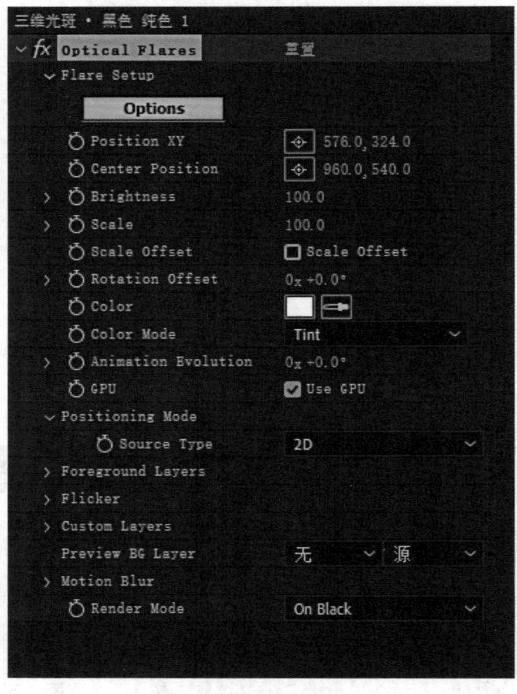

图7-1-23

Options：选项按钮，单击选项按钮打开Optical Flares的光斑编辑器，可以设计制作光斑样式。

Position XY：XY平面的位置，定义光斑发光的位置。

Center Position：中心位置点，定义整个光斑的中心点。

Brightness：亮度，调整光斑的强度。

Scale：大小，设置光斑的比例。

Scale Offset：比例偏移。

Rotation Offset：角度偏移。

Color：颜色，设置光斑的颜色。

Color Mode：颜色模式。

Animation Offset：动画偏移。

Positioning Mode：定位方式。

Foreground Layers：前景图层。

Flicker：闪烁。

Custom Layers：自定义图层。

Preview BG Layer：预览背景层。

Motion Blur：模糊图层。

Render Mode：渲染模式。

（四）实例：三维光斑

利用Optical Flares插件制作三维光斑，通过摄像机动画展示灯光的三维属性，效果如图7-1-24所示。

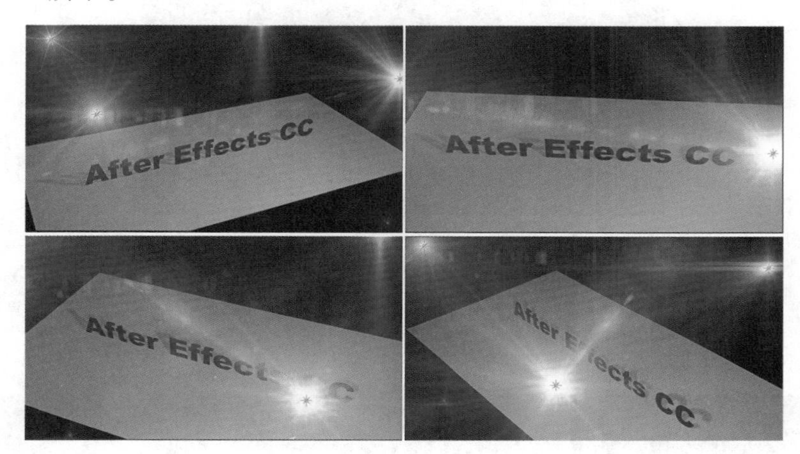

图7-1-24

（1）新建合成，命名为“三维光斑”，预设为HDTV 1080 25，持续时间为5秒，如图7-1-25所示。

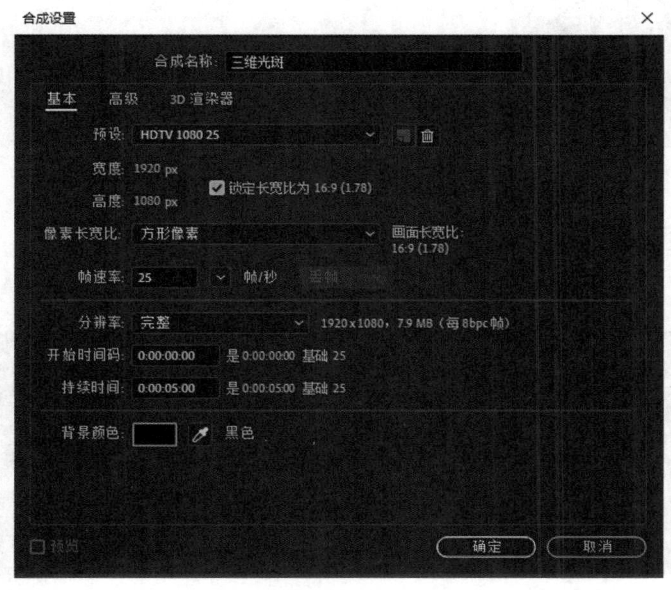

图7-1-25

（2）新建纯色层，命名为“地面”，颜色为灰色，如图7-1-26所示。

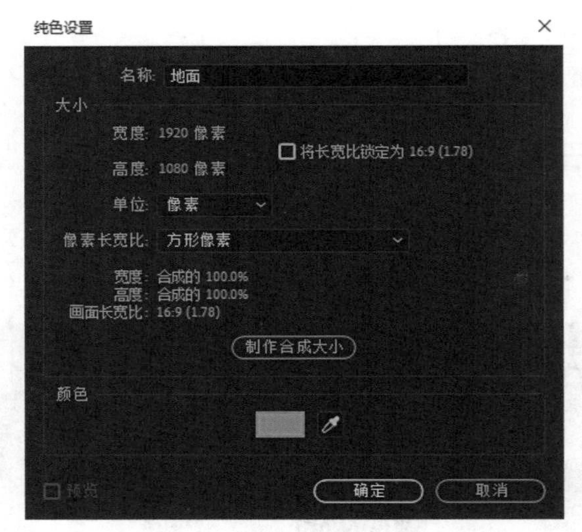

图7-1-26

（3）新建文字对象，输入“After Effects CC”，在【字符】窗口设置字体、字号和填充颜色，如图7-1-27所示。

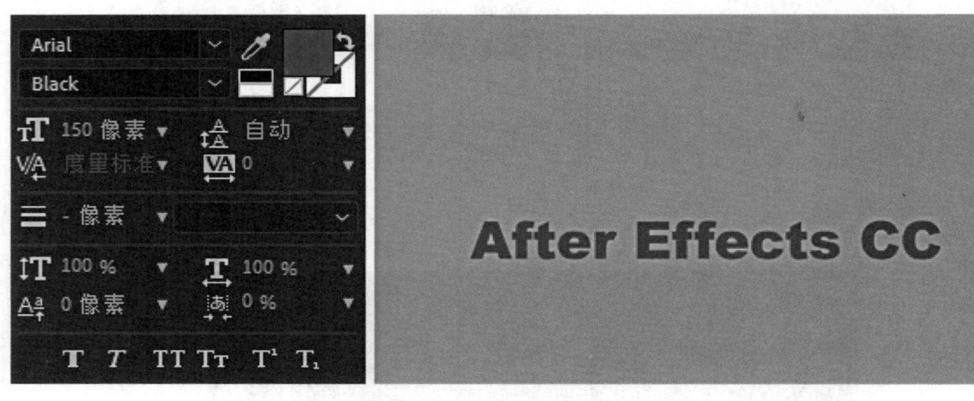

图7-1-27

（4）把“地面”和文字图层转换为三维图层，“地面”X Rotation 数值为90°，移动“地面”到文字的下边，如图7-1-28所示。

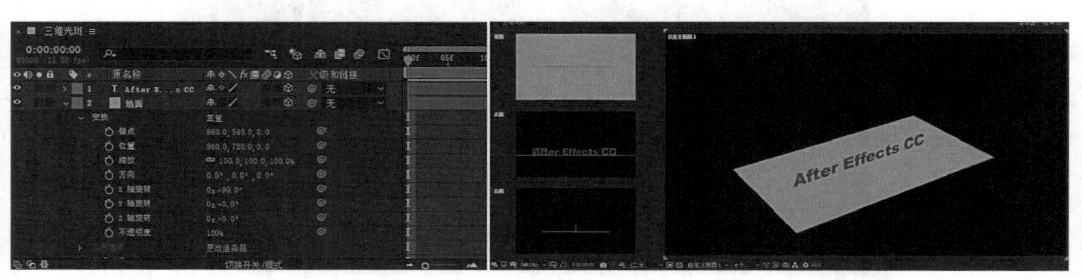

图7-1-28

（5）创建灯光，名称为“A”，类型为点光，勾选【投影】，打开文字图层的【投射阴影】，放置在文字的一边，如图7-1-29所示。

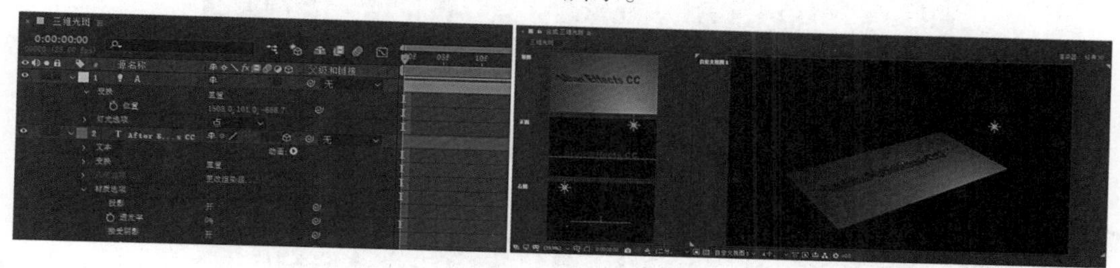

图7-1-29

（6）复制三个灯光图层，取消灯光图层的【投射阴影】，分别命名为“B”“C”“D”，放置在文字的其他边角的位置，适当降低灯光的强度，如图7-1-30所示。

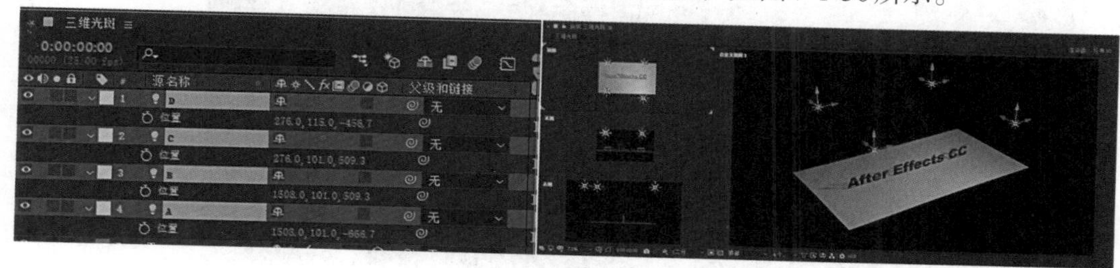

图7-1-30

（7）新建纯色层，颜色为黑色，命名为“光斑”，添加Optical Flares特效，Source Type为【Track Lights】，Rend Mode为【On Transparent】，如图7-1-31所示。

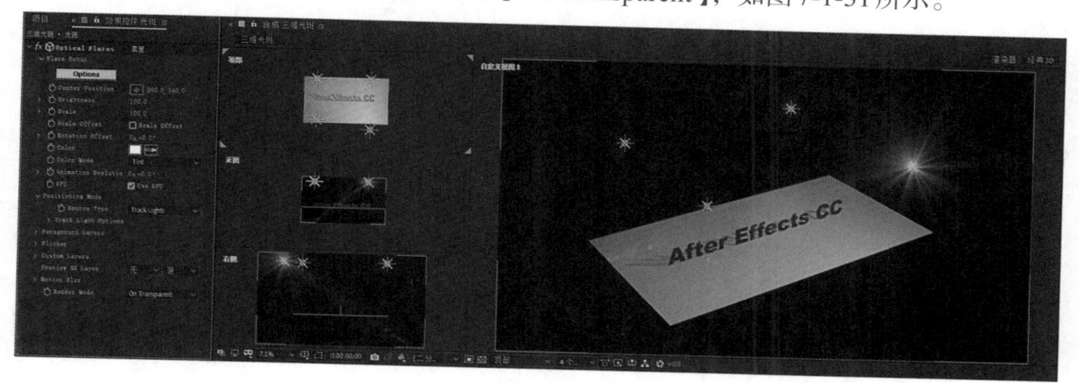

图7-1-31

（8）单击【Options】按钮，打开光斑编辑器，如图7-1-32所示。

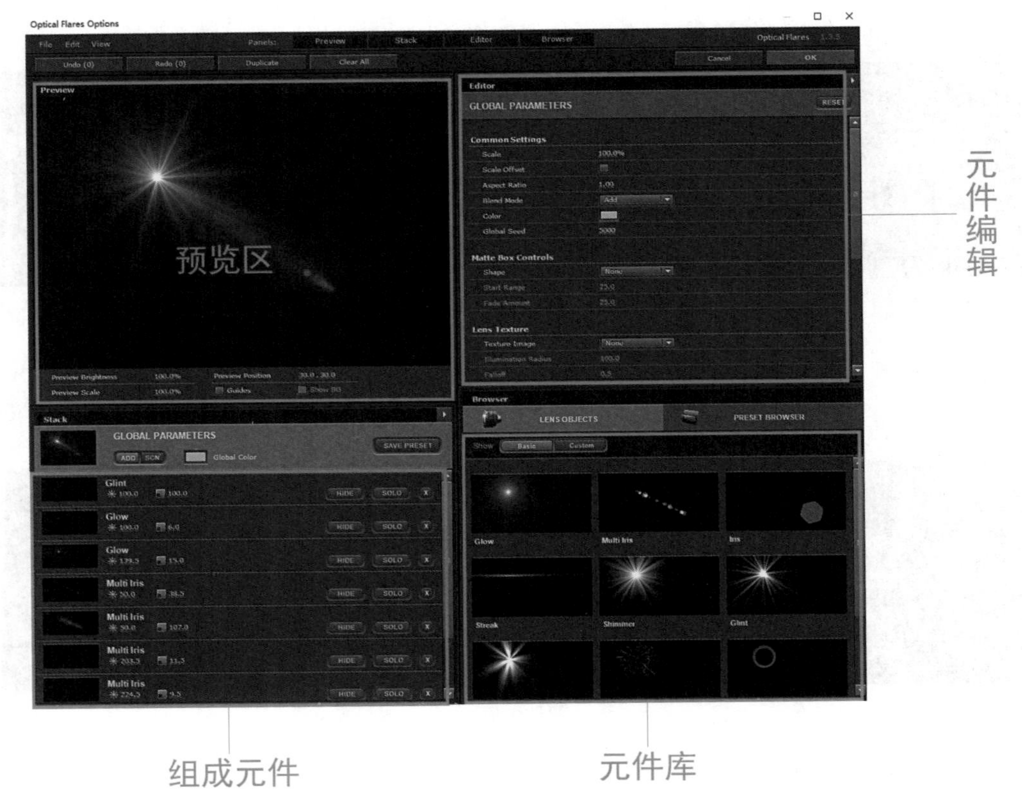

图7-1-32

预览区：实时显示光斑的内容。

组成元件：组成光斑样式的所有元素，元件以类似图层的形式出现在该区域，可以通过元件层的【Hide】和【Solo】按钮开启或关闭当前元件。每个元件层有两个基本属性：亮度和比例。通过调整这两个参数数值可以改变当前元件的亮度和大小。此外，还可以通过右上角的元件编辑窗口修改更多的细节。

元件库：元件资源库，可以点击元件库中的元件，将其添加到光斑样式里，以在组成元件中增加新的元件层。

对初次接触光斑的人来说，可能没有明确的创作意图，可以借鉴预设内容开拓自己的思路。单击右下角的【PRESET BROWSER】，打开预设文件，选择需要的光斑样式，在预设的基础上再进行参数修改，最终形成自己的光斑设计。

编辑设置好光斑样式后，单击【OK】按钮，退出编辑窗口。此时的光斑样式就成为自己编辑设计的了。

（9）默认情况下，设计好的光斑跟踪所有的灯光，如图 7-1-33 所示。

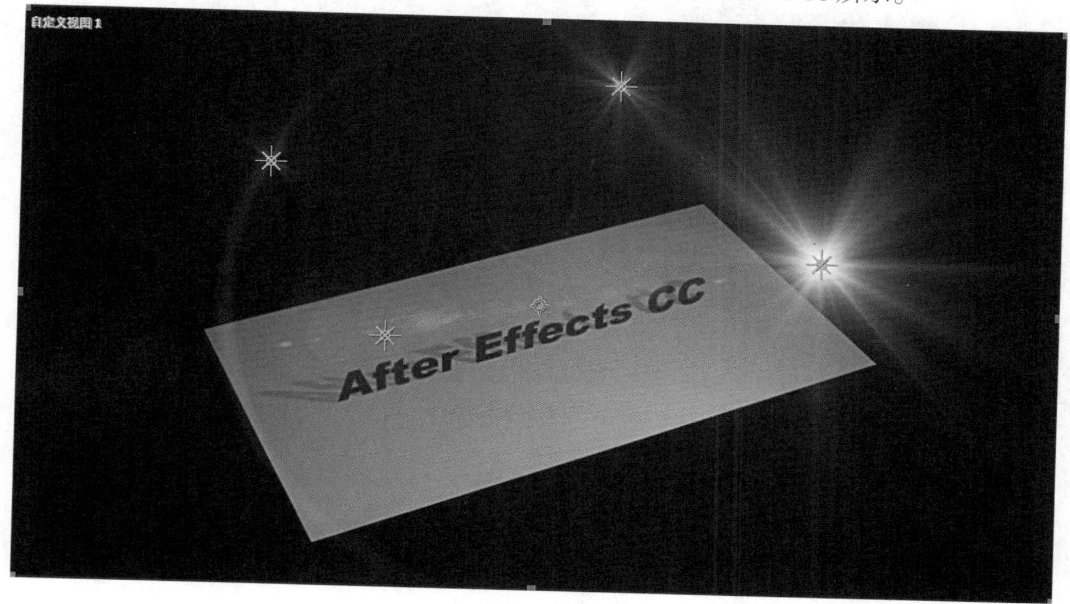

图 7-1-33

（10）也可以跟踪单个灯光，场景里每个灯光都有不同的光斑样式。展开【Track Light Options】,【Name Starts】选择为 A，即此时只跟踪灯光 A，如图 7-1-34 所示。

图 7-1-34

（11）为了让光斑更加灵动，添加闪烁动画。给 Brightness（亮度）添加表达式，表达式的内容为 wiggle（10，20），其中 10 表示变化频率，20 表示变化幅度，如图 7-1-35 所示。

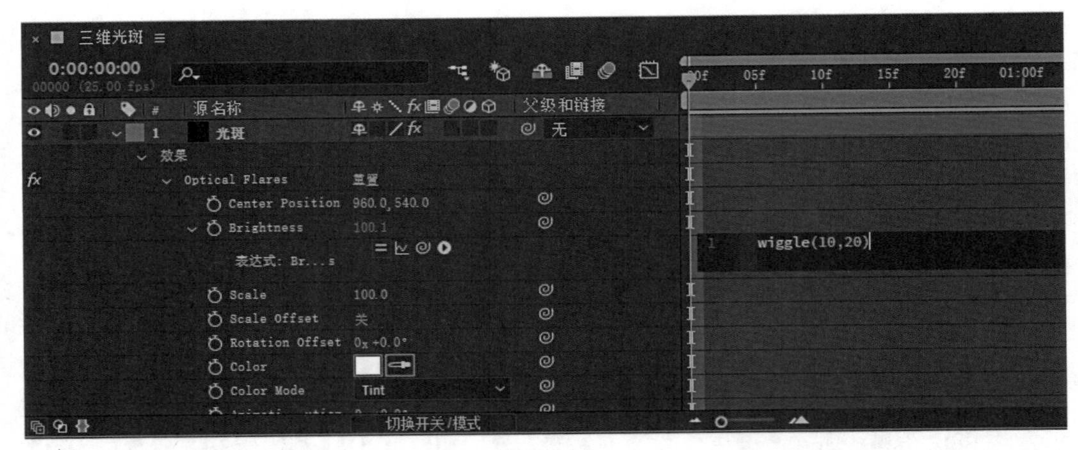

图7-1-35

（12）复制“光斑”图层，打开光斑编辑窗口，设计制作一个不同的光斑样式，Scale（比例）数值调整为300，【Name Starts】选择为B，Brightness（亮度）表达式修改为wiggle（8，30），如图7-1-36所示。

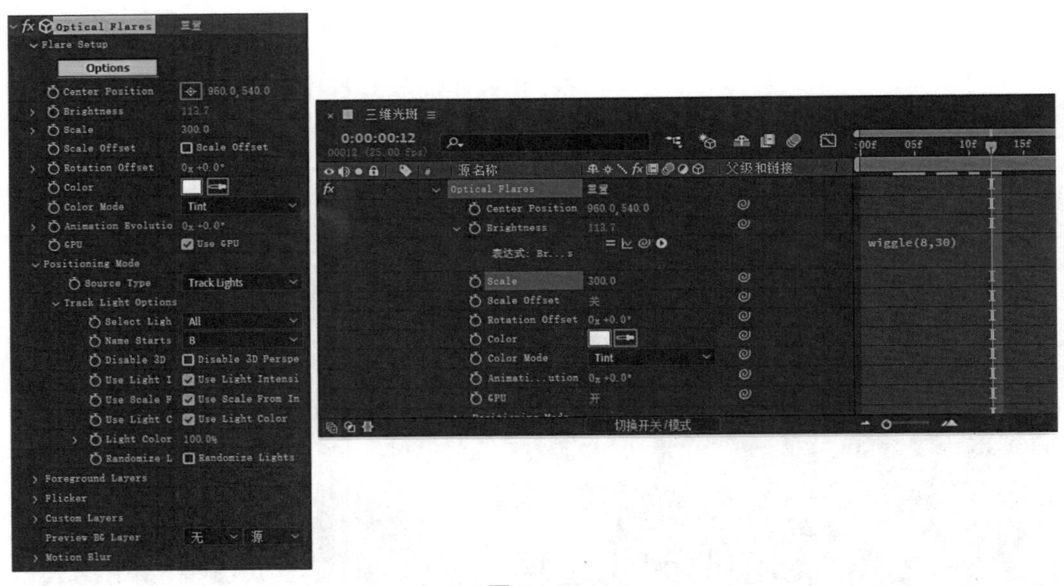

图7-1-36

（13）重复步骤（12），给每个灯光制作光斑，适当调整Scale、Name Starts、Brightness表达式的数值，让场景里的光斑闪动起来，如图7-1-37所示。

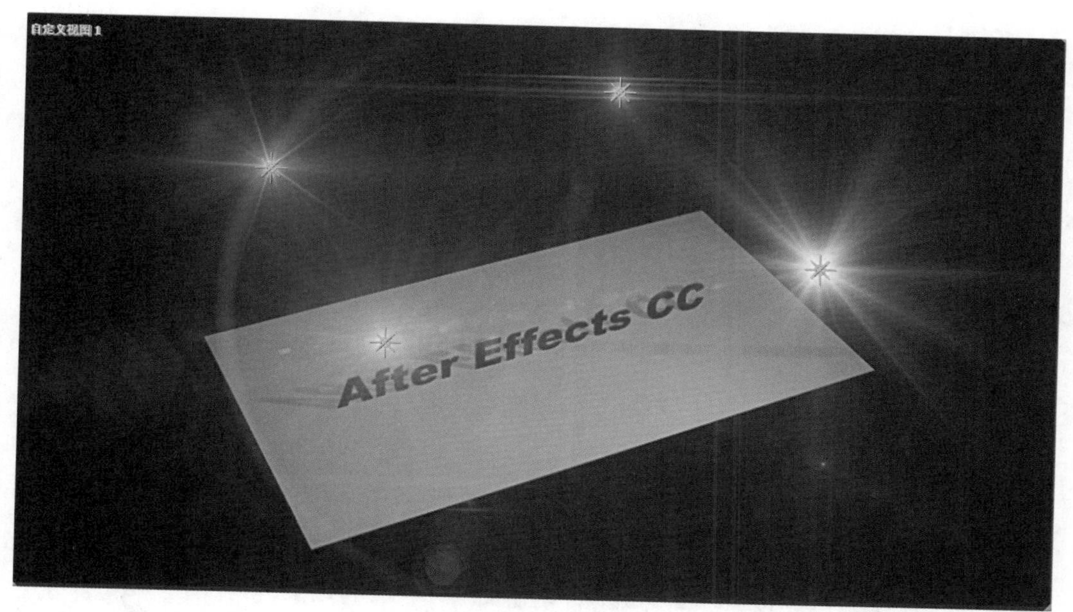

图 7-1-37

（14）创建摄像机，参数默认，如图 7-1-38 所示。

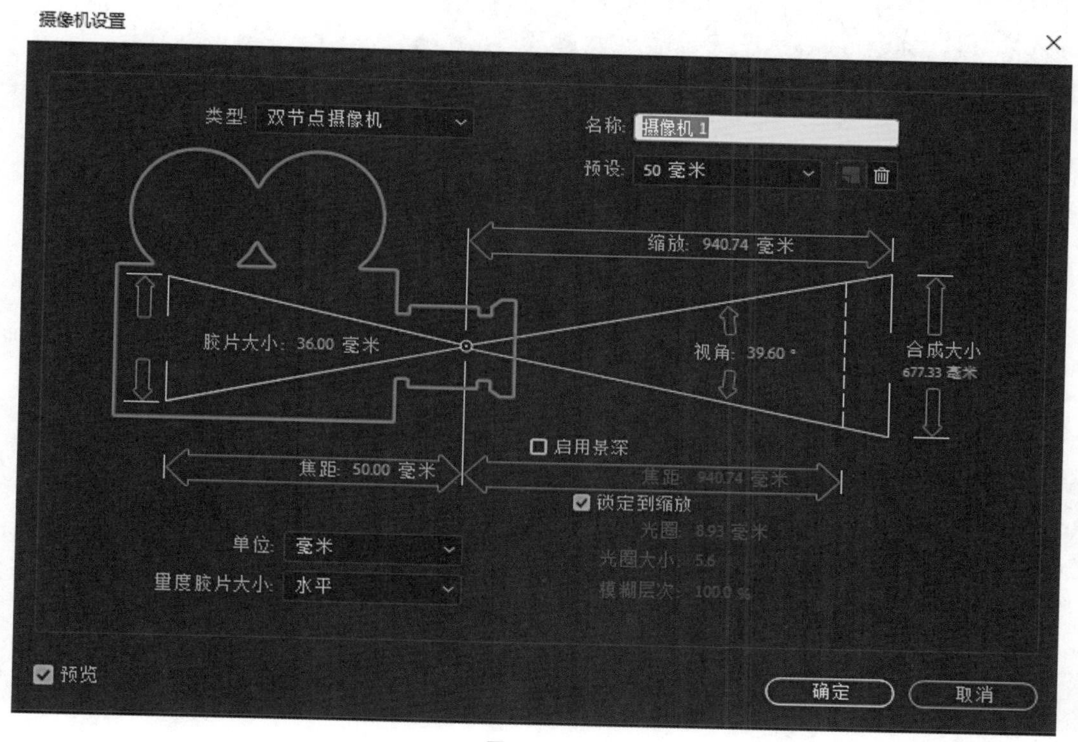

图 7-1-38

（15）切换到摄像机视图，制作摄像机图层的位置动画，00:00时刻位置数值为（–65，–720，–2200），04:24时刻位置数值为（2800，–990，–1300），如图7-1-39所示。

图7-1-39

（16）渲染生成。

拓展练习： 给每个灯光添加位置动画，光斑将跟踪灯光的位置动画。

二、光线

光线可以看作被拉伸的光斑，有静态的光线，也有流动的光线。

（一）描边特效

（1）执行【效果】—【生成】—【描边】，添加描边特效，如图7-2-1所示。

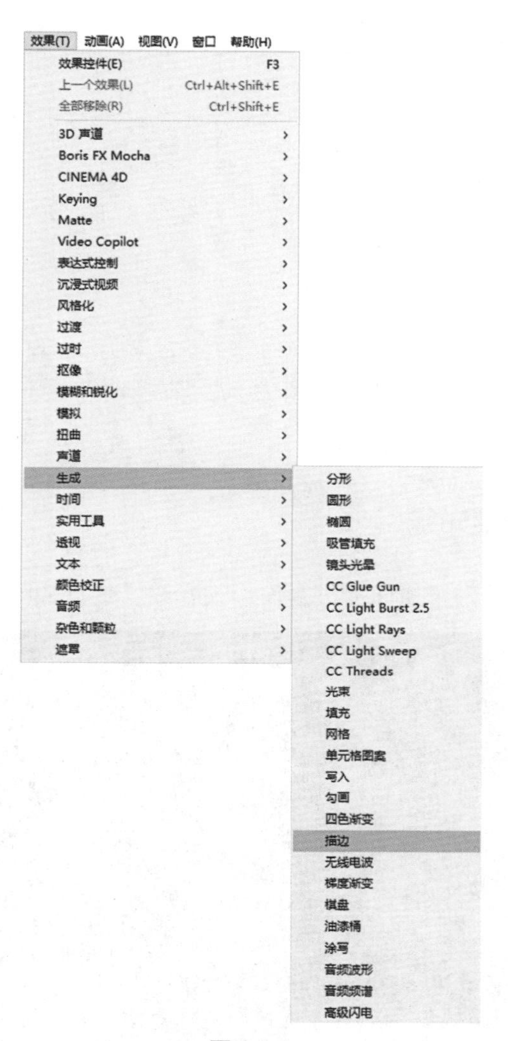

图 7-2-1

（2）在【效果控件】面板调整描边的参数，如图 7-2-2 所示。

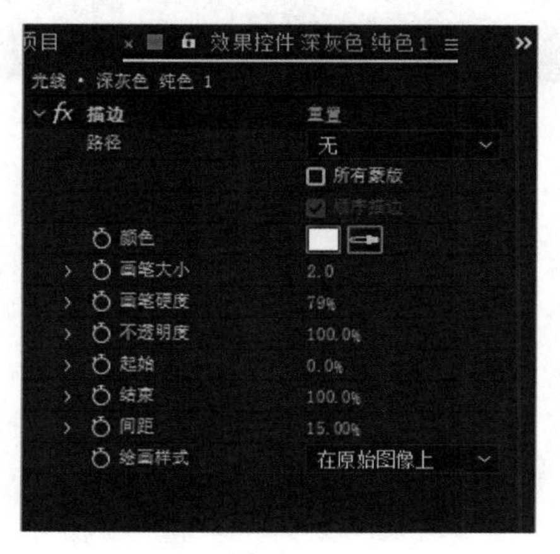

图 7-2-2

路径：选择需要描边的路径蒙版。

颜色：定义线条的颜色。

画笔大小：设置线条的粗细。

不透明度：线条的不透明度。

起始：描边路径的起点。

结束：描边路径的终点。

间距：描点笔触的间隔距离。

绘画样式：有三个选项，“在原始图像上”“在透明背景上”“显示原始图像”，设置描边线条与素材层的混合模式。

（二）实例：二维光线

使用After Effects的内置插件描边制作一组光线，效果如图7-2-3所示。

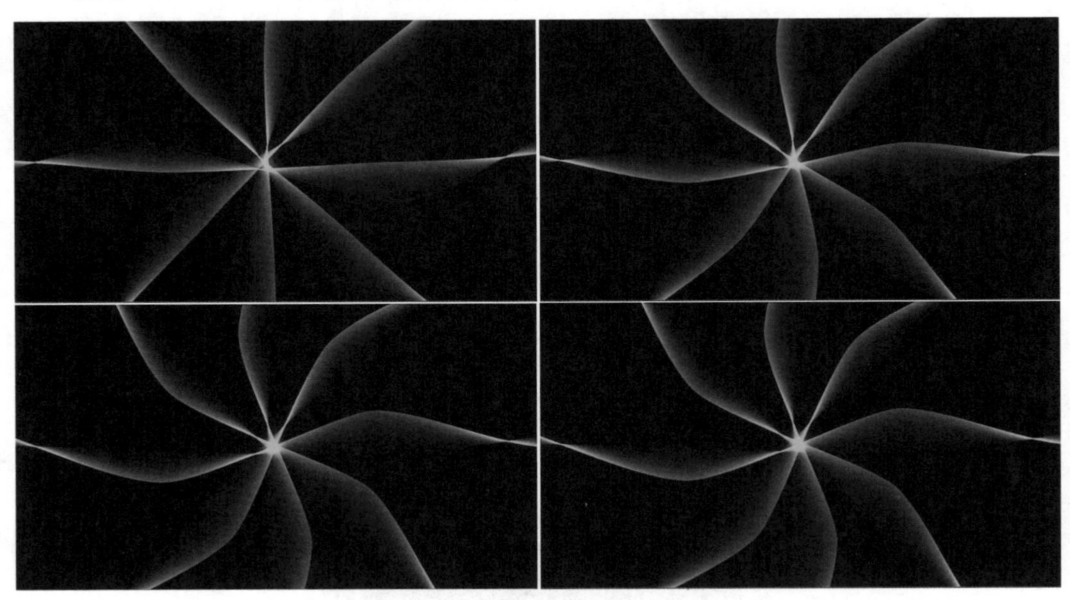

图7-2-3

（1）新建合成，命名为“光线”，预设为HDTV 1080 25，持续时间为5秒，如图7-2-4所示。

合成设置
合成名称: 光线
基本
高级
3D 渲染器
预设: HDTV 1080 25
宽度: 1920 px
高度: 1080 px
锁定长宽比为 16:9 (1.78)
像素长宽比: 方形像素
画面长宽比: 16:9 (1.78)
帧速率: 25
帧/秒
分辨率: 完整
1920 x 1080，7.9 MB（每 8bpc 帧）
开始时间码: 0:00:00:00
是 0:00:00:00 基础 25
持续时间: 0:00:05:00
是 0:00:05:00 基础 25
背景颜色:
黑色
预览
确定
取消

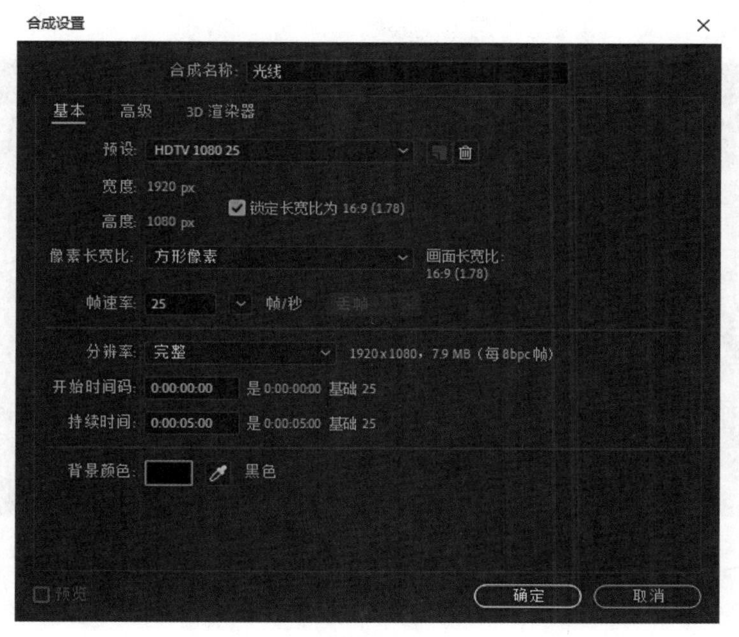

图7-2-4

（2）新建纯色层，命名为“光线”，颜色自定义，如图7-2-5所示。

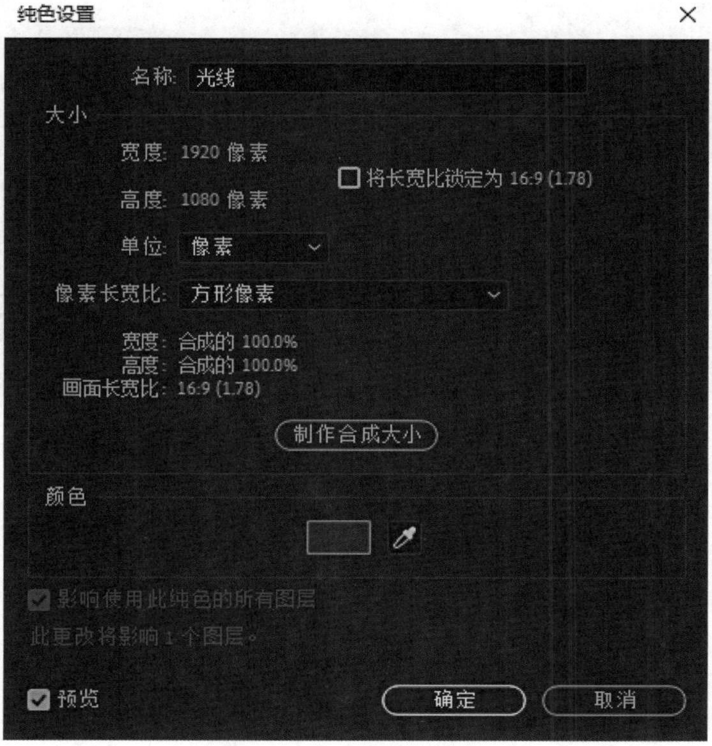

纯色设置
名称: 光线
大小
宽度: 1920 像素
高度: 1080 像素
将长宽比锁定为 16:9 (1.78)
单位: 像素
像素长宽比: 方形像素
宽度: 合成的 100.0%
高度: 合成的 100.0%
画面长宽比: 16:9 (1.78)
制作合成大小
颜色
影响使用此纯色的所有图层
此更改将影响 1 个图层。
预览
确定
取消

图7-2-5

（3）选中“光线”图层，用钢笔工具绘制曲线路径，如图7-2-6所示。

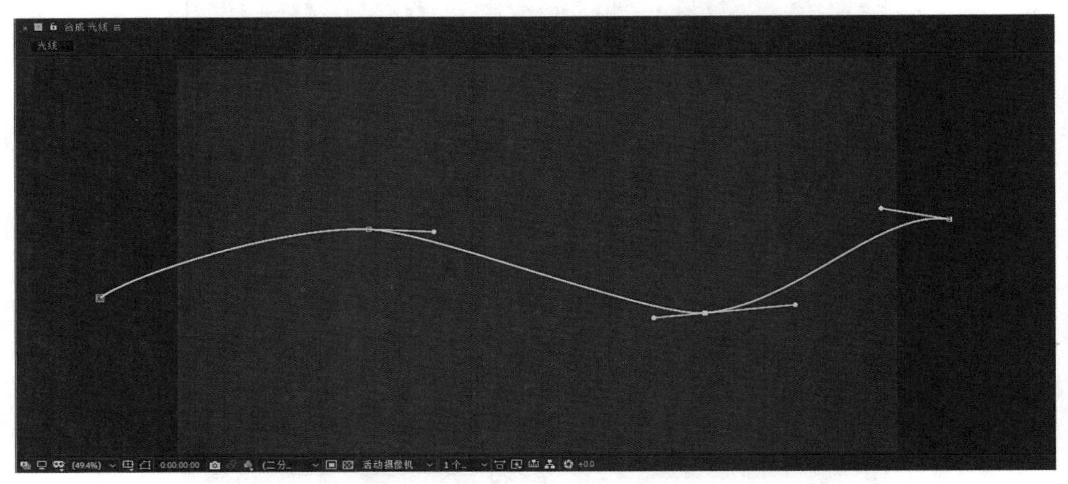

图7-2-6

（4）打开图层，制作蒙版1的蒙版路径动画，00:00时刻打开属性的关键帧记录器，记录关键帧点，04:24时刻，修改路径形状，记录关键帧，如图7-2-7所示。

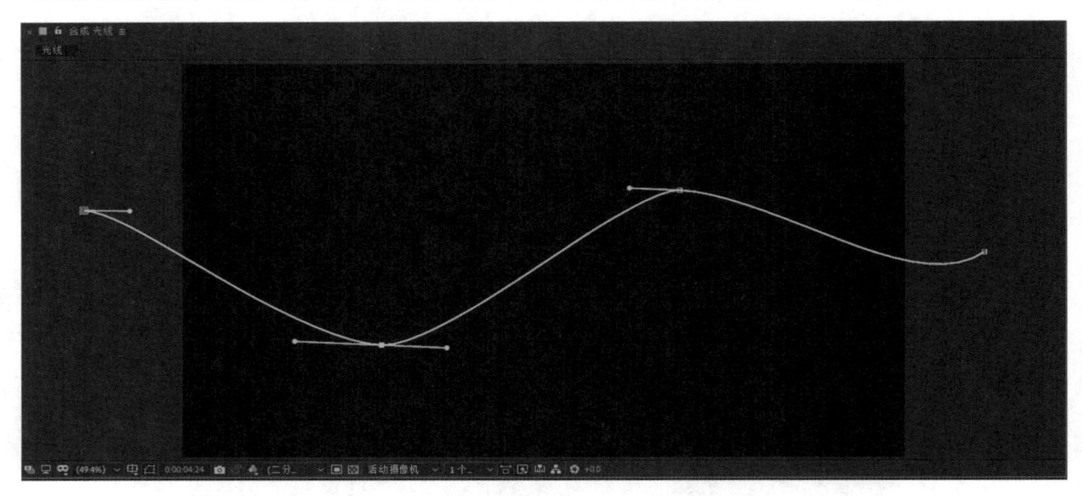

图7-2-7

（5）添加描边特效，设置描边特效的参数，路径选择“蒙版1”，颜色设置为蓝色（2，137，181），画笔大小为2，绘画样式为【在透明背景上】，关闭合成图像窗口下方的【切换蒙版和路径可见性】，即可看到蓝色的线条，如图7-2-8所示。

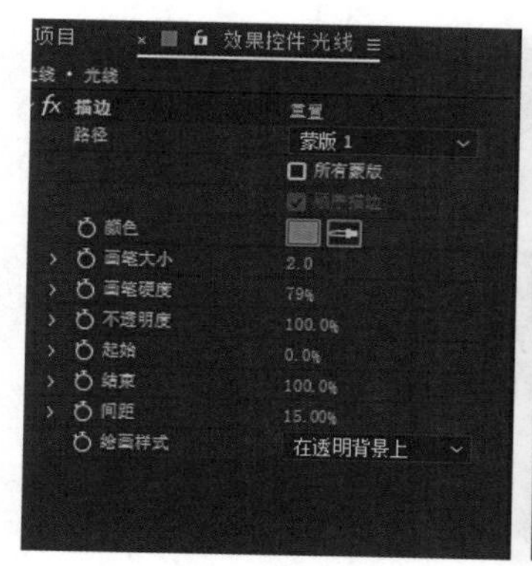

图7-2-8

（6）添加残影特效，执行【效果】—【时间】—【残影】，在效果控件面板中设置残影的参数，残影时间为-0.05，残影数量为50，衰减为0.95，如图7-2-9所示。

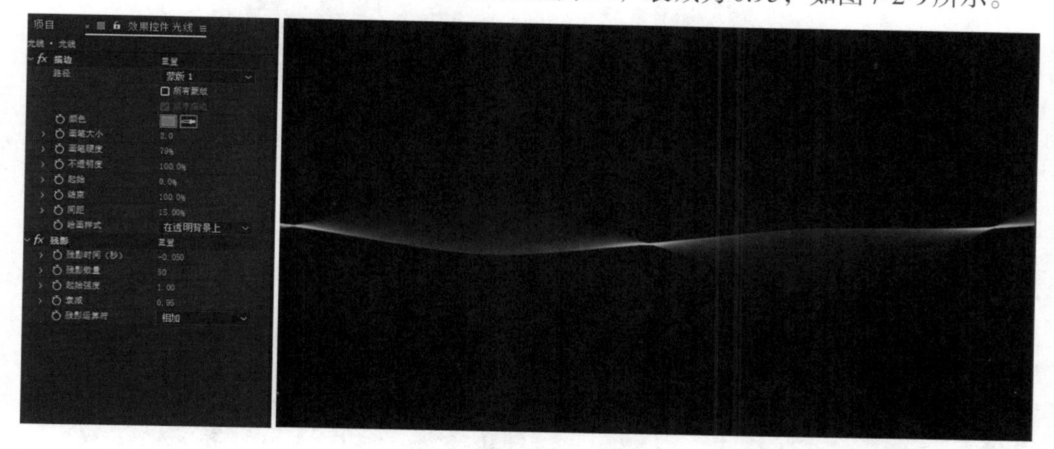

图7-2-9

（7）新建合成，命名为“二维光线”，预设为HDTV 1080 25，持续时间为5秒，如图7-2-10所示。

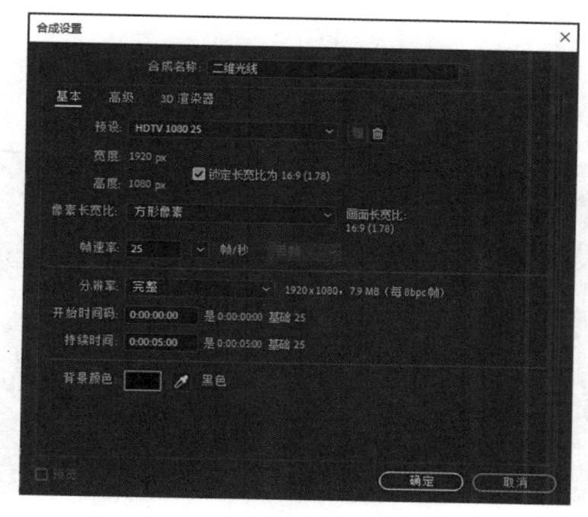

图7-2-10

（8）把合成“光线”嵌套进来，选中“光线”图层，单击鼠标右键，在弹出的快捷菜单中选择【时间】—【启用时间重映射】，给图层添加时间重映射，如图7-2-11所示。

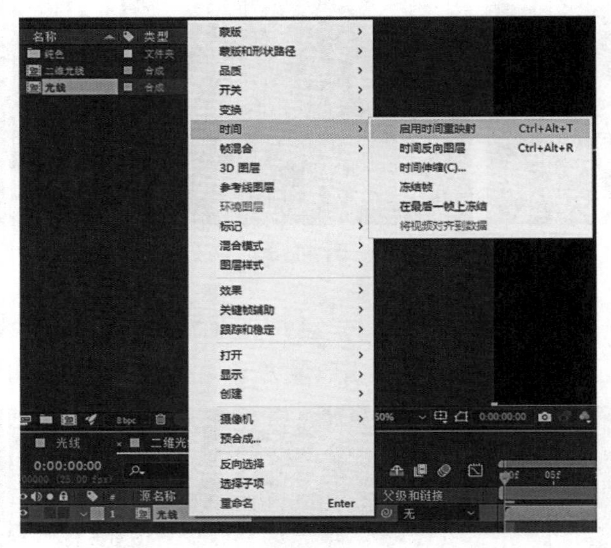

图7-2-11

（9）把开始的时间重映射的关键帧数值修改为02:10，让素材层从02:10的位置开始播放，如图7-2-12所示。

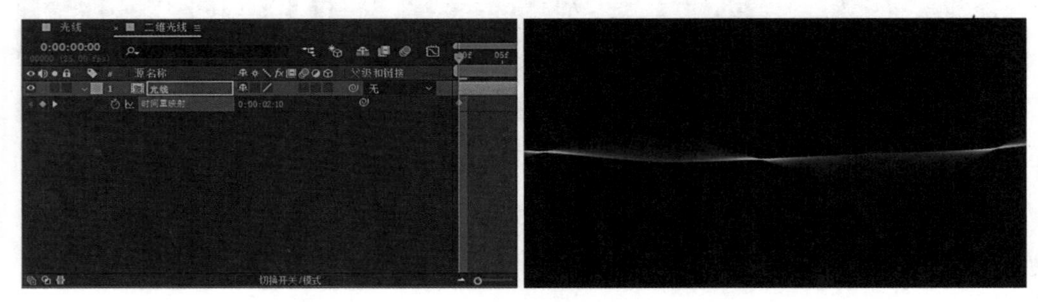

图7-2-12

（10）依次复制图层，每复制一个图层旋转数值增加45°，如图7-2-13所示。

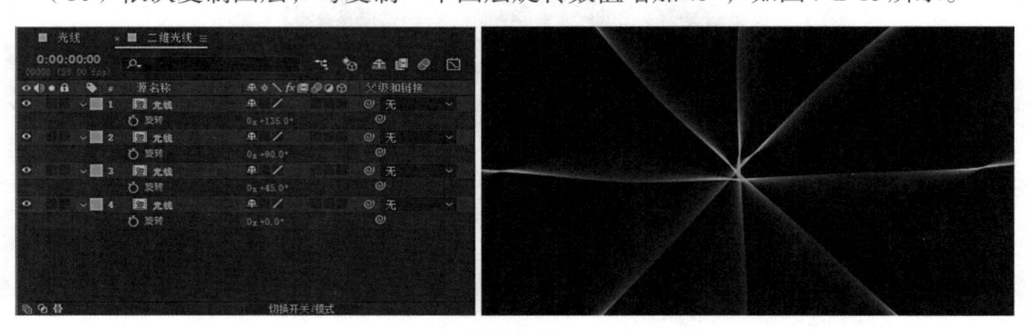

图7-2-13

（11）新建调整图层，执行【图层】—【新建】—【调整图层】，如图7-2-14所示。

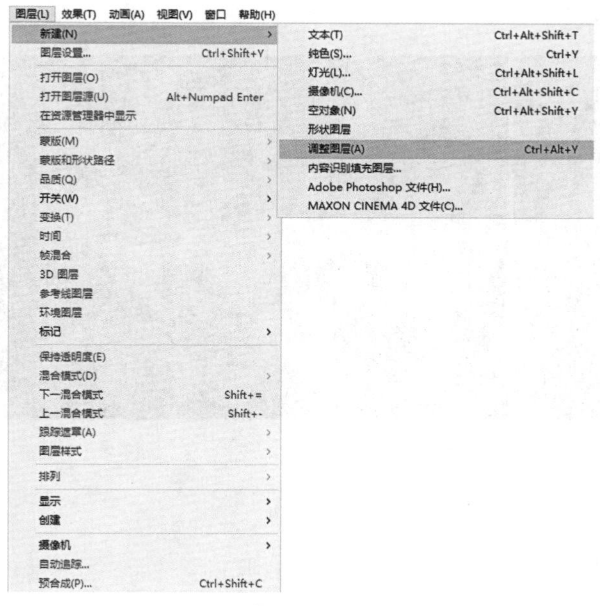

图7-2-14

（12）在调整图层上添加发光特效，执行【效果】—【风格化】—【发光】，如图7-2-15所示。

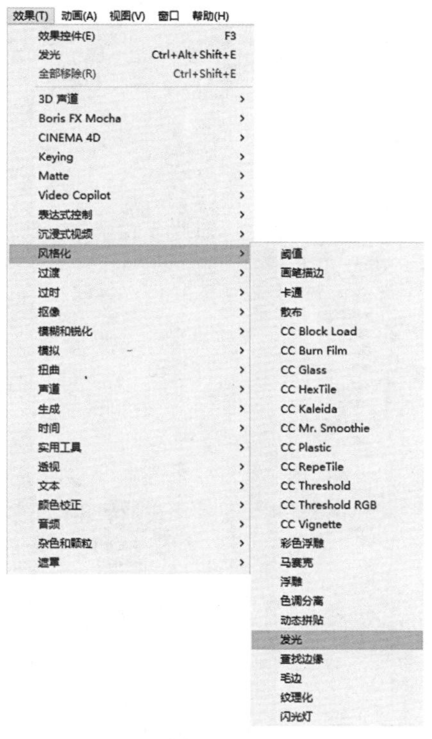

图7-2-15

（13）在效果控件面板设置发光的参数，发光基于为【Alpha通道】，发光半径为50，如图7-2-16所示。

图7-2-16

（14）渲染生成。

拓展练习：绘制闭合的曲线，制作光线动画。

（三）分形杂色特效制作光线

（1）执行【效果】—【杂色和颗粒】—【分形杂色】，添加分形杂色特效，如图7-2-17所示。

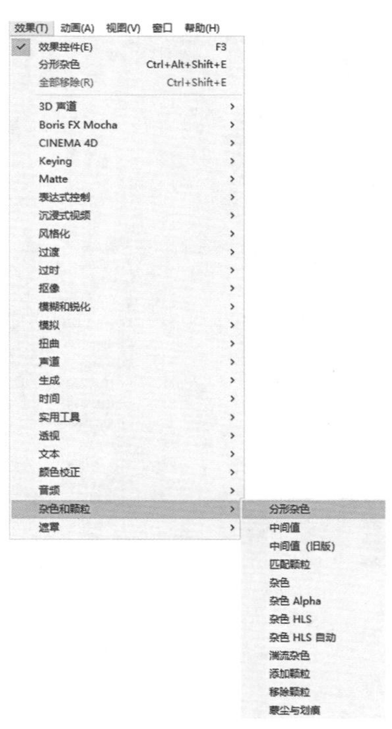

图7-2-17

（2）在效果控件面板中调整分形杂色的参数，如图7-2-18所示。

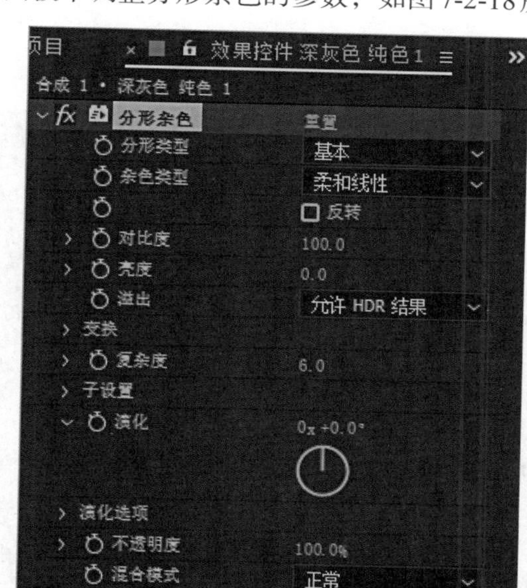

图7-2-18

（四）实例：三维空间光线

使用分形杂色特效制作流动的线条，通过摄像机的动画展示三维空间交叉的线条，效果如图7-2-19所示。

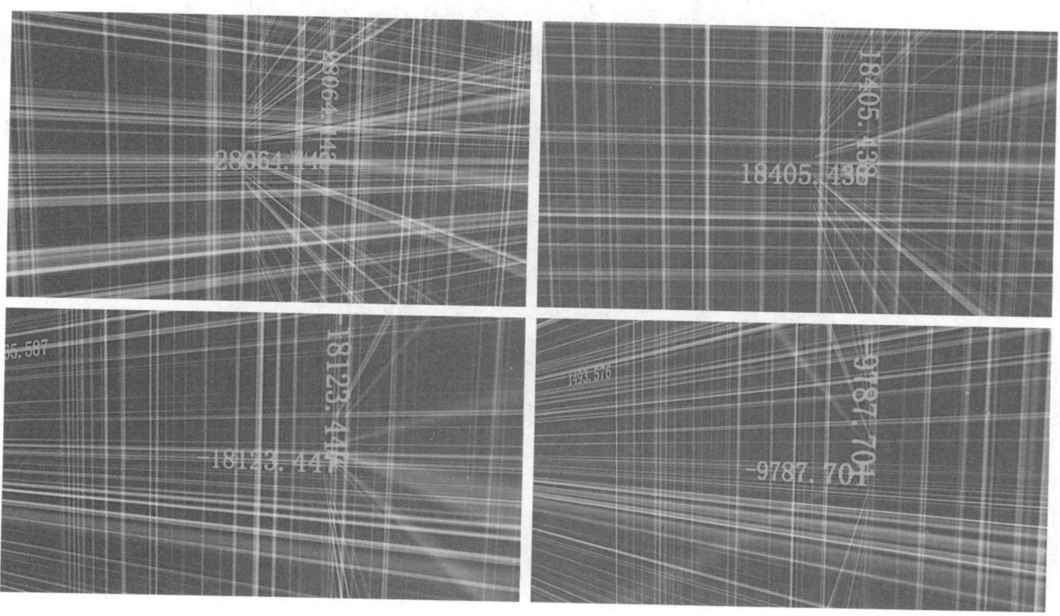

图7-2-19

（1）新建合成，命名为“光线”，预设为HDTV 1080 25，持续时间为5秒，如图7-2-20所示。

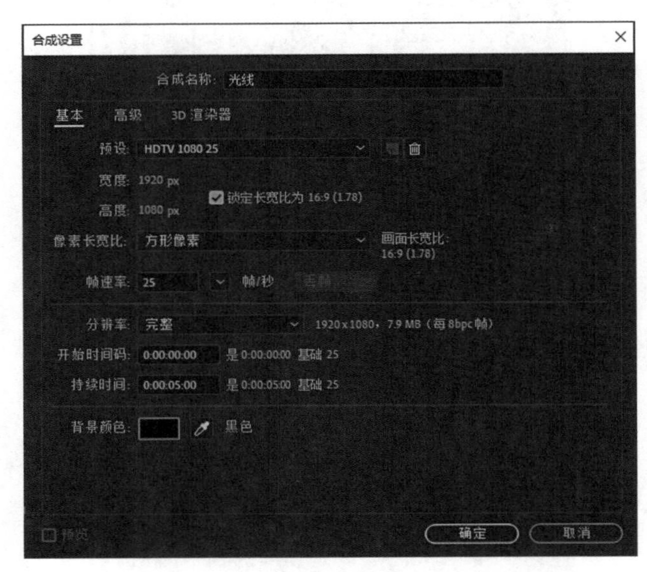

图7-2-20

（2）新建纯色层，命名为“光线”，颜色为黑色，如图7-2-21所示。

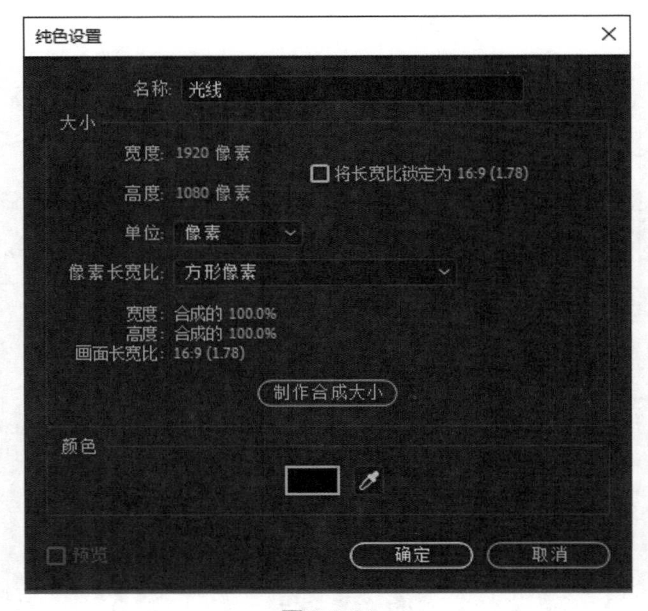

图7-2-21

（3）添加分形杂色特效，在效果控件面板中设置分形杂色的参数，展开变换，取消【统一缩放】，缩放宽度为5000，缩放高度为10，此时拉伸出很多黑白灰的线条，对比度为150，亮度为–60，减少线条的数量，如图7-2-22所示。

图7-2-22

（4）制作线条动画，设置演化的关键帧动画，00:00时刻，演化数值为0x+0°，04:24时刻，演化数值为5x+0°，如图7-2-23所示。

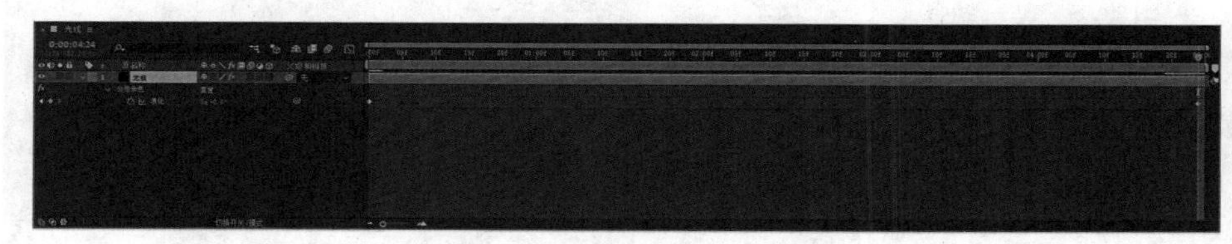

图7-2-23

（5）新建纯色层，命名为“数字”，添加编号特效，执行【效果】—【文本】—【编号】，如图7-2-24所示。

图7-2-24

（6）在弹出的【编号】对话框中设置文字的字体、样式、方向和对齐方式，如图7-2-25所示。

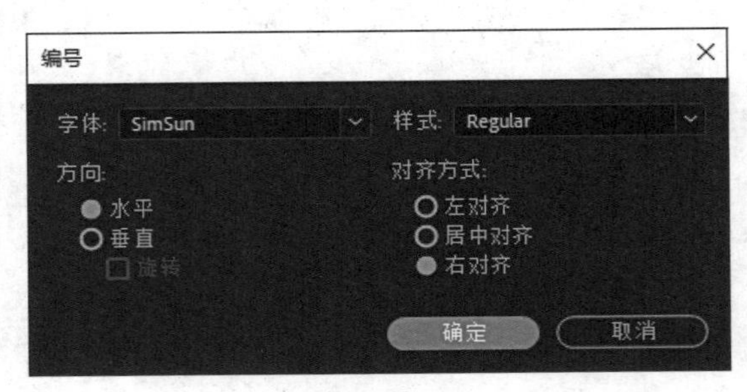

图7-2-25

（7）调整编号的参数数值，勾选【随机值】，填充颜色为蓝色（0，175，255），大小为45，如图7-2-26所示。

图7-2-26

（8）选中编号特效，Ctrl+D制作特效副本“编号 2”，修改“编号 2”的参数数值，数值/位移/随即最大为5000，位置为（400，320），勾选【在原始图像上合成】，如图7-2-27所示。

图7-2-27

（9）新建合成，命名为“三维空间光线”，预设为 HDTV 1080 25，持续时间为 5 秒，如图 7-2-28 所示。

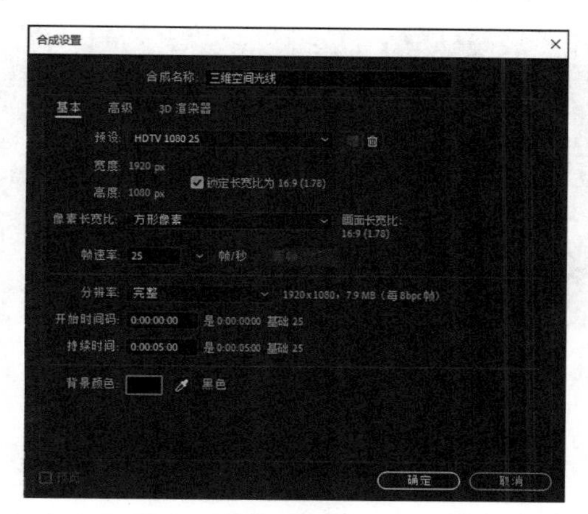

图 7-2-28

（10）新建纯色层，命名为“颜色”，颜色为深蓝色（0,110,140），如图 7-2-29 所示。

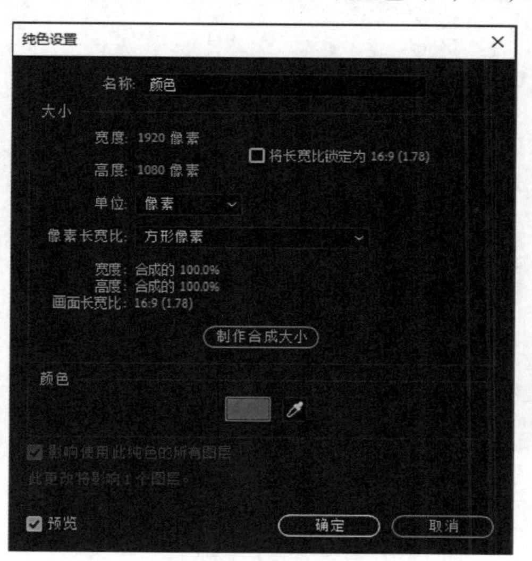

图 7-2-29

（11）嵌套合成“光线”，层混合模式为相加，如图 7-2-30 所示。

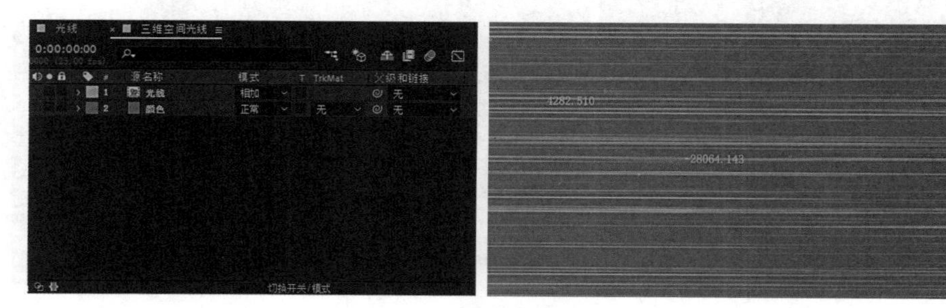

图 7-2-30

（12）“光线”图层转换成三维图层，复制3个图层，分别调整旋转数值，Y轴旋转为0x+90°、X轴旋转为0x+90°、Z轴旋转为0x+90°，如图7-2-31所示。

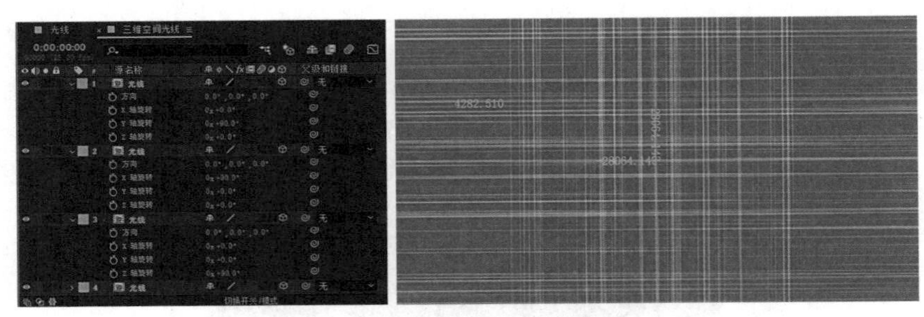

图7-2-31

（13）新建摄像机，预设为15毫米，如图7-2-32所示。

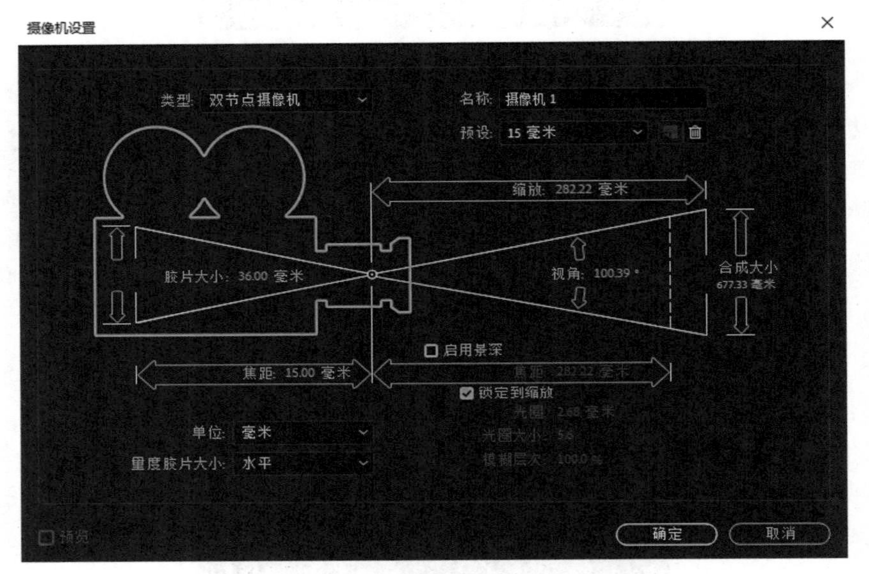

图7-2-32

（14）设置摄像机的动画，00:00时刻，目标点为（860，540，20），位置为（760，520，–350），如图7-2-33所示。

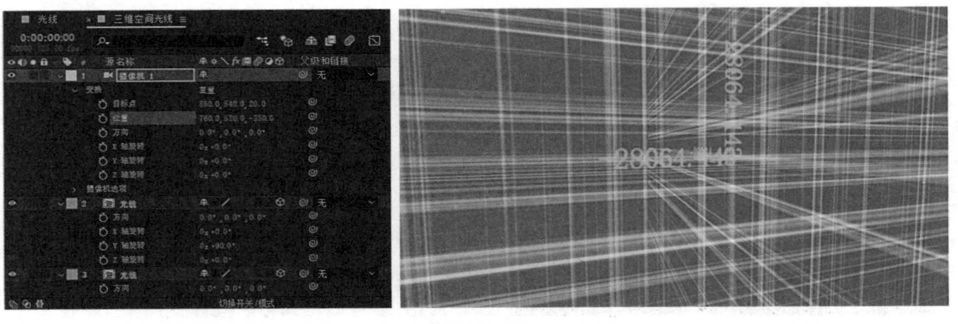

图7-2-33

（15）时间指示器定位到04:24时刻，目标点为（850，530，15），位置为（980，520，–320），如图7-2-34所示。

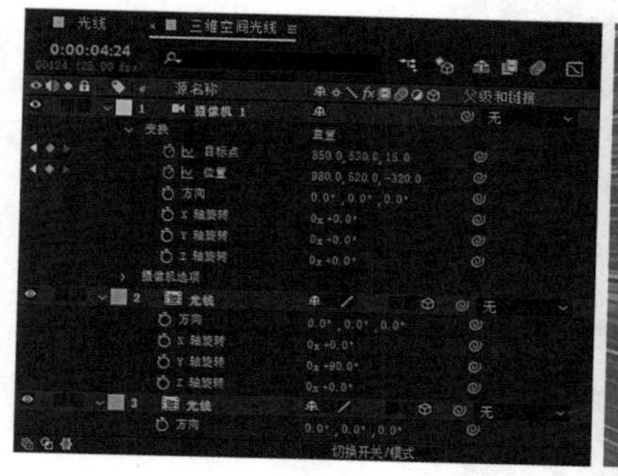
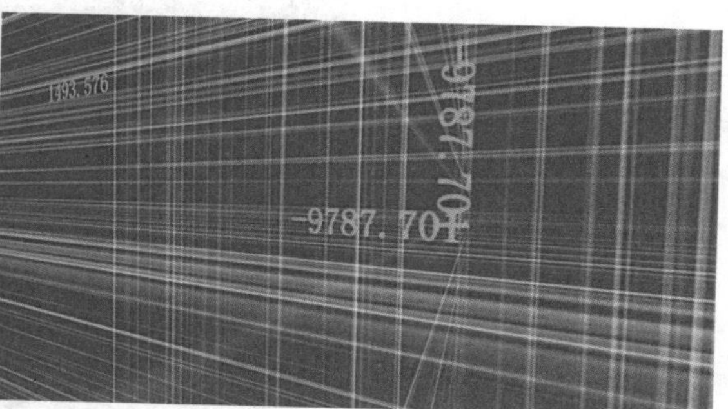

图7-2-34

（16）渲染生成。

拓展练习：三维空间里改变光线图层的排列方式，制作摄像机的动画。

（五）外挂插件 Particular

Particular是Trapcode公司的一款插件，本身是粒子插件，但是通过调整参数也可以制作带有三维属性的光线。安装外挂插件Particular后，执行【效果】—【Trapcode】—【Particular】，如图7-2-35所示。

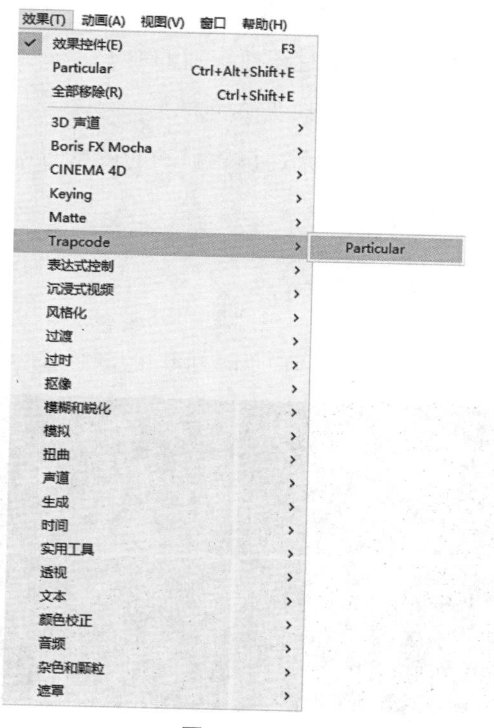

图7-2-35

在效果控件面板中设置Particular的参数，如图7-2-36所示。

图7-2-36

发射器：设置粒子的产生参数。

粒子：设置粒子的属性。

阴影：设置粒子对灯光的反应。

物理学：设置粒子受到的物理作用力。

辅助系统：可以在粒子的基础上继续产生新的粒子。

整体变换：设置粒子在三维空间的变换属性。

可见度：根据三维空间的远近关系，设置粒子的可见与否。

渲染：设置粒子渲染的方式。

（六）实例：三维光线绘制爱心

使用Particular特效产生三维光线，在三维空间里绘制心形形状，效果如图7-2-37所示。

图7-2-37

（1）新建合成，命名为“爱心”，预设为HDTV 1080 25，持续时间为5秒，如图7-2-38所示。

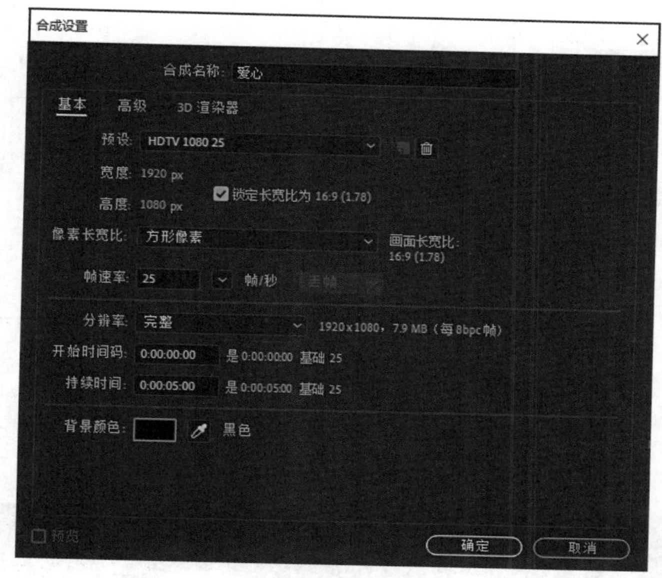

图7-2-38

（2）新建纯色层，命名为“路径”，如图7-2-39所示。

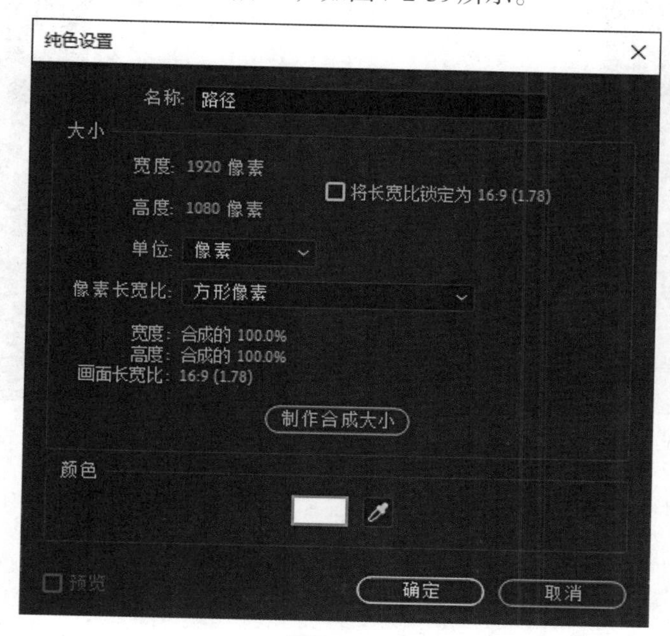

图7-2-39

（3）展开合成图像窗口下方的【选择网格和参考线选项】，勾选【网格】，如图7-2-40所示。

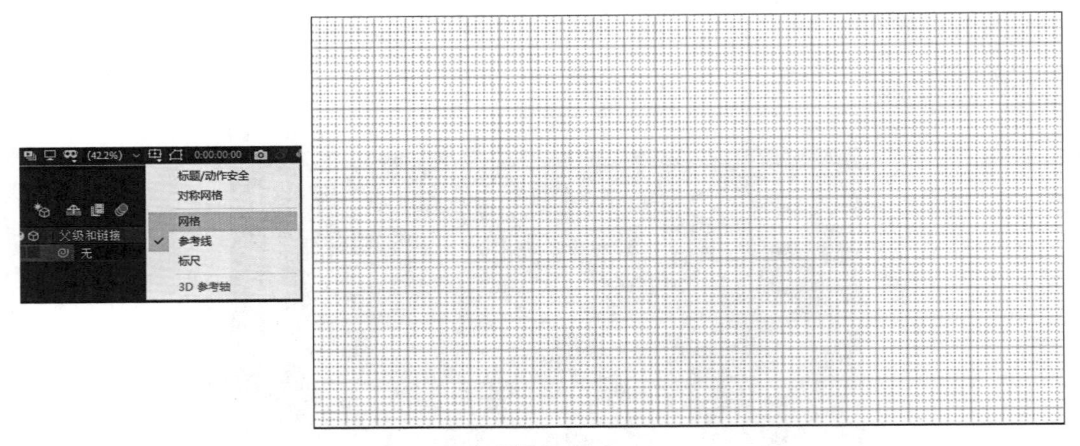

图 7-2-40

（4）用钢笔工具绘制心形形状，可以参考网格做成左右对称的心形形状，如图 7-2-41 所示。

图 7-2-41

（5）取消网格，关闭“路径”图层的显示。新建灯光，名称为“发射器”，类型选择“点”，会弹出【警告】对话框，这是因为默认情况下灯光只在三维合成场景中起作用，单击【确定】即可，如图 7-2-42 所示。

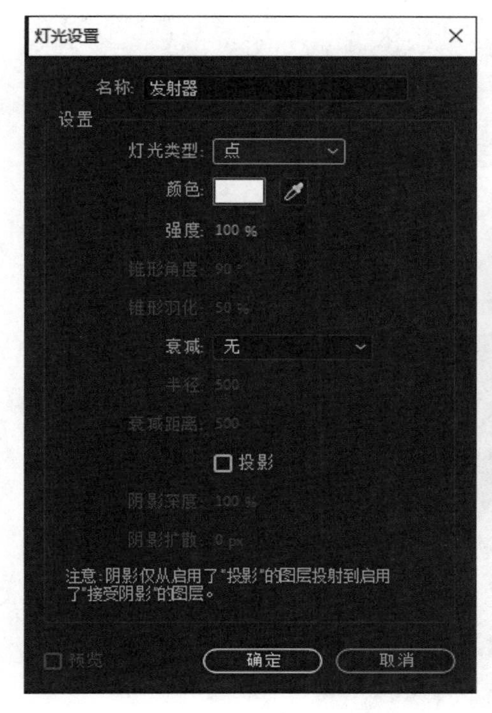

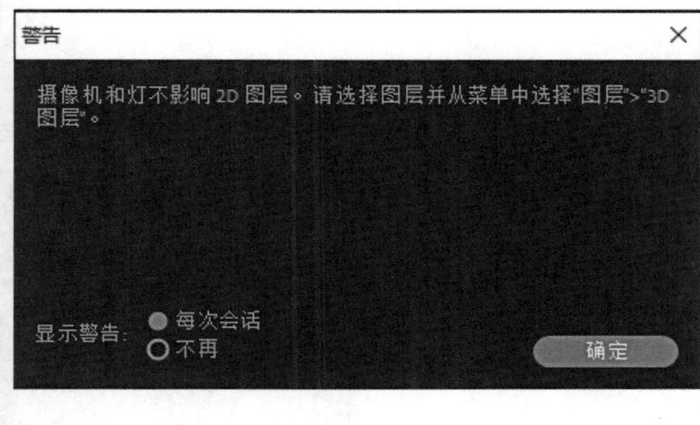

图 7-2-42

（6）展开“路径”图层的蒙版，选择蒙版路径，Ctrl+C 复制，展开灯光图层的位置属性，打开位置前面的关键帧记录器，Ctrl+V 粘贴，路径的形状就转换成了灯光的位置路径，如图 7-2-43 所示。

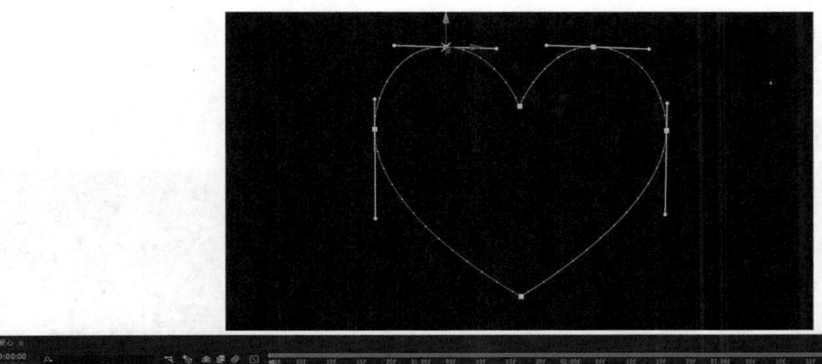

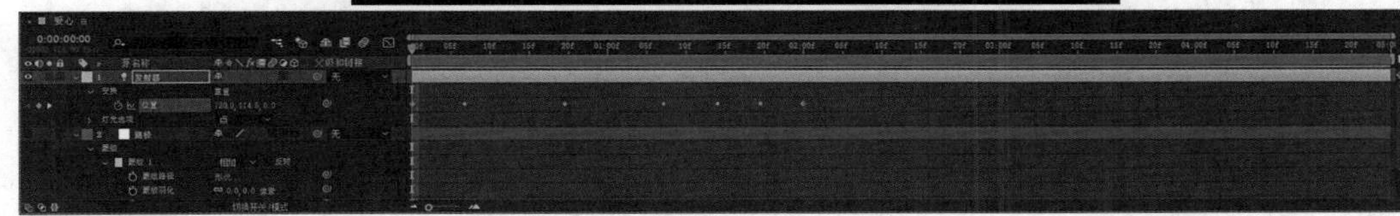

图 7-2-43

（7）单独选中位置的最后一个关键帧，按住鼠标左键移动到 03:00 时刻，相邻关键帧之间的时间间隔等比例拉大，如图 7-2-44 所示。

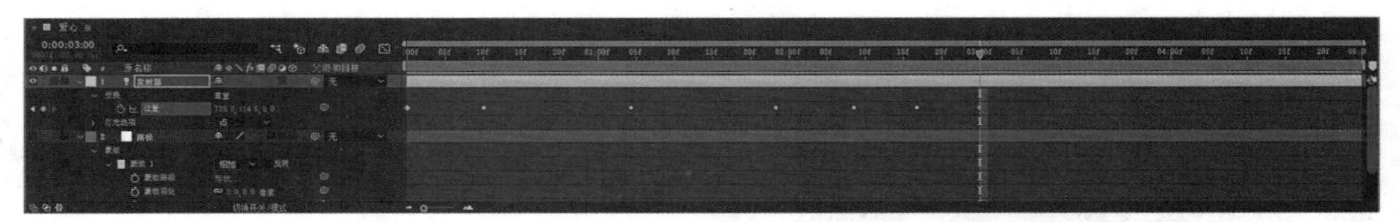

图7-2-44

（8）新建纯色层，命名为“光线”，如图7-2-45所示。

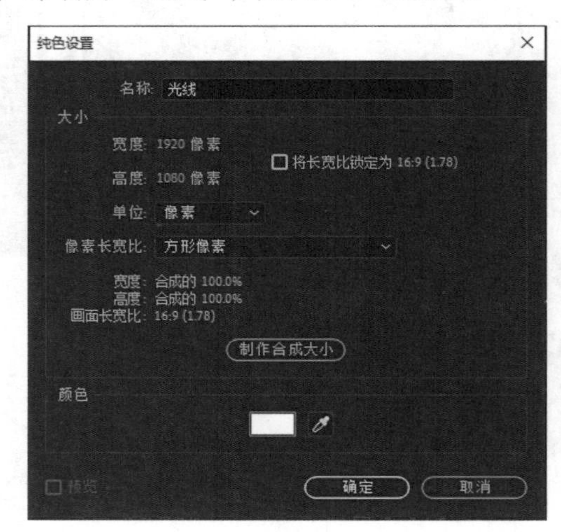

图7-2-45

（9）添加Particular特效，在效果控件面板中设置参数。发射器的参数：粒子数量/秒为1000，发射器类型选择灯光，位置坐标为【10x线性】，速度为0，随机速率［%］为0，速度分布为0，继承运动速率［%］为0，发射尺寸X为0，发射尺寸Y为0，发射尺寸Z为0，如图7-2-46所示。

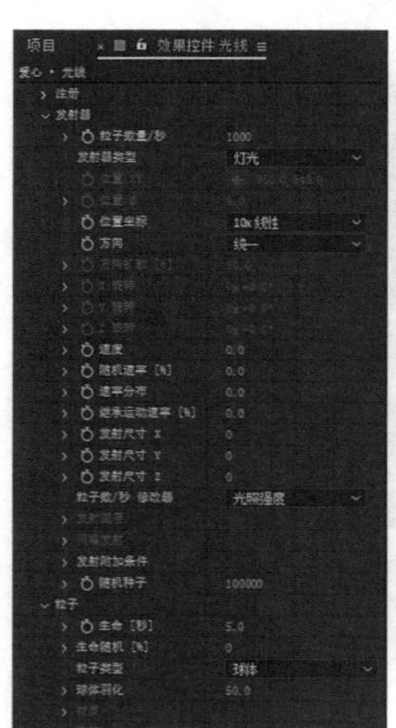

图7-2-46

（10）展开粒子选线组，生命［秒］为5，粒子类型为烟雾，条纹羽化为100，尺寸为50，颜色为橙色（255，54，0），应用模式为屏幕，展开条纹，无条纹为45，条纹尺寸为10，如图7-2-47所示。

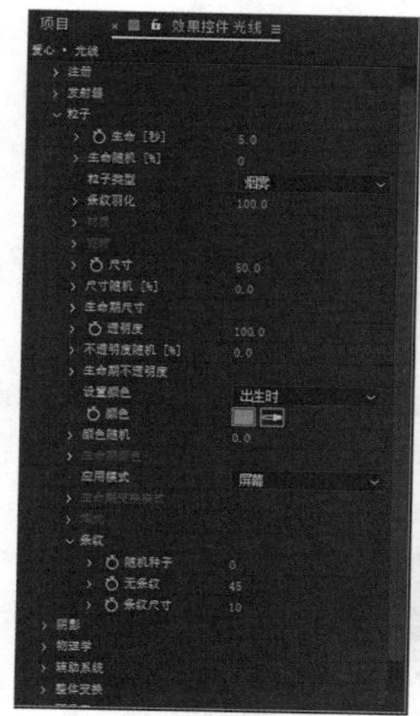

图7-2-47

（11）展开整体变换，制作Y 旋转 W的动画，让爱心旋转起来。时间指示器定位到01:00时刻位置，Y 旋转 W为0x+0°，时间指示器定位到04:00时刻位置，Y 旋转 W为0x+180°，如图7-2-48所示。

图7-2-48

（12）展开发射器，制作粒子数量/秒的关键帧动画。时间指示器定位到02:24时刻位置，粒子数量/秒为1000，按下键盘上的Page Down键时间指示器定位到03:00时刻位置，粒子数量/秒为0，即爱心绘制完成后不再发射粒子，如图7-2-49所示。

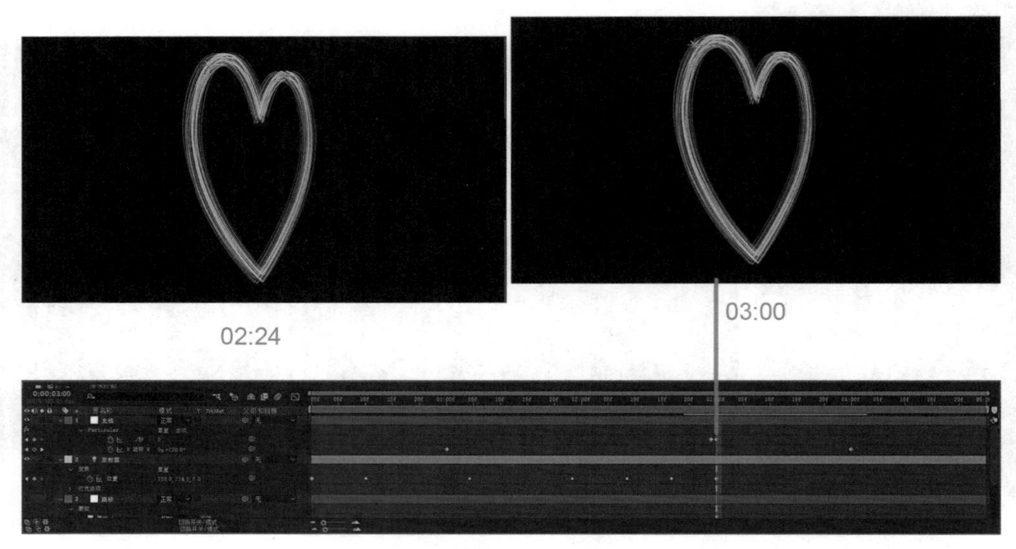

图7-2-49

（13）添加发光效果。执行【效果】—【风格化】—【发光】，如图7-2-50所示。

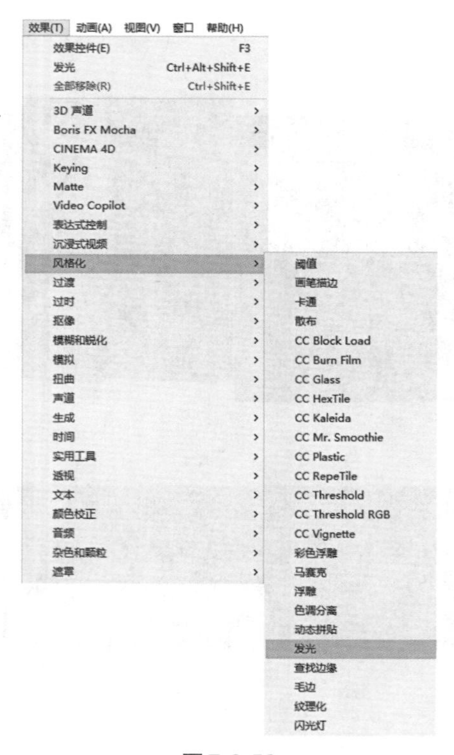

图7-2-50

（14）在效果控件窗口设置发光的参数，发光阈值为45%，发光半径为150，如图7-2-51所示。

图7-2-51

拓展练习：绘制不同的路径形状，添加三维变换属性动画。

三、体积光

在自然界中，光穿过潮湿或者含有杂质的介质时产生散射，散射的光线进入人眼，看起来像是这些介质拢住了光线，有了体积感，因此称为体积光。在光效里，体积光是很常用的一种光照特效，主要用来表现光线照射到遮蔽物体时，在物体透光部分泄漏出的光柱。由于视觉上给人强烈的体积感，所以称为体积光。体积光可以烘托气氛、提升画面质感，往往出现在拥有高端、大气、恢宏、壮观等特质的影视镜头中，如图7-3-1所示。

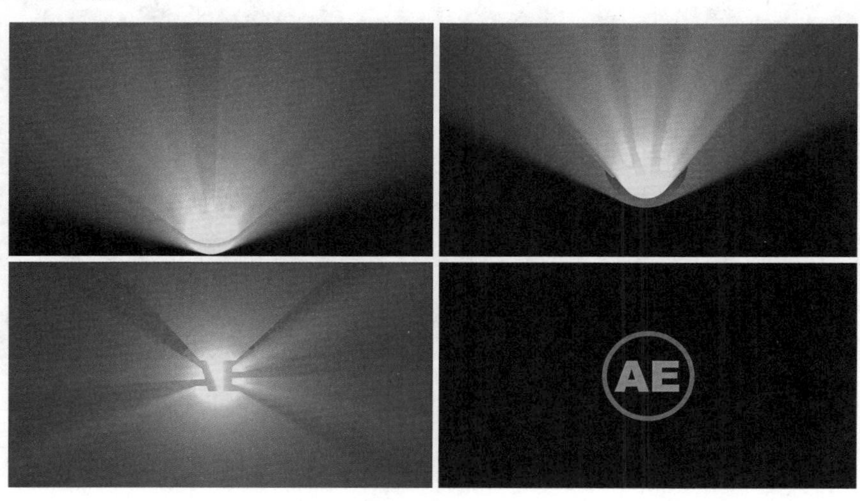

图7-3-1

（1）新建合成，命名为“体积光”，预设为HDTV 1080 25，持续时间为5秒，如图7-3-2所示。

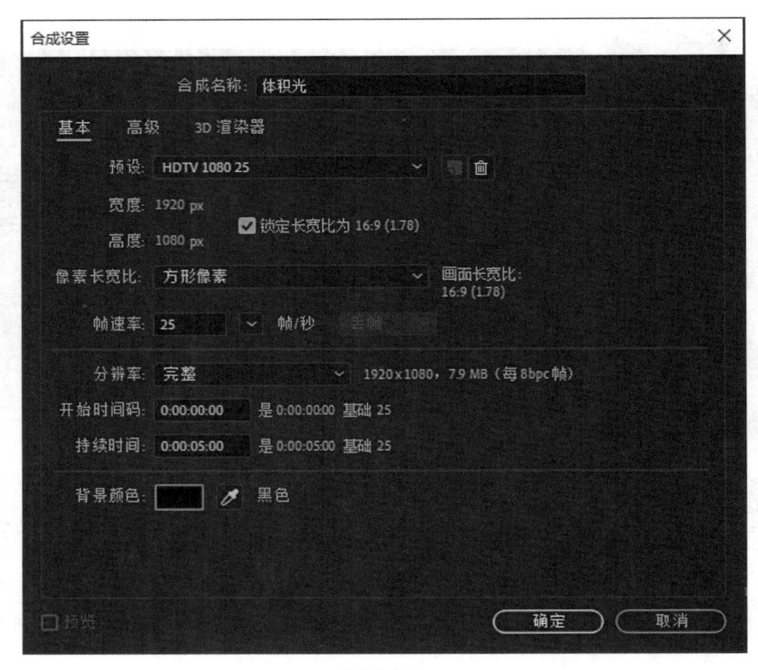

图7-3-2

（2）导入“AE标志”图片素材，放置在时间线上，如图7-3-3所示。

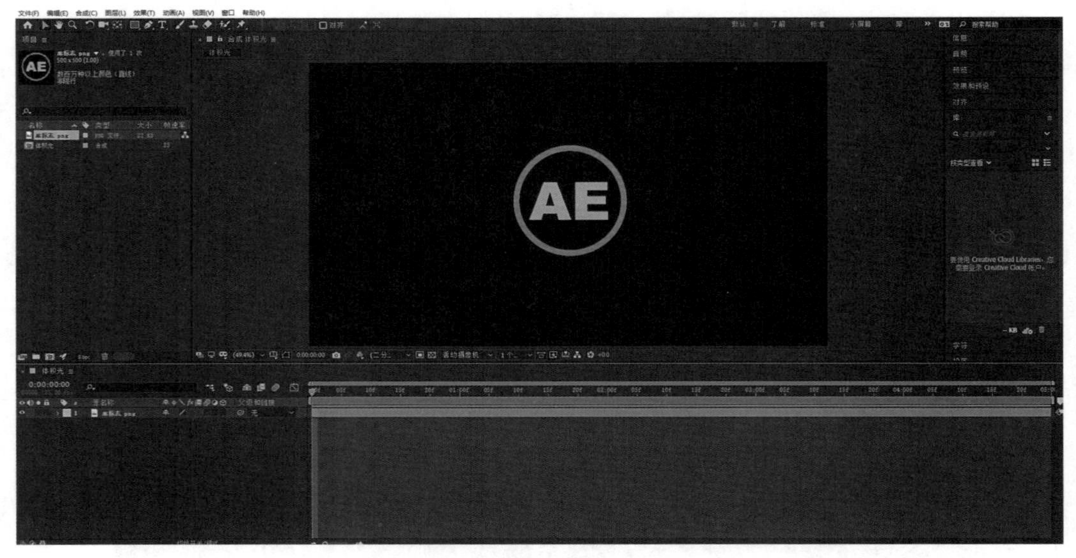

图7-3-3

（3）新建纯色层，命名为“光源”，颜色为白色，如图7-3-4所示。

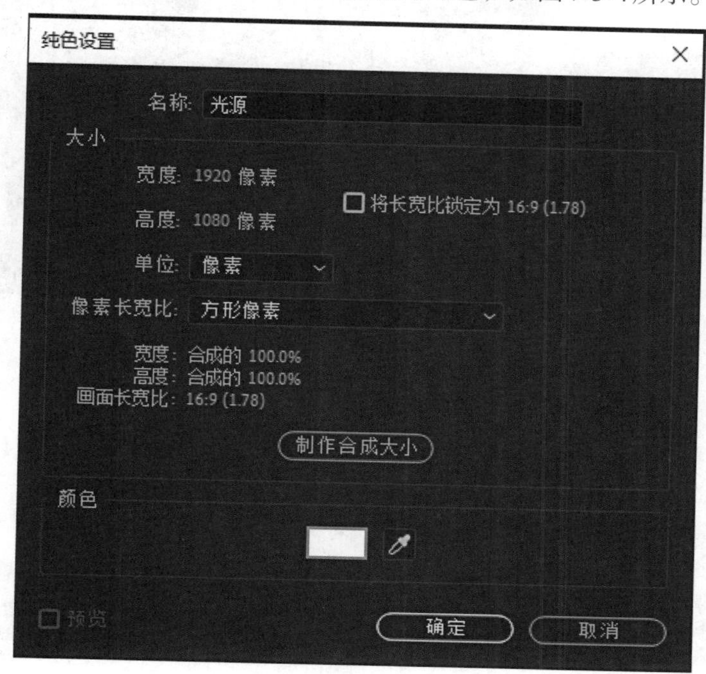

图7-3-4

（4）在“光源”图层上绘制圆形遮罩，如图7-3-5所示。

图7-3-5

（5）把“AE标志”图层和“光源”图层转换为三维图层，“光源”图层的位置值为（960，540，300），如图7-3-6所示。

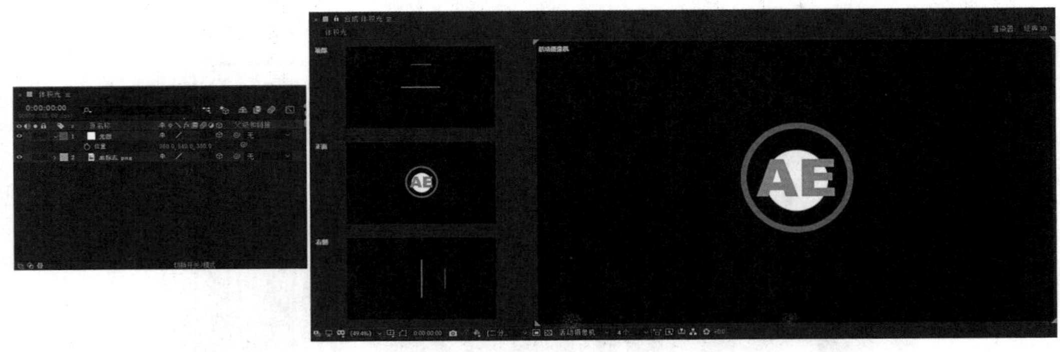

图 7-3-6

（6）新建调整图层，执行【图层】—【新建】—【调整图层】，对应的快捷键为 Ctrl+Alt+Y，如图 7-3-7 所示。

图 7-3-7

（7）在调整图层上添加 CC Radial Fast Blur，执行【效果】—【模糊和锐化】—【CC Radial Fast Blur】，如图 7-3-8 所示。

图7-3-8

（8）设置CC Radial Fast Blur的参数，Amount数值为100，Zoom选择为“Brightest”，如图7-3-9所示。

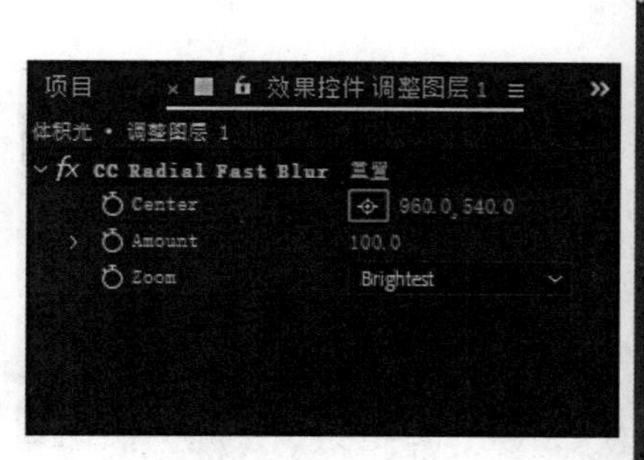

图7-3-9

（9）新建空对象图层，执行【图层】—【新建】—【空对象】，对应的快捷键为Ctrl+Alt+Shift+Y，如图7-3-10所示。

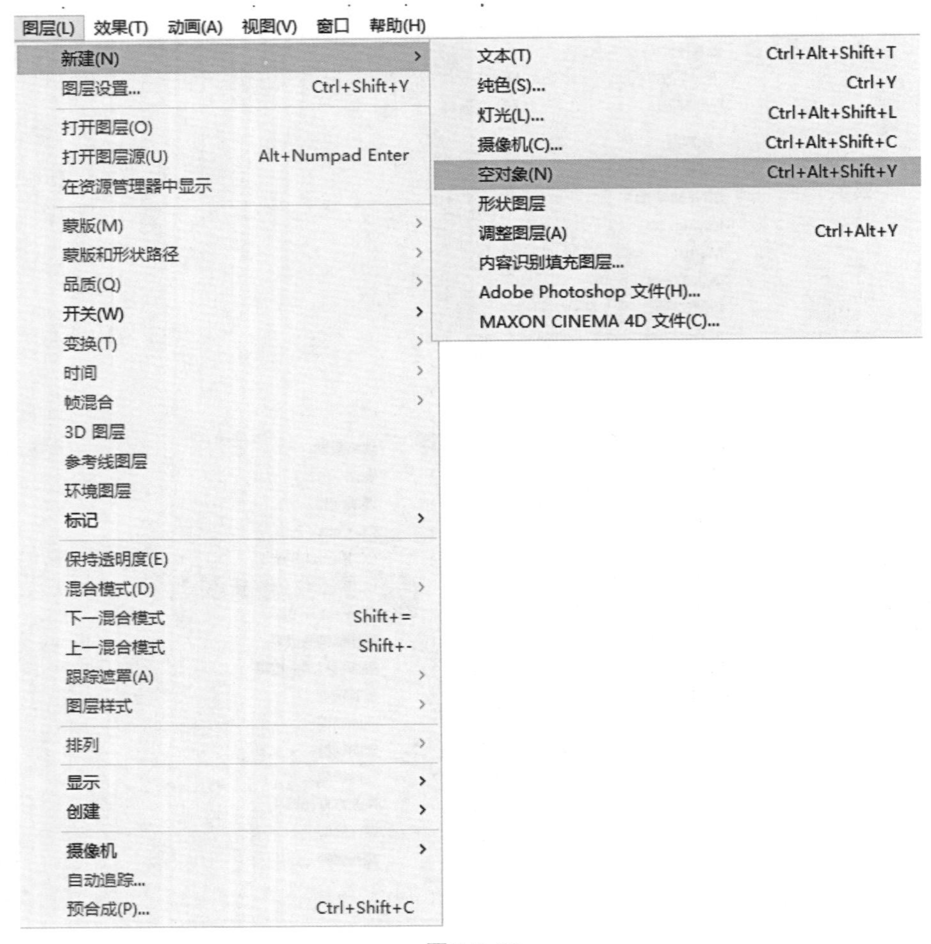

图 7-3-10

（10）把“空 1”图层转换为三维图层，位置数值为（960,540,3000），让“空 1”图层在文字图层和“光源”图层的后面，观察右视图的位置，如图 7-3-11 所示。

图 7-3-11

（11）选择文字图层和“光源”图层，在父级和链接面板下拉菜单中选择“空 1”，即将文字图层和“光源”图层作为“空 1”图层的子层，如图 7-3-12 所示。

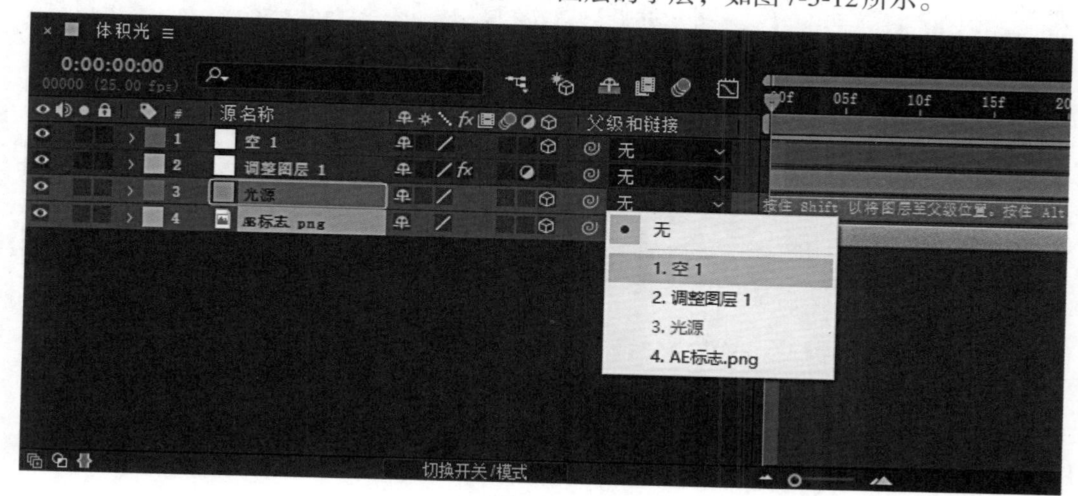

图 7-3-12

（12）选择“调整图层 1”，展开特效 CC Radial Fast Blur 的参数，按下键盘上的 Alt 键，单击 Center 前面的关键帧记录器，给 Center 属性添加表达式，如图 7-3-13 所示。

图 7-3-13

（13）输入法切换到英文输入法状态，用鼠标单击【表达式关联器】按钮，并拖拽值到“空 1”上，当表达式文本框中出现 thisComp.Layer（“空 1”），在此表达式后面继续添加表达式内容——“.toComp（[0，0，0]）”，意思是把“空 1”图层的三维坐标值转换成二维数值给到 CC Radial Fast Blur 特效的 Center，如图 7-3-14 所示。

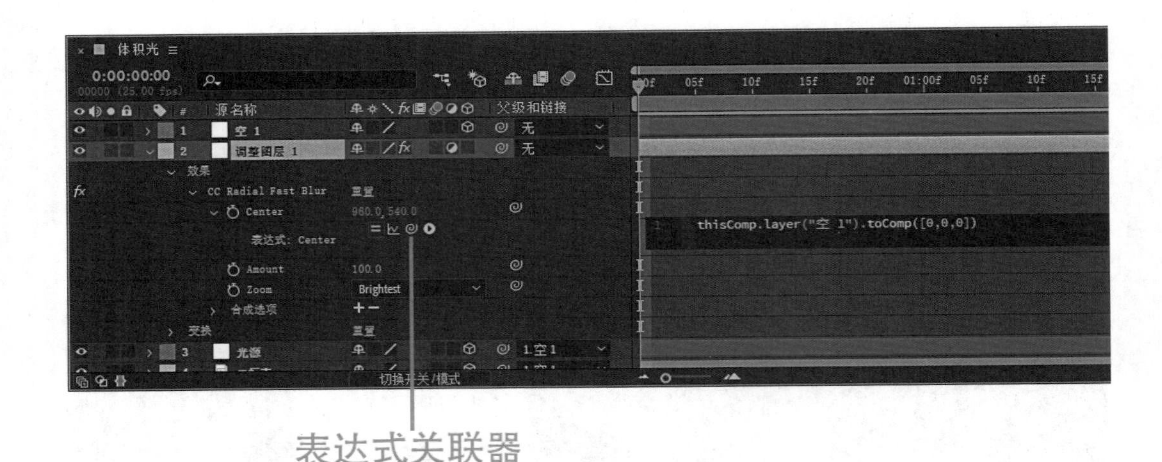

图 7-3-14

（14）新建摄像机图层，参数默认，如图 7-3-15 所示。

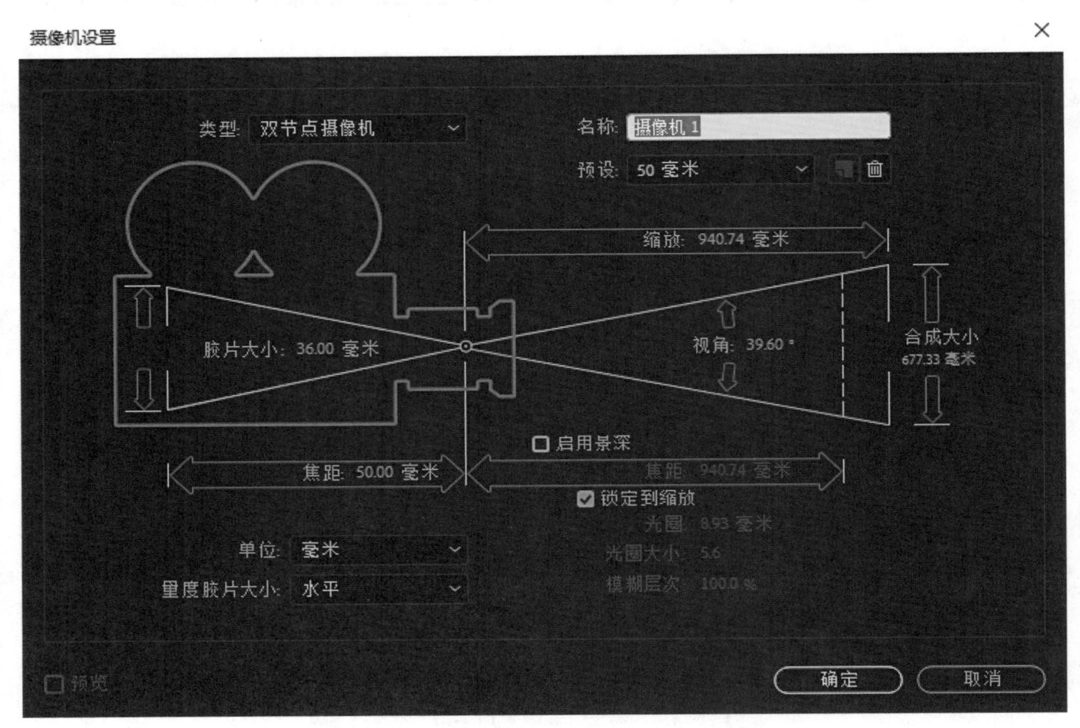

图 7-3-15

（15）展开摄像机图层，把摄像机的目标点定位到白色光源层的位置，可以参考顶视图或右视图实现准确定位，如图 7-3-16 所示。

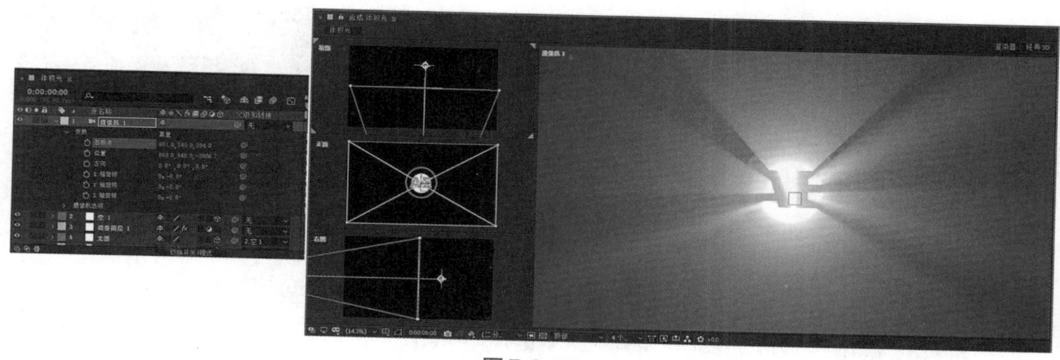

图7-3-16

（16）时间指示器定位到03:00时刻，打开摄像机目标点和位置的关键帧记录器，参数保持不变，此时AE标志正对摄像机；时间指示器定位到00:00时刻，用摄像机工具调整视角，此时自动记录关键帧，如图7-3-17所示。

图7-3-17

（17）制作CC Radial Fast Blur的Amount关键帧动画，03:00时刻，Amount数值为100；03:15时刻，Amount数值为90；04:00时刻，Amount数值为0，如图7-3-18所示。

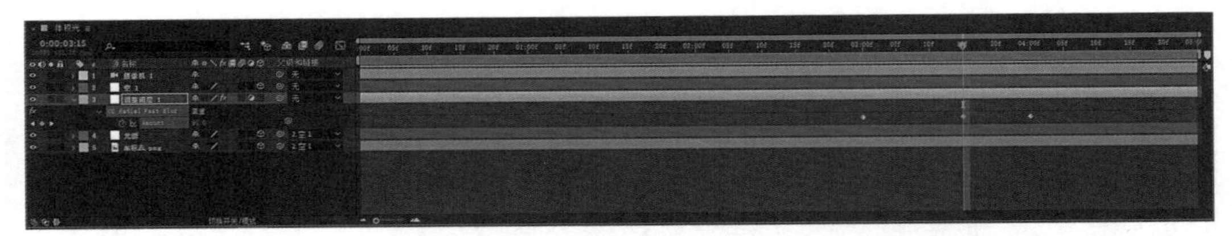

图7-3-18

（18）展开“光源”图层的不透明度属性，制作不透明度的关键帧动画，03:00时刻，不透明度数值为100%；04:00时刻，不透明度数值为0%，让白色的光源同步消失，如图7-3-19所示。

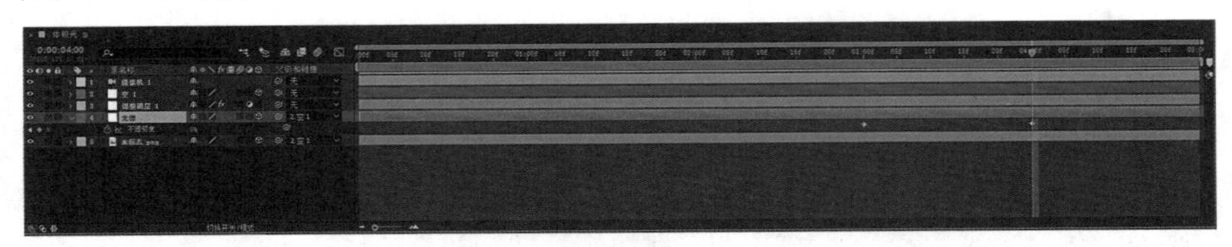

图7-3-19

（19）效果如图7-3-20所示。

图7-3-20

拓展练习：制作舞台体积光动态效果。

第八章　粒子特效

粒子是影视作品中常用的一种特效，视觉内容丰富，效果绚丽，如图8-1-1所示。

图8-1-1

粒子特效的基本属性特征有以下几点。

1. 群体性

粒子往往不是一个独立的个体，而是由许多个体组成的群体，所以也叫作“粒子群”。

2. 趋同性

粒子群的运动状态或运动趋势往往是相同或者相似的，如从左往右运动，其中所有粒子的运动方向都是从左往右，所以呈现出一种壮观的视觉印象。

3. 差异性

粒子群虽然有整体的趋同性，但个体之间存在各种各样的差异，从而在视觉效果上有丰富的变化。常见的属性差异有大小、颜色、形状、运动速度、运动方向等。

在After Effects软件中，有很多内置的粒子插件，它们在【模拟】的级联菜单中。因为大部分粒子都有模拟真实生活空间的物理属性，模拟真实的存在状态，所以都归到了【模拟】级联菜单中。

一、内置粒子插件

（一）粒子运动场

（1）新建合成，命名为“粒子特效”，预设为HDTV 1080 25，持续时间为5秒，如图8-1-2所示。

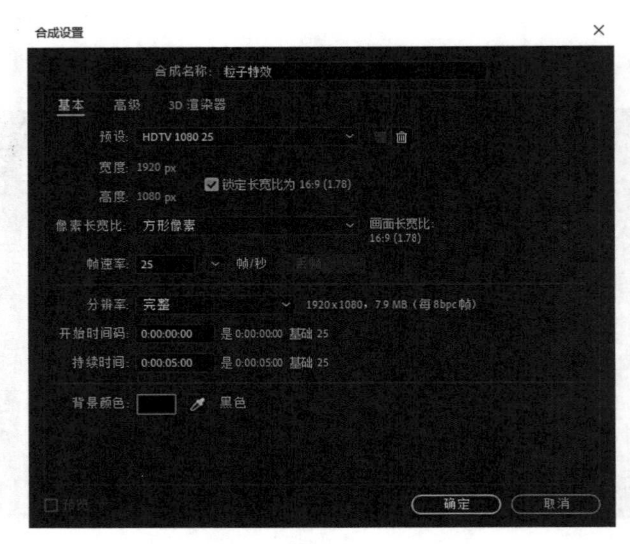

图8-1-2

（2）新建纯色层，命名为“粒子”，颜色不影响最后的结果，如图8-1-3所示。

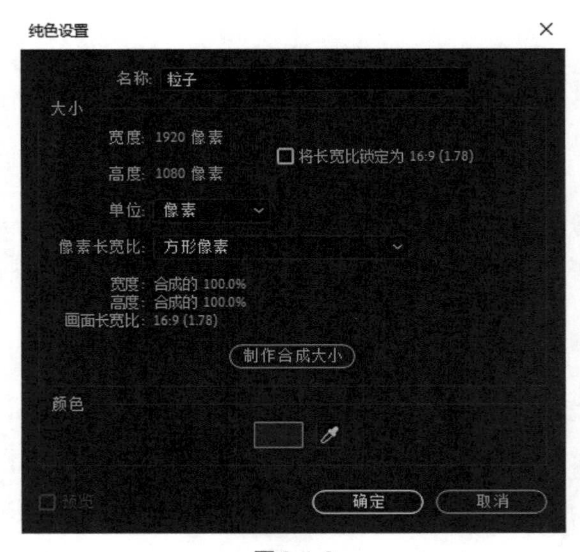

图8-1-3

（3）添加粒子运动场特效，执行【效果】—【模拟】—【粒子运动场】，如图8-1-4所示。

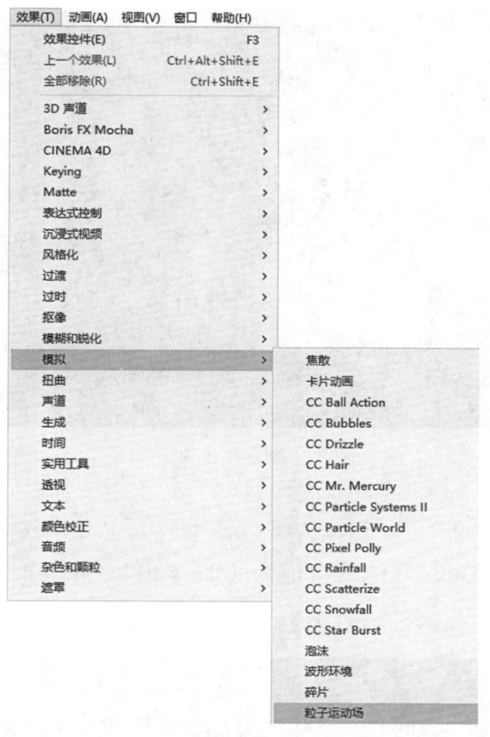

图8-1-4

（4）发射粒子发生器。默认参数下的视觉效果是【发射】粒子发生器产生的粒子群，向上发射粒子，然后受到向下的重力作用往下掉落，如图8-1-5所示。

图8-1-5

把重力的数值修改为0，取消重力，方便理解【发射】里的参数意义，如图8-1-6所示。

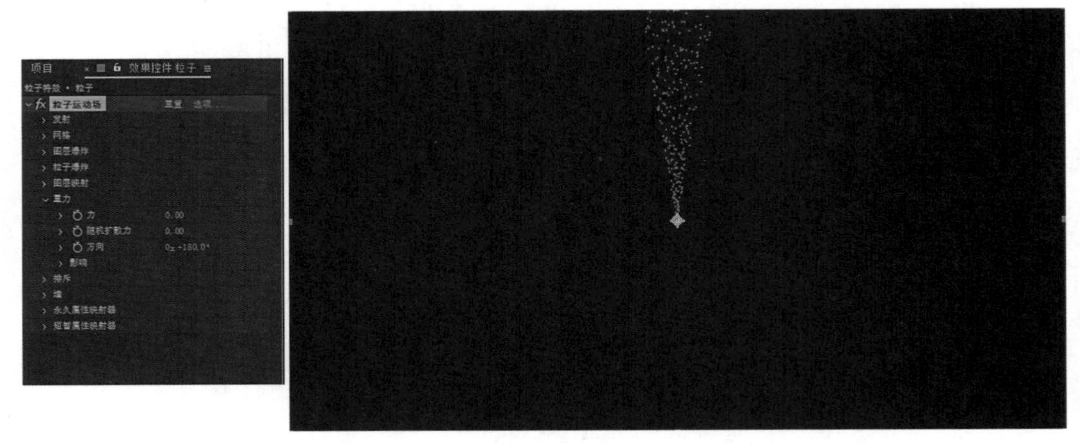

图8-1-6

① 位置数值定义粒子发射器的位置，默认情况下在图层的中心位置。设置【位置】的关键帧动画，00:00时刻位置数值为（0，540），在合成图像的左边；04:24时刻位置数值为（1920，540），在合成图像的右边，效果如图8-1-7所示。

图8-1-7

Ctrl+D复制“粒子”图层，改名为“左下粒子”，展开图层的变换属性，取消【缩放】的锁定比例按钮，把竖直方向的数值改为–100%，如图8-1-8所示。

图8-1-8

② 圆筒半径定义发射区域的大小，以位置为圆心，在圆筒半径范围内产生粒子。新建合成，创建纯色层，添加粒子运动场特效，取消重力。把圆筒半径数值设置为960，此时满屏都可以产生粒子，形成类似于尘埃的运动状态，如图8-1-9所示。

图8-1-9

③ 每秒粒子数定义粒子产生的速度。新建合成，创建纯色层，添加粒子运动场特效，取消重力。随机扩散方向为360，设置每秒粒子数的动画，00:10时刻每秒粒子数为200，00:11时刻每秒粒子数为0，效果如图8-1-10所示。

图8-1-10

添加径向模糊特效。执行【效果】—【模糊和锐化】—【径向模糊】，类型设置为缩放，数量为100，如图8-1-11所示。

图8-1-11

复制两次图层，让放射线条更加明显，如图8-1-12所示。

图8-1-12

④ 方向定义粒子的发射方向，默认0°是竖直向上的方位。新建合成，创建纯色层，添加粒子运动场特效，取消重力。设置方向的动画，00:00时刻方向数值为0x+0°，04:24时刻方向数值为10x+0°，即粒子发射器的方向旋转10圈，效果如图8-1-13所示。

图8-1-13

制作颜色的动画，00:00时刻为红色，01:00时刻为品色，02:00时刻为蓝色，03:00时刻为青色，04:00时刻为绿色，04:24时刻为黄色，效果如图8-1-14所示。

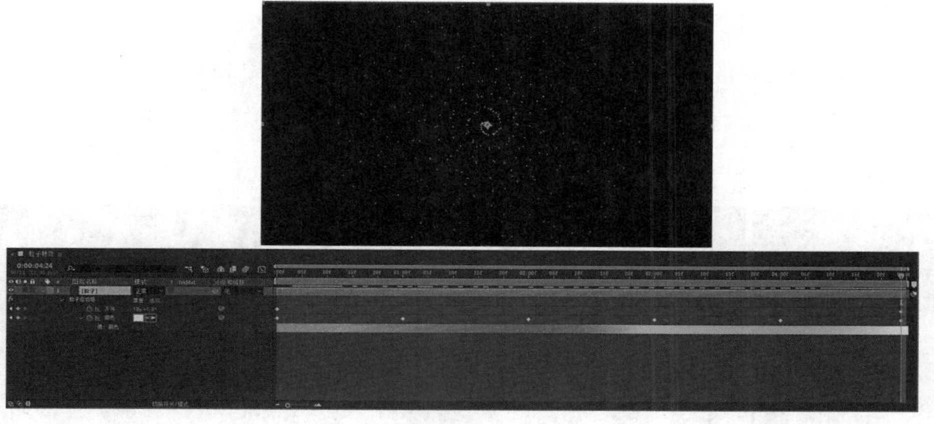

图8-1-14

随机扩散方向数值为0时，所有的粒子发射方向都由【方向】数值定义，效果如图8-1-15所示。

图8-1-15

随机扩散方向数值为360时，粒子向四面八方发射，不再受方向数值的限制，效果如图8-1-16所示。

图8-1-16

添加CC Radial Fast Blur特效。执行【效果】—【模糊和锐化】—【CC Radial Fast Blur】，Amount数值为100，Zoom选择为“Brightest”，可以出现彩色射光效果，如图8-1-17所示。

图8-1-17

⑤ 粒子半径，即设置粒子的大小。重置粒子运动场参数，取消重力。位置为（960，-540），圆筒半径为1000，每秒粒子数为30，方向为0x+180°，随机扩散方向为0，粒子半径为10，可以看出粒子是正方形，如图8-1-18所示。

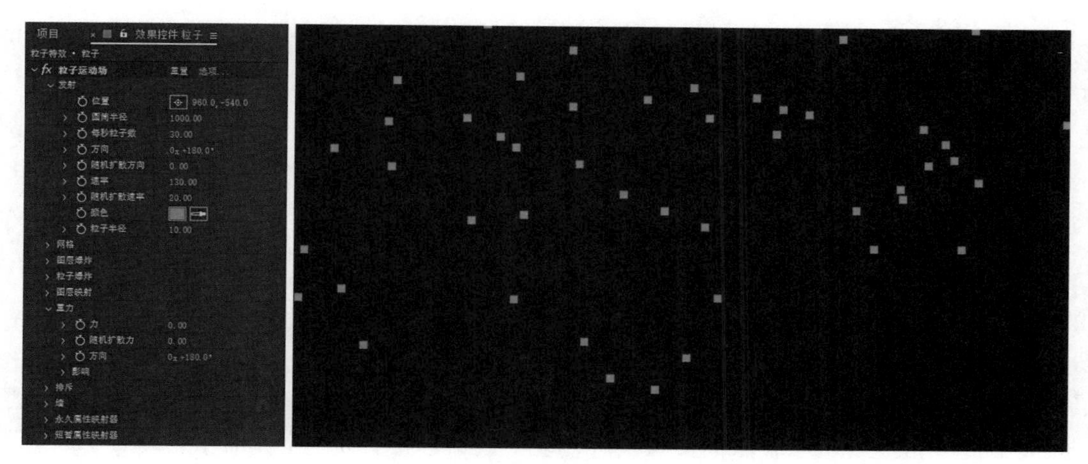

图8-1-18

单击粒子运动场特效名称后面的【选项】按钮，打开【文字选项】对话框，单击【编辑发射文字】，如图8-1-19所示。

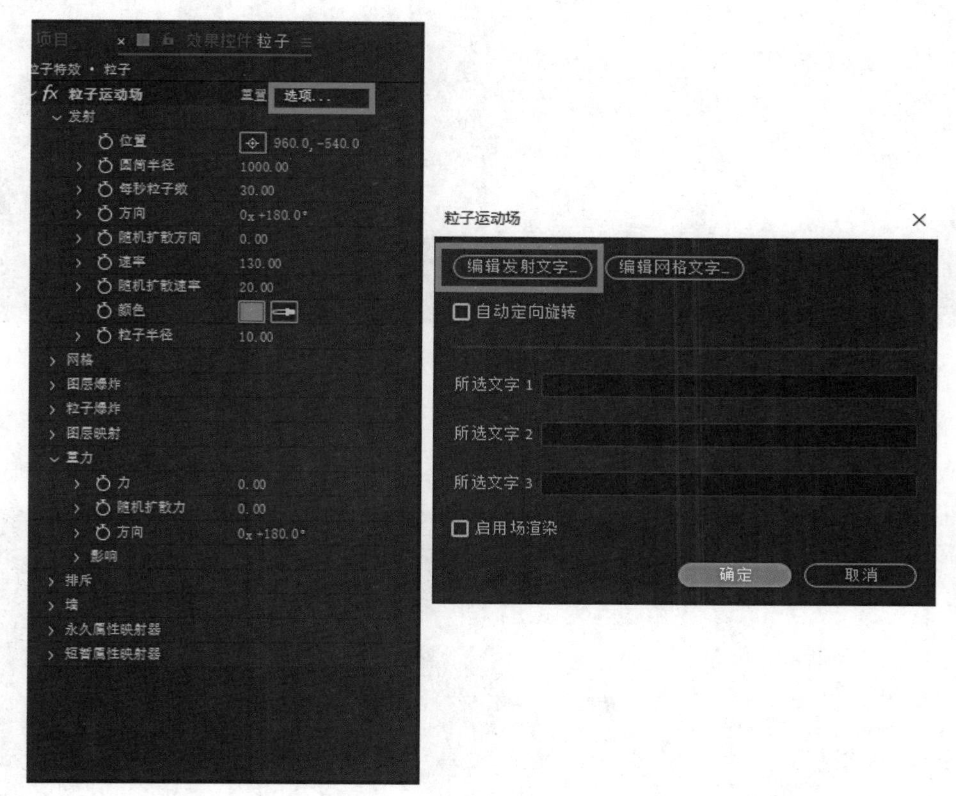

图8-1-19

在弹出的【编辑发射文字】对话框中输入文字01010011001，设置字体、样式和顺序，勾选【循环文字】，如图8-1-20所示。

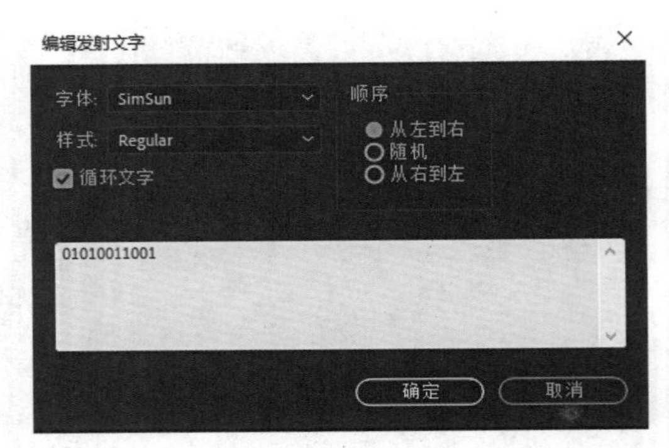

图 8-1-20

粒子由此就变成了输入的文字内容，粒子大小也就变成了字体大小。设置字体大小的数值为40，如图8-1-21所示。

图 8-1-21

添加残影特效。执行【效果】—【时间】—【残影】，残影时间（秒）为–0.200，残影数量为20，衰减为0.9，粒子的颜色改为暗绿色（2，123，30），如图8-1-22所示。

图 8-1-22

⑥ 每秒粒子数为0时，关闭默认的发射粒子发生器。

（5）网格粒子发生器，即产生网格排列的粒子平面，粒子数量是粒子交叉数值乘以粒子下降数值。粒子交叉是指水平方向上粒子的数量，粒子下降是指竖直方向上粒子的数量。宽度定义粒子平面水平方向上的尺寸，高度定义粒子平面竖直方向上的尺寸，粒子半径为30，如图8-1-23所示。

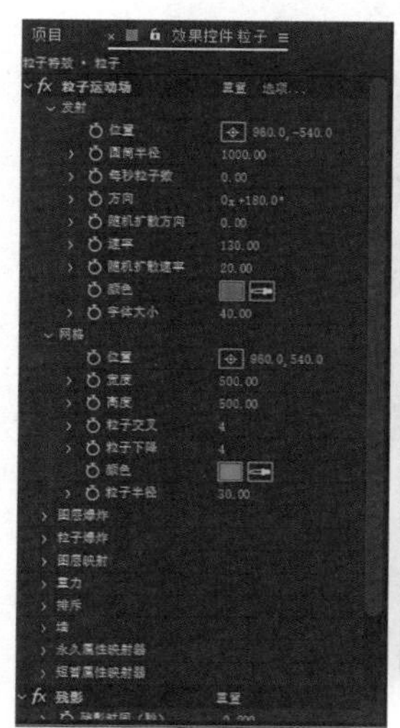

图8-1-23

设置位置的动画。00:00时刻，位置数值为（240，240），颜色为红色，粒子半径为0；01:00时刻，颜色为品色；02:00时刻，颜色为蓝色；03:00时刻，颜色为青色；04:00时刻，颜色为绿色；04:24时刻，位置为（1650，850），颜色为黄色，粒子半径为20，如图8-1-24所示。

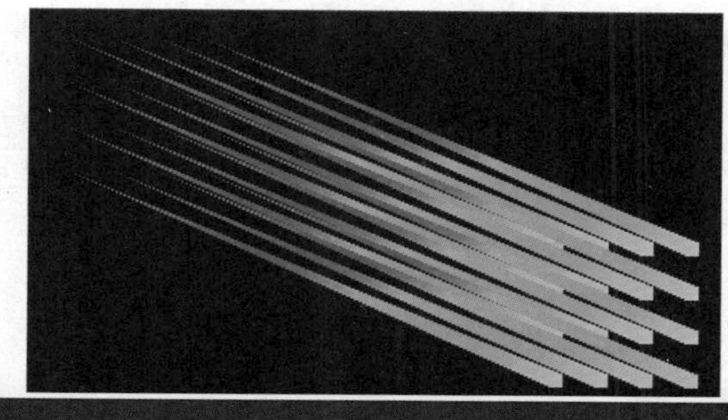
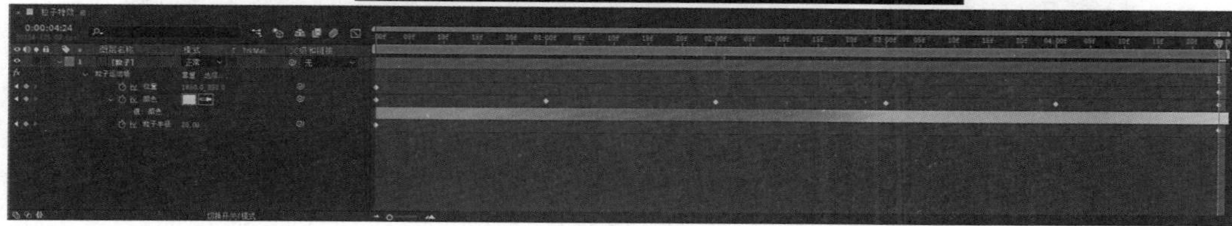

图8-1-24

（6）图层爆炸粒子发生器，即把图层分解成小的粒子点发散出去。新建合成，导入“AE标志.png”素材，添加到时间线，关闭显示开关。创建纯色层，添加粒子运动场特效，取消重力。引爆图层选择“AE标志.png”，新粒子的半径为5，分散速度为100，如图8-1-25所示。

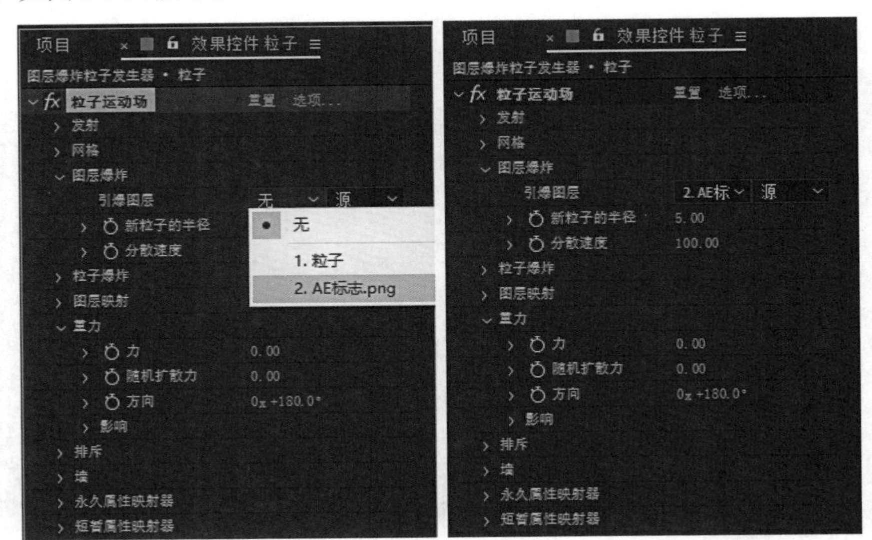

图8-1-25

新粒子的半径决定粒子的大小和数量，分散速度决定粒子的运动速度，效果如图8-1-26所示。

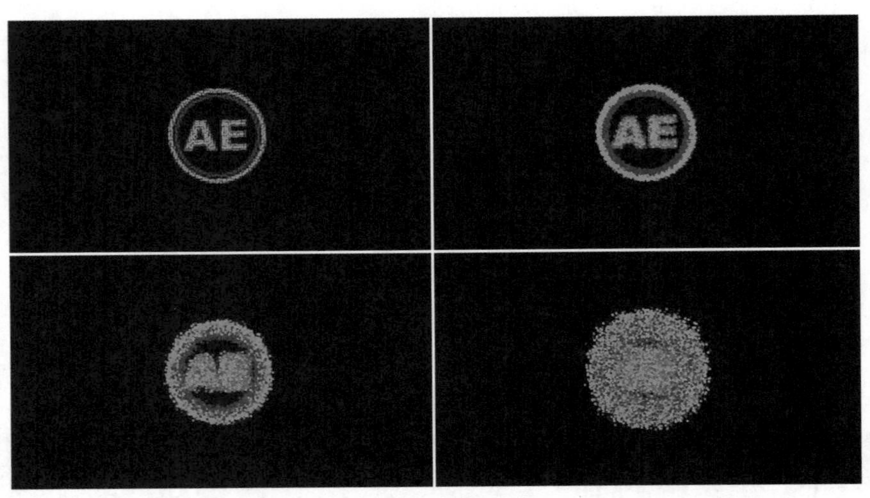

图8-1-26

（7）粒子爆炸发生器，即把前面三种粒子发射器产生的粒子再次爆炸产生新的粒子。新建合成，命名为“粒子爆炸发射器”，新建纯色层，命名为“选区素材”，选择矩形工具绘制蒙版，如图8-1-27所示。

图8-1-27

选中“选区素材”图层预合成，关闭图层的显示开关。新建纯色层，命名为“粒子”，添加粒子运动场特效，展开发射，设置参数，位置为（960，1080），圆筒半径为960，随机扩散方向为0，粒子半径为4。展开重力，设置力为50，如图8-1-28所示。

图8-1-28

展开粒子爆炸，设置参数，新粒子的半径为1，分散速度为50，选区映射为“2.选区素材 合成1”，如图8-1-29所示。

图8-1-29

（8）图层映射，可以定义粒子为任意二维内容。新建合成，命名为“图层映射”，新建纯色层，命名为“底色”，颜色为浅黄色（254，230，194），导入花朵素材，添加到时间线上，关闭图层的显示开关，如图8-1-30所示。

图8-1-30

新建纯色层，命名为“粒子”，添加粒子运动场特效，展开发射，位置为（960，–960），圆筒半径为960，每秒粒子数为30，方向为0x+180°。展开重力，力为50。展开图层映射，使用图层选择“2.花朵.png”，在时间线窗口向左移动粒子层条，让时间线的开始时刻就有花朵粒子出现，如图8-1-31所示。

图8-1-31

（9）重力，模拟真实世界中万物所受的重力。在真实世界中，重力的方向是竖直向下，重力的大小与质量有直接关系。在粒子运动场特效中，重力的方向可以是任意方向，重力的大小可以直接设置。新建合成，命名为“重力”，新建纯色层，命名为“粒子”，添加粒子运动场特效，展开发射，位置为（960，1080），每秒粒子数为100，粒子随机扩散方向为60。展开重力，方向为0x+90°，如图8-1-32所示。

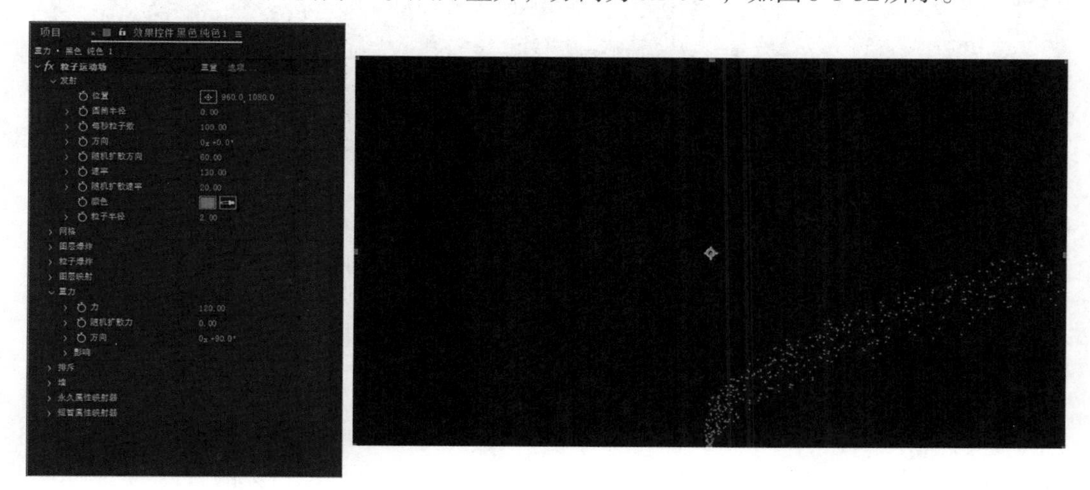

图8-1-32

添加CC Vector Blur特效，执行【效果】—【模糊和锐化】—【CC Vector Blur】，如图8-1-33所示。

图8-1-33

在效果控件窗口设置CC Vector Blur参数，Amount为50，如图8-1-34所示。

图8-1-34

复制图层，修改重力的方向为0x+0°，再次复制图层，修改重力的方向为0x−90°，效果如图8-1-35所示。

图8-1-35

（10）永久属性映射，即通过映射图层素材的红、绿、蓝通道数值影响粒子的属性。新建合成，命名为“属性映射”，新建纯色层，命名为“映射图层”。添加分形杂色特效，在效果控件窗口设置参数，分形类型为辅助比例，对比度为200，展开变换，缩放为200，如图8-1-36所示。

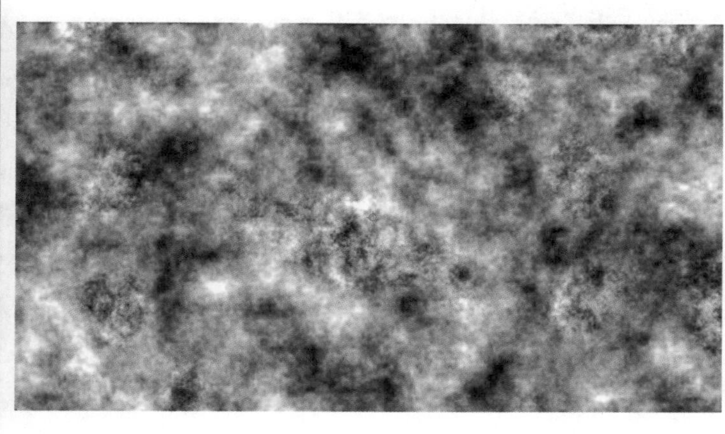

图 8-1-36

选中“图层映射”预合成，关闭该层的显示开关。新建纯色层，命名为“粒子”，添加粒子运动场特效，展开发射，位置为（960，0），圆筒半径为960，方向为0x+180°，速率为50，粒子半径为5，如图8-1-37所示。

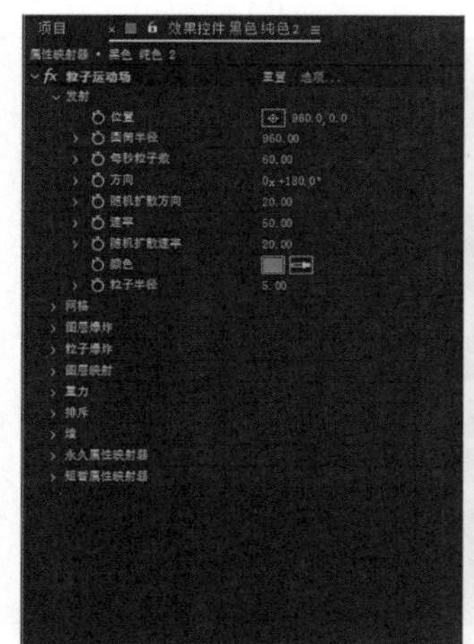

图 8-1-37

展开永久属性映射，使用图层作为映射选择，为“2.映射图层 合成1”。将红色映射设为绿，最小值为0，最大值为100；将绿色映射设为缩放，最小值为0，最大值为5；将蓝色映射设为角度，最小值为0，最大值为90，如图8-1-38所示。

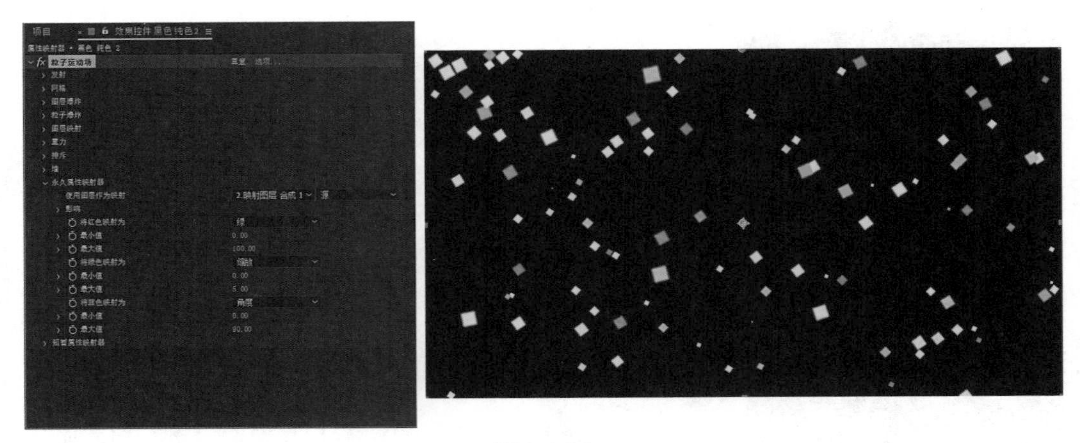

图8-1-38

拓展练习： 粒子运动场的多个属性综合应用，可以制作出很多绚丽的粒子效果。

（二）碎片

碎片特效可以模仿爆炸效果。

（1）新建合成，命名为“爆炸文字”，预设为HDTV 1080 25，持续时间为5秒，如图8-1-39所示。

合成设置

合成名称：爆炸文字

基本　高级　3D 渲染器

预设：HDTV 1080 25

宽度：1920 px

高度：1080 px

锁定长宽比为 16:9 (1.78)

像素长宽比：方形像素

画面长宽比：16:9 (1.78)

帧速率：25　帧/秒

分辨率：完整　1920 x 1080，7.9 MB（每 8bpc 帧）

开始时间码：0:00:00:00　是 0:00:00:00　基础 25

持续时间：0:00:05:00　是 0:00:05:00　基础 25

背景颜色：黑色

预览

确定　取消

图8-1-39

（2）新建纯色层，命名为“底色”，颜色为灰色（128，128，128），如图8-1-40所示。

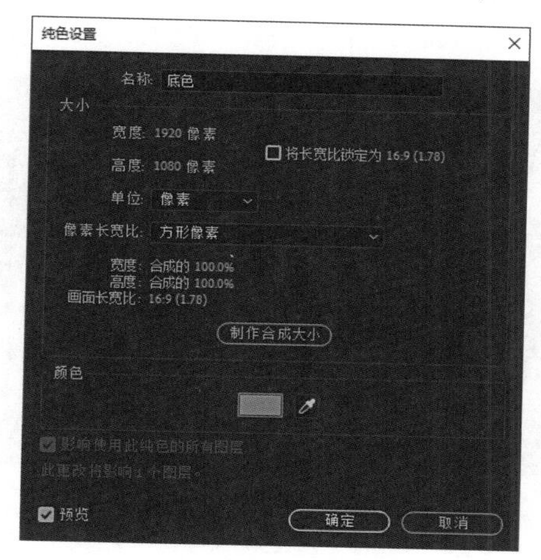

图8-1-40

（3）创建文字“A”，时间线切换到模式面板，在“底色”图层的轨道蒙版的下拉菜单中选择【Alpha反转遮罩“A”】，如图8-1-41所示。

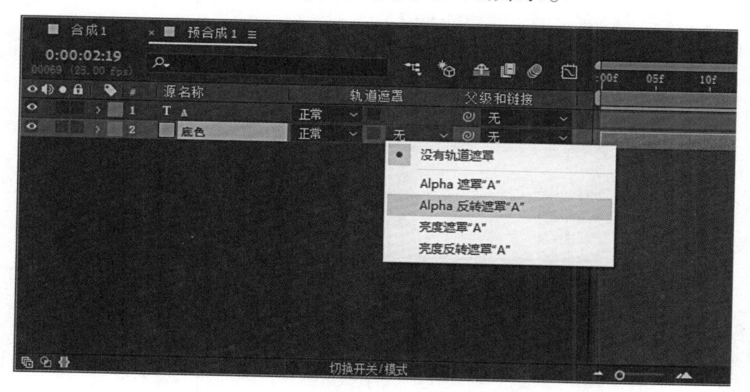

图8-1-41

（4）复制文本层，选择“底色”和文本图层，预合成，执行【图层】—【预合成...】，在弹出的【预合成】对话框中选择将所有属性移动到新合成，如图8-1-42所示。

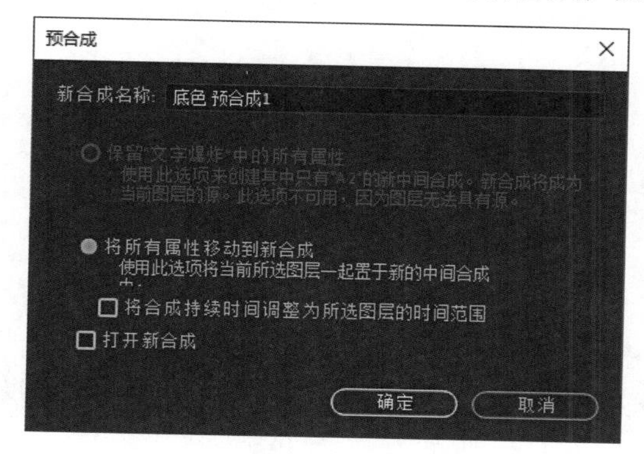

图8-1-42

（5）选择复制的文本图层，设置文字的填充颜色为灰色（128，128，128），如图8-1-43所示。

图 8-1-43

（6）选择图层“A 2”，添加碎片特效，执行【效果】—【模拟】—【碎片】，如图8-1-44所示。

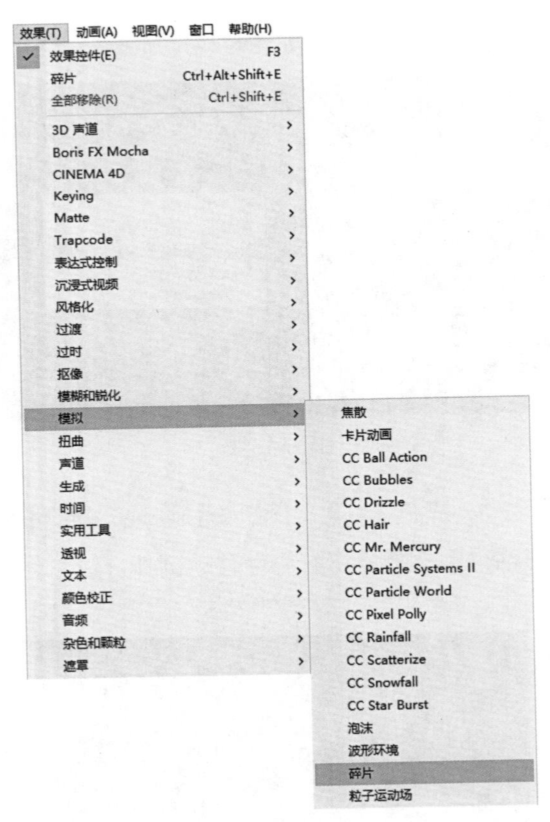

图 8-1-44

（7）在效果控件窗口设置参数，视图为已渲染，展开形状，图案为玻璃，重复为100，凸出深度为0.1，展开作用力为1，强度为2，展开物理学，重力为0，如图8-1-45所示。

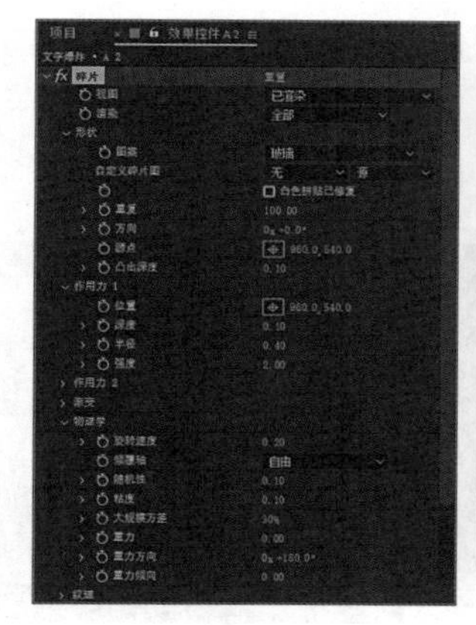

图8-1-45

（8）创建摄像机，在【摄像机设置】对话框中，选择预设为50毫米，如图8-1-46所示。

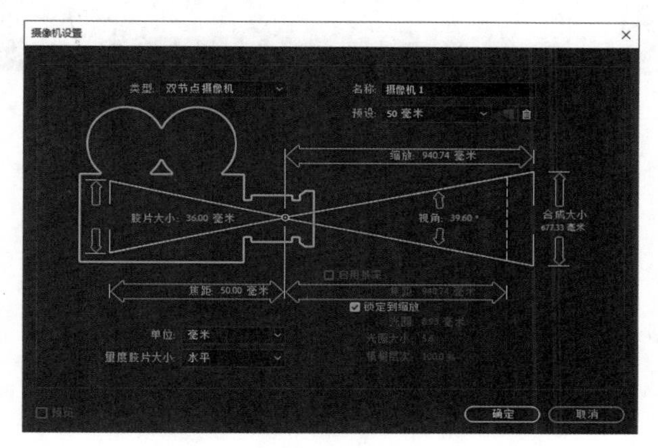

图8-1-46

（9）展开碎片特效参数，摄像机系统选择为合成摄像机，此时碎片效果的观察视角由摄像机图层决定，如图8-1-47所示。

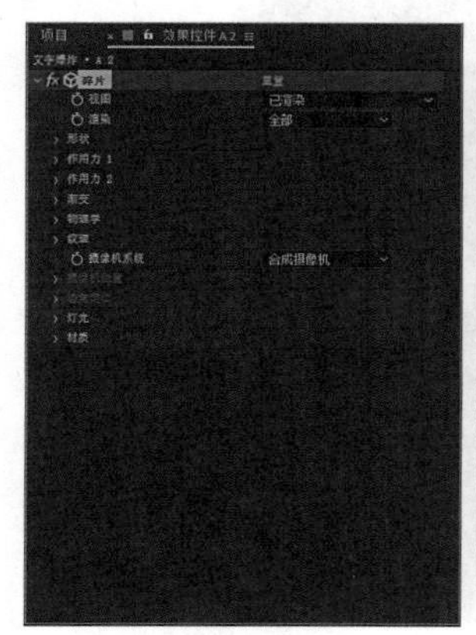

图8-1-47

（10）工具栏中选择摄像机工具，调整视图，记录摄像机图层的位置关键帧动画。00:00时刻，位置数值为（240，2500，-1600），04:24时刻，位置数值为（1500，2010，-2000），如图8-1-48所示。

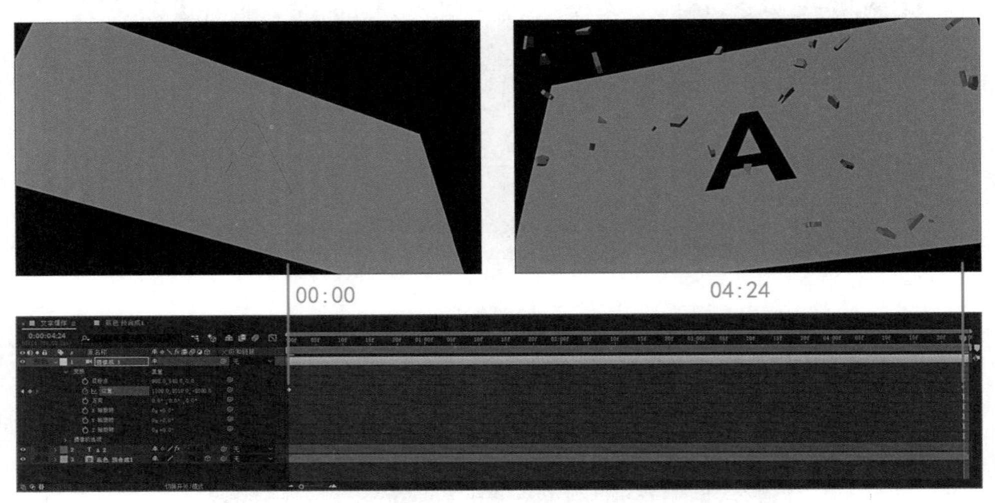

图8-1-48

拓展练习：制作LOGO的碎片组合效果。

（三）CC Particle World

CC Particle World是一款带有三维属性的粒子插件。

（1）新建合成，命名为“爆炸粒子”，预设为HDTV 1080 25，持续时间为5秒，如图8-1-49所示。

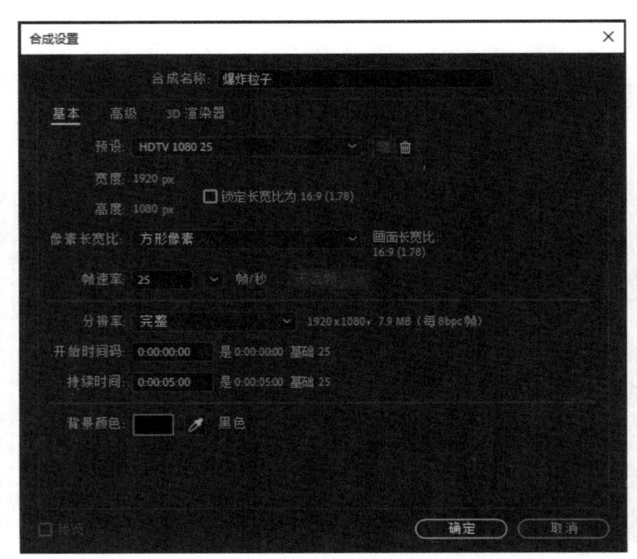

图8-1-49

（2）新建纯色层，命名为“渐变背景”，如图8-1-50所示。

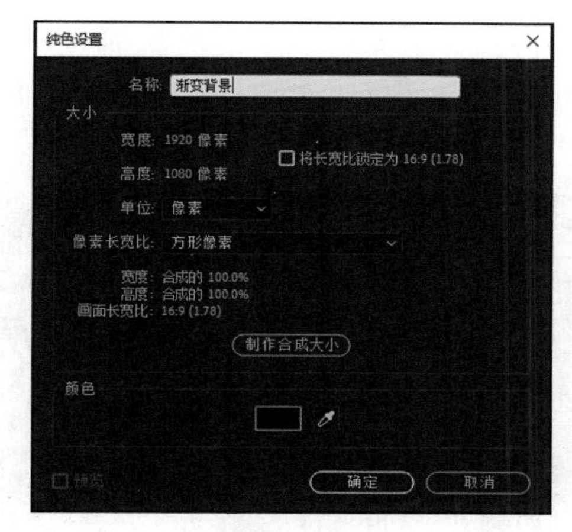

图8-1-50

（3）添加渐变特效，执行【效果】—【生成】—【梯度渐变】，如图8-1-51所示。

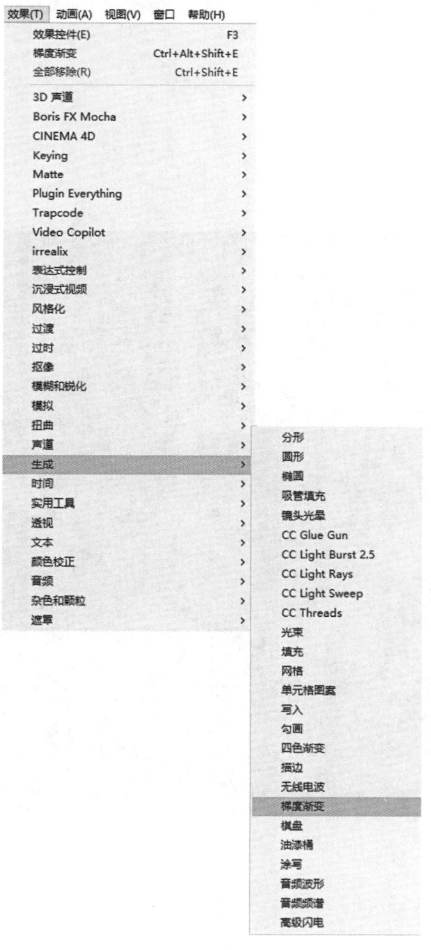

图8-1-51

（4）在效果控件面板设置梯度渐变的参数，渐变形状设置为径向渐变，渐变起点数值为（960，540），起始颜色为青色（0，70，87），渐变终点数值为（960，1300），结束颜色为暗蓝色（0，14，15），如图8-1-52所示。

图8-1-52

（5）新建纯色层，命名为“星空粒子”，如图8-1-53所示。

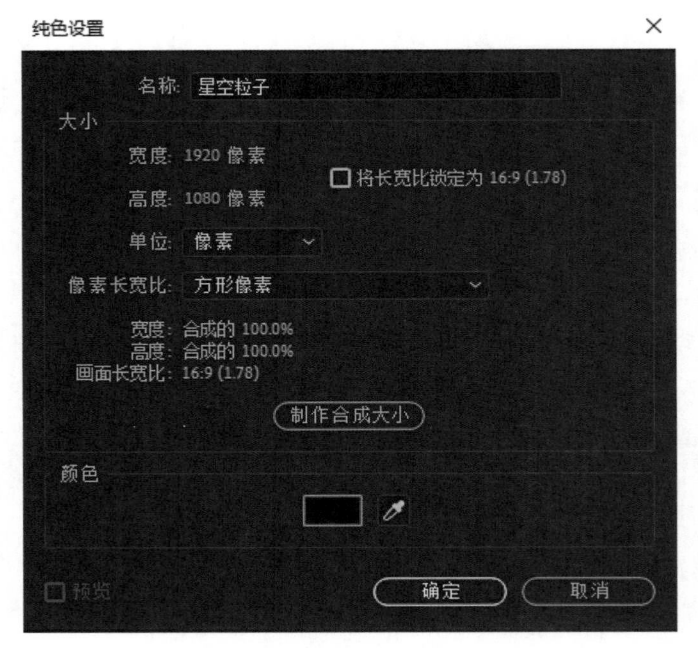

图8-1-53

（6）添加CC Particle World特效。执行【效果】—【模拟】—【CC Particle World】，如图8-1-54所示。

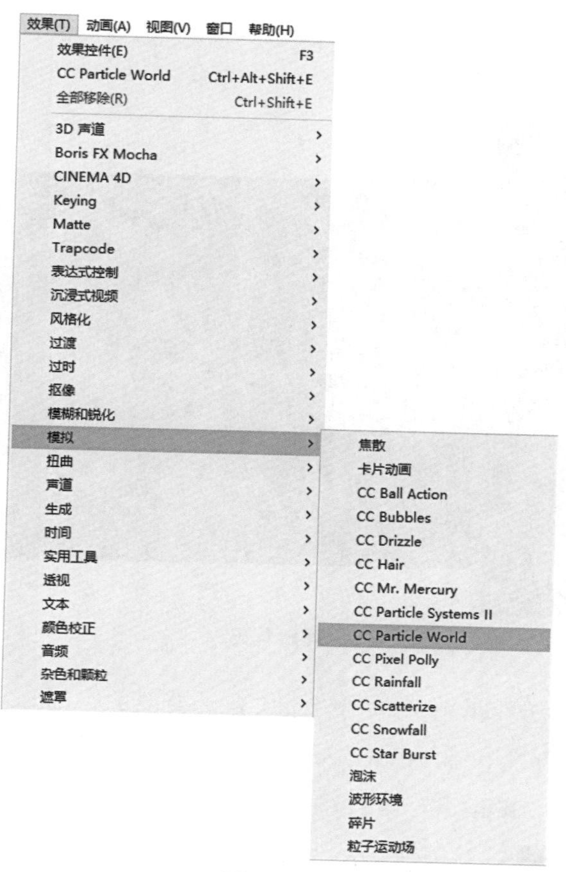

图 8-1-54

（7）在效果控件窗口设置CC Particle World的参数，Birth Rate（生长速度）为2，Longevity（sec）（生命期/秒）为1，展开Producer（出生），Radius X（X半径）为0.5，Radius Y（Y半径）为0.5，Radius Z（Z半径）为0.5，如图8-1-55所示。

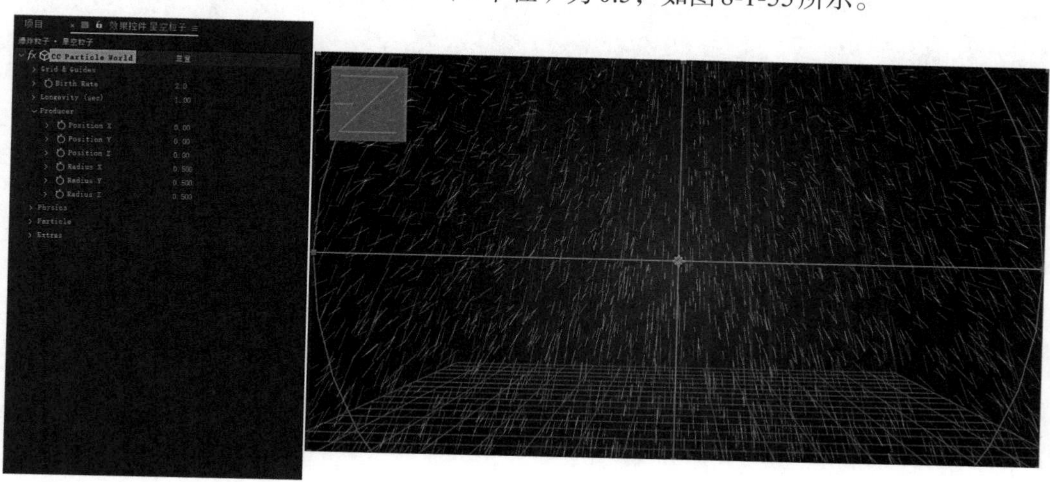

图 8-1-55

（8）展开 Physics（物理属性），Velocity（速度）为 0，Gravity（重力）为 0，如图 8-1-56 所示。

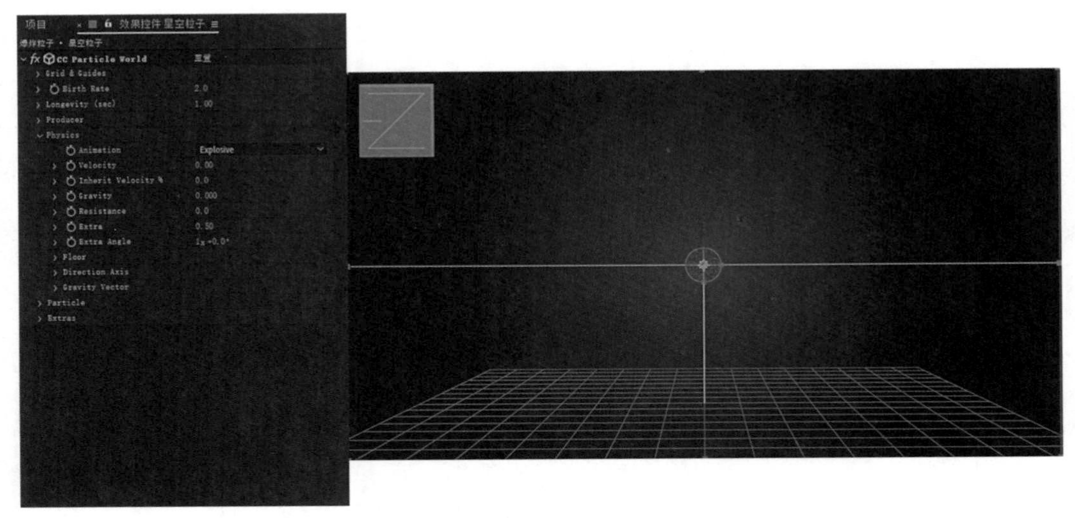

图 8-1-56

（9）展开 Particle（粒子），Particle Type（粒子类型）为 Faded Sphere（羽化球体），Birth Size（出生大小）为 0.1，Death Size（消亡大小）为 0.1，Color Map（颜色映射）为 Birth to Origin（出生），Birth Color（出生颜色）为蓝色（80，216，255），如图 8-1-57 所示。

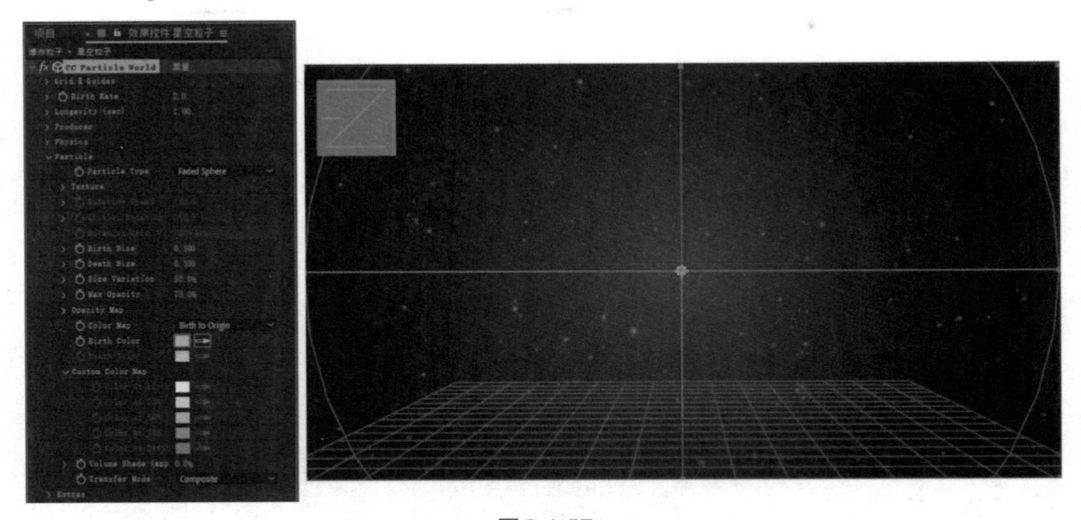

图 8-1-57

（10）新建纯色层，命名为“爆炸粒子”，添加 CC Particle World 特效，在效果控件窗口设置 CC Particle World 的参数。Birth Rate（生长速度）为 2，Longevity（sec）（生命期/秒）为 3，展开 Producer（出生），Radius X（X 半径）为 0.2，Radius Y（Y 半径）为 0.2，Radius Z（Z 半径）为 0.2，展开 Physics（物理属性），Velocity（速度）

为0.2，Gravity（重力）为0，展开Particle（粒子），Particle Type（粒子类型）为Faded Sphere（羽化球体），Birth Size（出生大小）为0.2，Death Size（消亡大小）为0.2，Color Map（颜色映射）为Birth to Death（出生到消亡），Birth Color（出生颜色）为青色（2，147，207），消亡颜色为紫色（141，0，207），如图8-1-58所示。

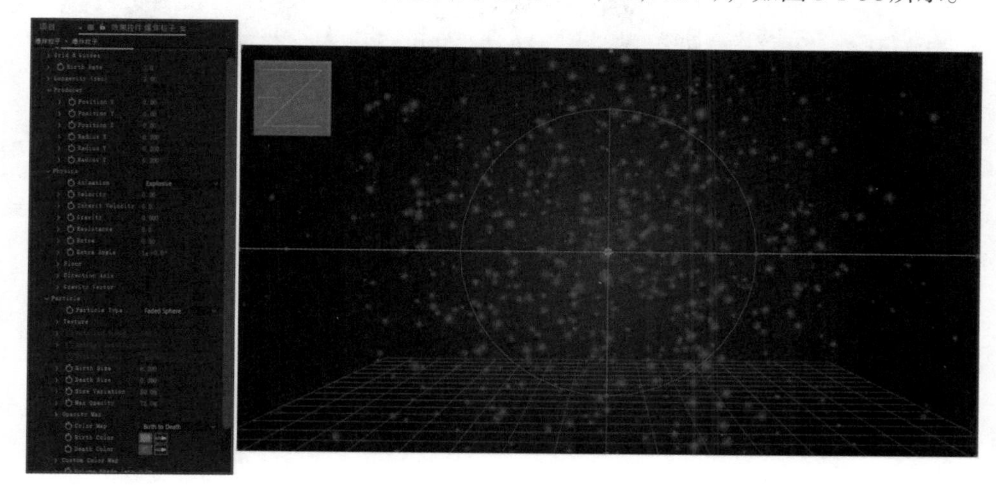

图8-1-58

（11）添加残影特效，执行【效果】—【时间】—【残影】，如图8-1-59所示。

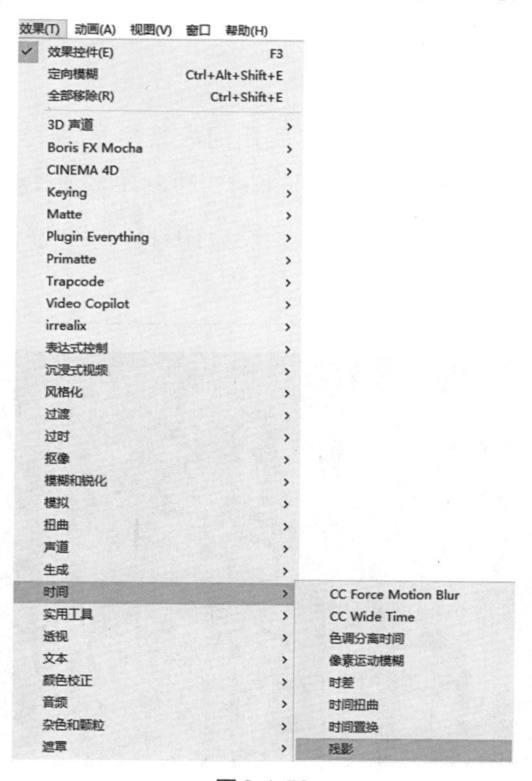

图8-1-59

（12）在效果控件窗口设置残影的参数，残影时间为–0.05，残影数量为50，衰减为0.95，如图8-1-60所示。

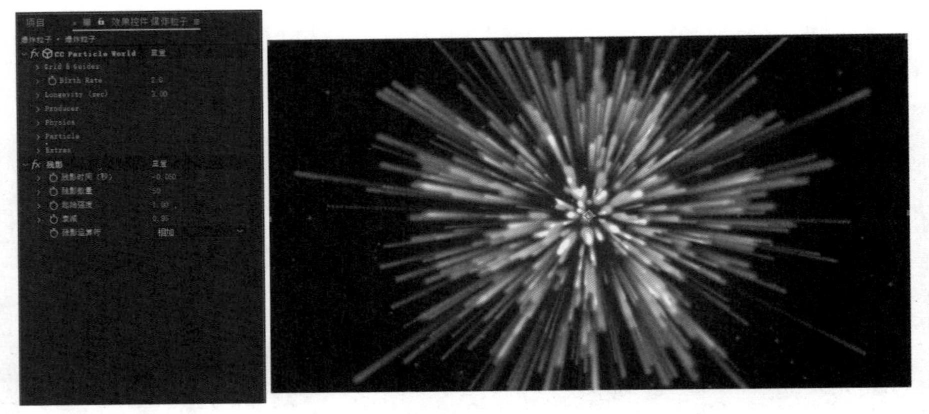

图8-1-60

拓展练习：添加颜色特效制作多彩爆炸粒子效果。

二、外挂粒子插件

很多第三方公司开发了很多优秀的粒子插件，为粒子效果的制作提供了便捷。

（一）Particular

Particular插件是After Effects的一款实用的炫酷粒子插件。Particular插件的功能非常强大，操作比较简单，借助Particular插件可以制作各种各样的自然效果。

（1）新建合成，命名为“LOGO”，预设为HDTV 1080 25，持续时间为5秒，如图8-2-1所示。

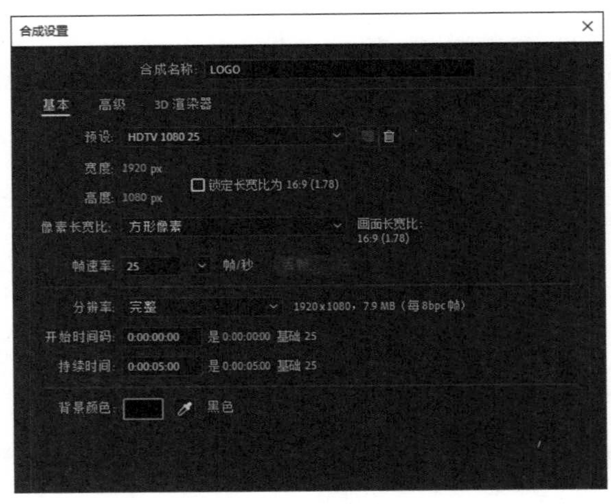

图8-2-1

（2）选择工具栏中的椭圆形工具，按下键盘上的Ctrl+Alt+Shift绘制正圆形，展开形状图层，取消填充，描边宽度为100，如图8-2-2所示。

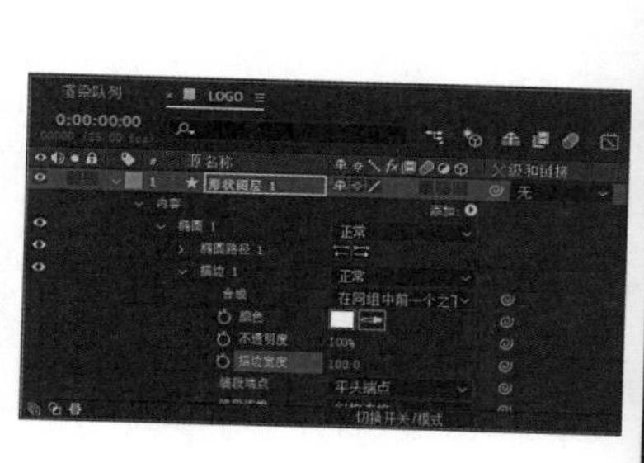

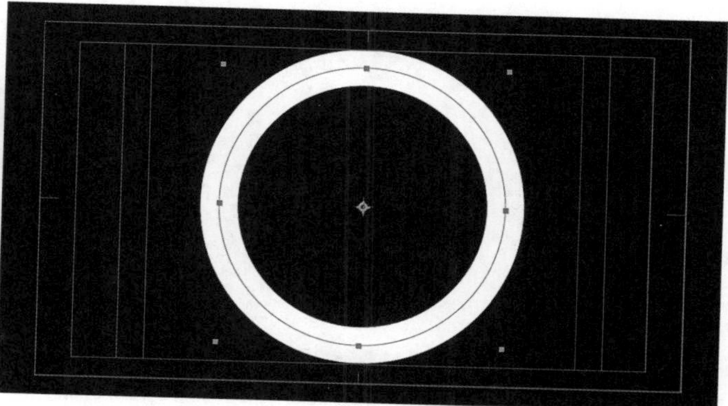

图8-2-2

（3）创建文字对象“AE”，在字符窗口设置文字属性，如图8-2-3所示。

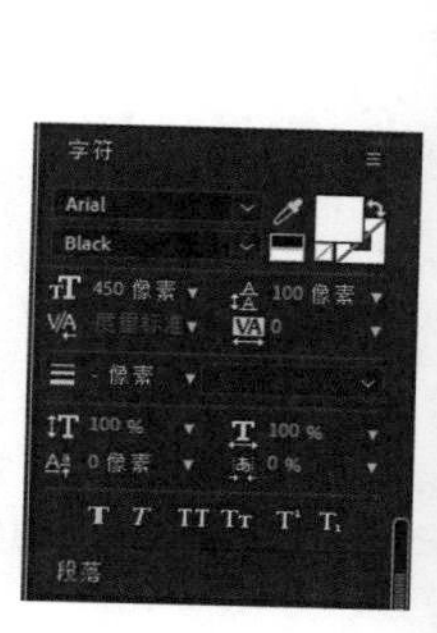

图8-2-3

（4）新建调整图层，添加梯度渐变特效。执行【效果】—【生成】—【梯度渐变】，如图8-2-4所示。

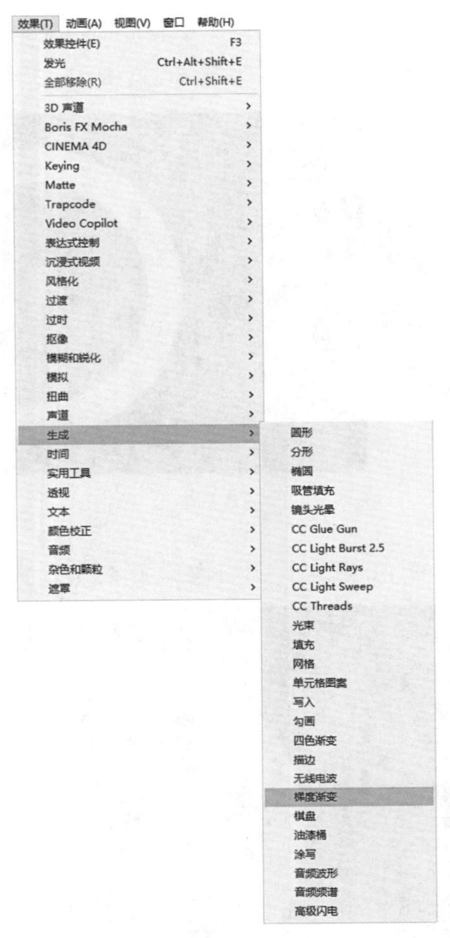

图 8-2-4

（5）在效果控件窗口中设置梯度渐变的参数，起始颜色为红色（255，0，0），结束颜色为黑色（0，0，0），如图 8-2-5 所示。

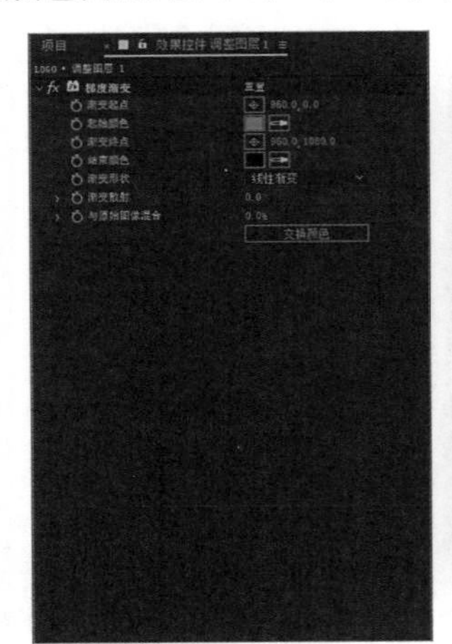

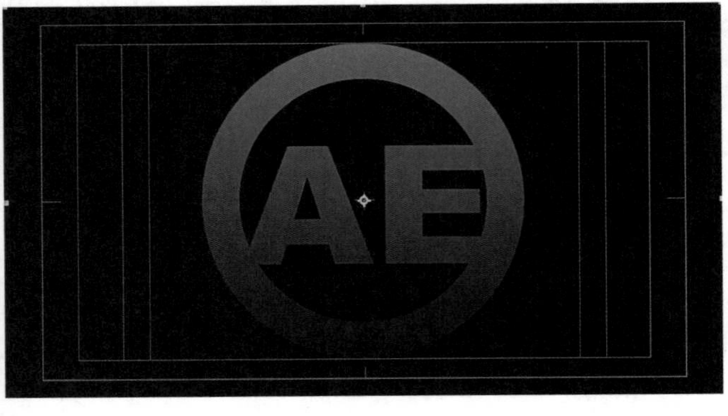

图 8-2-5

（6）新建合成，命名为“遮罩01”，预设为HDTV 1080 25，持续时间为5秒，如图8-2-6所示。

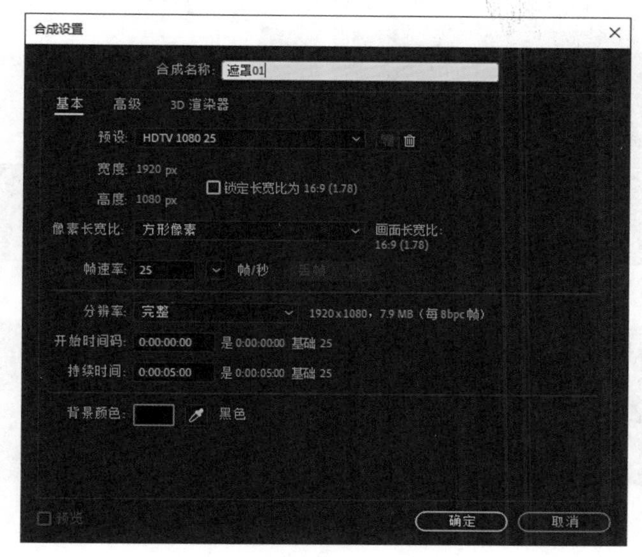

图8-2-6

（7）新建纯色层，命名为“蒙版素材”，颜色为白色，如图8-2-7所示。

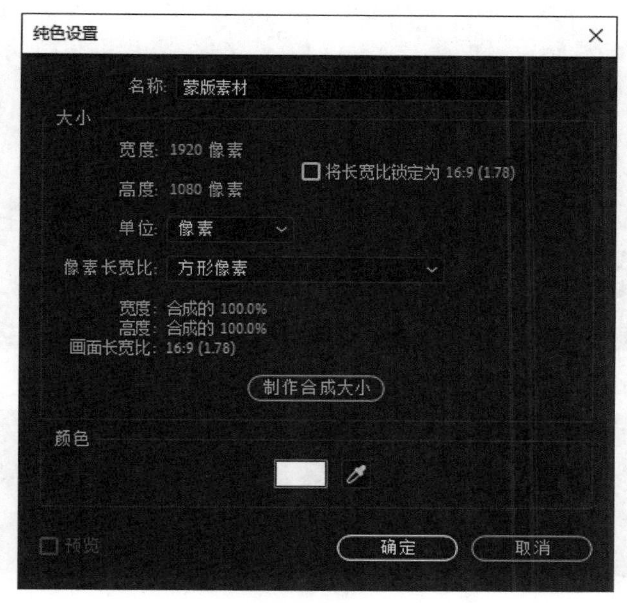

图8-2-7

（8）绘制矩形蒙版，制作蒙版路径的动画，蒙版羽化为50，时间指示器定位到00:00时刻，蒙版在合成的下面，时间指示器定位到03:00时刻，蒙版扩大到合成的上面，如图8-2-8所示。

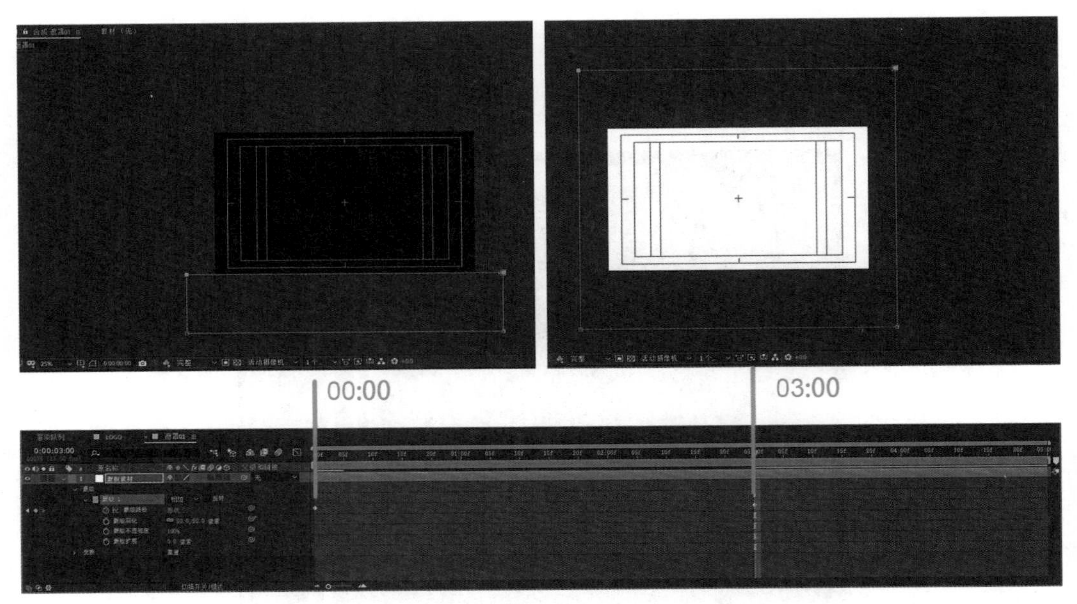

图8-2-8

（9）在项目窗口，按下键盘上的Ctrl+D制作合成“遮罩01”副本“遮罩02”，双击打开合成“遮罩02”的时间线窗口，修改蒙版的路径形状，如图8-2-9所示。

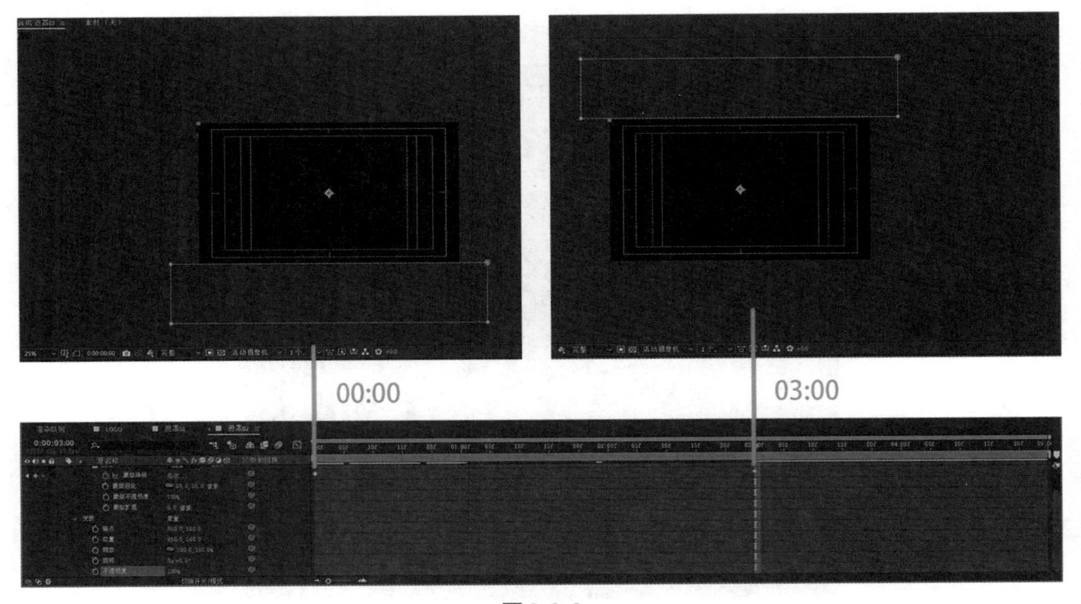

图8-2-9

（10）新建合成，命名为“LOGO出现动画”，预设为HDTV 1080 25，持续时间为5秒，如图8-2-10所示。

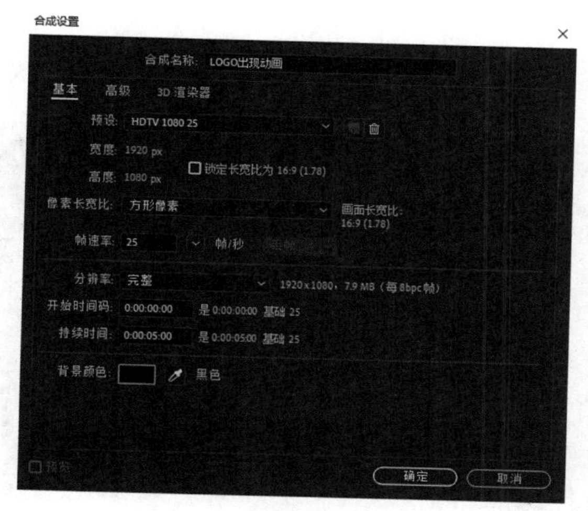

图 8-2-10

（11）把合成“LOGO”和“遮罩01”添加到时间线窗口，选择“遮罩01”图层，添加毛边特效，执行【效果】—【风格化】—【毛边】，如图8-2-11所示。

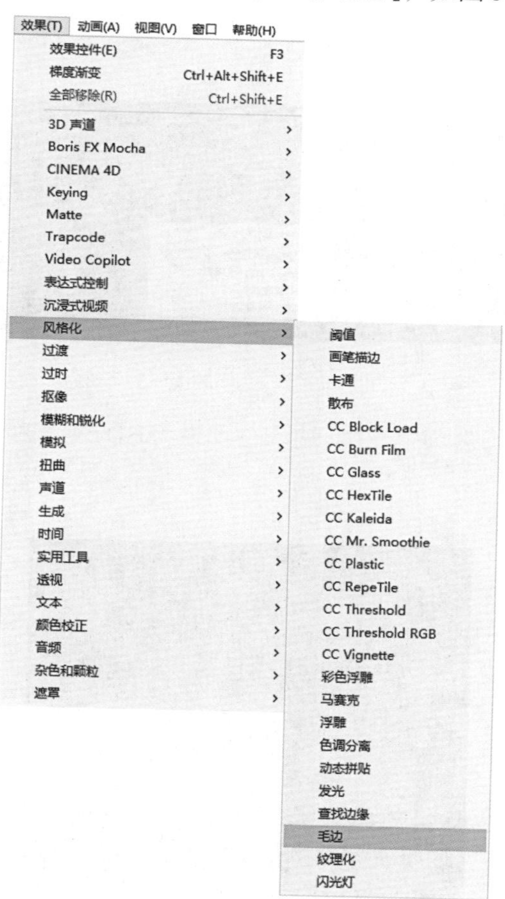

图 8-2-11

（12）在效果控件窗口中设置毛边参数，边界为150，制作演化的关键帧动画，00:00时刻演化数值为0x+0°，04:24时刻演化数值为5x+0°，如图8-2-12所示。

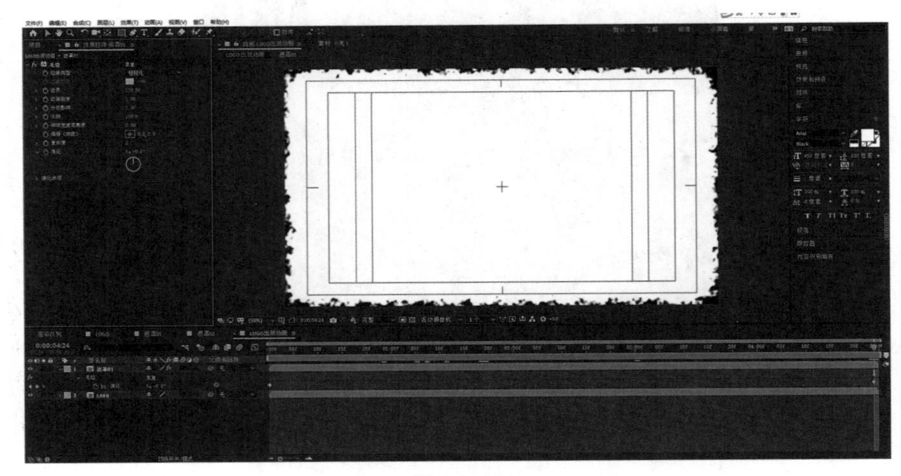

图8-2-12

（13）选择“LOGO”图层，切换到模式面板，在轨道蒙版下拉菜单中选择【Alpha遮罩“遮罩01”】，如图8-2-13所示。

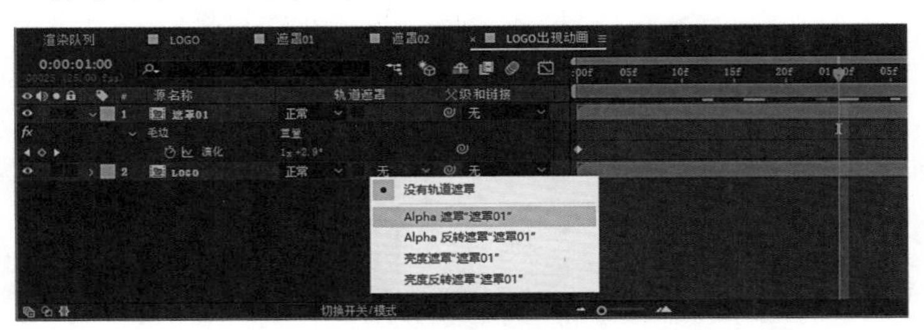

图8-2-13

（14）新建合成，命名为“燃烧通道”，预设为HDTV 1080 25，持续时间为5秒，如图8-2-14所示。

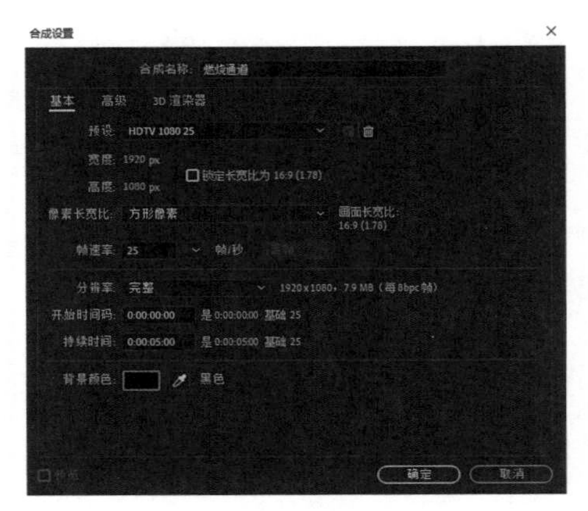

图8-2-14

（15）把“LOGO”和“遮罩02”添加到时间线窗口，重复步骤（11）—（13）操作，效果如图8-2-15所示。

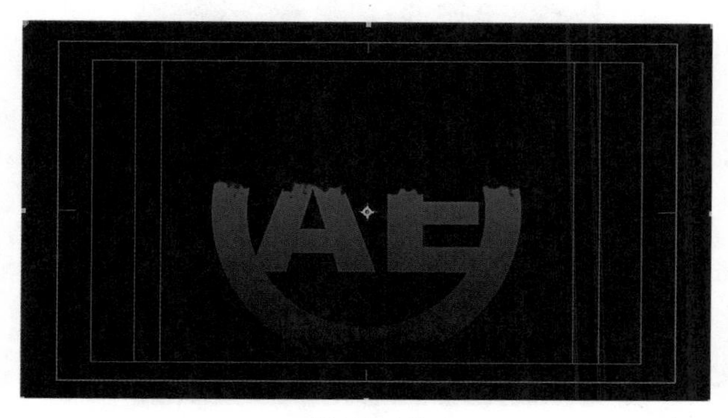

图8-2-15

（16）新建合成，命名为“LOGO燃烧效果”，预设为HDTV 1080 25，持续时间为5秒，如图8-2-16所示。

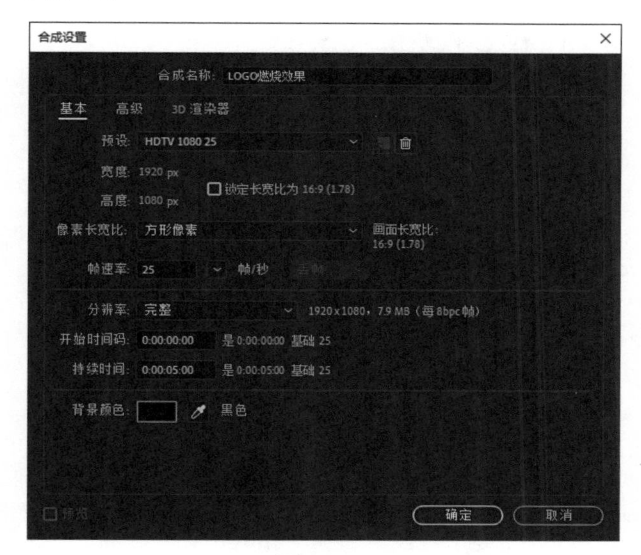

图8-2-16

（17）把合成“LOGO出现动画”和“燃烧通道”添加到时间线窗口，打开“燃烧通道”图层的三维开关，关闭该图层的显示开关，如图8-2-17所示。

图8-2-17

（18）新建纯色层，命名为“火焰粒子”，颜色为黑色，如图8-2-18所示。

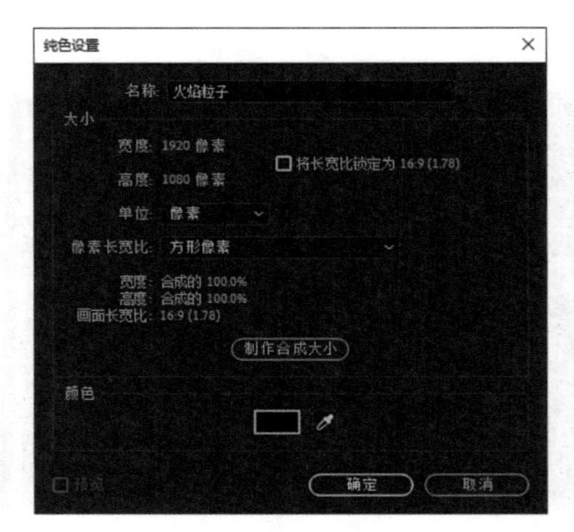

图8-2-18

（19）添加Particular特效，执行【效果】—【Trapcode】—【Particular】，如图8-2-19所示。

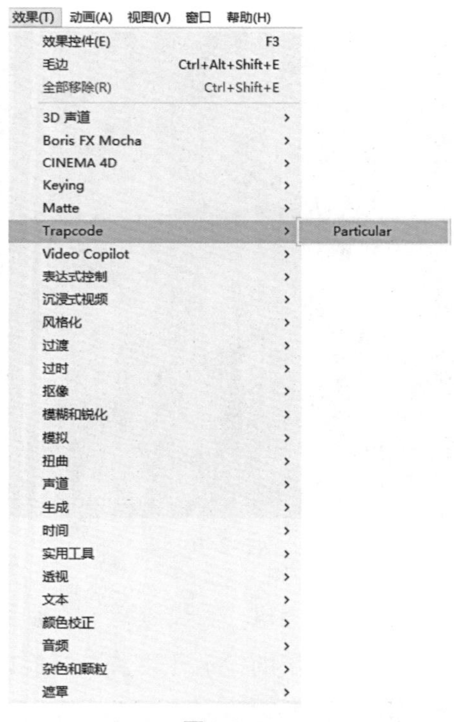

图8-2-19

（20）在效果控件窗口设置Particular参数，粒子数量/秒为200000，发射器类型为图层，展开发射图层，图层选择“3.燃烧通道”，图层采样为持续，图层RGB用法为无，速度为0，随机速率［%］为0，速度分布为0，继承运动速率［%］为0，发射尺寸Z为0，如图8-2-20所示。

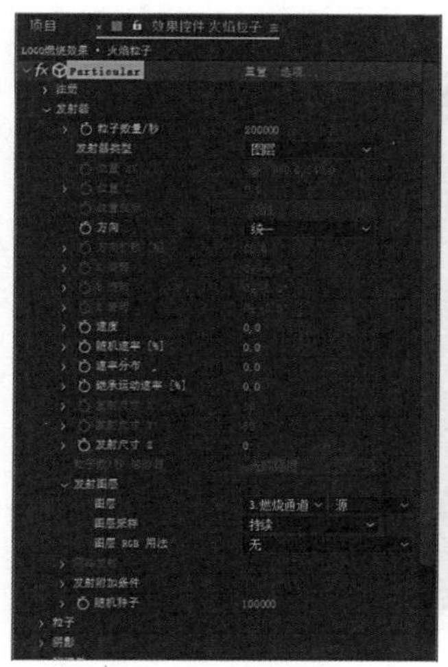

图8-2-20

（21）展开粒子属性，生命［秒］为2，生命随机［%］为20，尺寸为5，尺寸随机［%］为25，生命期尺寸为第二种倾斜渐变方式，透明度为50，生命期不透明度为第二种倾斜渐变方式，颜色为橙色（180，90，0），应用模式为屏幕，如图8-2-21所示。

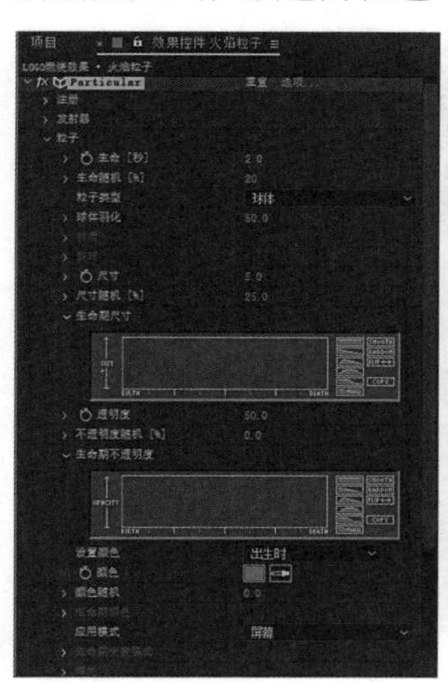

图8-2-21

（22）展开物理学属性，物理学模式为空气，风向Y为–300，展开扰乱场，影响尺寸为50，影响位置为500，缩放为10，复杂程度为5，倍频倍增为0.6，倍频比例为1.6，演变速度为20，随风运动［%］为120，如图8-2-22所示。

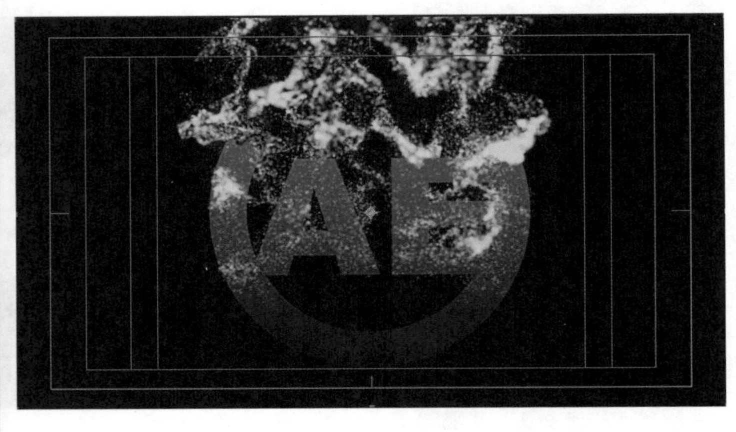

图8-2-22

（23）展开渲染中的运动模糊，运动模糊为开，快门角度为1200，不透明度提升为6，如图8-2-23所示。

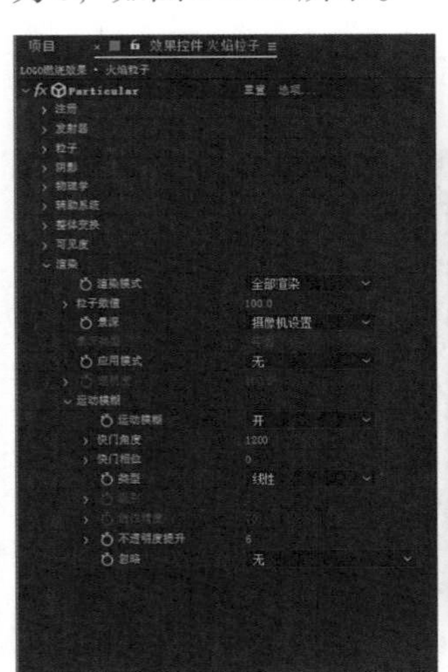

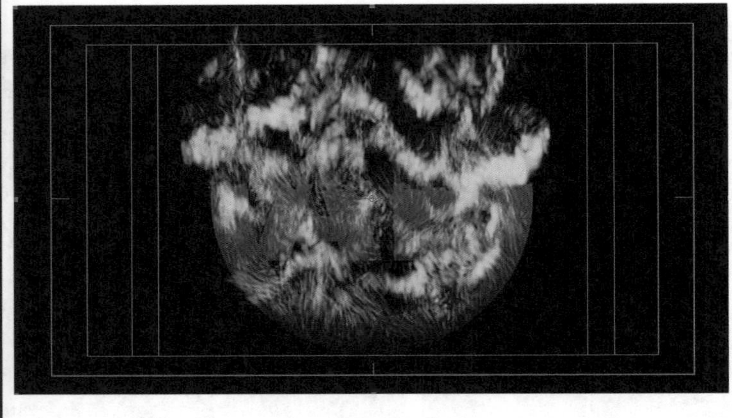

图8-2-23

（24）添加CC Vector Blur特效，执行【效果】—【模糊和锐化】—【CC Vector Blur】，如图8-2-24所示。

图 8-2-24

（25）在效果控件窗口设置CC Vector Blur的参数，Amount为5，如图8-2-25所示。

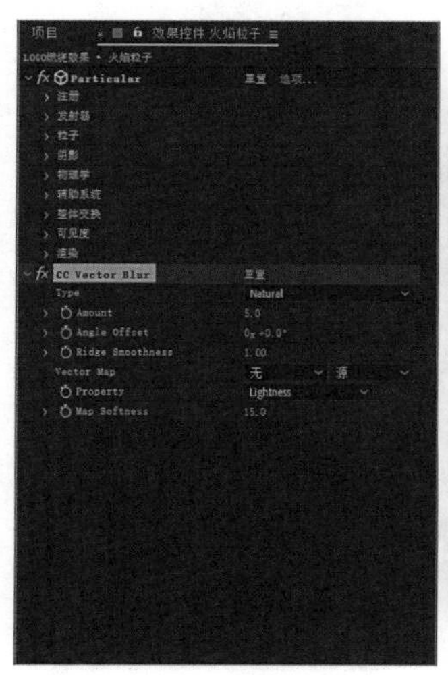

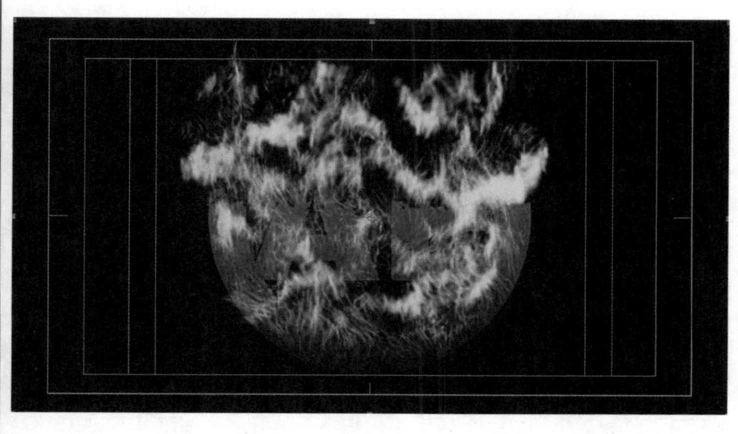

图 8-2-25

（26）添加发光特效，执行【效果】—【风格化】—【发光】，如图8-2-26所示。

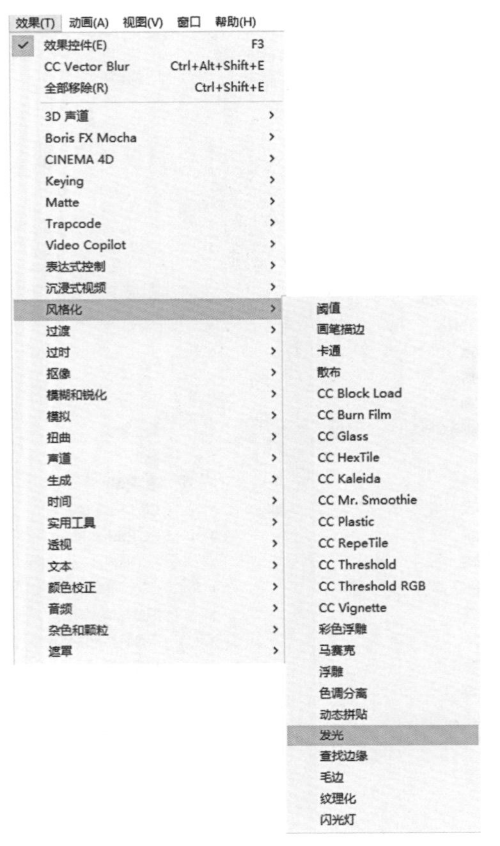

图8-2-26

（27）在效果控件窗口设置发光的参数，发光半径为300，发光操作为叠加，如图8-2-27所示。

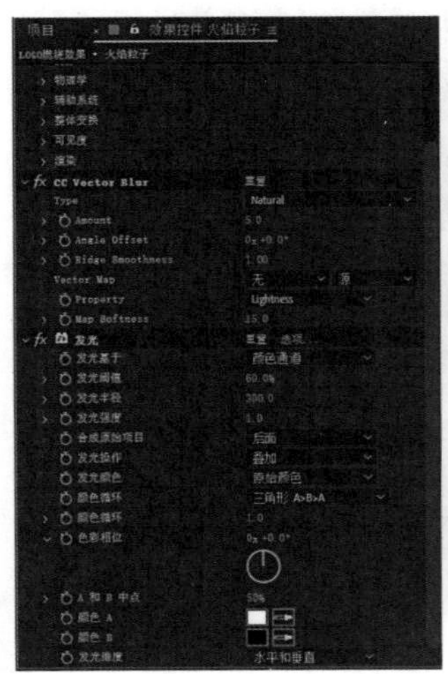
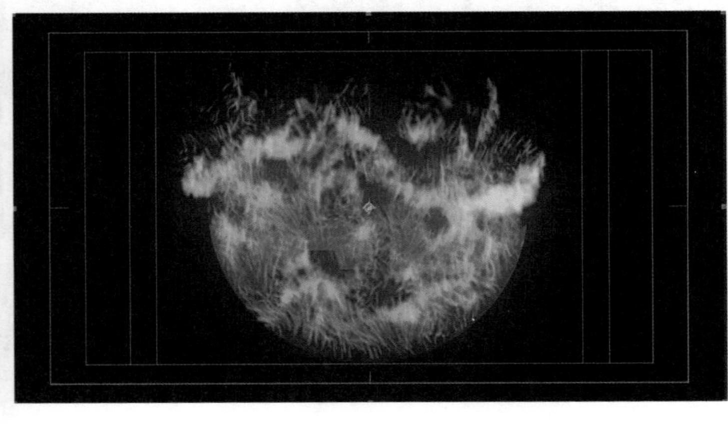

图8-2-27

（28）“火焰粒子”图层的层混合模式为屏幕，如图8-2-28所示。

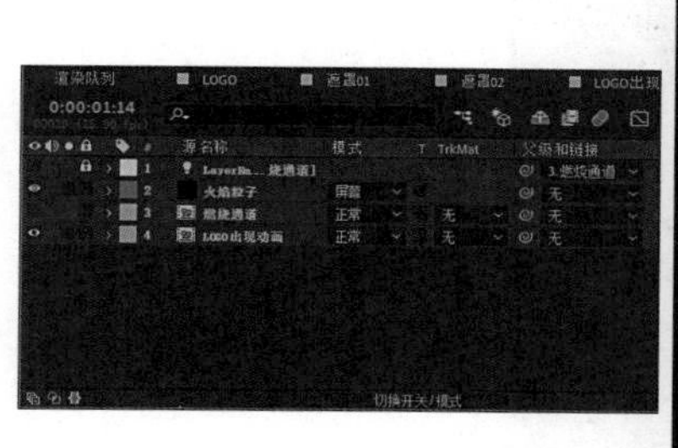

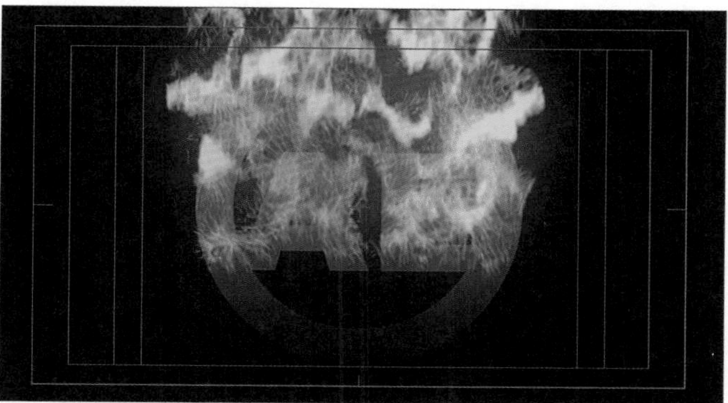

图8-2-28

拓展练习：复制火焰粒子图层，修改其中的参数数值，让火焰层次更加丰富。

（二）Form

Form粒子与Particular最大的区别就是，Form是静止粒子，默认不会产生新粒子，而Particular是用来发射粒子的。Form粒子是从开始就存在的，可以通过不同的图层贴图以及不同的场控制粒子的大小、形状等参数形成动画，还可以通过提取音乐节奏、频率等参数驱动粒子的相关参数。

（1）导入“AE LOGO.obj”素材，新建合成，命名为“噪波”，预设为HDTV 1080 25，持续时间为5秒，如图8-2-29所示。

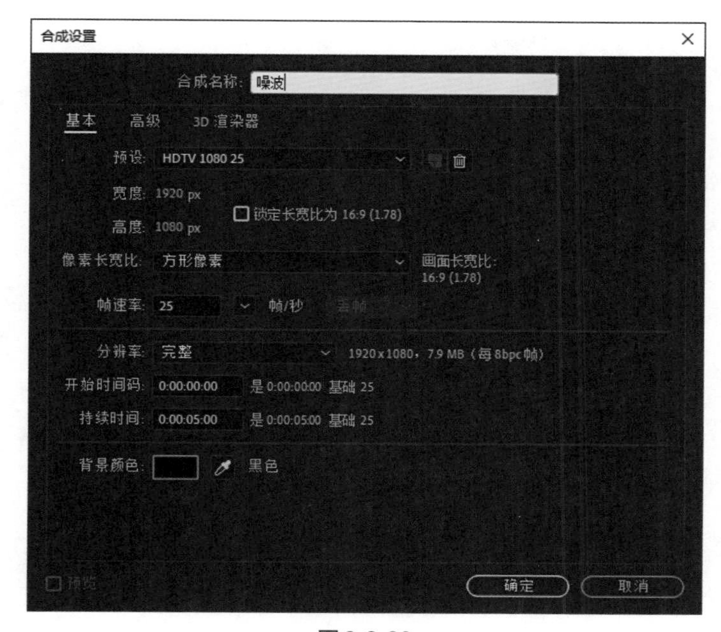

图8-2-29

（2）新建纯色层，命名为“噪波”，颜色为黑色，如图8-2-30所示。

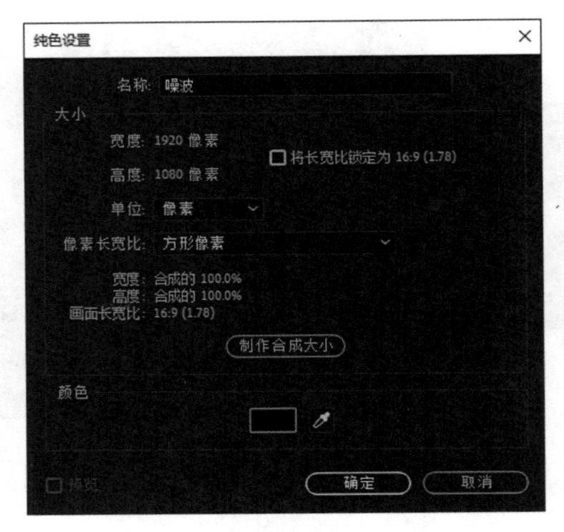

图8-2-30

（3）添加分形杂色特效，执行【效果】—【杂色和颗粒】—【分形杂色】，如图8-2-31所示。

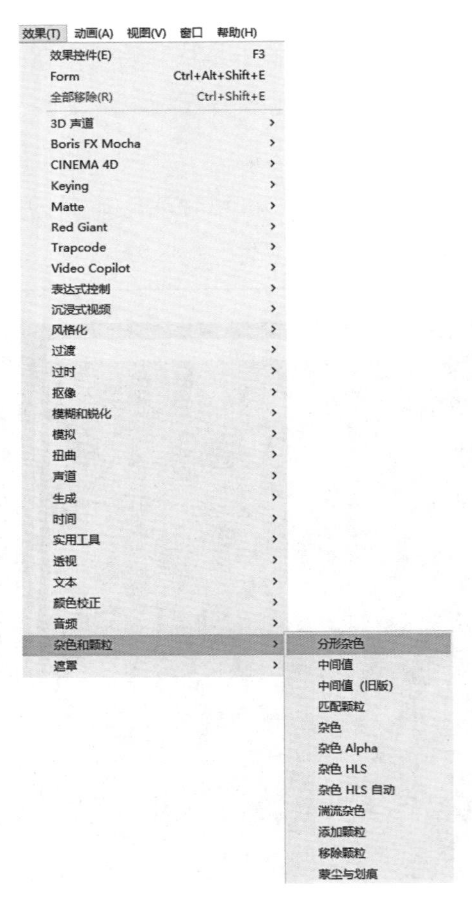

图8-2-31

（4）添加色光特效，执行【效果】—【颜色校正】—【色光】，如图8-2-32所示。

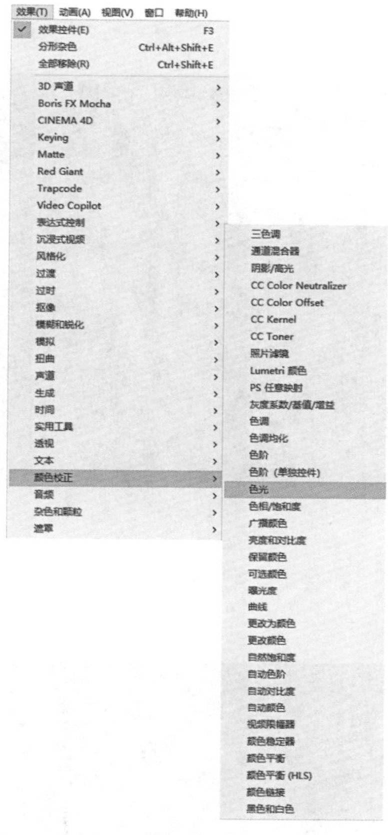

图8-2-32

（5）在效果控件面板设置色光的参数，获取相位，自【亮度】使用预设调板【金色2】，如图8-2-33所示。

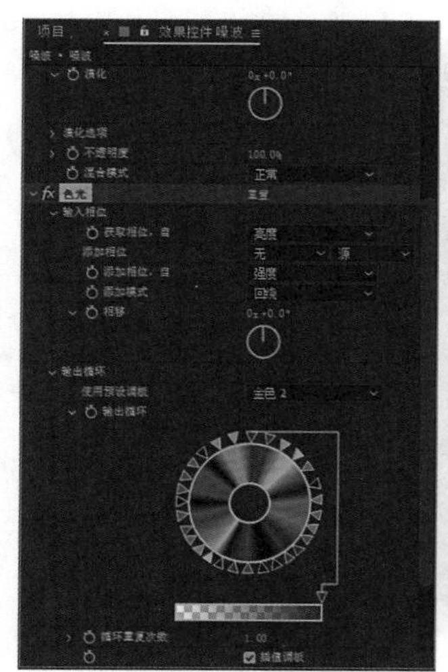

图8-2-33

（6）新建合成，命名为“Form粒子”，预设为HDTV 1080 25，持续时间为5秒，如图8-2-34所示。

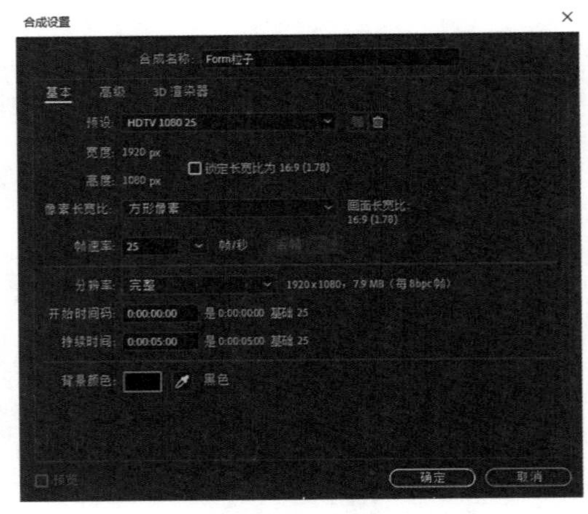

图8-2-34

（7）把“AE LOGO.obj”和合成“噪波”添加到时间线上，关闭图层的显示开关，如图8-2-35所示。

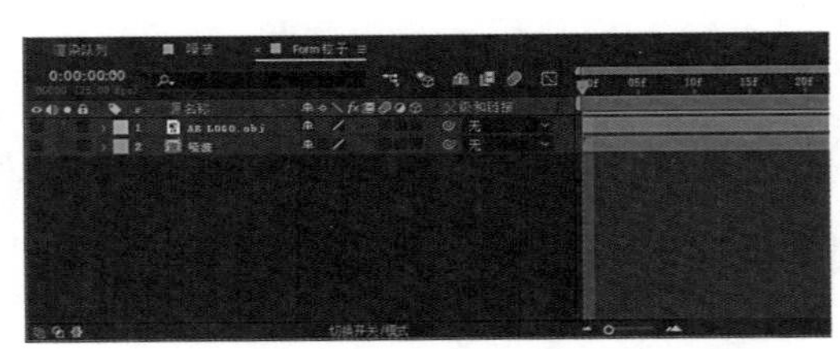

图8-2-35

（8）新建纯色层，命名为“星空粒子”，颜色为黑色，如图8-2-36所示。

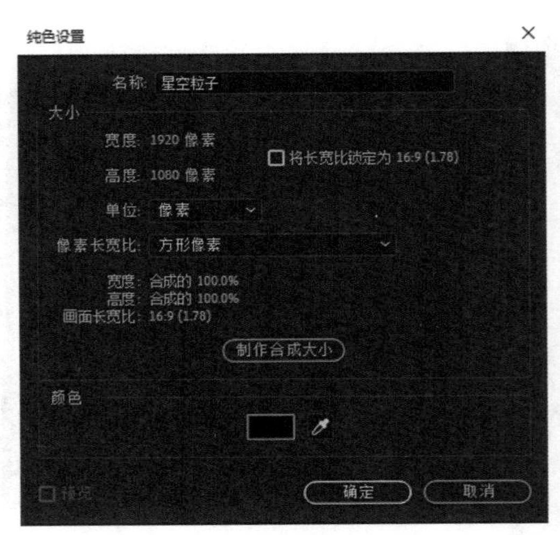

图8-2-36

（9）添加Form特效，执行【效果】—【Trapcode】—【Form】，如图8-2-37所示。

图8-2-37

（10）创建摄像机，类型为双节点摄像机，预设为50毫米，如图8-2-38所示。

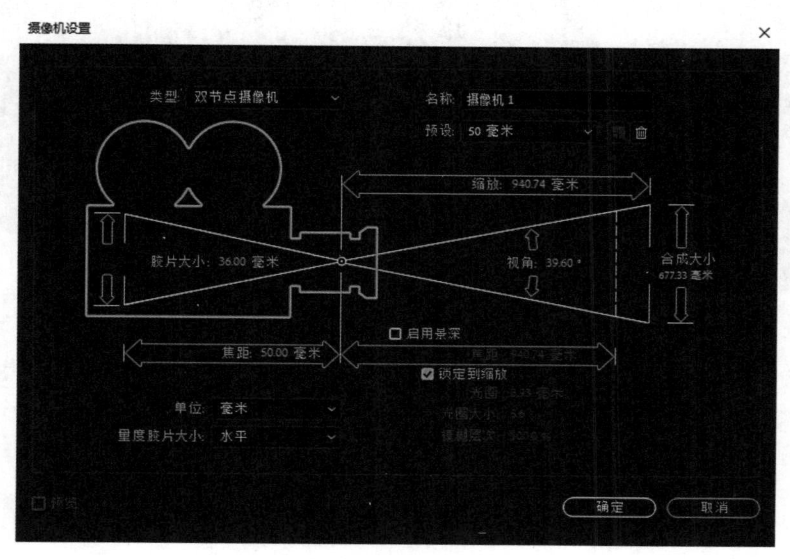

图8-2-38

（11）设置摄像机图层的位置参数，位置数值为（966.8，553.6，–776.9），如图8-2-39所示。

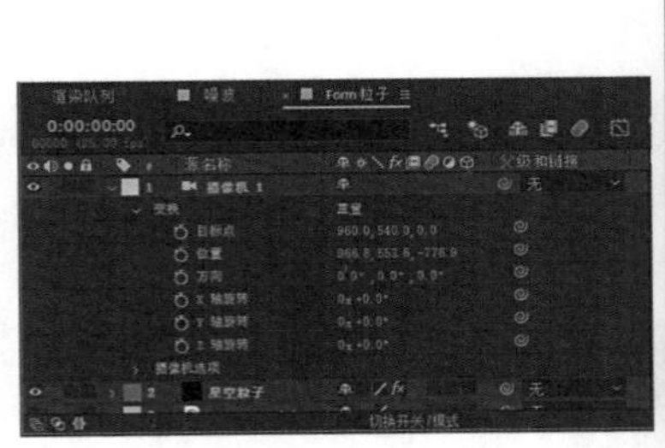
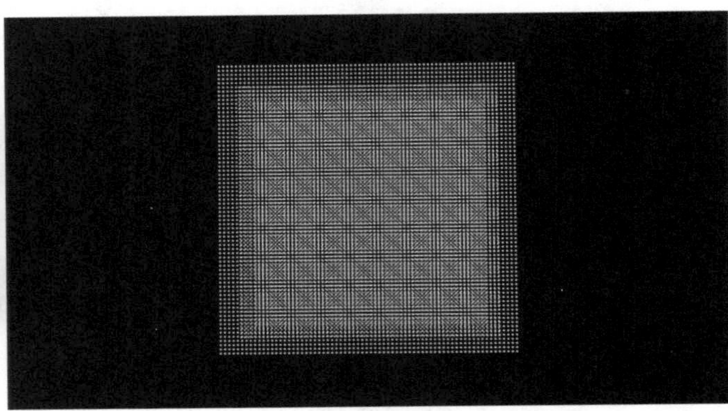

图8-2-39

（12）设置“星空粒子”图层的Form参数，Base Form（基本形态）为Box-Grid，Size X（X轴向上的尺寸）为1750，Size Y（Y轴向上的尺寸）为7080，Particles in Z（Z轴上的粒子数）为1，Center XY（XY平面的中心）为（960，690），Center Z（Z轴中心）为60，X Rotation（X轴旋转）为0x+81°，Color为蓝色（0，80，112），如图8-2-40所示。

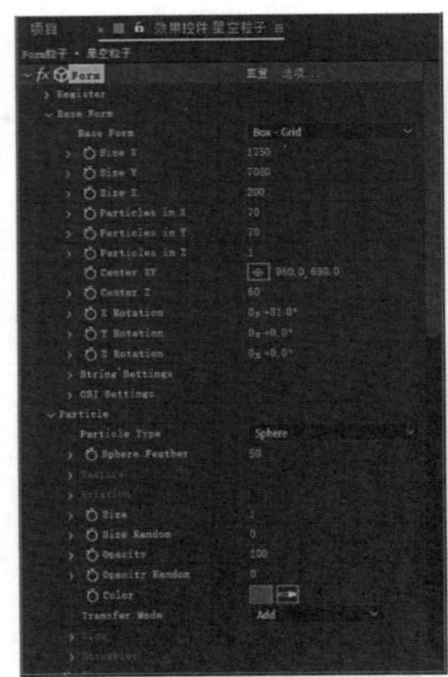

图8-2-40

（13）展开Disperse and Twist（扩散和扭曲），设置Disperse（扩散）为10，展开Fractal Field（扰乱场），设置Affect Size（影响粒子大小）为5，Displace（扰乱力度）为20，如图8-2-41所示。

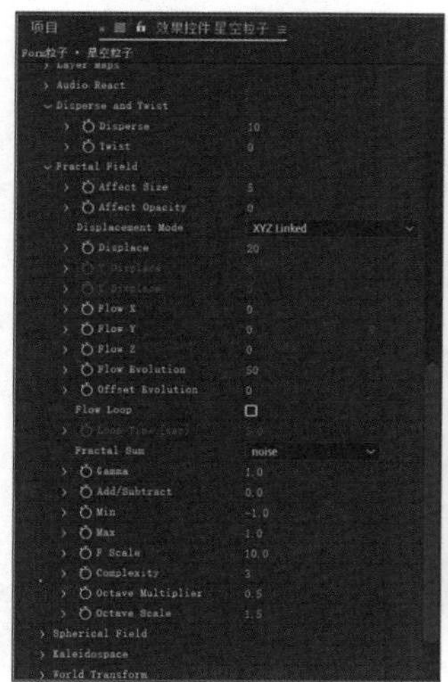

图8-2-41

（14）新建纯色层，命名为“LOGO粒子”，颜色为黑色，如图8-2-42所示。

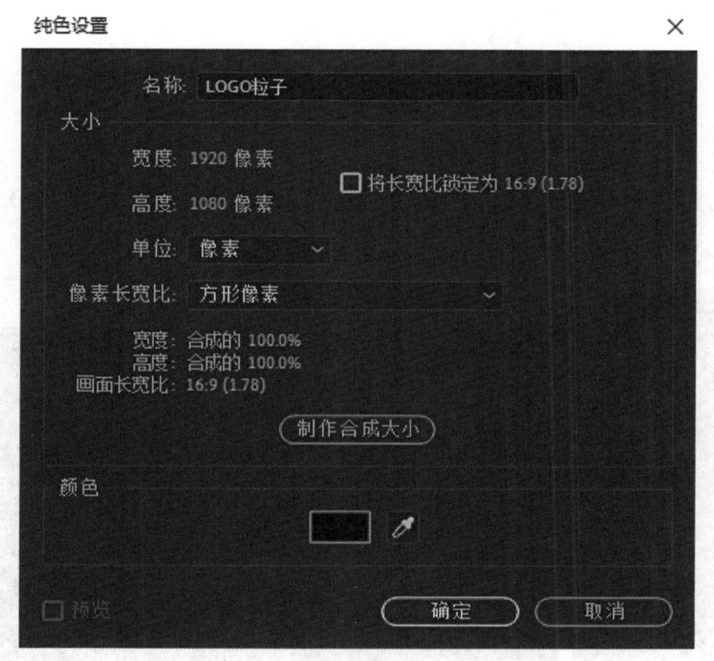

图8-2-42

（15）添加Form特效，执行【效果】—【Trapcode】—【Form】，如图8-2-43所示。

图8-2-43

（16）在效果控件面板设置Form参数，Base Form（基本形态）为OBJ Model，展开OBJ Settings（OBJ设置），3D Model选择为“4.AE LOGO.obj”，如图8-2-44所示。

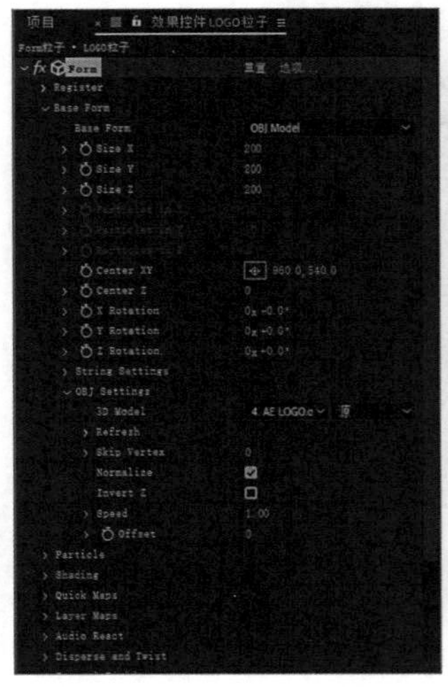

图8-2-44

（17）制作Y Rotation（Y轴旋转）的关键帧动画，00:00时刻Y Rotation（Y轴旋转）数值为0x+0°，04:24时刻Y Rotation（Y轴旋转）数值为1x+0°，如图8-2-45所示。

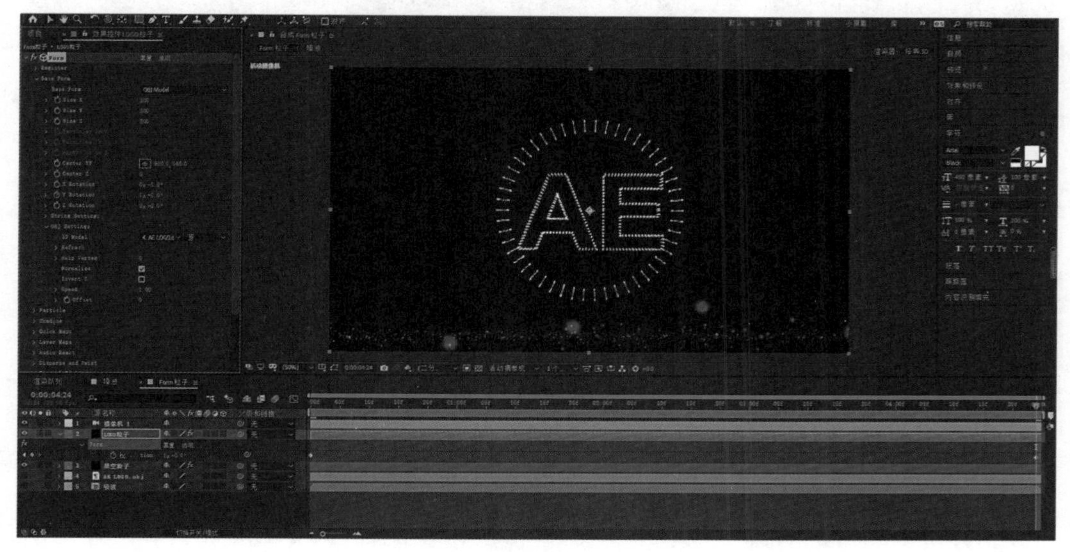

图8-2-45

（18）展开Particle（粒子），设置Size（大小）为1，Size Random（大小随机值）为50，如图8-2-46所示。

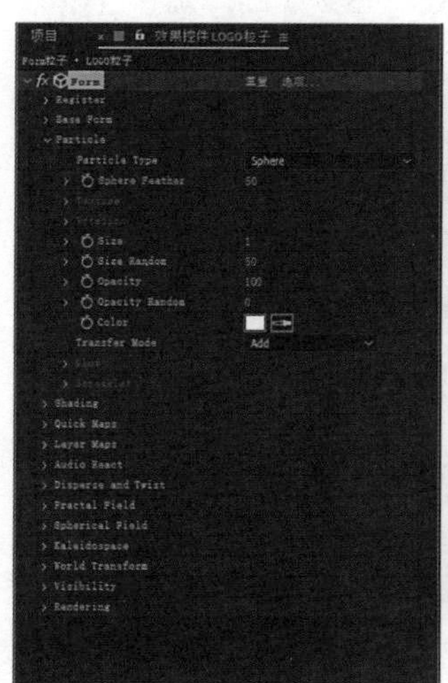

图8-2-46

（19）展开Layer Maps（图层映射），Color and Alpha下的Layer选择为“5.噪波”，如图8-2-47所示。

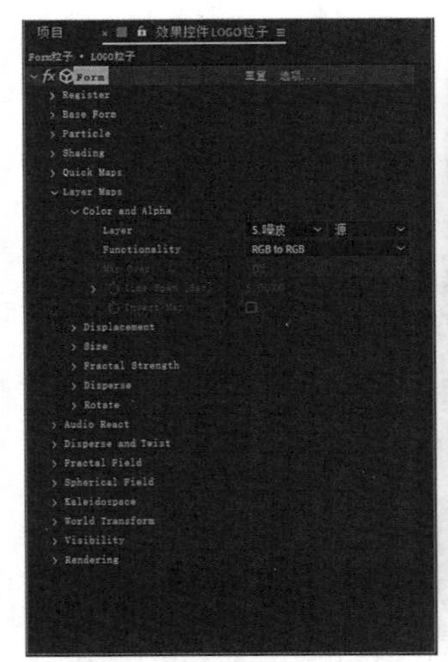

图8-2-47

（20）展开 Disperse and Twist（扩散和扭曲），制作 Disperse（扩散）的关键帧动画，00:00 时刻 Disperse（扩散）数值为 50，03:00 时刻 Disperse（扩散）数值为 0，如图 8-2-48 所示。

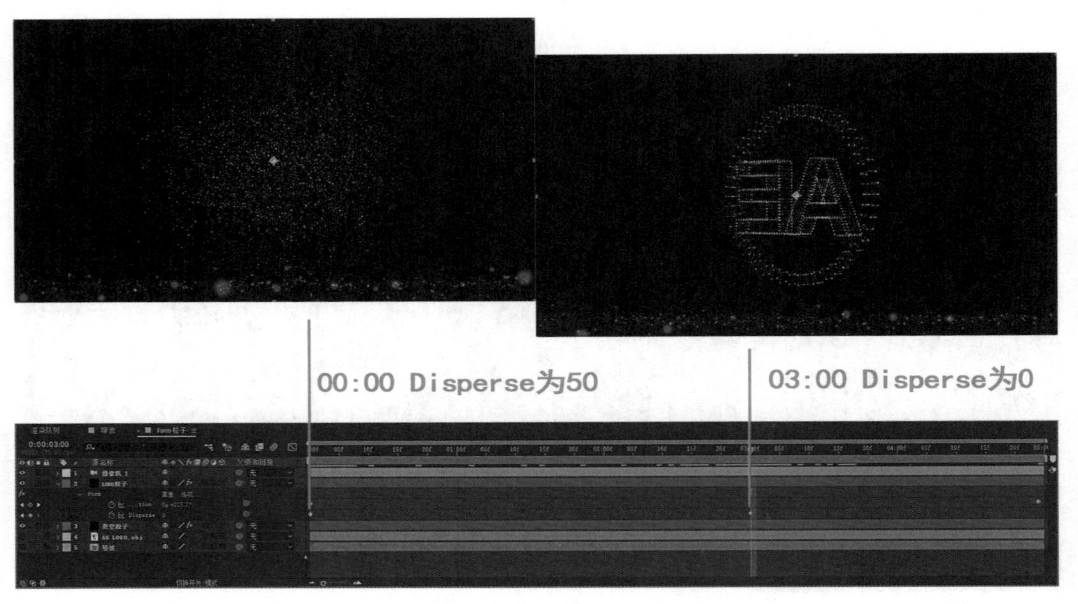

图8-2-48

（21）新建调整图层，执行【图层】—【新建】—【调整图层】，如图 8-2-49 所示。

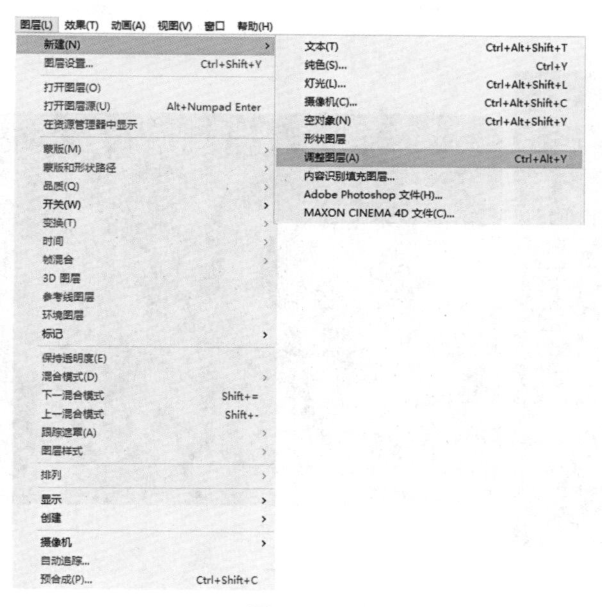

图 8-2-49

（22）调整图层放在最上面，添加发光特效，执行【效果】—【风格化】—【发光】，如图 8-2-50 所示。

图 8-2-50

（23）在效果控件面板设置发光的参数，发光阈值为40%，发光半径为100，如图8-2-51所示。

图8-2-51

拓展练习：把AE LOGO替换成任意三维模型内容。

第九章　After Effects软件与其他软件的协同合作

After Effects作为一款合成软件，往往是影视创作的最后一个环节，需要把各种类型的素材元素有机合成到一起。After Effects与其他软件有良好的交互，可以在工作中与其他功能的软件协同合作，大大提高工作效率。

一、After Effects与Photoshop的协同合作

（一）Photoshop软件简介

Adobe Photoshop，简称“PS”，是由Adobe Systems开发和发行的图像处理软件。Photoshop主要处理像素构成的数字图像，使用其众多的编修与绘图工具，可以有效地进行图片编辑工作。Photoshop有很多功能，在图像、图形、文字、视频、出版等各方面都有涉及。After Effects与Photoshop可以实现无缝连接。在很多工作中，用Photoshop软件设计制作平面元素，可以在After Effects中添加特效和动画效果。基于这个原因，After Effects又叫作“动态的Photoshop”。同时，也可以从After Effects软件中保存单帧画面为psd文件，从而方便平面设计师使用Photoshop进行设计创作。

（二）Photoshop文件导入After Effects软件

Photoshop文件是分层文件，导入After Effects软件有两种方式——素材和合成。以素材方式导入After Effects软件，可以把Photoshop中所有图层合并，也可以选择其中的某个图层导入；以合成方式导入After Effects软件，可以完整地保留Photoshop软件中所有的图层信息，便于扩展操作。下面以3D螺旋为例介绍Photoshop文件导入After Effects软件的操作。

（1）打开Photoshop软件，新建文档，命名为“3D螺旋”，宽度为1920像素，高度为1080像素，分辨率为72像素/英寸，颜色模式为RGB颜色，背景内容为白色，如图9-1-1所示。

图 9-1-1

（2）新建空白图层，选择椭圆形选框工具，在空白图层上绘制正圆形，如图9-1-2所示。

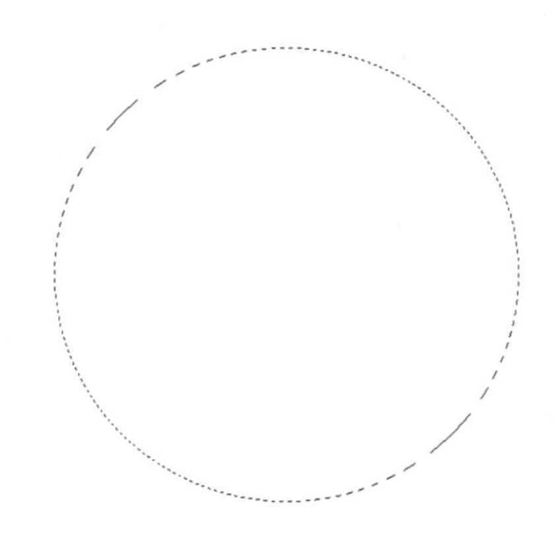

图 9-1-2

（3）选择渐变工具，编辑渐变颜色，如图9-1-3所示。

图9-1-3

（4）渐变方式设置为径向渐变，填充圆形区域，如图9-1-4所示。

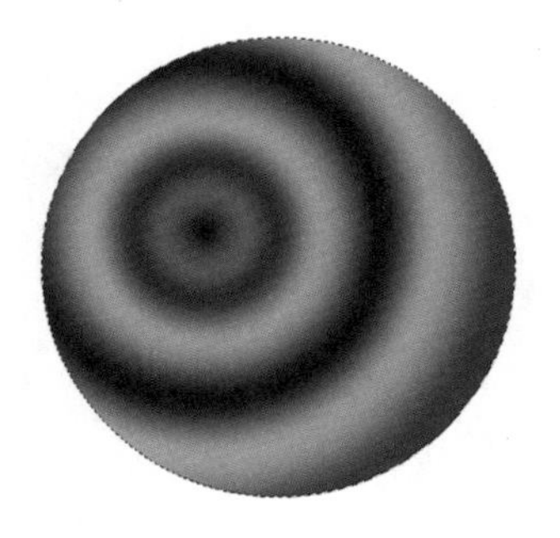

图9-1-4

（5）Ctrl+D 取消选区，Ctrl+T 图层进入变换状态，单击鼠标右键选择透视，如图9-1-5 所示。

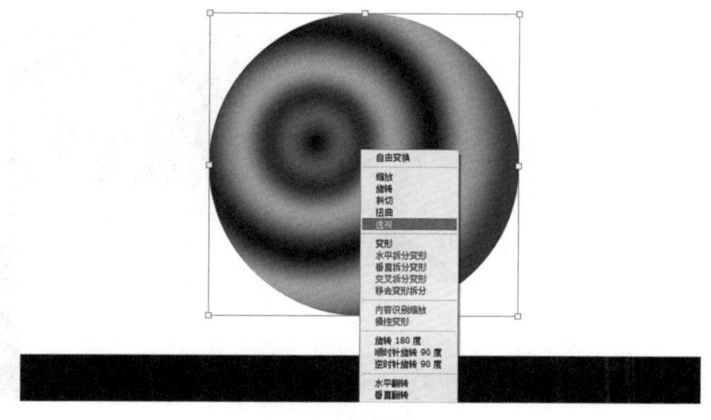

图9-1-5

（6）选中四角上其中一个控制点往对角拖拽，变形如图9-1-6所示。

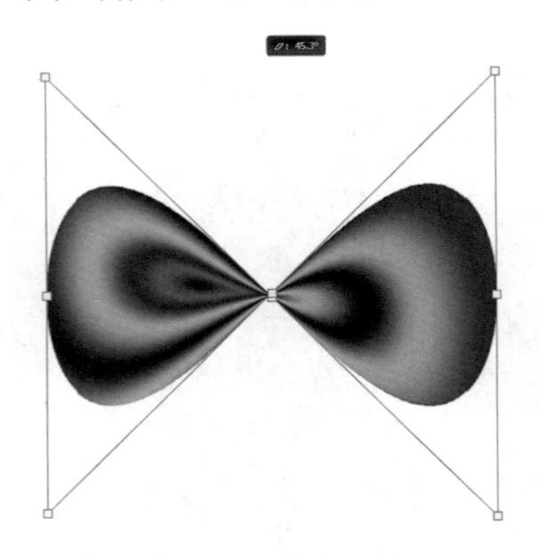

图9-1-6

（7）按下回车键确定，继续Ctrl+T进入变换状态，再次选中四角上其中一个控制点往对角拖拽，变形如图9-1-7所示。

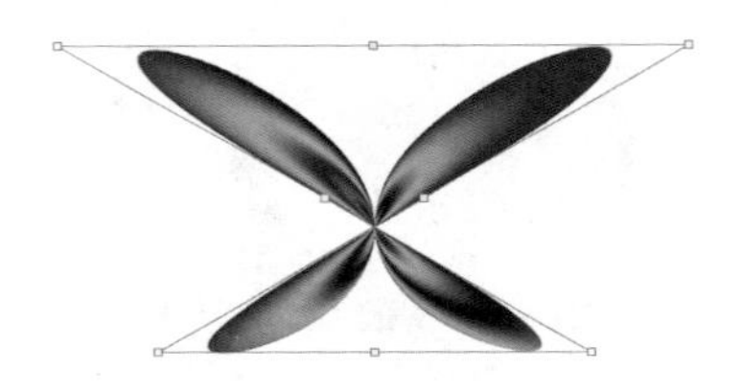

图9-1-7

（8）添加颜色，执行【图像】—【调整】—【色相/饱和度...】，打开【色相/饱和度】对话框，勾选【着色】，色相设置为210，饱和度设置为50，如图9-1-8所示。

图9-1-8

（9）添加图层样式投影，设置混合模式为正片叠底，颜色为暗蓝色（0，46，92），距离为3像素，大小为7像素，如图9-1-9所示。

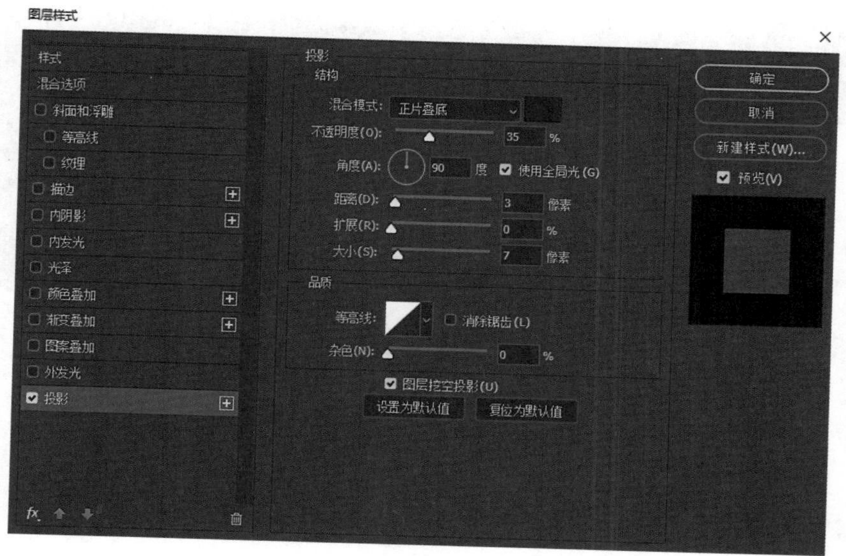

图9-1-9

（10）执行【窗口】—【动作】，调出动作面板。选中图层1，在动作面板中单击【创建新动作】按钮，新建动作，命名为“复制旋转”，如图9-1-10所示。

图9-1-10

（11）单击【记录】按钮，开始进入录制状态。复制当前图层，Ctrl+T进入图层变换状态，旋转角度为10°，比例为95%，如图9-1-11所示。

图9-1-11

（12）按回车键确定变换，调整颜色，执行【图像】—【调整】—【色相/饱和度...】，打开【色相/饱和度】对话框，设置色相为5，如图9-1-12所示。

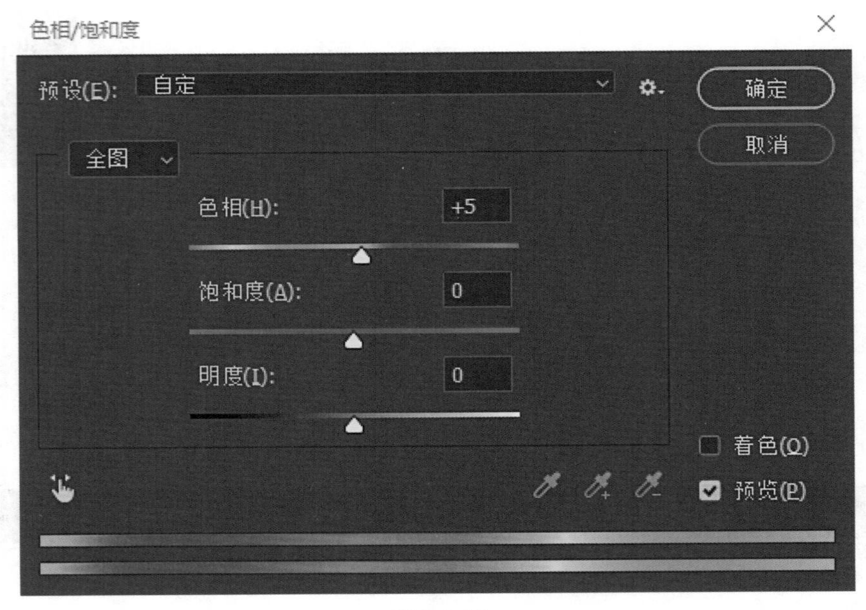

图9-1-12

（13）单击【停止】按钮，结束录制。在图层窗口选择图层，选择动作面板的“复制旋转”动作，单击【播放选择的动作】按钮，此时复制一个图层，并且旋转角度、缩小、色相变化，如图9-1-13所示。

图9-1-13

（14）多次单击【播放旋转的动作】按钮，复制图层，如图9-1-14所示。

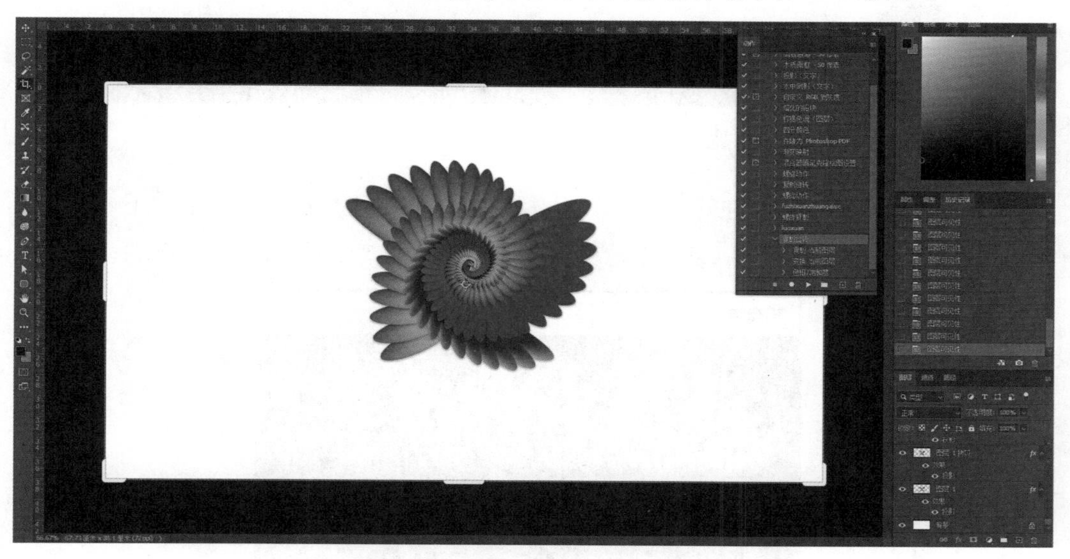

图9-1-14

（15）保存成psd文件，执行【文件】—【另存为】，在弹出的存储窗口中把文件存储到项目文件夹的PS文件夹中，保存类型为Photoshop，如图9-1-15所示。

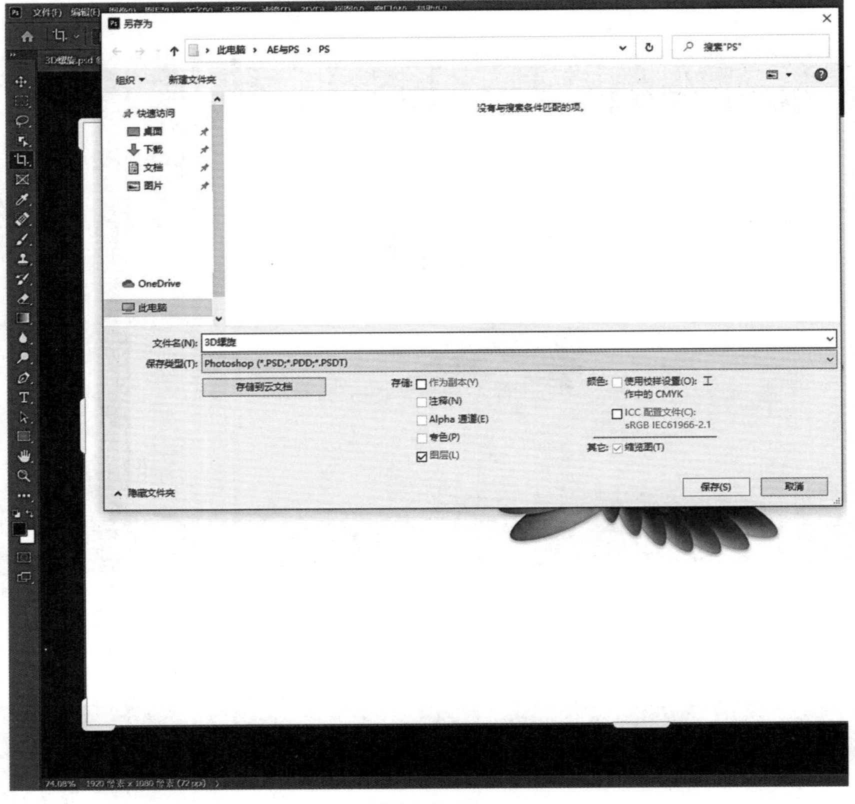

图9-1-15

（16）打开After Effects软件，导入3D螺旋.psd文件，在弹出的对话框中设置导入种类为合成或合成—保持图层大小，如图9-1-16所示。

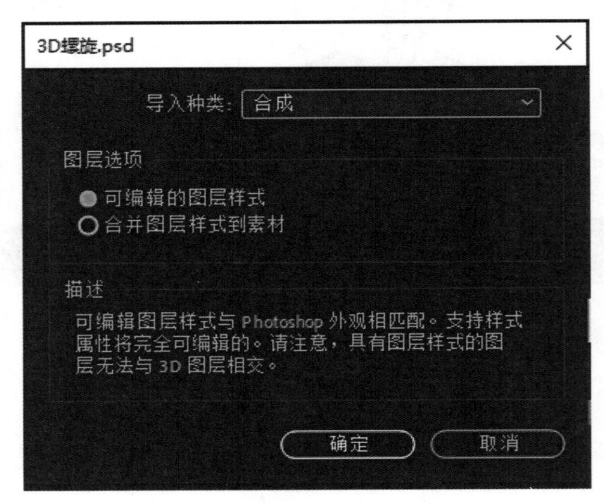

图9-1-16

（17）在项目窗口中双击合成“3D螺旋”的时间线窗口，如图9-1-17所示。

图9-1-17

（18）Ctrl+K 打开【合成设置】对话框，修改持续时间为 5 秒，如图 9-1-18 所示。

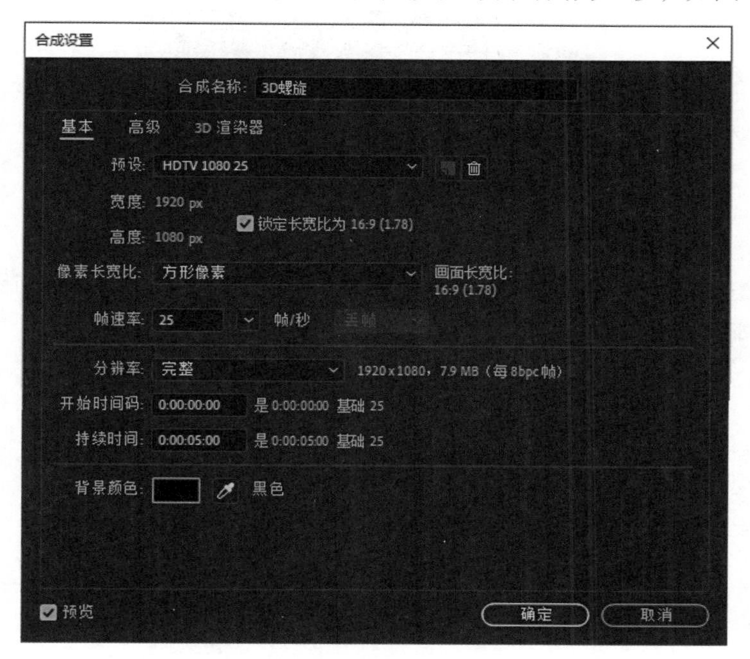

图9-1-18

（19）单击选中最上面的图层，按下键盘上的Shift选中最下面的“图层1”，单击鼠标右键，在弹出的快捷菜单中选择【关键帧辅助】—【序列图层...】，如图9-1-19所示。

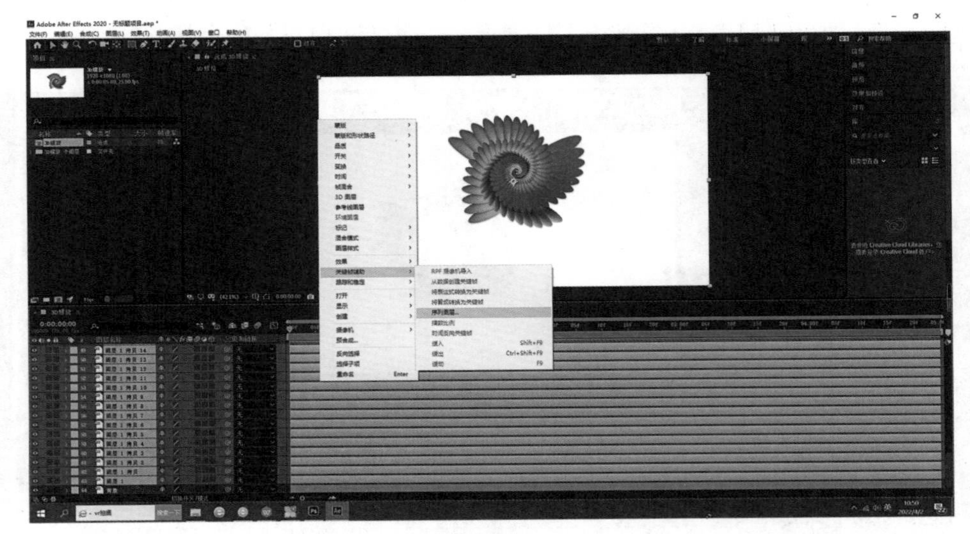

图9-1-19

（20）在弹出的【序列图层】对话框中勾选【重叠】，持续时间为4:24，如图9-1-20所示。

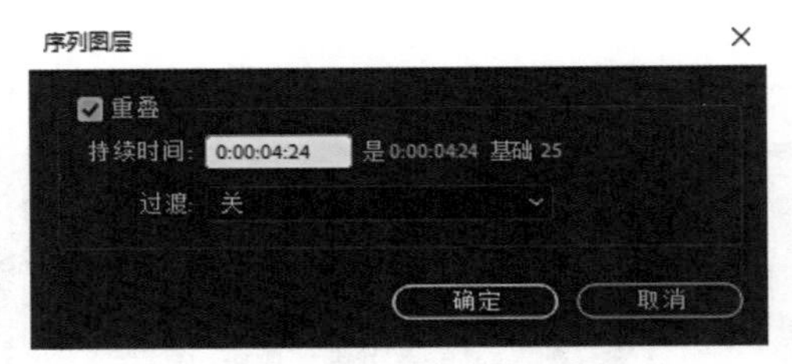

图9-1-20

（21）选中的图层按照时间顺序每间隔1帧依次出现，从而形成3D螺旋花纹从中间开始生长的动画效果，如图9-1-21所示。

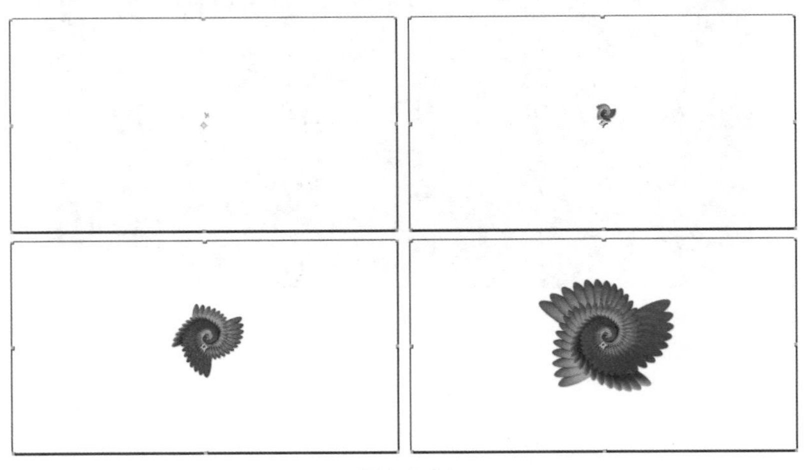

图9-1-21

（22）选择“背景”图层，添加四色渐变特效，执行【效果】—【生成】—【四色渐变】，如图9-1-22所示。

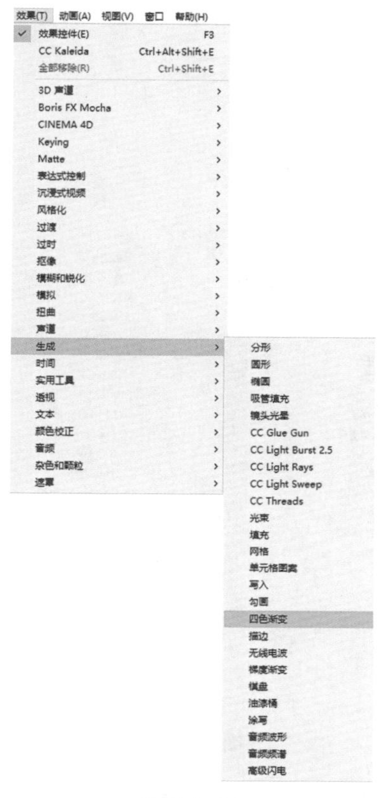

图9-1-22

（23）使用默认的四色渐变参数设置，也可以根据需要修改颜色和颜色位置，如图9-1-23所示。

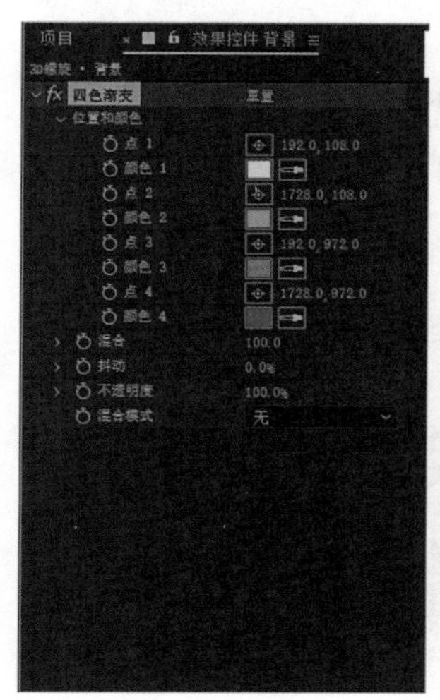

图9-1-23

（24）添加万花筒特效，执行【效果】—【风格化】—【CC Kaleida】，如图 9-1-24 所示。

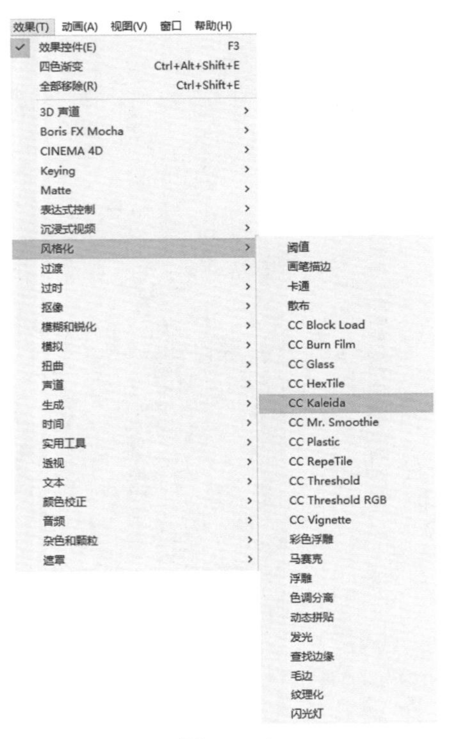

图 9-1-24

（25）制作CC Kaleida（万花筒）特效的Rotation（旋转）关键帧动画，00:00时刻Rotation数值为0x+0°，04:24时刻Rotation数值为1x+0°，如图9-1-25所示。

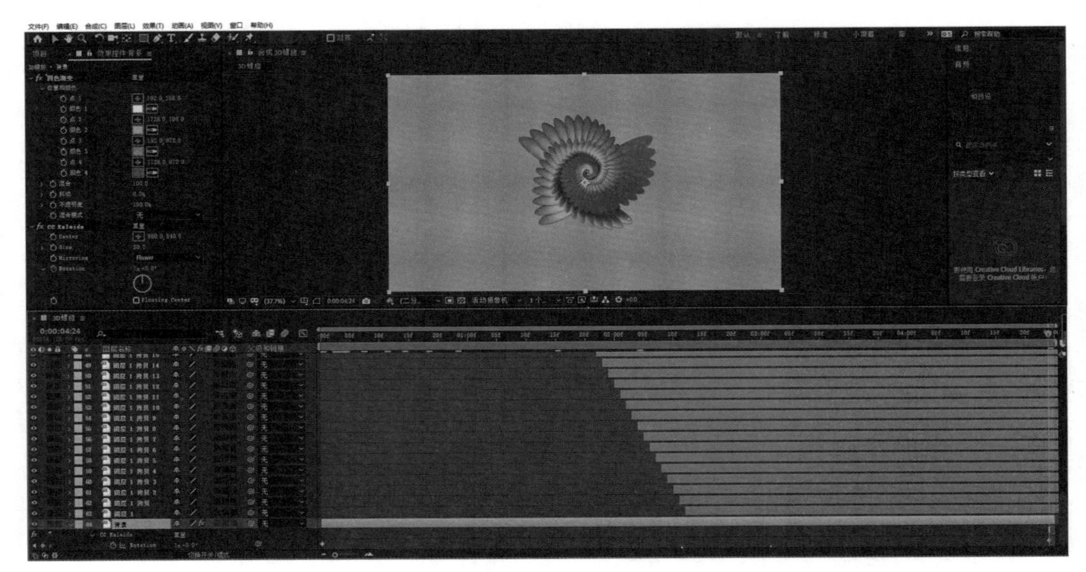

图 9-1-25

（三）After Effects软件导出Photoshop文件

（1）时间指示器定位到02:00时刻，执行【合成】—【帧另存为】—【Photoshop图层...】，如图9-1-26所示。

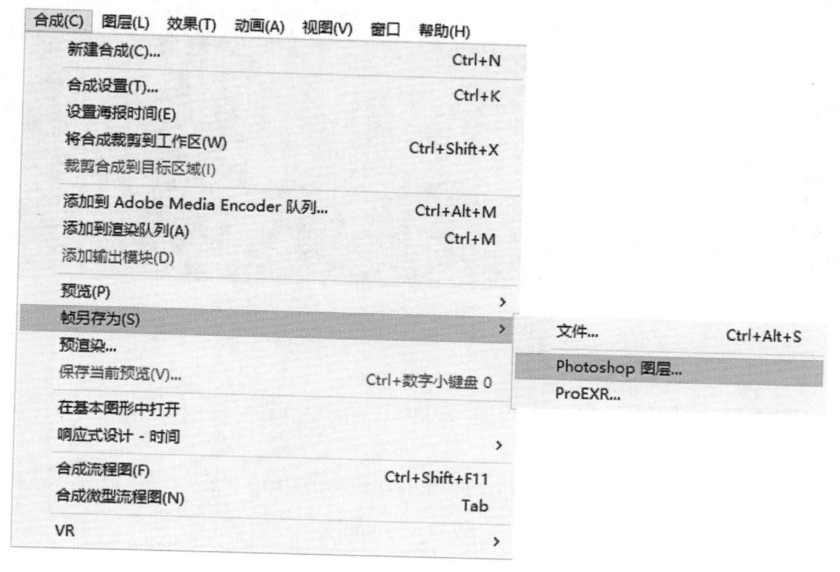

图9-1-26

（2）存储位置为PS文件夹，命名为"3D螺旋单帧"，如图9-1-27所示。

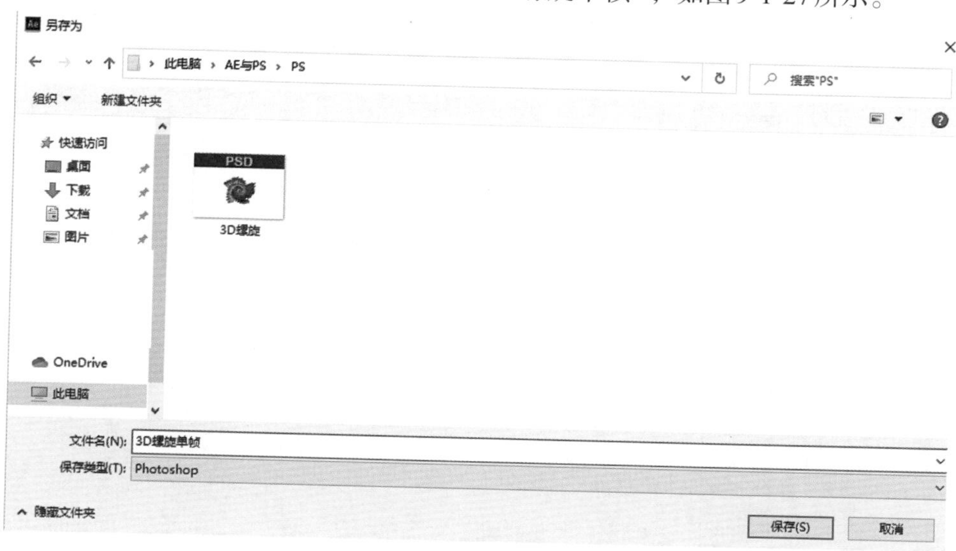

图9-1-27

（3）用Photoshop软件打开"3D螺旋单帧.psd"文件，图层窗口有02:00时刻之前出现的所有图层，以及背景图层上第02:00时刻的帧画面内容，如图9-1-28所示。

图 9-1-28

（四）在 After Effects 中创建 Photoshop 图层

（1）时间指示器定位在 00:00 时刻，创建 Photoshop 图层，执行【文件】—【新建】—【Adobe Photoshop 文件 ...】，如图 9-1-29 所示。

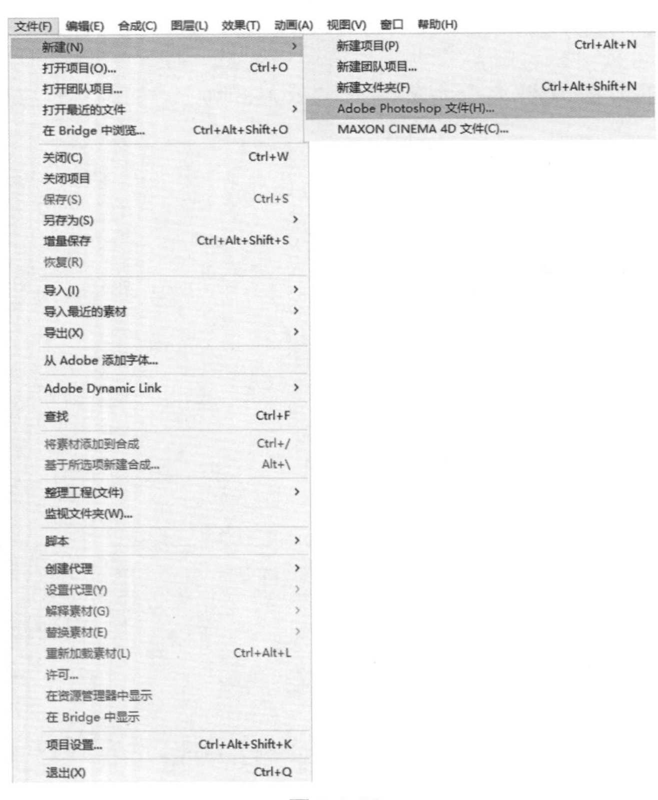

图 9-1-29

（2）在弹出的对话框中定义位置，命名为“边框”，如图9-1-30所示。

图9-1-30

（3）自动打开空白的Photoshop文档，添加图片框，执行【滤镜】—【渲染】—【图片框...】，如图9-1-31所示。

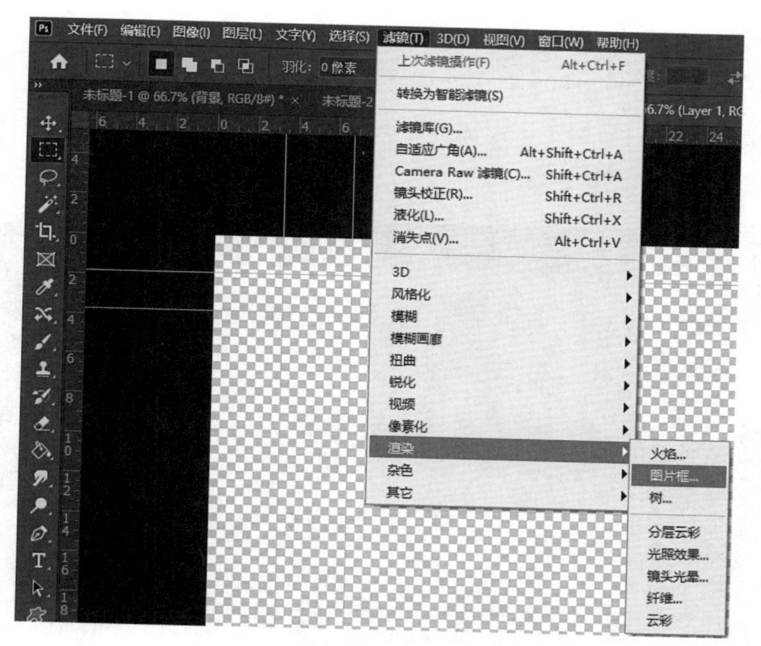

图9-1-31

（4）在打开的【图案】对话框中，设置基本选项里的参数。选择一个图案样式，定义藤饰颜色，边距是花纹边框距离文档边界的距离，大小是藤蔓的粗细，排列方式的数值对应着不同的藤蔓排列方式，选择花朵的样式，定义花色及大小，如图9-1-32所示。

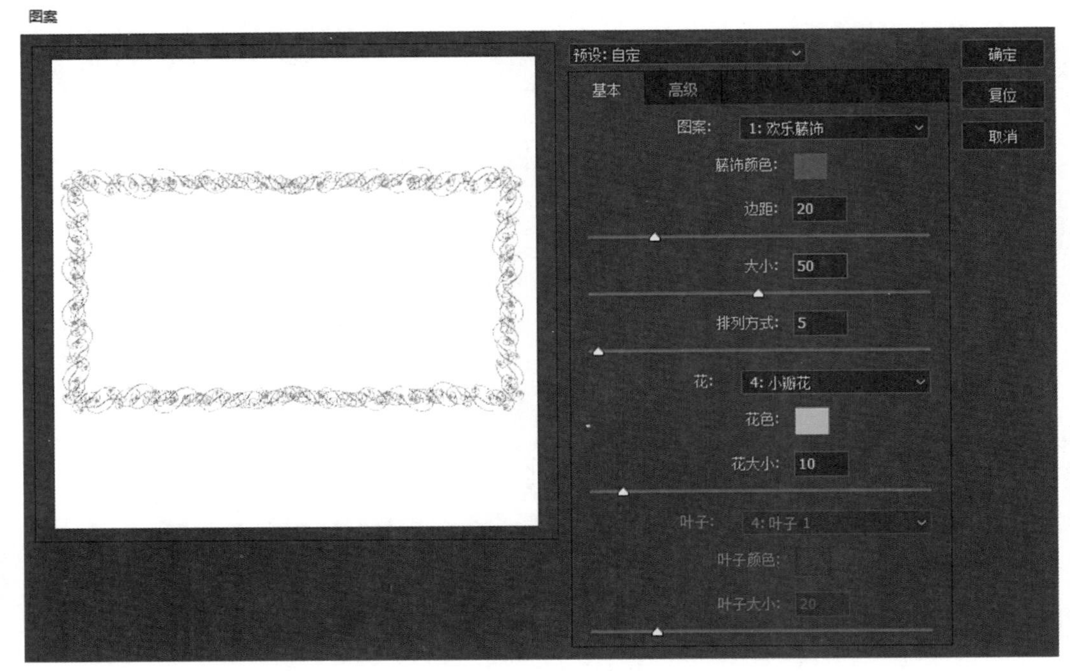

图 9-1-32

（5）保存并关闭Photoshop工作界面，同时将Photoshop软件的结果同步保存到After Effects软件的项目窗口中，把保存好的边框.psd素材添加到时间线的最上层，给视频添加装饰边框，如图9-1-33所示。

图 9-1-33

拓展练习：通过实践探索After Effects软件与Photoshop软件的协同工作模式。

二、After Effects与Premiere的协同合作

Premiere软件可用于导入、编辑电影和视频，After Effects软件则可用于电影、电视及短视频创作运动画面和视觉特效。Premiere和After Effects两个软件之间可以轻松地交换项目、合成、轨迹和图层，可以将Premiere项目导入After Effects，也可以把After Effects项目导入Premiere。在操作过程中需要使用Adobe Dynamic Link（动态链接）。

（一）Premiere 软件简介

Premiere是Adobe公司推出的一款视频编辑软件。Premiere Pro提供了更强大、高效的增强功能和先进的专业工具，包括尖端的色彩修正、强大的音频控制和多个嵌套的时间轴，并专门针对多处理器和超线程进行了优化，提供一个能够自由渲染的编辑体验。目前，这款软件广泛应用于广告制作和电视节目制作。

（二）After Effects 合成图像导入 Premiere Pro 软件

（1）打开Premiere Pro软件，项目命名为“剪辑”，导入视频素材，如图9-2-1所示。

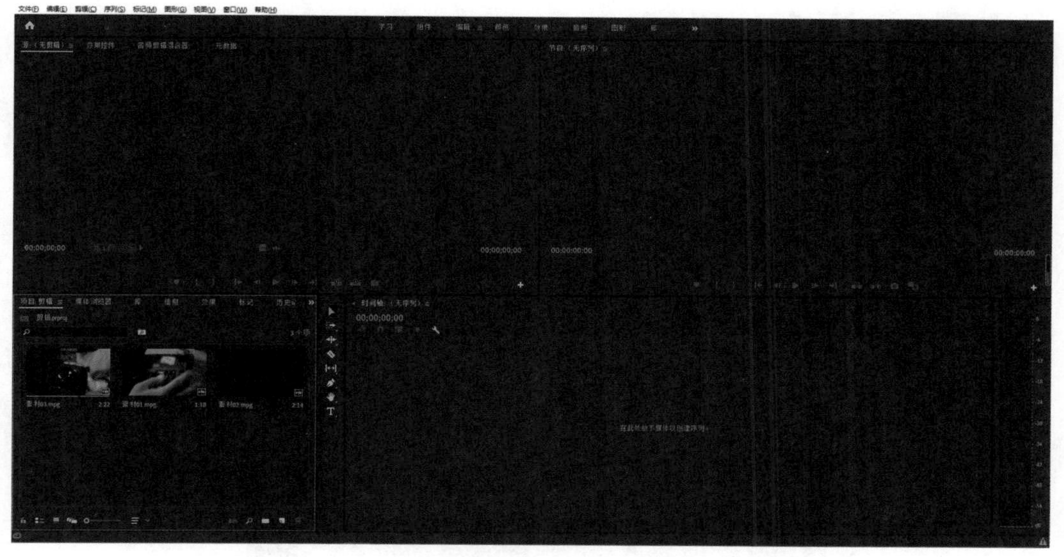

图9-2-1

（2）新建序列，执行【文件】—【新建】—【序列...】，如图9-2-2所示。

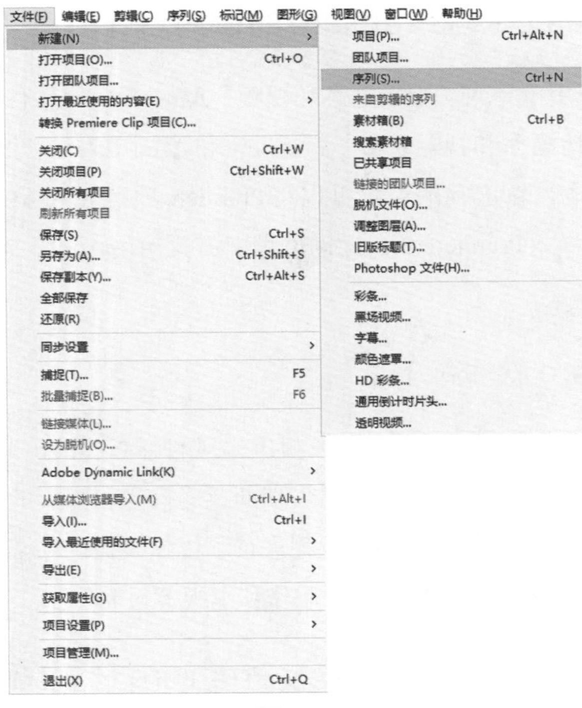

图9-2-2

（3）在弹出的【新建序列】对话框中设置参数，编辑模式为自定义，时基为25帧/秒，帧大小为1920水平、1080垂直，像素长宽比为方形像素（1.0），场设置为无场（逐行扫描），显示格式为25fps时间码，音频采样率为48000Hz，如图9-2-3所示。

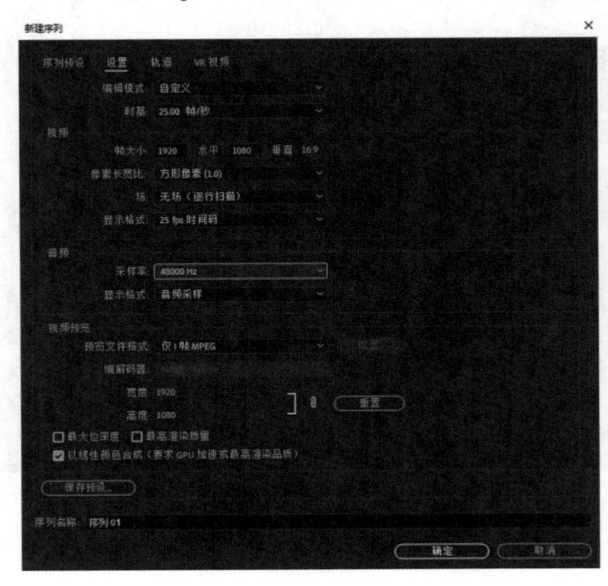

图9-2-3

（4）在项目窗口中双击“素材01”，打开素材的源窗口，设置入点，单击插入或覆盖按钮添加到时间线轨道上，也可以直接鼠标拖拽素材片段到时间线轨道上，如图9-2-4所示。

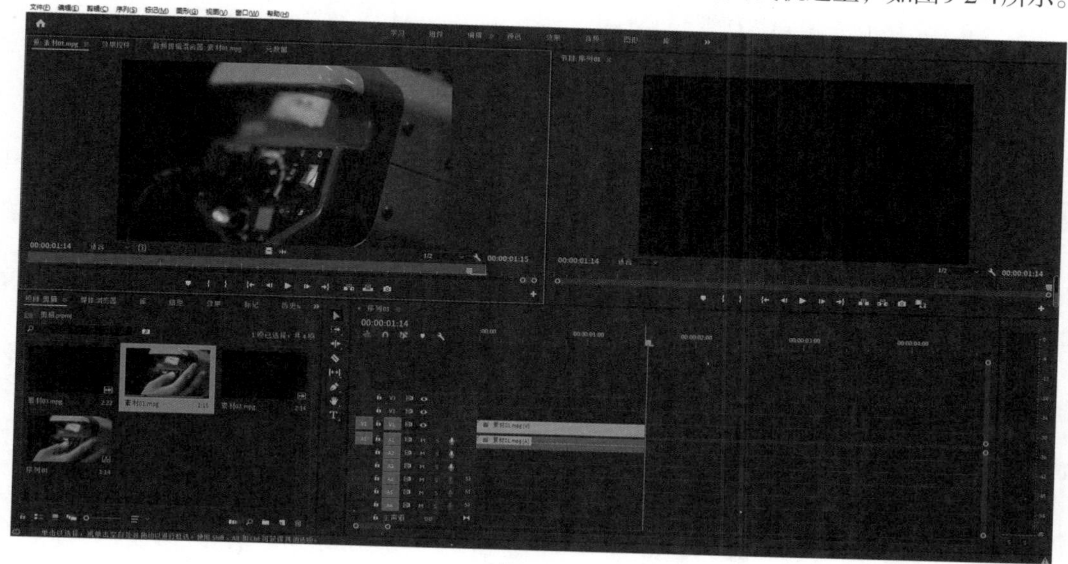

图9-2-4

（5）用同样的方法剪辑“素材02”和“素材03”，剪辑完成后保存并关闭Premiere Pro软件，如图9-2-5所示。

图9-2-5

（6）启动After Effects软件，新建项目，命名为“特效合成”，导入Premiere Pro项目，执行【文件】—【Adobe Dynamic Link】—【导入Premiere Pro序列...】，如图9-2-6所示。

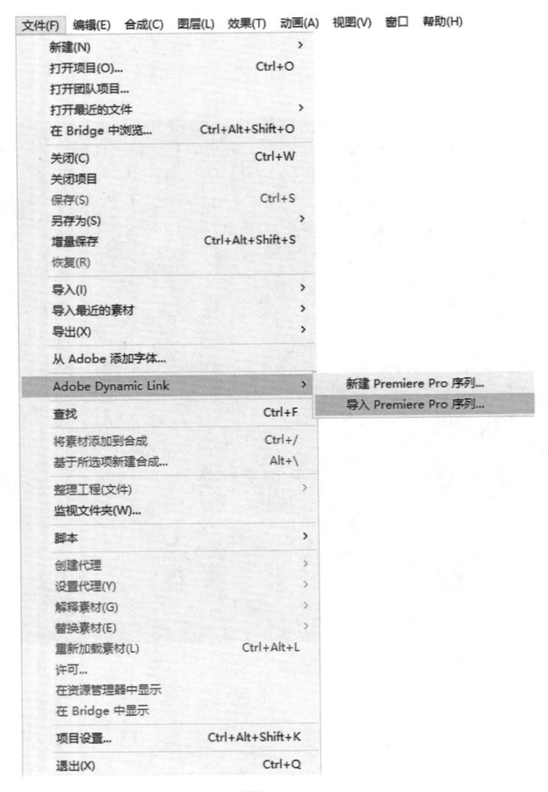

图 9-2-6

（7）在弹出的【导入 Premiere Pro序列】对话框中选择“剪辑.prproj”中的“序列01”，如图9-2-7所示。

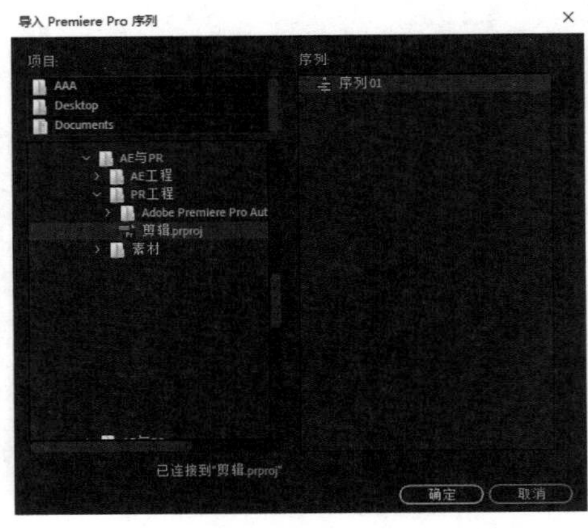

图 9-2-7

（8）将“序列01”导入After Effects软件，出现在项目窗口后，选中“序列01”素材，将其拖拽到项目窗口下方的新建合成按钮上，依据序列素材创建合成。此时，剪辑中的三个素材合并成一个图层，如图9-2-8所示。

图9-2-8

（9）添加卡通特效，执行【效果】—【风格化】—【卡通】，如图9-2-9所示。

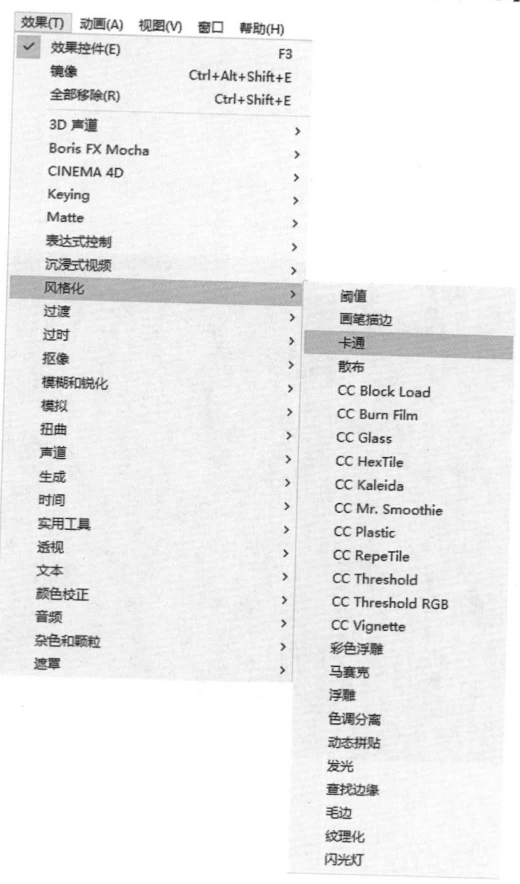

图9-2-9

（10）在效果控件窗口设置卡通的参数，渲染选择为填充，细节半径设置为40，细节阈值设置为20，阴影步骤为4，阴影平滑度为75，如图9-2-10所示。

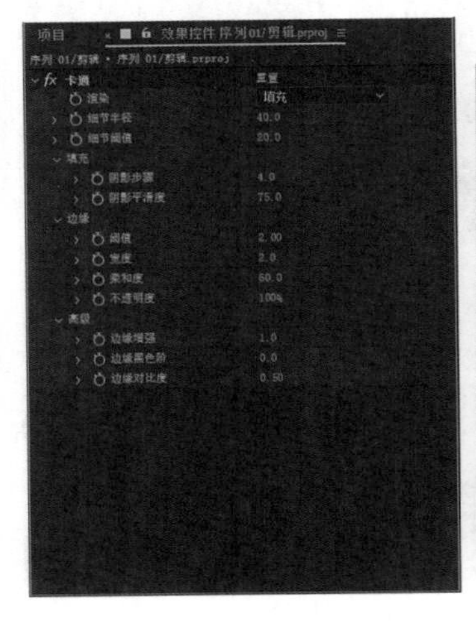
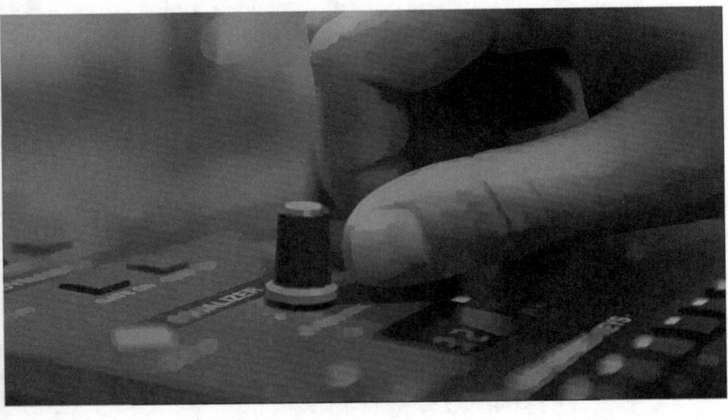

图9-2-10

（11）渲染生成。

（三）After Effects 文件导入 Premiere 软件

（1）启动After Effects，新建项目，命名为“粒子转场动画”，新建合成，命名为“粒子转场动画”，预设为HDTV 1080 25，持续时间为2秒，如图9-2-11所示。

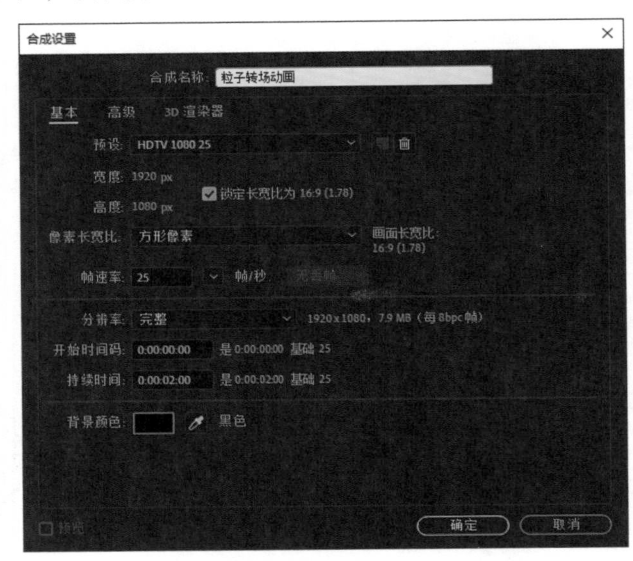

图9-2-11

（2）新建纯色层，命名为“粒子”，大小为1920×1080，颜色为蓝色（54，87，153），如图9-2-12所示。

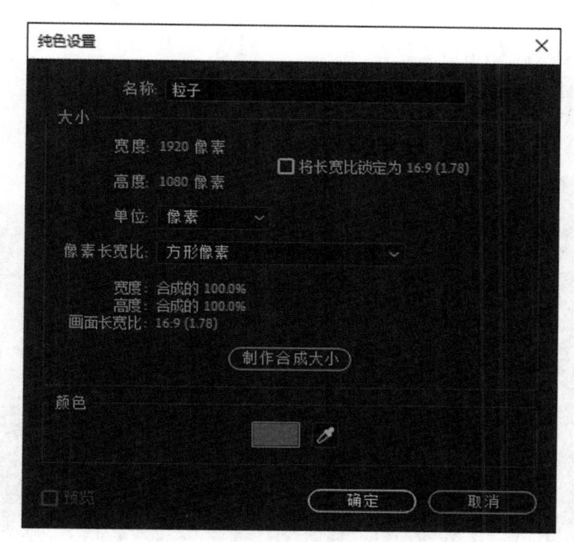

图 9-2-12

（3）添加CC Particle World（CC粒子仿真世界）特效，执行【效果】—【模拟】—【CC Particle World】，如图9-2-13所示。

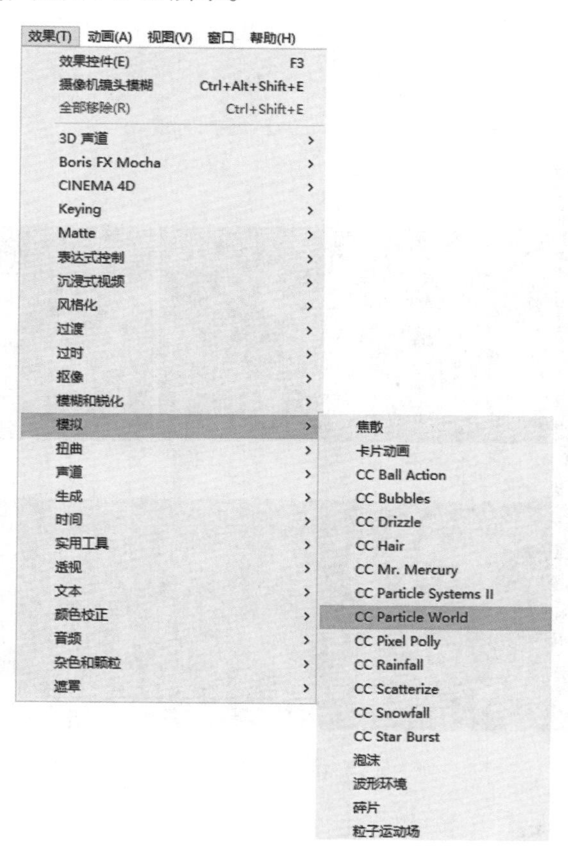

图 9-2-13

（4）在效果控件窗口设置CC Particle World（CC粒子仿真世界）的参数，Birth Rate（生长速率）为1，Radius Y（Y轴半径）为0.15，Velocity（速率）为0.2，Gravity（重力）为0，Particle Type（粒子样式）为Lens Convex（凸透镜），如图9-2-14所示。

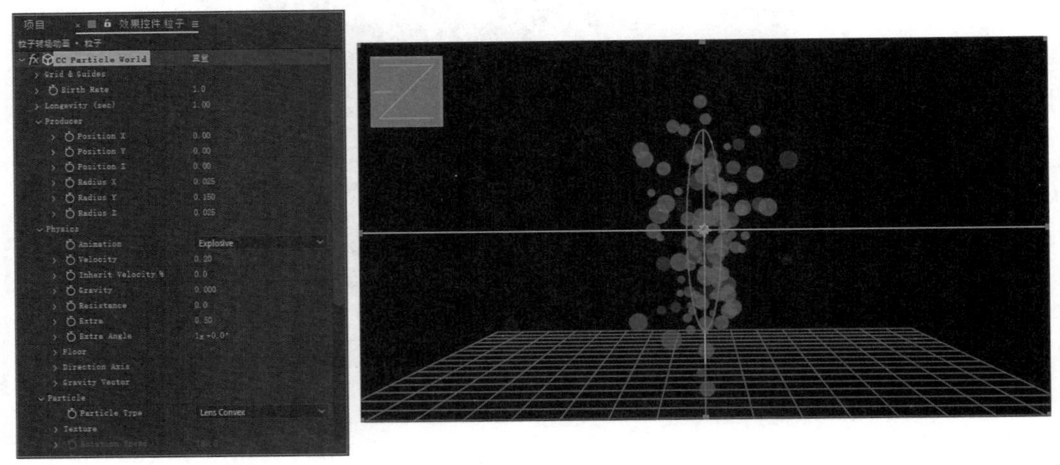

图9-2-14

（5）制作Position X（X轴位置）的关键帧动画。00:00时刻，Position X（X轴位置）为–0.5，此时粒子发射器在合成图像的左边，01:00时刻，Position X（X轴位置）为0.5，此时粒子发射器在合成图像的右边，如图9-2-15所示。

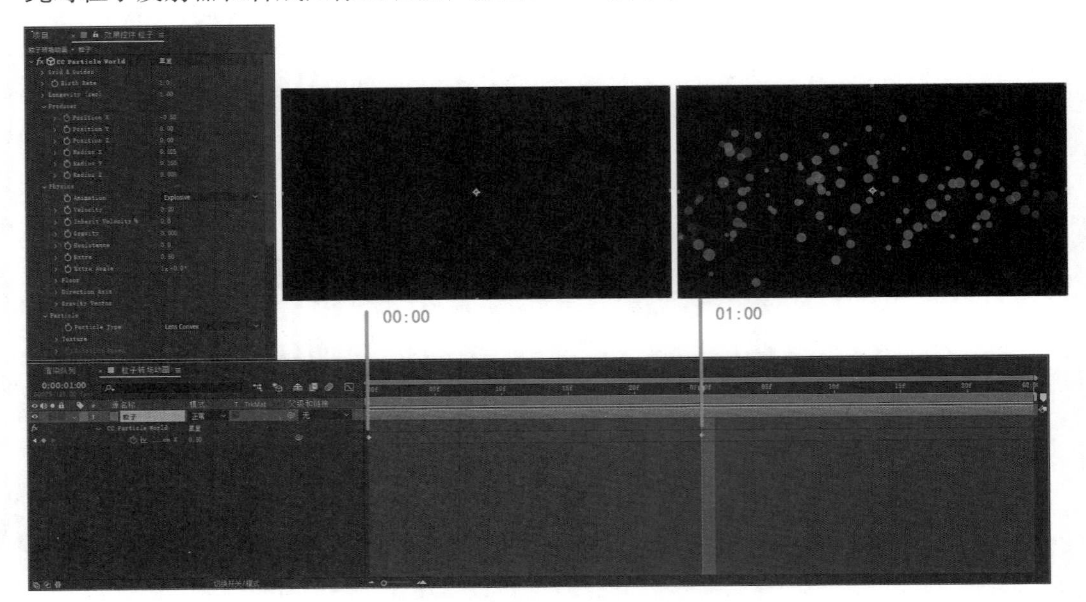

图9-2-15

（6）制作Birth Rate（生长速率）的关键帧动画，01:00时刻Birth Rate（生长速率）为1，01:01时刻Birth Rate（生长速率）为0，如图9-2-16所示。

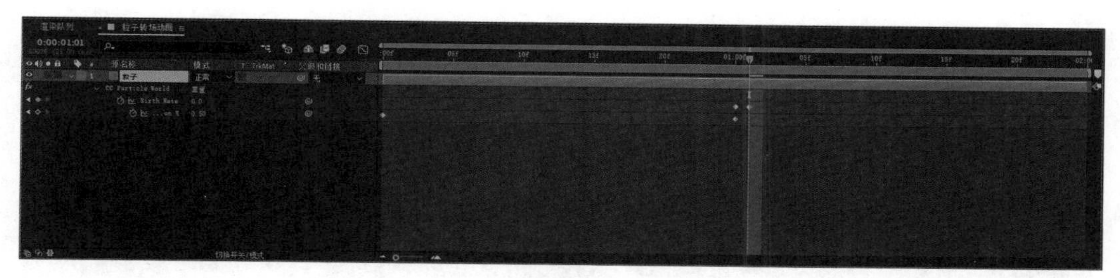

图 9-2-16

（7）选中“粒子”图层,Ctrl+D制作图层副本，改名为“大粒子”，如图9-2-17所示。

图 9-2-17

（8）修改“大粒子”图层 CC Particle World（CC 粒子仿真世界）的参数，Velocity（速率）为 0.3，Death Size（消逝大小）为 1，Size Variation（大小差异）为 100%，Max Opacity（最大不透明度）为 90%，Transfer Mode（传输方式）为 Screen（屏幕），时间指示器定位到 01:00 时刻，修改 Birth Rate（生长速率）的关键帧数值为 0.5，如图 9-2-18 所示。

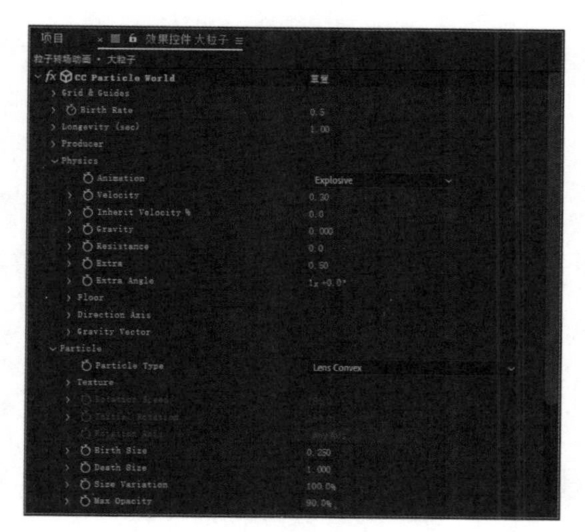

图 9-2-18

（9）把“大粒子”图层的层条往后移动2帧，让两个粒子群在时间上错开，如图9-2-19所示。

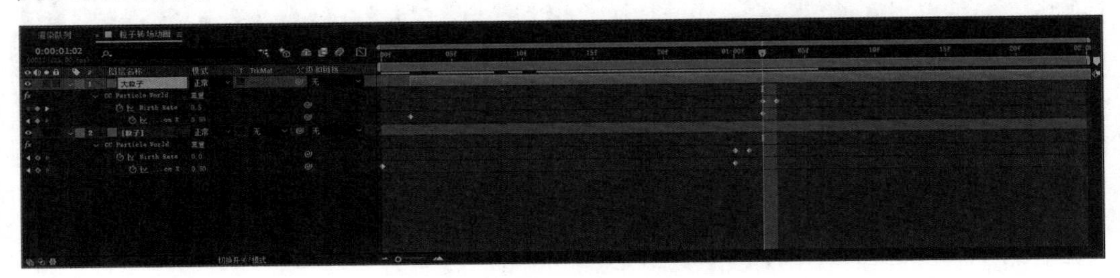

图9-2-19

（10）选择“大粒子”图层，添加发光效果，执行【效果】—【风格化】—【发光】，如图9-2-20所示。

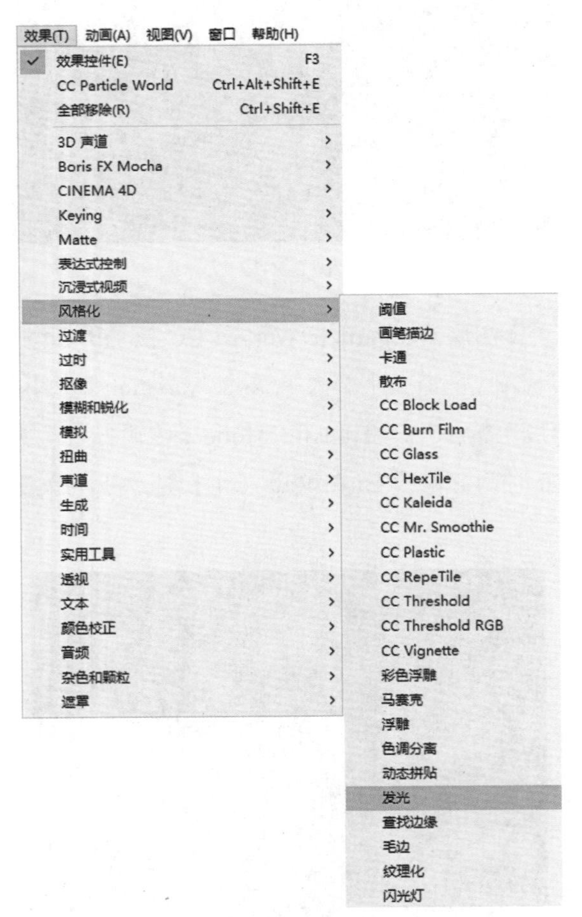

图9-2-20

（11）在效果控件窗口设置发光的参数，发光基于为颜色通道，发光阈值为50%，发光半径为500，发光操作为滤色，发光颜色为原始颜色，如图9-2-21所示。

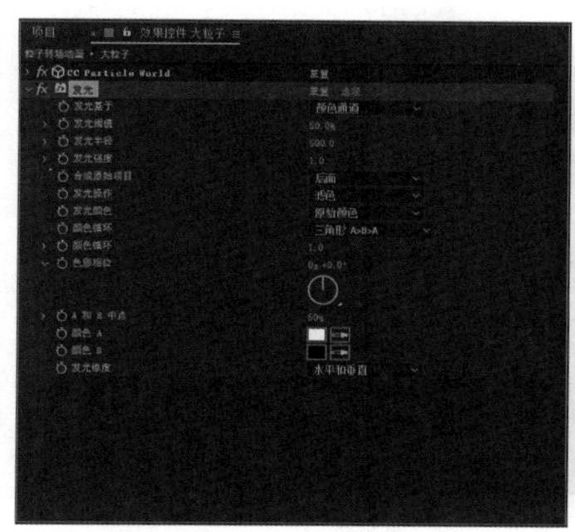

图9-2-21

（12）选择“粒子”图层，添加摄像机镜头模糊效果，增加视觉空间层次，执行【效果】—【模糊和锐化】—【摄像机镜头模糊】，如图9-2-22所示。

图9-2-22

（13）在效果控件窗口设置摄像机镜头模糊的参数，模糊半径为50，形状为六边形，如图9-2-23所示。

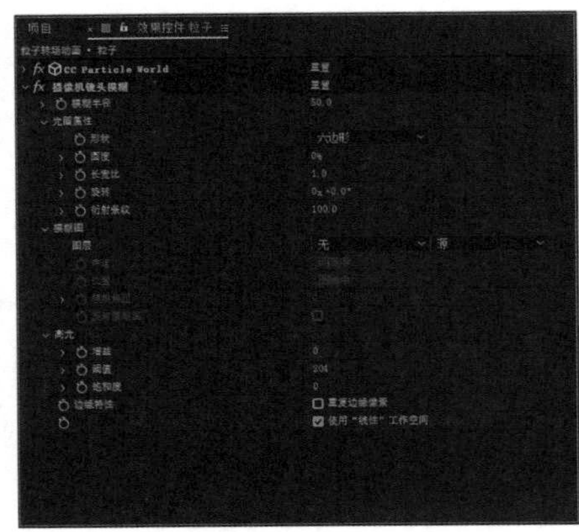

图 9-2-23

（14）保存After Effects的工程。

（15）启动Premiere Pro软件，打开“剪辑”项目，另存为“剪辑（加粒子转场动画）.prproj”，导入After Effects的工程，执行【文件】—【Adobe Dynamic Link】—【导入After Effects合成图像...】，如图9-2-24所示。

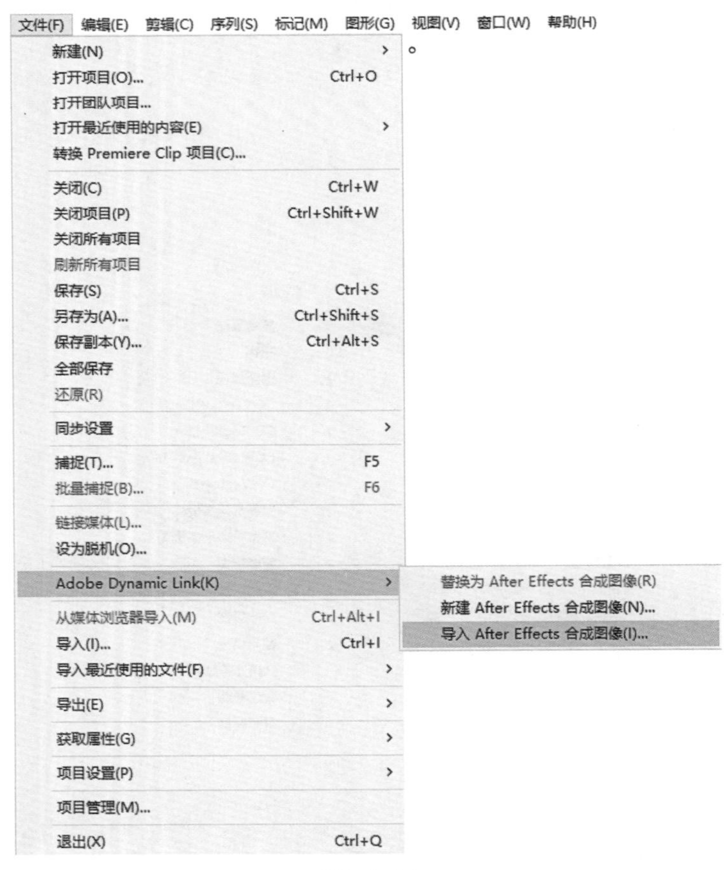

图 9-2-24

（16）在弹出的【导入After Effects合成】的对话框中，找到“粒子转场动画.aep”，选择其中的“粒子转场动画”合成，如图9-2-25所示。

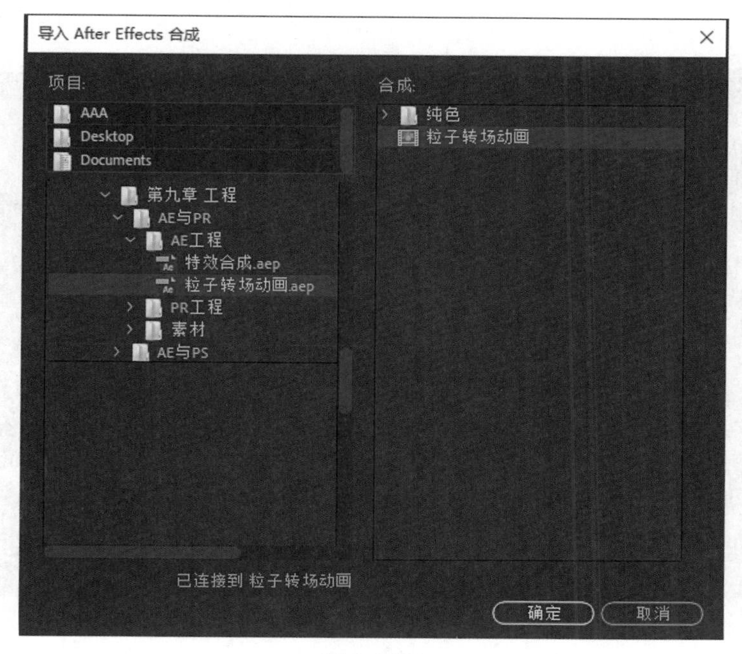

图9-2-25

（17）把导入的“粒子转场动画”合成图像添加到视频V2轨道，放置在第一个镜头和第二个镜头之间，此时颜色不太匹配，打开效果控件窗口，设置混合模式为滤色，如图9-2-26所示。

图9-2-26

（18）给两个视频片段添加交叉溶解视频过渡特效，让镜头的切换更加平滑。在效果窗口，找到交叉溶解，添加到时间线上第一个镜头和第二个镜头之间，选中转场特效图标，在效果控件窗口设置转场的持续时间为00:10，如图9-2-27所示。

图9-2-27

（19）导入音效素材，添加在粒子转场动画的时刻位置，渲染生成，如图9-2-28所示。

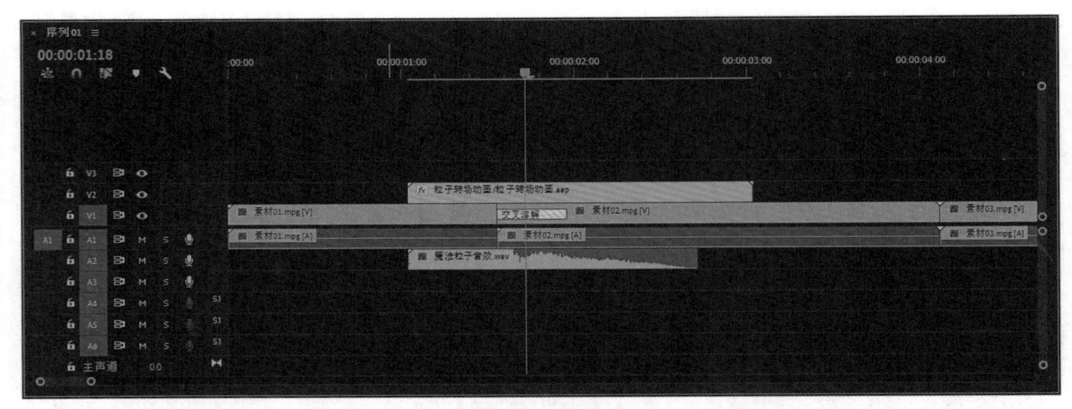

图9-2-28

（四）在 Premiere Pro 软件创建 After Effects 合成图像

（1）启动Premiere Pro软件，打开项目“剪辑.prproj”，另存为“剪辑（创建合成图像）.prproj”，选中时间上的“素材02”片段，单击鼠标右键，在弹出的快捷菜单中选择“使用After Effects合成替换”，如图9-2-29所示。

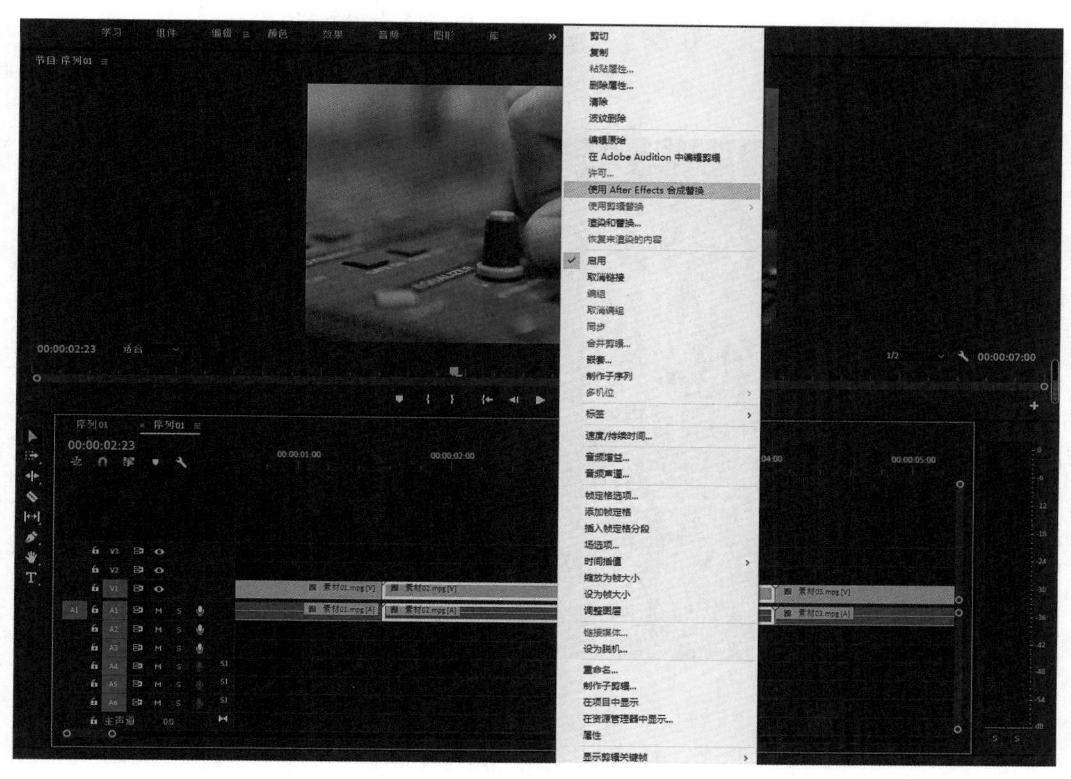

图9-2-29

（2）自动启动After Effects软件，弹出【另存为】的对话框，命名为“科技元素”，保存到After Effects工程文件夹的位置，如图9-2-30所示。

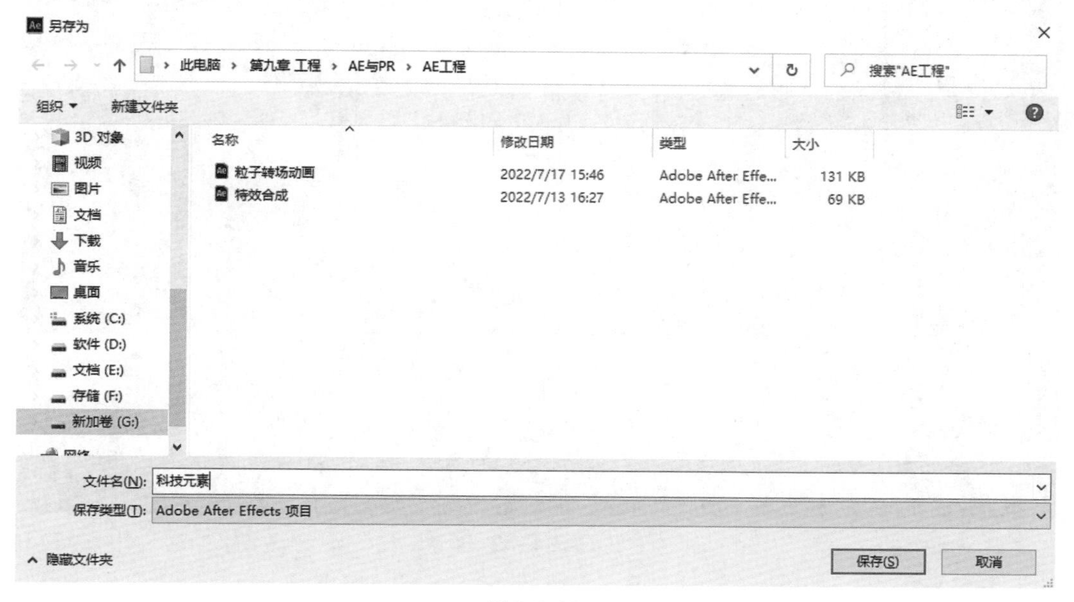

图9-2-30

（3）此时项目窗口中已经出现了“素材02”和对应的合成图像，在时间线窗口自动添加了“素材02”图层，如图9-2-31所示。

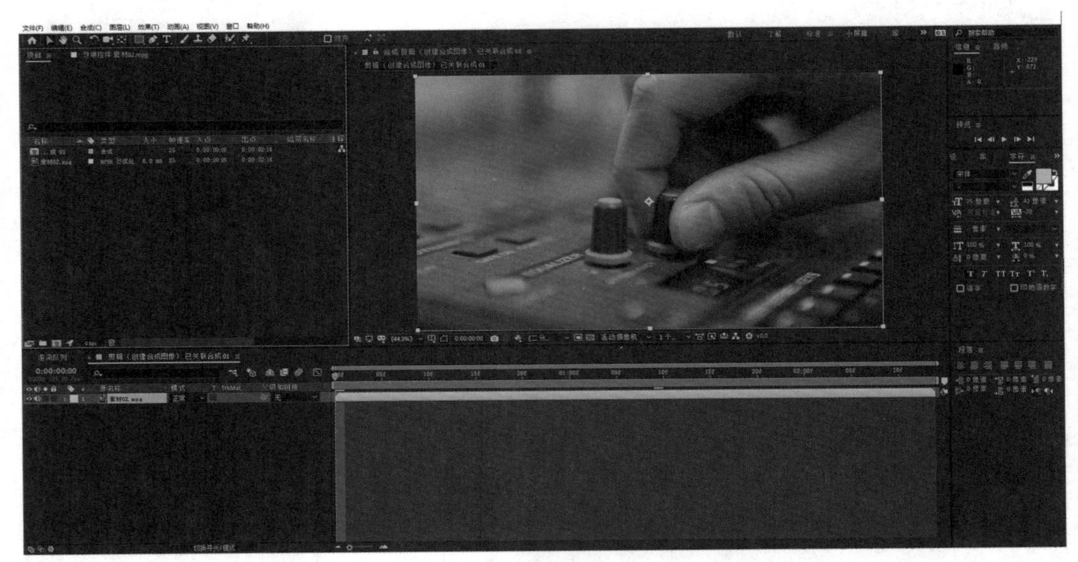

图9-2-31

（4）取消图层的选择状态，切换到钢笔工具，依据镜头内容绘制线条，创建形状图层，如图9-2-32所示。

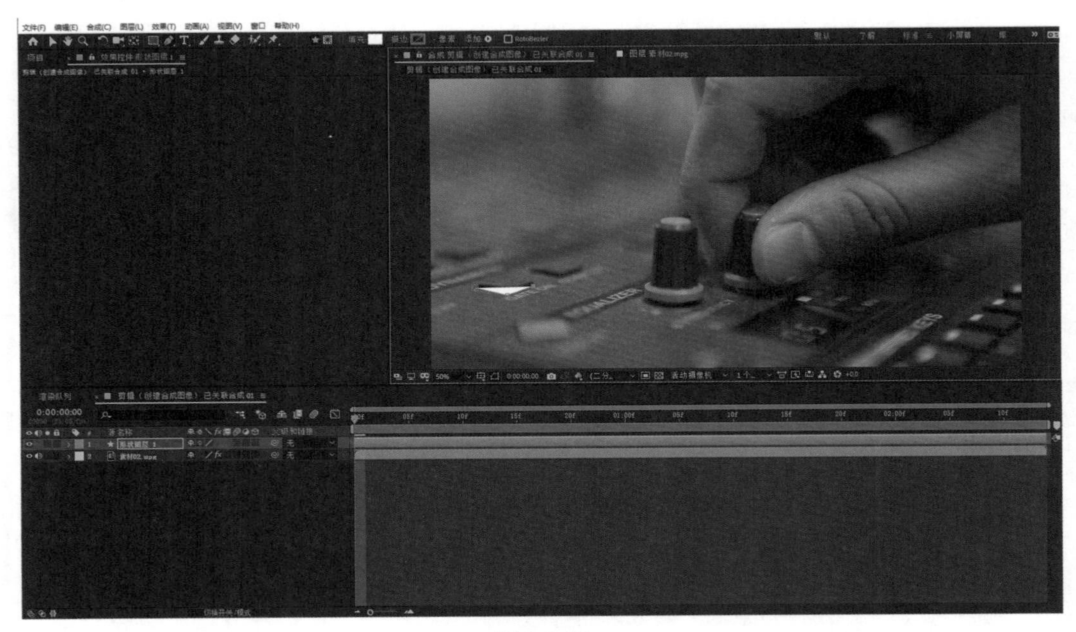

图9-2-32

（5）展开形状图层1，取消填充，开启描边，描边颜色为浅蓝色（150，202，225），描边宽度为6，线段终点为圆头端点，如图9-2-33所示。

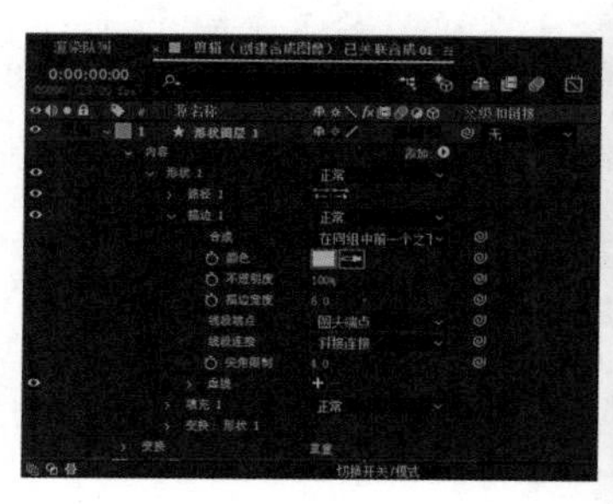

图9-2-33

（6）添加发光特效，执行【效果】—【风格化】—【发光】，如图9-2-34所示。

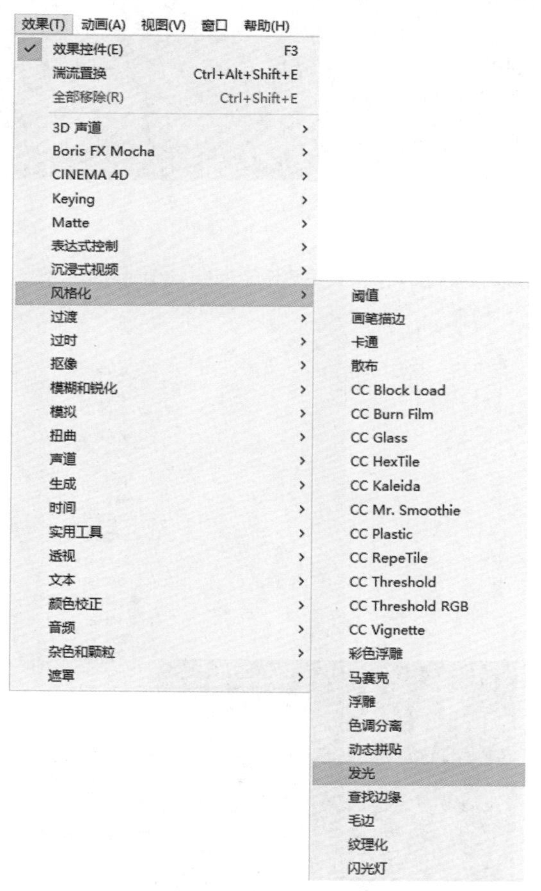

图9-2-34

（7）在效果控件窗口设置发光的参数，发光半径为20，发光强度为1，发光操作为相加，发光颜色为原始颜色，如图9-2-35所示。

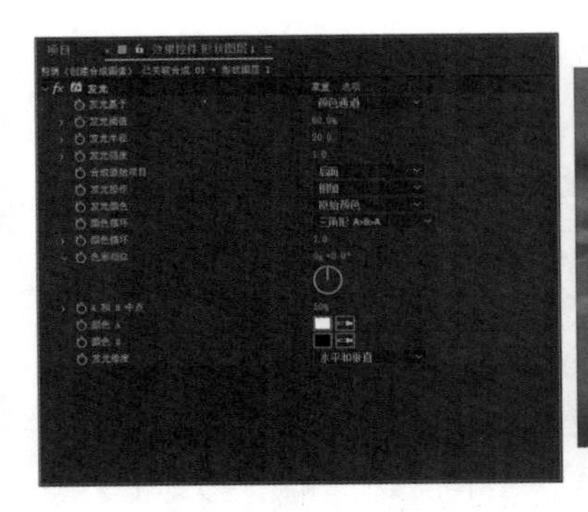

图 9-2-35

（8）给发光强度添加表达式wiggle（5，0.5），如图9-2-36所示。

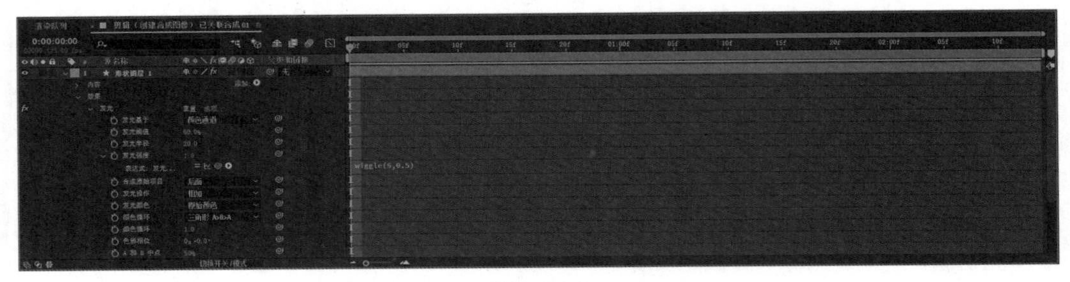

图 9-2-36

（9）给形状图层1添加修剪路径，单击添加后面的小三角，选择修剪路径，如图9-2-37所示。

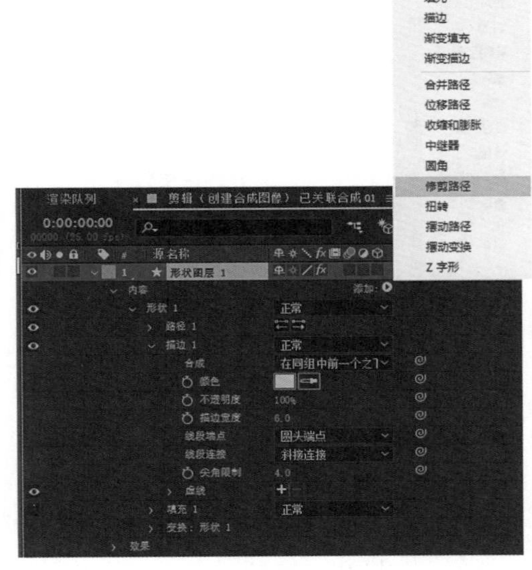

图 9-2-37

（10）制作结束的关键帧动画，00:00时刻结束数值为0%，00:10时刻结束数值为100%，如图9-2-38所示。

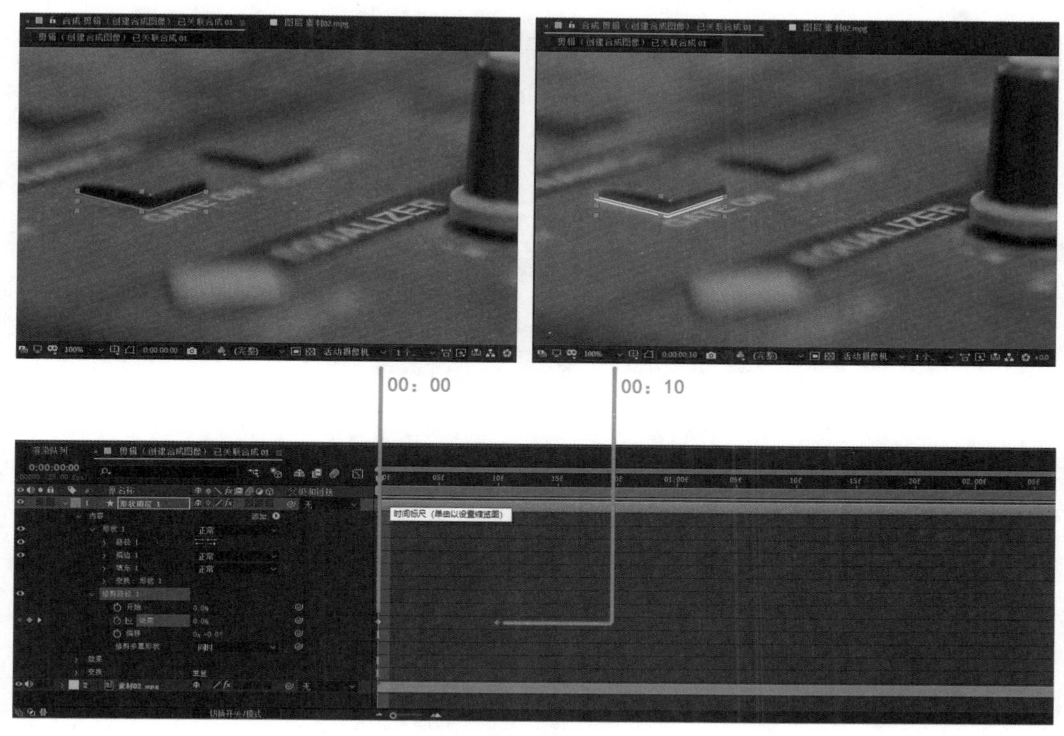

图9-2-38

（11）展开图表编辑器，编辑速度曲线的形状，如图9-2-39所示。

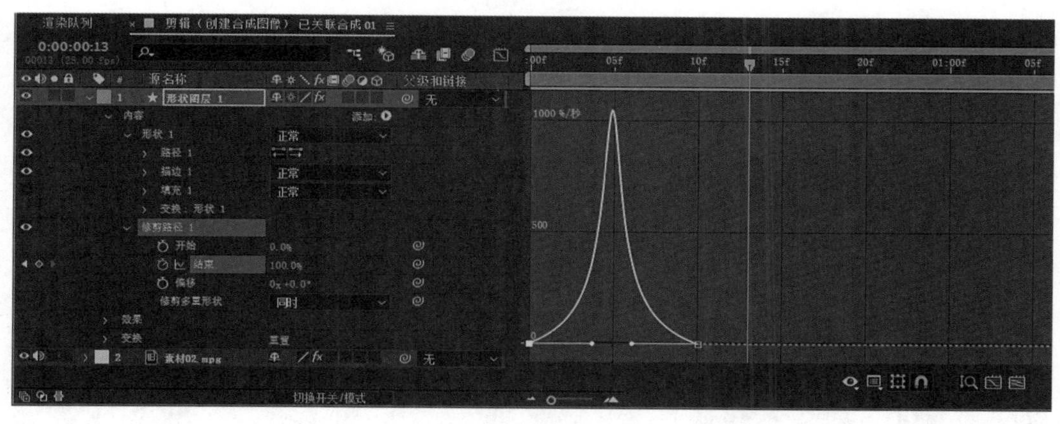

图9-2-39

（12）Ctrl+D 复制形状图层，命名为“形状图层 2”，添加湍流置换特效，执行【效果】—【扭曲】—【湍流置换】，如图 9-2-40 所示。

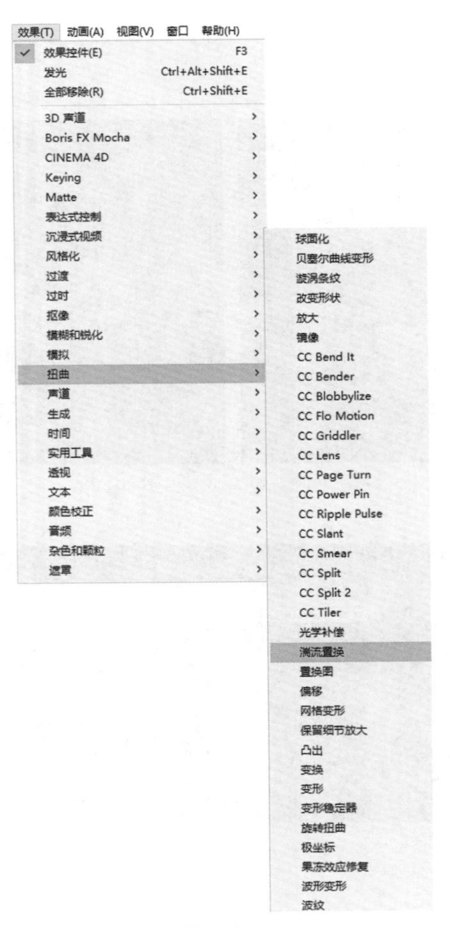

图9-2-40

（13）在效果控件窗口设置湍流置换的参数，数量为85，大小为5，如图9-2-41所示。

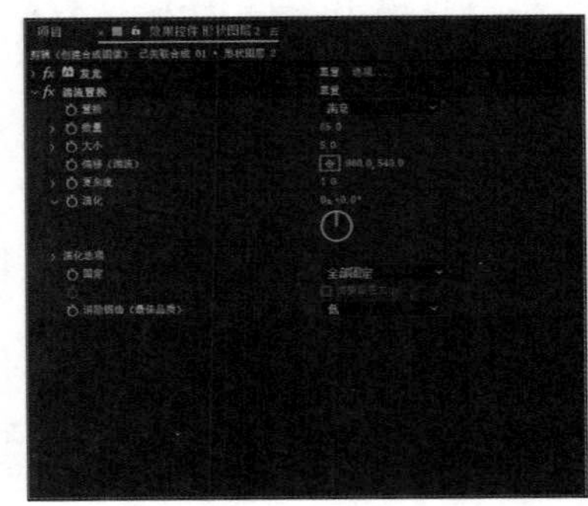

图9-2-41

（14）制作演化的关键帧动画，00:00时刻演化数值为0x+0°，02:13时刻演化数值为1x+0°，如图9-2-42所示。

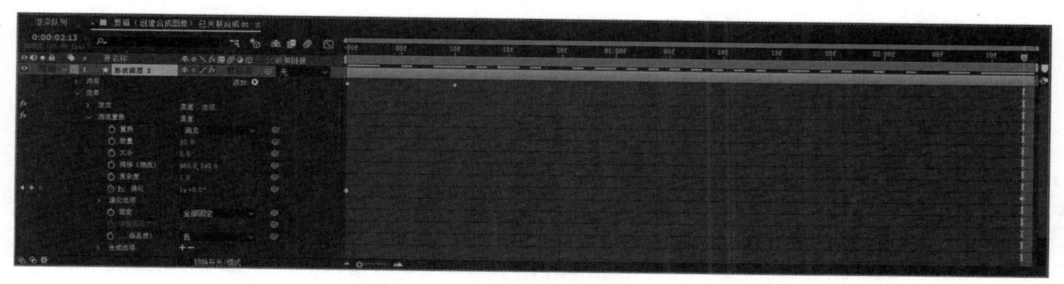

图9-2-42

（15）把两个形状图层预合成，选中“形状图层1”和“形状图层2”，执行【图层】—【预合成...】，如图9-2-43所示。

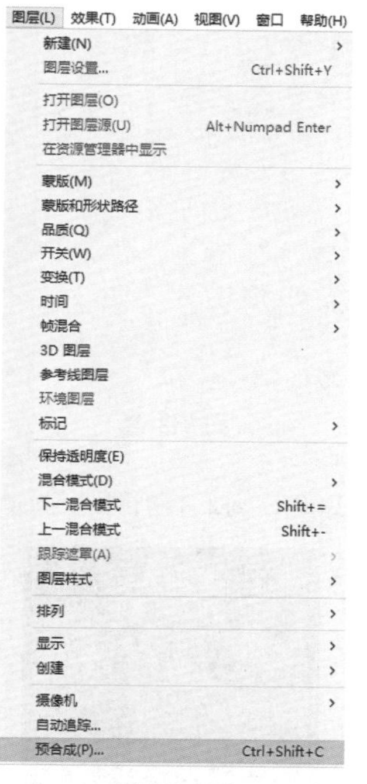

图9-2-43

（16）在弹出的预合成对话框中，修改新合成的名称为“发光线条”，选择【将所有属性移动到新合成】，如图9-2-44所示。

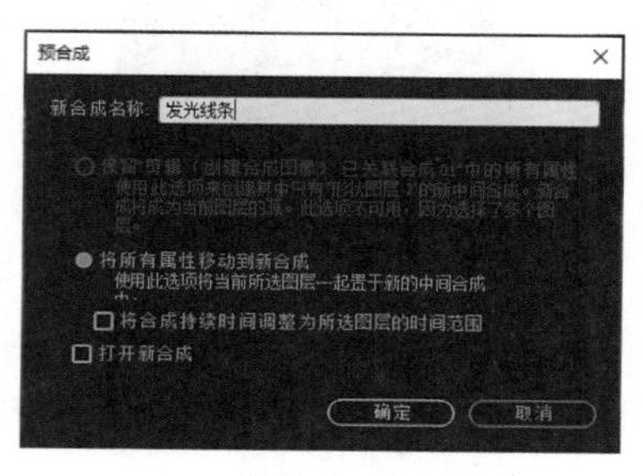

图9-2-44

（17）新建空对象图层，执行【图层】—【新建】—【空对象】，如图9-2-45所示。

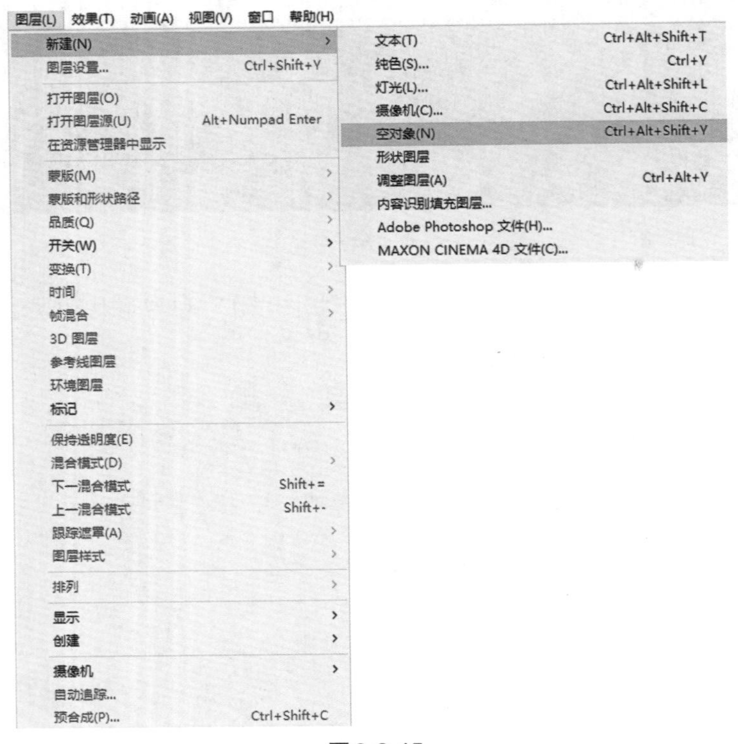

图9-2-45

（18）时间指示器定位到00:00时刻，打开跟踪器窗口，如图9-2-46所示。

图9-2-46

（19）选择“素材02”图层，单击【跟踪运动】，在打开的图层窗口中，定义跟踪点的位置及范围，如图9-2-47所示。

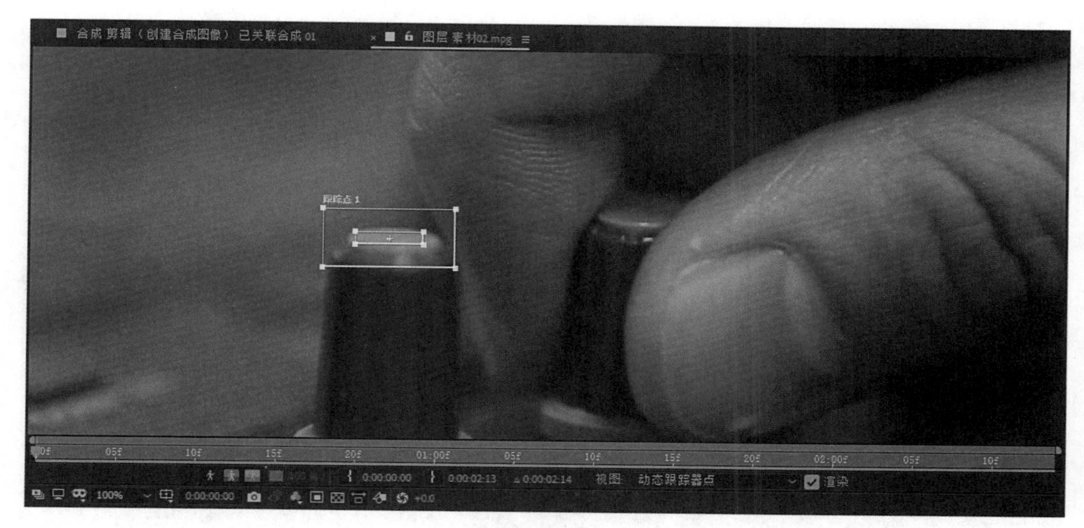

图9-2-47

（20）单击【向前分析】按钮▶进行分析计算，单击【编辑目标】按钮编辑目标...，在弹出的【运动目标】对话框中选择“1.空1”，如图9-2-48所示。

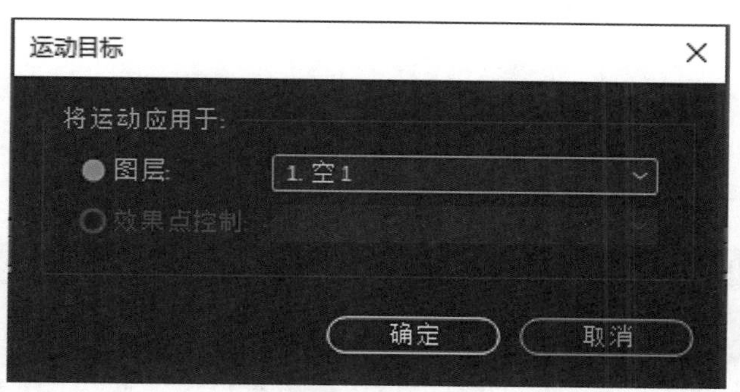

图9-2-48

（21）单击【应用】按钮，在弹出的【动态跟踪器应用选项】对话框中，应用维度选择“X和Y”，如图9-2-49所示。

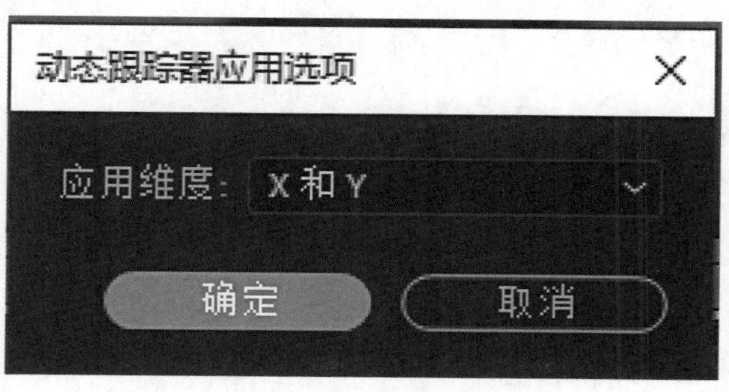

图9-2-49

（22）时间指示器定位到00:00时刻，设置“发光线条”图层为“空 1”的子层，在“发光线条”的父级和链接面板中选择“1. 空 1”，如图9-2-50所示。

图9-2-50

（23）用同样的方法可以制作多个不同颜色、不同形状的线条动画，保存After Effects工程文件。关闭After Effects软件，此时Premiere Pro时间线上原来的“素材02”片段自动被“剪辑（创建合成图像）”代替，After Effects制作的效果也同步出现在Premiere Pro的工程中，如图9-2-51所示。

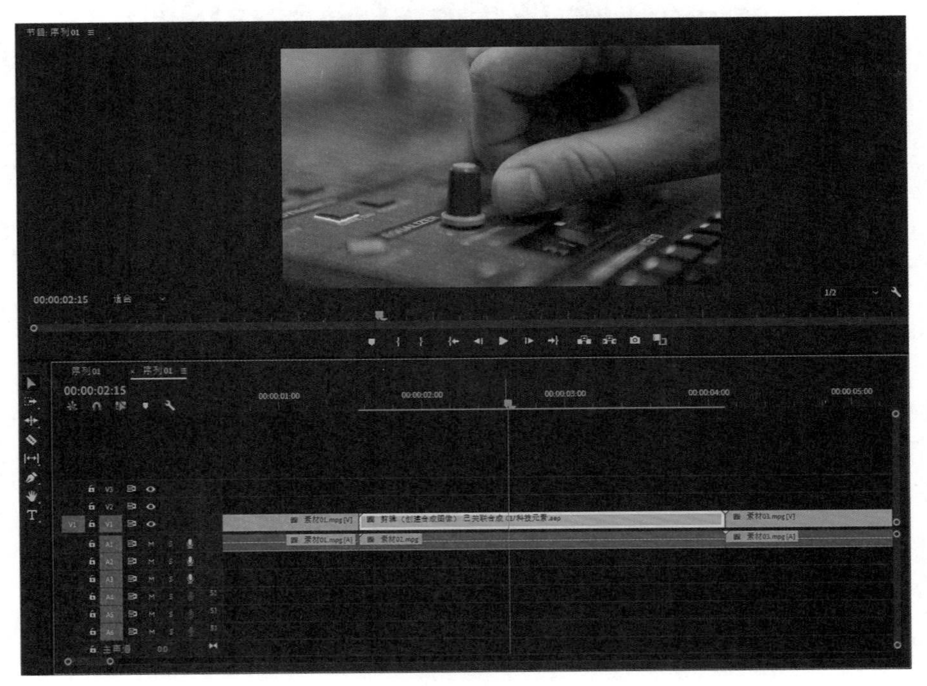

图9-2-51

（24）渲染生成。

拓展练习：通过实践探索After Effects软件与Premiere Pro软件的协同工作模式。

三、After Effects与Cinema 4D的协同合作

Cinema 4D与After Effects结合最是让人心动，因为这两款软件都有它不同的特性，在不同的领域占据半壁江山，它们的结合也如虎添翼般为设计师带来更多创意的灵感，实现了平面三维化、三维特效化。而两者的文件互导也非常方便与快捷。

（一）Cinema 4D 软件简介

Cinema 4D简称C4D，是德国Maxon Computer研发的3D绘图软件，以高运算速度和强大的渲染插件著称，并且在用其描绘的各类电影中表现突出。随着其技术越来越成熟，越来越多的电影公司开始重视它的使用。同时，在电视包装领域，该软件也表现非凡，如今在国内已成为三维主流软件，前途也必将更加光明。相比于MAYA等三维软件，C4D的学习门槛低很多。

（二）Cinema 4D 动画渲染导入 After Effects 中特效合成

（1）启动Cinema 4D软件，创建文字“@”，如图9-3-1所示。

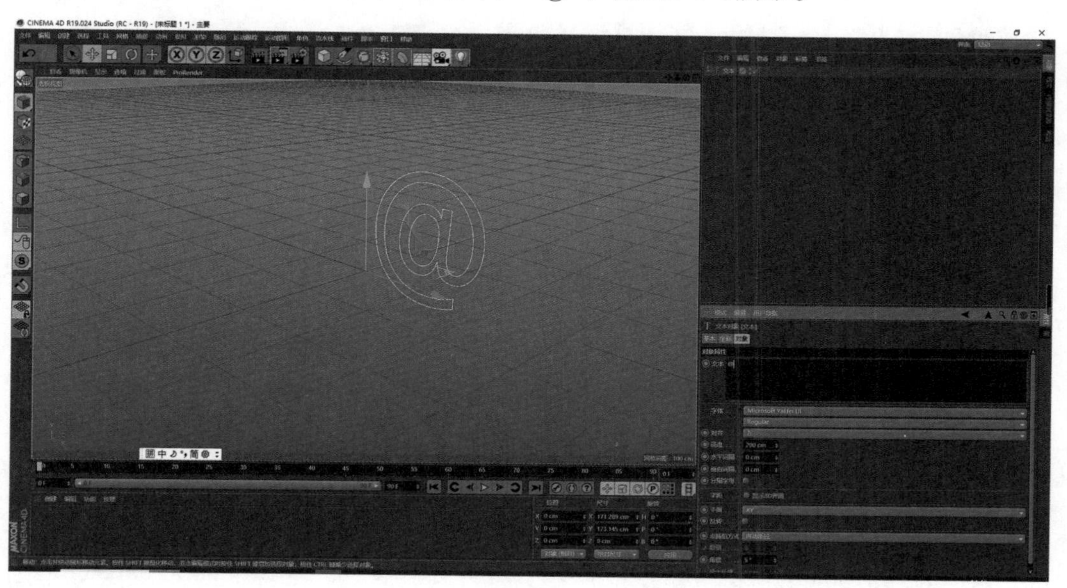

图9-3-1

（2）给文本添加挤压修改器，如图9-3-2所示。

图9-3-2

（3）打开【对象】选项，设置移动为（0cm，0cm，30cm），打开【封顶】选项，设置顶端为圆角封顶，步幅为5，半径为2cm，末端为圆角封顶，步幅为5，半径为2cm，如图9-3-3所示。

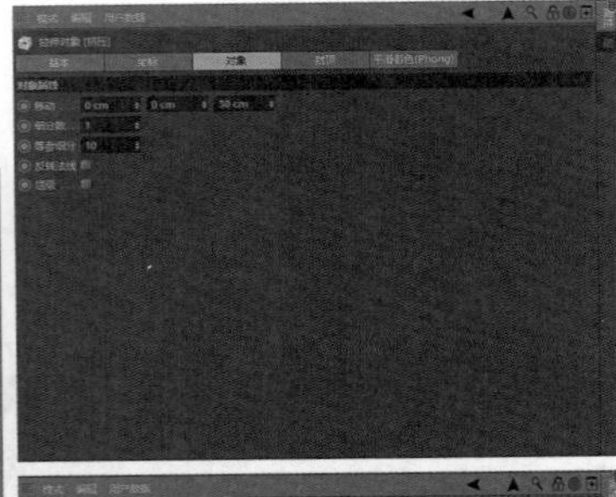
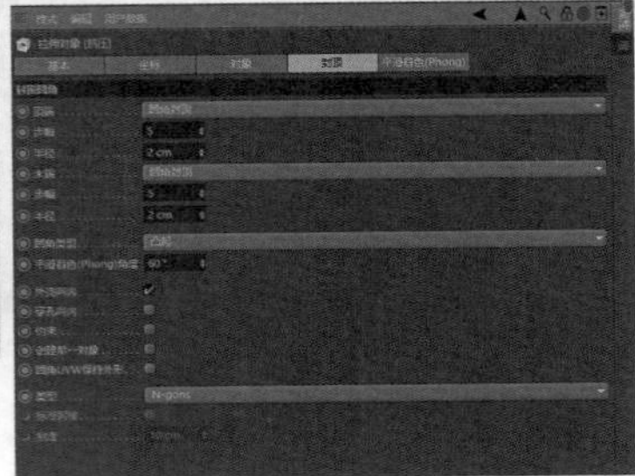

图9-3-3

（4）新建材质球，命名为“打底材质”，如图9-3-4所示。

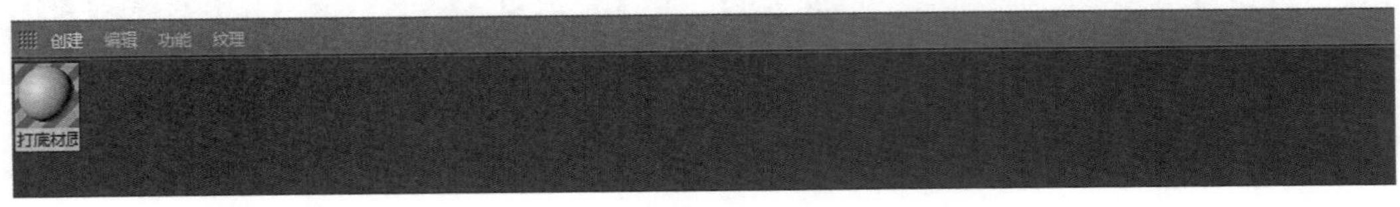

图9-3-4

（5）双击打开材质编辑器，选择反射，删除默认高光，添加各向异性，如图9-3-5所示。

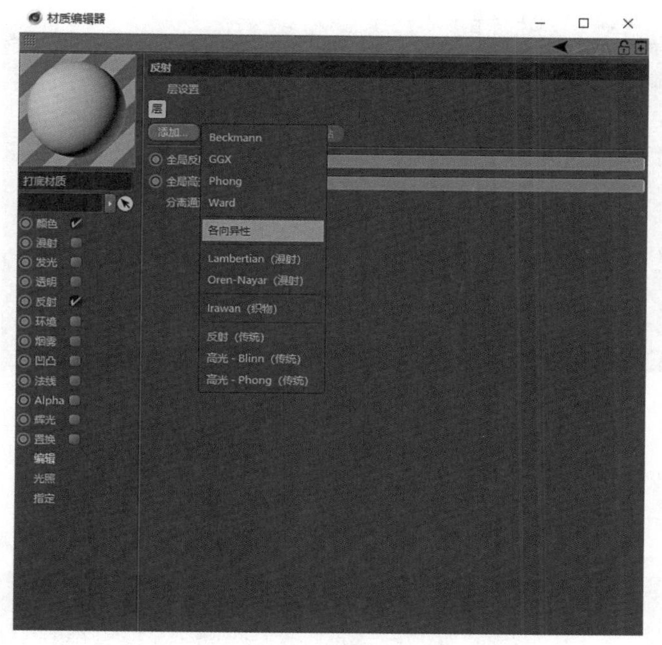

图9-3-5

（6）设置粗糙度为20%，反射强度为60%，如图9-3-6所示。

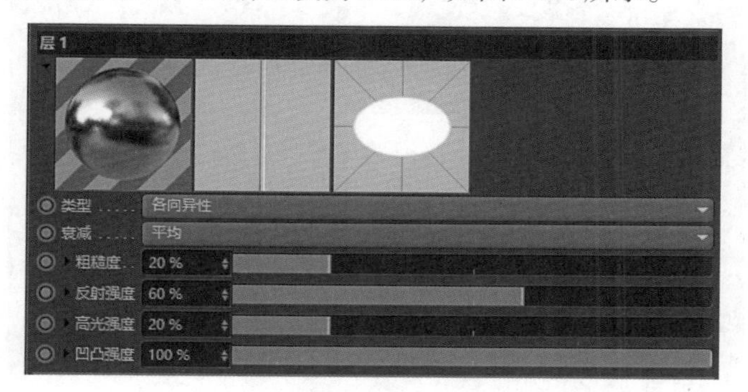

图9-3-6

（7）展开层菲涅耳，菲涅耳选择为导体，预置选择为钢，如图9-3-7所示。

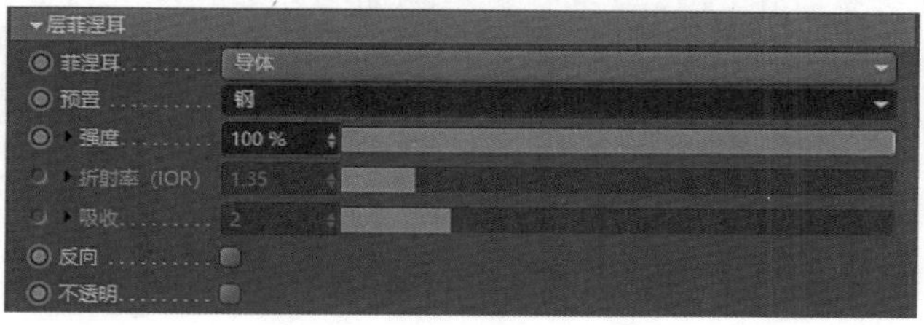

层菲涅耳
菲涅耳　导体
预置　钢
强度　100 %
折射率（IOR）　1.35
吸收　2
反向
不透明

图9-3-7

（8）设置层各向异性的参数，图案模式选择为自定义，最大角度为0°，划痕选择为主级，各向异性为90%，方向为90°，主级缩放为20%，如图9-3-8所示。

层各向异性
重投射……无
图案模式……自定义
最大角度 0°
镜像……无
划痕……主级
各向异性 90 %
方向…… 90°
主级振幅 100 %
主级缩放 20 %
主级长度 100 %
主级衰减 100 %

图9-3-8

（9）添加高光-Blinn（传统），设置衰减为金属，宽度为60%，高光强度为40%，如图9-3-9所示。

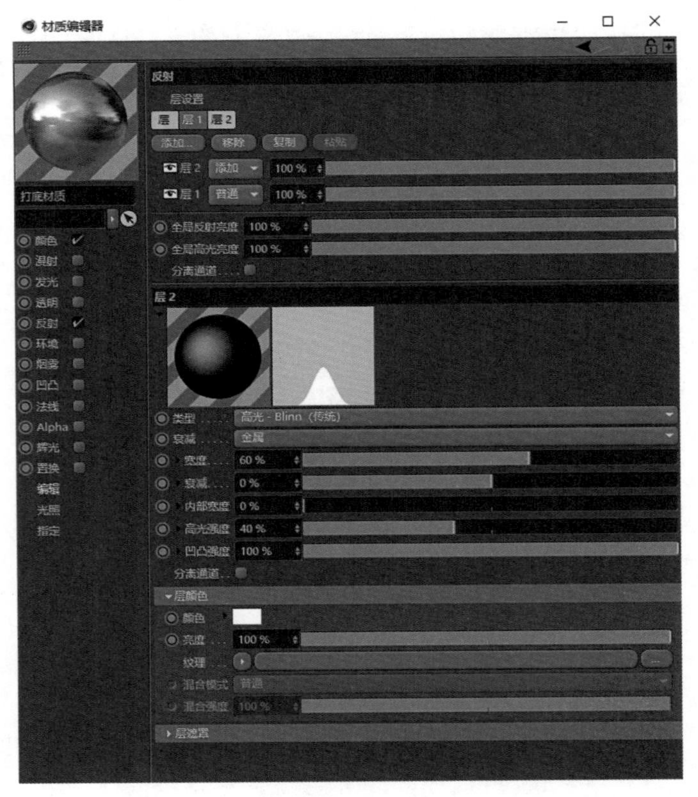

图9-3-9

（10）把“打底材质”赋予挤压对象。创建天空，创建新的材质球，命名为“天空材质”，如图9-3-10所示。

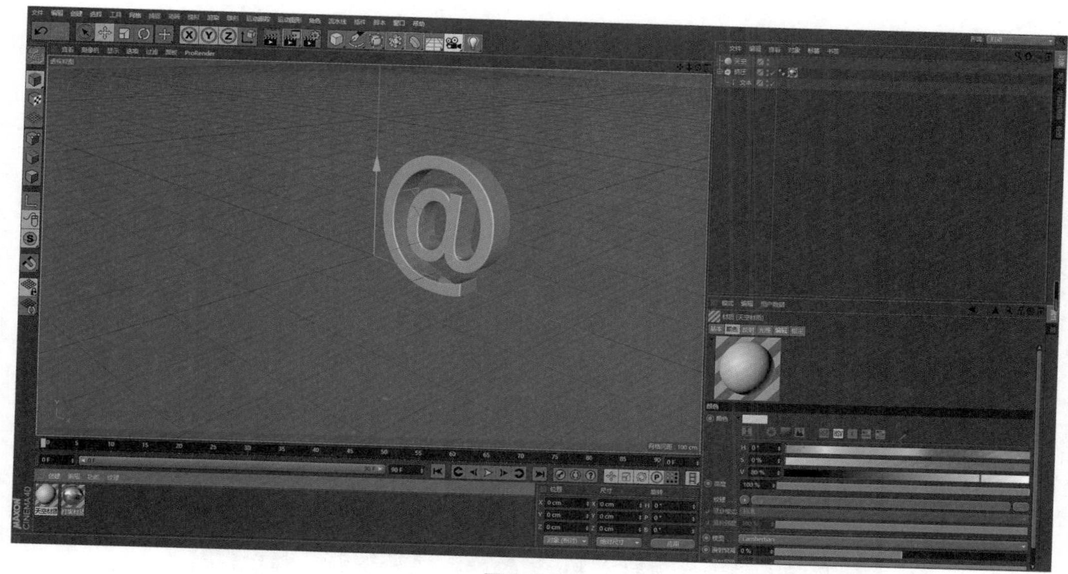

图9-3-10

（11）双击打开“天空材质”，取消颜色和反射，只勾选发光，在纹理通道加载图像，如图9-3-11所示。

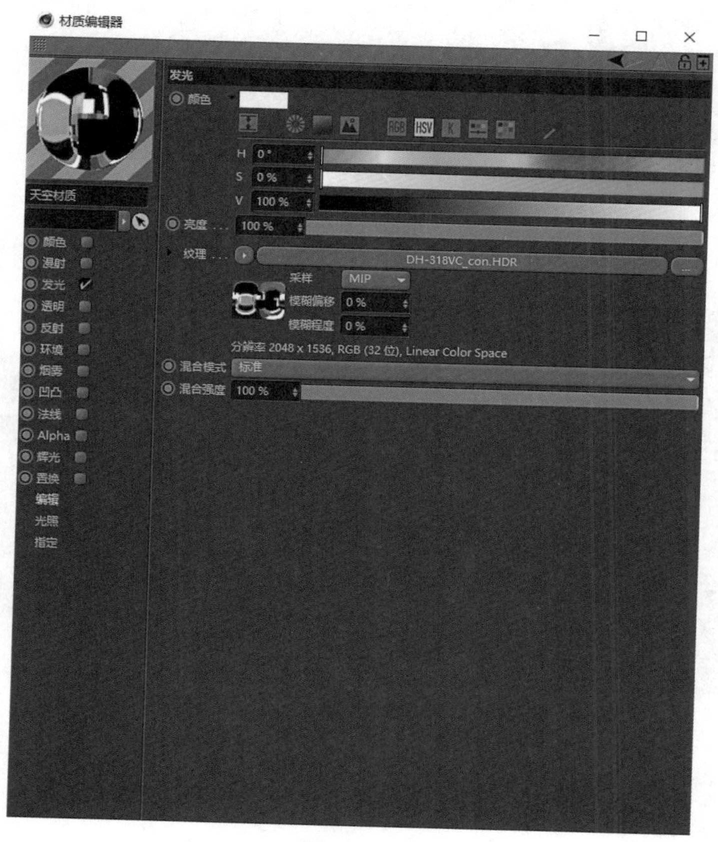

图9-3-11

（12）添加过滤，设置明度为–60%，对比度为30%，如图9-3-12所示。

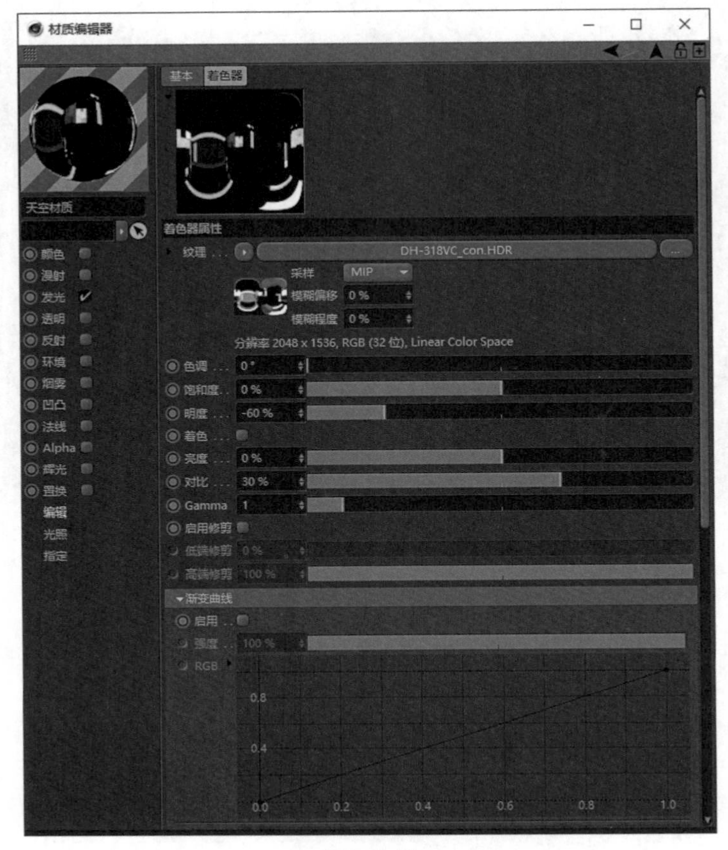

图9-3-12

（13）把“天空材质”赋予天空，添加合成标签，取消摄像机可见，如图9-3-13所示。

图9-3-13

（14）复制“打底材质”，改名为“倒角材质”，修改层2的宽度为80%，高光强度为80%，如图9-3-14所示。

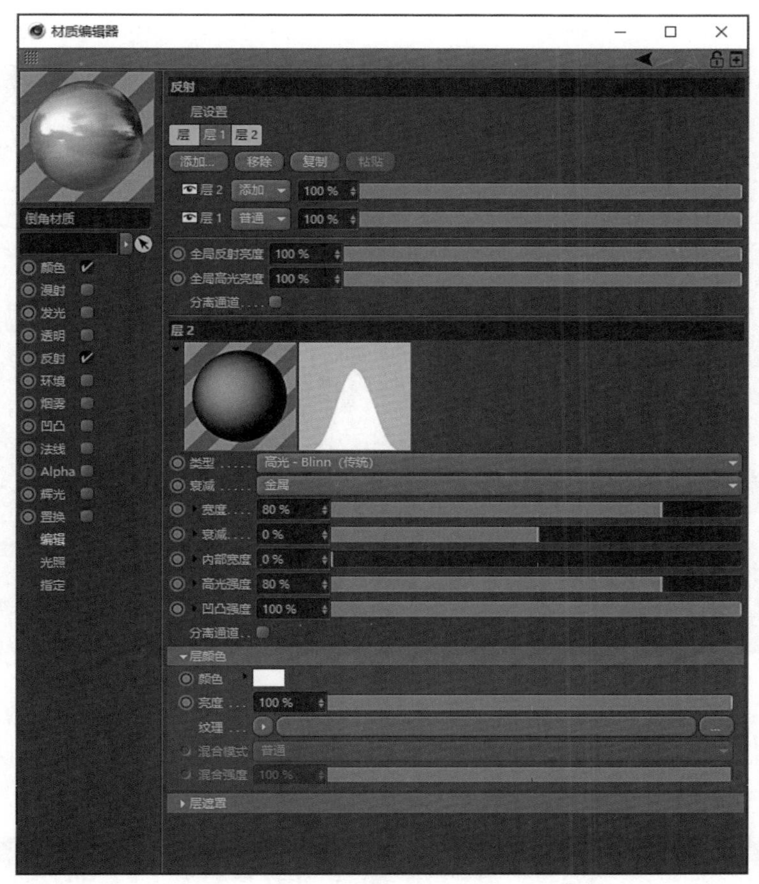

图9-3-14

（15）把“倒角材质”赋予挤压对象，在【标签】面板设置选集为R1，即把高反光的材质赋予倒角，如图9-3-15所示。

图9-3-15

（16）创建2个灯光，调整位置，适当调整灯光强度，如图9-3-16所示。

图9-3-16

（17）创建平面，命名为“反光板”，移动到立体对象的上面，新建材质球，命名为“反光板材质”，如图9-3-17所示。

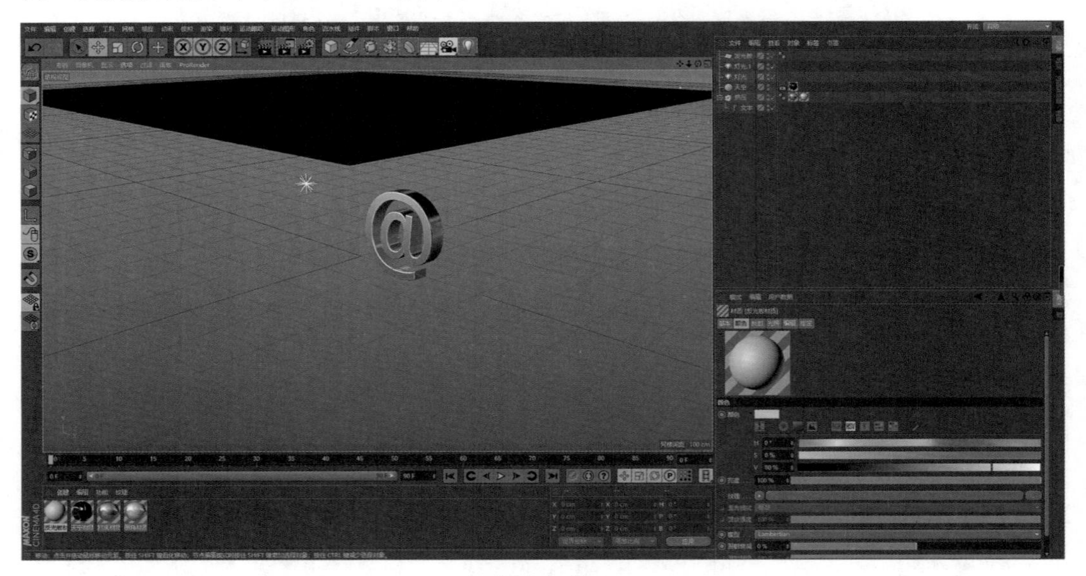

图9-3-17

（18）双击编辑“反光板材质”，取消颜色和反射，只留下发光，如图9-3-18所示。

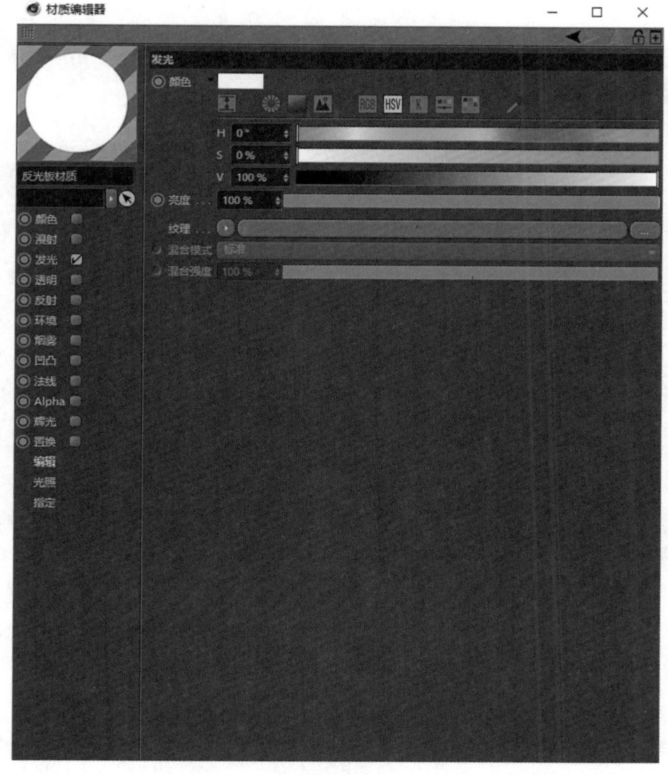

图9-3-18

（19）把“反光板材质”赋予反光板，旋转反光板的角度，给反光板添加合成标签，取消摄像机可见，如图9-3-19所示。

图9-3-19

（20）调整轴心点。单击【启用轴心】按钮，把轴心点坐标移动到立体对象的中心，关闭【启用轴心】按钮，如图9-3-20所示。

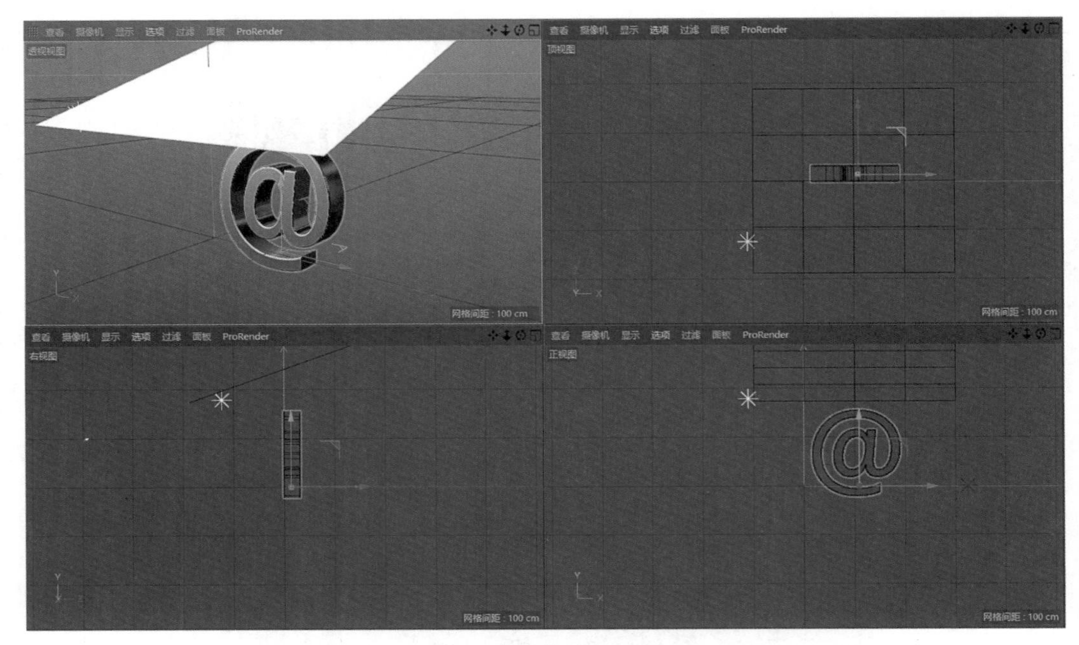

图9-3-20

（21）制作动画。Ctrl+D调出工程设置，设置帧率为25，最大时长为74F，持续时间为3秒，如图9-3-21所示。

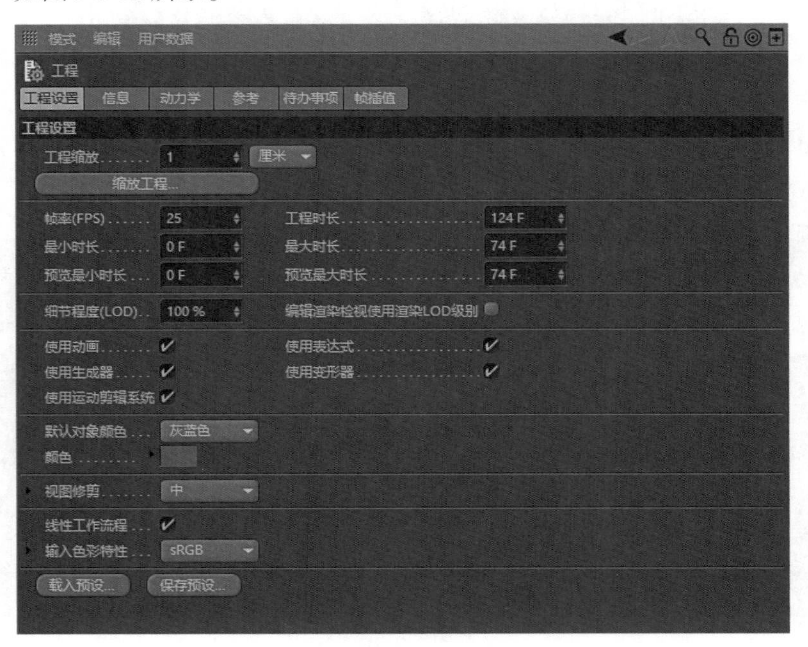

图9-3-21

（22）时间定位到0F时刻，R.H数值为–5，记录关键帧；时间定位到50F时刻，R.H数值为10，记录关键帧，如图9-3-22所示。

图9-3-22

（23）单击【编辑渲染设置】按钮，打开【渲染设置】对话框，设置输出的参数，宽度为1920，高度为1080，帧频为25，帧范围选择为全部帧，如图9-3-23所示。

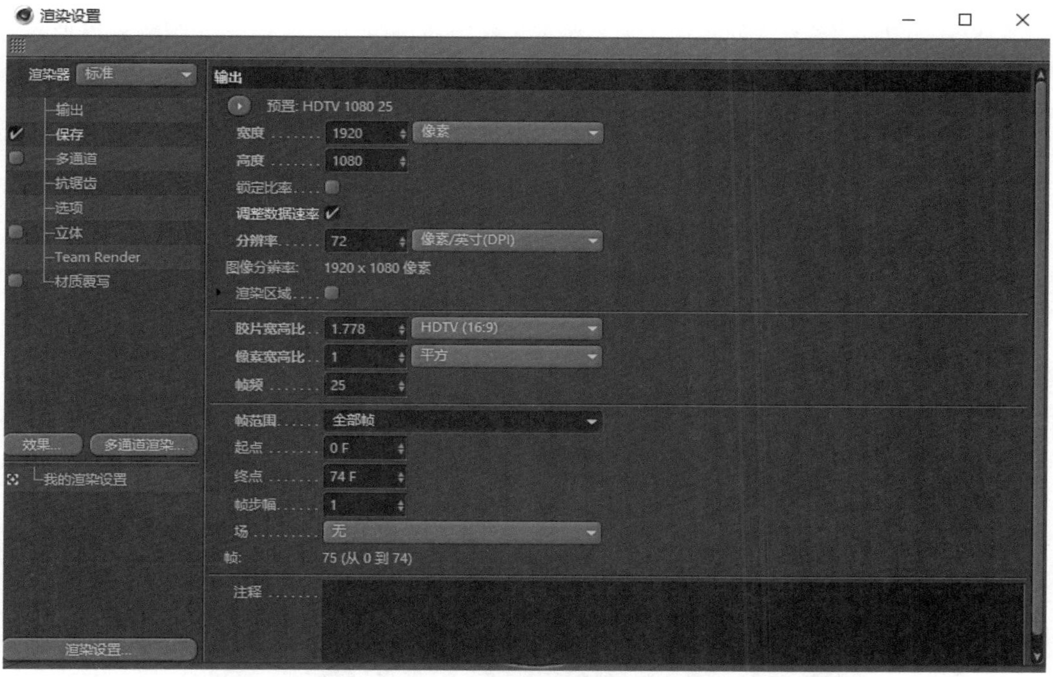

图9-3-23

（24）设置保存的参数，定义输出文件存储位置即名称，勾选Alpha通道，如图9-3-24所示。

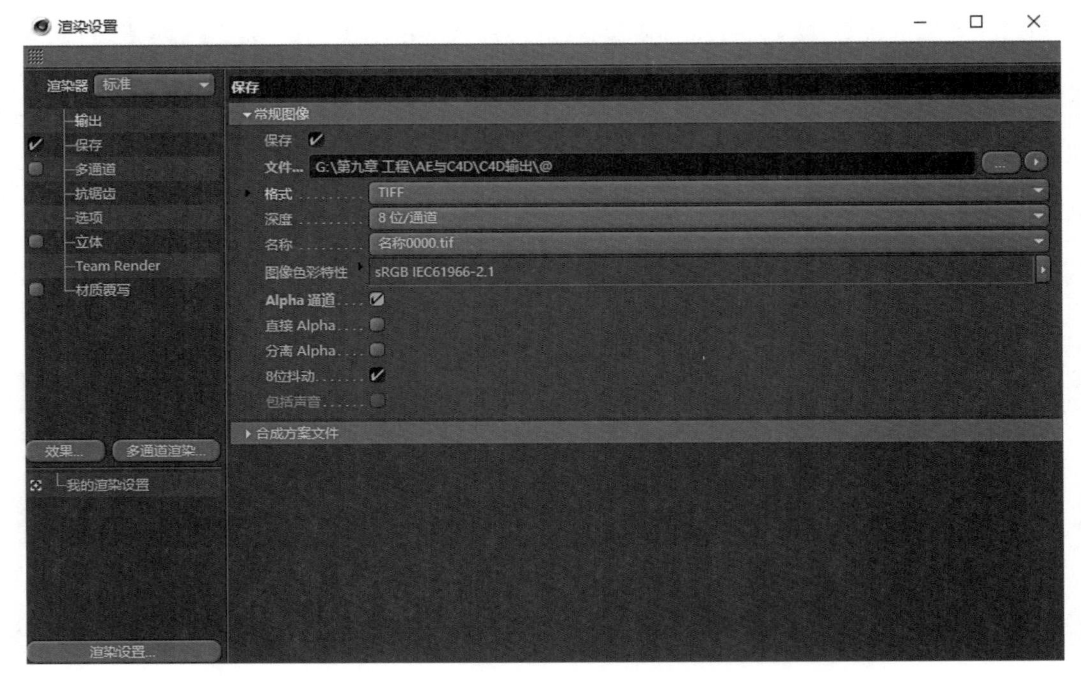

图 9-3-24

（25）添加到渲染队列，单击【开始渲染】按钮进行渲染输出，如图9-3-25所示。

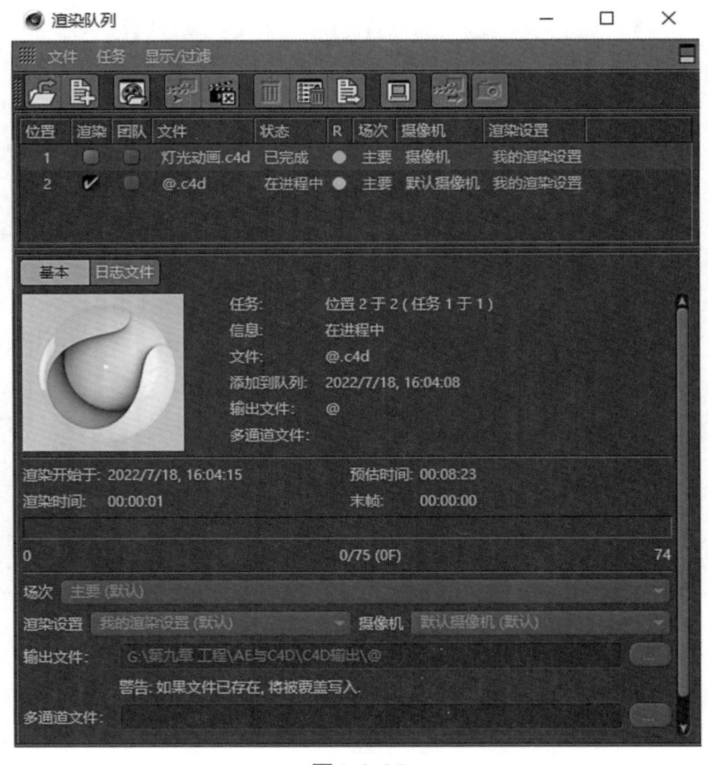

图 9-3-25

（26）关闭Cinema 4D软件，启动After Effects软件，新建项目，命名为“@动画”。导入Cinema 4D渲染输出的序列文件，选中序列的第一个文件，勾选TIFF序列，如图9-3-26所示。

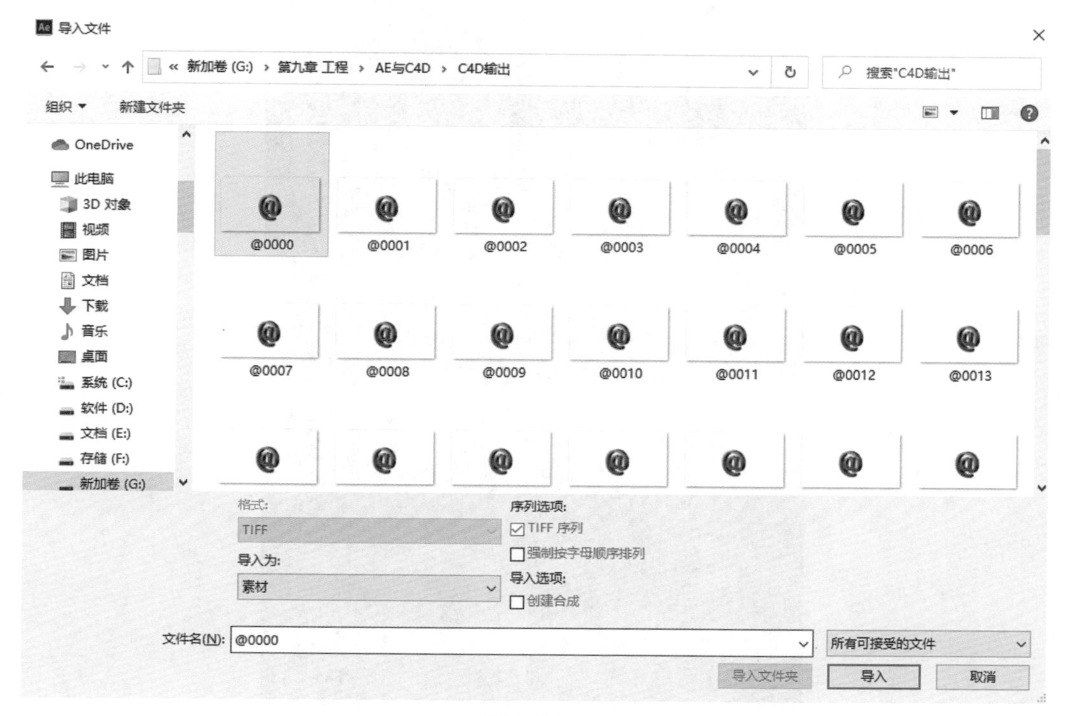

图9-3-26

（27）在弹出的解释素材对话框中，单击【猜测】，自动匹配Alpha通道，如图9-3-27所示。

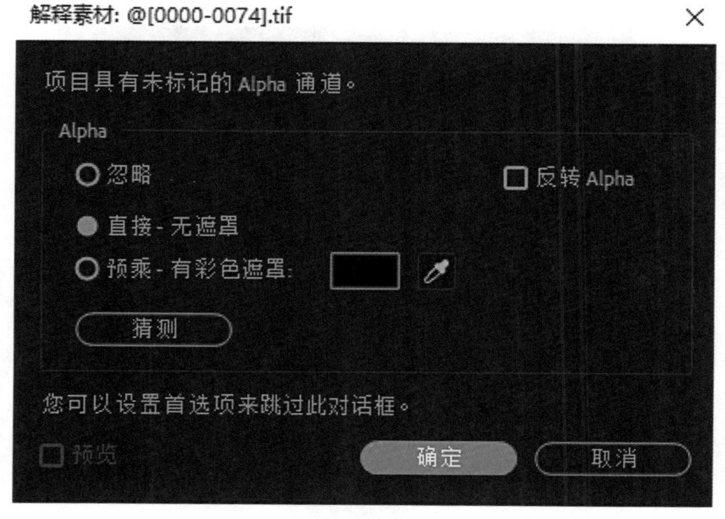

图9-3-27

（28）在项目窗口中单击【序列素材】，单击鼠标右键，在弹出的快捷菜单中选择【解释素材】，修改帧速率为25帧/秒，如图9-3-28所示。

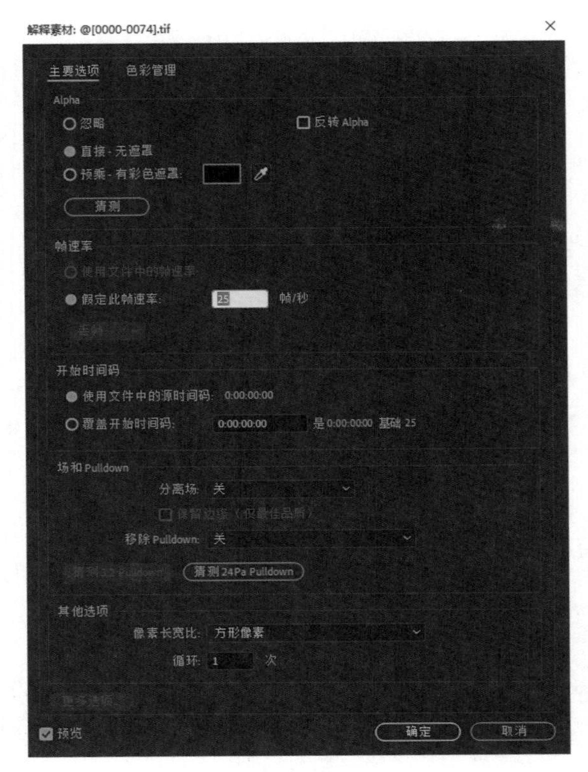

图9-3-28

（29）新建合成，命名为“@动画”，预设为HDTV 1080 25，持续时间为3秒，如图9-3-29所示。

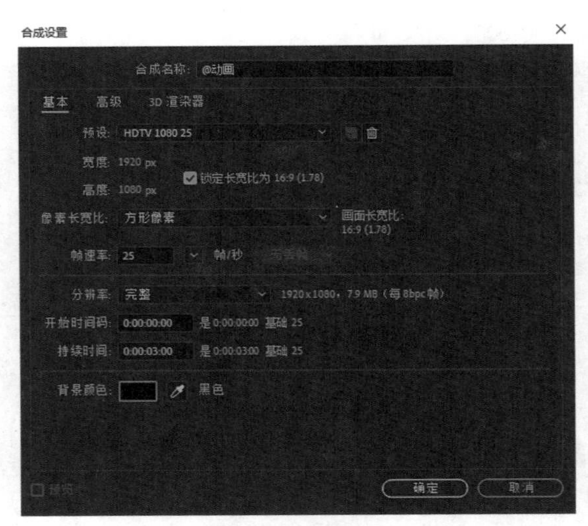

图9-3-29

（30）把序列素材添加到时间线，新建白色纯色层，添加毛边特效，执行【效果】—【风格化】—【毛边】，如图9-3-30所示。

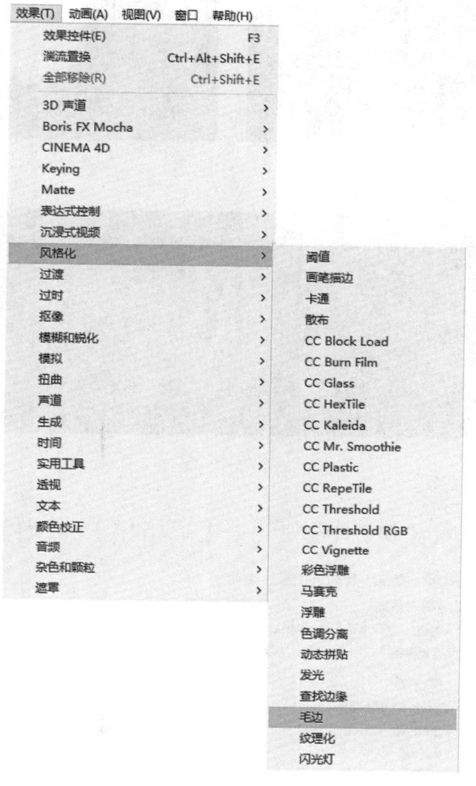

图9-3-30

（31）在效果控件窗口设置毛边的参数，边界为500，边缘锐度为10，给演化添加表达式——time×50，如图9-3-31所示。

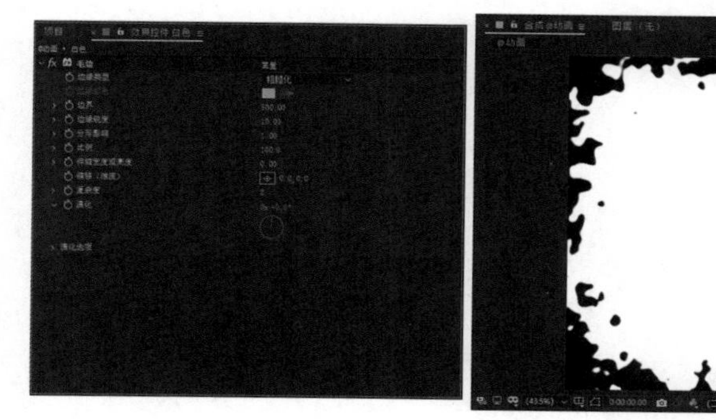

图9-3-31

（32）选择白色图层，绘制矩形蒙版，制作蒙版形状动画，00:00时刻蒙版在合成的左侧，02:00时刻蒙版覆盖整个合成，设置蒙版羽化数值为（50，50），如图9-3-32所示。

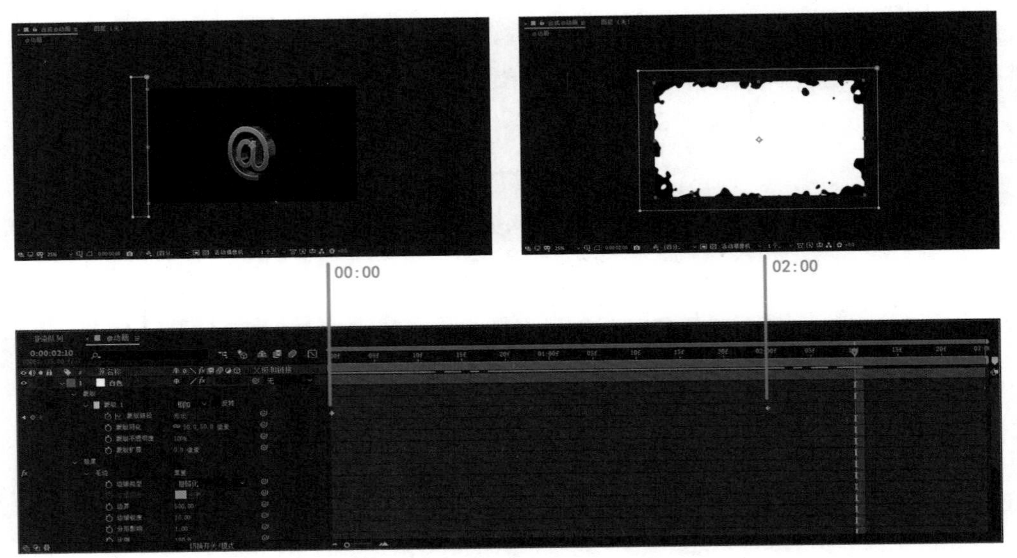

图 9-3-32

（33）添加马赛克特效。执行【效果】—【风格化】—【马赛克】，如图 9-3-33 所示。

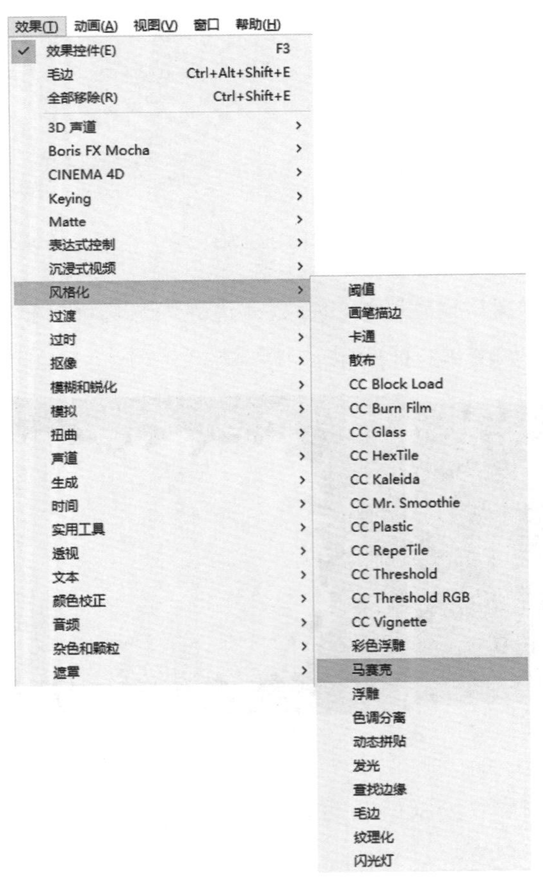

图 9-3-33

（34）在效果控件窗口设置马赛克的参数，水平块为 60，垂直块为 40，如图 9-3-34 所示。

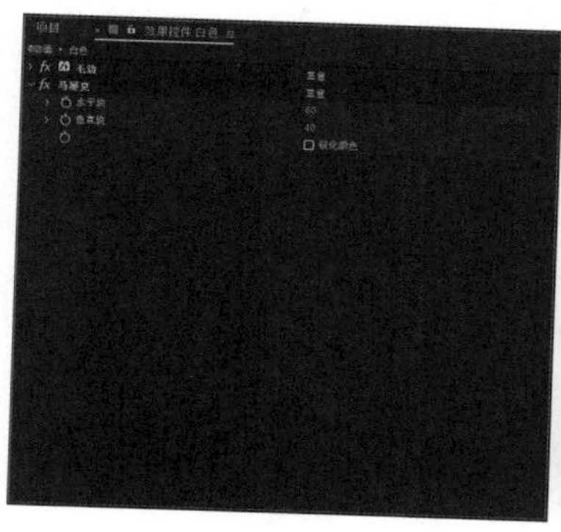
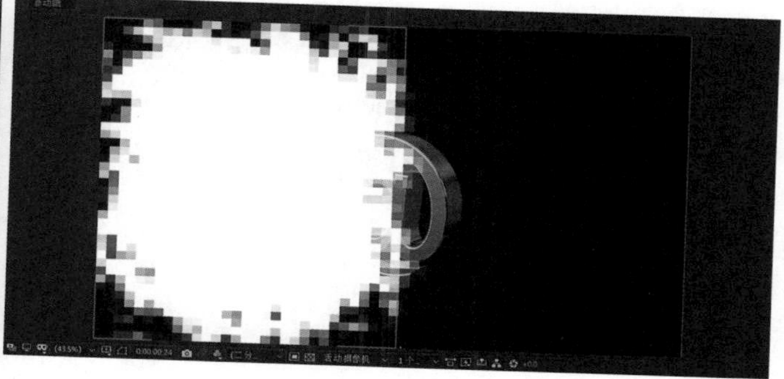

图 9-3-34

（35）设置轨道蒙版。选择序列图层，在轨道蒙版下拉菜单中选择【Alpha 遮罩“白色”】，如图 9-3-35 所示。

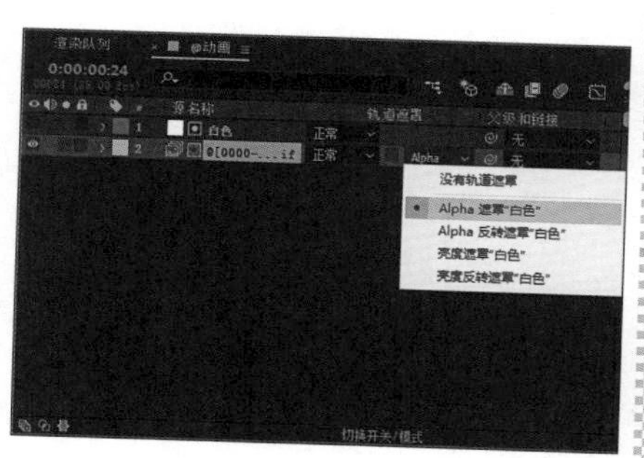

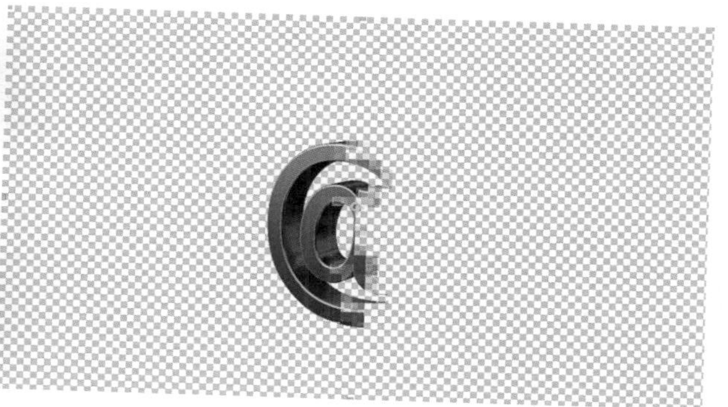

图 9-3-35

（36）选中序列和白色图层，Ctrl+D 复制图层，分别改名为“白色—效果”“序列—效果”，如图 9-3-36 所示。

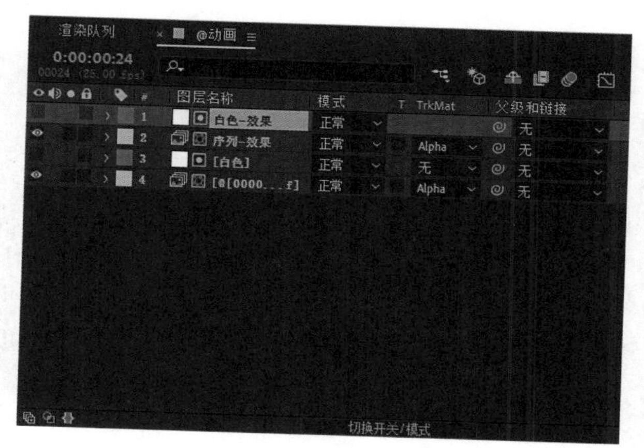

图 9-3-36

（37）选择“序列—效果”图层，添加填充特效，执行【效果】—【生成】—【填充】，如图9-3-37所示。

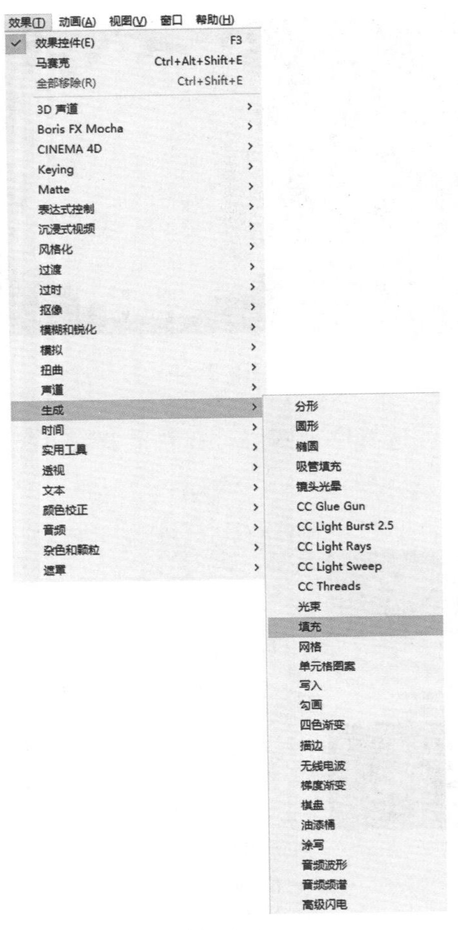

图9-3-37

（38）在效果控件窗口中设置填充的参数，颜色为白色，如图9-3-38所示。

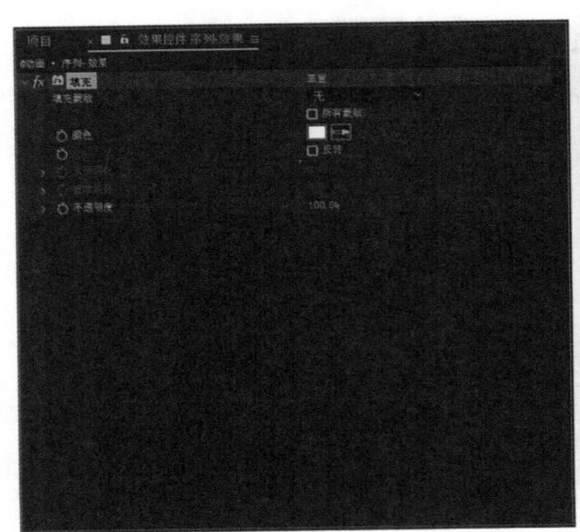

图9-3-38

（39）选择“序列—效果”和“白色—效果”图层进行预合成，命名为“方块效果”，勾选【将所有属性移动到新合成】，如图 9-3-39 所示。

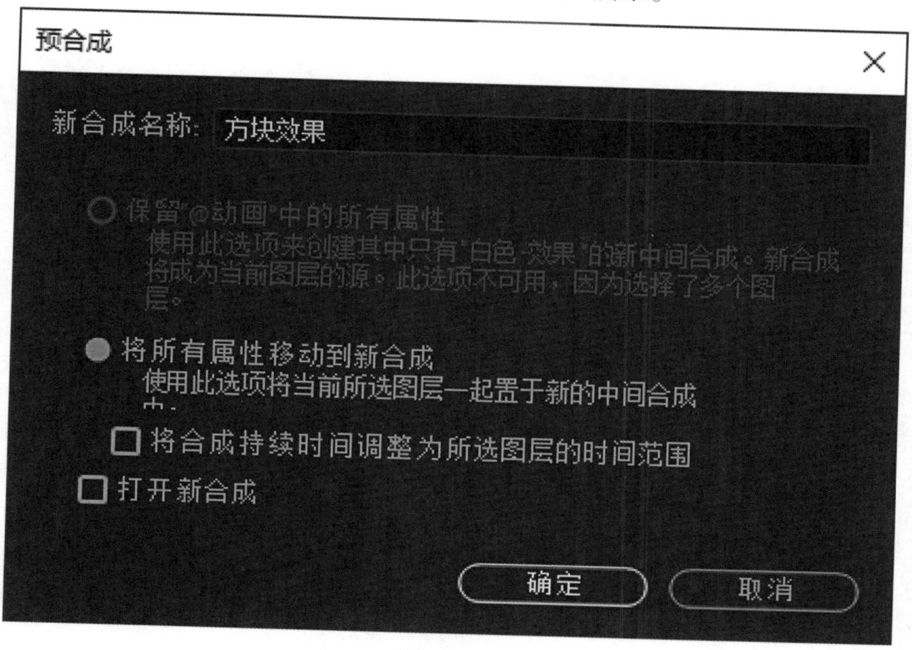

图 9-3-39

（40）Ctrl+D 复制“方块效果”，改名为“方块效果—轮廓”，层混合模式为轮廓 Alpha，如图 9-3-40 所示。

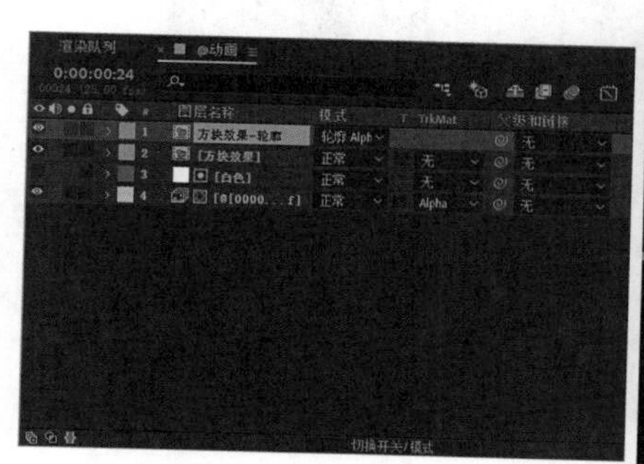
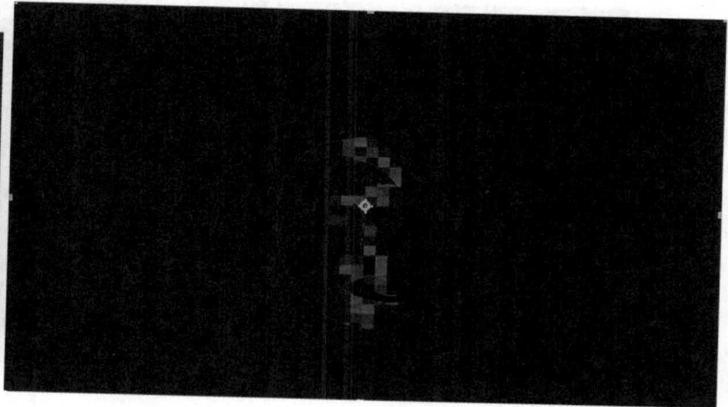

图 9-3-40

（41）选择“方块效果”图层，添加最大最小值特效，执行【效果】—【声道】—【最小/最大】，如图 9-3-41 所示。

图 9-3-41

（42）在效果控件窗口设置最小 / 最大的参数。操作选择为最小值，半径为 1，通道为 Alpha 和颜色，如图 9-3-42 所示。

图 9-3-42

（43）把“方块效果—轮廓”图层向后移动 2 帧，如图 9-3-43 所示。

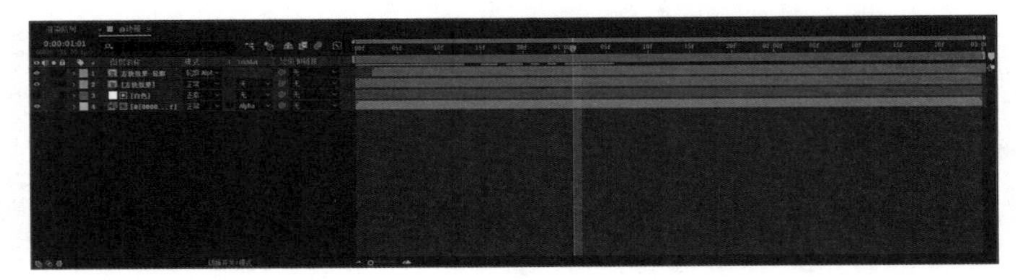

图 9-3-43

（44）选择“方块效果”和“方块效果—轮廓”图层进行预合成，命名为“彩色方块效果”，勾选【将所有属性移动到新合成】，如图9-3-44所示。

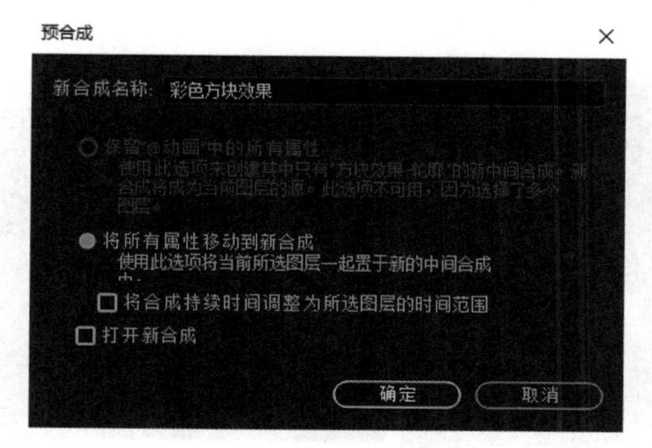

图9-3-44

（45）把“彩色方块效果”图层的混合模式设置为屏幕，添加CC Glass（CC玻璃）特效，执行【效果】—【风格化】—【CC Glass】，如图9-3-45所示。

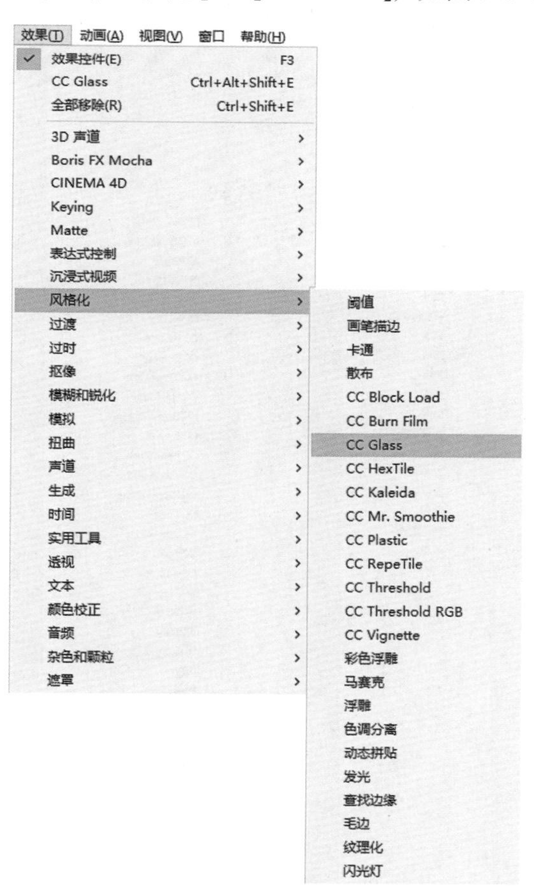

图9-3-45

（46）在效果控件窗口设置CC Glass（CC玻璃）的参数，Property（特性）为Alpha，Softness（羽化）为0.5，Height（高度）为–50，Displacement（置换）为200，如图9-3-46所示。

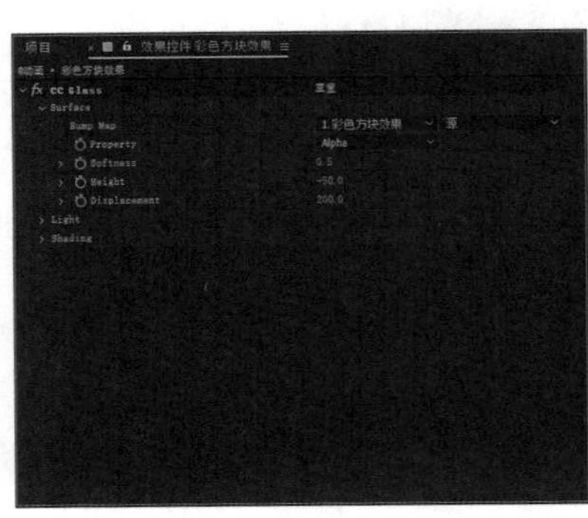

图9-3-46

（47）添加置换图特效，执行【效果】—【扭曲】—【置换图】，如图9-3-47所示。

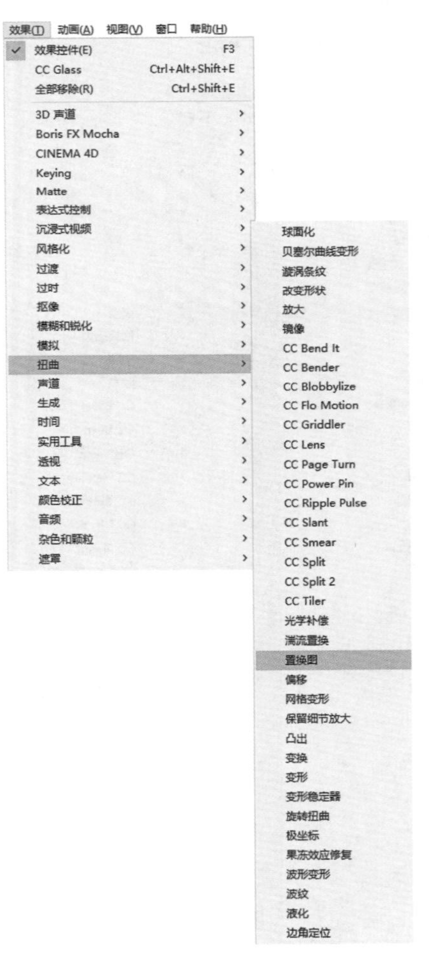

图9-3-47

（48）在效果控件窗口设置置换图参数，最大水平置换为150，如图9-3-48所示。

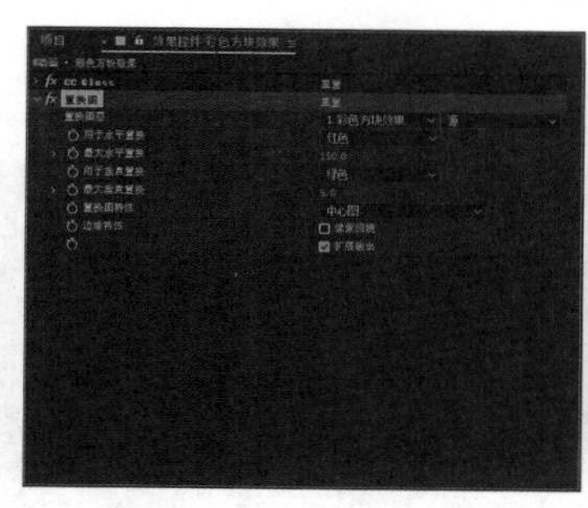

图9-3-48

（49）复制置换图特效，修改最大水平置换为-200，如图9-3-49所示。

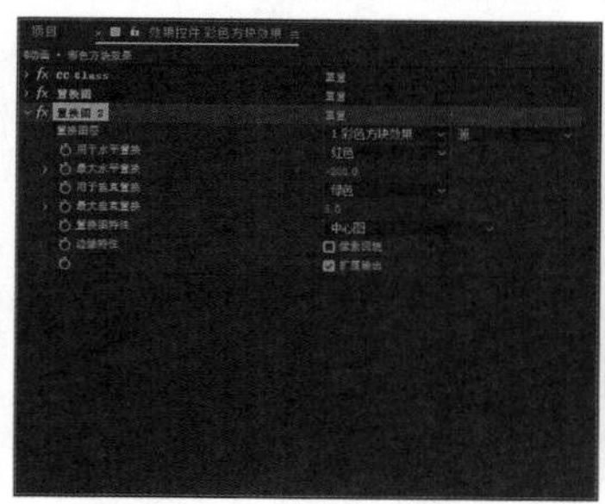

图9-3-49

（50）添加色光特效，执行【效果】—【颜色校正】—【色光】，如图9-3-50所示。

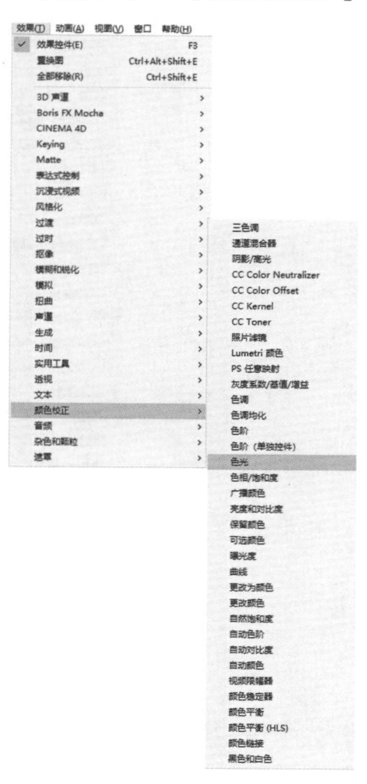

图9-3-50

（51）在效果控件窗口设置色光的参数，添加相位选择为“彩色方块效果”，取消勾选【修改Alpha】，如图9-3-51所示。

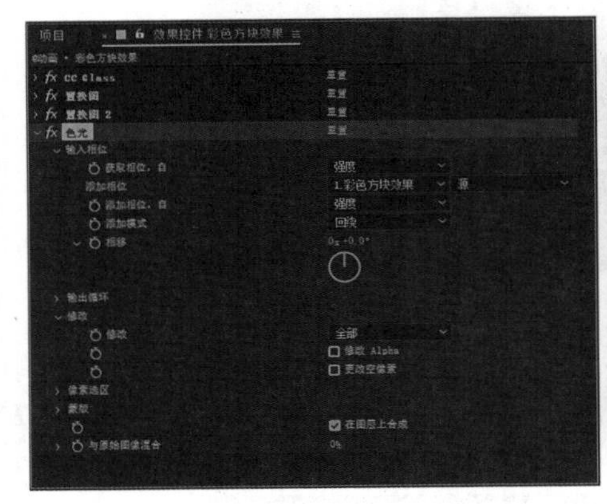

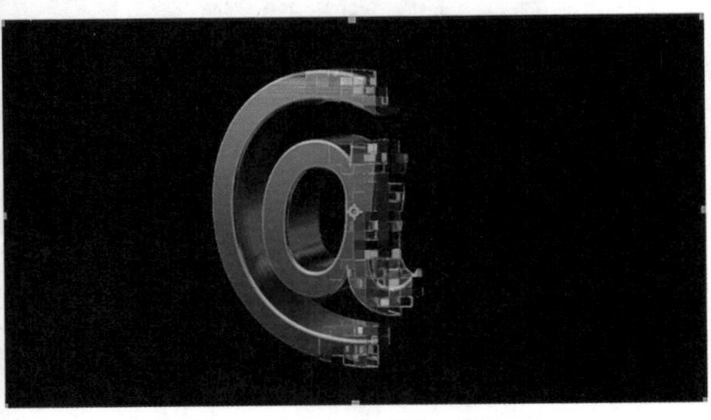

图9-3-51

（52）添加发光特效，执行【效果】—【风格化】—【发光】，如图9-3-52所示。

图9-3-52

（53）在效果控件窗口设置发光的参数，发光半径为50，发光强度为5，如图9-3-53所示。

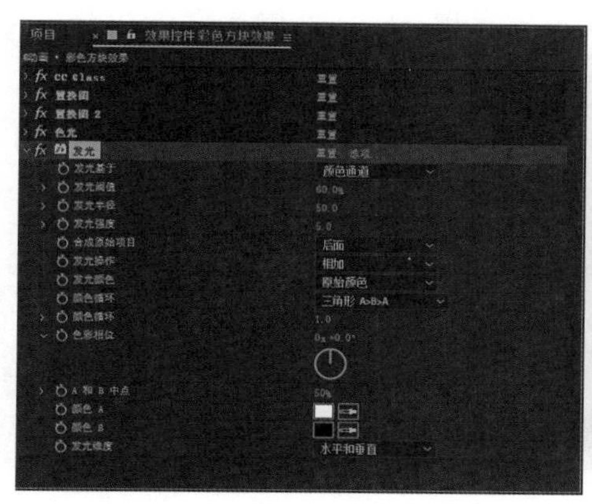

图9-3-53

（54）添加音效素材，渲染生成。

（三）Cinema 4D分通道渲染导入After Effects做优化

（1）启动Cinema 4D软件，新建项目，命名为“玻璃@”，创建圆盘作为地面，外部半径为500cm，如图9-3-54所示。

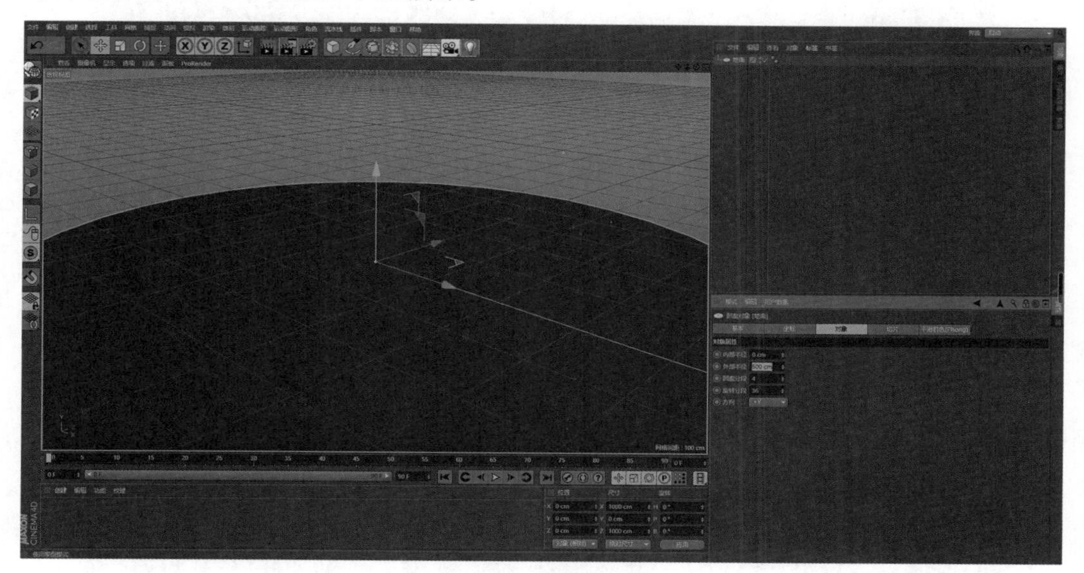

图9-3-54

（2）创建文字对象“@”，添加挤压修改器，设置挤压数值。【对象】选项里，移动数值为（0cm，0cm，30cm）；【封顶】选项里，顶端设置为圆角封顶，步幅为5，半径为2cm，末端设置为圆角封顶，步幅为5，半径为2cm，如图9-3-55所示。

图9-3-55

（3）创建球体，半径为15cm，添加克隆，设置克隆参数，模式为网格排列，数量为3×3×3，尺寸为（300cm，100cm，300cm），移动到立体@对象的上方，如图9-3-56所示。

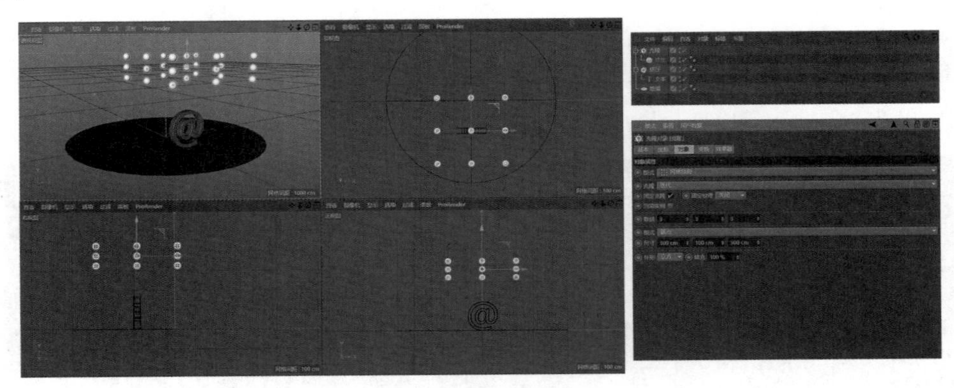

图9-3-56

（4）给球体添加刚体模拟标签，给挤压对象和地面添加碰撞体模拟标签，Ctrl+D打开项目设置，修改帧率为25，最大时长为124F，播放动画，小球掉落散开，如图9-3-57所示。

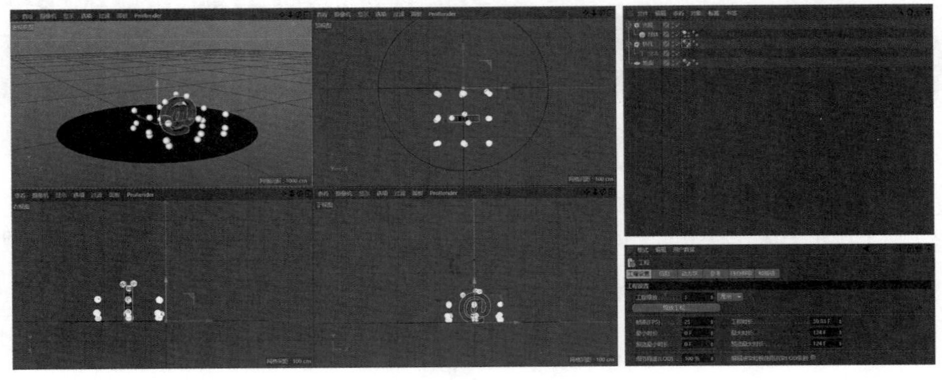

图9-3-57

（5）创建材质球，命名为“玻璃材质”，取消颜色，在反射通道设置默认高光参数，宽度为25%，高光强度为90%，如图9-3-58所示。

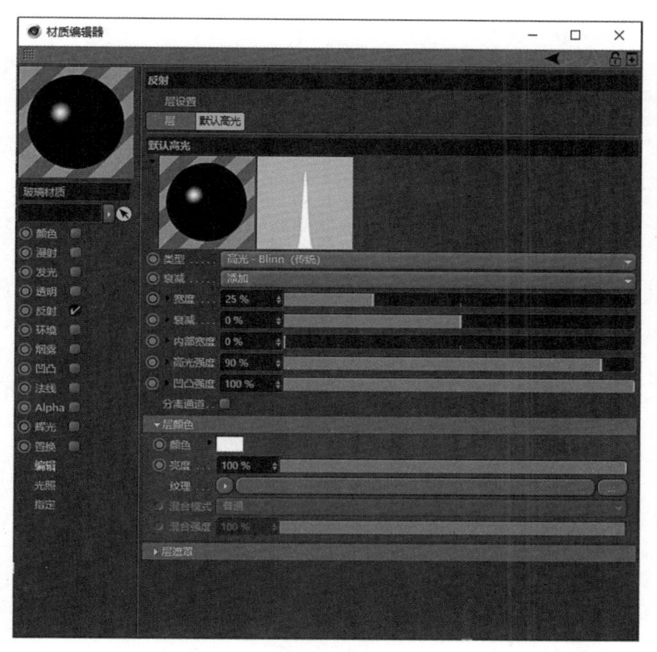

图9-3-58

（6）添加反射（传统），设置反射参数，反射强度为100%，菲涅耳为绝缘体，预置为玻璃，如图9-3-59所示。

图9-3-59

（7）勾选【透明通道】，颜色为浅蓝色（210，240，255），折射率为1.4，把玻璃材质赋予挤压对象，如图9-3-60所示。

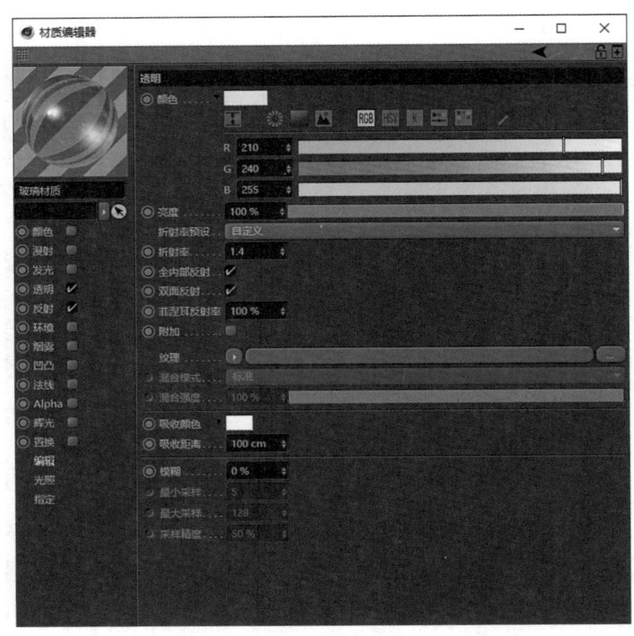

图9-3-60

（8）复制几个玻璃材质球，改变透明通道里的颜色，如图9-3-61所示。

图9-3-61

（9）复制克隆下面的球体，把不同颜色的玻璃材质分别赋予克隆的球体，展开克隆的【对象】选项，设置克隆为随机，如图9-3-62所示。

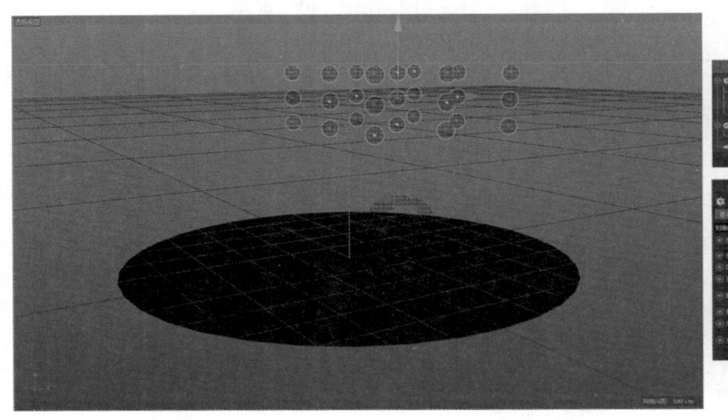
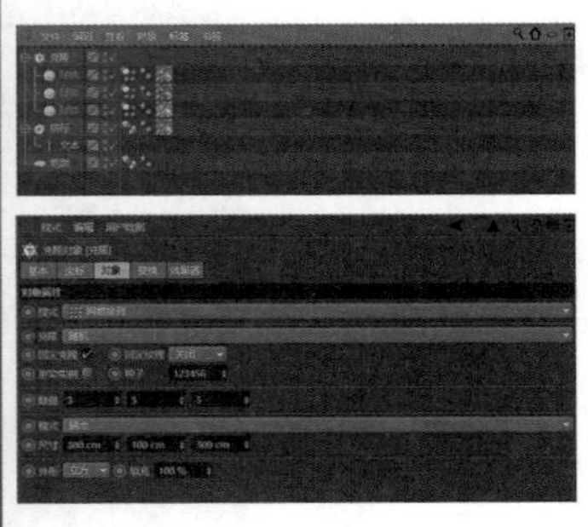

图9-3-62

（10）创建天空，创建材质球，命名为“天空材质”，取消颜色和反射，勾选【发光】，赋予天空，如图9-3-63所示。

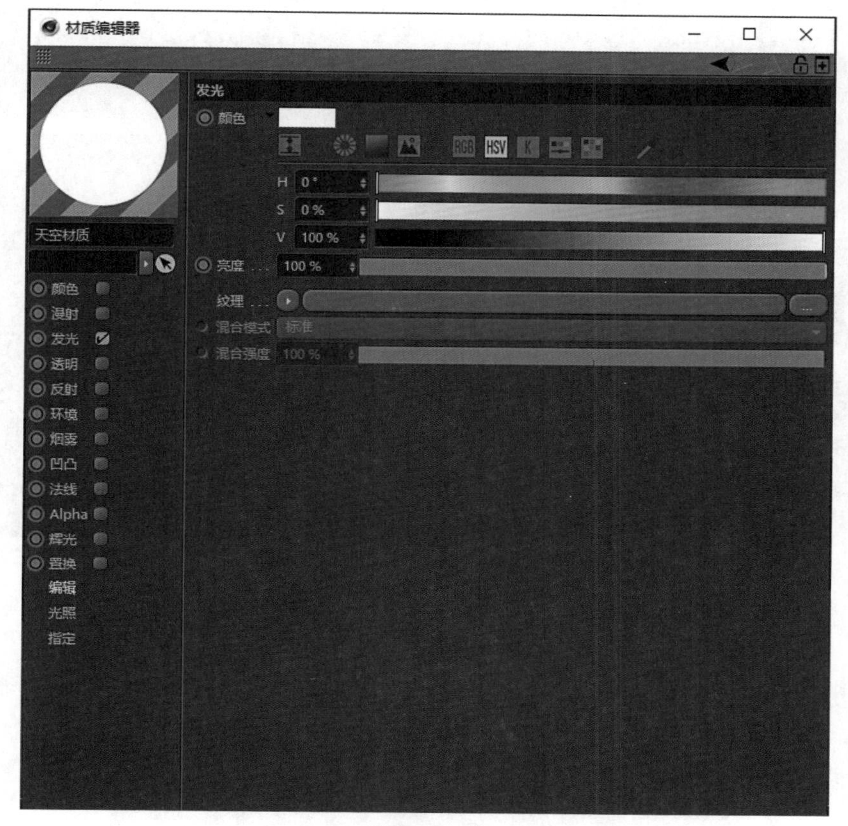

图9-3-63

（11）给天空添加合成标签，只留下光线可见和全局光照可见，如图9-3-64所示。

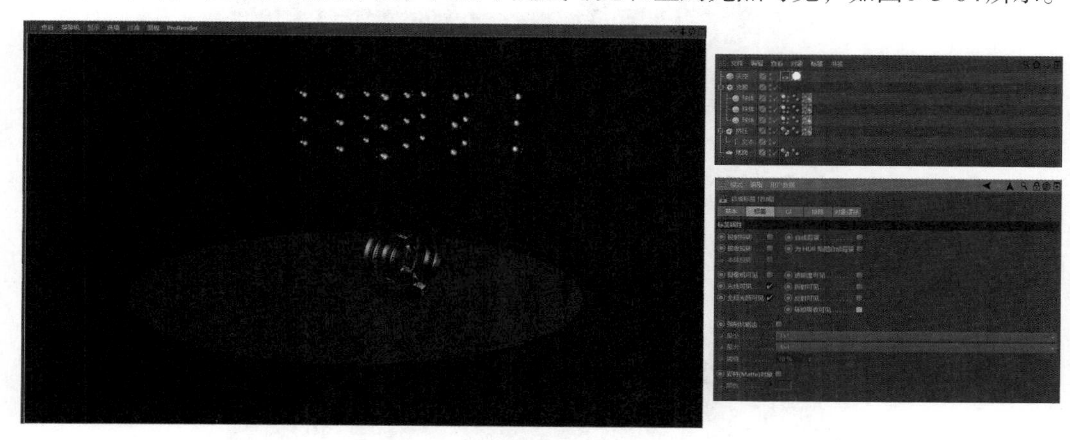

图9-3-64

（12）编辑渲染设置，添加全局光照和环境吸收，如图9-3-65所示。

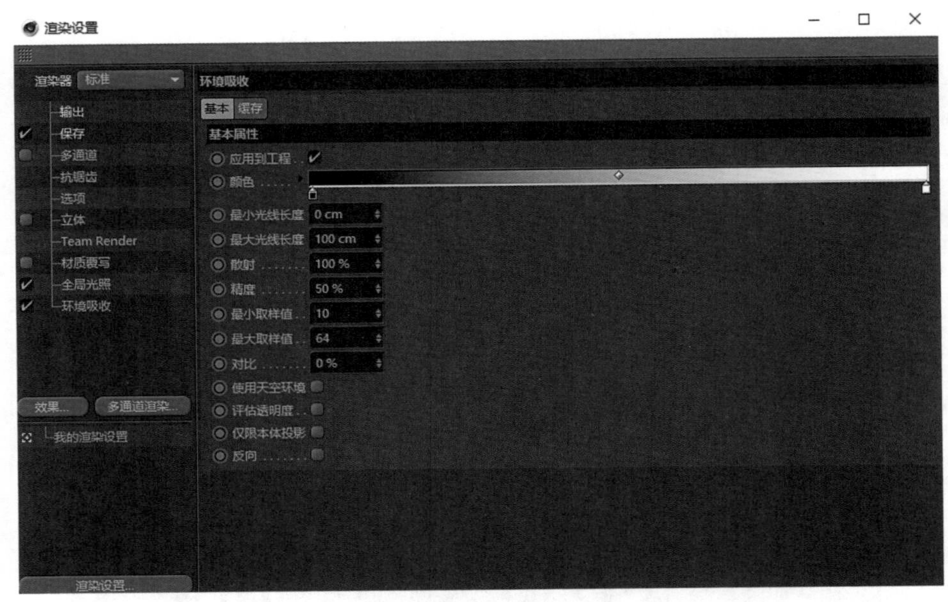

图9-3-65

（13）创建天空，改名为“环境反射”，创建材质球，命名为“环境材质”，取消颜色和反射，勾选【发光】，纹理通道设置为加载图像，添加过滤，饱和度数值为−100，如图9-3-66所示。

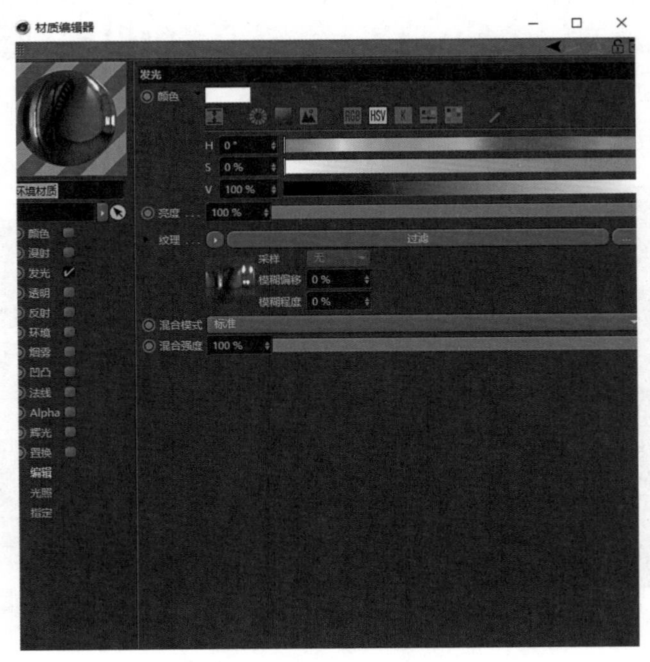

图9-3-66

（14）添加合成标签，取消摄像机可见和全局光照可见，如图9-3-67所示。

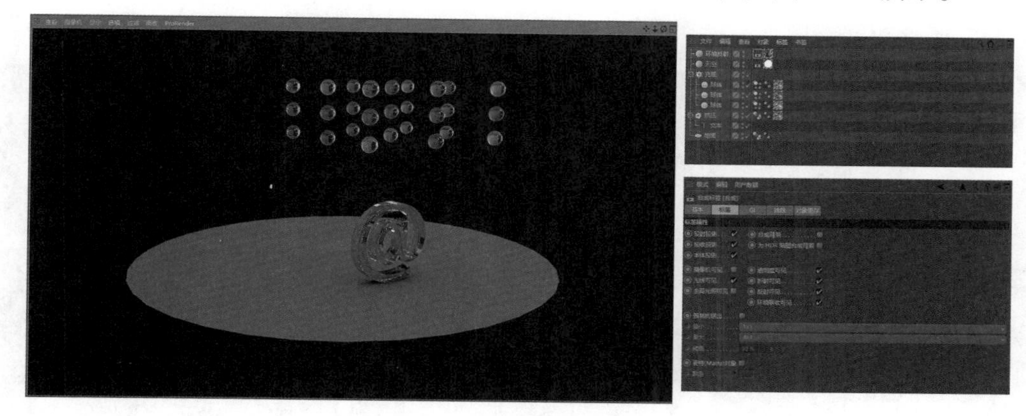

图9-3-67

（15）创建目标摄像机，焦距设置为80，把目标点定位到“立体@”对象上，调整摄像机的视角，如图9-3-68所示。

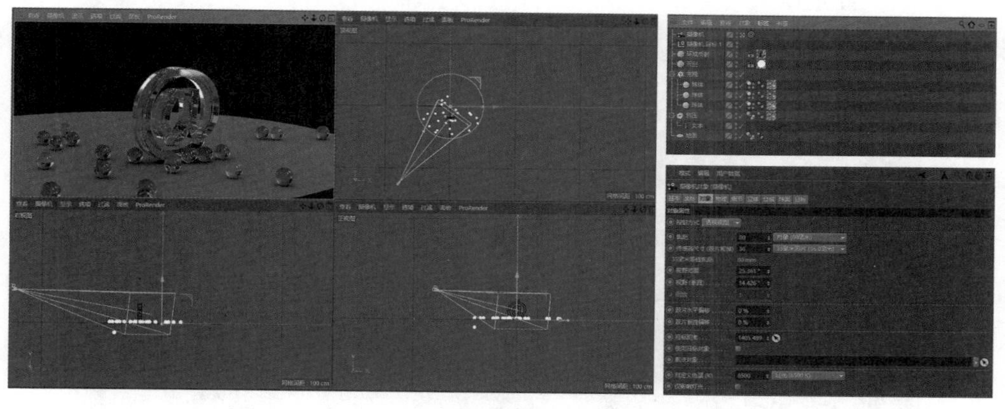

图9-3-68

（16）创建背景，创建默认材质球，赋予地面和背景，如图9-3-69所示。

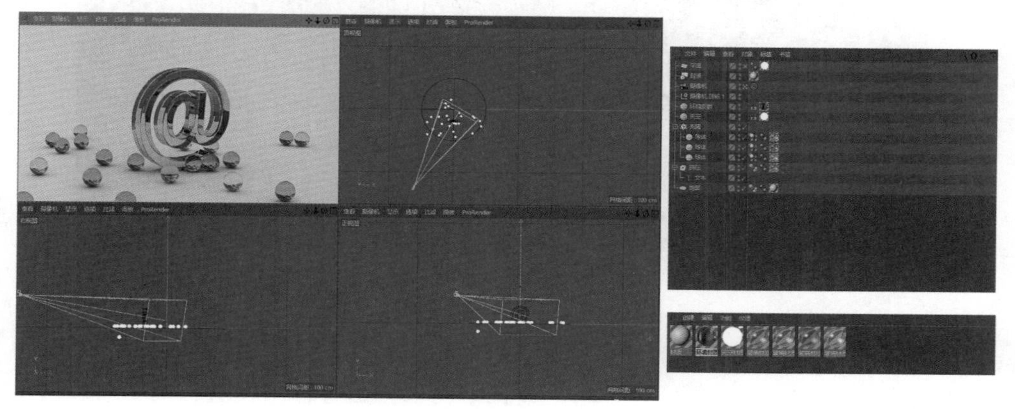

图9-3-69

（17）创建 2 个平面作为反光板，赋予天空白色发光材质，放置在“立体 @”的上面，调整角度，反光板添加合成标签，取消摄像机可见，如图 9-3-70 所示。

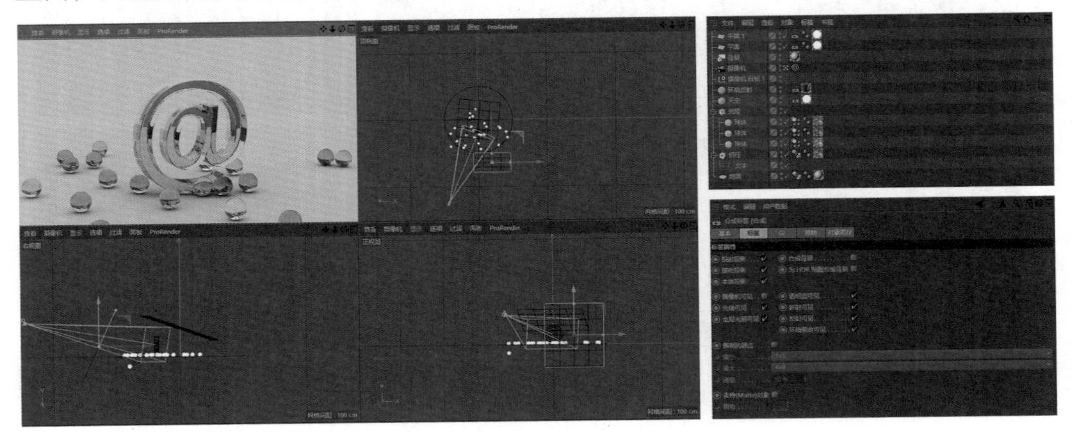

图 9-3-70

（18）设置摄像机的景深。展开摄像机的【细节】选项，勾选【景深映射 - 前景模糊】，调整前景深的位置，勾选【景深映射 - 背景模糊】，调整后景深的位置，如图 9-3-71 所示。

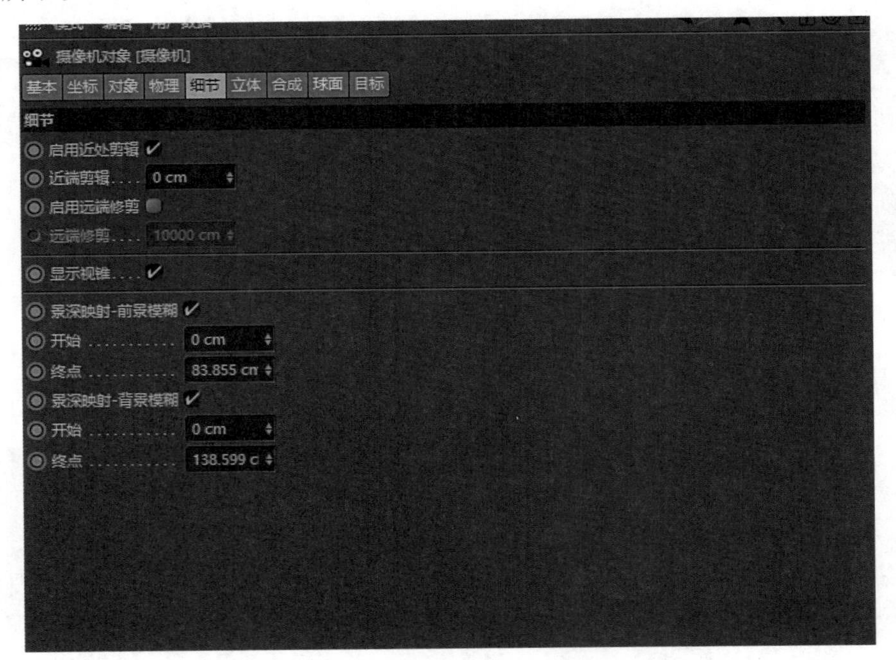

图 9-3-71

（19）编辑渲染设置，渲染器选择为标准，添加景深效果，但是不要勾选，添加多通道渲染高光、投影、深度、反射，勾选多通道，设置输出参数，为了节约渲染时间，可以只渲染单帧，如图 9-3-72 所示。

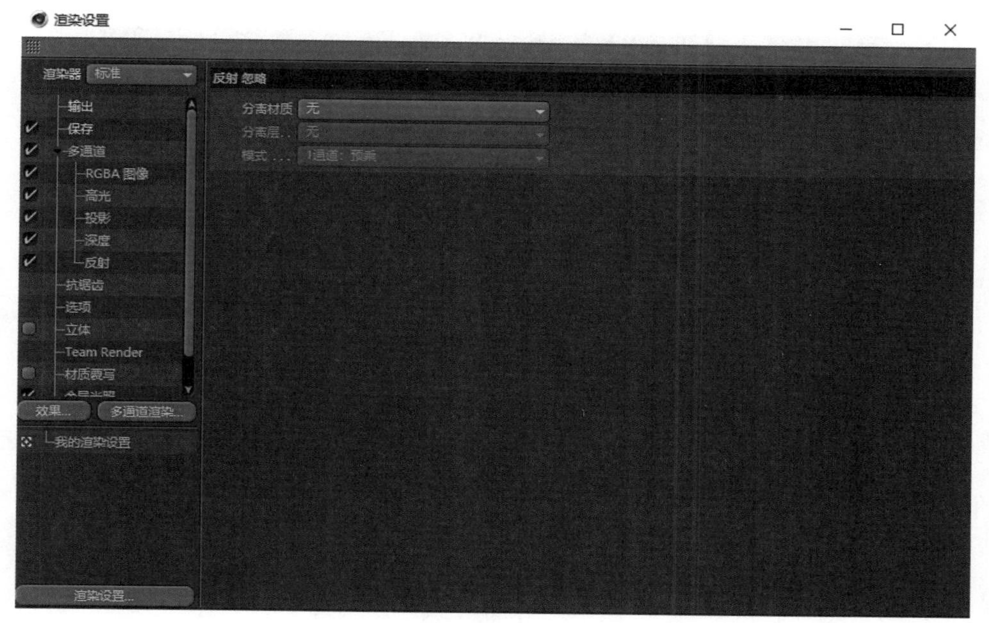

图 9-3-72

（20）设置保存的参数，定义存储位置，勾选【多通道图像】保存，选择格式，深度选择为8位/通道，勾选【多层文件】，如图9-3-73所示。

图 9-3-73

（21）单击【渲染到图片查看器】按钮，在图片查看器中渲染，计算完成后，打开层选项可以看到渲染的分层内容，如图9-3-74所示。

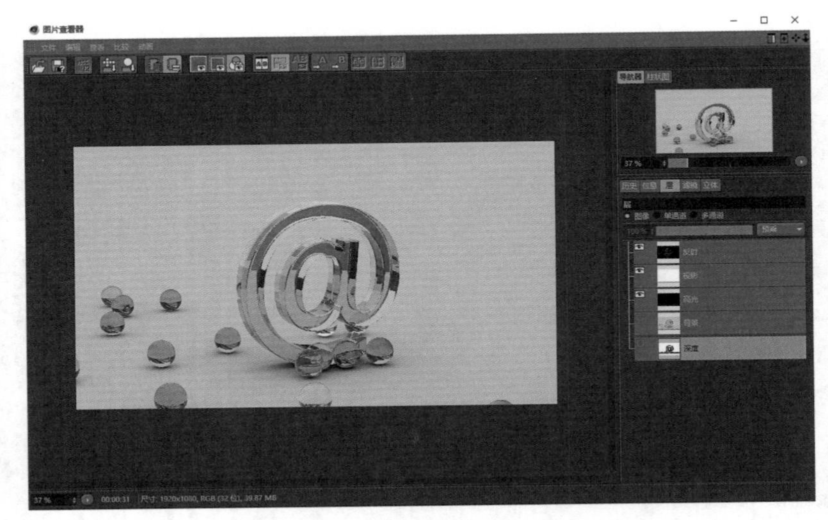

图 9-3-74

（22）关闭Cinema 4D软件，启动After Effects软件，新建项目，命名为“优化”。导入Cinema 4D渲染的素材，新建合成，命名为“优化”，预设为HDTV 1080 25，持续时间为5秒，如图9-3-75所示。

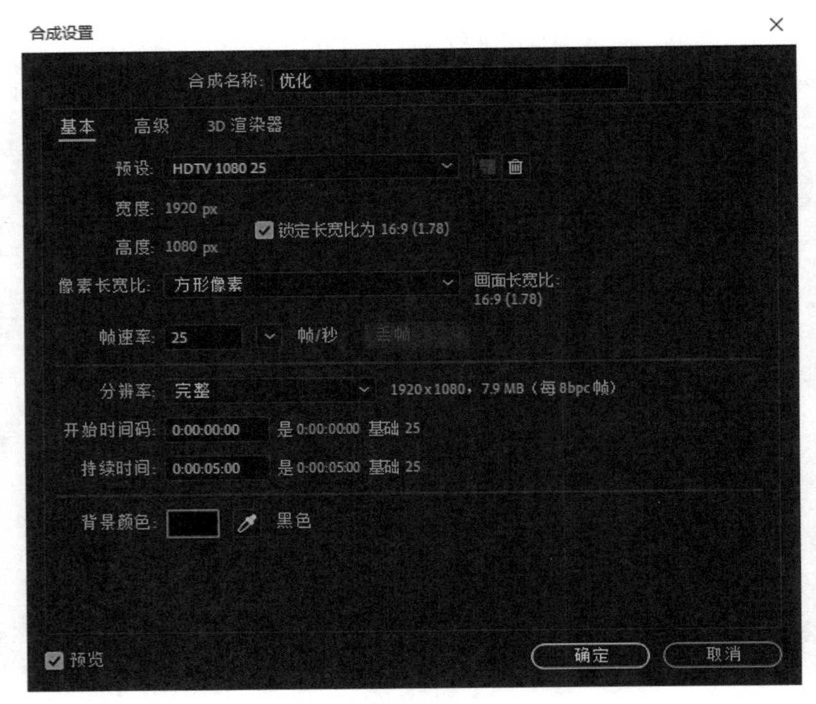

图 9-3-75

（23）把RGB素材和反射素材添加到时间线上，设置反射图层的混合模式为屏幕，如图9-3-76所示。

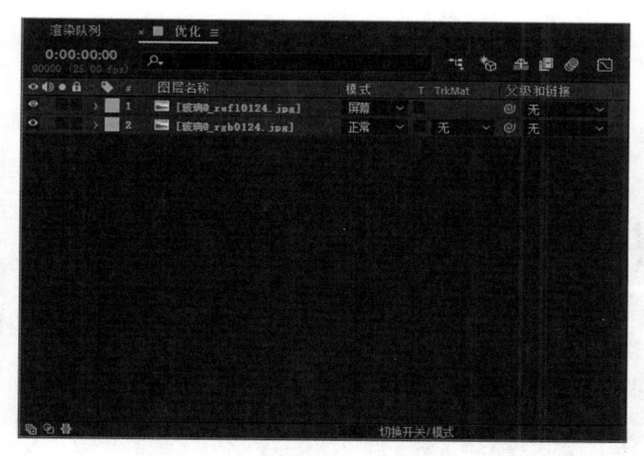

图 9-3-76

（24）给反射图层添加色阶特效，执行【效果】—【颜色校正】—【色阶】，如图9-3-77所示。

图 9-3-77

（25）在效果控件窗口设置色阶的参数，输入白色设置为115，增加光感，如图9-3-78所示。

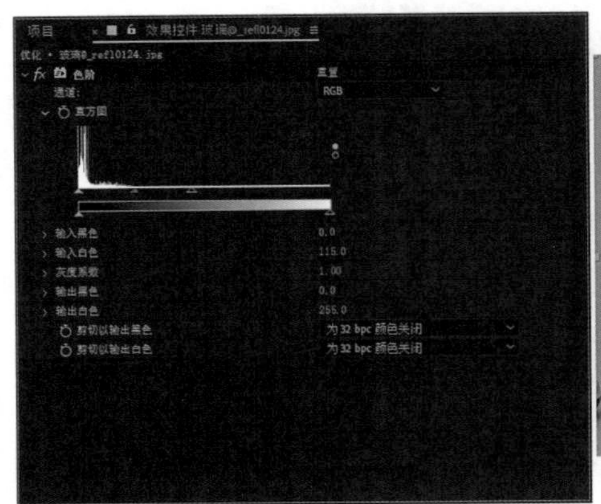

图9-3-78

（26）把深度素材添加到时间线，取消显示，给RGB素材添加摄像机模糊特效，执行【效果】—【模糊和锐化】—【摄像机镜头模糊】，如图9-3-79所示。

图9-3-79

（27）在效果控件窗口设置摄像机镜头模糊参数，模糊半径为10，模糊图层设置为深度素材层，勾选重复边缘像素，还可以通过调整模糊焦距数值控制景深的位置，从而确定视觉中心，如图9-3-80所示。

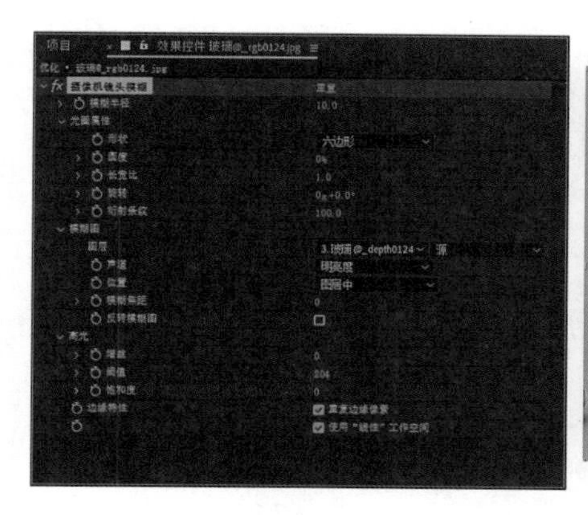

图9-3-80

（四）Cinema 4D导出aec文件到After Effects交互三维参数

Cinema 4D在输出的时候，是有AE合成选项的，可以导出灯光、摄像机等物体三维坐标信息，这些信息可以被After Effects直接提取使用，从而加强Cinema 4D与After Effects的联系。

（1）准备交互文件（以Windows系统为例）。打开Cinema 4D文件所在的位置，找到\Exchange Plugins\aftereffects\Importer\Win\CS_CC里的C4DImporter.aex文件，复制这个文件放到After Effects的文件\Support Files\Plug-ins\Effects里面，再重启After Effects，这样After Effects就能够识别aec文件了。

（2）启动Cinema 4D软件，新建项目，命名为“@场景动画”，创建平面作为背景，创建文字对象“@”，添加挤压修改器，设置挤压参数，如图9-3-81所示。

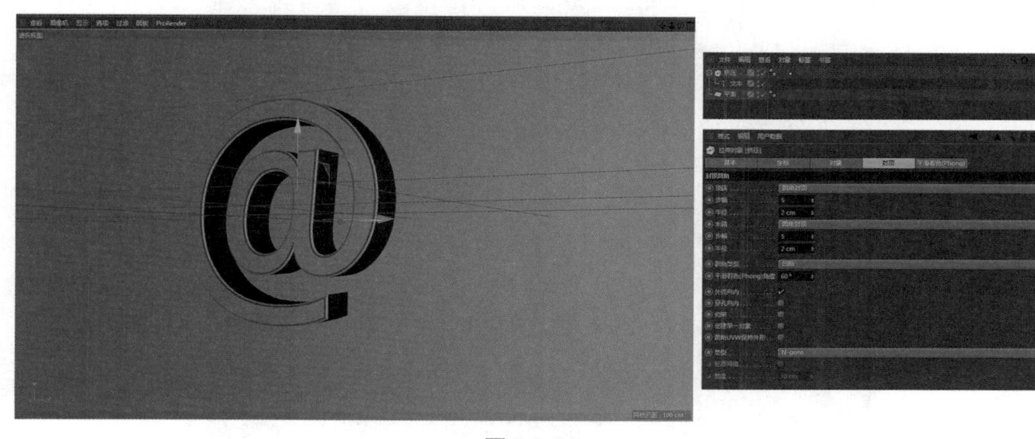

图9-3-81

（3）创建材质球，命名为“主体材质”，颜色通道里设置主体的颜色，如图9-3-82所示。

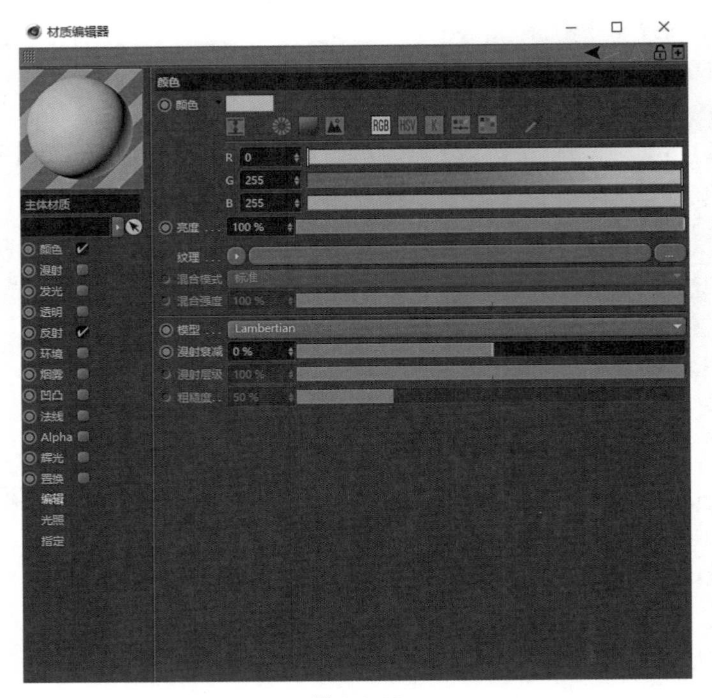

图9-3-82

（4）打开反射通道，设置默认高光的宽度为45%，高光强度为70%，如图9-3-83所示。

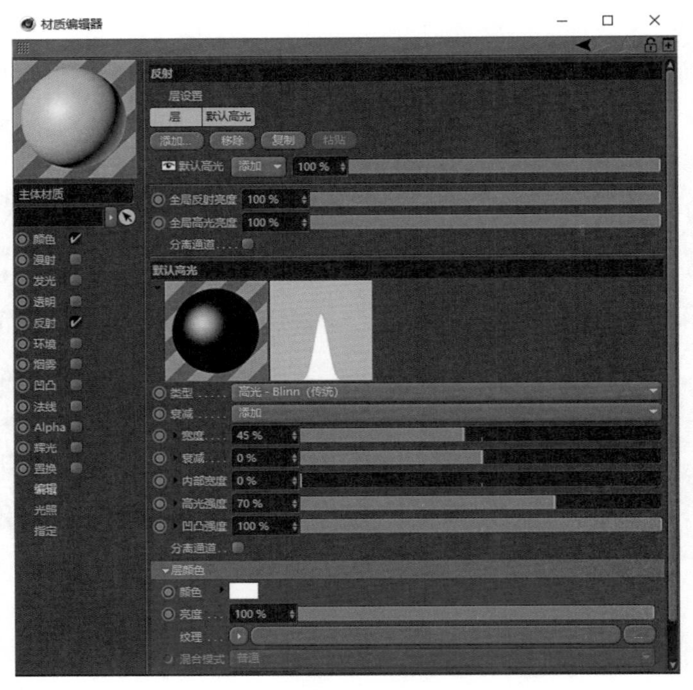

图9-3-83

（5）添加反射（传统），层模式设置为添加，设置粗糙度为3%，反射强度为25%，如图9-3-84所示。

图9-3-84

（6）展开层遮罩，设置数量为85%，纹理为菲涅耳，混合强度为50%，如图9-3-85所示。

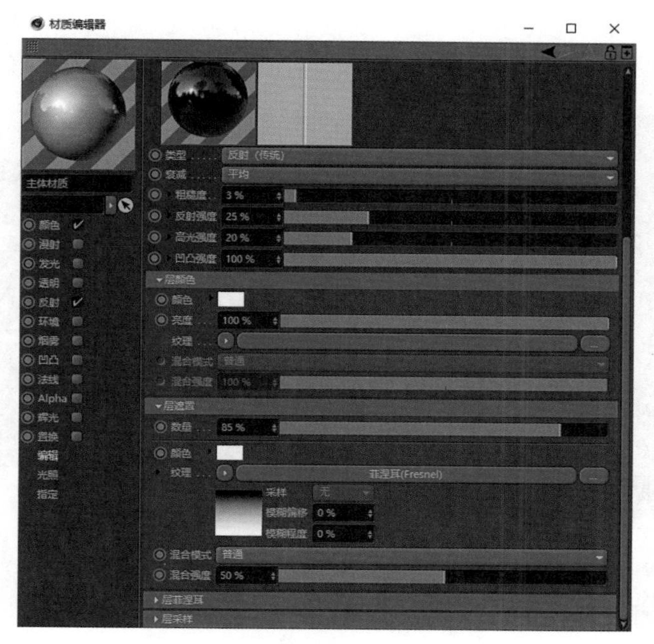

图9-3-85

（7）打开发光通道，复制颜色通道的颜色，设置亮度为75%，增加主体的色彩饱和度，让主体边缘亮起来，把材质赋予挤压对象，如图9-3-86所示。

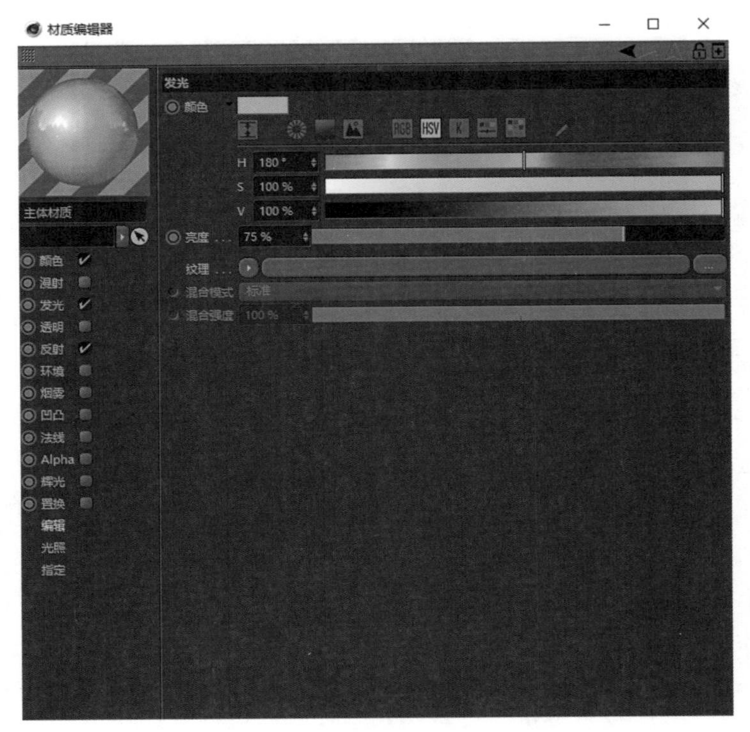

图9-3-86

（8）创建灯光，投影设置为区域，投影密度为60%，调整灯光的位置，如图9-3-87所示。

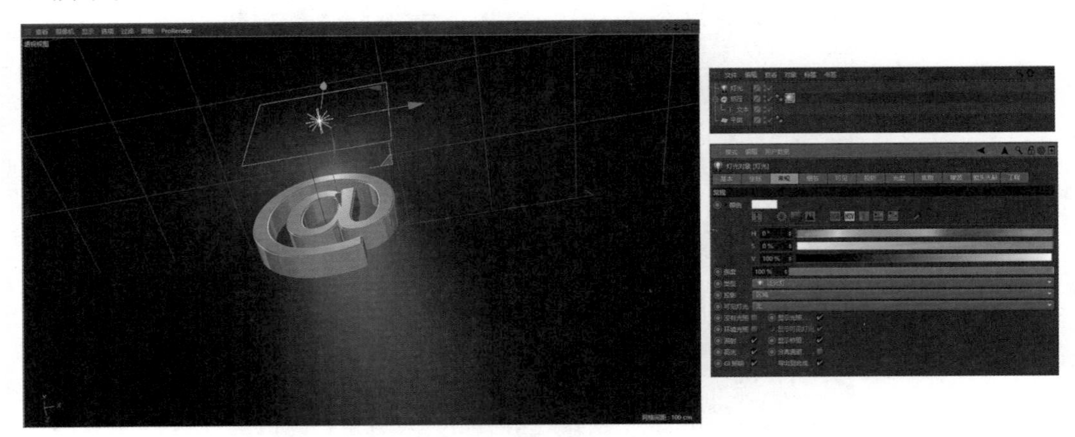

图9-3-87

（9）创建圆环，调整位置，给灯光添加对齐曲线标签，把圆环作为灯光的曲线路径，如图9-3-88所示。

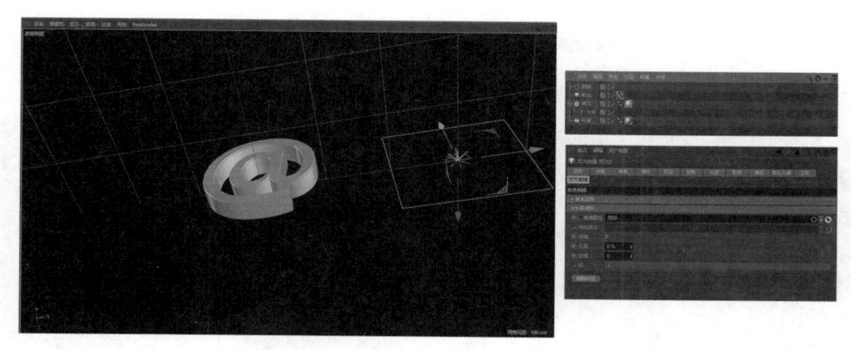

图9-3-88

（10）制作灯光的路径动画。Ctrl+D调出【工程设置】对话框，帧率为25，最大时长为124F，0F时刻对齐曲线的位置值为0%，124F时刻对齐曲线的位置值为100%，如图9-3-89所示。

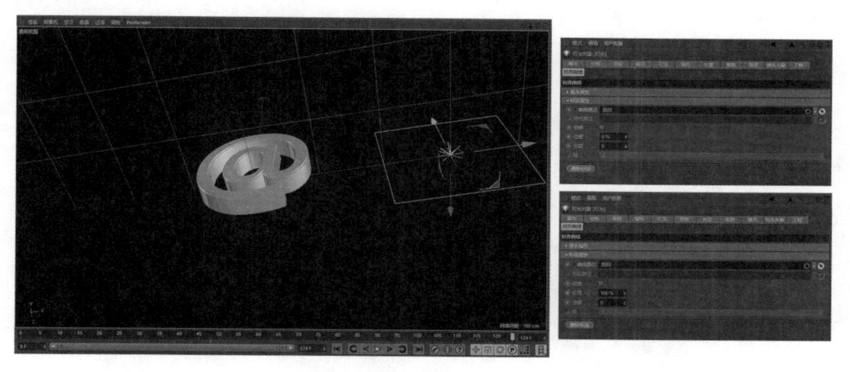

图9-3-89

（11）打开编辑渲染设置，添加全局光照和环境吸收，如图9-3-90所示。

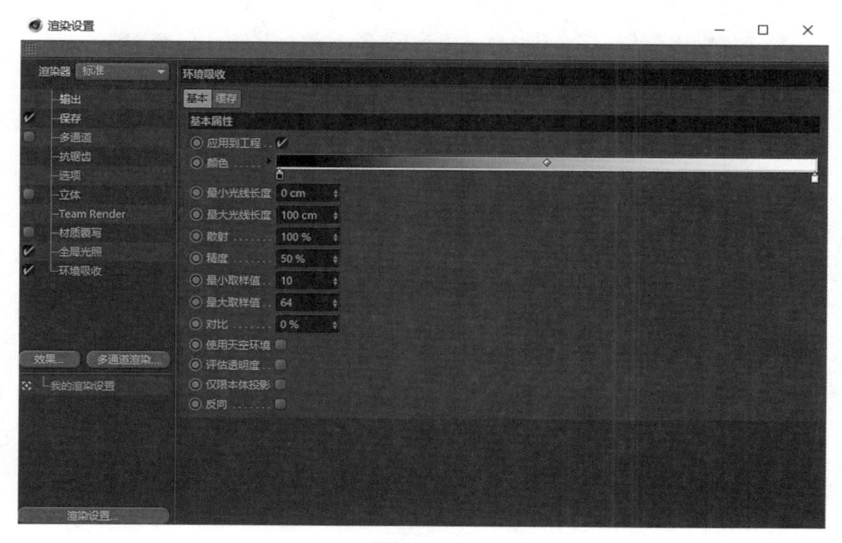

图9-3-90

（12）创建自由摄像机，调整摄像机视角，0F—75F记录摄像机动画，如图9-3-91所示。

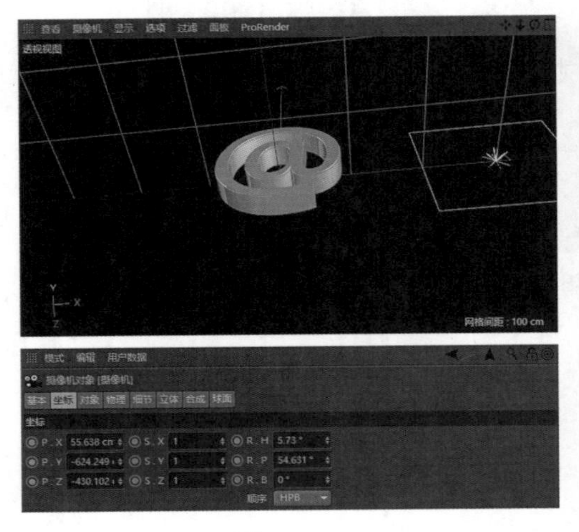

0F

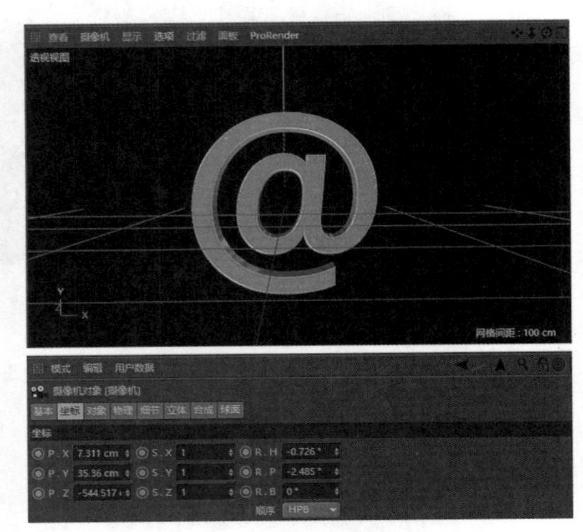

75F

图9-3-91

（13）选择作为背景的平面，添加外部合成标签，勾选实体，X尺寸设置为192，Y尺寸设置为108，如图9-3-92所示。

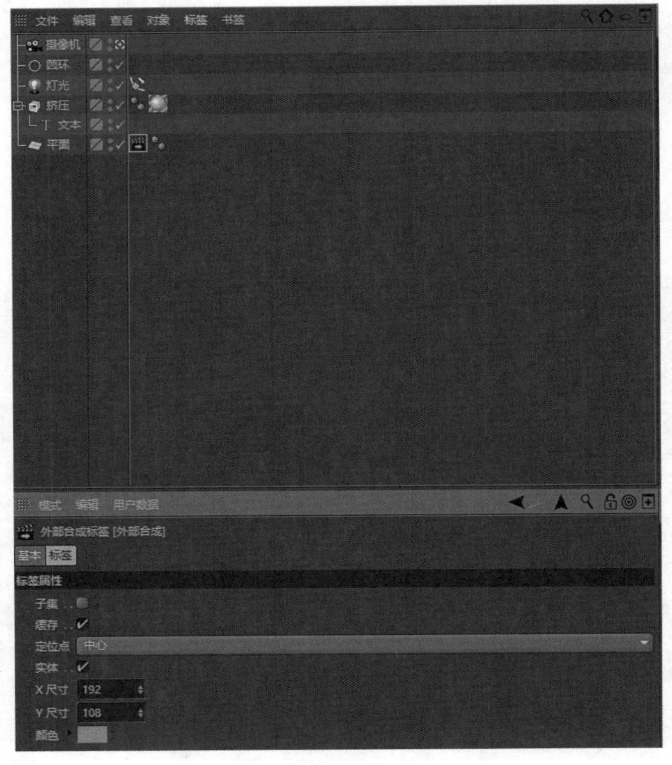

图9-3-92

（14）打开渲染设置，设置输出参数，如图9-3-93所示。

图9-3-93

（15）打开保存面板，勾选【保存】合成方案文件，目标程序选择为After Effects，单击【保存方案文件】按钮，保存aec文件，渲染输出，如图9-3-94所示。

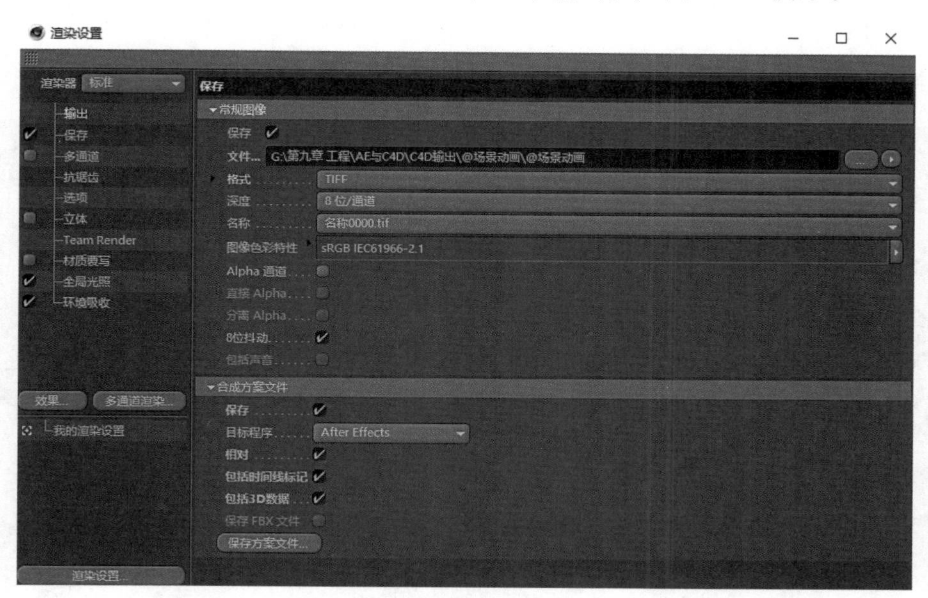

图9-3-94

（16）选择作为背景的平面，添加合成标签，取消摄像机可见，打开渲染设置，定义渲染范围、格式，勾选【Alpha通道】，启用多通道渲染，添加RGBA图像，渲染输出，如图9-3-95所示。

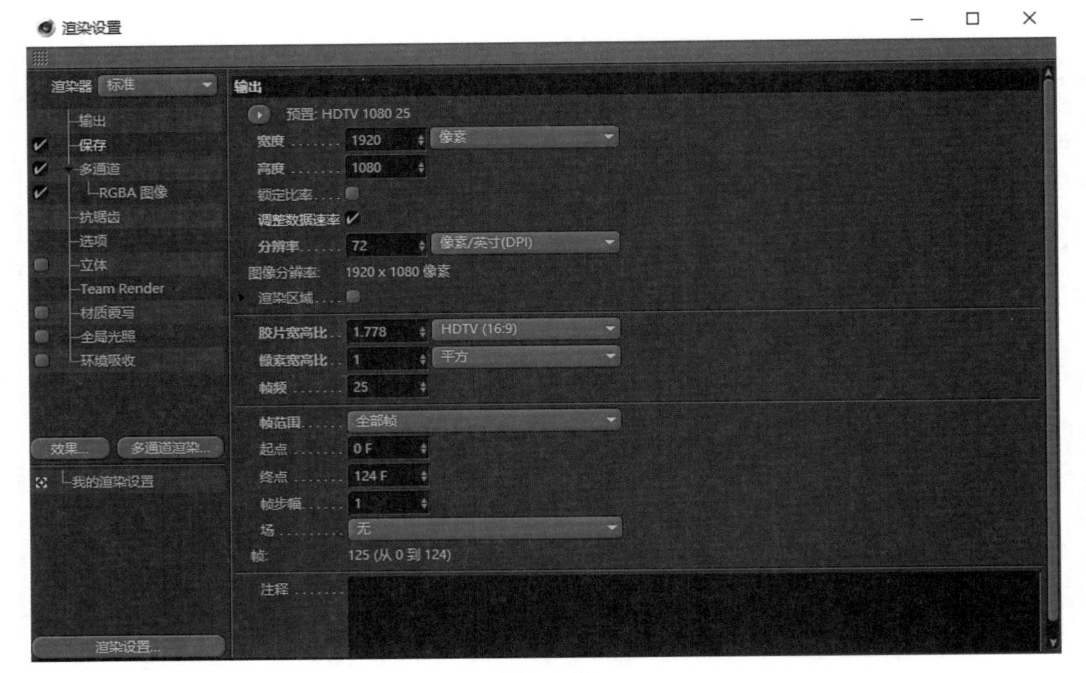

图 9-3-95

（17）启动After Effects软件，新建项目，命名为“@场景合成”，导入aec文件，双击其中的合成打开时间线，此时Cinema 4D中摄像机、灯光和外部合成都以图层形式出现在时间线窗口，如图9-3-96所示。

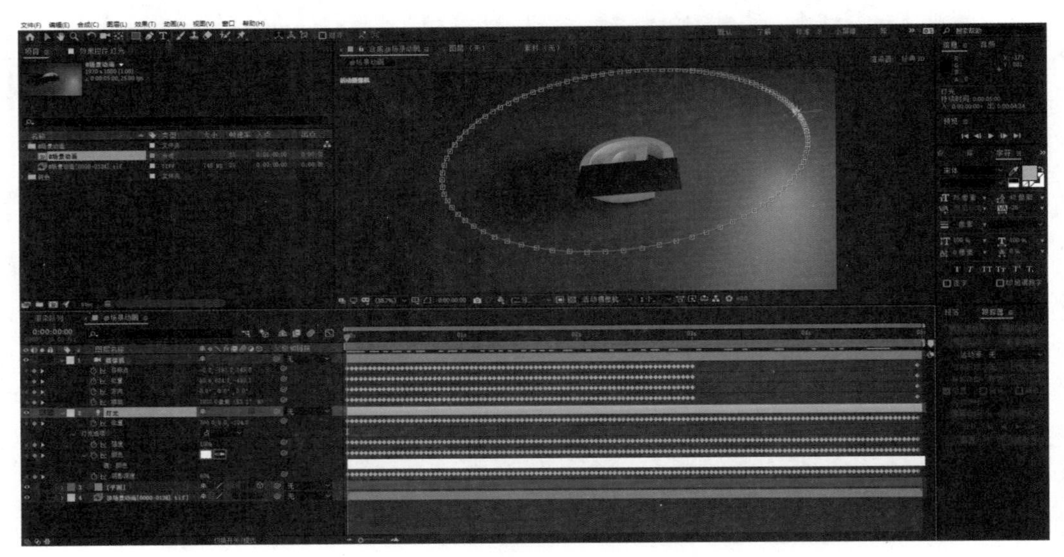

图 9-3-96

（18）导入Alpha通道素材，添加到时间线上，放置在外部合成平面的上面，设置平面的轨道蒙版为亮度反转遮罩，如图9-3-97所示。

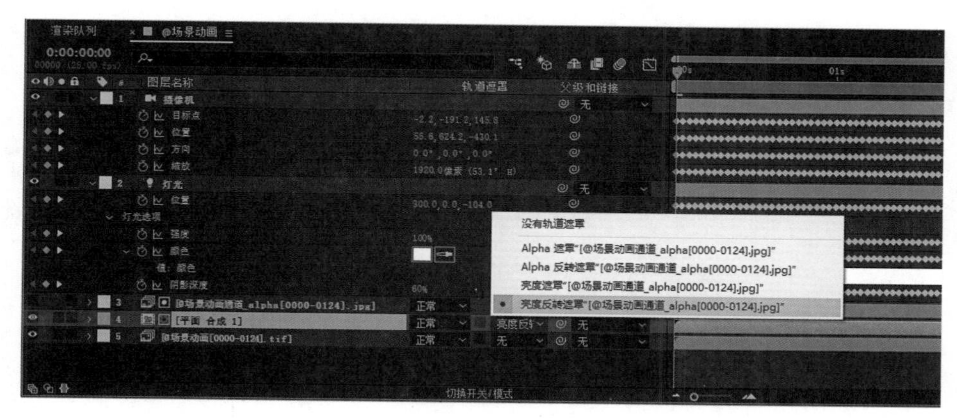

图 9-3-97

（19）选择“平面”，Ctrl+Shift+Y打开纯色设置，修改图层尺寸，直至镜头里不露边为止，如图9-3-98所示。

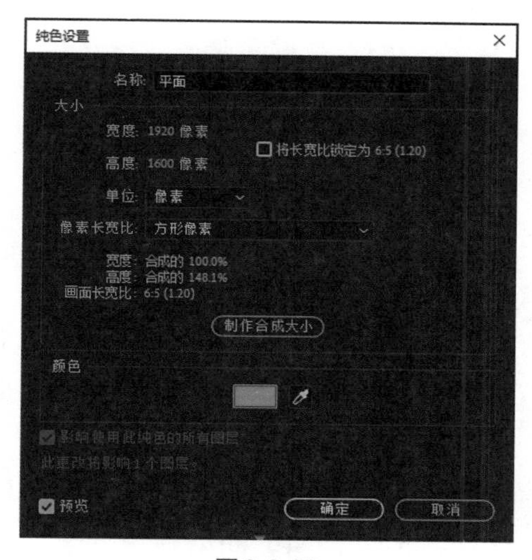

图 9-3-98

（20）选择“平面”图层，预合成，勾选【保留“@场景动画”中的所有属性】，如图9-3-99所示。

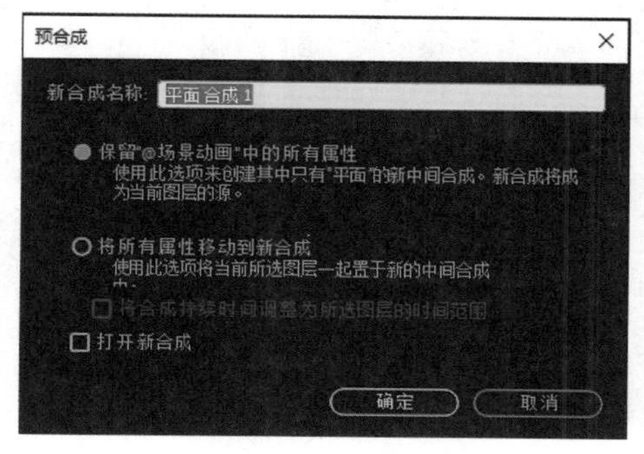

图 9-3-99

（21）打开“平面合成1”，选择“平面”，添加分形杂色特效，执行【效果】—【杂色和颗粒】—【分形杂色】，如图9-3-100所示。

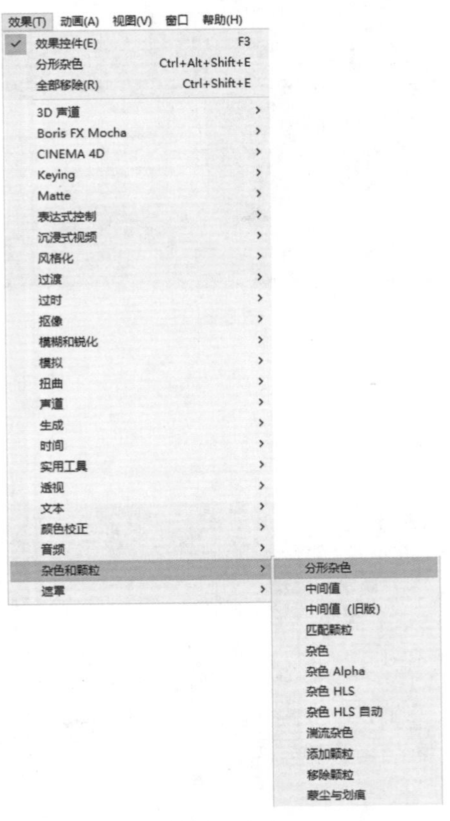

图9-3-100

（22）在效果控件窗口设置分形杂色的参数，杂色类型为块，缩放为200，复杂度为1.5，给演化添加表达式time×50，如图9-3-101所示。

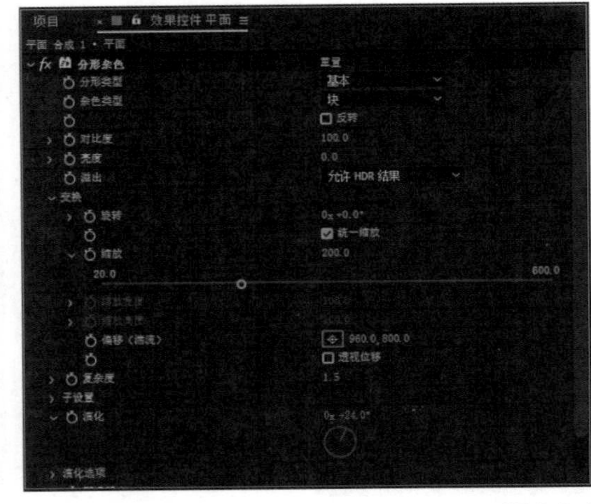

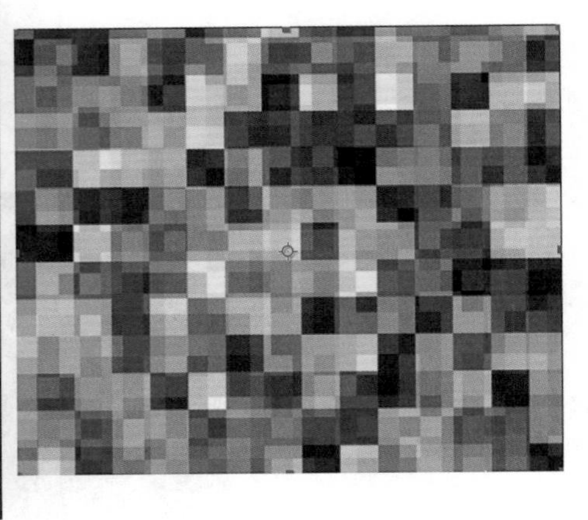

图9-3-101

（23）添加颜色，执行【效果】—【颜色校正】—【色调】，如图9-3-102所示。

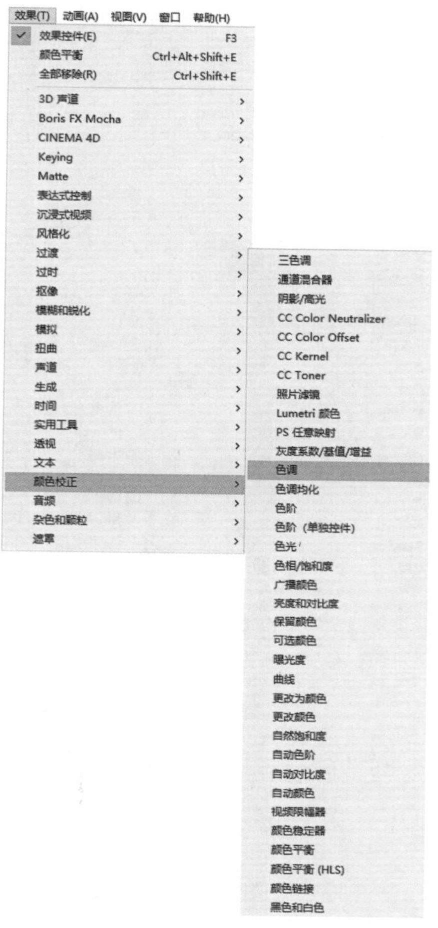

图9-3-102

（24）在效果控件窗口里设置颜色，将黑色映射到红色，如图9-3-103所示。

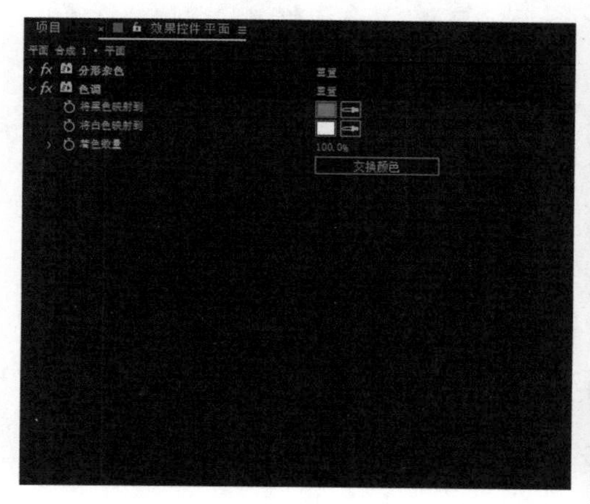

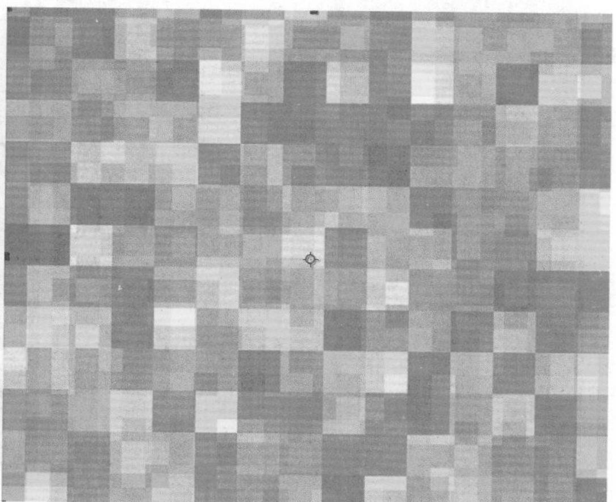

图9-3-103

（25）添加查找边缘特效，执行【效果】—【风格化】—【查找边缘】，如图 9-3-104 所示。

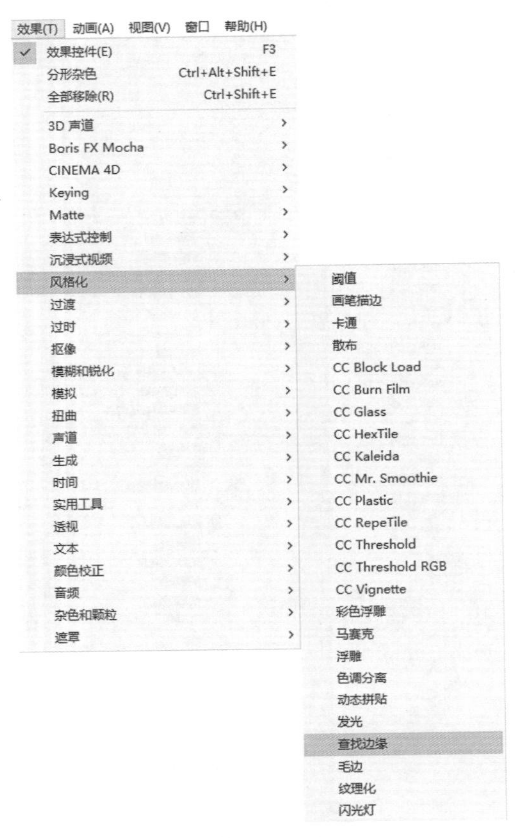

图 9-3-104

（26）在效果控件窗口设置查找边缘的参数，勾选【反转】，如图 9-3-105 所示。

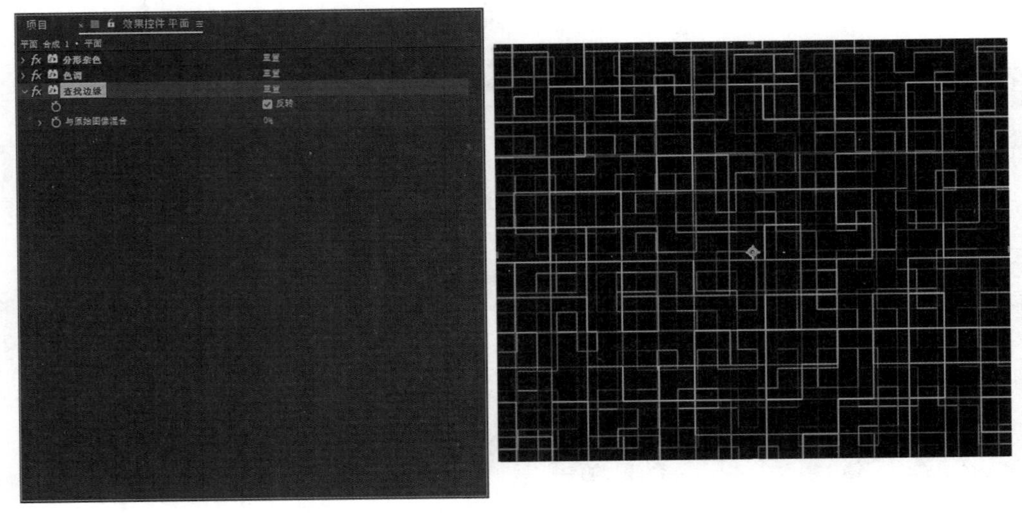

图 9-3-105

（27）添加发光特效，执行【效果】—【风格化】—【发光】，如图9-3-106所示。

图9-3-106

（28）在效果控件窗口设置发光参数，给强度添加表达式random（1），如图9-3-107所示。

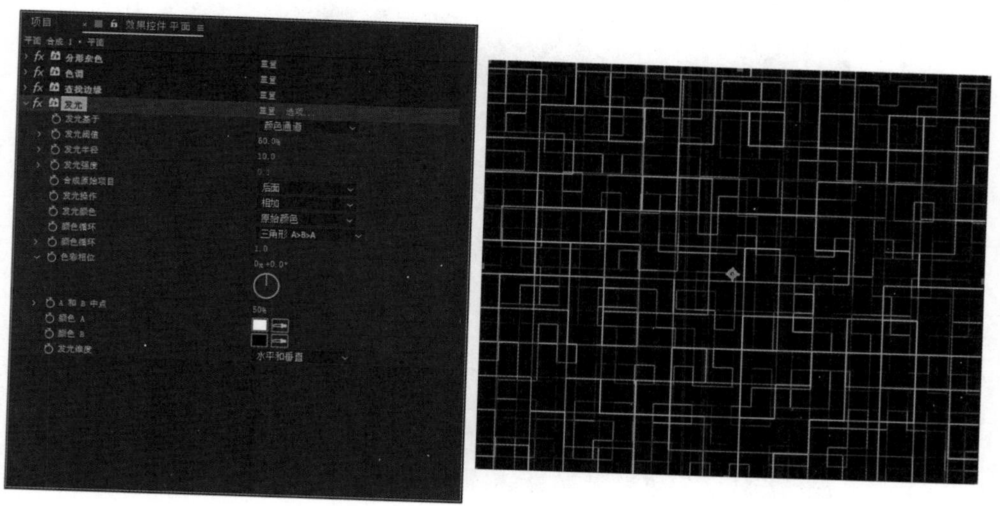

图9-3-107

（29）回到“@场景”合成中，设置“平面合成1”的层混合模式为相加，效果如图9-3-108所示。

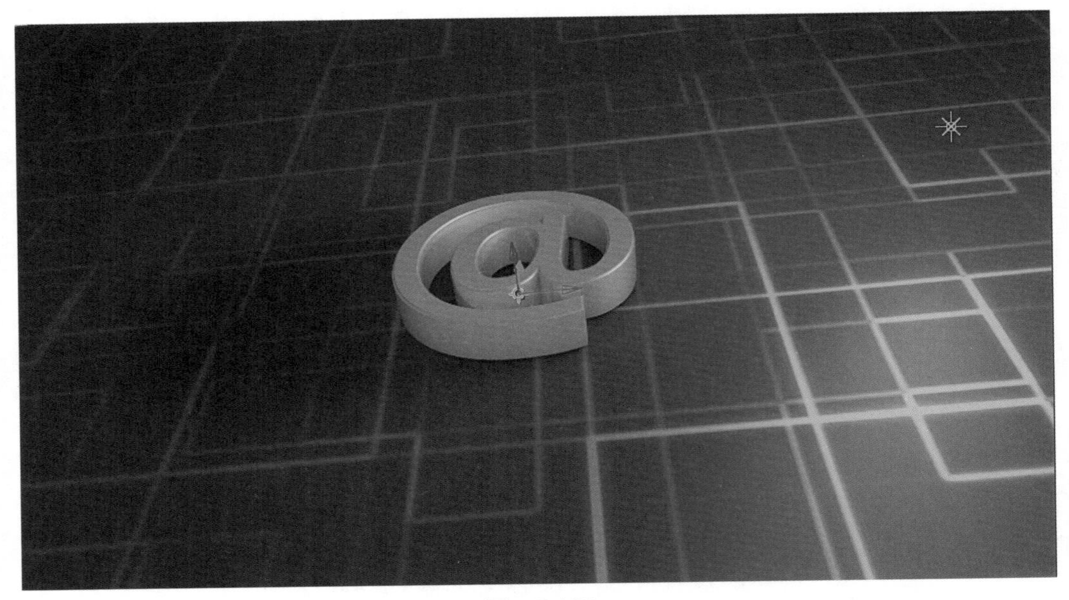

图 9-3-108

（30）制作跟随灯光的光斑动画。新建纯色层，命名为“光斑”，颜色为黑色，层混合模式为相加，如图 9-3-109 所示。

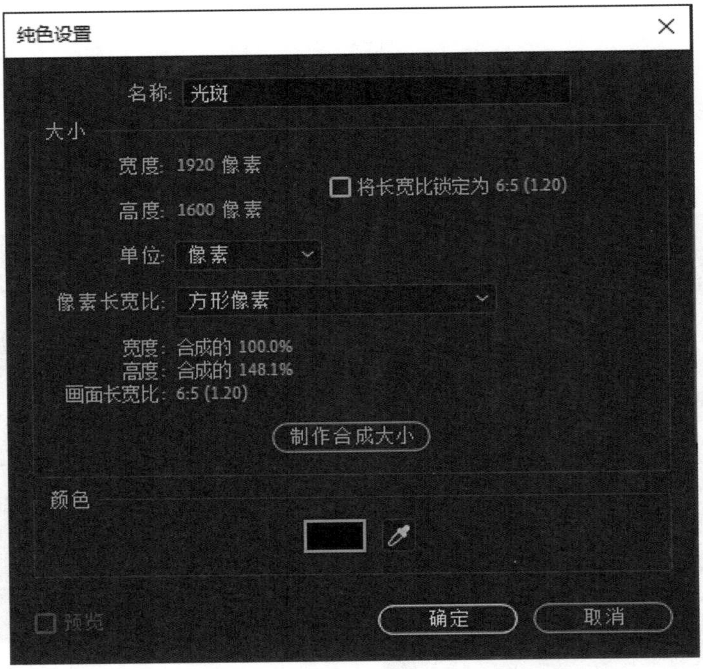

纯色设置
名称：光斑
大小
宽度：1920 像素
高度：1600 像素
将长宽比锁定为 6:5 (1.20)
单位：像素
像素长宽比：方形像素
宽度：合成的 100.0%
高度：合成的 148.1%
画面长宽比：6:5 (1.20)
制作合成大小
颜色
预览
确定
取消

图 9-3-109

（31）添加 Lens Flare（镜头光晕）特效，执行【效果】—【Video Copilot】—【Optical Flares】，如图 9-3-110 所示。

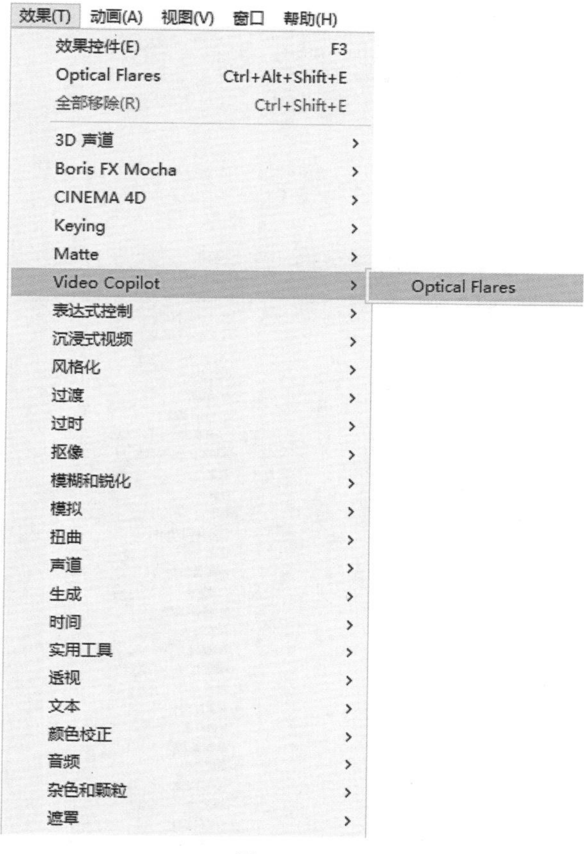

图 9-3-110

（32）在效果控件窗口设置参数，选择一个光斑演示或编辑光斑样式，Brightness（亮度）为50，Source Type（源类型）为Track Lights（跟踪灯光），如图9-3-111所示。

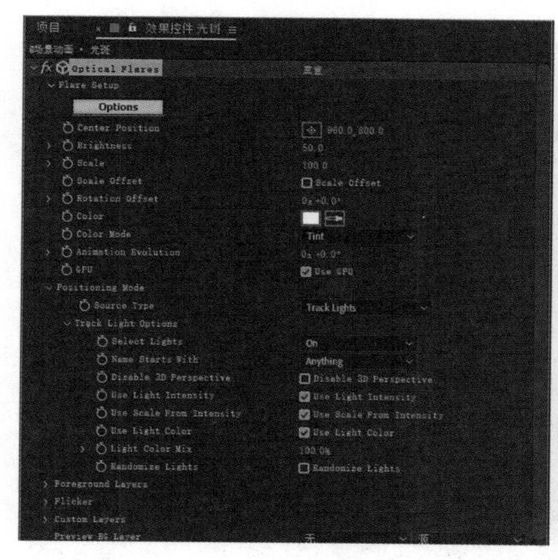

图 9-3-111

（33）新建调节图层，放置在最上面，添加色阶特效，执行【效果】—【颜色校正】—【色阶】，如图 9-3-112 所示。

图 9-3-112

（34）在效果控件窗口设置色阶的参数，让画面更加通透，如图 9-3-113 所示。

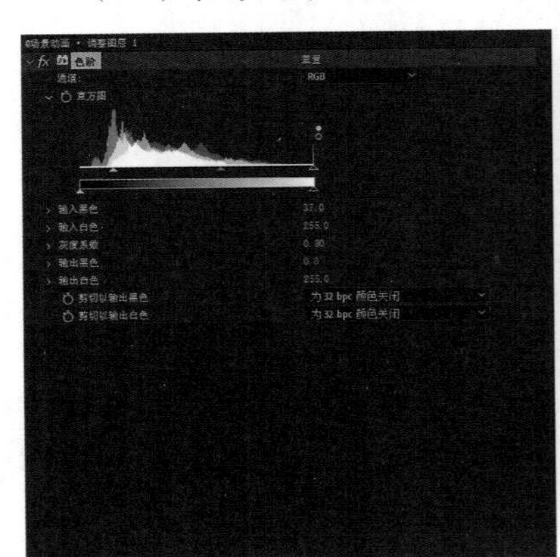

图 9-3-113

（35）添加音效或是音乐，渲染生成。

（五）After Effects 渲染贴图素材到 Cinema 4D

（1）启动After Effects软件，新建项目，命名为“@贴图”，新建合成，命名为“@动画”，预设为HDTV 1080 25，持续时间为5秒，如图9-3-114所示。

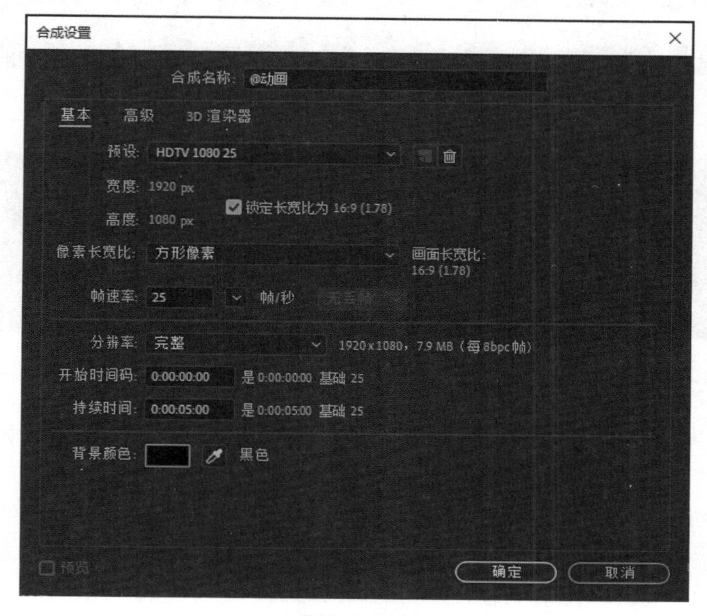

图9-3-114

（2）新建文本层“@”，设置字体，颜色为白色，如图9-3-115所示。

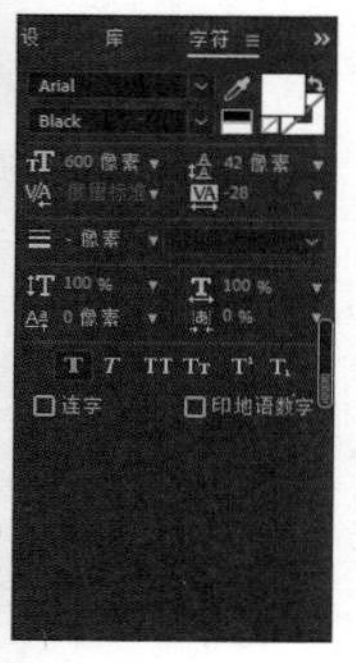

图9-3-115

（3）新建纯色层，命名为“遮罩”，颜色为黑色，绘制蒙版，设置蒙版羽化为200，0—3秒制作蒙版形状动画，如图9-3-116所示。

图9-3-116

（4）添加毛边特效，执行【效果】—【风格化】—【毛边】，如图9-3-117所示。

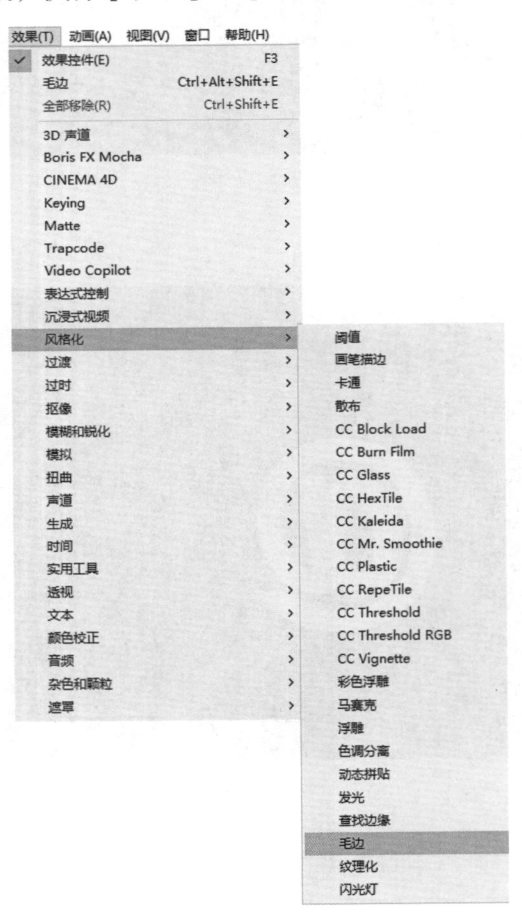

图9-3-117

（5）在效果控件窗口设置参数，边界数值为500，如图9-3-118所示。

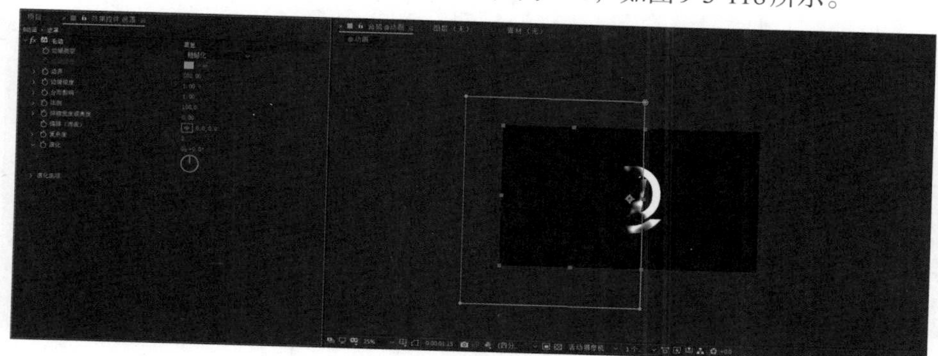

图9-3-118

（6）选择文本图层，设置Alpha轨道遮罩，如图9-3-119所示。

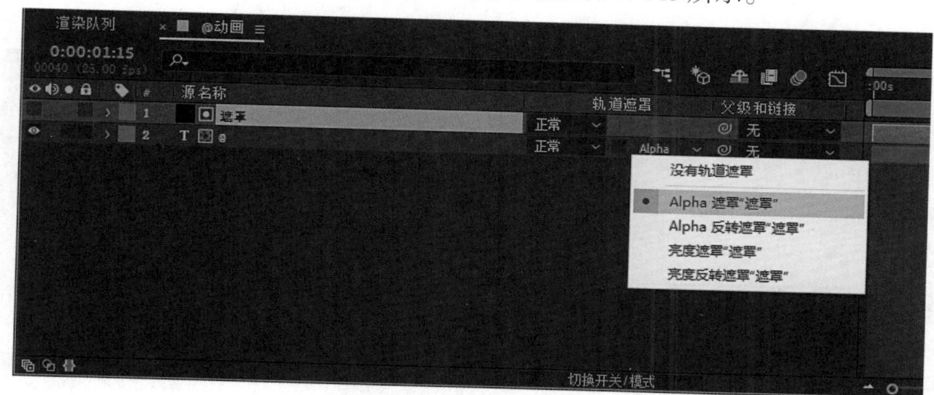

图9-3-119

（7）新建合成，命名为"@贴图"，预设为HDTV 1080 25，持续时间为5秒，如图9-3-120所示。

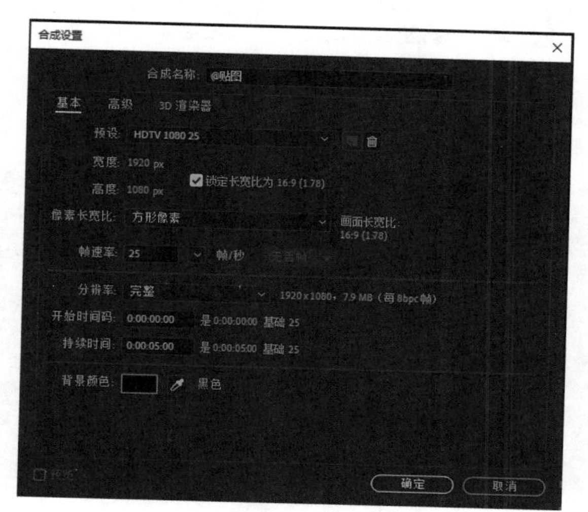

图9-3-120

（8）合成“@贴图”嵌套，创建正圆形图层，取消填充，勾选【描边1】，描边宽度为60，线段端点设置为圆头端点，如图9-3-121所示。

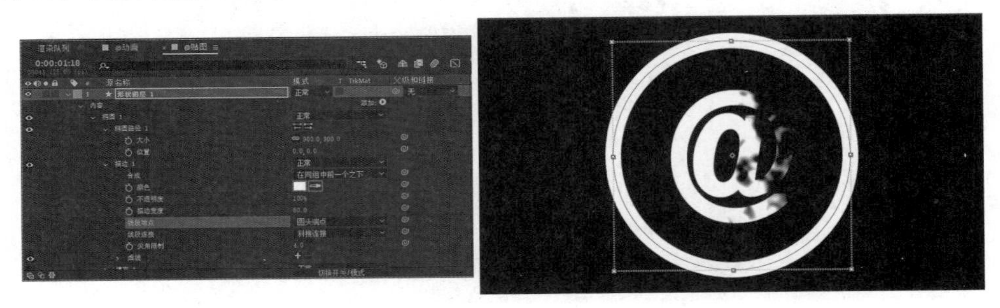

图9-3-121

（9）形状图层添加修剪路径，制作结束的关键帧动画，00:00时刻结束数值为0%，02:00时刻结束数值为100%，如图9-3-122所示。

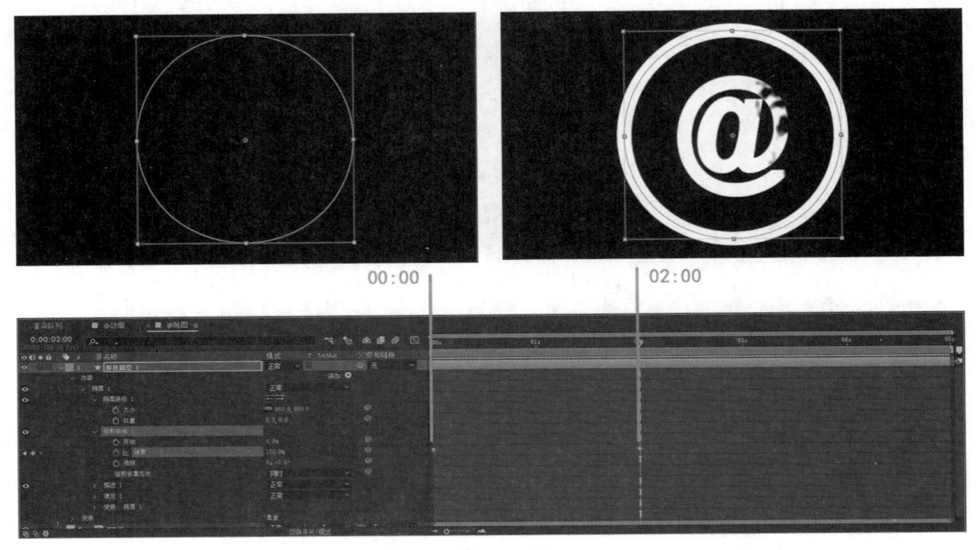

图9-3-122

（10）展开图表编辑器，调整速度曲线，如图9-3-123所示。

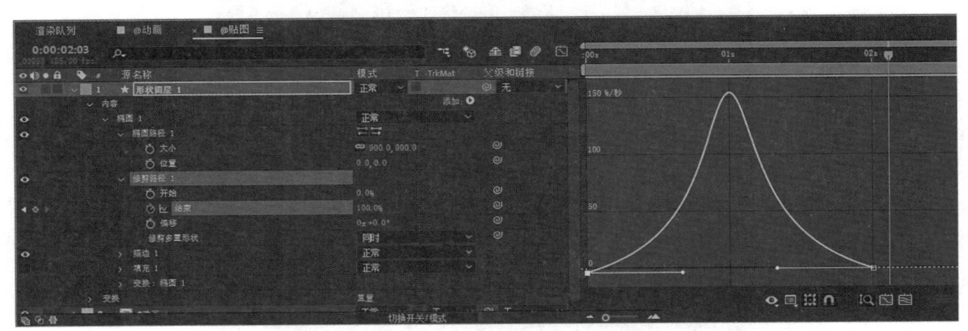

图9-3-123

（11）渲染输出无压缩的AVI视频格式，如图9-3-124所示。

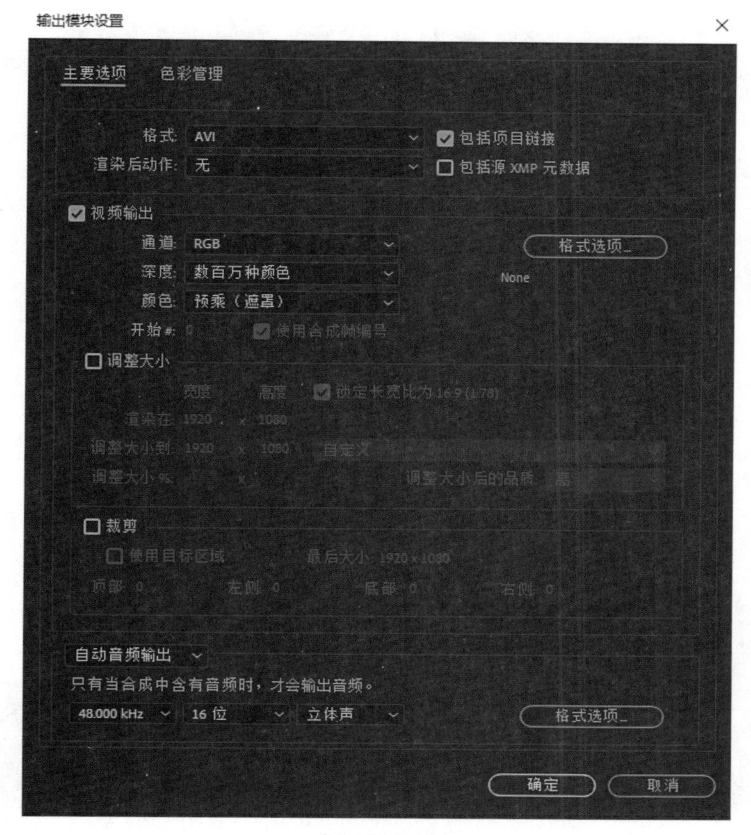

图9-3-124

（12）启动Cinema 4D软件，新建项目，命名为“@演绎动画”，创建矩阵，模式为网格排列，数量为（192，1，108），尺寸为（2600cm，200cm，1800cm），外形选择为立方，如图9-3-125所示。

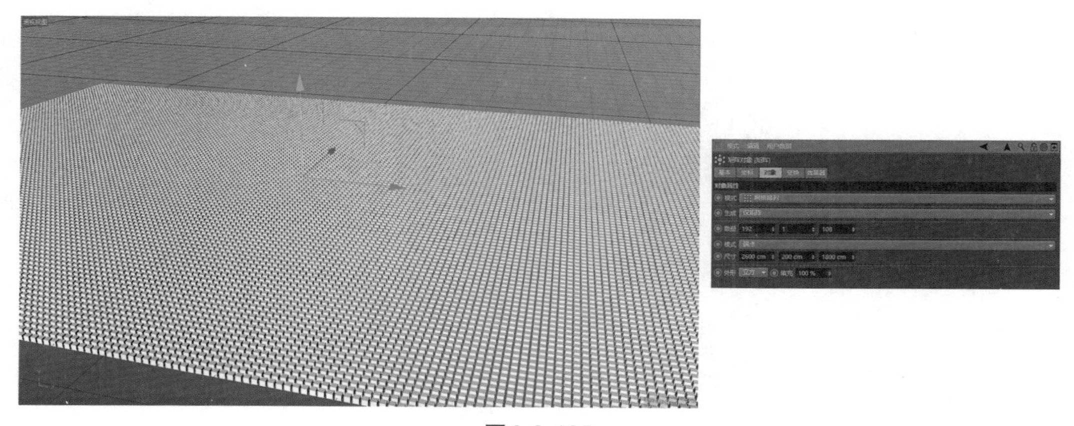

图9-3-125

（13）展开变换选项，设置W（UV-定向）为Y-，如图9-3-126所示。

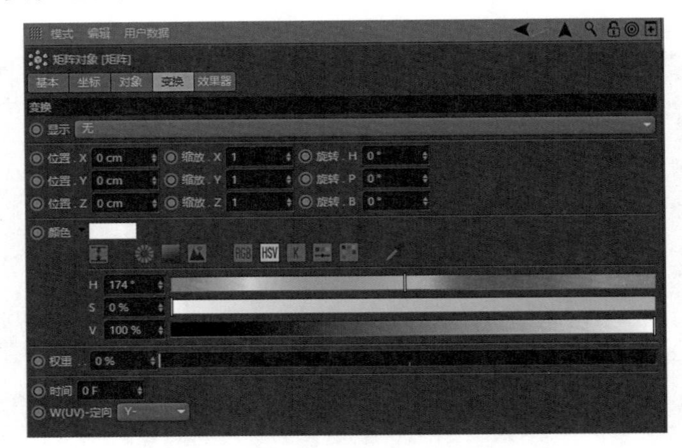

图9-3-126

（14）添加着色器，设置参数，展开参数选项，取消等比缩放，设置S.Y（Y轴上的缩放）数值为10，如图9-3-127所示。

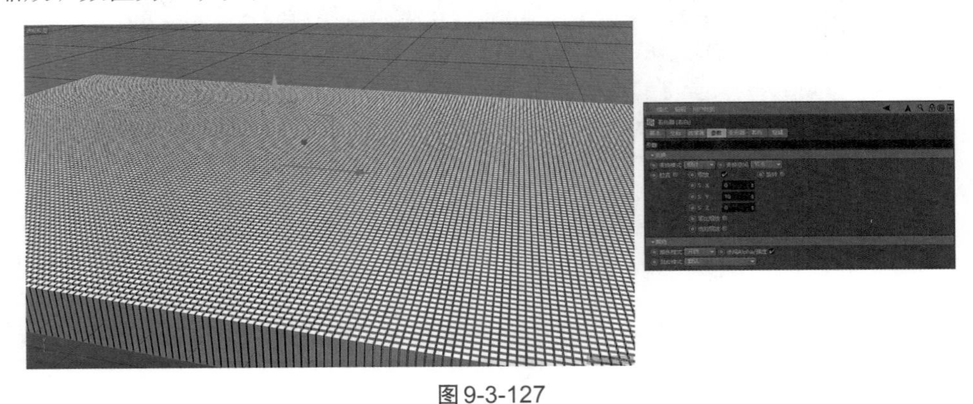

图9-3-127

（15）展开着色选项，设置通道为"自定义着色器"，着色器通道加载图像，选择After Effects渲染输出的"@贴图_1.avi"，如图9-3-128所示。

图9-3-128

（16）创建克隆，展开对象选项，设置模式为对象，把矩阵拖拽到对象里，如图9-3-129所示。

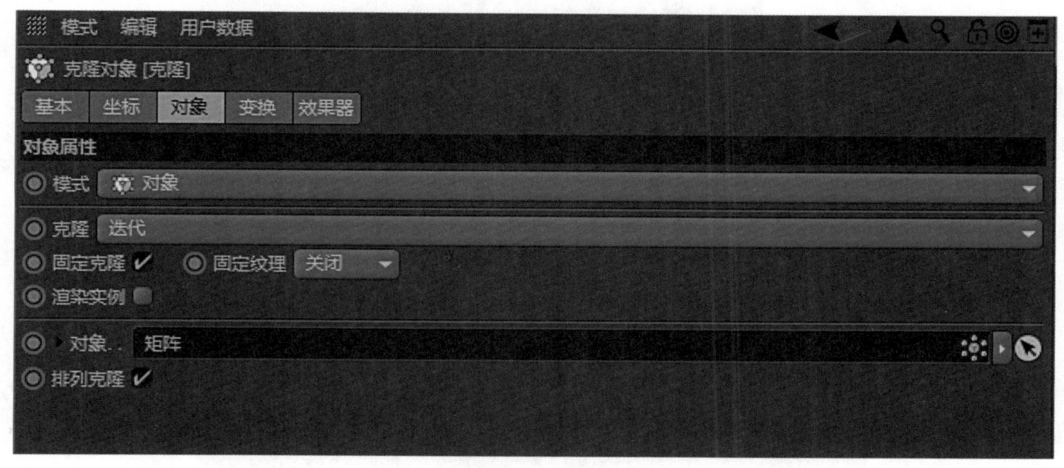

图9-3-129

（17）创建立方体，尺寸为10cm、10cm、10cm，勾选【圆角】，圆角半径为0.5cm，把立方体作为克隆的子级，创建平面，放置在矩阵的上边，遮住没有升高的立方体，如图9-3-130所示。

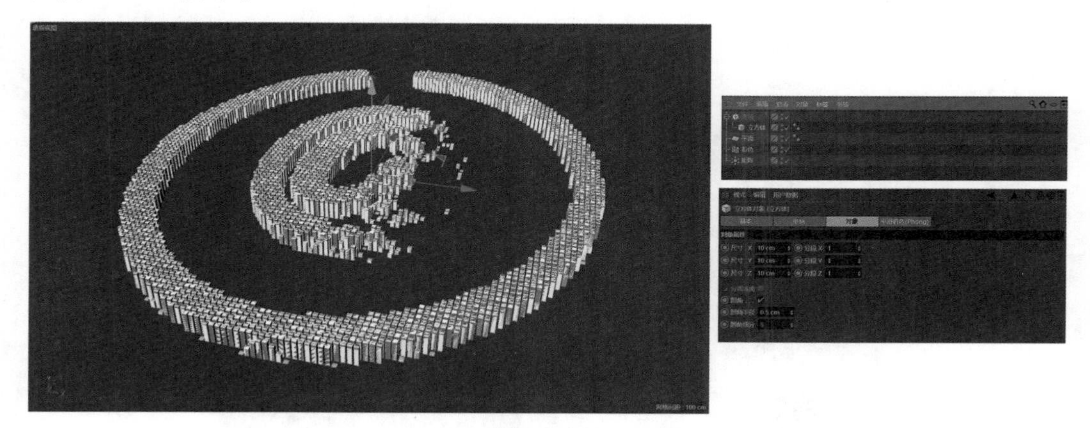

图9-3-130

（18）创建材质球，命名为“平面材质”，取消颜色，打开发光和反射，赋予平面，如图9-3-131所示。

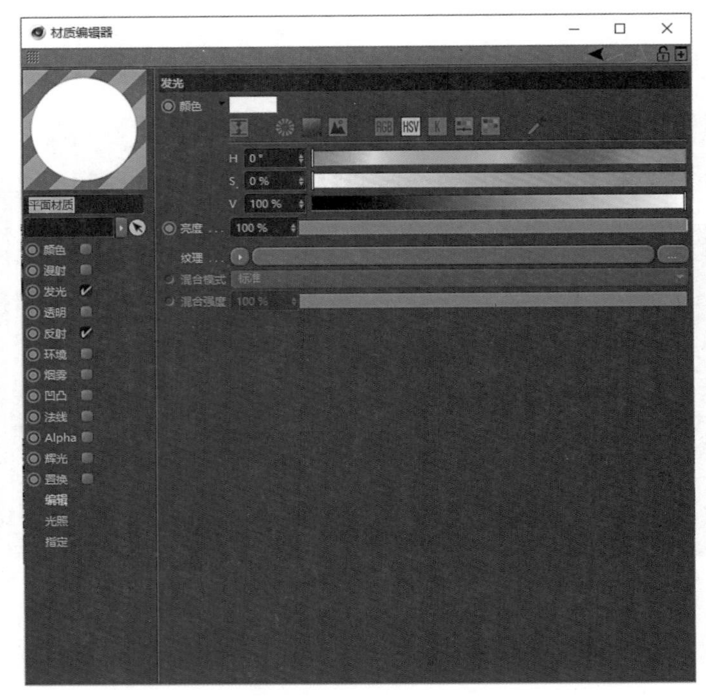

图 9-3-131

（19）新建材质球，命名为“方块材质”，颜色设置为一种彩色，反射通道高光强度数值增加，赋予立方体，如图 9-3-132 所示。

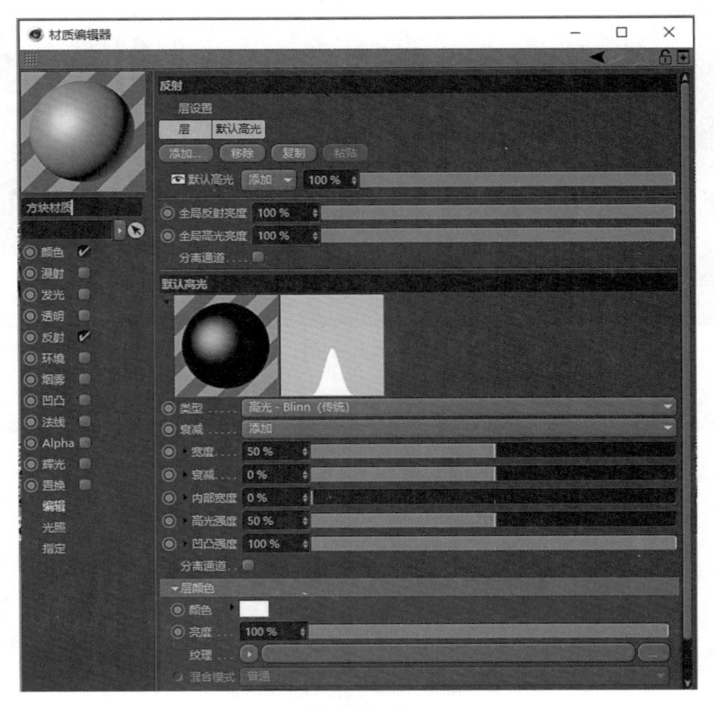

图 9-3-132

（20）渲染设置增加环境吸收，如图9-3-133所示。

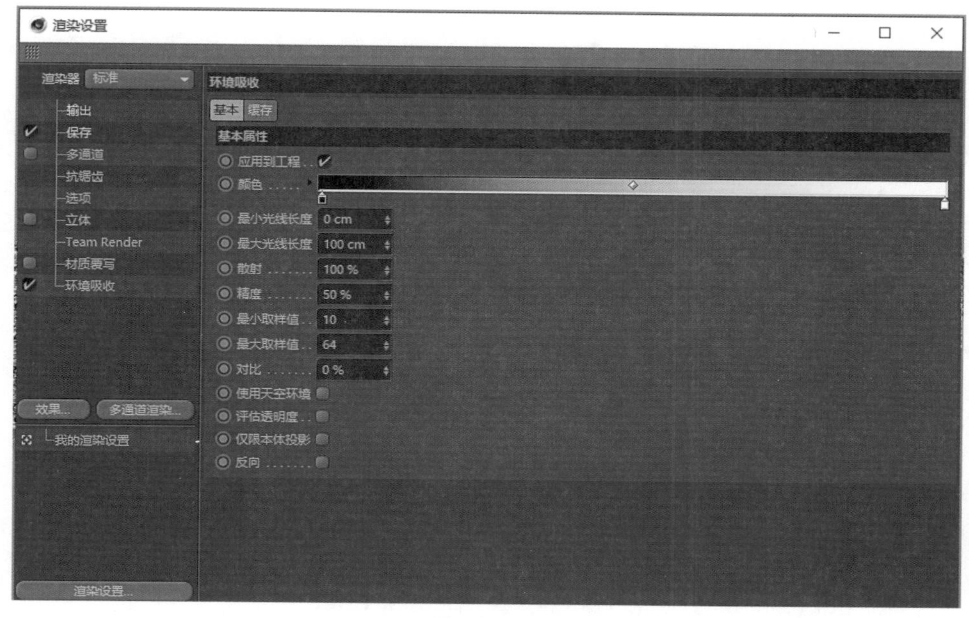

图 9-3-133

（21）Ctrl+D 调出工程设置，帧率为 25，最大时长为 124F，如图 9-3-134 所示。

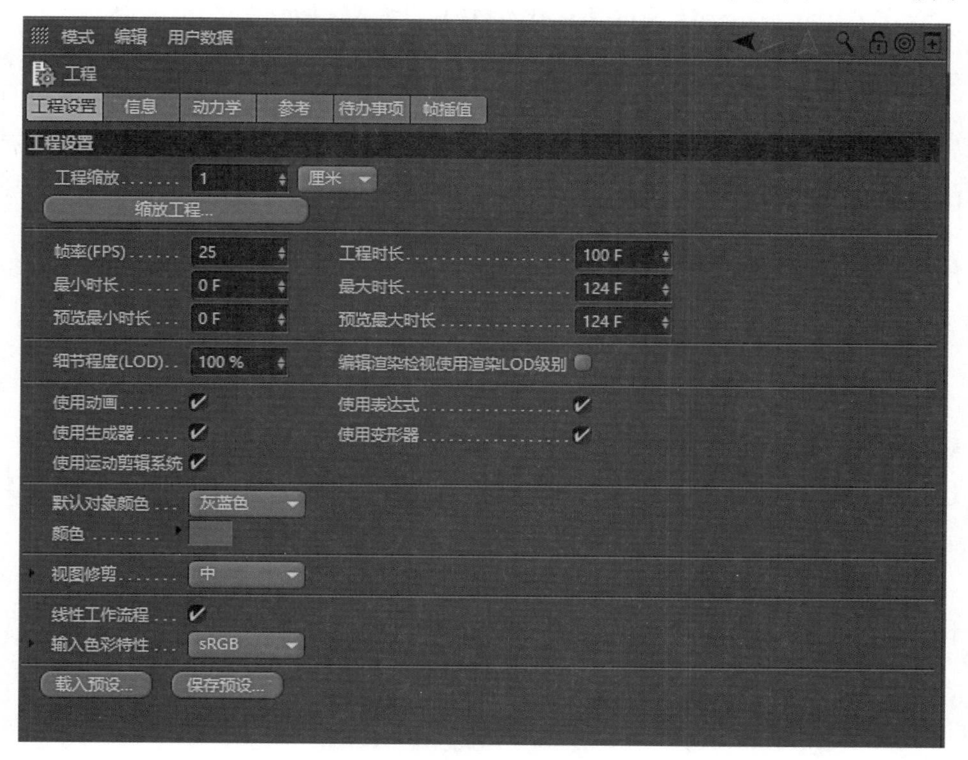

图 9-3-134

（22）渲染输出，效果如图9-3-135所示。

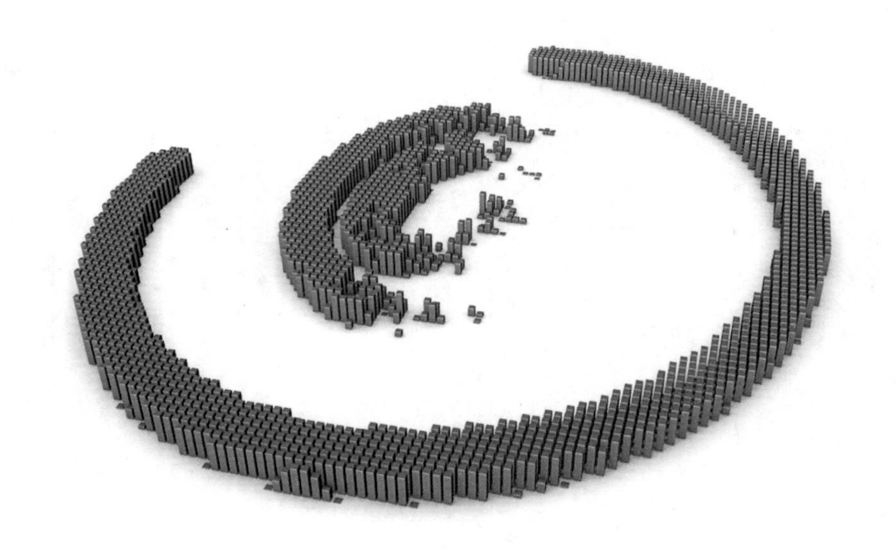

图9-3-135

（六）After Effects和Cinema 4D工程文件互导

After Effects软件自CC版本以后内置了Cinema 4D软件，在After Effects软件中可以直接使用Cinema 4D软件的部分功能，实现了两个软件之间工程文件的无缝动态交互。但是在实际工作中，还是建议安装完整版Cinema 4D，以便使用全部的Cinema 4D功能。

（1）准备交互文件（以Windows系统为例）。打开Cinema 4D文件所在的位置，找到\Exchange Plugins\aftereffects\Importer\Win\CS_CC里的C4DImporter.aex文件，复制这个文件放到After Effects的文件\Support Files\Plug-ins\Effects里面，再次回到Cinema 4D的Win文件夹下，打开CS5-CS6文件夹，复制C4DFormat文件，再次打开After Effects安装目录下的Plug-ins文件夹，将复制的C4DFormat文件粘贴到该文件夹下。

（2）启动Cinema 4D软件，新建项目，命名为“C4D”，创建平面作为地面，创建立方体，设置圆角参数，放置在平面的上边，复制立方体，移动位置，如图9-3-136所示。

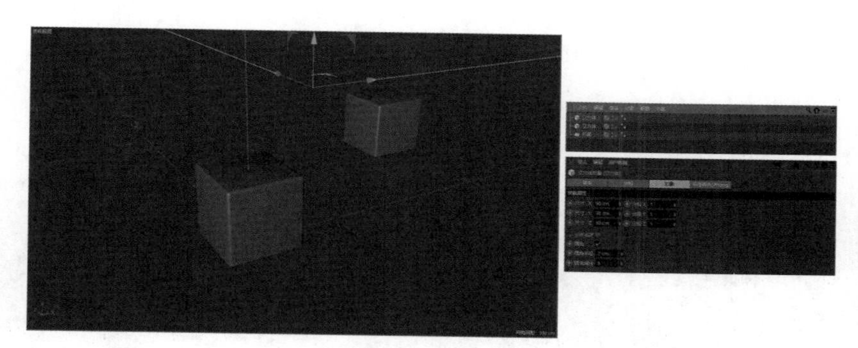

图9-3-136

（3）围绕2个立方体绘制曲线，如图9-3-137所示。

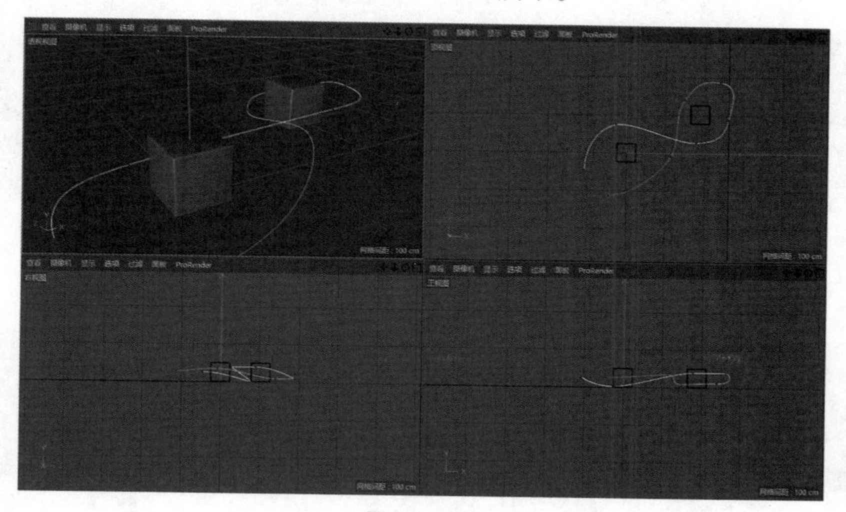

图9-3-137

（4）创建灯光，开启投影，调整灯光的位置，如图9-3-138所示。

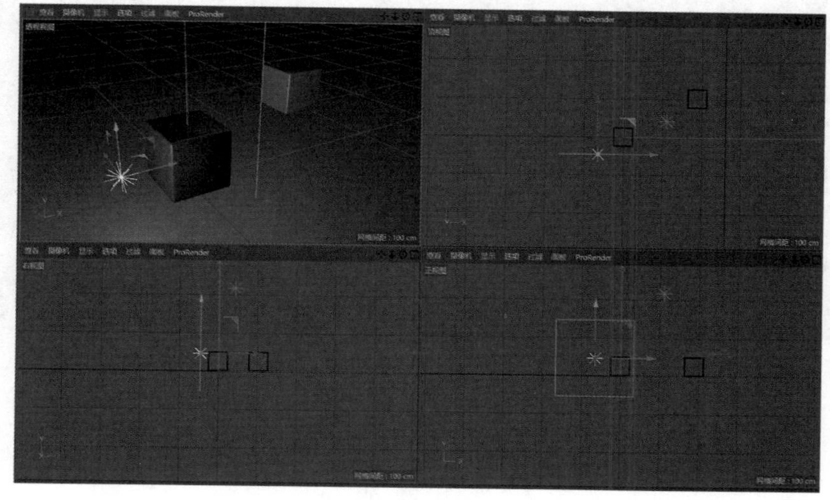

图9-3-138

（5）制作立方体的旋转动画，Ctrl+D调出工程设置，修改帧率为25，最大时长为124F，0F时刻设置R.H数值为0°，124F时刻设置R.H数值为360°，如图9-3-139所示。

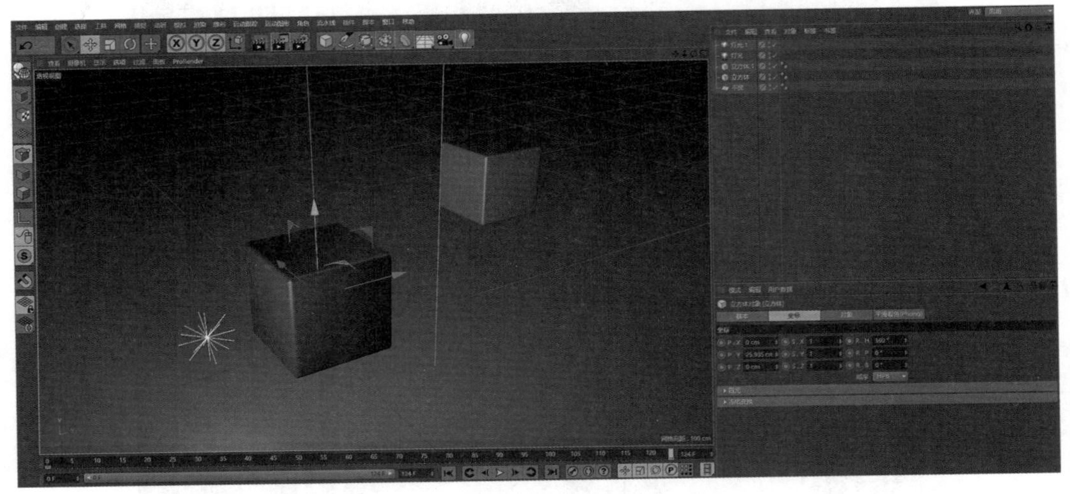

图9-3-139

（6）创建灯光，放置在立方体的上方作为补充照明，如图9-3-140所示。

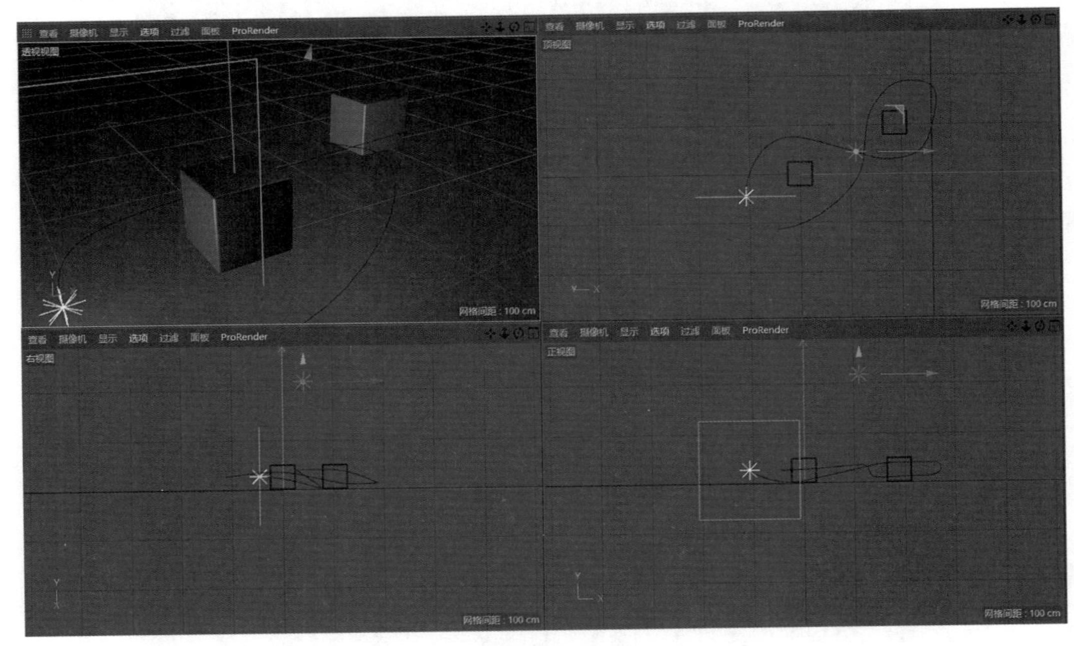

图9-3-140

（7）设置输出参数，保存工程，如图9-3-141所示。

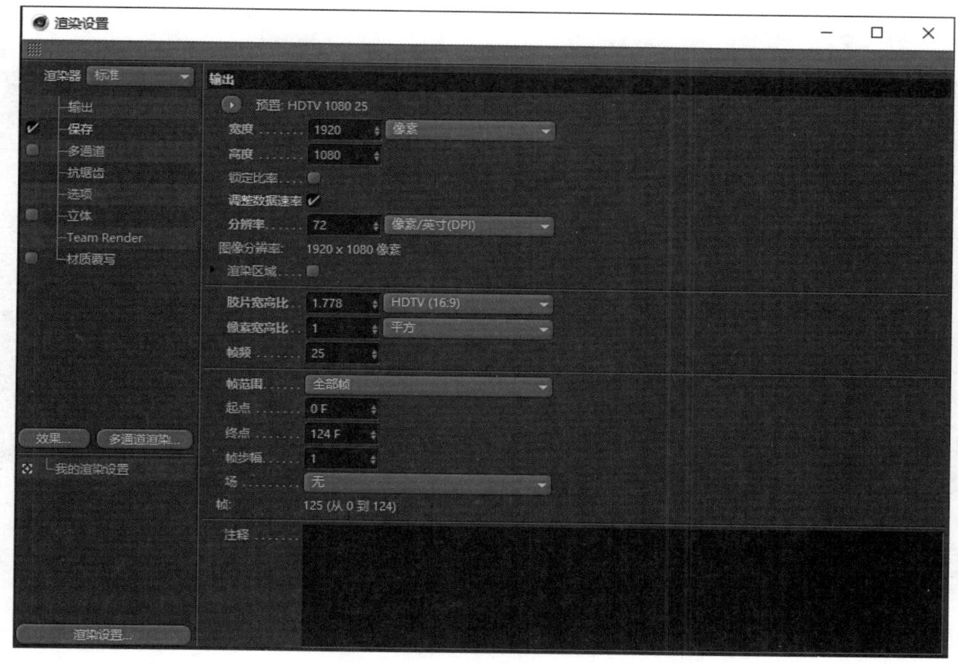

图9-3-141

（8）启动After Effects软件，新建项目，命名为“导入C4D”，打开导入对话框导入C4D.c4d，如图9-3-142所示。

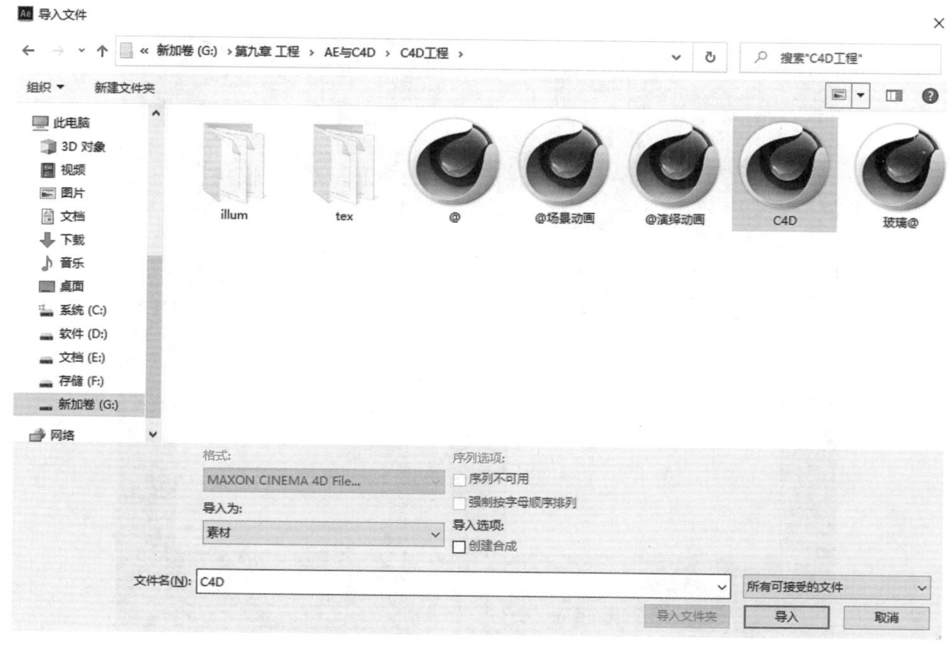

图9-3-142

（9）在项目窗口选择导入的C4D文件，拖拽到新建合成按钮上，依据素材创建合成，如图9-3-143所示。

图9-3-143

（10）修改合成的渲染器为CINEMA 4D，并指定渲染器的位置为电脑中Cinema 4D的运行文件所在位置，由此可以实时看到Cinema 4D里面的内容，如图9-3-144所示。

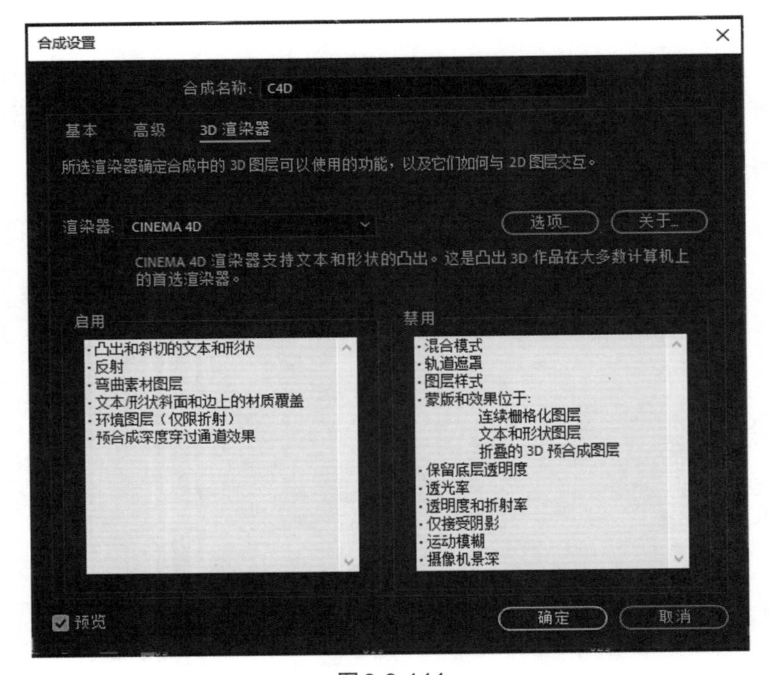

图9-3-144

（11）在合成窗口实时看到Cinema 4D里的内容后，可以在效果控件窗口设置参数，Renderer（渲染）设置为Standard（Final）可以得到精确的画质，如图9-3-145所示。

图9-3-145

（12）单击Cinema 4D Scene Data（C4D场景数据）后面的【Extract】（抽取）按钮，可以分离出Cinema 4D中的灯光和摄像机参数，如图9-3-146所示。

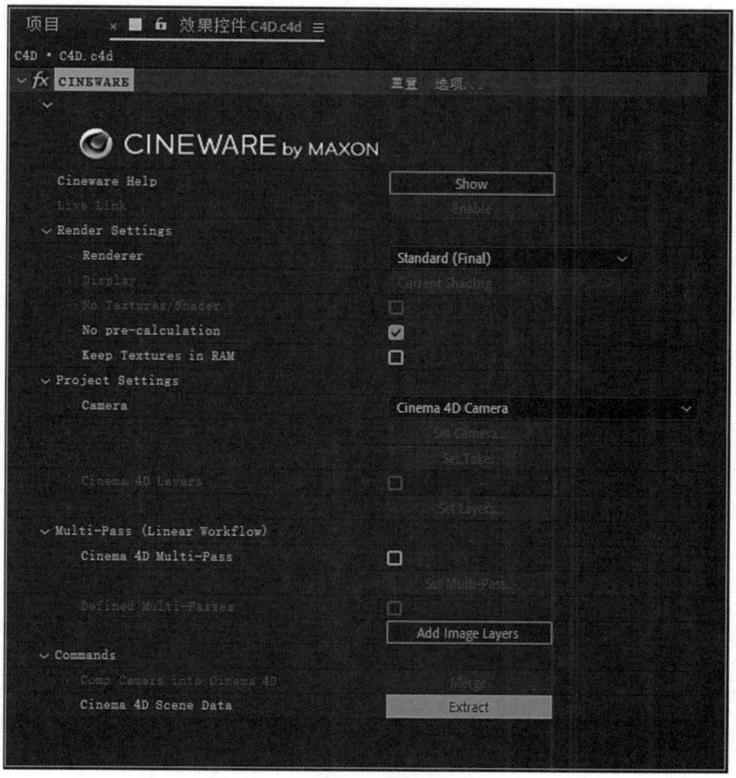

图9-3-146

（13）灯光和摄像机以图层的形式出现在时间线窗口，可以使用或调整灯光和摄像机的参数，如图9-3-147所示。

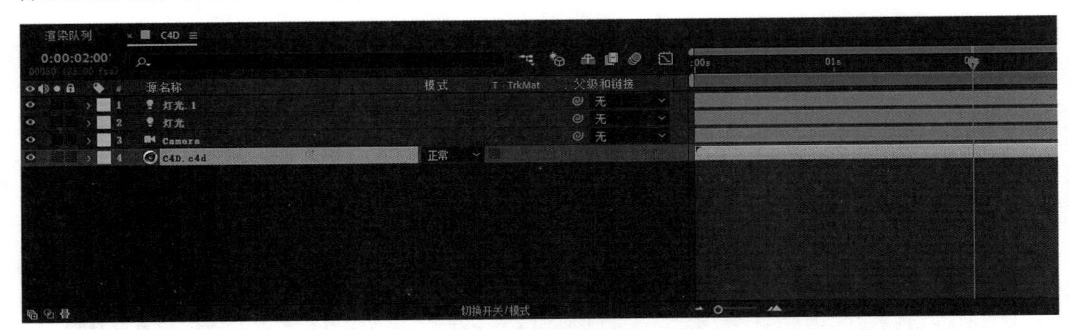

图9-3-147

（14）还可以直接在After Effects软件中创建Cinema 4D工程，执行【文件】—【新建】—【MAXON CINEMA 4D文件...】，如图9-3-148所示。

图9-3-148

（15）自动打开安装版本的Cinema 4D软件，进行三维建模、三维动画等操作，保存工程文件。

（16）打开After Effects软件，新建项目，命名为“AE”，新建合成，命名为“AE”，预设为HDTV 1080 25，持续时间为5秒，新建纯色层，命名为“面”，尺寸为300×300，颜色为灰色，如图9-3-149所示。

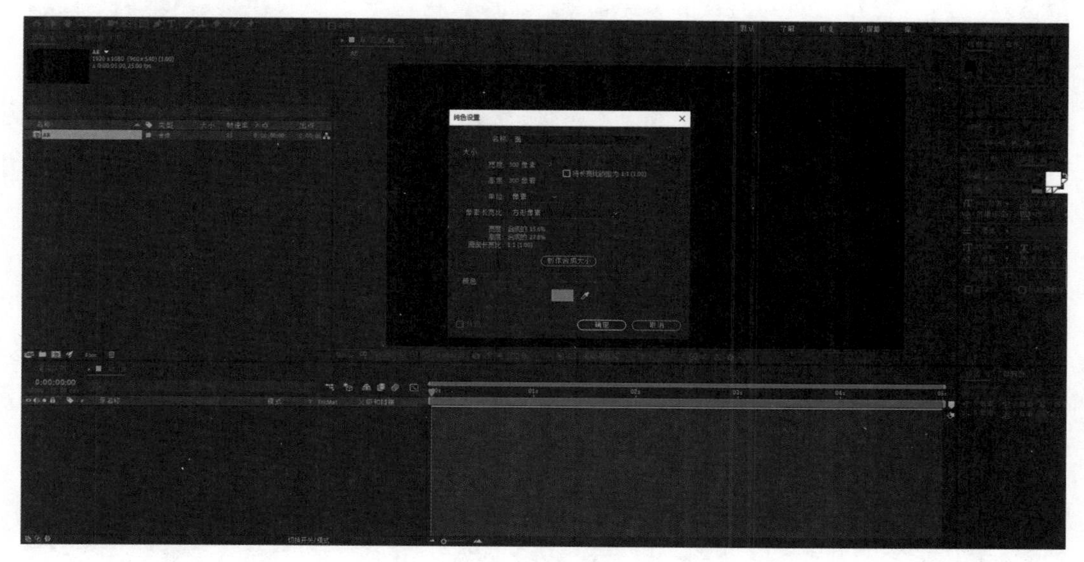

图9-3-149

（17）图层转换成三维图层，修改锚点的数值为150、150、200，再复制5图层，分别设置图层的角度，让6个面组成一个有空隙的立方体，如图9-3-150所示。

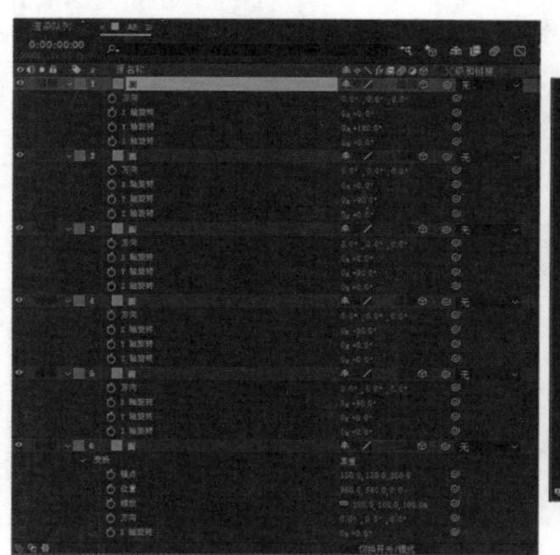

图9-3-150

（18）新建纯色层，命名为“地面”，调整旋转和位置数值，放置在有空隙的立方体的下面，如图9-3-151所示。

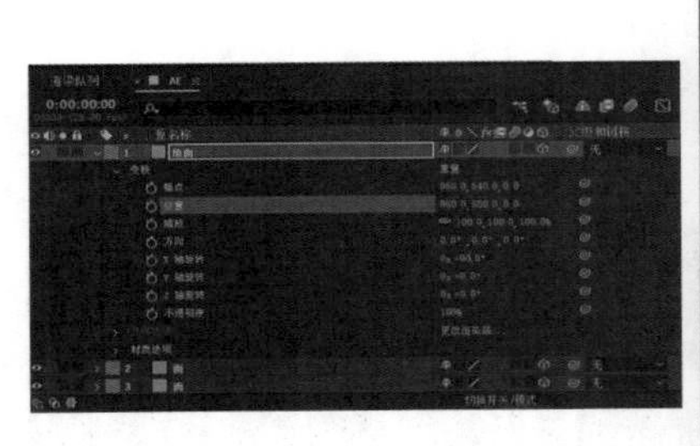
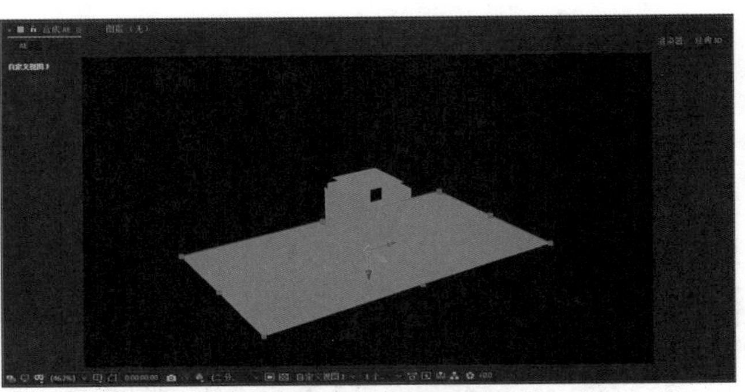

图9-3-151

（19）创建灯光，类型为聚光灯，勾选【投影】，调整灯光的位置，分别展开6个“面”图层，打开材质选项中的投影，如图9-3-152所示。

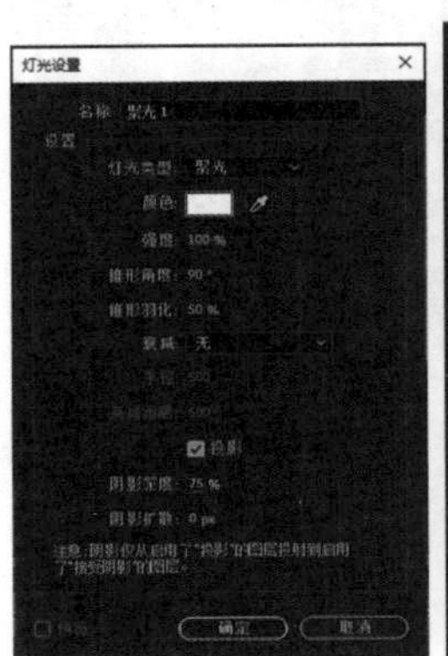
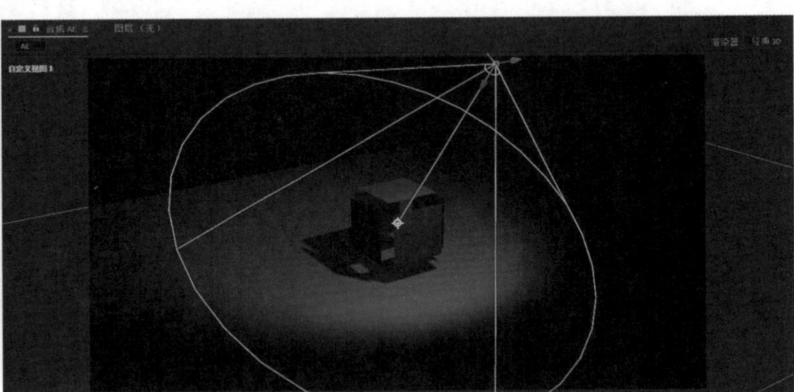

图9-3-152

（20）制作灯光的位置动画，如图9-3-153所示。

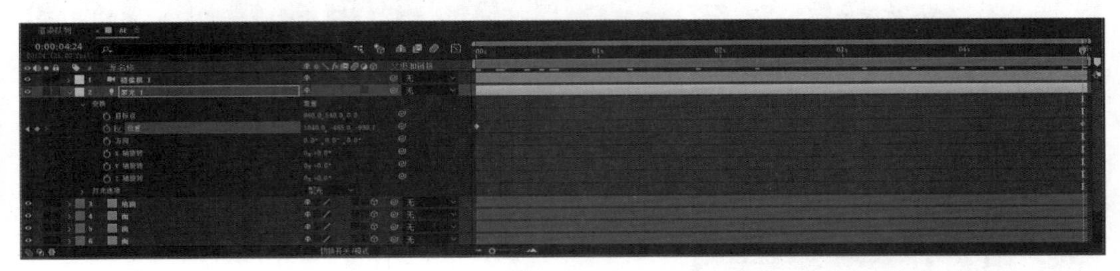

图9-3-153

（21）创建摄像机，类型为双节点摄像机，预设为24mm镜头，切换到摄像机视图，调整摄像机的参数，如图9-3-154所示。

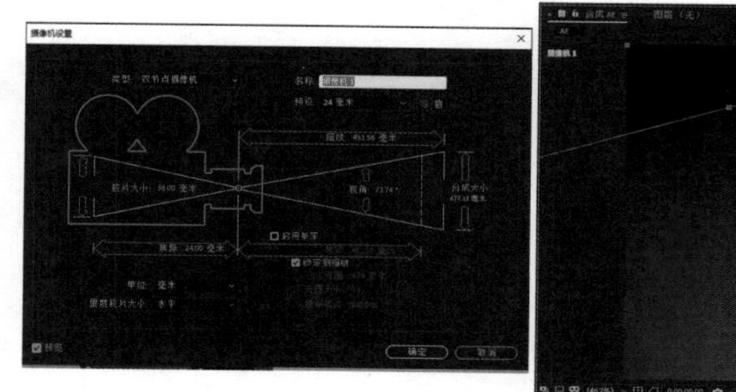
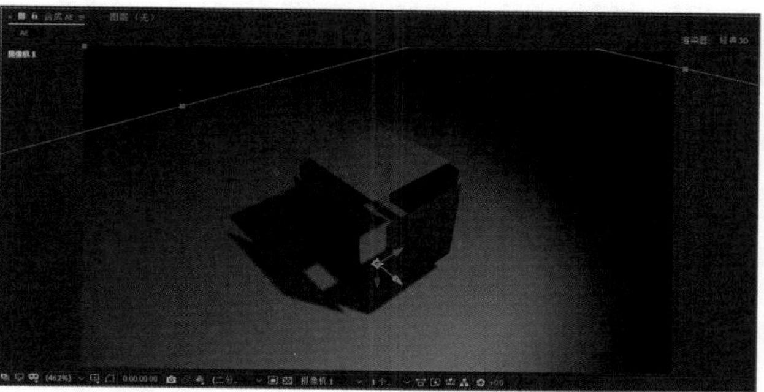

图 9-3-154

（22）导出Cinema 4D文件，执行【文件】—【导出】—【CINEMA 4D Exporter...】，如图9-3-155所示。

图 9-3-155

（23）在弹出的【C4D Exporter】对话框中定义存储位置，并命名为“AE导出”，如图9-3-156所示。

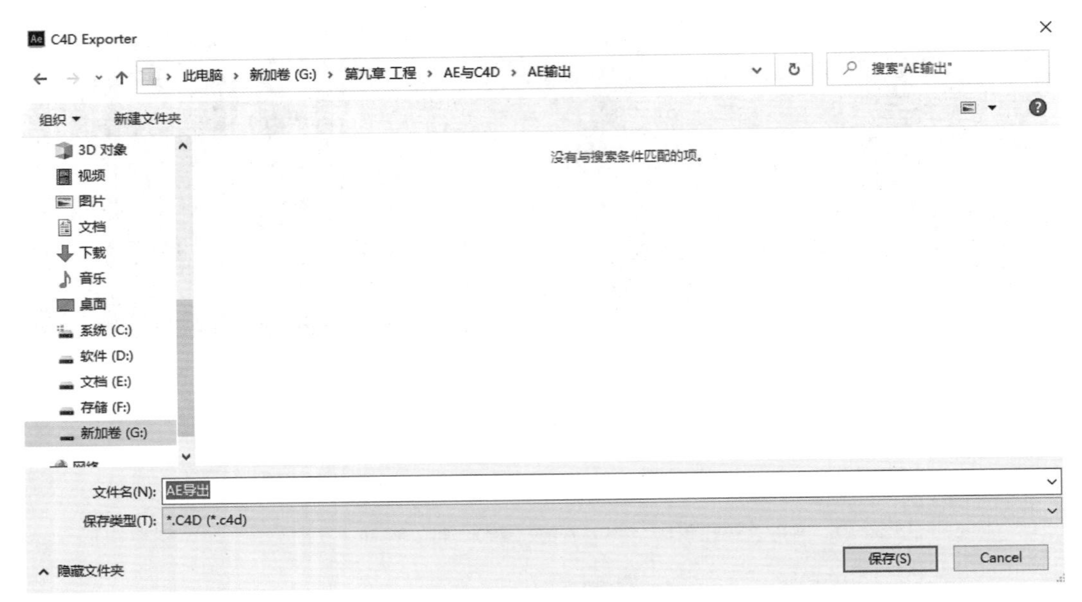

图 9-3-156

（24）启动Cinema 4D软件，打开“AE导出.c4d”项目，所有的图层内容都会出现在Cinema 4D中，灯光动画数据完整，但是没有了投影，如图9-3-157所示。

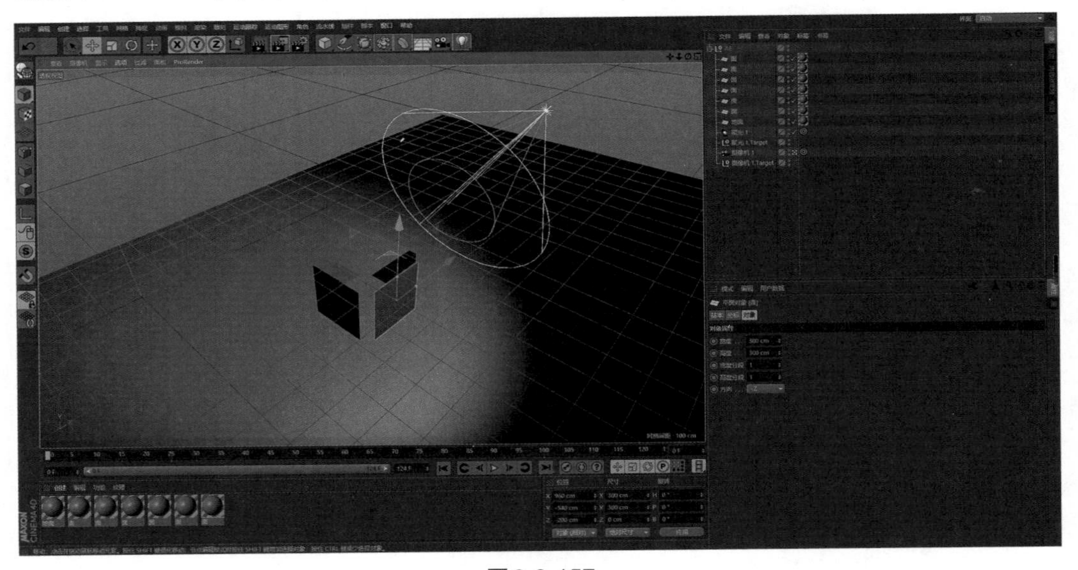

图 9-3-157

拓展练习：通过实践探索After Effects软件与Cinema 4D软件的协同工作模式。